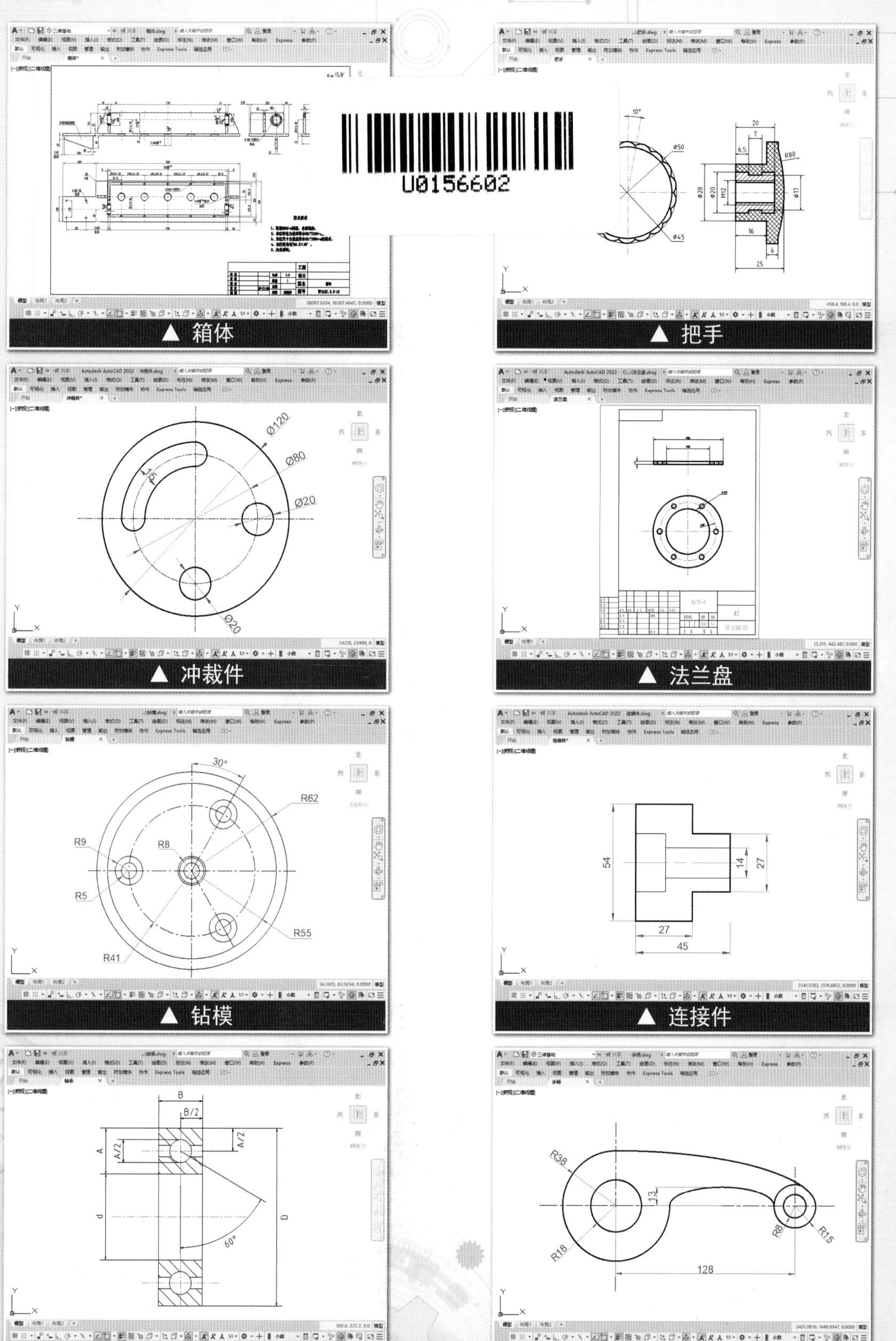

▲ 箱体

▲ 把手

▲ 冲裁件

▲ 法兰盘

▲ 钻模

▲ 连接件

▲ 轴承

▲ 手柄

AutoCAD 2022从小白到高手（微视频版）本书精彩案例欣赏

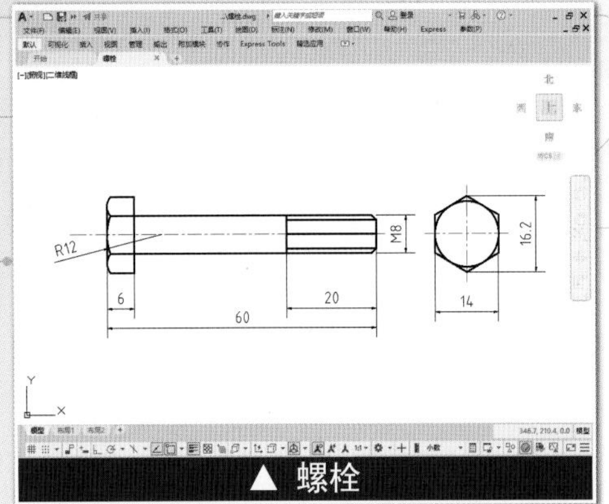

▲ 螺栓

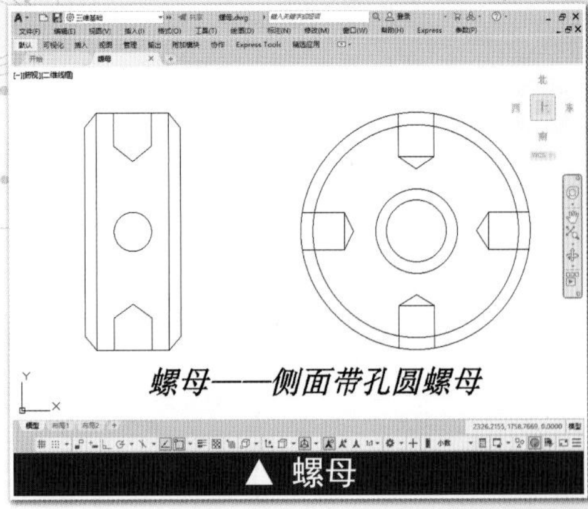

▲ 螺母

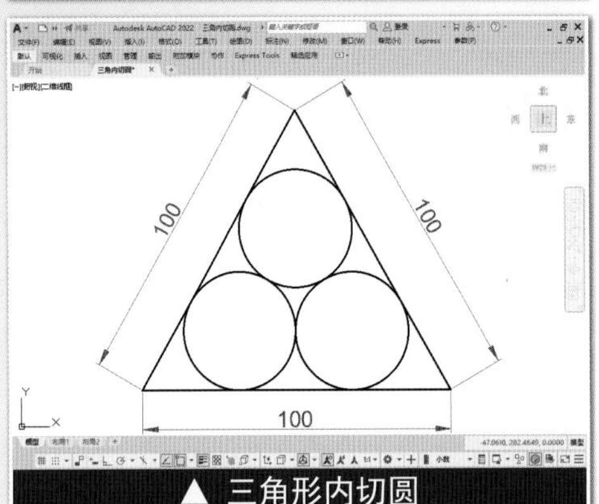

▲ 三角形内切圆

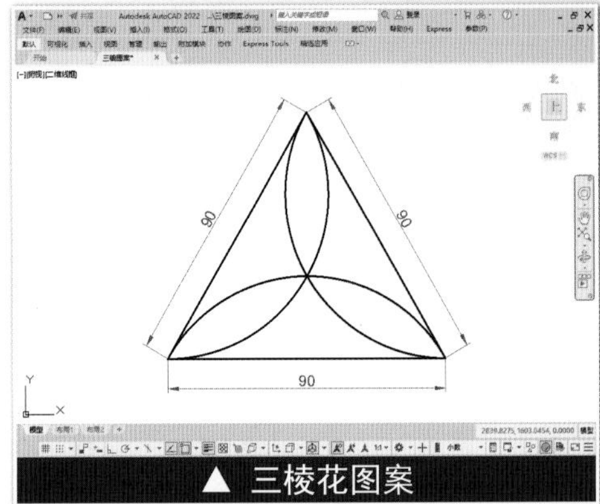

▲ 三棱花图案

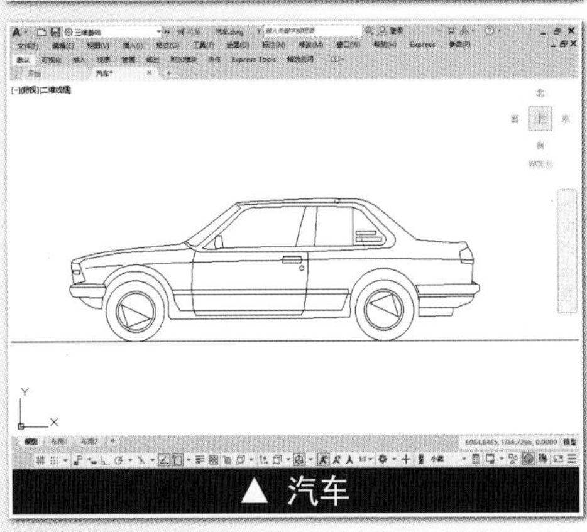
▲ 汽车

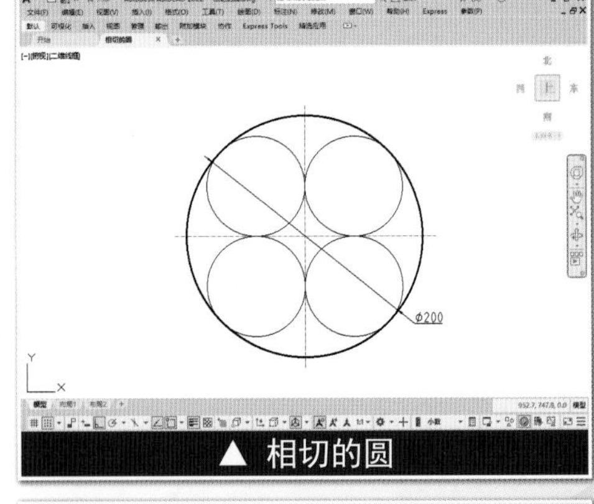

▲ 相切的圆

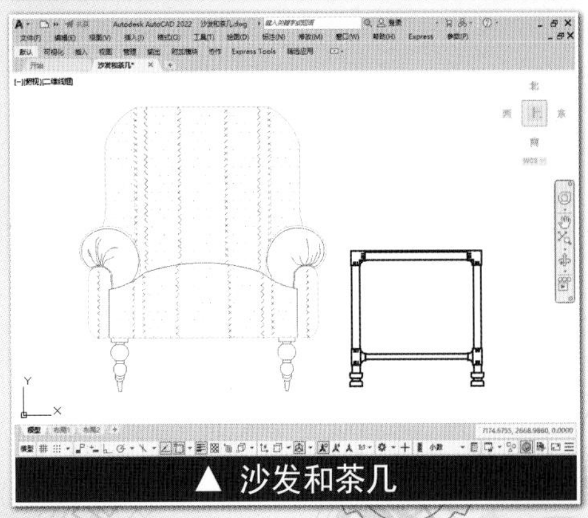
▲ 沙发和茶几

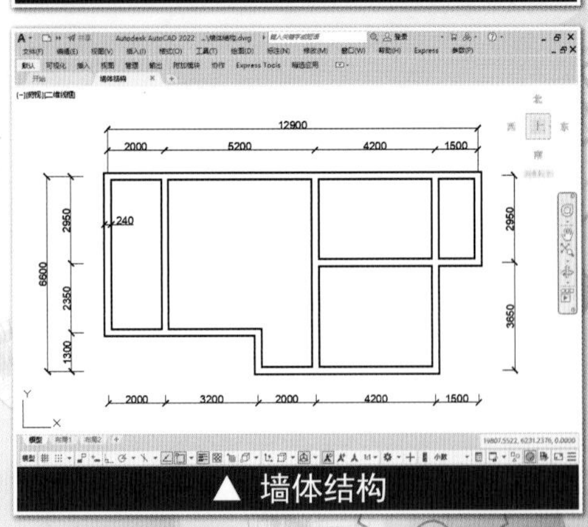

▲ 墙体结构

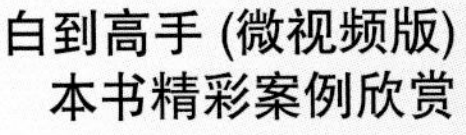

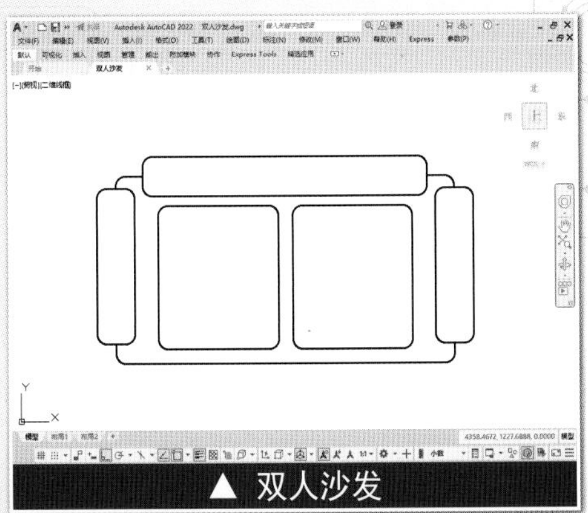

▲ 双人沙发

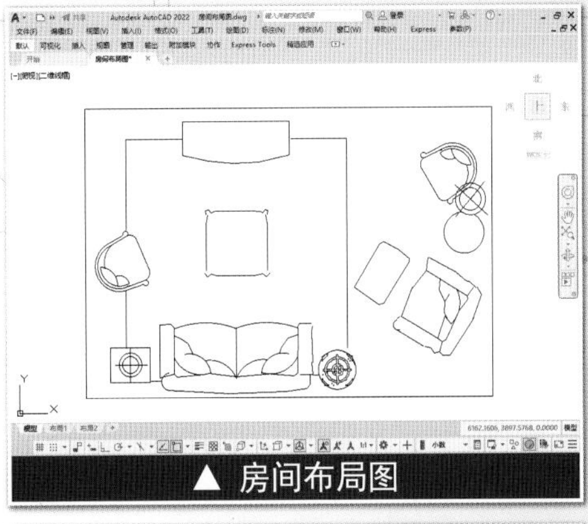

▲ 房间布局图

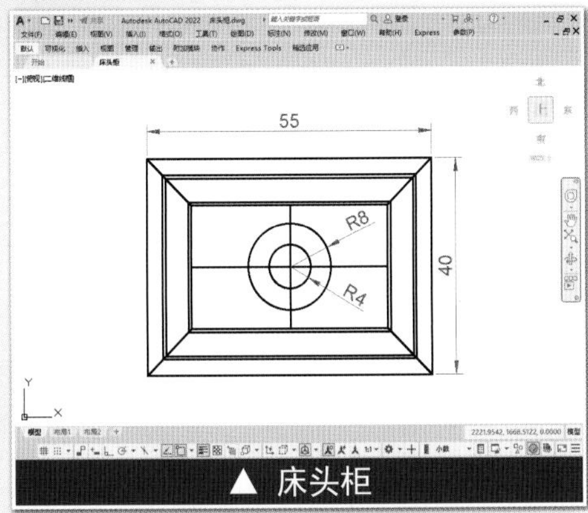

▲ 床头柜

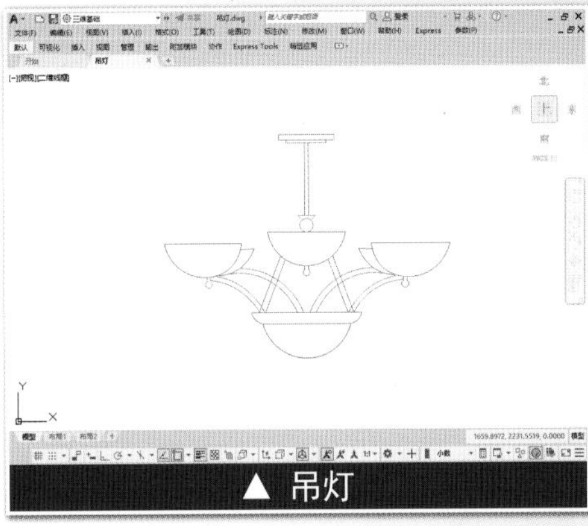

▲ 吊灯

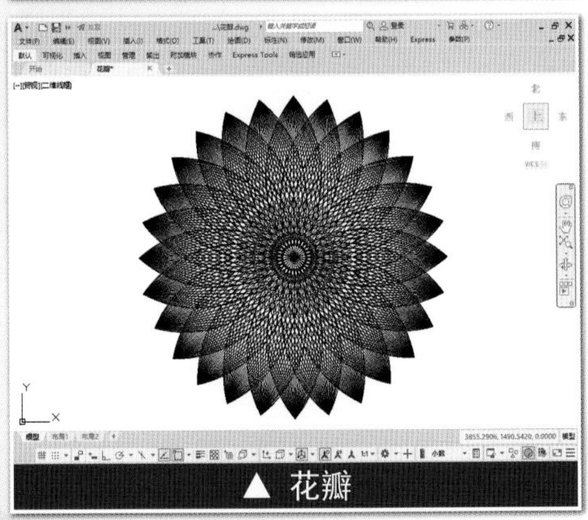

▲ 花瓣

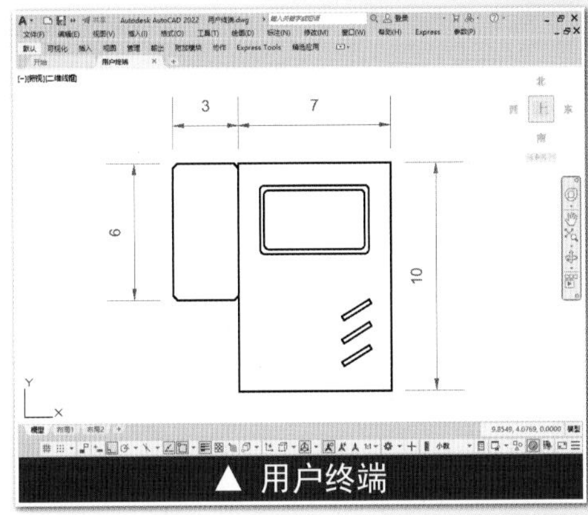

▲ 用户终端

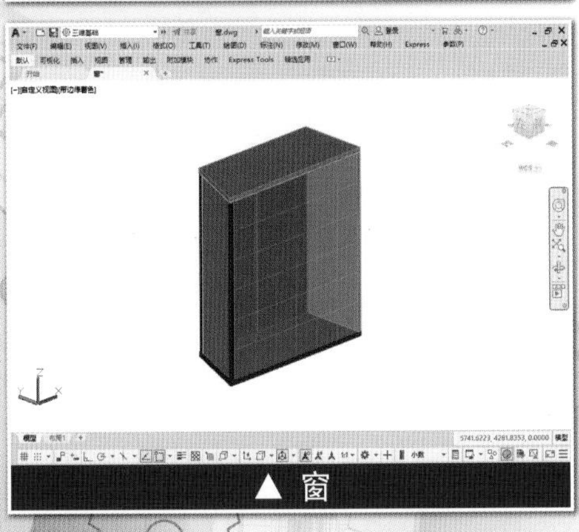

▲ 窗

▲ 泵盖

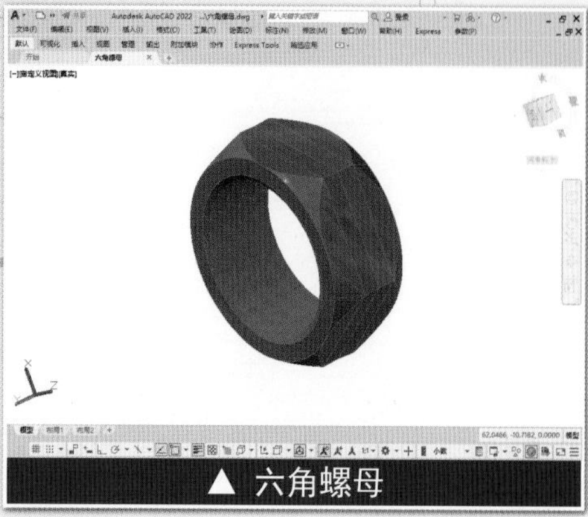
▲ 六角螺母

▲ 管接头

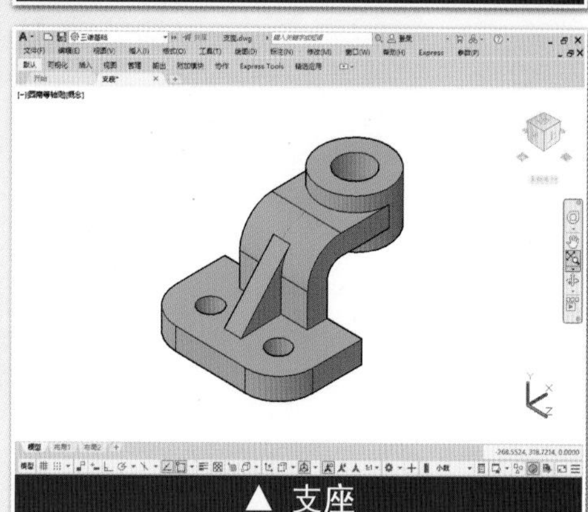
▲ 支座

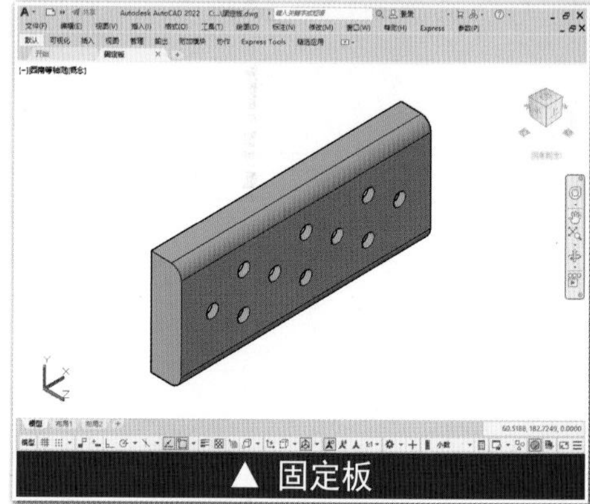
▲ 固定板

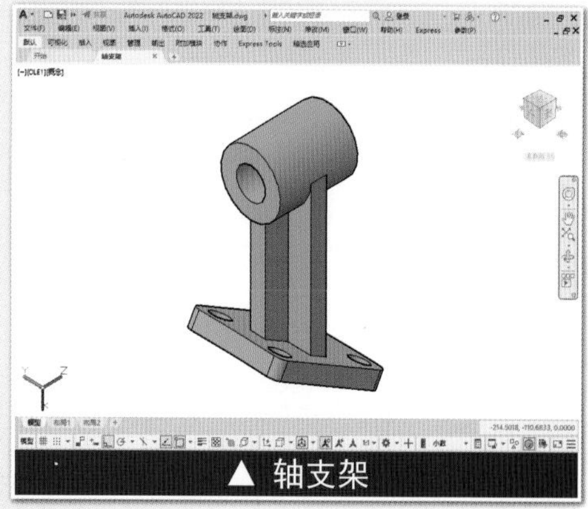
▲ 轴支架

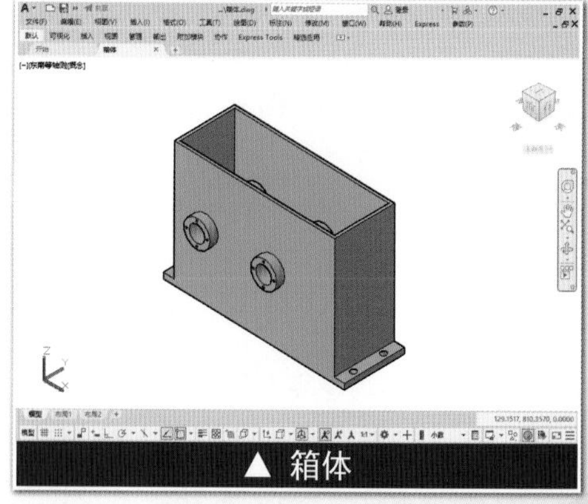
▲ 箱体

▲ 桌椅

▲ 高脚凳

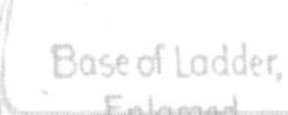

AutoCAD 2022 从小白到高手（微视频版）

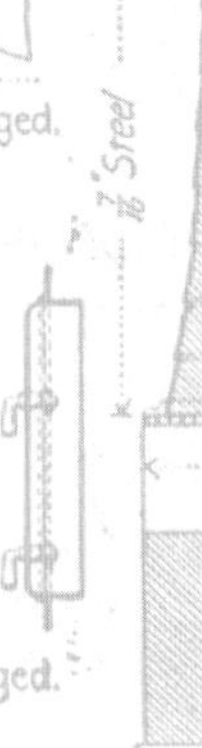

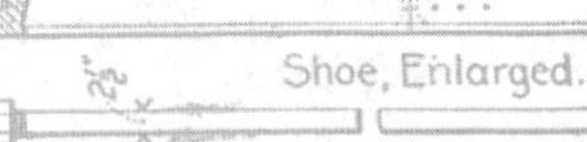

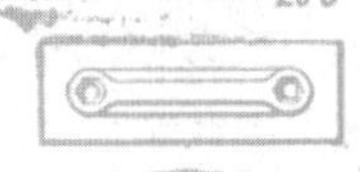

崔景朋　张启蒙　编著

清華大学出版社
北京

内 容 简 介

本书是一本集视频教程和实例讲解于一体的AutoCAD实用教材，书中融合了AutoCAD机械设计、建筑设计、室内设计必备的基础知识。本书以实用为出发点，系统全面地介绍了AutoCAD 2022软件在二维和三维设计方面的应用知识与技巧，力求为读者带来良好的学习体验。全书共18章，内容涵盖AutoCAD 2022基础知识、简单二维绘图命令，基本绘图工具、文本与表格、图形编辑类命令、复杂二维绘图与编辑命令、面域与图案填充、图形标注类命令、块及其属性、辅助绘图工具、外部参照与光栅图像、样板图绘制实例、平面图绘制实例、三维建模基础知识、三维建模类命令、三维模型编辑类命令、三维造型图绘制实例等。

本书具有很强的实用性和可操作性，可作为高等学校相关专业的教材，也可作为计算机绘图技术研究与应用人员的参考书。

本书对应的电子课件、实例源文件、扩展练习文档和AutoCAD设计资源(图纸图块)可以到http://www.tupwk.com.cn/downpage网站下载，也可以扫描前言中的二维码获取。扫码前言中的视频二维码可以直接观看教学视频。

图书在版编目(CIP)数据

AutoCAD 2022从小白到高手：微视频版 / 崔景朋，张启蒙编著. —北京：清华大学出版社，2022.7
ISBN 978-7-302-61077-9

Ⅰ. ①A… Ⅱ. ①崔… ②张… Ⅲ. ①AutoCAD软件 Ⅳ. ①TP391.72

中国版本图书馆CIP数据核字(2022)第098184号

责任编辑：胡辰浩
封面设计：高娟妮
版式设计：妙思品位
责任校对：成凤进
责任印制：曹婉颖
出版发行：清华大学出版社
网　　址：http://www.tup.com.cn，http://www.wqbook.com
地　　址：北京清华大学学研大厦A座　　邮　　编：100084
社 总 机：010-83470000　　邮　　购：010-62786544
投稿与读者服务：010-62776969，c-service@tup.tsinghua.edu.cn
质 量 反 馈：010-62772015，zhiliang@tup.tsinghua.edu.cn
印 装 者：三河市天利华印刷装订有限公司
经　　销：全国新华书店
开　　本：185mm×260mm　　印　张：22　　插　页：2　　字　数：636千字
版　　次：2022年9月第1版　　印　次：2022年9月第1次印刷
定　　价：89.00元

产品编号：090248-01

前　言

-preface-

随着 CAD 技术的发展，CAD 设计已经成为人们日常工作和生活中越来越重要的内容，特别是 AutoCAD 软件几乎成为 CAD 设计标准工具。AutoCAD 是 Autodesk 公司于 1982 年开发的自动计算机辅助设计软件，用于二维绘图、三维设计和文档设计，因其功能强大、性能稳定、兼容性好、扩展性强等优点，而被广泛应用于机械、建筑、电气、家居、市政工程、园林、服装等设计领域，是目前计算机 CAD 系统中应用最为广泛的图形设计软件之一。

同时，AutoCAD 也是一款具有开放性的工程设计开发平台，其开放性的源代码可以供各行业进行广泛的二次开发。目前国内一些著名的二次开发软件，如适用于机械行业的 CAXA、PCCAD 系列，适用于建筑行业的天正系列，适用于服装行业的富怡 CAD 系列等，都是在 AutoCAD 的基础上进行本土化开发的产品。随着 AutoCAD 软件版本的不断升级，其功能也在不断扩展和增强，操作和应用也将进一步向智能化和多元化的方向发展。

AutoCAD 2022 是目前最新的版本，书中内容不仅处处凝结着教育者的经验，也蕴含了应用者的体会，希望能够为广大读者学习 AutoCAD 提供一条便捷、高效的途径。

一、本书内容特点

■ 内容合理，适合自学

本书总结了编者团队多年的设计经验及教学心得，在编写时充分考虑初学者的特点，内容设置由浅入深、循序渐进、案例丰富，力求全面细致地展现 AutoCAD 在工业设计应用领域的各项功能，读者能够通过书中的案例自学掌握设计工作中需要的各项技术。

■ 案例专业，视频讲解

本书中的大部分案例源于实际工程设计项目。为了提高读者的学习效率，书中为大部分的实例配备相应的教学视频，详细讲解 AutoCAD 软件中的操作要领，可以帮助读者大大提高阅读书本学习知识的效率。

■ 知行合一，通俗易懂

本书结合工业设计中的实际案例，详细讲解了应用 AutoCAD 软件时的知识要点。读者可以通过案例快速掌握 AutoCAD 的操作方法和技巧，并同时提升自身的设计实践能力。同时，在案例中的各个知识点关键处，书中都给出了提示和注意事项，这些都是专业知识和经验的提炼，可让读者在学习中能够更快、更容易地理解所学的内容。

■ 技巧丰富，关键实用

为了使书中的案例和知识点更接近实际工作经验，本书穿插了大量的 AutoCAD 实用技巧。在案例中穿插技巧讲解，教授读者如何利用 AutoCAD 进行工程设计，真正让读者懂得计算机辅助设计，并能够独立、高效地完成各种工业设计。

二、本书内容简介

本书以 AutoCAD 2022 为操作平台，全面介绍了 AutoCAD 软件的相关知识，全书共分 18 章，各章内容简介如下。

章　节	内容说明
第 1 章	主要介绍 AutoCAD 的基础知识
第 2 章	主要介绍简单二维图形绘制命令
第 3 章	主要介绍基本绘图工具的应用
第 4 章	主要介绍文本与表格的应用
第 5 章	主要介绍图形编辑类命令
第 6 章	主要介绍复杂二维绘图与编辑命令
第 7 章	主要介绍绘制面域与图案填充
第 8 章	主要介绍尺寸标注的应用
第 9 章	主要介绍图块及其属性
第 10 章	主要介绍辅助绘图工具的应用
第 11 章	主要介绍外部参照与光栅图像
第 12 章	主要介绍样板图的绘制实例
第 13 章	主要介绍平面图的绘制实例
第 14 章	主要介绍绘制三维模型的基础知识
第 15 章	主要介绍三维建模类命令
第 16 章	主要介绍三维模型编辑类命令
第 17 章	主要介绍三维造型图的绘制实例
第 18 章	主要介绍 AutoCAD 的常用快捷键和常见问题

三、本书配套资源及服务

本书提供配套的电子课件、实例源文件、扩展练习文档和 AutoCAD 设计资源(图纸图块)。读者可以扫描下方的二维码获取，也可以登录本书的信息支持网站(http://www.tupwk.com.cn/downpage)下载。扫描下方的视频二维码可以直接观看教学视频。

扫一扫，看视频

扫码推送配套资源到邮箱

该书由吉林师范大学博达学院的崔景朋和黑龙江财经学院的张启蒙合作编写，其中崔景朋编写了第 1～5、8、15～18 章，张启蒙编写了第 6、7、9～14 章。

由于作者水平有限，本书难免有不足之处，欢迎广大读者批评指正。我们的邮箱是 992116@qq.com，电话是 010-62796045。

编　者

2022 年 3 月

目　录

-contents-

第1章　AutoCAD 2022基础知识

内容简介

图形是表达和交流技术思想的工具。随着 CAD(计算机辅助设计)技术的飞速发展和普及，越来越多的工程设计人员开始使用计算机绘制各种图形，从而解决了传统手工绘图中存在的效率低、绘图准确度差及劳动强度大等缺点。在目前的计算机绘图领域，AutoCAD 是使用较为广泛的计算机绘图软件。本章将主要介绍该软件的操作界面、绘图环境设置和文件管理等基础知识。

内容要点

- 操作界面
- 设置绘图环境
- 文件管理
- 基本输入操作
- 缩放与平移图形

1.1　操作界面

AutoCAD 是由美国 Autodesk 公司开发的通用计算器辅助绘图与设计软件包，具有功能强大、易于掌握、使用方便、体系结构开放等特点，能够绘制平面图形与三维图形、标注图形尺寸、渲染图形以及打印输出图纸，深受广大工程技术人员的欢迎。AutoCAD 自 1982 年问世以来，已经进行了 10 余次升级，功能日趋完善，已经成为工程设计领域应用较为广泛的计算机辅助绘图与设计软件之一。

在计算机中安装 AutoCAD 2022 后，启动 AutoCAD 的方法有以下几种。

- 使用【开始】菜单：单击【开始】按钮⊞，在弹出的菜单中选择【AutoCAD 2022 简体中文(Simplified Chinese)】|【AutoCAD 2022 简体中文(Simplified Chinese)】选项。
- 双击与 AutoCAD 相关联的格式文件：双击打开与 AutoCAD 相关的格式文件(*.dwg、*.dwt 等)。
- 利用快捷方式：双击系统桌面上的快捷图标A或者 AutoCAD 图纸文件。

启动 AutoCAD 2022 后将进入图 1-1 所示的默认界面。该界面主要用于快速打开文档或新建文档，查看最近打开的文档列表，提供联机帮助信息，发布公告和登录 Autodesk Account。

在图 1-1 所示的默认界面中单击【新建】按钮，将进入 AutoCAD 的操作界面(草图与注释)，如图 1-2 所示。AutoCAD 的操作界面是 AutoCAD 显示、编辑图形的区域。

一个完整的草图与注释操作界面包括标题栏、绘图区、十字光标、坐标系图标、菜单栏、命令行窗口、状态栏、布局标签和快速访问工具栏等。

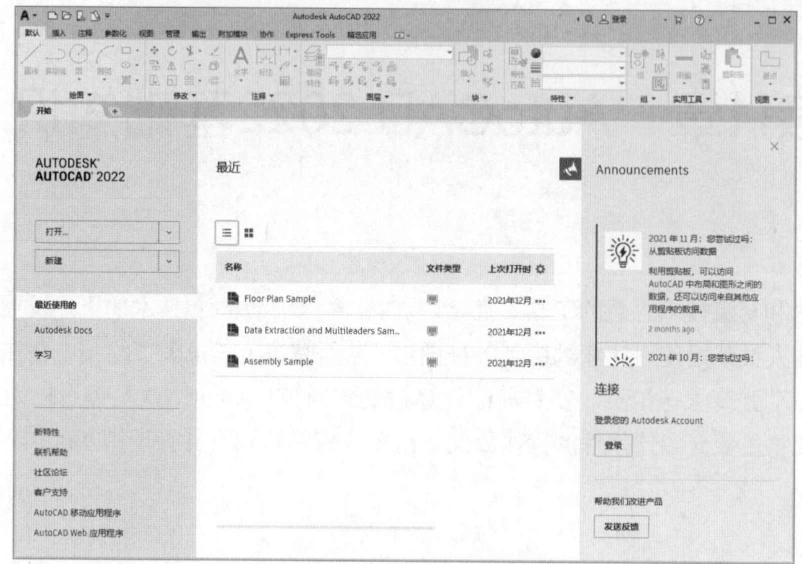

图 1-1　AutoCAD 默认界面

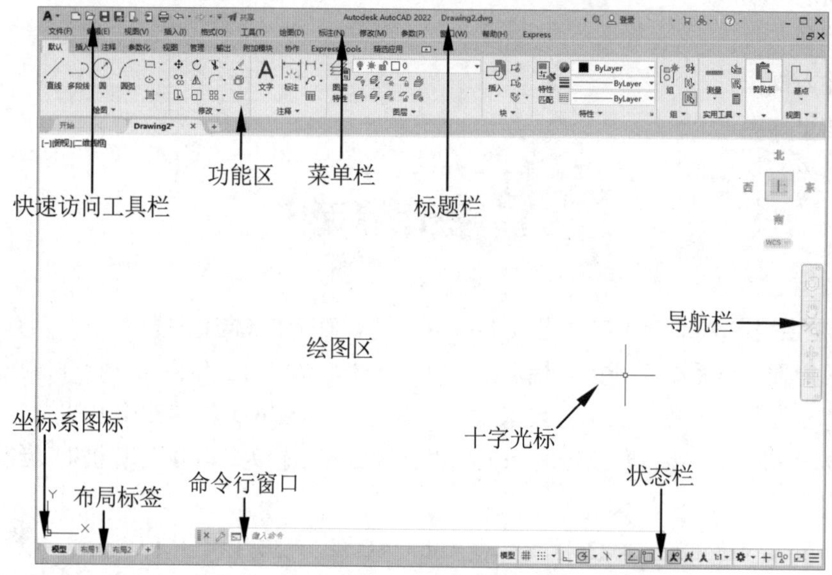

图 1-2　AutoCAD 操作界面

1. 标题栏

标题栏位于 AutoCAD 2022 操作界面的最上端，其作用是显示系统当前运行的应用程序名(AutoCAD 2022)和用户正在使用的图形文件。第一次启动 AutoCAD 时，系统绘图窗口的标题栏中将显示 AutoCAD 在启动时创建并打开的图形文件的名称 Drawing1.dwg。

2. 快速访问工具栏

快速访问工具栏位于标题栏的左侧，其中包括【新建】【打开】【保存】【另存为】【从 Web 和 Mobile 中打开】【保存到 Web 和 Mobile】【打印】【放弃】【重做】等常用工具按钮。用户也可以单击快速访问工具栏右侧的 ▾ 按钮展开下拉列表，选择【更多命令】选项，打开【自定义用户界面】窗口，在快速访问工具栏中添加自己需要的常用工具，如图 1-3 所示。

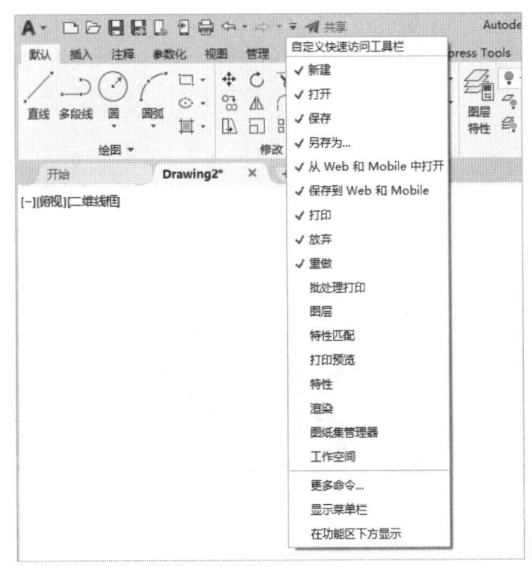

(a) 快速访问工具栏下拉菜单

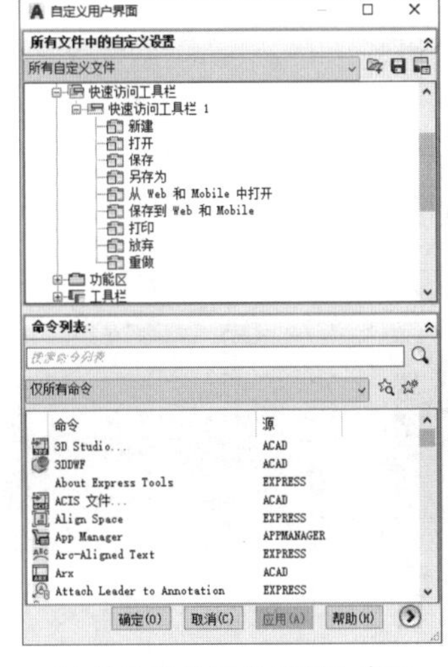

(b)【自定义用户界面】窗口

图 1-3　设置快速访问工具栏

视频讲解

【例 1-1】自定义快速访问工具栏。

扫一扫，看视频

3. 菜单栏

在默认设置中，AutoCAD 不显示菜单栏。用户可以单击快速访问工具栏右侧的按钮展开下拉列表，选择【显示菜单栏】选项，则在操作界面中的标题栏和功能区之间将显示菜单栏。AutoCAD 2022 的菜单栏包含【文件】【编辑】【视图】【插入】【格式】【工具】【绘图】【标注】【修改】【参数】【窗口】【帮助】和【Express】13 个菜单。这些菜单几乎包含了 AutoCAD 的所有绘图命令，在本书后面的章节中我们将详细介绍这些命令的具体使用方法。一般来说，AutoCAD 菜单栏中的命令，可以分为以下 3 种。

- 带有小三角的命令：此类命令后面有一个三角形的图标，选择命令后会显示下级子菜单，例如执行图 1-4(a)所示的【工具栏】命令，在弹出的子菜单中可以选择【AutoCAD】和【EXPRESS】子命令，选择其中的【AutoCAD】子命令后，又会弹出下一级子菜单，选择其中的命令，则会在操作界面中显示相应的工具栏。
- 打开对话框的命令：此类命令后面带有省略号，选择命令将会打开相应的对话框，例如选择图 1-4(b)所示的【点样式】命令，将打开【点样式】对话框。
- 直接执行操作的命令：执行此类命令后将直接进行相应的绘图或其他操作。例如选择图 1-4(c)所示的【矩形】命令，即可执行绘制矩形操作。

4. 工具栏

工具栏是一组图标型工具的集合，将光标移动到工具栏中的某个图标上稍停片刻，该图标一侧即显示相应的工具提示。此时，单击图标可以执行相应的命令。将鼠标指针放在工具栏上，稍等片刻后系统将自动显示该工具栏的标题，如图 1-5 所示。

在菜单栏中选择【工具】|【工具栏】|【AutoCAD】命令，可以调出所需的工具栏，如图 1-4(a)所示。单击某一个未在操作界面中显示的工具栏名，系统会自动在界面中打开该工具栏；反之，系统将关闭工具栏。

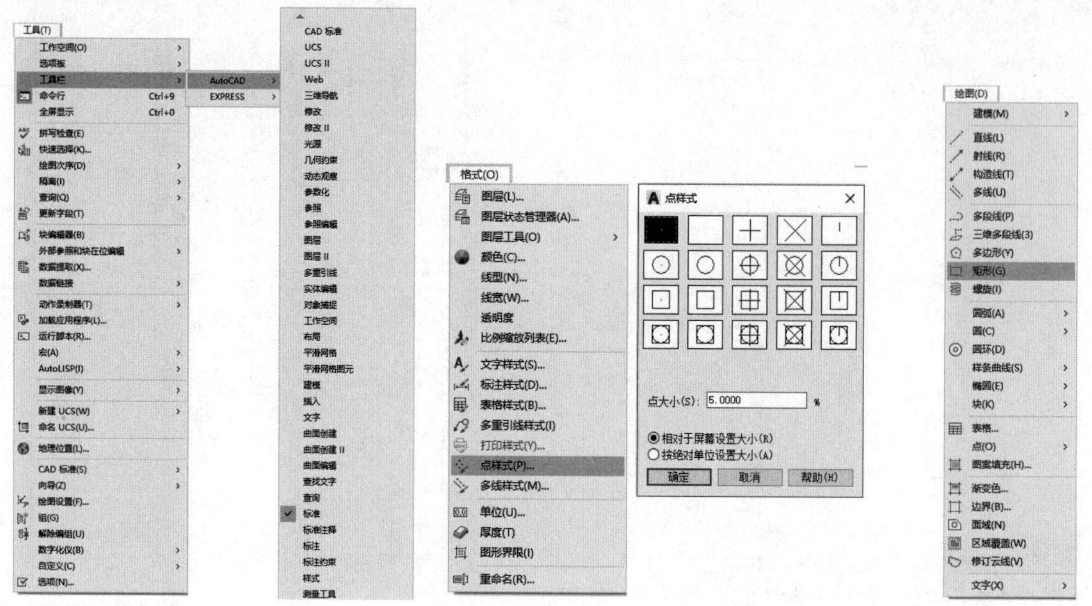

(a) 带有小三角的命令　　(b) 打开对话框的命令　　(c) 直接执行操作的命令

图 1-4　AutoCAD 菜单栏中的各类命令

图 1-5　AutoCAD 中的【标准】工具栏

工具栏可以在 AutoCAD 操作界面中“浮动”显示，用户使用鼠标拖动“浮动”工具栏到绘图栏边界，可以使其变成“固定”工具栏，从而可以调整绘图区的布局，使 AutoCAD 的界面更加易于操作。

5. 功能区

在默认情况下，AutoCAD 的功能区包括【默认】【插入】【注释】【参数化】【视图】【管理】【输出】【附加模块】【协作】【Express Tools】及【精选应用】选项卡，如图 1-6 所示。每个选项卡都集成了相关的操作工具，用户可以单击功能区选项卡标签右侧的按钮控制功能区的展开与收起。

图 1-6　系统默认显示的功能区选项卡

此外，用户还可以通过命令行和菜单栏操作，设置功能区的隐藏与显示。

执行方式

- ❑ 命令行：BIBBON(或 RIBBONCLOSE)。
- ❑ 菜单栏：执行【工具】|【选项板】|【功能区】命令。

视频讲解

【例 1-2】通过隐藏功能区和调整工具栏设置图 1-7 所示的 AutoCAD 经典工作空间。

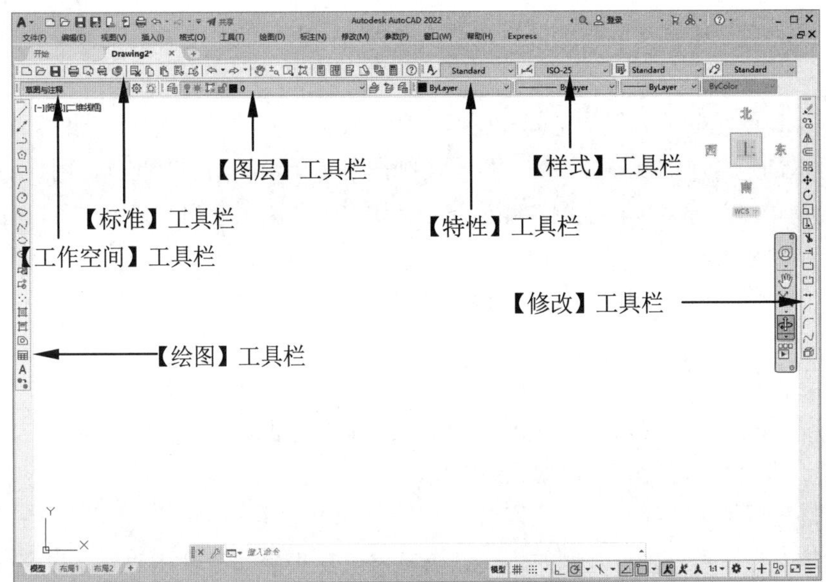

扫一扫，看视频

图 1-7　AutoCAD 经典工作空间

6. 绘图区

绘图区是指用户在 AutoCAD 中绘图的工作区域，所有的绘图结果都会反映在这个区域中。用户可以根据需要关闭其周围和里面的各个工具栏，以增大绘图空间。

7. 坐标系图标

坐标系图标位于 AutoCAD 绘图区的左下角，其表示用户绘图时正使用的坐标系形式。坐标系图标的作用是为点的坐标确定一个参照系。根据绘图工作的需要，用户可以选择将其关闭。

执行方式

- ❑ 命令行：UCSICON。
- ❑ 菜单栏：执行【视图】|【显示】|【UCS 图标】命令，在弹出的子菜单中取消【开】命令的激活状态。
- ❑ 功能区：选择【视图】选项卡，在【视口工具】面板中取消【UCS 图标】按钮的激活状态，如图 1-8 所示。

图 1-8 【视图】选项卡

8. 布局标签

AutoCAD 系统默认设定一个【模型】空间布局标签和【布局 1】【布局 2】两个图样空间布局标签。下面对“布局”和“模型”两个概念进行解释。

(1) 布局。布局是 AutoCAD 系统为绘图设置的一种环境，包括图样大小、尺寸单位、角度设定、数值精确度等。在布局标签系统预设的 3 个标签(【模型】【布局 1】【布局 2】)中，这些环境变量都按默认设置。用户可以根据实际需要改变这些变量的值，也可以根据需要设置符合自己要求的新标签。

(2) 模型。AutoCAD 的空间分为模型空间和图纸空间。模型空间是我们通常绘图的环境，而在图纸空间中，用户可以创建“浮动视口”区域，以不同视图显示所绘的图形。此外，用户还可以在图纸空间中调整浮动视口，并确定包含视图的缩放比例。如果选择图纸空间，则用户可以打印任意布局的多个视图。

AutoCAD 默认打开模型空间，用户可以通过在布局标签中单击鼠标选择需要的布局。

9. 命令行窗口

命令行窗口是输入命令名和显示命令提示的区域，默认命令行窗口布置在绘图区下方，由若干文本行构成。对于命令行窗口，有以下几点需要说明。

(1) 移动拆分条，可以扩大或缩小命令行窗口。

(2) 将鼠标指针放置在命令行窗口左侧的▮区域，然后按住左键拖动可以拖动命令行窗口，将其布置在绘图区的其他位置(系统默认情况下在绘图区的下方)。

(3) 在菜单栏中执行【工具】|【命令行】命令，可以打开图 1-9 所示的【命令行-关闭窗口】对话框，单击【是】按钮可以将命令行窗口关闭。关闭命令行窗口后，再次执行【工具】|【命令行】命令，可以恢复显示命令行窗口。

(4) 在当前命令行窗口中输入内容时，可以按 Ctrl+F2 键打开【AutoCAD 文本窗口】窗口用文本编辑的方法进行编辑，如图 1-10 所示。AutoCAD 文本窗口和命令行窗口相似，可以显示当前 AutoCAD 进程中命令的输入和执行过程。在执行 AutoCAD 某些命令时，系统会自动切换到文本窗口，并列出有关信息。

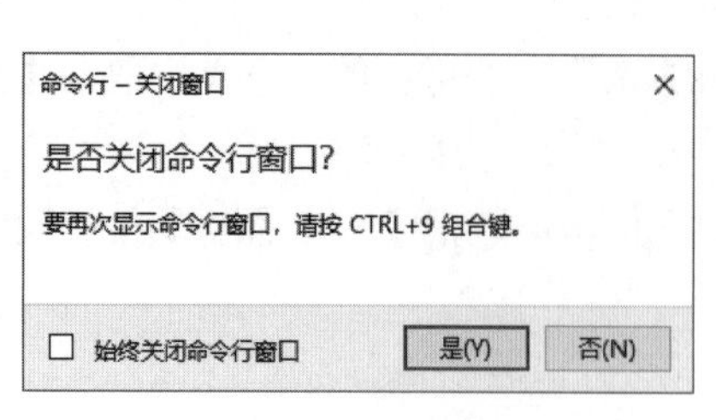

图 1-9 【命令行-关闭窗口】对话框

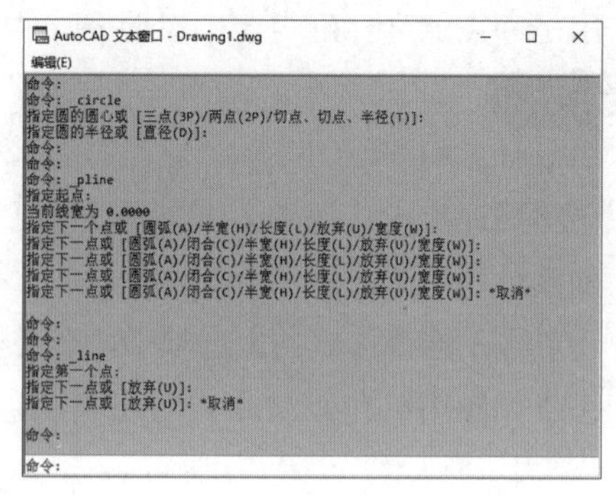

图 1-10 【AutoCAD 文本窗口】窗口

(5) AutoCAD 通过命令行窗口反馈各种信息，也包括错误提示信息。因此，用户要时刻关注在命令行窗口中出现的信息。

10. 十字光标

在 AutoCAD 绘图区中，有一个作用类似光标的“十”字线，其交点坐标反映了光标在当前坐标系中的位置。在 AutoCAD 中，将该“十”字线称为十字光标。

视频讲解

【例 1-3】通过【选项】对话框设置绘图区中十字光标的大小，如图 1-11 所示。

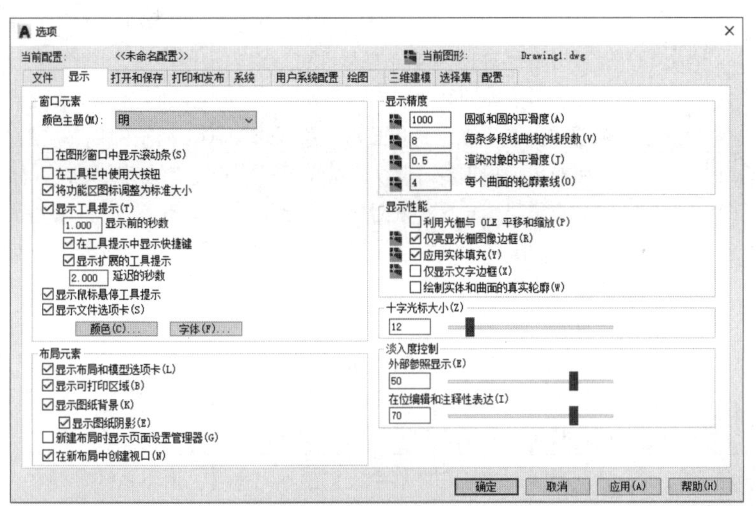

扫一扫，看视频

图 1-11 【选项】对话框的【显示】选项卡

11. 状态栏

状态栏如图 1-12 所示，其用来显示 AutoCAD 的当前状态，如当前光标的坐标、命令和按钮的说明等。

4164.6296, 1241.5141, 0.0000 模型 1:1 小数

图 1-12 状态栏

状态栏中各按钮和区域的功能说明如表 1-1 所示。

表 1-1 AutoCAD 状态栏各按钮和区域的功能说明

功能名称	图　标	功能说明
坐标	2518.3785, 990.2180, 0.0000	显示工作区鼠标放置点的坐标
模型空间	模型	在模型空间与布局空间之间进行切换
栅格	#	栅格是由覆盖整个用户坐标系(UCS)XY 平面的直线或点组成的矩形图案。使用栅格类似于在图形下放置一张坐标纸，利用栅格可以对齐对象并直观显示对象之间的距离
捕捉模式	⁝⁝⁝	激活【捕捉模式】按钮后，当光标移动到对象的对象捕捉位置时，系统将显示标记和工具提示
推断约束		自动在正在创建或编辑的对象与对象捕捉的关联对象或点之间应用约束
动态输入		在光标附近显示一个提示框(称为“工具提示”)，工具提示中显示对应的命令提示和光标的当前坐标值

(续表)

功能名称	图　标	功能说明
正交模式		将光标限制在水平或垂直方向上移动，便于精确地创建和修改对象，当创建或移动对象时，可以使用正交模式将光标限制在相对于用户坐标系(UCS)的水平或垂直方向上
极轴追踪		激活【极轴追踪】按钮后，光标将按指定角度进行移动。创建或修改对象时，可以使用“极轴追踪”来显示由指定的极轴角度所定义的临时对齐路径
等轴测草图		通过设定“等轴测捕捉/栅格”可以很容易地沿 3 个等轴测平面之一对齐对象。尽管等轴测图形看似三维图形，但它实际上是二维表示。因此，不能期望提取三维距离和面积、从不同视点显示对象或自动消除隐藏线
对象捕捉追踪		使用对象捕捉追踪，可以沿着基于对象捕捉点的对齐路径进行追踪。已获取的点将显示一个小加号(+)，一次最多可以获取 7 个追踪点。获取点之后，在绘图路径上移动光标，将显示相对于获取点的水平、垂直或极轴对齐路径。例如，可以基于对象端点、中点或者对象的交点，沿着某一个路径选择一点
二维对象捕捉		使用执行对象捕捉设置(也称为对象捕捉)，可以在对象上的精确位置指定捕捉点。选择多个选项后，将应用选定的捕捉以返回距离靶框中心最近的点。按 Tab 键则在这些选项之间循环
线宽		分别显示对象所在图层中设置的不同宽度，而不是统一线宽
透明度		使用该命令，调整绘图对象显示的明暗程度
选择循环		当一个对象与其他对象彼此接近或重叠时，准确地选择某一个对象比较困难，使用【选择循环】功能，然后单击鼠标左键，将弹出【选择集】列表框，其中列出了单击时周围的图形对象，用户可以选择所需的对象
三维对象捕捉		三维中的对象捕捉与在二维中工作的方式类似，不同之处在于在三维中可以投影对象捕捉
动态 UCS		激活【动态 UCS】选项后，在创建对象时将使 UCS 的 XY 平面自动与实体模型上的平面临时对齐
选择过滤		根据对象特性或对象类型对选择集进行过滤。当激活【过滤选择】功能时，系统将只选择满足指定条件的对象，其他对象将被排除在选择集之外
小控件		帮助用户沿三维轴或平面移动、旋转或缩放一组对象
注释可见性		当激活【注释可见性】图标时，表示显示所有比例的注释性对象；反之，表示仅显示当前比例的注释性对象
自动缩放		注释比例更改时，自动将比例添加到注释对象
注释比例	1:1	单击【注释比例】图标右侧的▼按钮将弹出注释比例列表，用户可以在该列表中选择适当的注释比例
切换工作空间		切换工作空间
注释监视器		打开仅用于所有事件或模型文档事件的注释监视器
单位	小数	指定线性和角度单位的格式和小数位数
快捷特性		控制快捷特性面板的使用与禁用
锁定用户界面		激活【锁定用户界面】选项，可锁定工具栏、面板、可固定窗口的位置和大小

(续表)

功能名称	图　标	功能说明
隔离对象		当选择隔离对象时，在当前视图中显示选定对象，所有其他对象都被暂时隐藏；当选择隐藏对象时，系统在当前视图中暂时隐藏选定对象，所有其他对象都可见
图形性能		设定图形卡的驱动程序以及设置硬件加速的选项
全屏显示		激活【全屏显示】选项，可以清除操作界面中的标题栏、功能区、选项板等界面元素，使绘图区全屏显示，如图 1-13 所示
自定义		状态栏可以提供重要信息，而无须中断工作流。使用 MODEMACRO 系统变量可将应用程序所能识别的大多数数据显示在状态栏中。使用该系统变量的计算、判断和编辑功能可以完全按照用户的要求构造状态栏

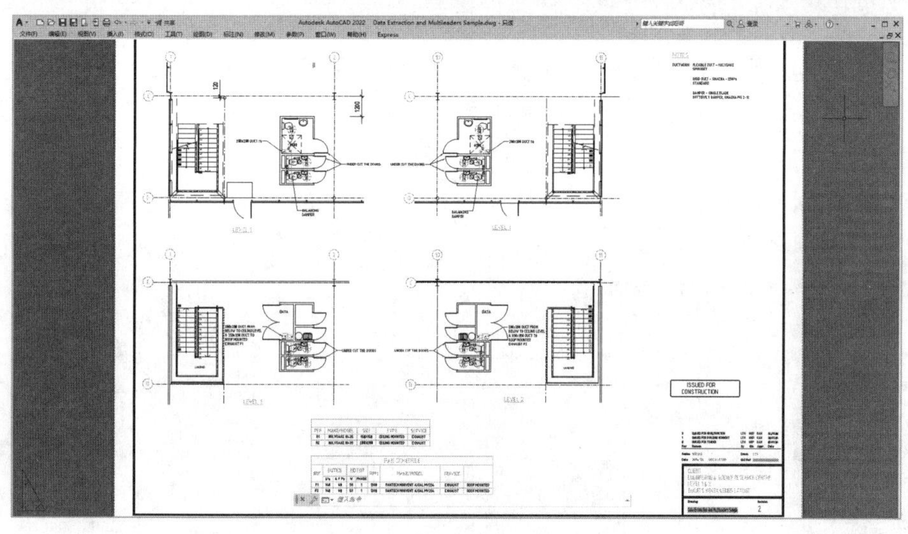

图 1-13　全屏显示

1.2　设置绘图环境

通常情况下，用户安装好中文版 AutoCAD 软件后就可以在默认设置下绘制图形。但有时为了使用特殊的定点设备、打印机，或提高绘图效率，需要在绘制图形前先对系统参数、绘图环境进行必要的设置。

1.2.1　设置图形单位

在 AutoCAD 中，用户可以采用 1:1 的比例因子绘图，因此所有的直线、圆和其他对象都可以以真实大小来绘制。例如，如果一个零件长 200cm，那么可以按 200cm 的真实大小来绘制，在需要打印图形时，再将图形按图纸大小进行缩放。

执行方式

- ❑ 命令行：DDUNITS(或 UNITS，快捷命令：UN)。
- ❑ 菜单栏：执行【格式】|【单位】命令。

操作过程

执行上述命令后，系统将打开如图 1-14 所示的【图形单位】对话框。该对话框用于设置绘图时使用的长度单位、角度单位，以及单位的显示格式和精度等参数。

选项说明

在【图形单位】对话框中，各选项的功能说明如下。

(1) 【长度】和【角度】选项组：指定测量的长度与角度的当前单位及当前单位的精度。

(2) 【插入时的缩放单位】下拉列表：控制插入当前图形中的块和图形的测量单位。如果块或图形创建时使用的单位与该选项指定的单位不同，则在插入这些块或图形时，将对其按比例进行缩放。插入比例是原块或图形使用的单位与目标图形使用的单位之比。如果插入块时不按指定单位缩放，则在其下拉列表中选择【无单位】选项。

(3) 【输出样例】选项组：显示用当前单位和角度设置的例子。

(4) 【光源】选项组：控制当前图形中光度控制光源的强度的测量单位。为创建和使用光度控制光源，必须从下拉列表中指定非“常规”的单位。如果【插入时的缩放单位】设置为【无单位】，则系统将显示警告信息，通知用户渲染输出可能不正确。

(5) 【方向】按钮：单击该按钮，系统将打开图 1-15 所示的【方向控制】对话框，在该对话框中可以进行方向控制设置。默认情况下，角度的 0° 方向是指向右(即正东方或 3 点钟)的方向，如图 1-16 所示。逆时针方向为角度增加的正方向。

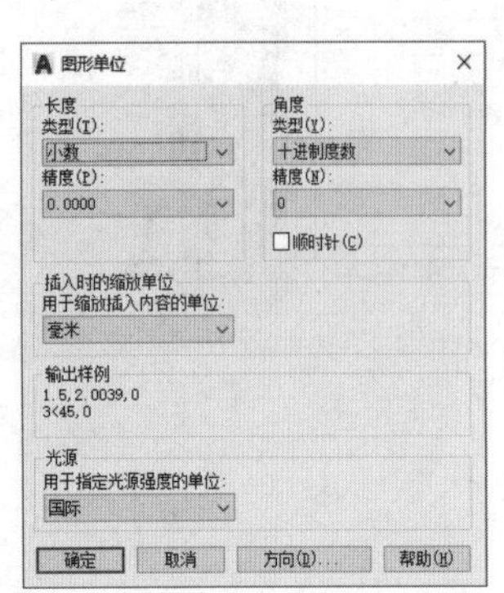

图 1-14 【图形单位】对话框

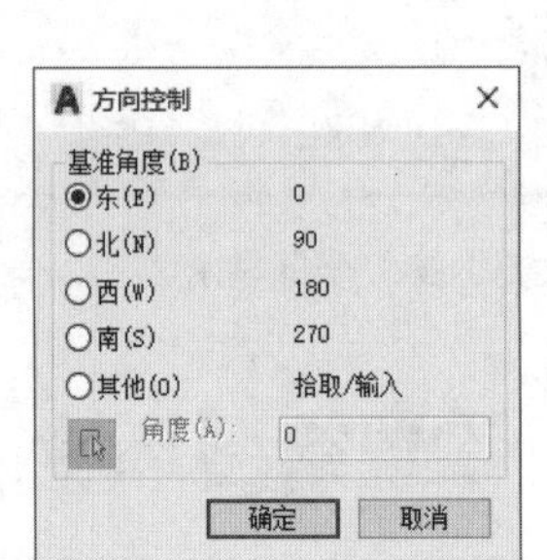

图 1-15 【方向控制】对话框

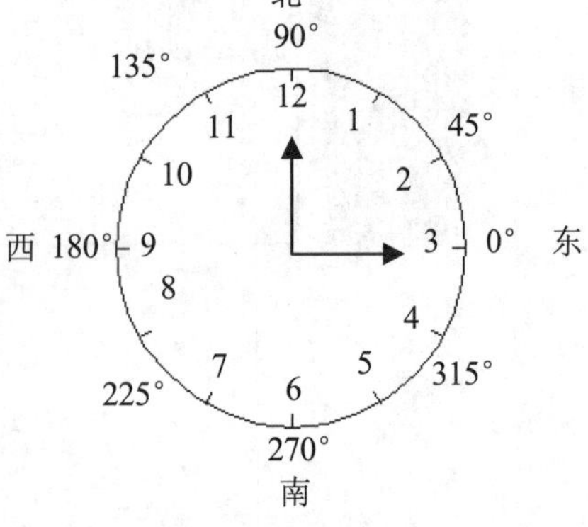

图 1-16 默认的 0° 角方向

在【方向控制】对话框中选中【其他】单选按钮，则可以单击【拾取角度】按钮，切换到图形窗口中，通过拾取两个点来确定基准角度的 0° 方向。

1.2.2 设置图形界限

绘图界限用于标明用户的工作区域和图纸的边界。为了便于用户准确地绘制和输出图形，避免绘制的图形超出某个范围，用户需要在 AutoCAD 中设置图形界限。

执行方式

- ❑ 命令行：LIMITS。
- ❑ 菜单栏：执行【格式】|【图形界限】命令。

操作过程

```
命令: LIMITS↙
重新设置模型空间界限:
指定左下角点或 [开(ON)/关(OFF)] <0.0000,0.0000>: 0,0↙(输入图形边界左下角的坐标后按 Enter 键)
指定右上角点 <420.0000,297.0000>: 297,210↙(输入图形边界右上角的坐标后按 Enter 键)
```

选项说明

(1) 开(ON)：使图形界限有效。系统在图形界限以外拾取的点将视为无效。

(2) 关(OFF)：使图形界限无效。用户可以在图形界限以外拾取点或实体。

(3) 动态输入角点坐标：可以直接在绘图区的动态文本框中输入角点坐标，输入横坐标值后，按“,”(英文状态)键，接着输入纵坐标值，如图 1-17 所示；也可以在光标位置直接单击，确定角点位置。

图 1-17　动态输入角点坐标

视频讲解

【例 1-4】以图纸左下角点(100,100)和右上角点(500,400)为图限范围，设置图纸的图形界限，并使用栅格显示图限区域，如图 1-18 所示。

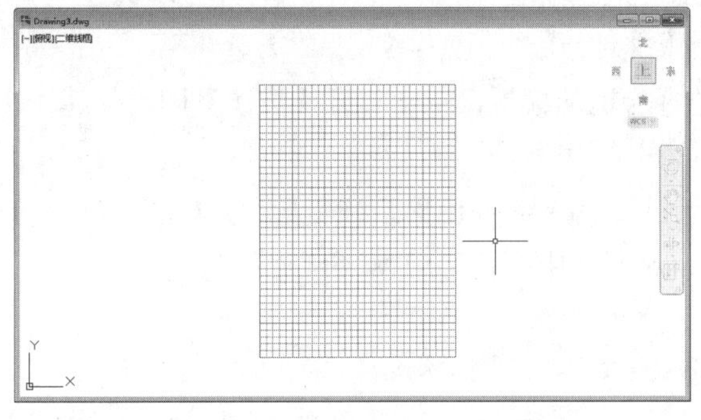

图 1-18　设置图纸的图形界限并使用栅格显示

扫一扫，看视频

技巧点拨

在命令行中输入坐标时，应检查输入法是否为英文输入状态。若输入法当前为中文输入状态，所输入的坐标(例如输入“100，80”)则由于逗号“，”的原因，AutoCAD 会判定该坐标输入无效。此时，只需将输入法切换为英文输入状态并重新输入即可。

1.3　文件管理

在 AutoCAD 中有关文件管理的基本操作包括新建文件、打开已有文件、保存文件、删除文件等。这些都是学习 AutoCAD 过程中必须掌握的基础知识。

1.3.1 新建文件

在 AutoCAD 中，用户可以通过命令行、菜单栏、工具栏、快捷键和默认界面等多种途径创建图形文件。

执行方式

- ❑ 命令行：NEW 或 QNEW。
- ❑ 菜单栏：执行【文件】|【新建】命令。
- ❑ 工具栏：单击【标准】工具栏中的【新建】按钮，或单击快速访问工具栏中的【新建】按钮。
- ❑ 快捷键：Ctrl+N。
- ❑ 默认界面：单击图 1-1 所示 AutoCAD 默认界面中的【新建】按钮。

操作过程

执行上述命令后，AutoCAD 将打开图 1-19 所示的【选择样板】对话框，在该对话框中有 3 种格式的图形样板文件，文件扩展名分别是 dwt、dwg、dws。一般情况下，dwt 文件是标准的样板文件，通常将一些规定的标准性的样板文件设为 dwt 文件；dwg 文件是普通的样板文件；而 dws 文件是包含标准图层、标注样式、线型和文字样式的样板文件。

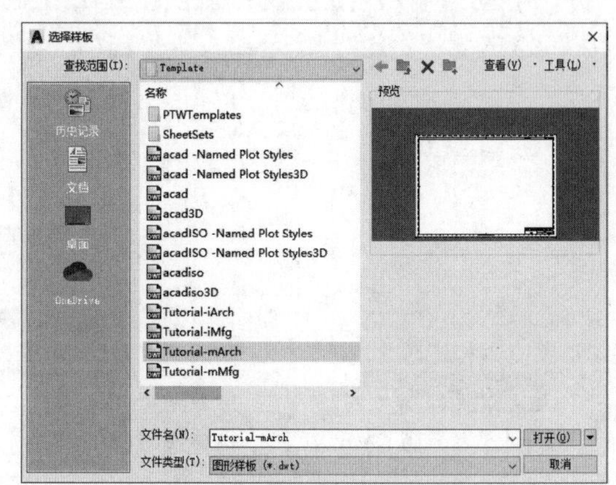

图 1-19 【选择样板】对话框

在【选择样板】对话框中选择合适的模板，单击打开【按钮】即可新建一个图形文件。

视频讲解

【例 1-5】通过在命令行执行 FILEDIA 命令设置系统变量，并在图 1-20 所示的【选项】对话框中设置默认样板文件，实现在 AutoCAD 中执行 QNEW 命令快速创建图形文件。

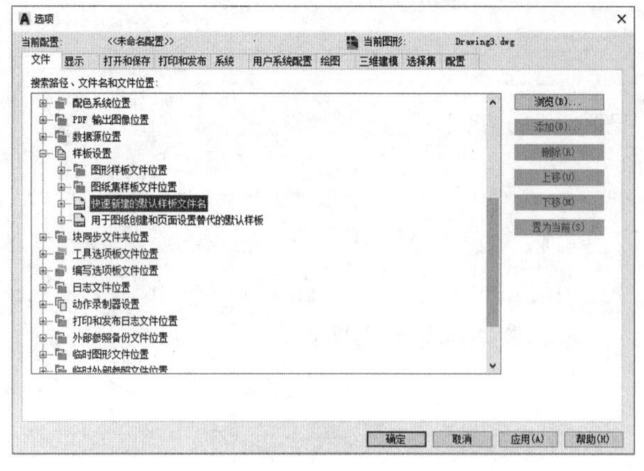

图 1-20 【选项】对话框的【文件】选项卡

扫一扫，看视频

技巧点拨

AutoCAD 最常用的模板文件有两个：一个是 acad.dwt；另一个是 acadiso.dwt。前一个是英制模板文件，后一个则是公制模板文件。

1.3.2　保存文件

在 AutoCAD 中，可以使用多种方法将所绘图形以文件形式存入磁盘。

执行方式

- ❑ 命令行：QSAVE(或 SAVE)。
- ❑ 菜单栏：执行【文件】|【保存】命令。
- ❑ 工具栏：单击快速访问工具栏中的【保存】按钮，或单击【标准】工具栏中的【保存】按钮。
- ❑ 快捷键：Ctrl+S。

操作过程

执行以上操作后，若当前图形文件已命名，则系统将自动保存文件；若当前文件未命名(系统默认名 Drawing1.dwg)，则 AutoCAD 将打开【图形另存为】对话框，用户可以重命名并保存图形文件。

实例讲解

扫一扫，看视频

【例 1-6】在 AutoCAD 中设置自动保存图形文件。

❶ 在命令行执行 SAVEFILEPATH 命令设置自动保存文件位置。

❷ 在命令行执行 SAVEFILE 命令设置自动保存文件名。

❸ 在命令行执行 SAVETIME 命令设置自动保存文件时间。

技巧点拨

AutoCAD 平均每年推出一个新版本，其文件格式并不是每年都改变，而是大约每 3 年改变一次。为了让使用低版本 AutoCAD 软件的用户能够正常使用 CAD，可以将图形文件保存为低版本文件。

1.3.3　另存文件

已保存的文件可以将其另存为新的文件名。

执行方式

- ❑ 命令行：SAVEAS。
- ❑ 菜单栏：执行【文件】|【另存为】命令。
- ❑ 工具栏：单击快速访问工具栏中的【另存为】按钮。

操作过程

执行以上操作后，打开图 1-21 所示的【图形另存为】对话框，将文件重命名并保存。

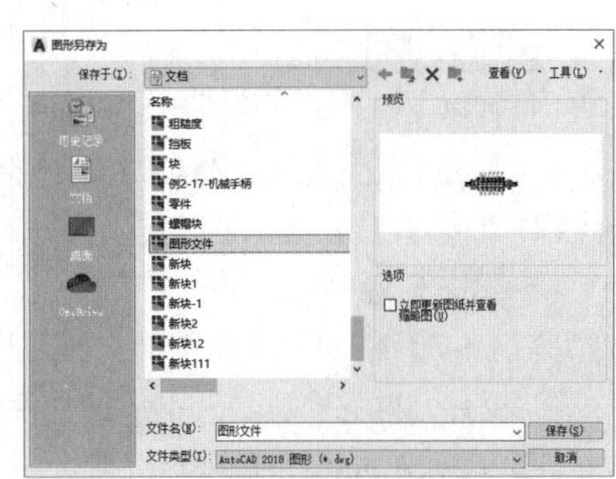

图 1-21 【图形另存为】对话框

1.3.4　打开文件

用户可以使用 AutoCAD 打开之前保存的文件继续编辑，也可以打开其他用户保存的文件进行学习或借用图形。

执行方式

- ❑ 命令行：OPEN。
- ❑ 菜单栏：执行【文件】|【打开】命令。
- ❑ 工具栏：单击【标准】工具栏中的【打开】按钮，或单击快速访问工具栏中的【打开】按钮。
- ❑ 快捷键：Ctrl+O。

操作过程

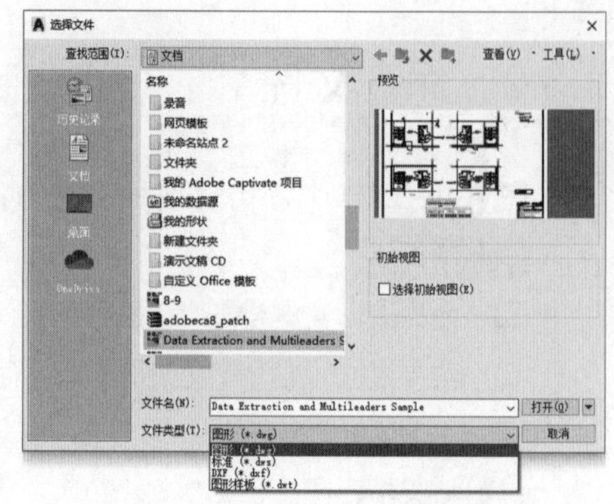

图 1-22 【选择文件】对话框

执行以上操作后，AutoCAD 将打开图 1-22 所示的【选择文件】对话框，在该对话框的【文件类型】下拉列表中，可以选择扩展名为 dwg、dwt、dxf、dws 的文件。其中扩展名为 dws 的文件是包含标准图层、标注样式、线型和文字样式的样板文件；扩展名为 dxf 的文件是用文本形式存储的图形文件，能够被其他程序读取，许多第三方应用软件都支持“dxf”文件。

在【选择文件】对话框中选择需要打开的图形文件后，单击【打开】按钮即可打开图形文件。

技巧点拨

高版本的 AutoCAD 软件可以打开低版本的 dwg 文件，但低版本的 AutoCAD 软件则无法打开高版本 dwg 文件。

1.3.5 退出 AutoCAD

图形绘制完成后，如果不继续绘制可以直接退出 AutoCAD。

执行方式

- ❑ 命令行：QUIT 或 EXIT。
- ❑ 菜单栏：执行【文件】|【关闭】命令。
- ❑ 按钮：单击 AutoCAD 操作界面右上角的【关闭】按钮。

操作过程

执行以上操作后，若用户对图形所做的修改尚未保存，则会打开提示对话框询问是否保存图形文件，单击【是】按钮，AutoCAD 将会保存图形文件并退出；单击【否】按钮，系统将不保存图形文件直接退出。

实例讲解

【例 1-7】 AutoCAD 中图形文件的基本管理操作包括新建、打开、保存、退出等。练习操作一个图形文件，熟悉扩展名为 dwg 的文件的各种操作方法。

❶ 启动 AutoCAD 软件后，新建一个图形文件。

❷ 尝试在新建图形上绘制任意图线。

❸ 将创建的图形文件保存在本地磁盘中。

❹ 退出图形文件后，将其重新打开。

❺ 将图形文件以新的名称另存。

扫一扫，看视频

1.4　基本输入操作

掌握基本的输入操作方法，是使用 AutoCAD 进行绘图的基础，也是进一步深入学习 AutoCAD 功能的前提。

1.4.1　命令输入方式

在 AutoCAD 中进行交互绘图必须输入必要的命令和参数。下面以绘制一条直线为例，介绍命令输入方式。

(1) 在命令行窗口输入命令。在命令行输入命令时，命令可不区分大小写。例如，命令：LINE↙。执行命令时，在命令提示中经常会出现命令选项。在命令行输入绘制直线命令 LINE 后，命令行提示与操作如下。

```
命令: LINE↙
指定第一个点:(在绘图区指定一点或输入一个点的坐标)
指定下一点或 [放弃(U)]:
```

命令行中不带括号的提示为系统默认选项(如上面的“指定第一个点”)，因此可以直接输入直线的起点坐标或在绘图区指定一点。如果要选择其他选项，则应首先输入该选项的标识字符，如“放弃”选项的标识字符“U”，然后按 AutoCAD 提示输入数据即可。在命令选项的后面有时还带有尖括号，尖括号内的数值为默认数值。

(2) 在命令行窗口输入命令缩写，如 L(LINE)、C(CIRCLE)、A(ARC)、DO(DONUT)、CO(COPY)、Z(ZOOM)、DIV(DIVIDE)、REC(RECTAMH)、POL(POLYGON)等。

(3) 选择【绘图】菜单中的命令。选择【绘图】菜单栏中的命令，在命令行中可以看到对应的命令说明及命令名。

(4) 单击【绘图】工具栏中的按钮。单击【绘图】工具栏中对应的按钮，在命令行中也可以看到对应的命令说明及命令名。

(5) 在绘图区打开快捷菜单。如果在之前的操作中使用过要输入的命令，可以在绘图区中右击鼠标，在打开的快捷菜单中选择【最近的输入】命令，从弹出的子菜单中可以选择最近常用的命令，如图 1-23 所示。【最近的输入】子菜单中存储 AutoCAD 最近执行过的命令，在绘图中如果需要经常重复执行某个命令，这种方法比较便捷。

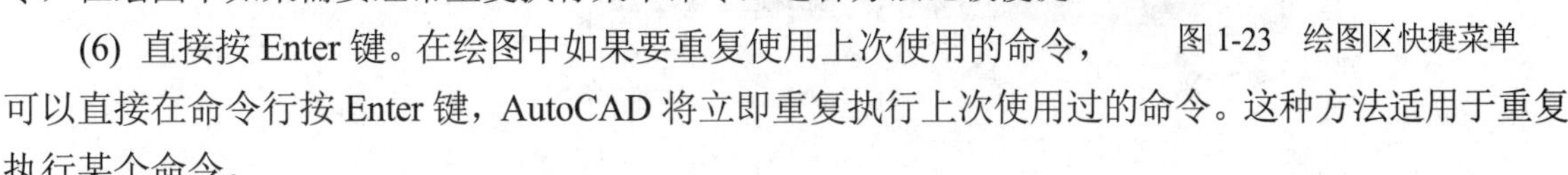

图 1-23　绘图区快捷菜单

(6) 直接按 Enter 键。在绘图中如果要重复使用上次使用的命令，可以直接在命令行按 Enter 键，AutoCAD 将立即重复执行上次使用过的命令。这种方法适用于重复执行某个命令。

1.4.2　命令的重复、撤销和重做

在绘图的过程中经常会重复使用相同命令或者用错命令，此时就需要通过重复、撤销和重做命

令来提高工作效率。

1. 重复命令

按 Enter 键，可以重复上一个命令(无论上一个命令是执行完成还是被取消)。

2. 撤销命令

在 AutoCAD 命令执行的过程中可以取消或终止命令。

执行方式

- ❑ 命令行：UNDO。
- ❑ 菜单栏：执行【编辑】|【放弃】命令。
- ❑ 工具栏：单击快速访问工具栏中的【放弃】按钮，或单击【标准】工具栏中的【放弃】按钮。
- ❑ 快捷键：Esc。

3. 重做命令

被撤销命令可以恢复重做。

执行方式

- ❑ 命令行：REDO(快捷命令：RE)。
- ❑ 菜单栏：执行【编辑】|【重做】命令。
- ❑ 工具栏：单击快速访问工具栏中的【重做】按钮，或单击【标准】工具栏中的【重做】按钮。
- ❑ 快捷键：Ctrl+Y。

视频讲解

【例 1-8】通过图 1-24 所示的【自定义用户界面】对话框设置快速执行【重做】命令的快捷键。

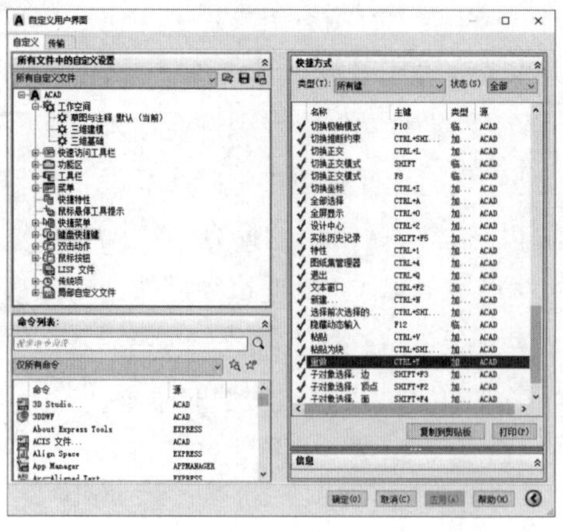

扫一扫，看视频

图 1-24　自定义【重做】命令快捷键

技巧点拨

AutoCAD 可以一次执行多重放弃和重做操作。单击快速访问工具栏中的【放弃】按钮和【重做】按钮后的▼按钮，可以在弹出的下拉列表中选择要放弃或重做的操作。

1.4.3　命令执行方式

在 AutoCAD 中，有的命令有两种执行方式，即通过对话框或命令行输入命令。如果指定使用命令行方式，就可以在命令名前加短横线来表示，如输入-LAYER 表示用命令行方式执行【图层】命令，而如果在命令行输入 LAYER，系统则会打开【图层特性管理器】选项板。

此外，AutoCAD 中有些命令同时存在命令行、菜单栏、工具栏和功能区 4 种执行方式，这时如果选择菜单栏、工具栏或功能区方式，命令行就会显示该命令，并在前面加下画线。例如，通过菜单栏、工具栏或功能区方式执行【直线】命令时，命令行会显示_line。

1.4.4　数据输入方法

在 AutoCAD 中，点的坐标可以用直角坐标、极坐标、球面坐标和柱面坐标表示，每一种坐标又分别具有两种坐标输入方式，即绝对坐标和相对坐标。其中，直角坐标和极坐标最为常用。直角坐标是指用点的 X、Y 坐标值表示的坐标，极坐标是指用长度和角度表示的坐标。下面介绍两种坐标的具体输入方法。

1. 直角坐标法

例如，在命令行中输入点的坐标“28,13”，则表示输入了一个 X、Y 的坐标值分别为 28、13 的点，这是绝对坐标输入方式，表示该点的坐标是相对于当前坐标原点的坐标值，如图 1-25(a)所示。如果输入“@8,17”，则为相对坐标输入方式，表示该点的坐标是相对于前一点的坐标值，如图 1-25(b)所示。

2. 极坐标法

极坐标法只能用来表示二维点的坐标。

(1) 在绝对坐标输入方式下，表示为“长度<角度”，如“28<35”，其中，长度表示该点到坐标原点的距离，角度表示该点到原点的连线与 X 轴正向的夹角，如图 1-25(c)所示。

(2) 在相对坐标输入方式下，表示为“@长度<角度”，如“@23<50”，其中长度为该点到前一点的距离，角度为该点至前一点的连线与 X 轴正向的夹角，如图 1-25(d)所示。

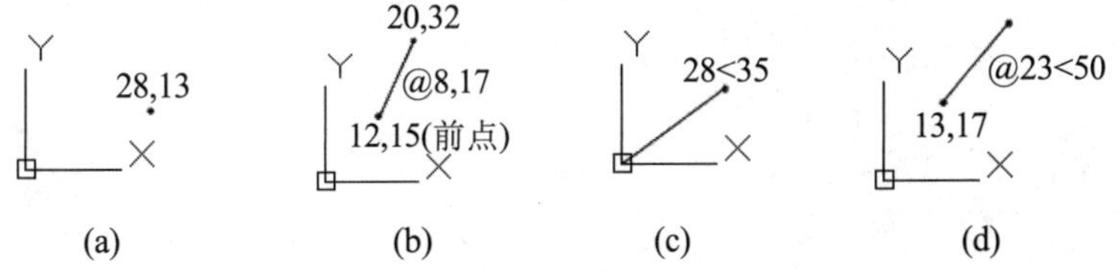

图 1-25　AutoCAD 中数据的输入方法

3. 动态输入数据

激活状态栏中的【动态输入】选项，系统将打开动态输入功能，可以在绘图区动态地输入某些参数数据。例如，绘制直线时，在光标附近会动态地显示“指定第一个点:”，以及后面的坐标框。当前坐标框中显示的是目前光标所在位置，可以输入数据，两个数据之间以逗号隔开，如图 1-26

所示。指定第一点后，系统动态显示直线的角度，同时要求输入线段长度值，如图 1-27 所示，其输入效果与“@长度<角度”方式相同。

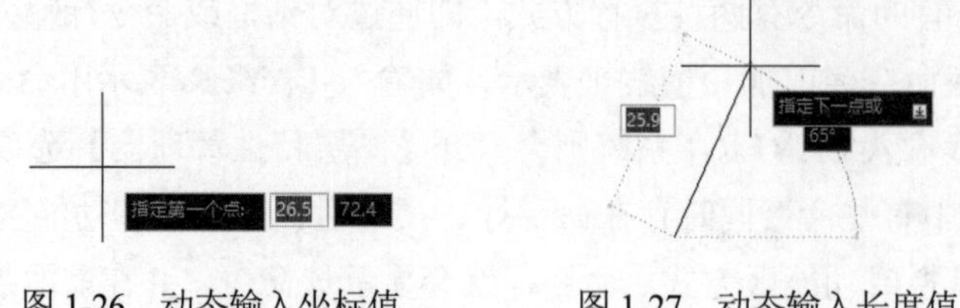

图 1-26　动态输入坐标值　　　　图 1-27　动态输入长度值

4. 点的输入

在绘图时经常需要输入点的位置，AutoCAD 提供了多种输入点的方式。

(1) 用键盘直接在命令行输入点的坐标。直角坐标有两种输入方式：“x,y”(点的绝对坐标值，如 100,50)和“@x,y”(相对于上一点的相对坐标值，如“@15,−20”)。

极坐标的输入方式为“长度<角度”(其中，长度为点到坐标原点的距离，角度为原点至该点连线与 X 轴的正向夹角，如“25<38”)或“@长度<角度”(相对于上一点的相对极坐标，如“@55<−28”)。

(2) 用鼠标等定点设备移动光标，在绘图区单击直接取点。

(3) 用目标捕捉方式捕获绘图区已有图形的特殊点(如端点、中点、中心点、插入点、交点、切点、垂足点等)。

(4) 直接输入距离。先拖动出直线以确定方向，然后用键盘输入距离，这样有利于准确控制对象的长度。

(5) 距离值的输入。在执行 AutoCAD 命令时，有时需要提供高度、宽度、半径、长度等表示距离的值。AutoCAD 系统提供了两种输入距离值的方式，一种是用键盘在命令行中直接输入数值；另一种是在绘图区选择两点，以两点的距离值确定出所需数值。

1.5　缩放与平移图形

在 AutoCAD 中，用户可以使用多种方法来观察绘图窗口中绘制的图形，如使用缩放和平移命令，可以在绘图区域放大或缩小显示的图形，或者改变观察图形的位置。

1.5.1　实时缩放

使用 AutoCAD 提供的实时缩放功能，用户可以通过垂直向上或向下移动光标来放大或缩小图形。

执行方式

- 命令行：ZOOM。
- 菜单栏：执行【视图】|【缩放】|【实时】命令。
- 工具栏：单击【标准】工具栏中的【实时缩放】按钮。

操作过程

执行以上操作后，将光标置于绘图区，然后按住鼠标左键向上或向下移动，或者滑动鼠标中键，就可以实时放大或缩小图形。

在菜单栏的【视图】|【缩放】子菜单(如图 1-28 所示)和【标准】工具栏的【缩放】列表(如图 1-29 所示)，以及【缩放】工具栏(如图 1-30 所示)中，还有一些类似的【缩放】命令(包括【窗口】【动态】【比例】【中心】【对象】【放大】【缩小】【全部】【范围】命令)，用户可以自行操作体会，这里不再一一阐述。

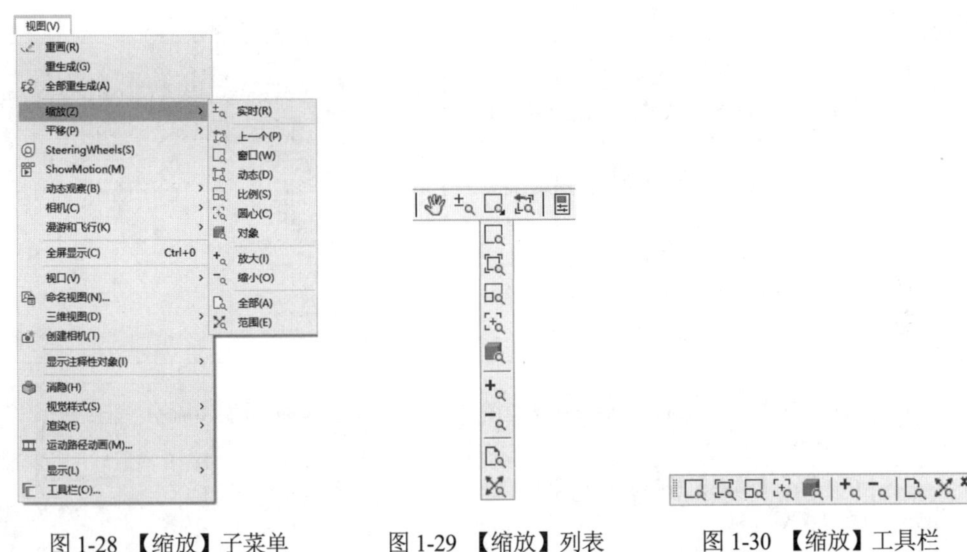

图 1-28 【缩放】子菜单　　图 1-29 【缩放】列表　　图 1-30 【缩放】工具栏

1.5.2 实时平移

通过实时平移视图，可以重新定位图形，以便看清图形的其他部分。此时不会改变图形中对象的位置或比例，只改变视图。

执行方式

- ❑ 命令行：PAN。
- ❑ 菜单栏：执行【视图】|【平移】|【实时】命令。
- ❑ 工具栏：单击【标准】工具栏中的【实时平移】按钮。
- ❑ 快捷菜单：在绘图区中右击鼠标，从弹出的快捷菜单中选择【平移】命令。

操作过程

执行以上操作后进入实时平移状态，绘图区光标变为，此时按住鼠标左键移动即可平移图形。在实时平移状态下右击绘图区，将弹出图 1-31 所示的快捷菜单。在该菜单中，AutoCAD 为显示控制命令设置了切换选项。

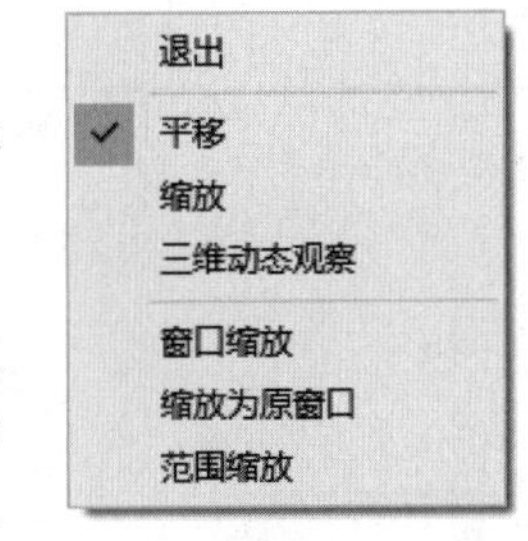

图 1-31　右键快捷菜单

1.6　实践演练

通过学习，读者对本章所介绍的内容有了大致的了解。本节将通过表 1-2 所示的几个实践操作，帮助读者进一步掌握本章的知识要点。

表 1-2　实践演练操作要求

实践名称	操作要求	效　果
设置明界面	(1) 右击绘图区，从弹出的快捷菜单中选择【选项】命令； (2) 打开【选项】对话框，选择【显示】选项卡； (3) 单击【颜色主题】下拉按钮，选择【明】选项，然后单击【确定】按钮	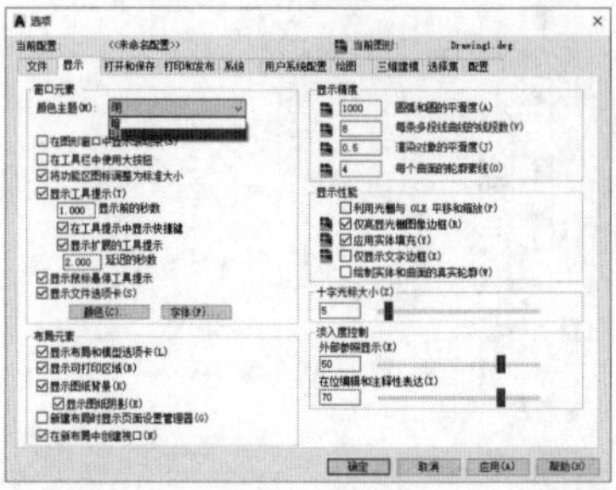
设置绘图区颜色	(1) 打开【选项】对话框后选择【绘图】选项卡； (2) 单击【颜色】按钮，打开【图形窗口颜色】对话框； (3) 设置二维模型空间的统一背景颜色为“白”，然后单击【应用并关闭】按钮	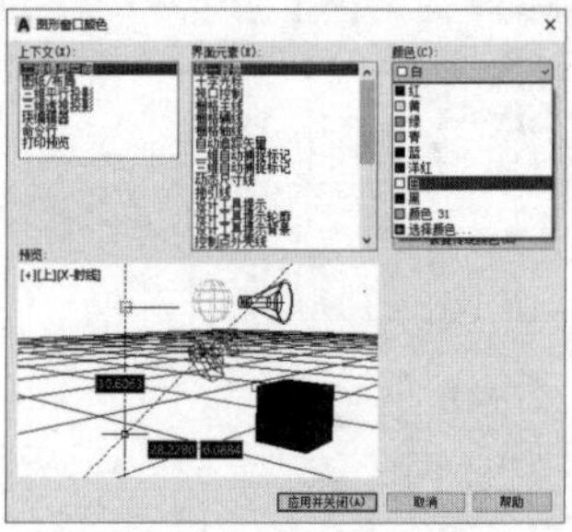
绘制三视图	(1) 新建一个空白图形文件； (2) 在菜单栏选择【绘图】|【直线】命令，绘制三视图； (3) 保存绘制的图形	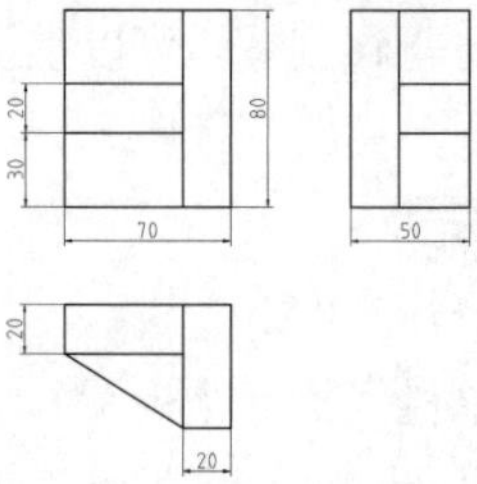

1.7　拓展练习

扫描二维码，获取更多 AutoCAD 习题。

扫一扫，做练习

第2章　简单二维绘图命令

内容简介

任何复杂的图形都可以分解成简单的点、线、面等基本图形。使用【绘图】菜单中的命令，可以方便地绘制出点、直线、圆、圆弧、多边形、圆环等简单的二维图形。二维图形的形状都很简单，创建起来也很容易，它们是整个 AutoCAD 的绘图基础。因此，用户只有熟练地掌握它们的绘制方法和技巧，才能够更好地绘制出复杂的二维图形。

内容要点

- ❑ 直线类命令
- ❑ 圆类命令
- ❑ 点类命令
- ❑ 平面图形

2.1　直线类命令

图形由对象组成，可以使用定点设备指定点的位置或者在命令行输入坐标值来绘制对象。在 AutoCAD 中，直线、构造线和射线是最简单的一组线性对象。

2.1.1　直线段

直线段是各种绘图中最常用、最简单的一类图形对象，只要指定了起点和终点即可绘制一条直线。在 AutoCAD 中，可以用二维坐标(x,y)或三维坐标(x,y,z)来指定端点，也可以混合使用二维坐标和三维坐标(如果输入二维坐标，AutoCAD 将会用当前的高度作为 Z 轴坐标值，默认值为 0)。

执行方式

- ❑ 命令行：LINE(快捷命令：L)。
- ❑ 菜单栏：执行【绘图】|【直线】命令。
- ❑ 工具栏：单击【绘图】工具栏中的【直线】按钮。
- ❑ 功能区：选择【默认】选项卡，单击【绘图】面板中的【直线】按钮。

操作过程

命令:LINE↙
指定第一个点: 输入直线段的起点坐标或在绘图区中单击指定一点
指定下一点或 [放弃(U)]: 输入直线段的端点坐标，或单击光标指定一定角度后，直接输入直线长度
指定下一点或 [放弃(U)]: 输入下一直线段的端点，或输入 U 表示放弃前面的输入；单击鼠标右键或按 Enter

键结束命令
指定下一点或[关闭(C) /放弃(U)]: 输入下一直线段的端点，或输入选项“C”使图形闭合，结束命令

选项说明

(1) 输入点坐标时，数值之间的逗号一定要在英文状态下输入，否则会出现错误。

(2) 若按下 Enter 键响应“指定第一个点”提示，系统会将上次绘制图线的终点作为本次图线的起始点。若上次操作为绘制圆弧，按 Enter 键响应后则绘出通过圆弧终点并与该圆弧相切的直线段，该线段的长度为光标在绘图区指定的一点与切点之间的距离。

(3) 在“指定下一点”提示下，用户可以指定多个端点，从而绘出多条直线段。但是，每一条直线段是一个独立的对象，可以进行单独编辑操作。

(4) 绘制两条以上直线后，若采用输入选项 C 响应“指定下一点”提示，系统会自动连接起始点和最后一个端点，从而绘出封闭的图形。

(5) 若采用输入选项 U 响应提示，则删除最近一次绘制的直线段。

(6) 若设置正交方式(激活状态栏中的【正交限制光标】按钮∟)，则只能绘制水平线段或垂直线段。

(7) 若设置动态数据输入方式(激活状态栏中的【动态输入】按钮)，则可以动态输入坐标或长度值，效果与非动态数据输入方式类似。

实例讲解

【例 2-1】使用直线绘制图 2-1 所示的压缩弹簧示意图。

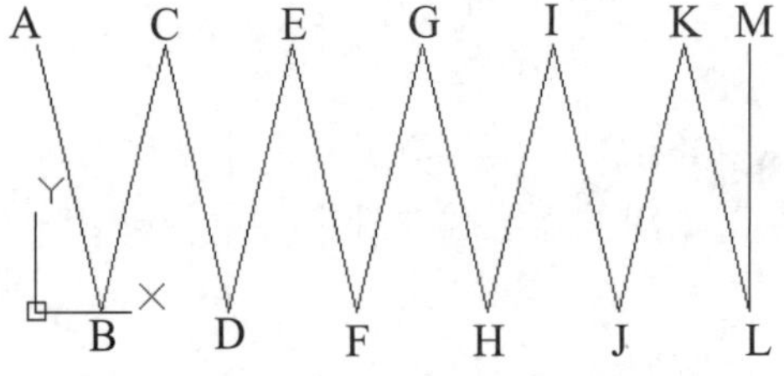

图 2-1　压缩弹簧示意图

扫一扫，看视频

在命令行输入 L，绘制直线，命令行提示与操作如下。

指定第一个点: L↙
指定第一个点: @0,40↙(通过相对坐标确定点 A，后面的相应操作与此类似，确定 B~M 点)
指定下一点或 [放弃(U)]: @10,-40↙
指定下一点或 [放弃(U)]: @10,40↙
指定下一点或[关闭(C)/退出(X)/放弃(U)]: @10,-40↙
指定下一点或[关闭(C)/退出(X)/放弃(U)]: @10,40↙
指定下一点或[关闭(C)/退出(X)/放弃(U)]: @10,-40↙
指定下一点或[关闭(C)/退出(X)/放弃(U)]: @10,40↙
指定下一点或[关闭(C)/退出(X)/放弃(U)]: @10,-40↙
指定下一点或[关闭(C)/退出(X)/放弃(U)]: @10,40↙
指定下一点或[关闭(C)/退出(X)/放弃(U)]: @10,-40↙
指定下一点或[关闭(C)/退出(X)/放弃(U)]: @10,40↙
指定下一点或[关闭(C)/退出(X)/放弃(U)]: @10,-40↙

```
指定下一点或[关闭(C)/退出(X)/放弃(U)]: @0,40↙
指定下一点或[关闭(C)/退出(X)/放弃(U)]: ↙(绘图结束)
```

以上绘图步骤中，各直线段的端点是通过给出一系列相对坐标来确定的。对于按一定规律排列的相同图形，也可以先绘制出其中的一个或几个图形，然后执行 ARRAYRECT 命令，通过阵列方式得到其他图形，也可以执行 COPY 命令，通过复制的方式得到图形(本书将在第 5 章详细介绍)。

巩固练习

绘制图 2-2 所示的三菱标志和粗糙度符号。

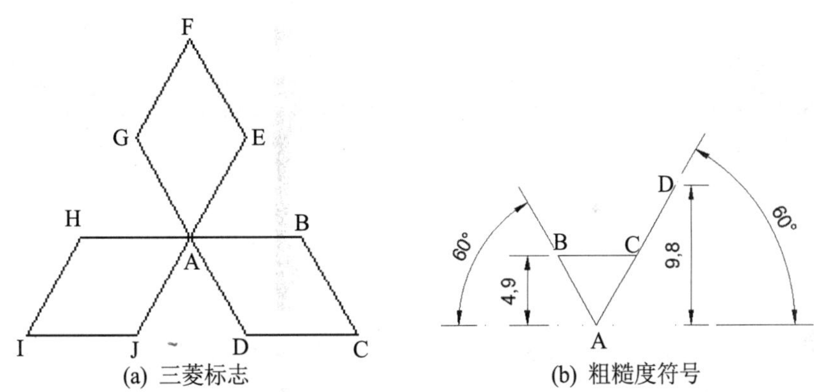

(a) 三菱标志　　(b) 粗糙度符号

图 2-2　绘制图形和符号

思路提示

(1) 绘制三菱标志时，使用“直线”命令在图 2-2(a)中指定第一点 A(200,150)后，依次指定点 B(@60,0)、C(@60<-60)、D(@-60,0)，得到菱形 ABCD。使用相同的方法绘制图中其他菱形。

(2) 绘制粗糙度符号时，使用“直线”命令在图 2-2(b)中指定点 A 位置后，指定点(@0,4.9)绘制一条长度为 4.9 的垂直辅助线，然后以 A 点为起始点分别绘制角度为 60° 和 120° 的斜线 AB 和 AC，并利用辅助线绘制出直线段 BC。使用同样的方法，以点 A 为起始点作垂直辅助线(长度为 9.8)，得到点 D 位置，绘制出粗糙度符号。

实例讲解

【例 2-2】使用动态输入数据的方式绘制五角星图形(参照图 2-3 所示的标注点)。

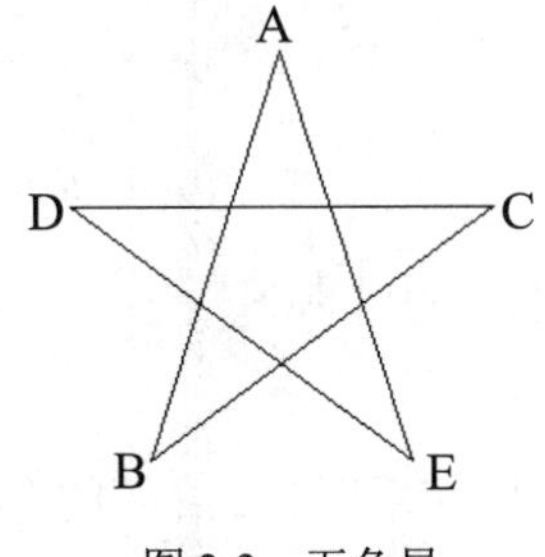

图 2-3　五角星

扫一扫，看视频

❶ 在状态栏中激活【动态输入】按钮后，在命令行中输入 L，在屏幕中显示的动态输入框中输入一点坐标(100,100)，如图 2-4(a)所示。

❷ 向左下角拖动鼠标，在动态输入框中输入长度为 60，按下 Tab 键切换到角度输入框，输入角度为 108，如图 2-4(b)所示，然后按 Enter 键。

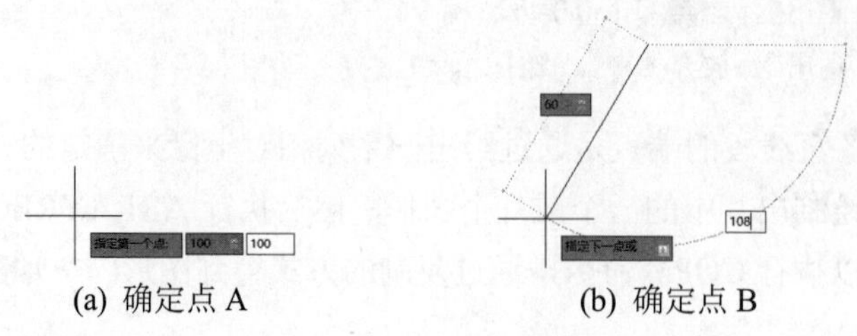

(a) 确定点 A　　(b) 确定点 B

图 2-4　确定点 A 和点 B

❸ 向右上角拖动鼠标，在动态输入框中输入长度为 60，按 Tab 键，输入角度为 36，如图 2-5(a)所示，然后按 Enter 键。

❹ 向左侧拖动鼠标，在动态输入框中输入长度为 60，按 Tab 键，输入角度为 180，如图 2-5(b)所示，然后按 Enter 键。

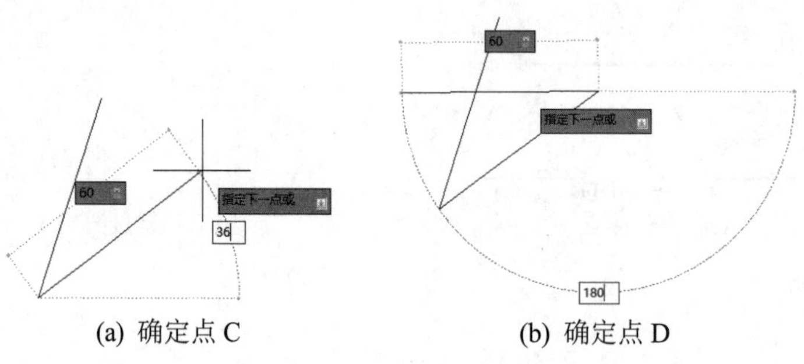

(a) 确定点 C　　(b) 确定点 D

图 2-5　确定点 C 和点 D

❺ 向右下角拖动鼠标，在动态输入框中输入长度为 60，按 Tab 键，输入角度为 36，如图 2-6(a)所示，然后按 Enter 键。

❻ 拖动鼠标捕捉点 A，如图 2-6(b)所示。按空格键(或 Enter、Esc 键)结束绘制。

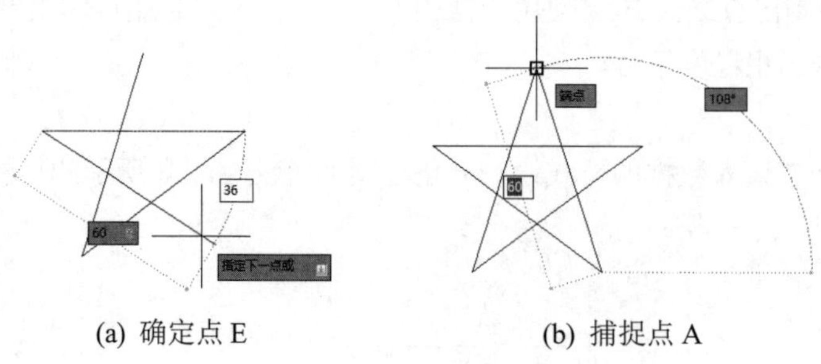

(a) 确定点 E　　(b) 捕捉点 A

图 2-6　确定点 E 和捕捉点 A

技巧点拨

在执行 LINE 命令绘制直线段时，除了可以使用例 2-2 介绍的“动态输入”功能辅助绘图以外，还可以使用以下几个技巧来提高绘图效率。

(1) 绘制水平、垂直直线时，可以激活状态栏中的【正交限制光标】按钮，根据正交方向提示，直接输入下一点的距离即可，如图 2-7 所示。不需要输入“@”符号，使用临时正交模式也可按住 Shift 键不动，在该模式下不能输入命令或数值，但可捕捉对象。

(2) 绘制斜线时，可以激活状态栏中的【按指定角度限制光标】按钮启用“极轴追踪”功能，然后在该按钮上右击鼠标，从弹出的快捷菜单中选择所需的角度选项。此时，图形进入自动捕捉所需角度状态，在此状态下可以大大提高制图时输入直线长度的效率，图 2-8 所示为绘制的斜线效果。

(3) 在捕捉对象时，可以在按住 Shift 键不动的同时右击鼠标，在弹出的快捷菜单中选择【捕捉】命令，然后将光标移动至合适的位置，系统会自动进行某些点的捕捉，如端点、中点、圆切点等，如图 2-9 所示，“捕捉对象”功能可以大大提高绘图的效率。

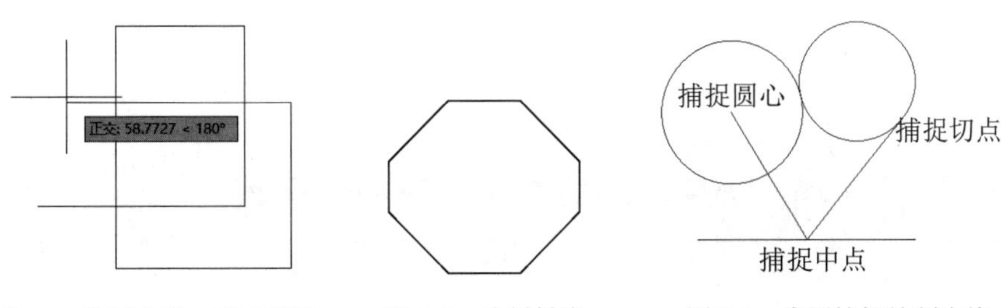

图 2-7　绘制水平、垂直直线　　图 2-8　绘制斜线　　图 2-9　启用捕捉绘制直线

2.1.2　构造线和射线

1. 构造线

构造线为两端可以无限延伸的直线，没有起点和终点，可以放置在三维空间的任何地方，主要用于绘制辅助线。

执行方式

- 命令行：XLINE(快捷命令：XL)。
- 菜单栏：执行【绘图】|【构造线】命令。
- 工具栏：单击【绘图】工具栏中的【构造线】按钮。
- 功能区：选择【默认】选项卡，单击【绘图】面板中的【构造线】按钮。

操作过程

```
命令: XLINE↙
指定点或 [水平(H)/垂直(V)/角度(A)/二等分(B)/偏移(O)]: 指定起点 1
指定通过点: 指定通过点 2，绘制一条双向无限长直线
指定通过点: 继续指定点，继续绘制直线，按 Enter 键结束命令
```

选项说明

(1) 执行选项中有【指定点】【水平】【垂直】【角度】【二等分】【偏移】6 种方式绘制构造线，如表 2-1 所示。

表 2-1　构造线绘制方式说明

方　式	说　明	效　果
指定点	绘制通过指定两点的构造线	2 2 1 2

(续表)

方　式	说　明	效　果
水平	绘制通过指定点的水平构造线	
垂直	绘制通过指定点的垂直构造线	
角度	绘制沿指定方向或指定直线之间的夹角为指定角度的构造线	
二等分	绘制平分由指定 3 点确定的角的构造线	
偏移	绘制与指定直线平行的构造线	

(2) 构造线模拟手工作图中的辅助作图线。用特殊的线型显示，在图形中输出时可不输出。应用构造线作为辅助线绘制机械制图中的三视图是构造线的主要用途，构造线的应用保证了三视图之间“主、俯视图长对正，主、左视图高平齐，俯、左视图宽相等”的对应关系。图 2-10 所示为应用构造线作为辅助线绘制机械制图中三视图的示例，图中细线为构造线，粗线为三视图轮廓线。

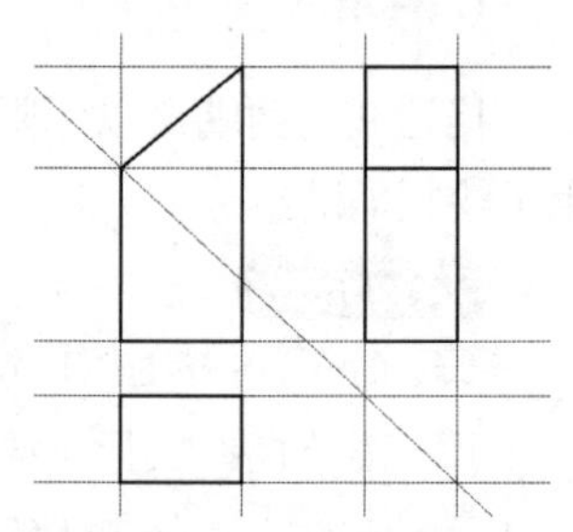

图 2-10　构造线辅助绘制三视图

实例讲解

【例 2-3】使用构造线辅助绘图，绘制一个图 2-11 所示的立方体。

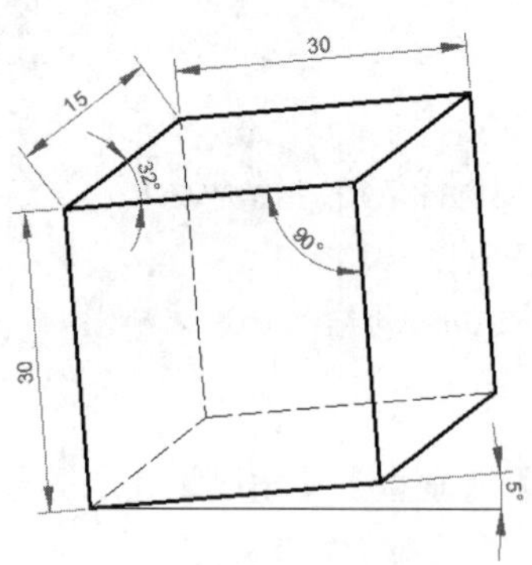

图 2-11　在二维平面中绘制立方体

扫一扫，看视频

❶ 使用直线绘制正方形。在命令行输入 L，绘制直线，命令行提示与操作如下。

```
命令: L↙
指定第一个点: 100,100↙
指定下一点或 [放弃(U)]: <5↙
角度替代: 5
```

```
指定下一点或 [放弃(U)]: 30↙
指定下一点或[退出(E)/放弃(U)]: <-85↙
角度替代: 275
指定下一点或[退出(E)/放弃(U)]: 30↙
指定下一点或[关闭(C)/退出(X)/放弃(U)]: <185↙
角度替代: 185
指定下一点或[关闭(C)/退出(X)/放弃(U)]: 30↙
指定下一点或[关闭(C)/退出(X)/放弃(U)]: C↙(绘图结束)
```

使用直线绘制图 2-12 所示的正方形图形。

❷ 激活状态栏中的【对象捕捉】按钮。

❸ 绘制构造线(角度方式)。在命令行输入 XL，命令提示如下。

```
命令: XL↙
指定点或 [水平(H)/垂直(V)/角度(A)/二等分(B)/偏移(O)]: A↙
输入构造线的角度 (0) 或 [参照(R)]:  r↙
选择直线对象: 选取图 2-12 中的直线 AB
输入构造线的角度 <0>: 32↙
指定通过点: 选取点 A
指定通过点: 选取点 B
指定通过点: 选取点 C
指定通过点: 选取点 D
指定通过点: *取消*↙(绘图结束)
```

❹ 激活状态栏中的【动态输入】按钮。

❺ 绘制长度为 30 的斜线。在命令行输入 L，在命令行提示下拾取图 2-12 中的 C 点，然后按住 Shift 键不动右击鼠标，从弹出的快捷菜单中选择【最近点】命令，拾取构造线上的最近点，输入 15 然后按 Enter 键，如图 2-13 所示。沿着构造线绘制一条长度为 15 的直线段。

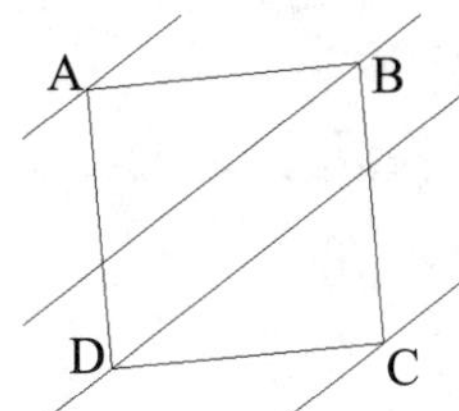

图 2-12　以角度方式绘制构造线

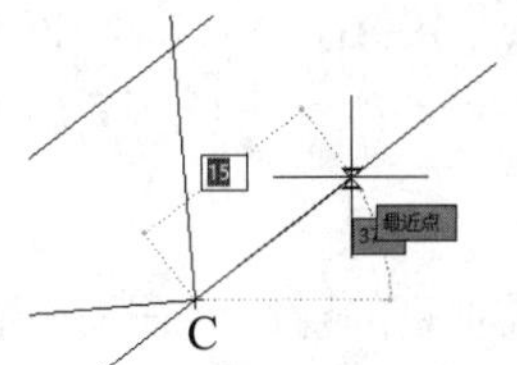

图 2-13　绘制长度为 15 的直线段

❻ 选中经过 C 点的构造线，按 Delete 键将其删除。

❼ 绘制构造线(偏移方式)。在命令行输入 XL，命令提示如下。

```
命令: XL↙
指定点或 [水平(H)/垂直(V)/角度(A)/二等分(B)/偏移(O)]: O↙
指定偏移距离或 [通过(T)] <通过>: T↙
选择直线对象: 选取图 2-14(a)中的直线 BC
指定通过点: 选取 E 点
```

绘制图 2-14(a)所示的构造线。

❽ 使用相同的方法通过偏移方式绘制图 2-14(b)所示的构造线。

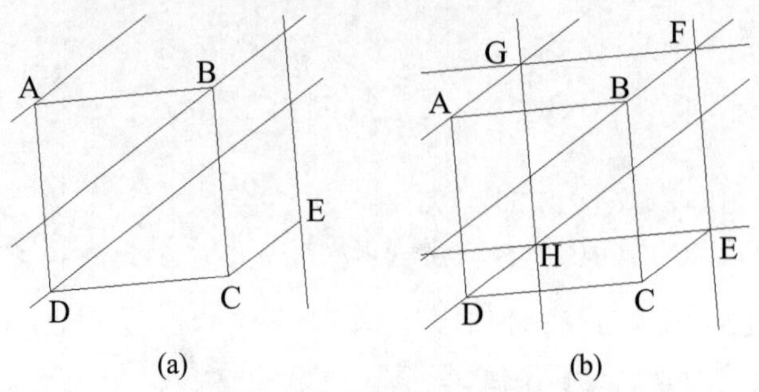

图 2-14　以偏移方式绘制构造线

❾ 绘制直线段。在命令行输入 L，在图 2-14(b)通过捕捉点分别绘制直线 AG、GF、GH、HE、EF、DH、BF。

❿ 删除绘制的构造线，完成图形的绘制。

2. 射线

射线是三维空间中起始于指定点并且无限延伸的直线。与在两个方向上延伸的构造线不同，射线仅在一个方向上延伸。

执行方式

- ❑ 命令行：RAY。
- ❑ 菜单栏：选择【绘图】|【射线】命令。
- ❑ 功能区：选择【默认】选项卡，在【绘图】面板中单击【射线】按钮。

操作过程

```
命令: RAY↙
指定起点: 输入射线的起点 1，可用鼠标指定点或在命令行中输入点的坐标
指定通过点: 输入点坐标或用鼠标在绘图区指定点 2、3、4、5 等
指定通过点: 继续绘制射线或按 Enter 键结束命令
```

技巧点拨

(1) 绘制水平或垂直的射线。在命令行执行 RAY 命令后，在屏幕上任意位置拾取一点，然后按住 Shift 键，移动鼠标即可绘制水平或垂直的射线。

(2) 绘制与水平线(0°)呈指定夹角的射线。以绘制与水平线呈 38° 夹角的射线为例，在命令行执行 RAY 命令后，在屏幕上任意位置拾取一点，然后在命令行中输入“<38°”，如图 2-15 所示。

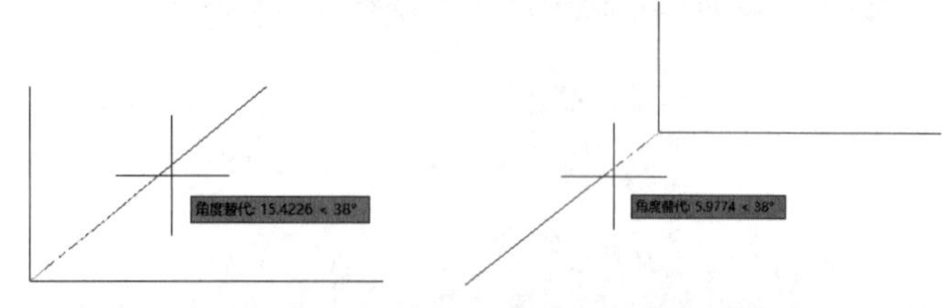

图 2-15　绘制与水平线呈 38° 夹角的射线

巩固练习

绘制图 2-16 所示的螺栓和不规则四边形。

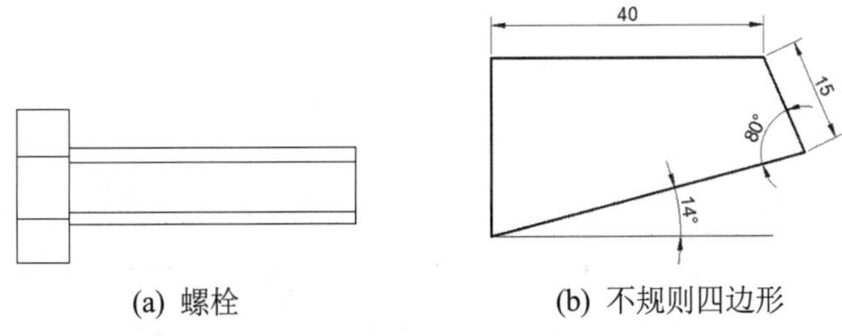

(a) 螺栓　　(b) 不规则四边形

图 2-16　绘制螺栓和不规则四边形

思路提示

(1) 在绘制螺栓图形时，为了做到准确无误，应通过坐标值的输入指定直线的相关点。

(2) 在绘制不规则四边形时，可以使用构造线和射线辅助绘制呈角度的斜线。

2.2　圆类命令

在 AutoCAD 中，圆类命令主要包括“圆”“圆弧”“圆环”“椭圆”“椭圆弧”命令，这些命令是最基本的曲线命令。

2.2.1　圆

圆是最简单的封闭曲线，也是绘制工程图形中最常用的图形单元。

执行方式

- ❑ 命令行：CIRCLE(快捷命令：C)。
- ❑ 菜单栏：执行【绘图】|【圆】命令。
- ❑ 工具栏：单击【绘图】工具栏中的【圆】按钮⊙。
- ❑ 功能区：选择【默认】选项卡，在【绘图】面板中单击【圆】下拉按钮，从弹出的下拉列表中选择一种绘制圆的方式，如图 2-17 所示。

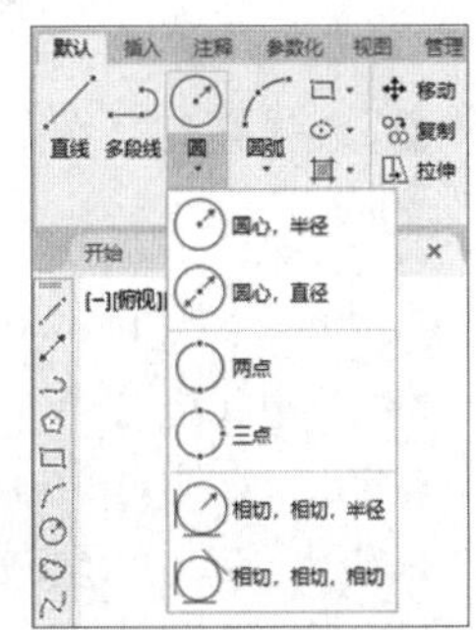

图 2-17　【圆】下拉列表

操作过程

命令: CIRCLE↙
指定圆的圆心或 [三点(3P)/两点(2P)/切点、切点、半径(T)]: 指定圆心
指定圆的半径或 [直径(D)]: 直接输入半径值或在绘图区单击指定半径长度
指定圆的直径 <默认值>: 输入直径值或在绘图区单击指定直径长度

选项说明

(1) 三点(3P)：通过指定圆周上 3 点绘制圆。

(2) 两点(2P)：通过指定直径的两端绘制圆。

(3) 切点、切点、半径(T)：通过先指定两个相切对象，再给出半径的方法绘制圆。图 2-18 示范了以“切点、切点、半径”方式绘制圆的几种情况。

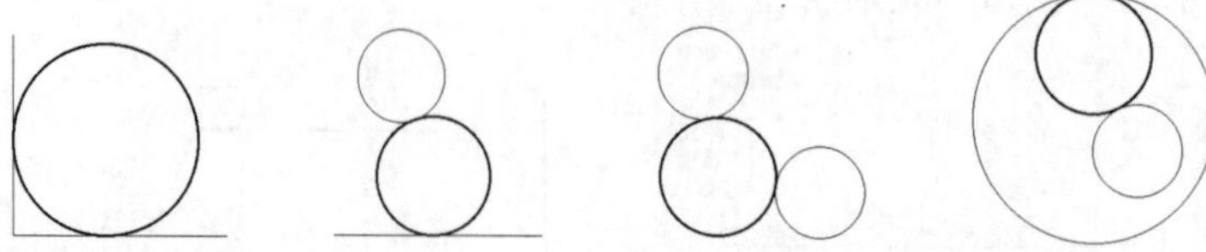

图 2-18　使用“切点、切点、半径”绘制圆的几种情况

(4) 在菜单栏中选择【菜单】|【圆】命令，或者单击【默认】选项卡【绘图】面板中的【圆】下拉按钮，还可以使用“相切、相切、相切”方式绘制圆，当选择该方式时，命令行提示如下。

```
指定圆上的第一个点: _tan 到: 单击相切的第一个圆弧
指定圆上的第二个点: _tan 到: 单击相切的第二个圆弧
指定圆上的第三个点: _tan 到: 单击相切的第三个圆弧
```

实例讲解

【例 2-4】 使用圆(“两点”方式)辅助绘制图 2-19 所示的梯形图形。

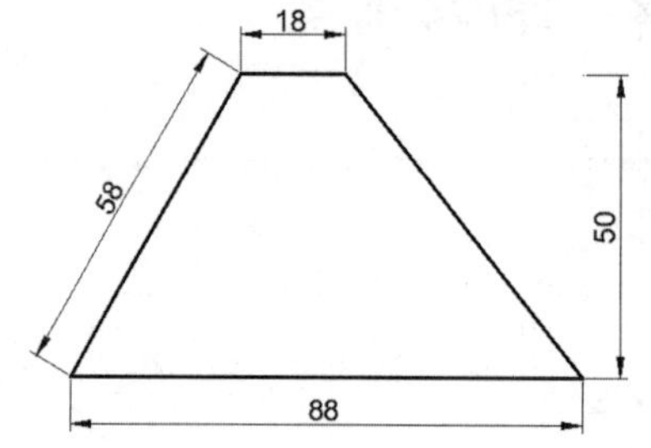

扫一扫，看视频

图 2-19　梯形图形

❶ 绘制直线。在命令行输入 L，命令行提示与操作如下。

```
命令: L↙
指定第一个点: 100,100↙
指定下一点或 [放弃(U)]: @88,0↙
指定下一点或[退出(E)/放弃(U)]: @0,50↙
指定下一点或[关闭(C)/退出(X)/放弃(U)]: @-88,0↙
指定下一点或[关闭(C)/退出(X)/放弃(U)]: ↙(绘图结束)
```

❷ 激活状态栏中的【对象捕捉】按钮□。

❸ 绘制半径为 58 的圆。在命令行输入 C，命令行提示与操作如下。

```
命令: C↙
指定圆的圆心或 [三点(3P)/两点(2P)/切点、切点、半径(T)]: 选取图 2-20(a)中的 A 点
指定圆的半径或 [直径(D)] <58.0000>: 58↙(绘图结束)
```

❹ 绘制半径为 18 的圆。在命令行输入 C，命令行提示与操作如下。

```
命令: C↙
指定圆的圆心或 [三点(3P)/两点(2P)/切点、切点、半径(T)]: 选取图 2-20(b)中的 B 点
```

```
指定圆的半径或 [直径(D)] <58.0000>: 18↙(绘图结束)
```

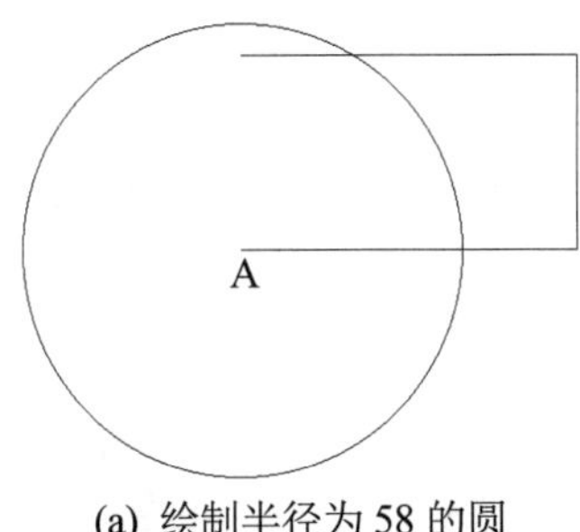

(a) 绘制半径为 58 的圆

B

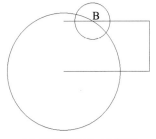

(b) 绘制半径为 18 的圆

图 2-20　绘制圆

❺ 绘制直线。在命令行输入 L，然后依次捕捉 A、B、C、D 点，如图 2-21 所示。

❻ 删除绘制的圆和多余的直线段即可得到所需的图形，如图 2-22 所示。

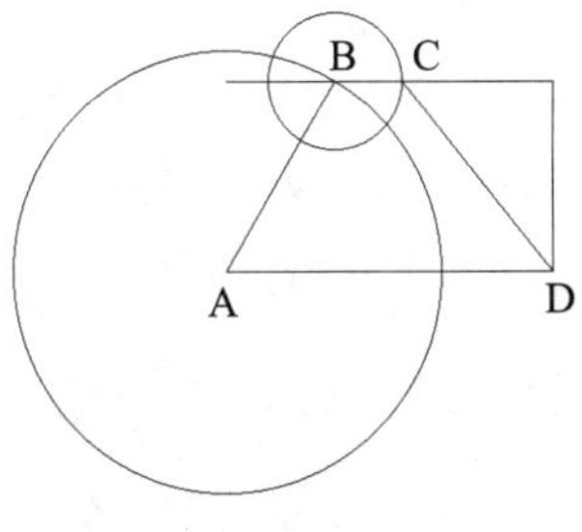

图 2-21　绘制直线段

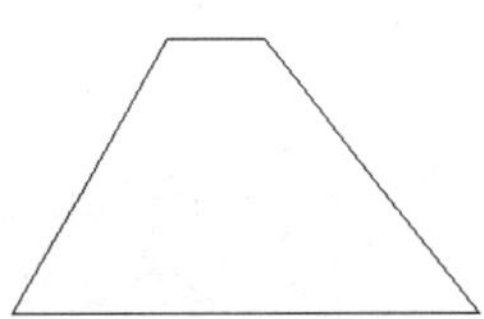

图 2-22　梯形图形效果

【例 2-5】绘制图 2-23 所示的三角形内切圆。

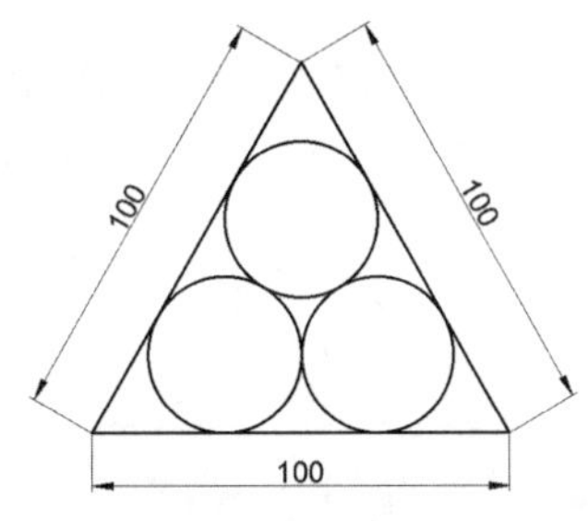

图 2-23　三角形内切圆

扫一扫，看视频

❶ 绘制等腰三角形。在命令行输入 L，命令行提示与操作如下。

```
命令: L↙
指定第一个点: 100,100↙
指定下一点或 [放弃(U)]: @-100,0↙
指定下一点或[退出(E)/放弃(U)]: @100<60↙
指定下一点或[关闭(C)/退出(X)/放弃(U)]: C↙(绘图结束，绘制如图 2-23 所示的等腰三角形)
```

❷ 激活状态栏中的【对象捕捉】按钮□。

❸ 绘制辅助线。在命令行输入 XL，命令行提示与操作如下。

```
命令: XL
```

```
指定点或 [水平(H)/垂直(V)/角度(A)/二等分(B)/偏移(O)]: V
指定通过点: 选取图 2-24 中的点 A
```

❹ 使用“相切，相切，相切”方式绘制圆。选择【默认】选项卡，在【绘图】面板中单击【圆】下拉按钮，从弹出的下拉列表中选择【相切，相切，相切】选项，然后选取图 2-25 中的 B、C、D 点，绘制圆。

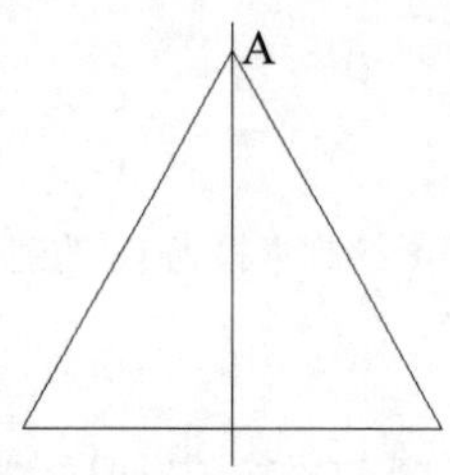

图 2-24　绘制垂直构造线

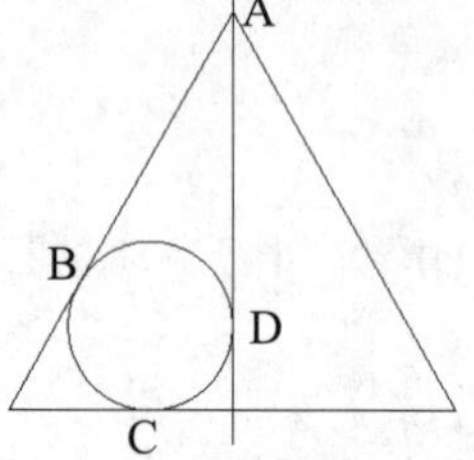

图 2-25　绘制圆

❺ 选取步骤❸绘制的垂直构造线后，按下 Delete 键将其删除。

❻ 重复步骤❹的操作，使用“相切，相切，相切”方式绘制图 2-26 所示的圆(选取点 D、E、F)。

❼ 使用“相切，相切，半径”方式绘制圆。在命令行输入 C，命令行提示与操作如下。

```
命令: C↙
指定圆的圆心或 [三点(3P)/两点(2P)/切点、切点、半径(T)]: T↙
指定对象与圆的第一个切点: 选取图 2-27 中的点 G
指定对象与圆的第二个切点: 选取图 2-27 中的点 H
指定圆的半径 <18.3013>:↙(完成绘图)
```

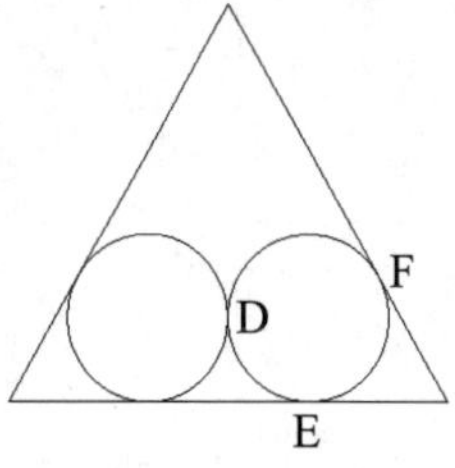

图 2-26　绘制圆

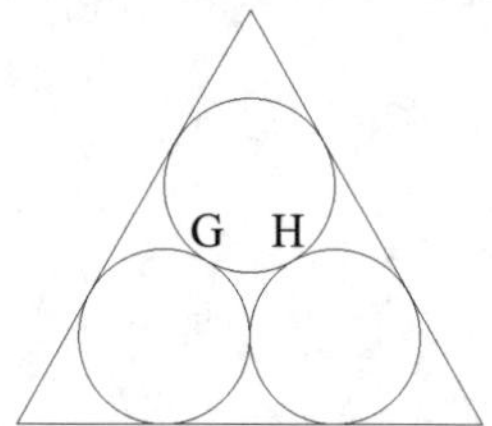

图 2-27　继续绘制图

技巧点拨

在使用“相切、相切、相切”方式绘制圆时，要注意在某些特殊情况下可能存在多个解，这与选择切点的位置相关，其不同情况如图 2-28 所示。

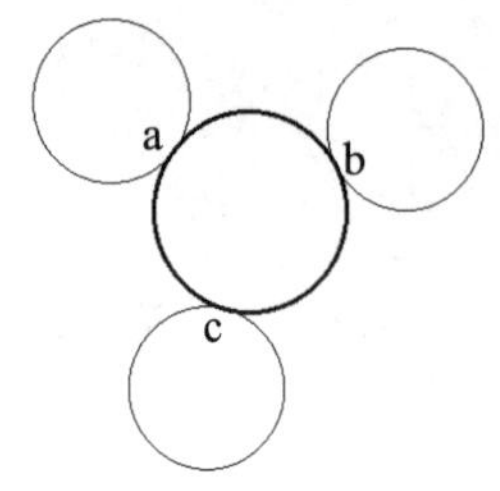

(a) 选择 a、b、c 三点绘制圆

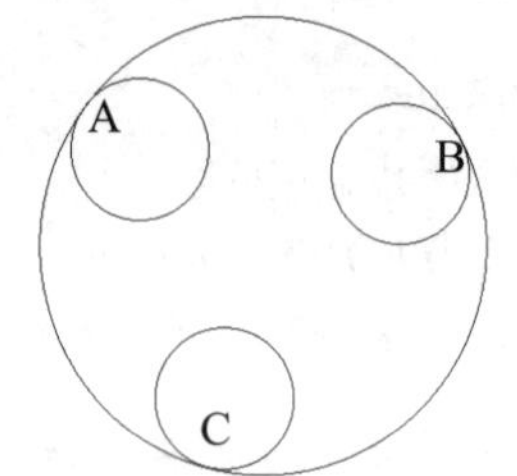

(b) 选择 A、B、C 三点绘制圆

图 2-28　“相切、相切、相切”方式绘制圆的不同情况

巩固练习

使用【圆】命令绘制图 2-29 所示的摇杆图形和三角三棱花图案。

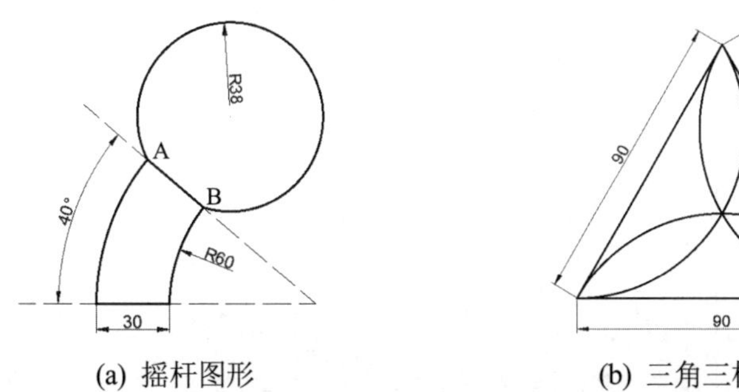

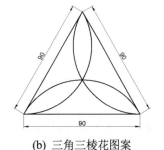

(a) 摇杆图形　　　　(b) 三角三棱花图案

图 2-29　绘制摇杆图形和三角三棱花图案

思路提示

(1) 在绘制摇杆图形时，可以先使用【直线】命令绘制两条夹角为 45° 的直线，再绘制两个半径为 60 和 90 的同心圆，使用【修剪】命令修剪掉图形中多余的部分后，分别捕捉图 2-29(a)中的 A 点和 B 点，作两个半径为 38 的辅助圆，并以两个辅助圆的交点为圆心绘制摇杆的手柄圆(半径为 38)。

(2) 在绘制三角三棱花图案时，可以使用【直线】命令先绘制一条长度为 90 的直线段，然后通过使用“圆心，半径”方式绘制辅助圆来创建等边三角形，使用“三点”方式绘制圆，捕捉三角形的三个顶点绘制一个辅助圆，再分别捕捉三角形的两个顶点和辅助圆的圆心绘制出三棱花图案。最后，执行【修剪】命令(TRIM)修剪图形多余的部分。

2.2.2　圆弧

圆弧是圆的一部分。在工程绘图中，圆弧的使用比圆更普遍。

执行方式

- ❑ 命令行：ARC(快捷命令：A)。
- ❑ 菜单栏：执行【绘图】|【圆弧】命令。
- ❑ 工具栏：单击【绘图】工具栏中的【圆弧】按钮。
- ❑ 功能区：选择【默认】选项卡，单击【绘图】面板中的【圆弧】下拉按钮，从弹出的下拉列表中选择一种绘制圆弧的方式，如图 2-30 所示。

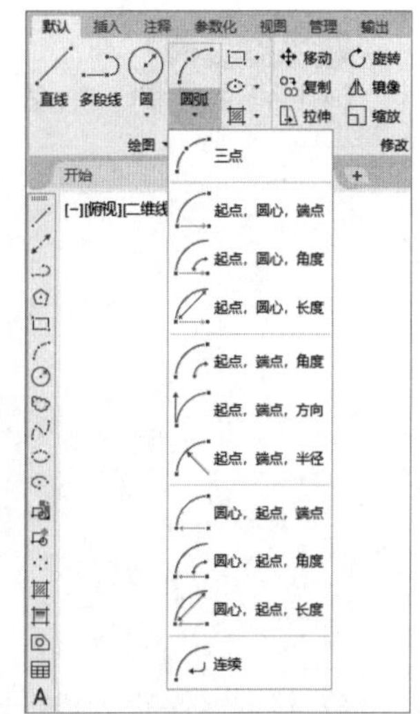

图 2-30 【圆弧】下拉列表

操作过程

```
命令: ARC↙
指定圆弧的起点或 [圆心(C)]: 指定起点
指定圆弧的第二个点或 [圆心(C)/端点(E)]: 指定第二点
指定圆弧的端点: 指定末端点
```

选项说明

使用命令行方式绘制圆弧时，可以根据系统提示选择不同的选项来绘制圆弧，其具体功能和在菜单栏中执行【绘图】|【圆弧】命令后弹出的子菜单栏中提供的 11

种命令方式相似，如表 2-2 所示。

表 2-2　绘制圆弧的 11 种方法

编　号	方　法	效　果	编　号	方　法	效　果
1	三点		7	起点、端点、半径	
2	起点、圆心、端点		8	圆心、起点、半径	
3	起点、圆心、角度		9	圆心、起点、角度	
4	起点、圆心、长度		10	圆心、起点、长度	
5	起点、端点、长度		11	连续	
6	起点、端点、方向				

实例讲解

【例 2-6】绘制一个图 2-31 所示的冲裁件图形。

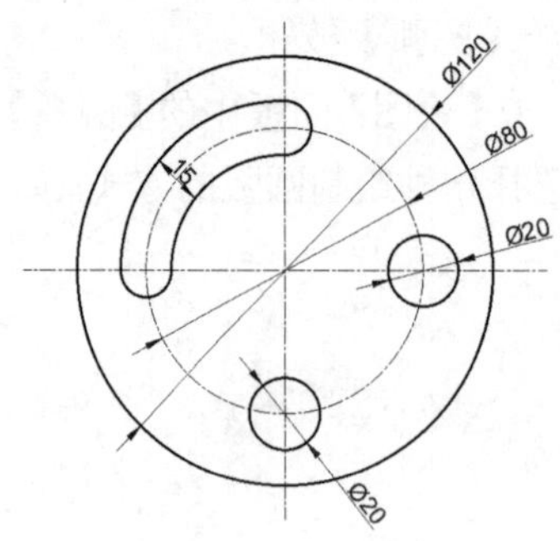

扫一扫，看视频

图 2-31　冲裁件

❶ 绘制水平中心线。在命令行输入 L，命令行提示与操作如下。

```
命令:L↙
指定第一个点: 0,0↙
```

```
指定下一点或 [放弃(U)]: @150,0 ↙
指定下一点或[退出(E)/放弃(U)]: ↙(完成绘图)
```

❷ 绘制垂直中心线。在命令行输入 L，命令行提示与操作如下。

```
命令: L↙
指定第一个点: 75,75↙
指定下一点或 [放弃(U)]: @0,-150↙
指定下一点或[退出(E)/放弃(U)]: ↙(完成绘图)
```

❸ 激活状态栏中的【对象捕捉】按钮□。

❹ 绘制中心线圆。在命令行输入 C，命令行提示与操作如下。

```
命令: C↙
指定圆的圆心或 [三点(3P)/两点(2P)/切点、切点、半径(T)]: 捕捉两条中心线的交点
指定圆的半径或 [直径(D)] <40.0000>: D↙
指定圆的直径 <80.0000>: 80↙(完成绘图，效果如图 2-32 所示)
```

❺ 绘制直径为 120 的圆。在命令行输入 C，命令行提示与操作如下。

```
命令: C↙
指定圆的圆心或 [三点(3P)/两点(2P)/切点、切点、半径(T)]: 捕捉两条中心线的交点
指定圆的半径或 [直径(D)] <40.0000>: D↙
指定圆的直径 <80.0000>: 120↙(完成绘图，效果如图 2-33 所示)
```

❻ 绘制两个直径为 20 的圆。在命令行输入 C，命令行提示与操作如下。

```
命令: C↙
指定圆的圆心或 [三点(3P)/两点(2P)/切点、切点、半径(T)]: 捕捉图 2-34 中的点 A
指定圆的半径或 [直径(D)] <10.0000>: D↙
指定圆的直径 <20.0000>: 20↙
命令: ↙ 按 Enter 键重复执行【圆】命令
指定圆的圆心或 [三点(3P)/两点(2P)/切点、切点、半径(T)]: 捕捉图 2-34 中的点 B
指定圆的半径或 [直径(D)] <10.0000>: D↙
指定圆的直径 <20.0000>: 20↙(完成绘图)
```

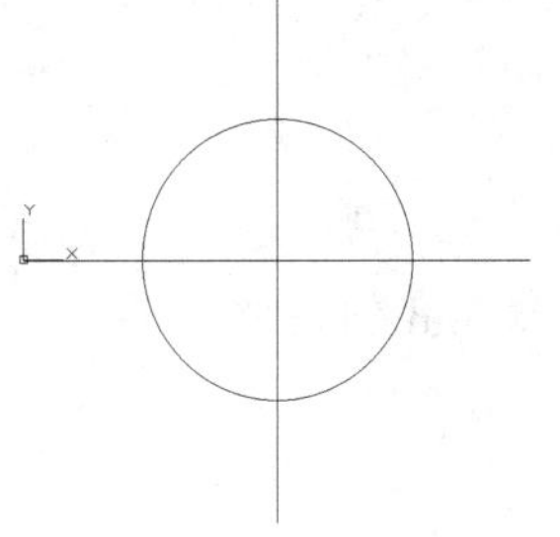

图 2-32　绘制中心线圆

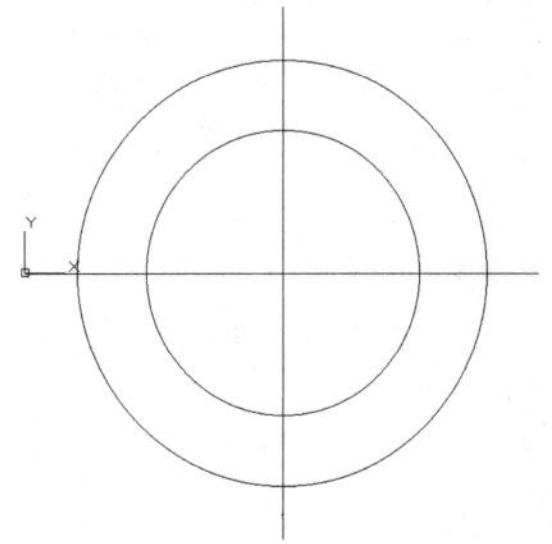

图 2-33　绘制直径为 120 的圆

❼ 使用“圆心、起点、角度”方式绘制圆弧。选择【绘图】|【圆弧】|【圆心、起点、角度】命令，命令行提示与操作如下。

```
指定圆弧的起点或 [圆心(C)]: _c 捕捉图 2-35 中的点 C
指定圆弧的起点: @7.5<180↙
指定夹角(按住 Ctrl 键以切换方向): 180↙
命令: ↙ 按 Enter 键重复执行【圆心、起点、角度】命令
指定圆弧的起点或 [圆心(C)]: _c 捕捉图 2-35 中的点 D
指定圆弧的起点: @7.5<-90↙
指定夹角(按住 Ctrl 键以切换方向): 180↙(完成绘图，效果如图 2-35 所示)
```

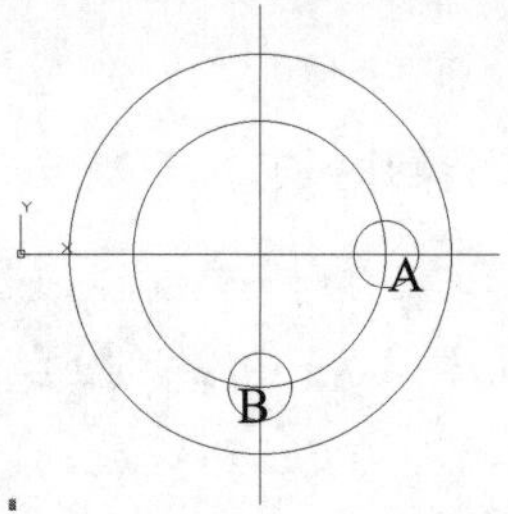

图 2-34　绘制直径为 20 的小圆

图 2-35　绘制圆弧

❽ 使用“起点、圆心、端点”方式绘制圆弧。选择【绘图】|【圆弧】|【圆心、圆心点、端点】命令，命令行提示与操作如下。

```
指定圆弧的起点或 [圆心(C)]: 捕捉图 2-36(a)中的 E 点
指定圆弧的第二个点或 [圆心(C)/端点(E)]: _c 捕捉两条中心线的交点
指定圆弧的端点(按住 Ctrl 键以切换方向)或 [角度(A)/弦长(L)]: 捕捉图 2-36(a)中的 F 点
命令: ↙ 按 Enter 键重复执行【圆心、圆心点、端点】命令
指定圆弧的起点或 [圆心(C)]: 捕捉图 2-36(b)中的 G 点
指定圆弧的第二个点或 [圆心(C)/端点(E)]: _c 捕捉两条中心线的交点
指定圆弧的端点(按住 Ctrl 键以切换方向)或 [角度(A)/弦长(L)]: 捕捉图 2-36(b)中的 H 点(结束绘图)
```

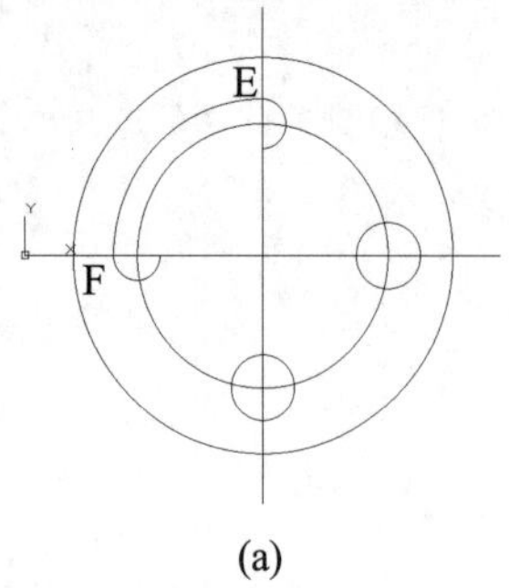

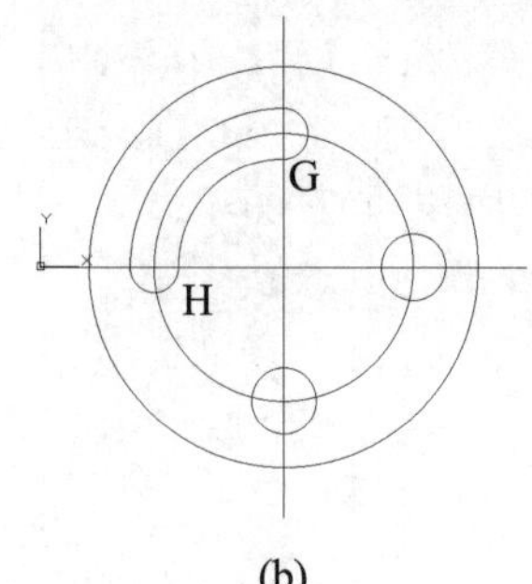

(a)　　(b)

图 2-36　使用“起点、圆心、端点”方式绘制圆弧

2.2.3　圆环

圆环可以看作两个同心圆。

执行方式

❑ 命令行：DONUT(快捷命令：DO)。

- 菜单栏：执行【绘图】|【圆环】命令。
- 功能区：选择【默认】选项卡，单击【绘图】面板中的【圆环】按钮◎。

操作过程

```
命令: DO↙
指定圆环的内径 <0.5000>: 指定圆环内径
指定圆环的外径 <1.0000>: 指定圆环外径
指定圆环的中心点或 <退出>: 指定圆环中心点
指定圆环的中心点或 <退出>: 继续指定圆环的中心点，则继续绘制相同内外径的圆环，按下 Enter 键、空格键或右击鼠标结束命令
```

选项说明

(1) 绘制不等内外径，则画出填充圆环，如图 2-37(a)所示。

(2) 若指定内径为 0，则画出实心填充圆，如图 2-37(b)所示。

(3) 若指定内外径相等，则画出普通圆，如图 2-37(c)所示。

(4) 使用命令 FILL 可以控制圆环是否填充，命令行提示如下：

```
命令: FILL↙
输入模式 [开(ON)/关(OFF)] <开>:
```

选择【开】选项表示填充，选择【关】选项表示不填充，如图 2-37(d)所示。

(a)

(b)

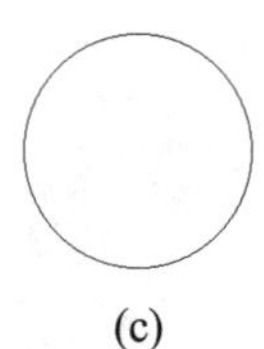
(c)

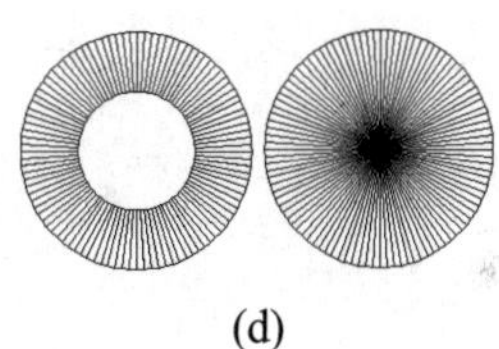
(d)

图 2-37　圆环的各种状态

2.2.4　椭圆和椭圆弧

椭圆是一种典型的封闭曲线图形。在工程图形中，椭圆只在某些特殊造型中出现，例如桌子、洗脸盆、杆状结构的截面图形等。

执行方式

- 命令行：ELLIPSE(快捷命令：EL)。
- 菜单栏：执行【绘图】|【椭圆】|【圆弧】命令。
- 工具栏：单击【绘图】工具栏中的【椭圆】按钮◌或【椭圆弧】按钮◌。
- 功能区：选择【默认】选项卡，在【绘图】面板中单击【椭圆】下拉按钮，从弹出的下拉列表中选择一种绘制椭圆的方式，如图 2-38 所示。

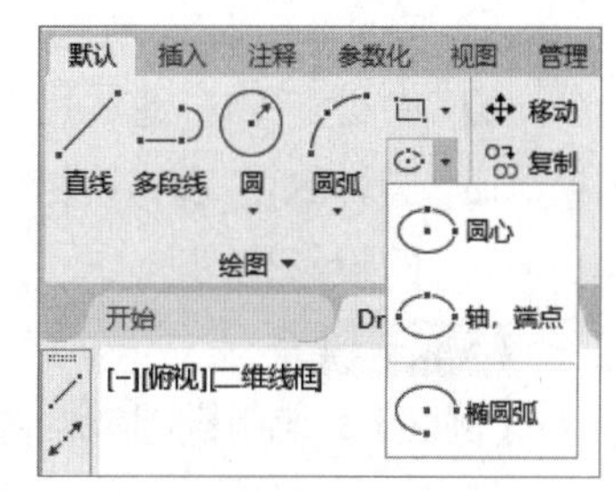

图 2-38　【椭圆】下拉列表

操作过程

```
命令: EL↙
```

```
指定椭圆的轴端点或 [圆弧(A)/中心点(C)]: 指定轴端点 1，如图 2-39(a)所示
指定轴的另一个端点: 指定轴端点 2，如图 2-39(a)所示
指定另一条半轴长度或 [旋转(R)]:
```

选项说明

(1) 指定椭圆的轴端点：根据两个端点定义椭圆的第一条轴，第一条轴的角度确定了整个椭圆的角度。第一条轴既可以定义椭圆的长轴，也可以定义其短轴。

(2) 圆弧(A)：用于创建一段椭圆弧，与单击【绘图】工具栏中的【椭圆弧】按钮作用相同。其中第一条轴的角度确定了椭圆弧的角度。第一条轴既可以定义椭圆轴的长轴，也可以定义其短轴。单击该按钮，系统命令行中将继续提示如下。

```
指定椭圆弧的轴端点或 [中心点(C)]: 指定端点或输入 C ↙
指定轴的另一个端点: 指定另一端点
指定另一条半轴长度或 [旋转(R)]: 指定另一条半轴长度或输入 R ↙
指定起点角度或 [参数(P)]: 指定起始角度或输入 P ↙
指定端点角度或 [参数(P)/夹角(I)]:
```

其中各选项的含义如下。

- ❑ 起点角度：指定椭圆弧端点的两种方式之一，光标到椭圆中心点的连线与水平线的夹角为椭圆端点位置的角度，如图 2-39(b)所示。

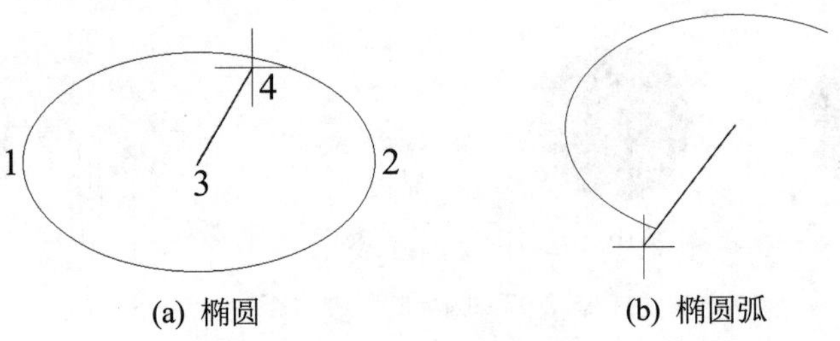

图 2-39　椭圆和椭圆弧

- ❑ 参数(P)：指定椭圆弧端点的另一种方式，该方式同样用于指定椭圆弧端点的角度，但通过 $p(u)=c+a\times\cos(u)+b\times\sin(u)$ 矢量参数方程式创建椭圆弧。其中，c 是椭圆的中心点，a 和 b 分别是椭圆的长半轴和短半轴，u 为光标到椭圆中心点的连线与水平线的夹角。
- ❑ 夹角(I)：定义从起始角度开始的包含角度。
- ❑ 中心点(C)：通过指定的中心点创建椭圆。
- ❑ 旋转(R)：通过绕第一条轴旋转圆来创建椭圆，相当于将一个圆绕椭圆轴翻转一个角度后的投影视图。

实例讲解

【例 2-7】使用椭圆和椭圆弧绘制洗脸池，如图 2-40 所示。

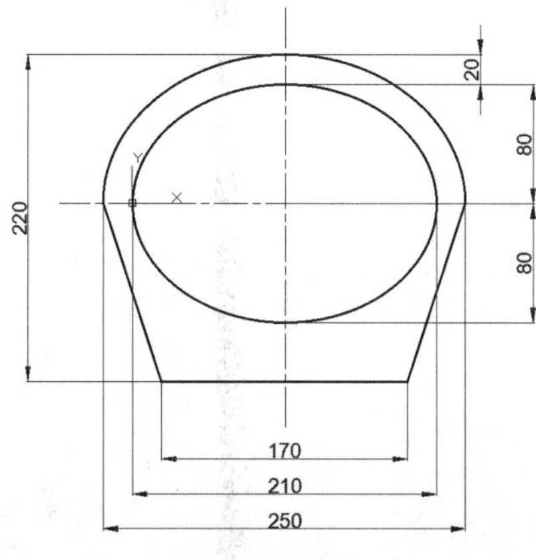

扫一扫，看视频

图 2-40　洗脸池

❶ 绘制椭圆。在命令行输入 EL，命令行提示与操作如下。

```
命令: EL↙
指定椭圆的轴端点或 [圆弧(A)/中心点(C)]: 0,0↙
指定轴的另一个端点: 210,0↙
指定另一条半轴长度或 [旋转(R)]: 80↙(完成绘图，绘制图 2-41(a)所示的椭圆)
```

❷ 绘制椭圆弧。在命令行输入 EL，命令行提示与操作如下。

```
命令: EL↙
指定椭圆的轴端点或 [圆弧(A)/中心点(C)]: A↙
指定椭圆弧的轴端点或 [中心点(C)]: -20,0↙
指定轴的另一个端点: 230,0↙
指定另一条半轴长度或 [旋转(R)]: 100↙
指定起点角度或 [参数(P)]: 180↙
指定端点角度或 [参数(P)/夹角(I)]: 0↙(完成绘图，绘制图 2-41(b)所示的椭圆弧)
```

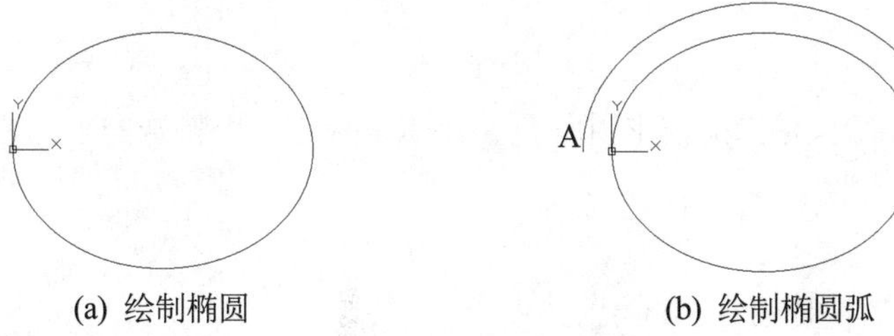

(a) 绘制椭圆　　(b) 绘制椭圆弧

图 2-41　绘制椭圆和椭圆弧

❸ 绘制直线。在命令行输入 L，命令行提示与操作如下。

```
命令: L↙
指定第一个点: 捕捉图 2-41(b)中的 A 点
指定下一点或 [放弃(U)]: @40,-120↙
指定下一点或[退出(E)/放弃(U)]: @170,0↙
指定下一点或[关闭(C)/退出(X)/放弃(U)]: 捕捉图 2-41(b)中的 B 点(结束绘图)
```

巩固练习

绘制图 2-42 所示的手柄和茶几图形。

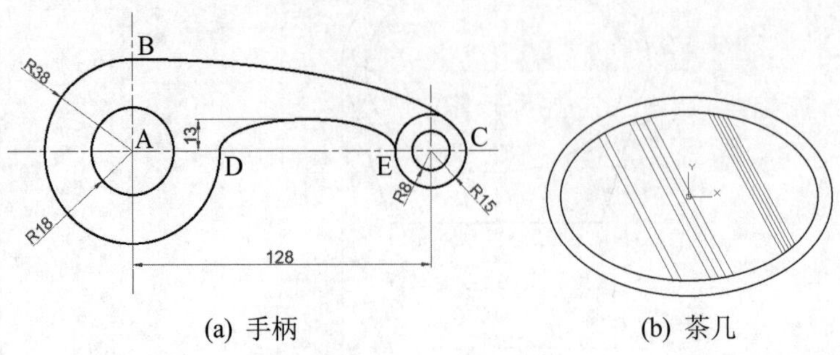

(a) 手柄　　(b) 茶几

图 2-42　手柄和茶几

思路提示

(1) 在绘制手柄图形时，先使用【直线】命令绘制一条长度为 128 的直线段，然后以该直线段的两端为圆心分别绘制半径为 38、18、15、8 的圆，再使用【椭圆】命令，捕捉中心点 A 和 B、C 绘制椭圆，剪切后得到图形中的大椭圆弧。在点 D、E 之间绘制一条直线段，以该直线段为辅助线绘制半轴长度为 13 的小椭圆弧。

(2) 在绘制茶几图形时，以(0,0)为中心点绘制两个椭圆，然后使用构造线绘制辅助线，再使用【直线】命令，绘制椭圆中的斜线。

2.3　点类命令

在 AutoCAD 中，点对象除了可以作为图形的一部分以外，通常也可以作为绘制其他图形时的控制点和参考点，其主要包括多点、定数等分点、定距等分点。

2.3.1　点

点是最简单的图形单元。在工程绘图中，通常用点来标定某个特殊的坐标位置，或者作为某个绘制步骤的起点。

执行方式

- ❑ 命令行：POINT(快捷命令：PO)。
- ❑ 菜单栏：执行【绘图】|【点】|【多点】命令。
- ❑ 工具栏：单击【绘图】工具栏中的【多点】按钮∵。
- ❑ 功能区：选择【默认】选项卡，单击【绘图】面板中的【多点】按钮∵。

操作过程

```
命令: PO↙
当前点模式:  PDMODE=3   PDSIZE=0.0000
指定点: 指定点所在的位置
```

选项说明

(1) 通过菜单方式操作时，【点】子菜单中的【单点】命令表示只输入一个点，【多点】命令表示可输入多个点。

(2) 激活状态栏中的【对象捕捉】按钮，设置点捕捉模式，可以帮助用户提高用户单击点的效率。

(3) 点在图形中的表示样式共有 20 种。用户可以使用 DDPTYPE 命令或选择菜单栏中的【格式】|【点样式】命令，打开【点样式】对话框来设置，如图 2-43 所示。

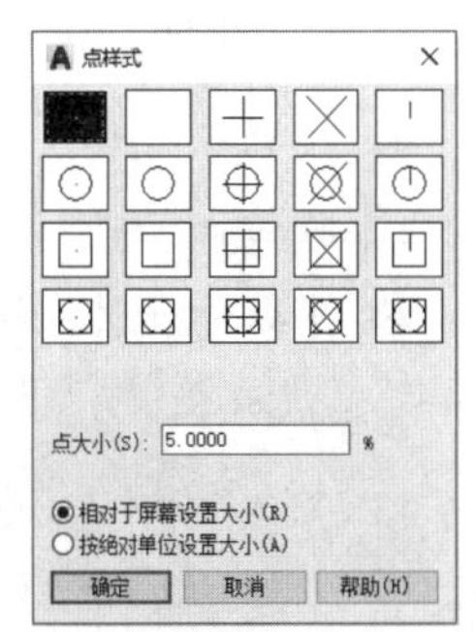

图 2-43 【点样式】对话框

2.3.2　定数等分

在 AutoCAD 中，定数等分可以将线段按段数平均分段。

执行方式

- 命令行：DIVIDE(快捷命令：DIV)。
- 菜单栏：执行【绘图】|【点】|【定数等分】命令。
- 功能区：选择【默认】选项卡，单击【绘图】面板中的【定数等分】按钮。

操作过程

```
命令: DIV↙
选择要定数等分的对象:
输入线段数目或 [块(B)]: 指定实体的等分数
```

选项说明

(1) 等分数目范围是 2~32767。

(2) 在等分点处，按当前点样式设置画出等分点。

(3) 在第二提示行选择【块(B)】选项，表示在等分点插入指定的块。

实例讲解

【例 2-8】绘制如图 2-44 所示的太极图案。

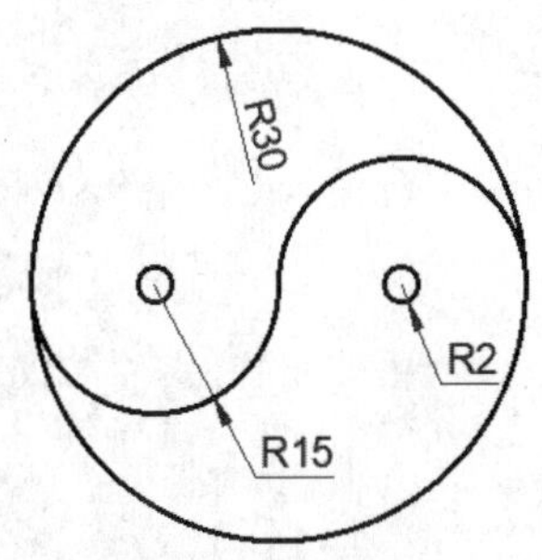

图 2-44　使用定数等分绘制太极图案

扫一扫，看视频

❶ 绘制直线段。在命令行输入 L，命令行提示与操作如下。

```
命令: L↙
指定第一个点: 0,300↙
```

```
指定下一点或 [放弃(U)]: @60,0↙(完成绘图)
```

❷ 设置点样式。选择【格式】|【点样式】命令，打开【点样式】对话框，选择☒样式后单击【确定】按钮。

❸ 定数等分直线段。在命令行输入 DIV，命令行提示与操作如下。

```
命令: DIV↙
选择要定数等分的对象: 选取步骤(1)绘制的直线段
输入线段数目或 [块(B)]: 4↙ 将直线段定距等分，效果如图 2-45 所示
```

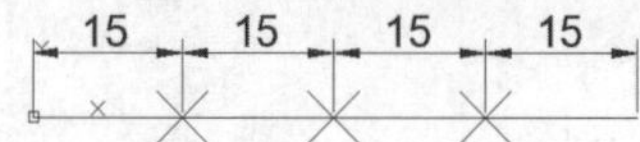

图 2-45　定数等分直线段

❹ 激活状态栏中的【对象捕捉】按钮□。

❺ 使用“两点”方式绘制圆。在命令行输入 C，命令行提示与操作如下。

```
命令: C↙
指定圆的圆心或 [三点(3P)/两点(2P)/切点、切点、半径(T)]: 2P↙
指定圆直径的第一个端点: 捕捉图 2-46 中的点 A
指定圆直径的第二个端点: 捕捉图 2-46 中的点 B(完成绘图)
```

❻ 使用“起点、圆形、端点”方式绘制圆弧，在命令行输入 A，命令行提示与操作如下。

```
命令: A↙
指定圆弧的起点或 [圆心(C)]: 捕捉图 2-47(a)中的点 A
指定圆弧的第二个点或 [圆心(C)/端点(E)]: C↙
指定圆弧的圆心: 捕捉图 2-47(a)中的点 C
指定圆弧的端点(按住 Ctrl 键以切换方向)或 [角度(A)/弦长(L)]: 捕捉图 2-47(a)中的点 D
命令: ↙ 按 Enter 键重复执行【圆弧】命令
指定圆弧的起点或 [圆心(C)]: 捕捉图 2-47(b)中的点 B
指定圆弧的第二个点或 [圆心(C)/端点(E)]: C
指定圆弧的圆心: 捕捉图 2-47(b)中的点 E
指定圆弧的端点(按住 Ctrl 键以切换方向)或 [角度(A)/弦长(L)]: 捕捉图 2-47(b)中的点 D
```

❼ 使用“圆心、半径”方式绘制圆。在命令行输入 C，命令行提示与操作如下。

```
命令: C↙
指定圆的圆心或 [三点(3P)/两点(2P)/切点、切点、半径(T)]: 捕捉图 2-47(a)中的点 D
指定圆的半径或 [直径(D)] <30.0000>: 2↙
命令: ↙ 按 Enter 键重复执行【圆】命令
指定圆的圆心或 [三点(3P)/两点(2P)/切点、切点、半径(T)]: 捕捉图 2-47(b)中的点 E
指定圆的半径或 [直径(D)] <2.0000>: 2↙(结束绘图)
```

❽ 选择【格式】|【点样式】命令，打开【点样式】对话框，选择□样式后单击【确定】按钮。

❾ 选中步骤❶绘制的直线段和步骤❸创建的定数等分点，按下 Delete 键将其删除。此时完成太极图案的绘制。

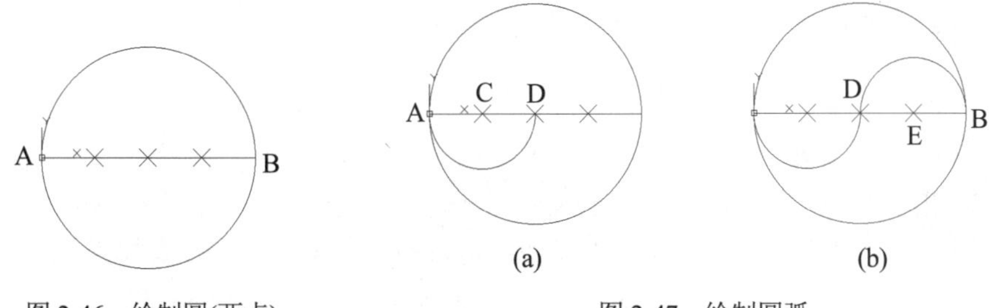

图 2-46　绘制圆(两点)　　　　图 2-47　绘制圆弧

2.3.3　定距等分

定距等分与定数等分类似，其可以将某个线段按给定的长度为单元进行等分。

执行方式

- ❑ 命令行：MEASURE(快捷命令：ME)。
- ❑ 菜单栏：执行【绘图】|【点】|【定距等分】命令。
- ❑ 功能区：选择【默认】选项卡，单击【绘图】面板中的【定距等分】按钮。

操作过程

```
命令: ME↙
选择要定距等分的对象: 单击选取要设置测量点的实体
指定线段长度或 [块(B)]: 指定分段长度
```

选项说明

(1) 设置的起点一般是指定线的绘制起点。

(2) 在第二提示行选择【块(B)】选项时，表示在测量点处插入指定的块。

(3) 在等分点处，按当前点样式设置绘制测量点。

(4) 最后一个测量段的长度不一定等于指定分段长度。

实例讲解

【例 2-9】绘制图 2-48 所示的太极图案。

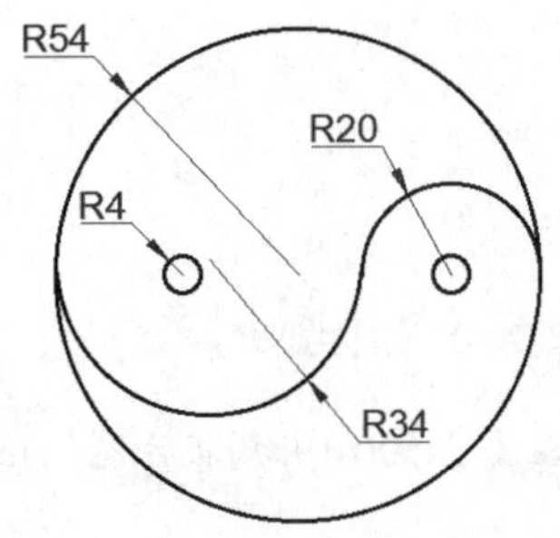

扫一扫，看视频

图 2-48　使用定距等分绘制太极图案

❶ 绘制直线段。在命令行输入 L，命令行提示与操作如下。

```
命令: L↙
指定第一个点: 0,0↙
```

```
指定下一点或 [放弃(U)]: @108,0↙(完成绘图)
```

❷ 定距等分直线段。在命令行输入 ME，命令行提示与操作如下。

```
命令: ME↙
选择要定距等分的对象: 选取步骤❶绘制的直线段
指定线段长度或 [块(B)]: 20↙ 将直线段定距等分，如图 2-49 所示。
```

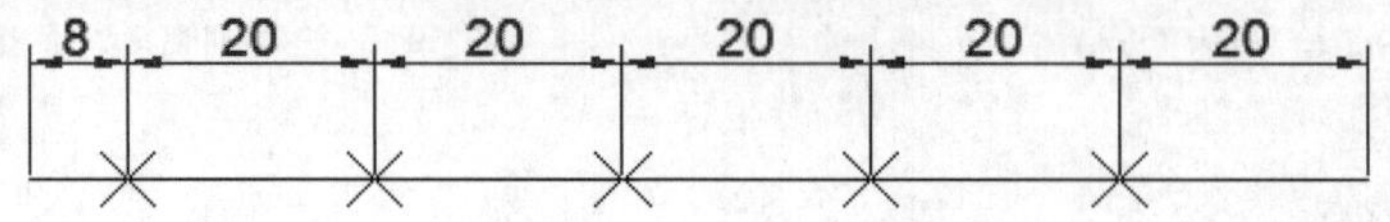

图 2-49　定距等分直线段

❸ 使用“两点”方式绘制圆。在命令行输入 C，捕捉图 2-49 所示直线左右两侧的端点，绘制一个半径为 54 的圆。

❹ 使用“起点、端点、半径”方式绘制圆弧。在命令行输入 A，命令行提示与操作如下。

```
命令: A↙
指定圆弧的起点或 [圆心(C)]: 捕捉图 2-50(a)中的点 A↙
指定圆弧的第二个点或 [圆心(C)/端点(E)]: E↙
指定圆弧的端点: 捕捉图 2-50(a)中的点 B
指定圆弧的中心点(按住 Ctrl 键以切换方向)或 [角度(A)/方向(D)/半径(R)]: R↙
指定圆弧的半径(按住 Ctrl 键以切换方向): 34↙
命令: ↙ 按 Enter 键重复执行【圆弧】命令
指定圆弧的起点或 [圆心(C)]: 捕捉图 2-50(b)中的点 C↙
指定圆弧的第二个点或 [圆心(C)/端点(E)]: E↙
指定圆弧的端点: 捕捉图 2-50(b)中的点 D
指定圆弧的中心点(按住 Ctrl 键以切换方向)或 [角度(A)/方向(D)/半径(R)]: R↙
指定圆弧的半径(按住 Ctrl 键以切换方向): 20↙
```

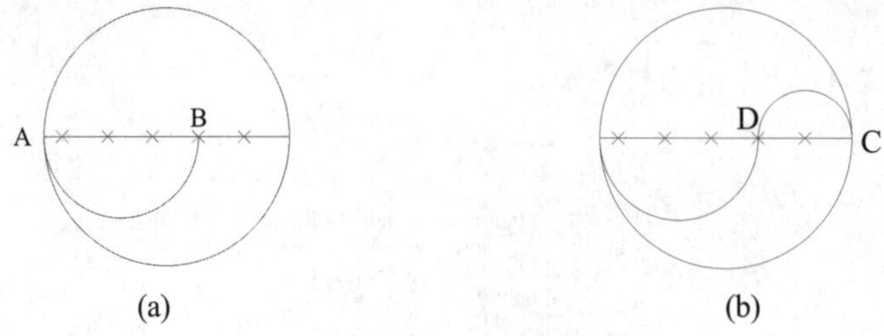

(a)　(b)

图 2-50　绘制圆弧

❺ 使用“圆心、半径”方式绘制圆。在图 2-50(b)中捕捉半径为 34 和半径为 20 的圆弧的圆心，绘制两个半径为 4 的圆。

❻ 选中步骤❶绘制的直线段和步骤❷创建的定距等分点，按下 Delete 键将其删除。此时完成太极图案的绘制。

技巧点拨

定距等分选择对象时，光标靠近对象的哪一端，就从哪一端开始计数。例如，光标选择直线的左侧从直线段的左端开始计数；反之，则从右端开始计数，如图 2-51 所示。

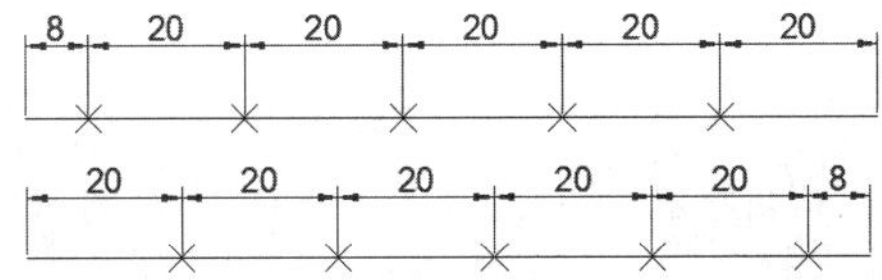

图 2-51　定距等分计数方向由光标位置决定

巩固练习

绘制图 2-52 所示的棘轮和组立机旋转编码器座。

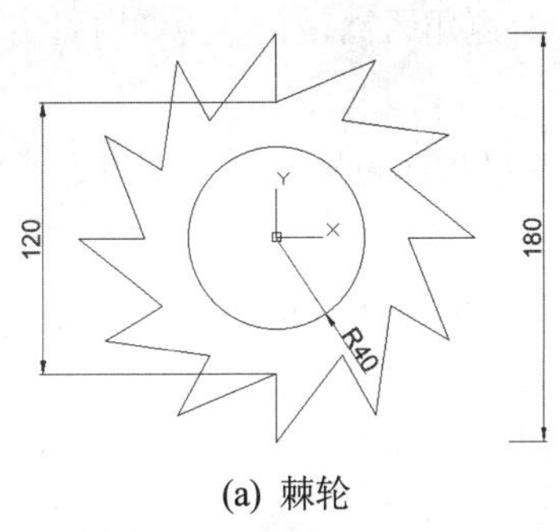

(a) 棘轮

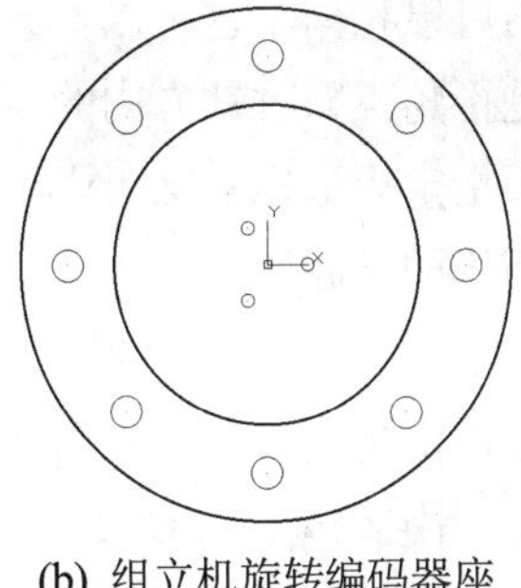

(b) 组立机旋转编码器座

图 2-52　棘轮和组立机旋转编码器座

思路提示

(1) 在绘制棘轮时，先绘制 3 个半径分别为 40、60、90 的同心圆，然后对半径为 60 和 90 的两个圆设置定数等分(等分数量为 12)，再执行【直线】命令连接定数等分点，并修剪图形多余的部分。

(2) 在绘制组立机旋转编码器座时，应选择合适的尺寸创建同心圆，通过对同心圆定数等分得到图形中各个小圆的圆心，然后使用“圆心、半径”方式绘制图形中的小圆。

2.4　平面图形

在 AutoCAD 工程制图中，矩形和多边形是许多建筑和机械图形的基本图形，如一些生活家具和零件就是由多个矩形和多边形构成的。需要注意的是，矩形和多边形的各边并非单一的对象，它们构成一个单独的对象。

2.4.1　矩形

矩形是最简单的封闭直线图形，在机械制图中常用来表达平行投影平面的面，在建筑制图中常用来表达墙体平面。

执行方式

- ❑ 命令行：RECTAMH(快捷命令：REC)。
- ❑ 菜单栏：执行【绘图】|【矩形】命令。
- ❑ 工具栏：单击【绘图】工具栏中的【矩形】按钮▭。

❑ 功能区：选择【默认】选项卡，单击【绘图】面板中的【矩形】按钮▭。

操作过程

```
命令: REC↙
指定第一个角点或 [倒角(C)/标高(E)/圆角(F)/厚度(T)/宽度(W)]: 指定角点
指定另一个角点或 [面积(A)/尺寸(D)/旋转(R)]: 指定另一个角点
```

选项说明

(1) 第一个角点：通过指定两个角点确定矩形，如图 2-53(a)所示。

(2) 倒角(C)：指定倒角距离，绘制带倒角的矩形，如图 2-53(b)所示。每一个角点的逆时针和顺时针方向的倒角可以相同，也可以不同，其中第一个倒角距离是指角点逆时针方向的倒角距离，第二个倒角距离是指角点顺时针方向的倒角距离。

(3) 标高(E)：指定矩形标高(Z 坐标)，即把矩形放置在标高为 Z 并与 XOY 坐标面平行的平面上，并作为后续矩形的标高值。

(4) 圆角(F)：指定圆角半径，绘制带圆角的矩形，如图 2-53(c)所示。

(5) 厚度(T)：指定矩形的厚度，如图 2-53(d)所示。

(6) 宽度(W)：指定线宽，如图 2-53(e)所示。

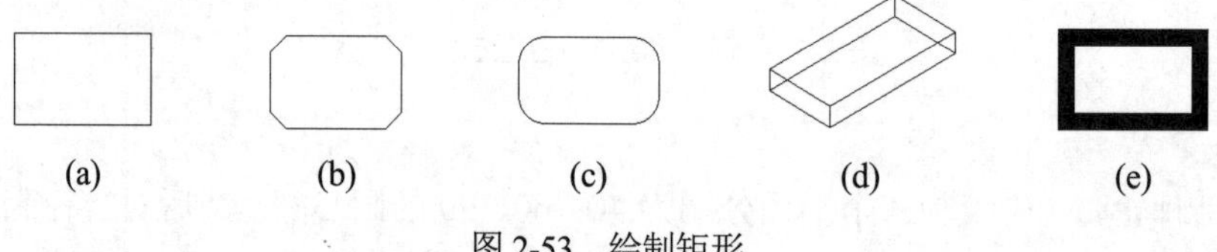

(a) (b) (c) (d) (e)

图 2-53 绘制矩形

(7) 面积(A)：以指定面积和长度或宽度创建矩形。选择该选项，命令行提示如下。

```
输入以当前单位计算的矩形面积 <100.0000>: 输入面积值
计算矩形标注时依据 [长度(L)/宽度(W)] <长度>: 按 Enter 键或输入 W
输入矩形宽度 <10.0000>: 指定长度或宽度
```

指定长度或宽度后，系统会自动计算另一个维度，绘制出矩形。如果矩形需要倒角或圆角，则长度或面积计算中也会考虑此设置，如图 2-54 所示。

(a) 面积：30 长度：6 倒角(1,1)　　(b) 面积：30 长度：6 圆角(1,0)

图 2-54 按面积绘制矩形

(8) 尺寸(D)：使用长和宽创建矩形，第二个指定点将矩形定位在与第一角点相关的 4 个位置之一。

(9) 旋转(R)：使绘制的矩形旋转一定角度。选择该选项，命令行提示如下。

```
指定旋转角度或 [拾取点(P)] <0>: 指定角度
指定另一个角点或 [面积(A)/尺寸(D)/旋转(R)]: 指定另一个角点或选择其他选项
```

指定旋转角度后，系统将按指定角度创建矩形，如图 2-55 所示。

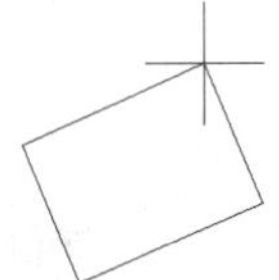

图 2-55　按指定旋转角度绘制矩形

实例讲解

【例 2-10】 绘制用户终端，如图 2-56 所示。

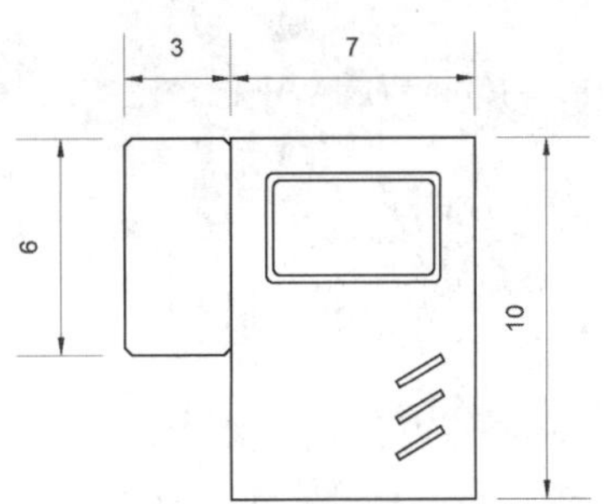

图 2-56　用户终端

扫一扫，看视频

❶ 绘制矩形。在命令行输入 REC，命令行提示与操作如下。

```
命令: REC↙
指定第一个角点或 [倒角(C)/标高(E)/圆角(F)/厚度(T)/宽度(W)]: 0,0↙
指定另一个角点或 [面积(A)/尺寸(D)/旋转(R)]: D↙
指定矩形的长度 <3.0000>: 7↙
指定矩形的宽度 <6.0000>: 10↙
指定另一个角点或 [面积(A)/尺寸(D)/旋转(R)]: 选取合适的位置后单击绘制图 2-57(a)所示矩形
```

❷ 绘制倒角矩形。在命令行输入 REC，命令行提示与操作如下。

```
命令: REC↙
指定第一个角点或 [倒角(C)/标高(E)/圆角(F)/厚度(T)/宽度(W)]: C↙
指定矩形的第一个倒角距离 <0.0000>: 0.2↙
指定矩形的第二个倒角距离 <0.2000>: 0.2↙
指定第一个角点或 [倒角(C)/标高(E)/圆角(F)/厚度(T)/宽度(W)]: 捕捉图 2-57(b)中的 A 点
指定另一个角点或 [面积(A)/尺寸(D)/旋转(R)]: D↙
指定矩形的长度 <3.0000>: 3↙
指定矩形的宽度 <6.0000>: 6↙
指定另一个角点或 [面积(A)/尺寸(D)/旋转(R)]: 选取合适的位置后单击绘制图 2-57(b)所示矩形
```

❸ 绘制辅助线。在命令行输入 XL，通过偏移构造线绘制图 2-58 所示的辅助线。

❹ 绘制圆角矩形。在命令行输入 REC，命令行提示与操作如下。

```
命令: REC↙
当前矩形模式:  圆角=0.1000↙
```

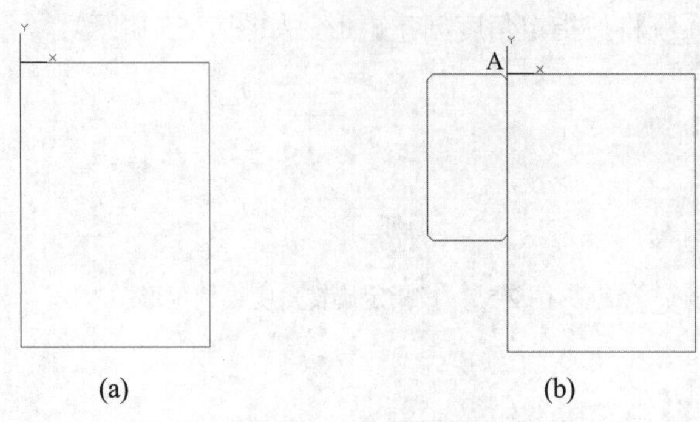

(a) (b)

图 2-57　绘制矩形

```
指定第一个角点或 [倒角(C)/标高(E)/圆角(F)/厚度(T)/宽度(W)]: F↙
指定矩形的圆角半径 <0.1000>: 0.2↙
指定第一个角点或 [倒角(C)/标高(E)/圆角(F)/厚度(T)/宽度(W)]: 捕捉图 2-59(a)中的 B 点
指定另一个角点或 [面积(A)/尺寸(D)/旋转(R)]: 捕捉图 2-59(a)中的 C 点
命令: ↙按 Enter 键重复执行【矩形】命令
指定第一个角点或 [倒角(C)/标高(E)/圆角(F)/厚度(T)/宽度(W)]: 捕捉 2-59(b)中的 D 点
指定另一个角点或 [面积(A)/尺寸(D)/旋转(R)]: 捕捉 2-59(b)中的 E 点
```

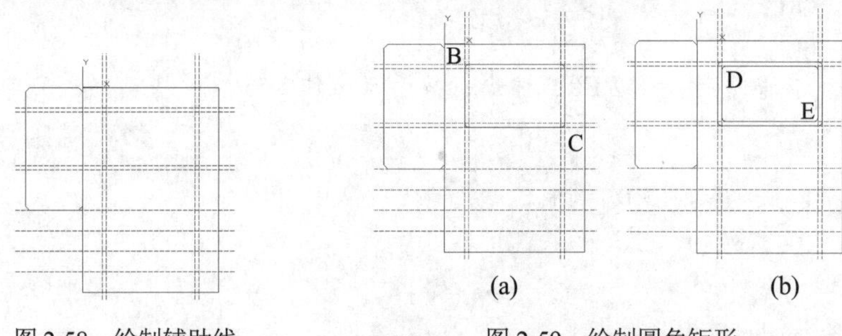

(a) (b)

图 2-58　绘制辅助线　　图 2-59　绘制圆角矩形

❺ 绘制旋转矩形。在命令行输入 REC，命令行提示与操作如下。

```
命令: REC↙
指定第一个角点或 [倒角(C)/标高(E)/圆角(F)/厚度(T)/宽度(W)]: F↙
指定矩形的圆角半径 <0.2000>: 0↙
指定第一个角点或 [倒角(C)/标高(E)/圆角(F)/厚度(T)/宽度(W)]: 捕捉图 2-60(a)中的 F 点
指定另一个角点或 [面积(A)/尺寸(D)/旋转(R)]: R↙
指定旋转角度或 [拾取点(P)] <120>:  120↙
指定另一个角点或 [面积(A)/尺寸(D)/旋转(R)]: D↙
指定矩形的长度 <0.2000>: 0.2↙
指定矩形的宽度 <1.5000>: 1.5↙
指定另一个角点或 [面积(A)/尺寸(D)/旋转(R)]: 在合适的位置上单击绘制图 2-60(a)所示的矩形
```

❻ 重复同样的操作，捕捉图 2-60(b)中的 G、H 点绘制旋转矩形。

❼ 删除步骤❸绘制的辅助线，完成用户终端的绘制。

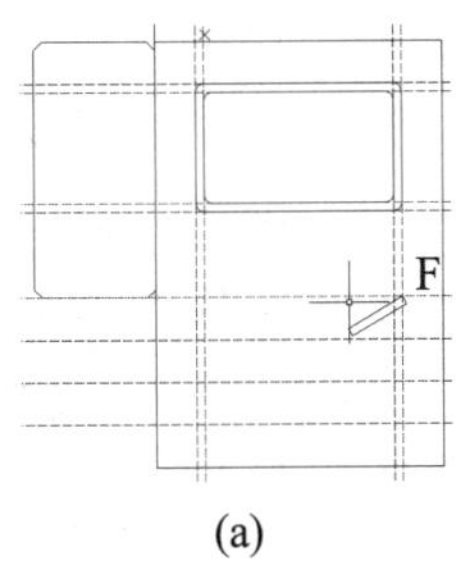

(a)

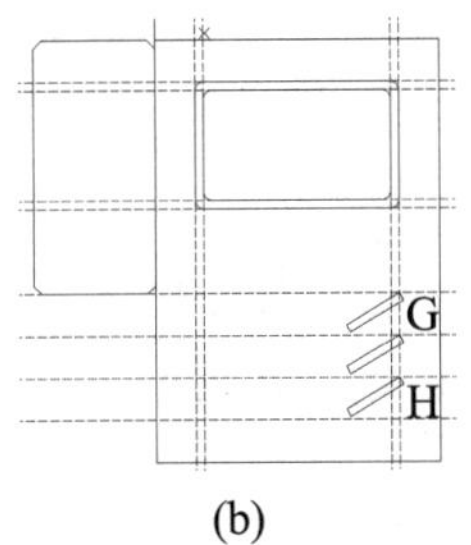

(b)

图 2-60　绘制旋转矩形

巩固练习

绘制图 2-61 所示的双人沙发和床头柜。

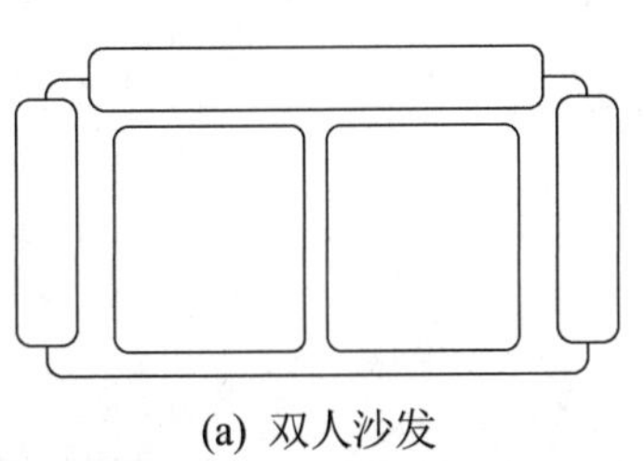
(a) 双人沙发

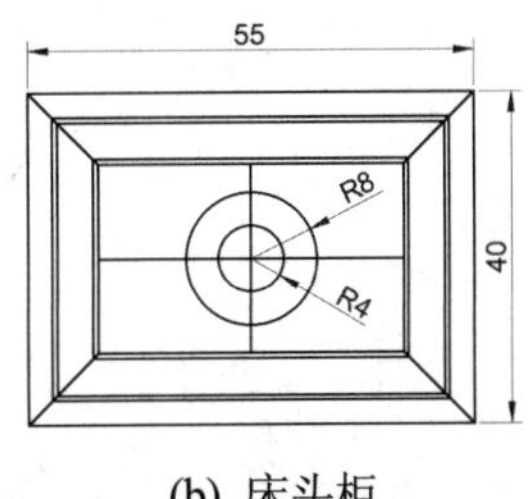

(b) 床头柜

图 2-61　双人沙发和床头柜

思路提示

(1) 在绘制双人沙发时，先使用【构造线】命令绘制辅助线，然后使用【矩形】命令根据辅助线绘制圆角矩形。

(2) 在绘制床头柜时，绘制指定尺寸的矩形后，通过偏移构造线绘制辅助线，然后根据辅助线绘制矩形和同心圆，使用直线段连接矩形的四角。

2.4.2　多边形

多边形是一种相对复杂的平面图形。

执行方式

- 命令行：POLYGON(快捷命令：POL)。
- 菜单栏：执行【绘图】|【多边形】命令。
- 工具栏：单击【绘图】工具栏中的【正多边形】按钮。
- 功能区：选择【默认】选项卡，单击【绘图】面板中的【多边形】按钮。

操作过程

```
命令: POL↙
输入侧面数 <4>: 指定多边形的边数(默认值为 4)
指定正多边形的中心点或 [边(E)]: 指定中心点
输入选项 [内接于圆(I)/外切于圆(C)] <I>: 指定是内接于圆或外切于圆
指定圆的半径: 指定外接圆或内切圆的半径
```

选项说明

(1) 边(E)：选择该选项，则只要指定多边形的一条边，系统就会按逆时针方向创建该正多边形，如图 2-62(a)所示。

(2) 内接于圆(I)：选择该选项，绘制的多边形内接于圆，如图 2-62(b)所示。

(3) 外切于圆(C)：选择该选项，绘制的多边形外切于圆，如图 2-62(c)所示。

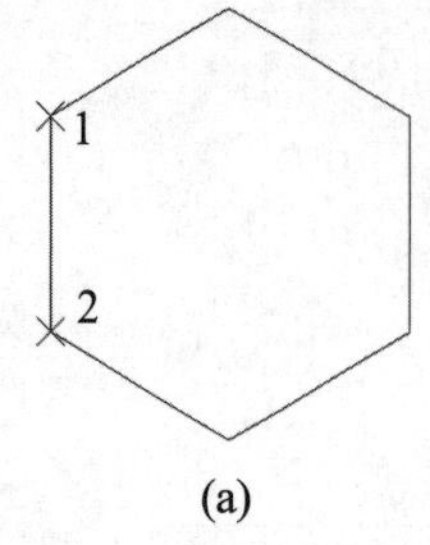

(a)

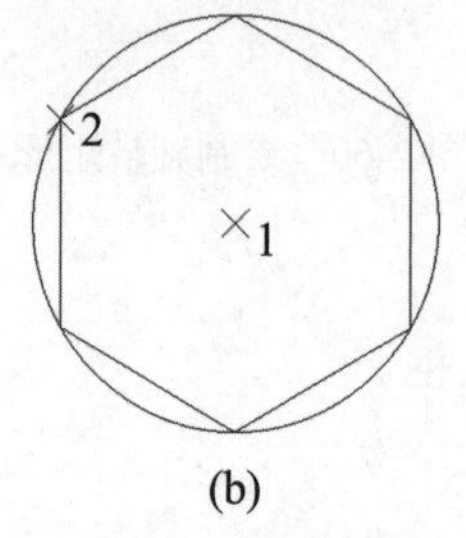

(b)

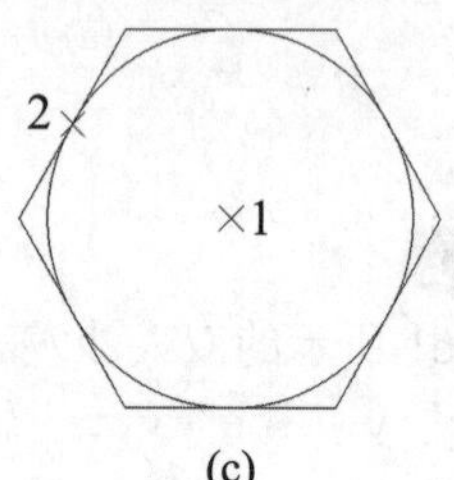

(c)

图 2-62　绘制正多边形

实例讲解

【例 2-11】绘制螺帽，如图 2-63 所示。

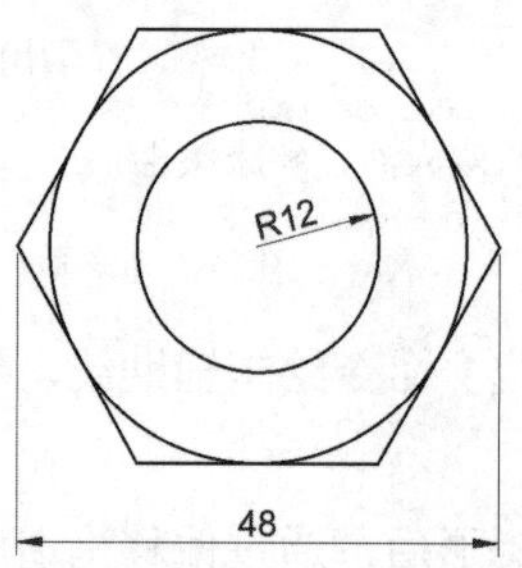

扫一扫，看视频

图 2-63　螺帽

❶ 绘制多边形(内接于圆)。在命令行输入 POL，命令行提示与操作如下。

```
命令: POL↙
输入侧面数 <4>: 6↙
指定正多边形的中心点或 [边(E)]: 0,0↙
输入选项 [内接于圆(I)/外切于圆(C)] <I>: I↙
指定圆的半径: 24↙(完成绘图，如图 2-64 所示)
```

❷ 绘制圆。在命令行输入 C，命令行提示与操作如下。

```
命令: C↙
指定圆的圆心或 [三点(3P)/两点(2P)/切点、切点、半径(T)]: 0,0↙
指定圆的半径或 [直径(D)] <20.7846>: 捕捉六边形任意一条边的中点，如图 2-65 所示。
命令: ↙按下 Enter 键重复执行【圆】命令
指定圆的圆心或 [三点(3P)/两点(2P)/切点、切点、半径(T)]: 0,0↙
指定圆的半径或 [直径(D)] <20.7846>: 12↙(完成绘图)
```

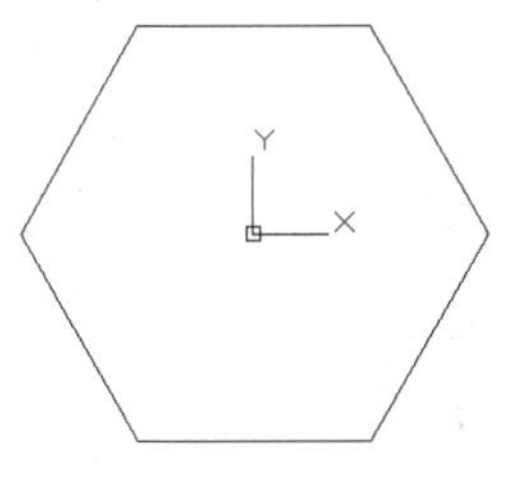

图 2-64　绘制正六边形

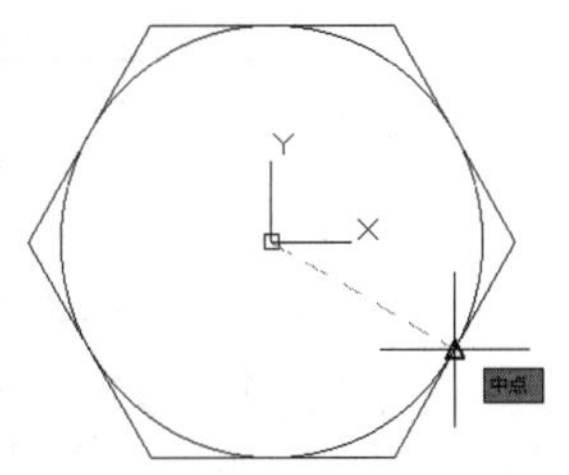

图 2-65　绘制圆

2.5　实践演练

通过学习，读者对本章所介绍的内容有了大致的了解。本节将通过表 2-3 所示的几个实践操作，帮助读者进一步掌握本章的知识要点。

表 2-3　实践演练操作要求

实践名称	操作要求	效　果
楼梯	(1) 使用“直线”绘制楼梯尺寸； (2) 通过“定数等分”得到楼梯台阶的绘制位置； (3) 使用“构造线”绘制辅助线； (4) 使用“直线”绘制楼梯台阶	
厨房水池	(1) 使用“构造线”绘制辅助线； (2) 使用“矩形”(圆角)绘制水池内外壁； (3) 使用“圆”绘制水池下水孔洞和水管孔洞	
轴	(1) 使用“构造线”绘制辅助线； (2) 使用“矩形”和“直线”绘制轴的外轮廓线； (3) 使用“圆弧”和“直线”绘制轴的键槽	

(续表)

实践名称	操作要求	效　果
运动场平面图	(1) 使用“构造线”绘制辅助线； (2) 使用“直线”和“圆弧”绘制跑道； (3) 使用“矩形”“直线”和“圆弧”绘制足球场地	

2.6　拓展练习

扫描二维码，获取更多 AutoCAD 习题。

扫一扫，做练习

第3章　基本绘图工具

内容简介

AutoCAD 的绘图辅助工具有很多，它们可以帮助用户快速有效地绘制图形。例如，用户可以通过指定点坐标来绘制图形。所有图形对象都具有图层、颜色、线型和线宽 4 个基本属性，因此，可以使用不同的图层、不同的颜色、不同的线型和线宽绘制不同的对象元素，以方便控制对象的显示和编辑，提高绘制复杂图形的效率和准确性。

此外，AutoCAD 还提供了如对象选择工具、对象捕捉工具、栅格和正交模式等工具，用户利用这些工具可以方便、准确、迅速地绘制和编辑图形，大大提高工作效率。

内容要点

- ❑ 规划图层
- ❑ 精确绘图
- ❑ 对象约束

3.1　规划图层

在 AutoCAD 中，图形中通常包含多个图层，它们就像一张张透明的图纸重叠在一起。在机械、建筑等工程制图中，图形中主要包括基准线、轮廓线、虚线、剖面线、尺寸标注及文字说明等元素。如果用户使用图层来管理这些元素，不仅能使图形的各种信息清晰有序，便于观察，而且会给图形的编辑、修改和输出带来方便。

3.1.1　图层的设置

在使用图层功能绘图之前，首先要对图层的各项特性进行设置，包括建立和命名图层，设置当前图层，设置图层的颜色、线型、线宽等。在 AutoCAD 中，用户可以使用选项板和面板两种方式设置图层。

1. 使用选项板设置图层

AutoCAD 提供了详细直观的【图层特性管理器】选项板，用户可以通过该选项板中的各选项进行设置，方便地实现创建新图层、设置图层颜色和线型等操作。

执行方式

- ❑ 命令行：LAYER。
- ❑ 菜单栏：执行【格式】|【图层】命令。
- ❑ 工具栏：单击【图层】工具栏中的【图层特性管理器】按钮。

- 功能区：选择【默认】选项卡，单击【图层】面板中的【图层特性】按钮，或者选择【视图】选项卡，单击【选项板】面板中的【图层特性】按钮。

操作过程

执行上述操作后，系统将打开图 3-1 所示的【图层特性管理器】选项板。

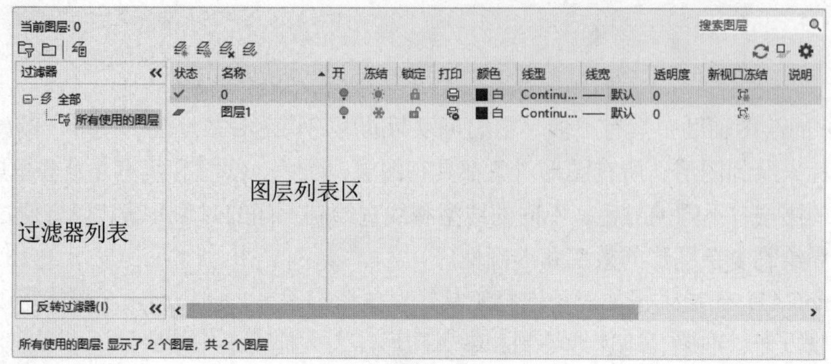

图 3-1 【图层特性管理器】选项板

选项说明

(1) 【新建特性过滤器】按钮：单击该按钮后，将打开图 3-2 所示的【图层过滤器特性】对话框，从中可以基于一个或多个图层特性创建图层过滤器。

(2) 【新建组过滤器】按钮：单击该按钮后，可以创建一个“组过滤器”，其中包含用户选定并添加到该过滤器的图层。

(3) 【图层状态管理器】按钮：单击该按钮后，可以打开图 3-3 所示的【图层状态管理器】对话框，从中可以将图层的当前特性设置保存到命名图层状态中。

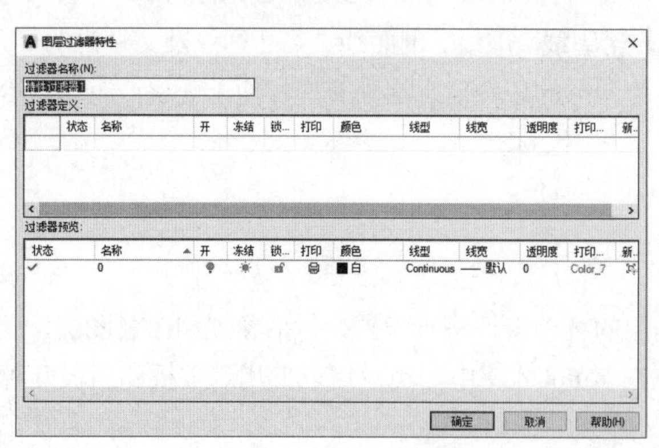

图 3-2 【图层过滤器特性】对话框

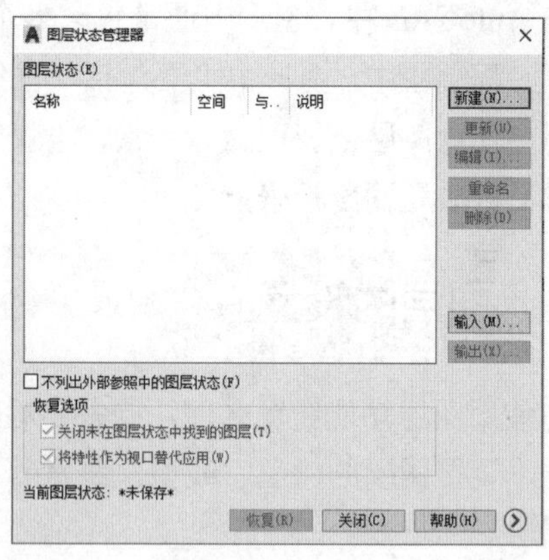

图 3-3 【图层状态管理器】对话框

(4) 【新建图层】按钮：单击该按钮后，图层列表中出现一个新的图层名称“图层 1”，用户可使用该名称，也可以对其重命名。用户若想同时创建多个图层，可以在创建一个图层后，在输入图层名称时输入多个名称，各名称之间以逗号分隔。图层的名称可以包含字母、数字、空格和特殊符号，AutoCAD 支持长达 222 个字符的图层名称。新的图层继承了创建新图层时所选中的已有图层的所有特性(颜色、线型、开/关状态等)，如果新建图层时没有图层被选中，则新图层具有默认的设置。

(5) 【在所有视口中都被冻结的新图层视口】按钮：单击该按钮后，将创建新图层，然后在所有现有布局视口中将其冻结。

(6) 【删除图层】按钮：在图层列表中选中某一图层，单击该按钮即可删除该图层。

(7) 【置为当前】按钮：在图层列表中选中某一图层，然后单击该按钮，则把该图层设置为当前图层，并在“当前图层”列中显示其名称。当前图层的名称存储在系统变量 CLAYER 中。另外，双击图层名也可以把其设置为当前图层。

(8) 【搜索图层】文本框：输入字符时，按名称快速过滤图层列表。关闭【图层特性管理器】选项板时并不保存此过滤器。

(9) 过滤器列表：显示图形中的图层过滤器列表。单击«和»可展开或收拢过滤器列表。当过滤器列表处于收拢状态时，可以使用位于【图层特性管理器】选项板左下角的【展开或收拢弹出图层过滤器树】按钮，来显示过滤器列表。

(10) 【反转过滤器】复选框：选中该复选框，显示所有不满足选定图层特性过滤器中条件的图层。

(11) 图层列表区：显示已有的图层及其特性。要修改某一图层的某一特性，单击它所对应的图标即可。列表区中各列的含义如下。

- 状态：指示项目的类型，有图层过滤器、正在使用的图层、空图层和当前图层 4 种。
- 名称：显示满足条件的图层名称。如果要对某图层修改，首先要选中该图层的名称。
- 状态转换图标：在图层列表中有一列图标，单击这些图标，可以打开或关闭该图标所代表的功能，如表 3-1 所示。

表 3-1　状态转换图标的功能说明

功能名称	图　标	功能说明
打开/关闭	/	将图层设定为打开或关闭状态，当呈现关闭状态时，该图层上的所有对象将隐藏不显示，只有处于打开状态的图层才会在绘图区中显示或由打印机打印出来。因此，绘制复杂的视图时，先将不编辑的图层暂时关闭，可降低图形的复杂度
解锁/锁定	/	将图层设定为解锁或锁定状态。被锁定的图层仍然显示在绘图区，但不能编辑修改被锁定的对象，只能绘制新的图形，这样可以防止重要的图形被修改
解冻/冻结	/	将图层设定为解冻或冻结状态。当图层呈现冻结状态时，该图层中的对象均不会显示在绘图区中，也不能由打印机打印出来，而且不会执行重生(REGEN)、缩放(ZOOM)、平移(PAN)等命令的操作，因此若将视图中不编辑的图层暂时冻结，可加快执行绘图编辑的速度。而/(打开/关闭)功能只是单纯地将对象隐藏，因此并不会加快执行速度
打印/不打印	/	设定图层是否可以打印图形
新视口冻结/视口冻结	/	仅在当前布局视口中冻结选定的图层。如果图层在图形中已冻结或关闭，则无法在当前视口中解冻该图层

- 颜色：显示和改变图层的颜色。如果要改变某一图层的颜色，单击其对应的颜色图标，AutoCAD 将打开图 3-4 所示的【选择颜色】对话框，用户可以从中选择所需的颜色。

(a)【索引颜色】选项卡

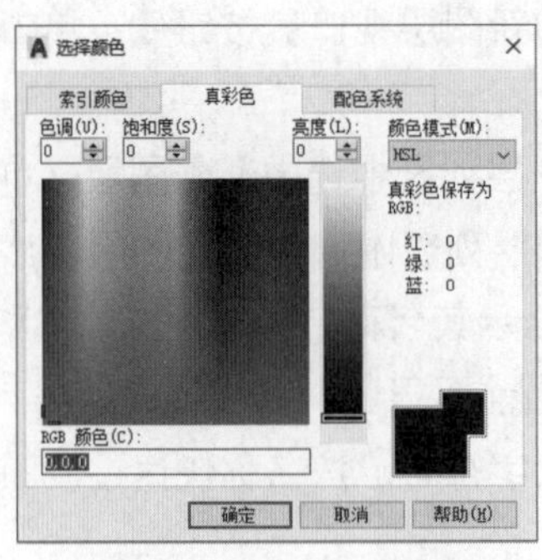

(b)【真彩色】选项卡

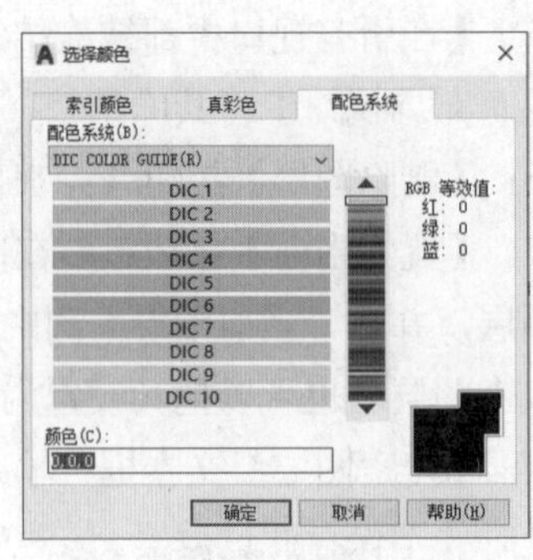

(c)【配色系统】选项卡

图 3-4 【选择颜色】对话框

- ❑ 线型：显示和修改图层的线型。如果要修改某一图层的线型，单击该图层的【线型】项，AutoCAD 将打开图 3-5 所示的【选择线型】对话框，其中【已加载的线型】列表框中列出了当前可用的线型。单击【加载】按钮，在打开的【加载或重载线型】对话框中可以为图层加载新线型，如图 3-6 所示。
- ❑ 线宽：显示和修改图层的线宽。如果要修改某一图层的线宽，单击该图层的【线宽】项，打开【线宽】对话框，如图 3-7 所示，其中列出了 AutoCAD 设定的线宽，用户可从中进行选择。在【线宽】对话框的【线宽】列表框中显示可以选用的线宽值，用户可以从中选择需要的线宽；【旧的】显示行显示前面赋予图层的线宽；【新的】显示行显示赋予图层的新线宽。当创建一个新图层时，采用默认线宽(其值为 0.01in，即 0.22mm)，默认线宽的值由系统变量 LWDEFAULT 设置。

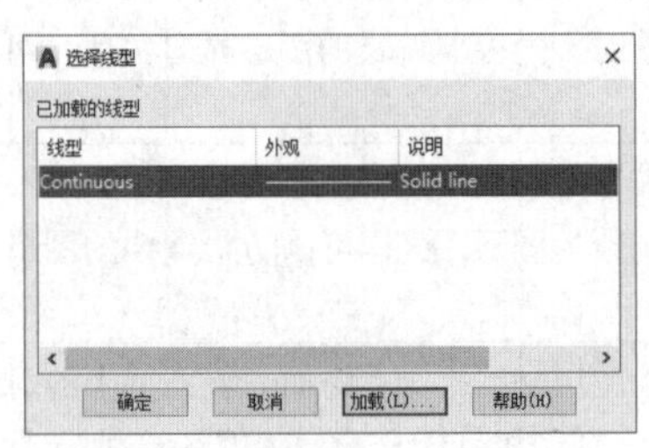

图 3-5 【选择线型】对话框

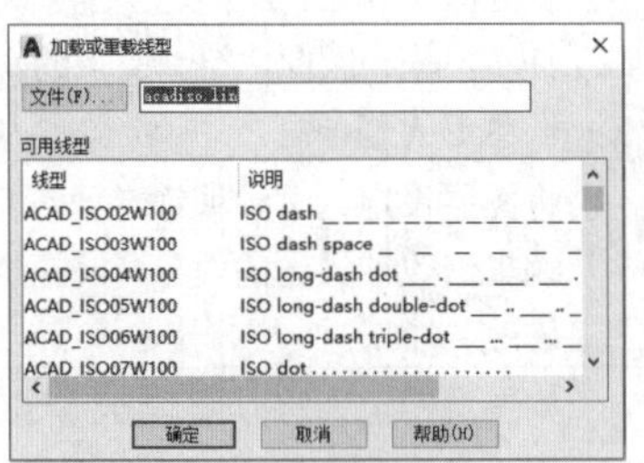

图 3-6 【加载或重载线型】对话框

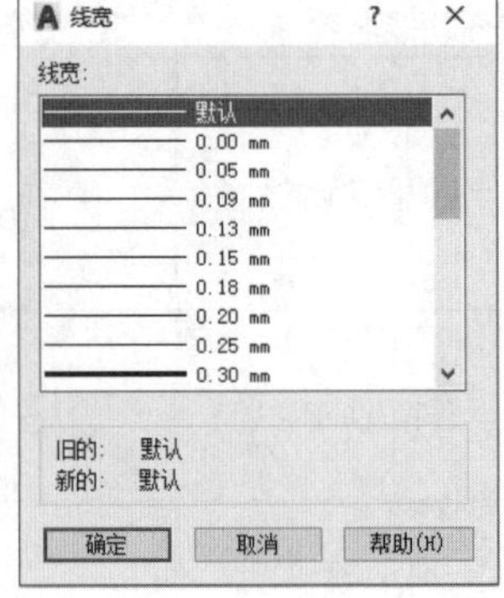

图 3-7 【线宽】对话框

视频讲解

【例 3-1】在【图层特性管理器】选项板中创建一个“辅助线层”，要求该图层颜色为“洋红”，线型为 ACAD_ ISO04W100，线宽为 0.20 毫米，如图 3-8 所示。

技巧点拨

在为创建的图层命名时，在图层的名称中不能包含通配符(*和?)和空格，也不能与其他图层重名。图层在足够用的基础上越少越好。无论是什么专业、什么阶段的图纸，图纸上所有的图元可以按照一定的规律来组织整理，例如建筑专业的平面图，可按照柱、墙、轴线、尺寸标注、一般汉字、门窗墙线、家具等来定义图层。

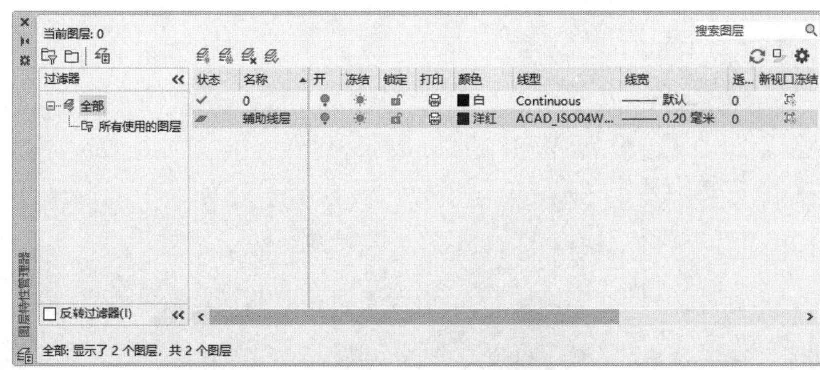

图 3-8　创建辅助线层

扫一扫，看视频

2. 使用面板设置图层

AutoCAD 提供了一个【特性】面板，如图 3-9 所示。用户可以利用该面板下拉列表中的选项，快速地查看和改变所选对象的图层、颜色、线型和线宽特性。【特性】面板中的图层、颜色、线型、线宽和打印样式的控制，增强了查看和编辑对象属性的命令。在绘图区选择任何对象，都将在面板中自动显示它所在的图层、颜色、线型等属性。

选项说明

【特性】面板中各部分的功能说明如下。

(1) 【对象颜色】下拉列表：单击 ByLayer 右侧的▼按钮，用户可以从弹出的下拉列表中选择一种颜色，使其成为当前颜色，如图 3-10 所示，如果选择【更多颜色】选项，AutoCAD 会打开【选择颜色】对话框以供选择其他颜色。修改当前颜色后，不论在哪个图层中，绘图系统都会采用这种颜色，但这对各个图层的颜色设置是没有影响的。

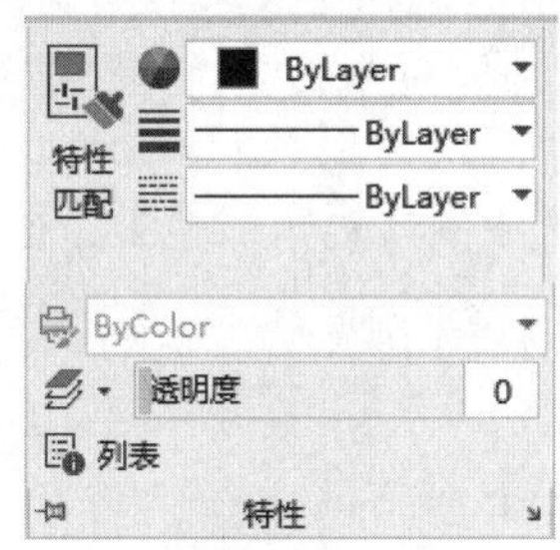

图 3-9　【特性】面板

图 3-10　【对象颜色】下拉列表

(2) 【线宽】下拉列表：单击 ByLayer 右侧的▼按钮，用户可以从弹出的下拉列表中选择一种线宽，使其成为当前线宽，如图 3-11 所示。修改当前线宽后，不论在哪个图层中，绘图系统都会采用这种线宽，但这对各个图层的线宽设置是没有影响的。

(3) 【线型】下拉列表：单击 ByLayer 右侧的▼按钮，用户可以从弹出的下拉列表中选择一种线型，使其成为当前线型，如图 3-12 所示。修改当前线型后，不论在哪个图层中，绘图系统都会采用这种线型，但这对各个图层的线型设置是没有影响的。

(4) 【打印样式】下拉列表：单击 ByColor 右侧的▼按钮，用户可从打开的下拉列表中选择一种打印样式，使其成为当前打印样式。

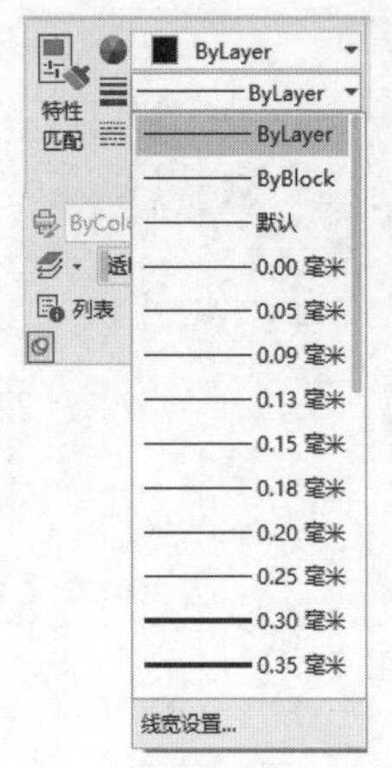

图 3-11 【线宽】下拉列表

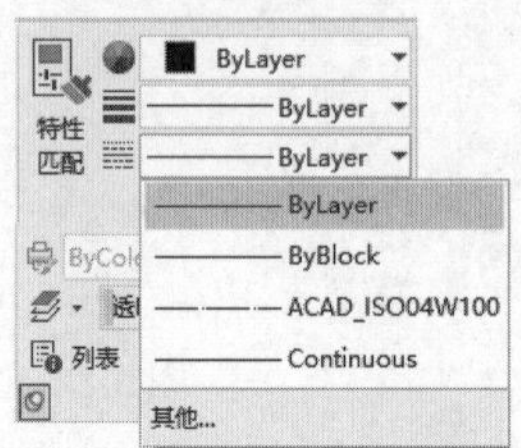

图 3-12 【线型】下拉列表

技巧点拨

在设置图层时，应该定义好相应的颜色、线型和线宽。图层的颜色定义应注意两点：一是不同的图层一般来说要用不同的颜色；二是颜色应该根据打印时线宽的粗细来选择。打印时，线型设置越宽的图层，应该选用越亮的颜色。

3.1.2 颜色的设置

颜色在图形中具有非常重要的作用，可用来表示不同的组件、功能和区域。图层的颜色实际上是图层中图形对象的颜色。每个图层都拥有自己的颜色，对不同的图层可以设置相同的颜色，也可以设置不同的颜色，绘制复杂图形时就可以很容易区分图形的各部分。

执行方式

- 命令行：COLOR(快捷命令：COL)。
- 菜单栏：执行【格式】|【颜色】命令。
- 功能区：选择【默认】选项卡，单击【特性】面板中的【对象颜色】下拉按钮，在弹出的下拉列表中选择【更多颜色】选项。

操作过程

执行上述操作后，系统将打开图 3-4 所示的【选择颜色】对话框。

选项说明

(1) 在【选择颜色】对话框中选择【索引颜色】选项卡，可以在系统所提供的 222 种颜色索引表中选择所需要的颜色，如图 3-4(a)所示。

- 【AutoCAD 颜色索引】列表框：依次列出了 222 种索引色，用户可以在该列表框中选择所需要的颜色。
- 【颜色】文本框：所选择的颜色代号值显示在【颜色】文本框中，用户也可以直接在该文本框中输入自己设定的代号值来选择颜色。
- ByLayer 和 ByBlock 按钮：单击这两个按钮，可以分别按图层和图块设置颜色。这两个按钮只有在设定了图层颜色和图块颜色后才可以使用。

(2) 在【选择颜色】对话框中选择【真彩色】选项卡，可以选择需要的任意颜色，如图 3-4(b)所示。用户可以拖动调色板中的颜色指示光标和亮度滑块选择颜色及其亮度。也可以通过“色调”“饱和度”和“亮度”的调节按钮来选择需要的颜色。所选颜色的红、绿、蓝值显示在下面的【颜色】文本框中，也可以直接在该文本框中输入用户自定义的红、绿、蓝值来选择颜色。

在【选择颜色】对话框的【真彩色】选项卡中还有一个【颜色模式】下拉列表，系统默认的颜色模式为 HSL 模式，即图 3-4(b)所示的模式。RGB 模式也是常用的一种颜色模式，如图 3-13 所示。

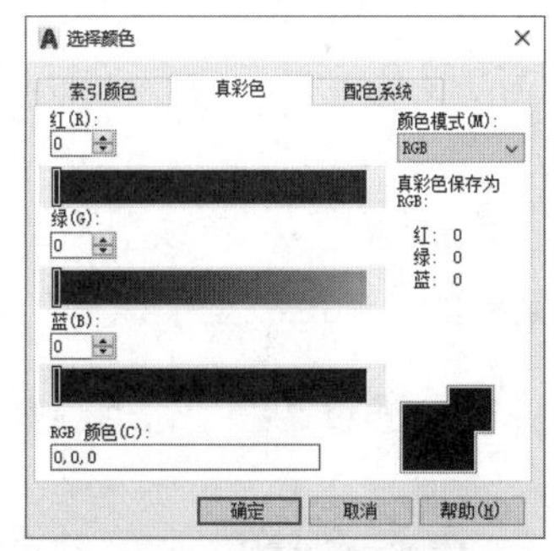

图 3-13　RGB 模式

(3) 在【选择颜色】对话框中选择【配色系统】选项卡，可以从中选择预定义的颜色，如图 3-4(c)所示。首先在【配色系统】下拉列表中选择需要的系统，然后拖动右边的滑块来选择具体的颜色，所选颜色编号显示在【颜色】文本框中，也可以直接在该文本框输入编号来选择颜色。

3.1.3　线型的设置

在《中华人民共和国国家标准：机械制图 图样画法 图线》(GB/T 4457.4—2002)中，对机械图样中使用的各种图线名称、线型、线宽以及在图样中的应用做了规定，如表 3-2 所示。其中常用的图线有 4 种，即粗实线、细实线、虚线、细点画线。图线分为粗、细两种，粗线的宽度 *b* 应按图样的大小和图形的复杂程度来确定，取值范围为 0.2~2mm，细线的宽度约为 *b*/2。

表 3-2　图线的线型及应用

图线名称	线　型	线　宽	主要用途说明
粗实线	━━━━━	*b*	可见轮廓线、可见过渡线
细实线	─────	约 *b*/2	尺寸线、尺寸界线、剖面线、引出线、弯折线、牙底线、齿根线、辅助线等
细点画线	——- ——	约 *b*/2	轴线、对称中心线、齿轮节线等
虚线	— — — —	约 *b*/2	不可见轮廓线、不可见过渡线
波浪线	～～～～	约 *b*/2	断裂处的边界线、剖视与视图的分界线
双折线	—/\—/\—	约 *b*/2	断裂处的边界线
粗点画线	━━ - ━━	*b*	有特殊要求的线或面的表示线
双点画线	—— - - ——	约 *b*/2	相邻辅助零件的轮廓线、极限位置的轮廓线、假想投影的轮廓线

1. 通过【图层特性管理器】选项板设置线型

在命令行执行 LAYER 命令，打开图 3-1 所示的【图层特性管理器】选项板。在图层列表区的线型列下单击线型名称，AutoCAD 将打开【选择线型】对话框提供线型设置选项，如图 3-5 所示，对话框中选项的功能说明如下。

(1) 【已加载的线型】列表框：显示在当前绘图中加载的线型，可供用户选用，其右侧显示线型的形式。

(2) 【加载】按钮：单击该按钮将打开图 3-6 所示的【加载或重载线型】对话框，用户可以通过其加载线型并将线型添加到线型列中。但要注意的是：加载线型必须是在线型库(LIN)文件中定义过的。标准线型都保存在 acad.lin 文件中。

2. 通过【线型管理器】对话框设置线型

执行方式

- ❑ 命令行：LINETYPE。
- ❑ 功能区：选择【默认】选项卡，在【特性】面板中单击 ByLayer 右侧的▼按钮，从弹出的下拉列表中选择【其他】选项。

操作过程

执行上述操作后，将打开图 3-14 所示的【线型管理器】对话框。用户可以在该对话框中设置线型。其中主要选项的功能与前面介绍的【选择线型】对话框中的选项相同，这里不再重复阐述。

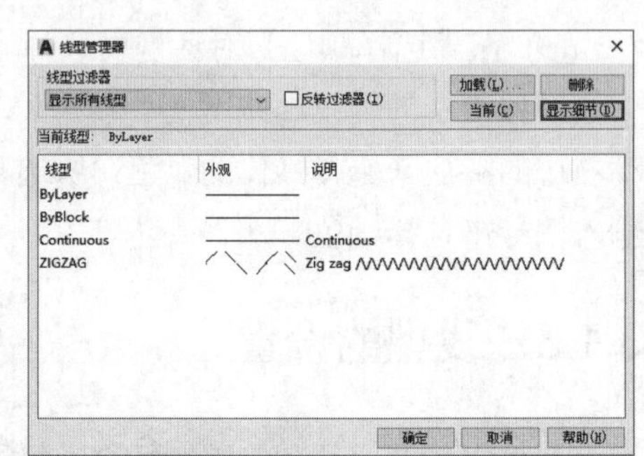

图 3-14 【线型管理器】对话框

3.1.4 线宽的设置

在《中华人民共和国国家标准：机械制图 图样画法 图线》(GB/T 4457.4—2002)中，对机械图样中使用的各种图线的线宽做了规定。图线分为粗、细两种，粗线的宽度 b 应按图样的大小和图形的复杂程度来确定，取值范围为 0.2~2mm，细线的宽度约为 $b/2$。在 AutoCAD 中，使用不同宽度的线条表现对象的大小或类型，可以提高图形的表达能力和可读性。

1. 通过【图层特性管理器】选项板设置线宽

在命令行执行 LAYER 命令，打开图 3-1 所示的【图层特性管理器】选项板。单击图层的“线宽”项，将打开图 3-7 所示的【线宽】对话框，其中列出了系统设定的线宽，用户可以从中选取。

2. 通过【线宽设置】对话框设置线型

执行方式

- ❑ 命令行：LINEWEIGHT。
- ❑ 菜单栏：执行【格式】|【线宽】命令。
- ❑ 功能区：选择【默认】选项卡，单击【特性】面板≡ ByLayer 右侧的▼按钮，打开【线宽】下拉列表，选择【线宽设置】选项。

操作过程

执行上述操作后，将打开图 3-15 所示的【线宽设置】对话框，在该对话框中除了可以选取系统设定的线宽以外，还可以对线宽的单位、显示比例进行详细设置。

实例讲解

【例 3-2】设置机械制图样板图绘图环境。在 AutoCAD 中新建一个图形文件，设置图形单位与图形界限，最后将设置好的文件保存为“.dwt”格式的样板图文件。

❶ 新建图形文件，在菜单栏执行【格式】|【单位】命令，打开【图形单位】对话框，设置【长度】的【类型】为“小数”，【精度】为“0”；【角度】的【类型】为“十进制度数”，【精度】为“0”；将【用于缩放插入内容的单位】设置为“毫米”，如图 3-16 所示。

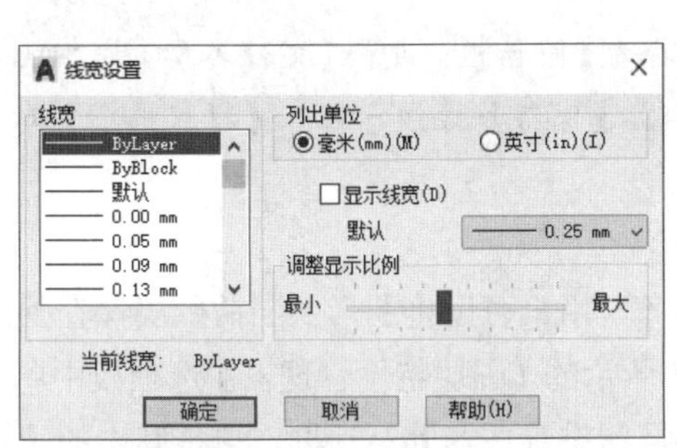

图 3-15 【线宽设置】对话框

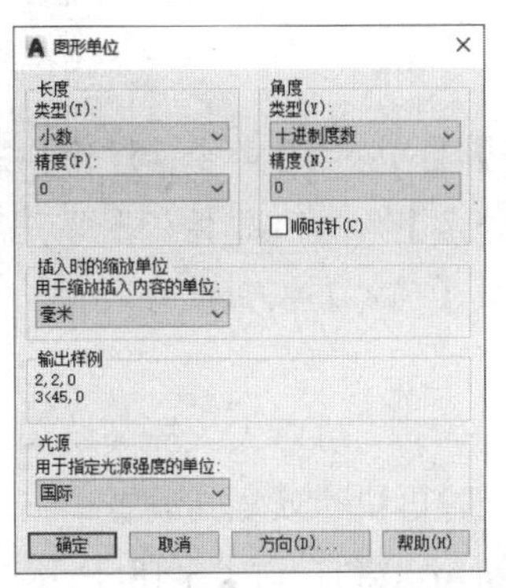

图 3-16 【图形单位】对话框

扫一扫，看视频

❷ 国标对图纸的幅面大小有严格规定，参照表 3-3 所示按国标 A3 图纸幅面设置图形的边界。A3 图纸的幅面为 297mm×320mm。

表 3-3　AutoCAD 状态栏功能说明

幅面代号	A0	A1	A2	A3	A4
宽×长(mm×mm)	841×1189	594×841	420×594	297×420	210×297

❸ 打开【图层特性管理器】选项板，参照表 3-4 所示设置图层。

表 3-4　图层设置参数说明

图层名称	颜　色	线　型	线　宽	说　明
0	7(白)	Continuous	*b*	图框线
BORDER	5(蓝)	Continuous	*b*	可见轮廓线
CEN	2(黄)	CENTER	*b*/2	中心线
DIMENSION	3(绿)	Continuous	*b*/2	尺寸标注
HATCH	5(蓝)	Continuous	*b*/2	填充剖面线
HIDDEN	1(红)	HIDDEN	*b*/2	隐藏线
LW	5(蓝)	Continuous	*b*/2	细实线
NOTES	7(白)	Continuous	*b*/2	一般注释
T-NOTES	4(青)	Continuous	*b*/2	标题栏注释
TITLE	6(洋红)	Continuous	*b*	标题栏零件名

图层创建完成后的【图层特性管理器】选项板如图 3-17 所示。

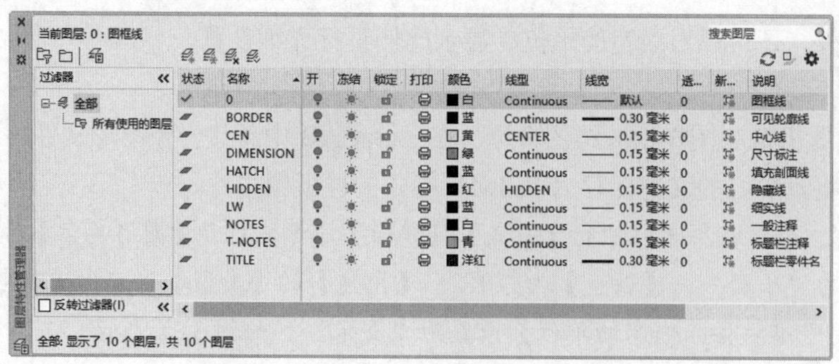

图 3-17　设置图层

❹ 选择【文件】|【另存为】命令，打开【图形另存为】对话框，设置【文件类型】为“AutoCAD 图形样板”，【文件名】为 “A3 样板图”，然后单击【保存】按钮，打开【样板选项】对话框，保持默认设置，单击【确定】按钮保存文件。

技巧点拨

掌握好图层状态管理，可以大大提高绘图工作效率。用户可以将图形的当前图层保存为命名图层状态，以后在需要时再快速恢复其设置。在图 3-17 所示的【图层特性管理器】选项板中单击【图层状态管理器】按钮，将打开图 3-18 所示的【图层状态管理器】对话框，单击其中的【新建】按钮，可以保存当前图层的设置状态，并将其显示在【图层状态】列表中；单击【编辑】按钮可以打开【编辑图层状态】对话框，查看与编辑保存的图层状态各图层的详细设置，如图 3-19 所示；单击【更新】按钮，可以使用图形当前图层设置覆盖选中的图层状态；单击【输出】按钮，可以将【图层状态】列表中的图层状态保存至计算机中(扩展名为“.las”)；单击【输入】按钮，则可以将计算机中保存的图层状态输入当前图形，并显示在【图层状态管理器】对话框的【图层状态】列表中。

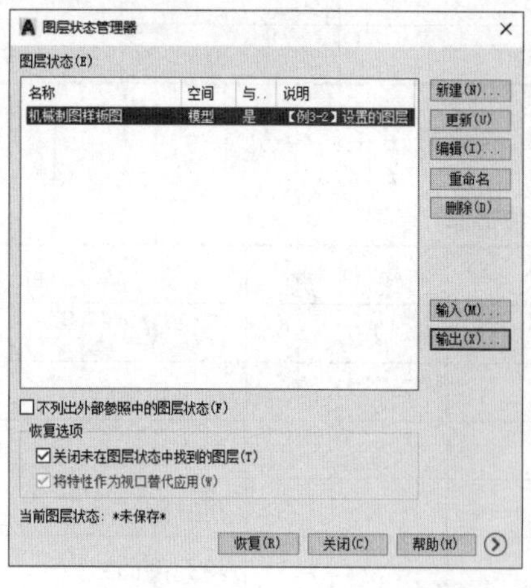

图 3-18 【图层状态管理器】对话框

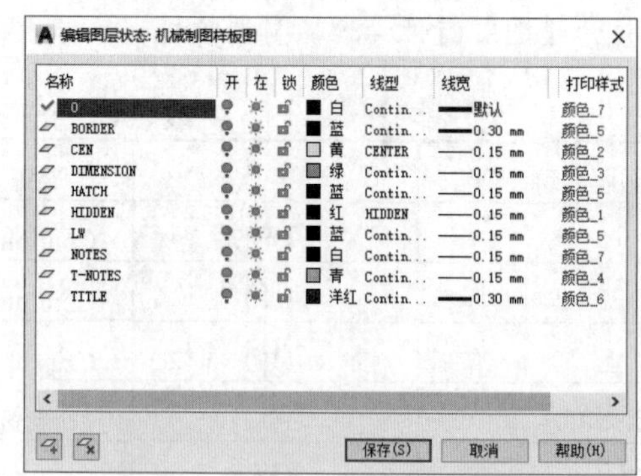

图 3-19 【编辑图层状态】对话框

3.2　精确绘图

在绘图时，灵活运用 AutoCAD 所提供的绘图工具进行准确定位，可以有效地提高绘图的精确性和效率。

3.2.1　精确定位

使用 AutoCAD 提供的精确定位工具，能够帮助用户快速、准确地定位某些特殊点(如端点、中点、圆心等)和特殊位置(如水平位置、垂直位置)。

1. 栅格显示

“栅格”是一些标定位置的小点，起坐标纸的作用。在 AutoCAD 中应用栅格显示工具，可以在绘图区为用户提供直观的距离和位置参照。

执行方式

- ❑ 菜单栏：执行【工具】|【绘图设置】命令。
- ❑ 状态栏：单击【栅格】按钮#(仅限于打开与关闭“栅格”)。
- ❑ 快捷键：F7(仅限于打开与关闭栅格)。

操作过程

在菜单栏中执行【工具】|【绘图设置】命令，打开【草图设置】对话框，选择【捕捉和栅格】选项卡，如图 3-20 所示。

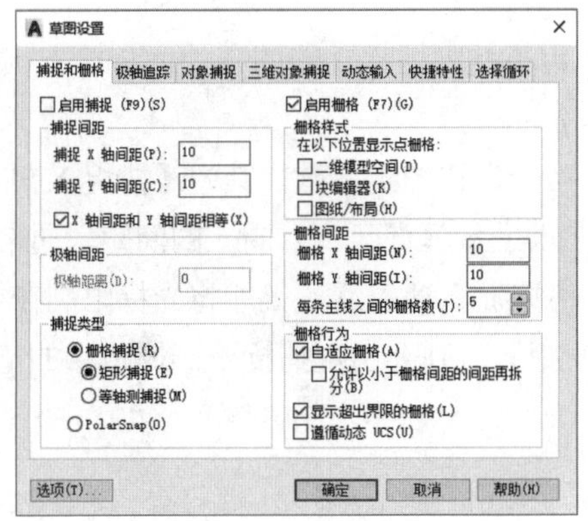

图 3-20 【捕捉和栅格】选项卡

选项说明

(1) 【启用栅格】复选框：用于控制是否在绘图区显示栅格。

(2) 【栅格样式】选项组：用于在二维空间设定栅格样式。

- ❑ 二维模型空间：将二维模型空间的栅格样式设定为点栅格。
- ❑ 块编辑器：将块编辑器的栅格样式设定为点样式。
- ❑ 图纸/布局：将图纸和布局的栅格样式设定为点样式。

(3) 【栅格间距】选项组：用于设置栅格间距，其中【栅格 X 轴间距】和【栅格 Y 轴间距】文本框分别用于设置栅格在水平与垂直方向的间距。如果【栅格 X 轴间距】和【栅格 Y 轴间距】设置为 0，则 AutoCAD 会自动将捕捉的栅格间距应用于栅格，且其原点和角度总是与捕捉栅格的原点和角度相同。此外，还可以使用 GRID 命令在命令行设置栅格间距。

(4) 【栅格行为】选项组：用于设置“视觉样式”下栅格线的显示样式(三维线框除外)。

- ❑ 自适应栅格：缩小时，限制栅格密度。如果选中【允许以小于栅格间距的距离再拆分】复选框，则图像在放大时，系统会生成更多间距更小的栅格线。

- ❑ 显示超出界限的栅格：显示超出图形界限指定的栅格。
- ❑ 遵循动态 UCS(U)：更改栅格平面以跟随动态 UCS 的 XY 平面。

2. 捕捉类型

“捕捉”用于设定鼠标光标移动的间距。在 AutoCAD 中设置捕捉工具，可以在绘图区生成一个隐含的栅格(捕捉栅格)，这个栅格能够捕捉光标，约束光标只能落在栅格的某一个节点上，使用户能够精确地捕捉和选择这个栅格上的点。

执行方式

- ❑ 菜单栏：执行【工具】|【绘图设置】命令。
- ❑ 状态栏：单击【捕捉模式】按钮⠿(仅限于打开与关闭“捕捉”)。
- ❑ 快捷键：F9(仅限于打开与关闭“捕捉”)。

操作过程

在菜单栏中执行【工具】|【绘图设置】命令，系统将打开【草图设置】对话框，并自动选择【捕捉和栅格】选项卡，如图 3-20 所示。

选项说明

(1) 【启用捕捉】复选框：用于控制捕捉功能的开关，与单击状态栏中的【捕捉模式】按钮⠿和按下 F9 键的功能相同。

(2) 【捕捉间距】选项组：用于设置捕捉参数，其中【捕捉 X 轴间距】与【捕捉 Y 轴间距】文本框分别用于确定捕捉栅格点在水平和垂直两个方向上的间距。通常情况下，【捕捉间距】应等于【栅格间距】，这样在启用【栅格捕捉】功能后，就能将光标限制在栅格点上，如图 3-21(a)所示；若【捕捉间距】不等于【栅格间距】，则会出现捕捉不到栅格点的情况，如图 3-21(b)所示。

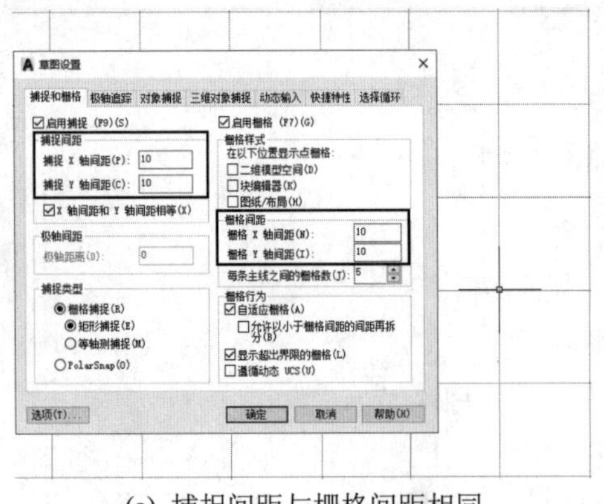

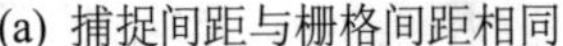
(a) 捕捉间距与栅格间距相同

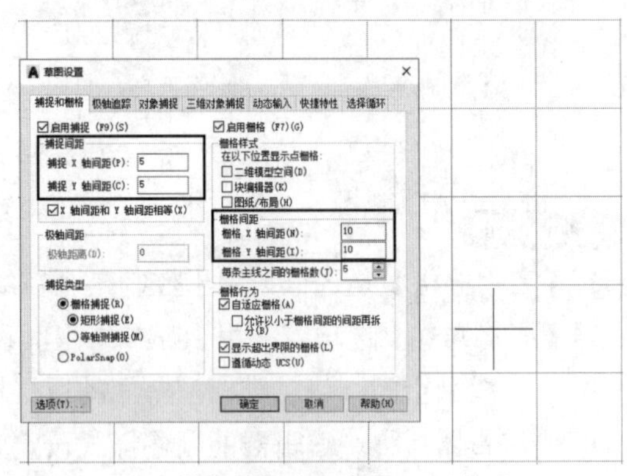

(b) 捕捉间距与栅格间距不相同

图 3-21　捕捉间距与栅格间距相同与不相同时的捕捉效果对比

(3) 【极轴间距】选项组：该选项组只有在选择 PolarSnap 捕捉类型时才可用。用户可在【极轴距离】文本框中输入距离值，也可以通过命令行输入 SNAP 命令，设置捕捉的有关参数。

(4) 【捕捉类型】选项组：用于确定捕捉类型和样式。AutoCAD 提供了“栅格捕捉”和 PolarSnap 两种捕捉栅格的方式。

- ❑ 栅格捕捉：指的是按正交位置捕捉位置点。“栅格捕捉”又分为“矩形捕捉”和“等轴测捕捉”两种方式。在“矩形捕捉”方式下捕捉，栅格中以标准矩形显示；在“等轴测捕捉”方式下捕捉，栅格和十字线不再相互垂直，而是呈绘制等轴测图时的特定角度(在绘制等轴测图时使用这种方式十分方便)。

- ❑ PolarSnap：可以根据设置的任意极轴角捕捉位置点。

技巧点拨

在正常工作中，【捕捉间距】不需要和【栅格间距】相同。例如，可以设定较宽的【栅格间距】用作参照，但使用较小的【捕捉间距】以保证定位点时的精确性。

3. 正交模式

在绘图过程中，经常需要绘制水平直线和垂直直线，但是用光标选择线段的端点时很难保证两个点严格沿水平方向或垂直方向。此时，若启用 AutoCAD 的正交功能，画线或移动对象时将智能地沿水平方向或垂直方向移动光标，也只能绘制平行于坐标轴的正交线段。

执行方式

- ❑ 命令行：ORTHO。
- ❑ 状态栏：激活状态栏中的【正交限制光标】按钮∟。
- ❑ 快捷键：F8。

操作过程

```
命令: ORTHO↙
输入模式 [开(ON)/关(OFF)] <开>(设置开或关)
```

技巧点拨

因为正交功能限制了直线的方向，所以绘制水平或垂直直线时，指定方向后直接输入长度即可，不必再输入完整的坐标值。

视频讲解

【例 3-3】启用正交模式后，绘制图 3-22 所示的阶梯图形。

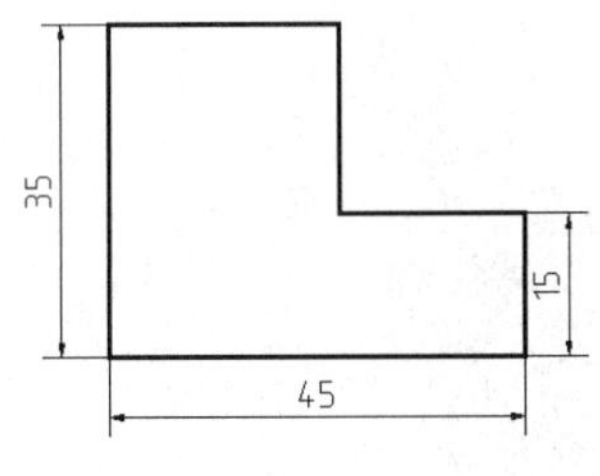

扫一扫，看视频

图 3-22　阶梯图形

3.2.2　对象捕捉

在使用 AutoCAD 绘图时经常要用到一些特殊点，如圆心、切点、线段或圆弧的端点、中点等。如果只利用光标在图形上选择，要准确地找到这些点是十分困难的。此时，可以使用 AutoCAD 提供的一些识别这些点的工具，即“对象捕捉”工具。通过此类工具，用户可以很容易地构造新几何体，精确绘制图形。

1. 对象捕捉设置

在绘图之前，用户可以根据需要事先设置开启一些对象捕捉模式，绘图时系统就能自动捕捉这些特殊点，从而加快绘图速度，提高绘图质量。

执行方式

- ❑ 命令行：DDOSNAP。
- ❑ 菜单栏：执行【工具】|【绘图设置】命令。
- ❑ 工具栏：单击【对象捕捉】工具栏中的【对象捕捉设置】按钮。
- ❑ 状态栏：单击状态栏中的【对象捕捉】按钮(仅限于打开与关闭)。
- ❑ 快捷键：F3(仅限于打开与关闭)。
- ❑ 快捷菜单：按住 Shift 键右击鼠标，在弹出的快捷菜单中选择【对象捕捉设置】命令。

操作过程

执行以上操作后，AutoCAD 将打开【草图设置】对话框并选择【对象捕捉】选项卡，如图 3-23 所示，提供对象捕捉设置选项。

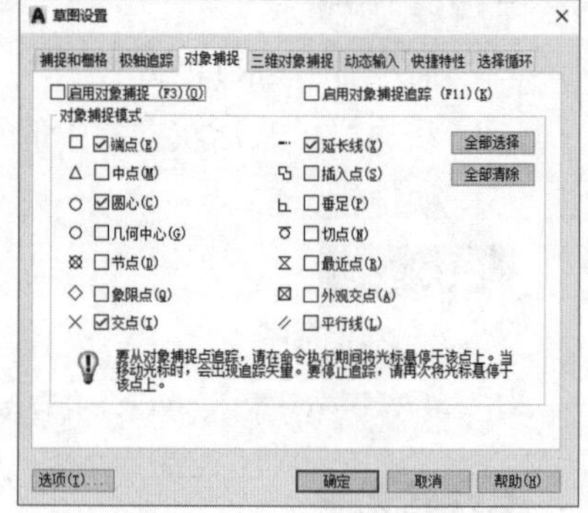

图 3-23 【对象捕捉】选项卡

选项说明

(1) 【启用对象捕捉】复选框：选中该复选框，在【对象捕捉模式】选项组中被选中的捕捉模式将处于激活状态。

(2) 【启用对象捕捉追踪】复选框：用于打开或关闭自动追踪功能。

(3) 【对象捕捉模式】选项组：该选项组中列出各种捕捉模式的复选框，被选中的复选框处于激活状态。单击【全部清除】按钮，则所有模式均被清除。单击【全部选择】按钮，则所有模式都将被选中。

(4) 【选项】按钮：单击该按钮将打开【选项】对话框的【绘图】选项卡，用户可以在该选项卡中更改捕捉模式的各项设置。

实例讲解

【例 3-4】绘制图 3-24 所示的零件平面图。

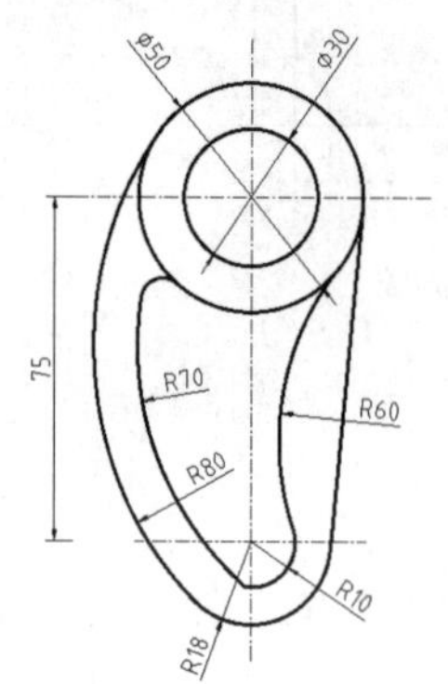

扫一扫，看视频

图 3-24 零件平面图

❶ 设置对象捕捉模式。选择【工具】|【绘图设置】命令，打开【草图设置】对话框，在【对

象捕捉】选项卡的【对象捕捉模式】选项组中选中【圆心】【交点】【切点】复选框，即选中这 3 种捕捉模式，然后选中【启用对象捕捉】复选框并单击【确定】按钮。

❷ 绘制构造线。在命令行输入 XL，绘制图 3-25 所示的构造线。

❸ 拾取构造线的交点绘制同心圆。在命令行输入 C，将指针移到构造线之间的交点处，当显示“交点”标记时，如图 3-26 所示，单击拾取该点，绘制直径分别为 50 和 30 的两个圆，如图 3-27 所示。

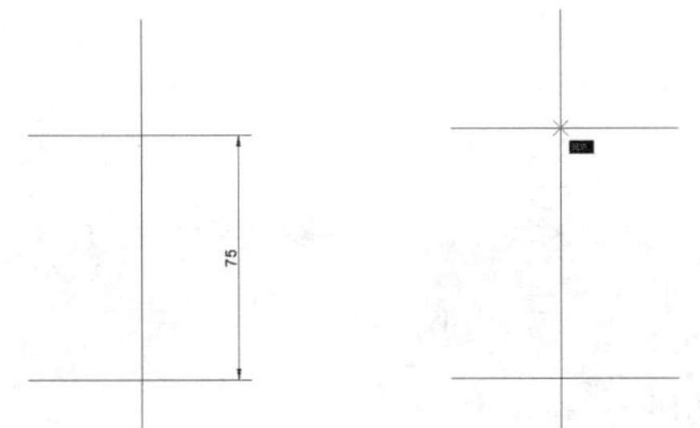

图 3-25　绘制构造线　　图 3-26　捕捉交点　　图 3-27　绘制直径为 50 和 30 的两个圆

❹ 使用同样的方法，在构造线另一个交点处绘制半径为 18 和 10 的两个圆，如图 3-28 所示。

❺ 使用“相切、相切、半径”方式绘制圆。选择【绘图】|【圆】|【相切、相切、半径】命令，将光标移至直径为 50 的圆的上半部分，当显示“递延切点”标记时，单击拾取该点，如图 3-29 所示。

❻ 将光标移至半径为 18 的圆上拾取另一个切点，绘制半径为 80 的圆，如图 3-30 所示。

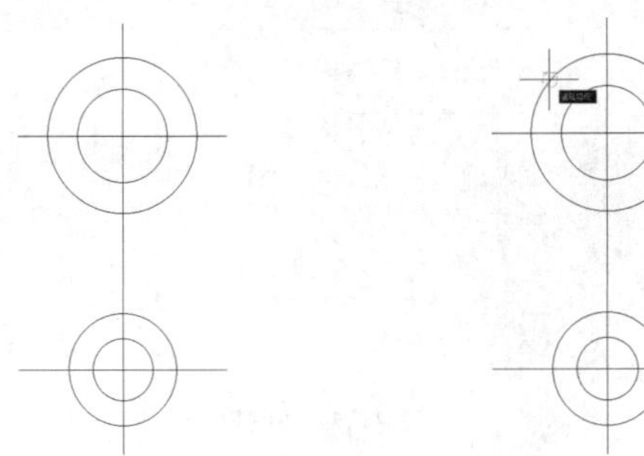

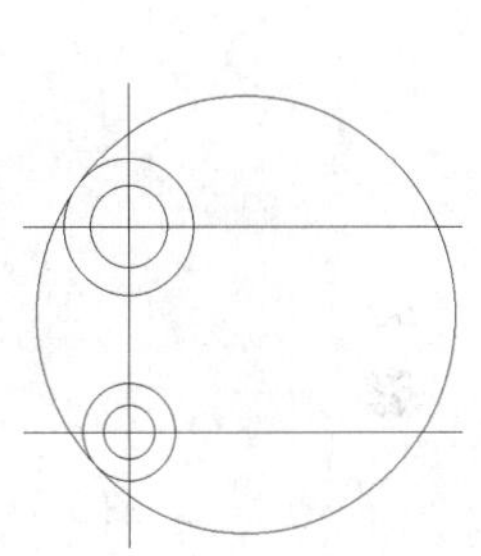

图 3-28　绘制半径为 18 和 10 的两个圆　　图 3-29　捕捉切点　　图 3-30　绘制半径为 80 的相切圆

❼ 使用相同的方法，绘制与直径为 50 的圆和半径为 10 的圆相切的圆，且半径为 60，如图 3-31 所示。

❽ 拾取圆心绘制圆。在命令行输入 C，将光标移至半径为 80 的圆的圆心处，当显示“圆心”标记时，单击拾取该点，绘制半径为 70 的圆，如图 3-32 所示。

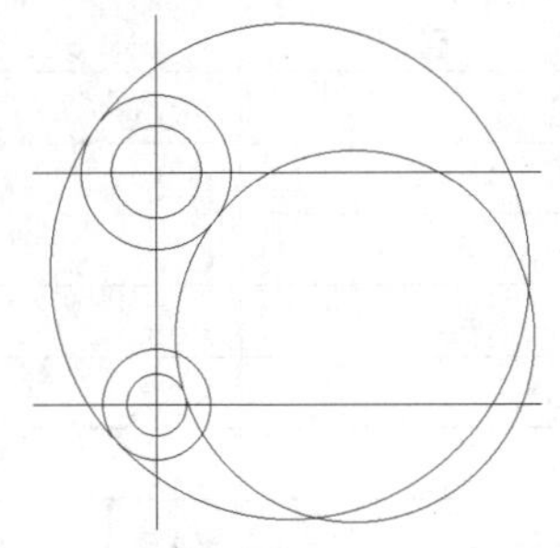

图 3-31　绘制半径为 60 的相切圆

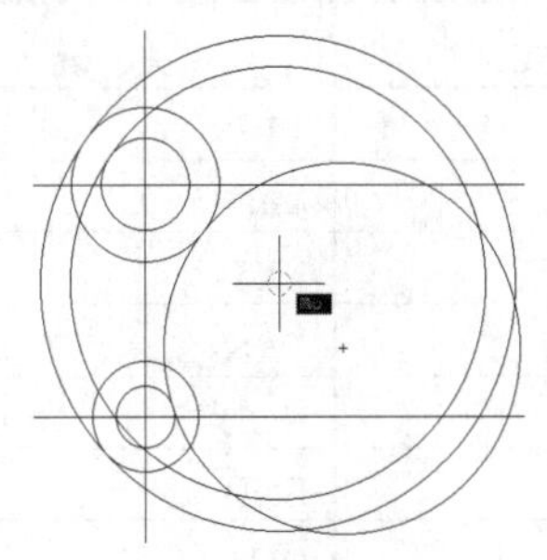

图 3-32　捕捉圆心绘制半径为 70 的圆

❾ 通过“捕捉切点”绘制直线。在命令行输入L，在【对象捕捉】工具栏中单击【捕捉到切点】按钮，然后将光标移至直径为 80 的圆的右半部分，当显示“递延切点”标记时，单击拾取该点，如图 3-33(a)所示。将光标移至半径为 15 的圆上拾取另一个切点，绘制直线，如图 3-33(b)所示。

(a)　　(b)

图 3-33　通过“捕捉切点”绘制直线

❿ 修剪图形。在【修改】工具栏中单击【修剪】按钮，参照图 3-34 修剪图形。

⓫ 创建圆角。在【修改】工具栏中单击【圆角】按钮，指定圆角半径为 5，依次选择半径为 70 的圆弧和直径为 50 的圆为修圆角对象，效果如图 3-35 所示。

⓬ 标注图形尺寸(关于图形尺寸标注方法，可参考本书第 8 章内容)，完成后的效果如图 3-24 所示。

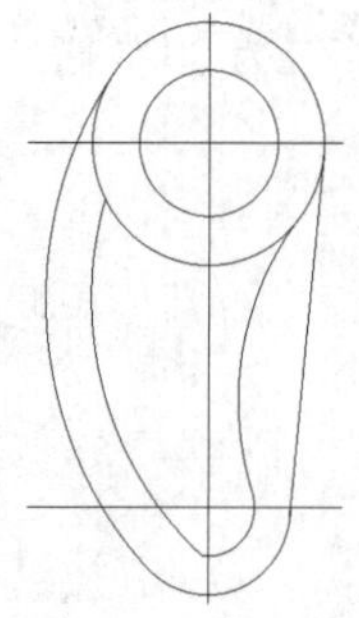

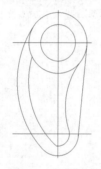

图 3-34　修剪图形

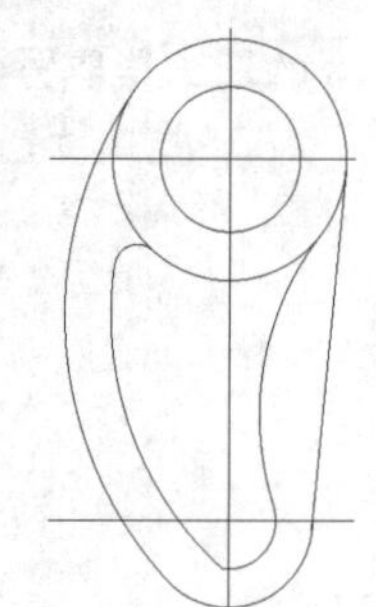

图 3-35　创建圆角

2. 捕捉特殊位置点

在使用 AutoCAD 绘制图形时，有时需要指定一个特殊位置的点，如圆心、端点、中点、平行线上的点等，可以通过对象捕捉功能来捕捉这些点，如表 3-5 所示。

表 3-5　捕捉特殊位置点的关键字

模　式	关 键 字	模　式	关 键 字
临时追踪点	TT	捕捉自	FROM
中点	MID	交点	INT
延长线	EXT	圆心	CEN
切点	TAN	垂足	PER
节点	NOD	最近点	NEA
端点	END	外观交点	APP
象限点	QUA	平行线	PAR
无捕捉	NON		

视频讲解

【例 3-5】使用对象捕捉功能绘制图 3-36 所示的螺母俯视图。

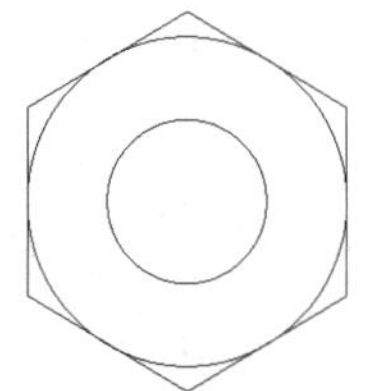

图 3-36　螺母俯视图

扫一扫，看视频

3.2.3　自动追踪

在 AutoCAD 中，使用自动追踪功能可以按指定角度绘制对象，或者绘制与其他对象有特定关系的对象。自动追踪功能分极轴追踪和对象捕捉追踪两种，是非常有用的辅助绘图工具。

1. 对象捕捉追踪

“对象捕捉追踪”必须配合“对象捕捉”功能使用。

执行方式

- 命令行：DDOSNAP。
- 菜单栏：执行【工具】|【绘图设置】命令。
- 工具栏：单击【对象捕捉】工具栏中的【对象捕捉设置】按钮。
- 状态栏：激活状态栏中的【对象捕捉】按钮和【对象捕捉追踪】按钮，或单击【极轴追踪】按钮右侧的▼按钮，在弹出的下拉列表中选择【正在追踪设置】选项。
- 快捷键：F11。

操作过程

执行上述操作或者右击【对象捕捉】按钮或【对象捕捉追踪】按钮，在弹出的快捷菜单中选择【设置】命令，打开【草图设置】对话框，选择【对象捕捉】选项卡，选中【启用对象捕捉追踪】复选框，即完成对象捕捉追踪设置。

2. 极轴追踪

“极轴追踪”也必须配合“对象捕捉”功能使用。

执行方式

- 命令行：DDOSNAP。
- 菜单栏：执行【工具】|【绘图设置】命令。
- 工具栏：单击【对象捕捉】工具栏中的【对象捕捉设置】按钮。
- 状态栏：激活状态栏中的【对象捕捉】按钮和【极轴追踪】按钮。
- 快捷键：F10。

实例讲解

【例 3-6】绘制图 3-37 所示的垫片零件平面图。

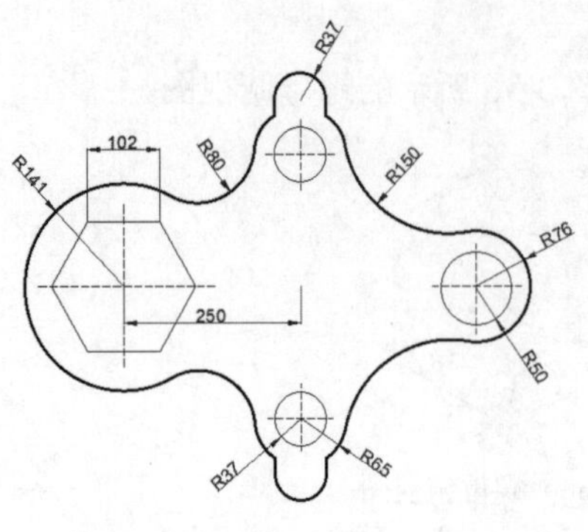

扫一扫，看视频

图 3-37　垫片零件平面图

❶ 设置自动追踪。在菜单栏中选择【工具】|【绘图设置】命令，打开【草图设置】对话框，在【捕捉和栅格】选项卡中选择【启用捕捉】复选框，在【捕捉类型】选项组中选择【PolarSnap】单选按钮，在【极轴距离】文本框中设置极轴间距为 1，然后单击【确定】按钮，如图 3-38 所示。

❷ 在状态栏中激活【极轴追踪】按钮、【对象捕捉】按钮、【对象捕捉追踪】按钮。

❸ 绘制构造线。在命令行输入 XL，在绘图窗口中绘制一条水平构造线和一条垂直构造线作为辅助线。

❹ 绘制正多边形。在命令行输入 POL，设置正多边形的边数为 6，并捕捉辅助线的交点作为多边形的中心点。设置多边形绘制方式为“内接于圆”方式，然后沿水平方向移动指针，追踪 102 个单位，此时屏幕上显示“102.0000<0°”，如图 3-39 所示。单击鼠标绘制一个内接于半径为 102 的圆的正多边形。

图 3-38　开启极轴捕捉功能

图 3-39　绘制正六边形

❺ 绘制半径为 141 的圆。在命令行输入 C，以辅助线的交点为圆心，绘制一个半径为 141 的圆。

❻ 绘制半径为 50 的圆。在命令行输入 C，从辅助线的交点向右追踪 500 个单位后，单击确定圆心位置，如图 3-40 所示，绘制半径为 50 的圆。

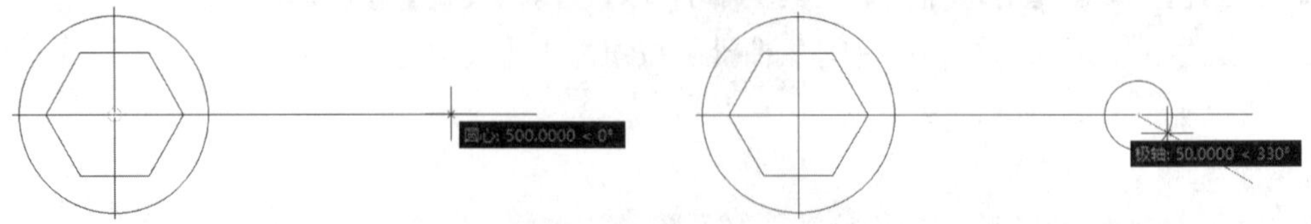

图 3-40　绘制半径为 50 的圆

❼ 绘制半径为 76 的圆。在命令行输入 C，捕捉上一步绘制的圆的圆心，然后绘制一个半径为 76 的圆，如图 3-41 所示。

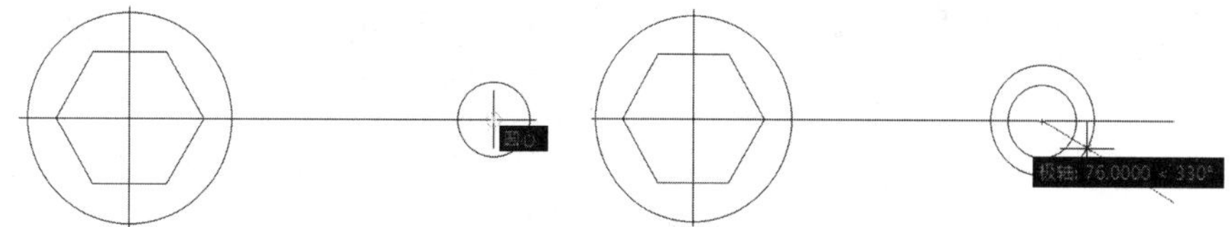

图 3-41　绘制半径为 76 的圆

❽ 绘制垂直构造线。在命令行输入 XL，捕捉半径为 141 的圆的圆心，从辅助线的交点向右追踪 250 个单位后单击鼠标，绘制一条垂直构造线，如图 3-42 所示。

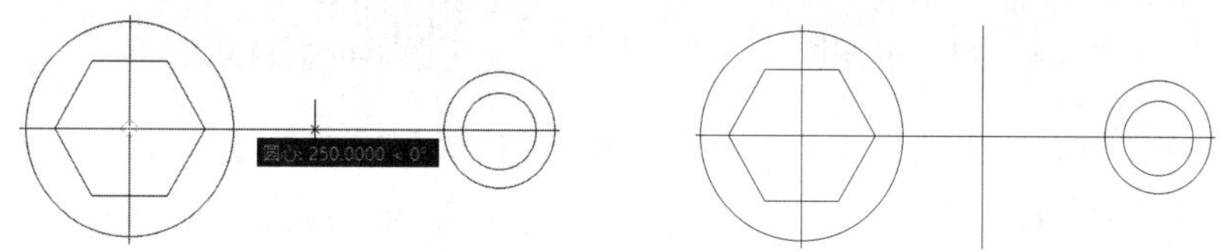

图 3-42　绘制垂直构造线

❾ 绘制半径为 65 的圆。在命令行输入 C，捕捉垂直构造线和水平构造线的交点，从交点处向上追踪 180 个单位后单击鼠标，绘制一个半径为 65 的圆，如图 3-43 所示。

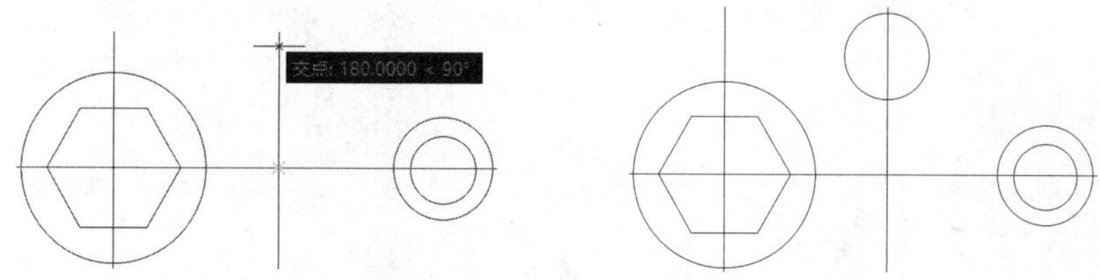

图 3-43　绘制半径为 65 的圆

❿ 绘制同心圆。在命令行输入 C，捕捉半径为 65 的圆的圆心，绘制一个半径为 37 的圆。使用同样的方法，在水平构造线下方绘制同样大小的同心圆。

⓫ 选择【工具】|【绘图设置】命令，打开【草图设置】对话框，在【对象捕捉】选项卡的【对象捕捉模式】选项组中选中【象限点】复选框，然后单击【确定】按钮。

⓬ 绘制垂直构造线。在命令行输入 XL，捕捉半径为 37 的圆的左侧象限点，如图 3-44(a)所示，绘制一条垂直构造线。使用同样的方法绘制通过该圆右侧象限点的垂直构造线，如图 3-44(b)所示。

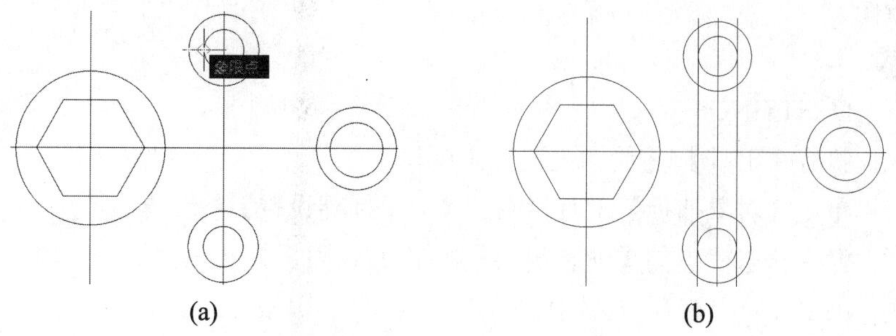

图 3-44　通过捕捉象限点绘制垂直构造线

⑬ 使用“相切、相切、相切”方式绘制圆。选择【绘制】|【圆】|【相切、相切、相切】命令，分别单击两条垂直构造线和半径为65的圆为切点，绘制两个圆形，如图3-45所示。

⑭ 在【默认】选项卡的【修改】面板中单击【修剪】按钮，参照图3-46对图形进行修剪。

图3-45　绘制相切圆　　图3-46　修剪图形

⑮ 使用“相切、相切、半径”方式绘制圆。选择【绘制】|【圆】|【相切、相切、半径】命令，分别绘制两个与半径为141和半径为65的圆相切，且半径为80的圆。使用相同的方法，分别绘制两个与半径为76和半径为65的圆相切，且半径为150的圆，如图3-47所示。

⑯ 在【默认】选项卡的【修改】面板中单击【修剪】按钮，参照图3-48对绘制的圆进行修剪，同时删除多余的辅助线，完成图形的绘制。

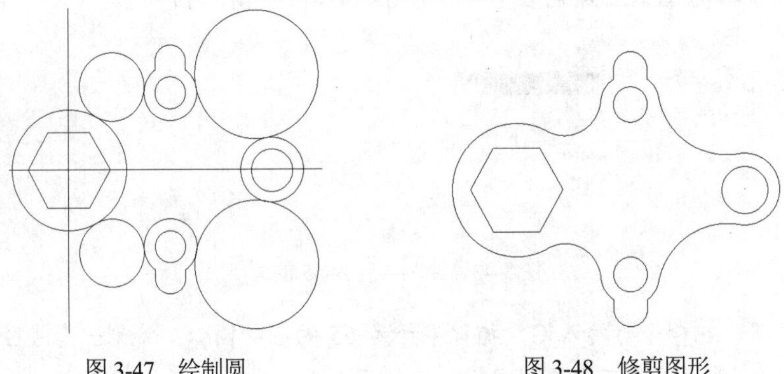

图3-47　绘制圆　　图3-48　修剪图形

3.2.4　动态输入

在AutoCAD中，使用动态输入功能可以在指针位置处显示标注输入和命令提示等信息，从而极大地方便了绘图。

执行方式

- ❑ 命令行：DSETTINGS。
- ❑ 菜单栏：执行【工具】|【绘图设置】命令。
- ❑ 工具栏：单击【对象捕捉】工具栏中的【对象捕捉设置】按钮。
- ❑ 状态栏：激活状态栏中的【动态输入】按钮(仅限于打开与关闭)。
- ❑ 快捷键：F12(仅限于打开与关闭)。

操作过程

执行上述操作或在状态栏右击【动态输入】按钮，在弹出的快捷菜单中选择【动态输入设置】

命令，AutoCAD 将打开图 3-49 所示的【草图设置】对话框的【动态输入】选项卡。

选项说明

(1) 启用指针输入。在【草图设置】对话框的【动态输入】选项卡中，选中【启用指针输入】复选框，可以启用指针输入功能。用户可以在【指针输入】选项组中单击【设置】按钮，使用打开的【指针输入设置】对话框设置指针的格式和可见性，如图 3-50 所示。

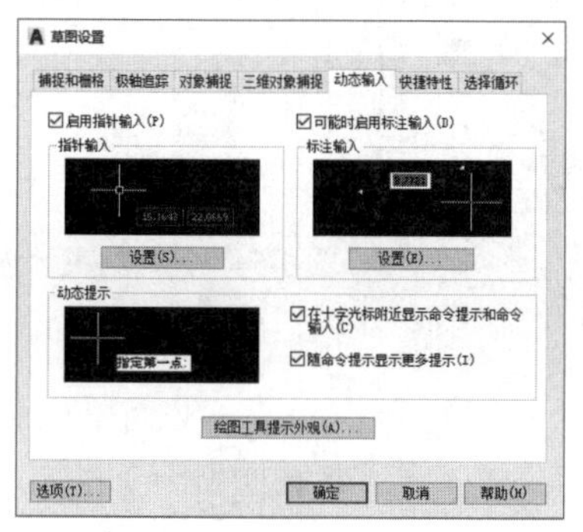

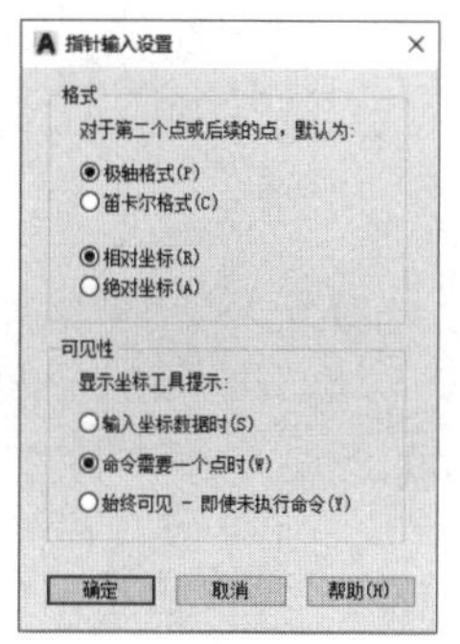

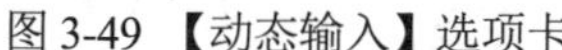

图 3-49 【动态输入】选项卡　　　　图 3-50 【指针输入设置】对话框

(2) 启用标注输入。在【草图设置】对话框的【动态输入】选项卡中，选中【可能时启用标注输入】复选框，可以启用标注输入功能。在【标注输入】选项组中单击【设置】按钮，使用打开的【标注输入的设置】对话框可以设置标注的可见性，如图 3-51 所示。

(3) 显示动态提示。在【草图设置】对话框的【动态输入】选项卡中，选中【动态提示】选项组中的【在十字光标附近显示命令提示和命令输入】复选框，可以在光标附近显示命令提示，如图 3-52 所示。

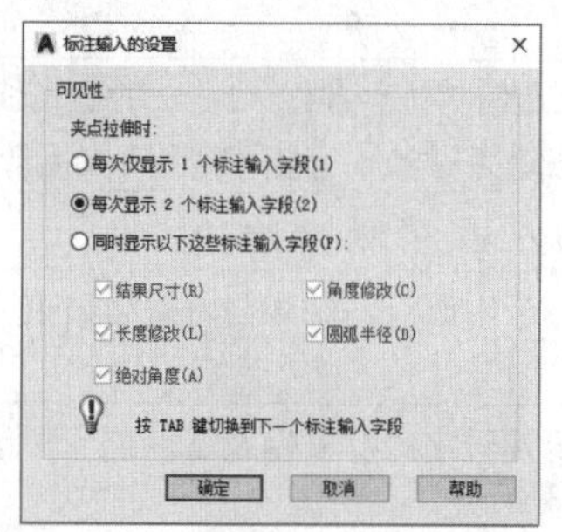

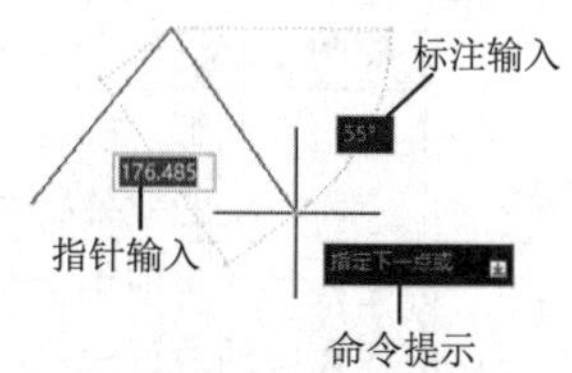

图 3-51 【标注输入的设置】对话框　　　　图 3-52 动态显示命令提示

3.3 对象约束

约束能够精确地控制草图中的对象。草图约束有两种类型：几何约束和尺寸约束。

3.3.1 几何约束

几何约束建立草图对象的几何特性(如要求某一直线具有固定长度)，或是两个或更多草图对象的关系类型(如要求两条直线垂直或平行，或几个圆弧具有相同的半径)。用户可以在绘图区使用【参数化】选项卡中的【全部显示】【全部隐藏】或【显示】来显示有关的信息，并显示代表这些约束的直观标记，如图 3-53 所示。图 3-54 所示为几何约束的水平标记、竖直标记、平行标记和相等标记。

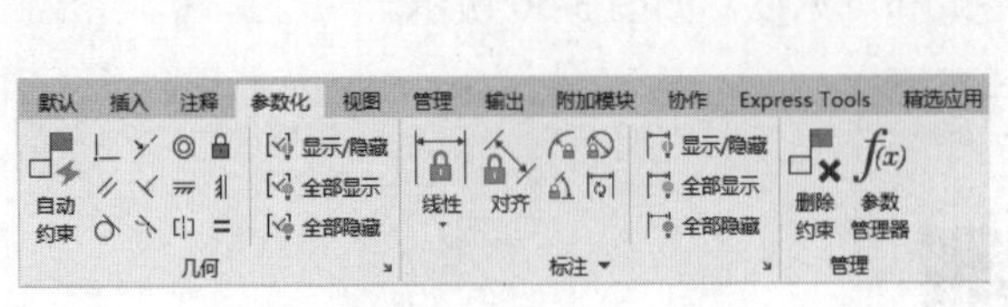

图 3-53 【参数化】选项卡

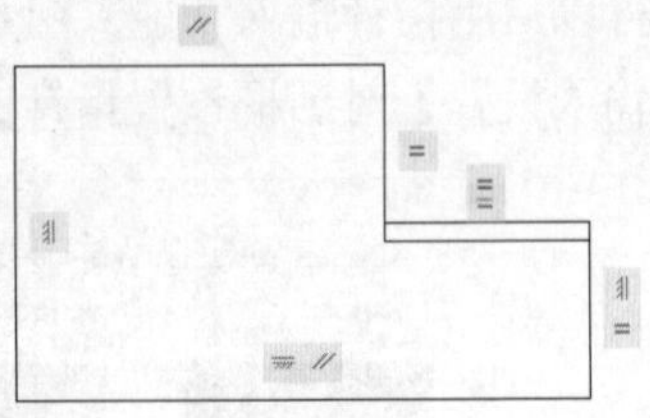

图 3-54　几何约束示意图

1. 建立几何约束

利用几何约束工具，可以指定草图对象必须遵守条件，或是草图对象之间维持的关系。单击图 3-53 所示【参数化】选项卡【几何】面板(或图 3-55 所示的【几何约束】工具栏)中的几何约束选项，在绘图时即可指定二维对象或点之间的几何约束。

图 3-55 【几何约束】工具栏

其主要几何约束选项功能说明如表 3-6 所示。

表 3-6　几何约束选项功能

约束方式	图　标	功能说明
重合		约束两个点使其重合，或约束一个点使其位于曲线(或曲线的延长线)上。可使对象上的约束点与某个对象重合，也可以使其与另一对象上的约束点重合
共线		使两条或多条直线段处于同一直线方向，并使它们共线
同心		将两个圆弧、圆或椭圆约束到同一个中心点，结果与将重合约束应用于曲线的中心点所产生的效果相同
固定		将几何约束应用于一对对象时，选择对象的顺序以及选择每个对象的点可能会影响对象间的放置方式
平行		使选定的直线彼此平行，平行约束在两个对象之间应用
垂直		使选定的直线彼此垂直，垂直约束在两个对象之间应用
水平		使直线或点位于当前坐标系 X 轴平行的位置，默认选择类型为对象
竖直		使直线或点位于与当前坐标系 Y 轴平行的位置
相切		将两条曲线约束为保持彼此相切或其他延长线保持彼此相切，相切约束在两个对象之间应用
平滑		将样条曲线约束为连续，并与其他样条曲线、直线、圆弧或多段线保持连续性
对称		使选定对象受对称约束，相对于选定直线对称
相等		将选定圆弧和圆的尺寸重新调整为半径相同，或将选定直线的尺寸重新调整为长度相同

视频讲解

【例 3-7】使用几何约束绘制图 3-56 所示的光盘图形。

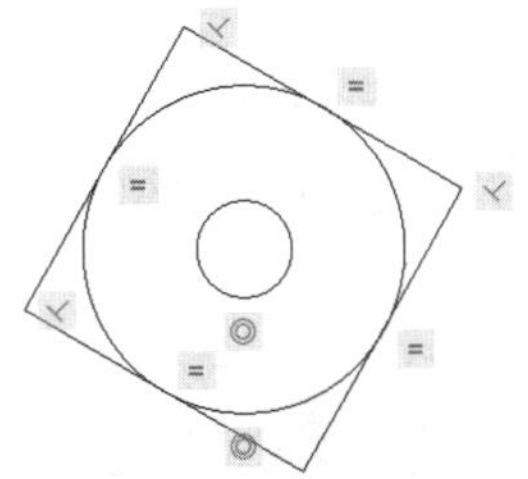

扫一扫，看视频

图 3-56　光盘图形

2. 设置几何约束

在使用 AutoCAD 绘图时，可以控制约束栏的显示，利用【约束设置】对话框(如图 3-57 所示)可控制约束栏上显示或隐藏几何约束选项。单独或全局显示或隐藏几何约束和约束栏，可执行以下操作。

- ❑ 显示(或隐藏)所有几何约束。
- ❑ 显示(或隐藏)指定类型的几何约束。
- ❑ 显示(或隐藏)所有与选定对象相关的几何约束。

图 3-57 【约束设置】对话框

执行方式

打开【约束设置】对话框的方法有以下几种。

- ❑ 命令行：CONSTRAINTSETTINGS(CSETTINGS)。
- ❑ 菜单栏：执行【参数】|【约束设置】命令。
- ❑ 功能区：单击【参数化】选项卡【几何】面板中的【约束设置，几何】按钮↘。
- ❑ 工具栏：单击【参数化】工具栏中的【约束设置】按钮。

选项说明

(1) 【约束栏显示设置】选项组：用于控制图形编辑器中是否为对象显示约束栏或约束点标记。例如，可以为水平约束、垂直约束和竖直约束隐藏约束栏的显示。

(2) 【全部选择】按钮：选择全部几何约束类型。

(3) 【全部清除】按钮：清除所有选定的几何约束类型。

(4) 【仅为处于当前平面中的对象显示约束栏】复选框：仅为当前平面上受几何约束的对象显示约束栏。

(5) 【约束栏透明度】选项组：设置图形中约束栏的透明度。

(6) 【将约束应用于选定对象后显示约束栏】复选框：手动应用约束或使用 AUTOCONSTRAIN 命令时，显示相关约束栏。

3.3.2 尺寸约束

尺寸约束建立草图对象的大小(如直线的长度、圆弧的半径等)，或是两个对象之间的关系(如两点之间的距离)。图 3-58 所示为带有尺寸约束的图形。

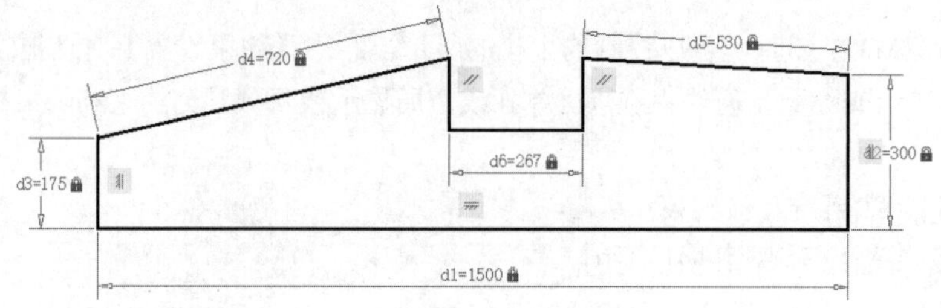

图 3-58　尺寸约束示意图

1. 建立尺寸约束

建立尺寸约束可以限制图形几何对象的大小，与在草图上标注尺寸类似。建立尺寸约束会设置尺寸标注线并建立相应的表达式，与在草图上标注尺寸不同的是，它可以在后续的编辑工作中实现尺寸的参数化驱动。

单击图 3-53 所示【参数化】选项卡【标注】面板(或图 3-59 所示的【标注约束】工具栏)中的标注约束选项，在绘图时即可指定二维对象或点之间的标注约束。

图 3-59 【标注约束】工具栏

(1) 生成尺寸约束时，用户可以选择草图曲线、边、基准平面或基准轴上的点，以生成水平、竖直、平行、垂直和角度尺寸。

(2) 生成尺寸约束时，AutoCAD 会生成一个表达式，其名称和值显示在一个文本框中，如图 3-58 所示，用户可以在其中编辑该表达式的名称和值。

(3) 生成尺寸约束时，只要选中了几何体，其尺寸及其延长线和箭头就会全部显示出来。将尺寸拖动到合适的位置，然后单击即可完成尺寸约束的添加。完成尺寸约束后，用户还可以随时更改尺寸约束，只需要在绘图区中选中该值并双击鼠标，即可使用生成过程中所采用的方式编辑其名称、值或位置。

视频讲解

【例 3-8】使用标注约束绘制图 3-60 所示的不规则多边形。

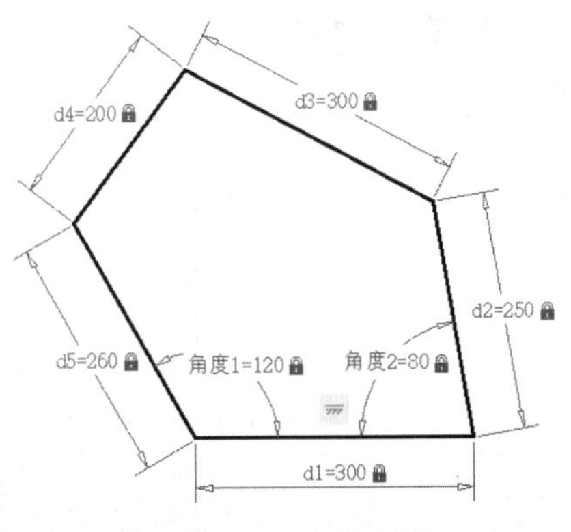

扫一扫，看视频

图 3-60　不规则多边形

2. 设置尺寸约束

在绘图时，使用【约束设置】对话框【标注】选项卡中的选项可以控制显示标注约束时的系统配置，标注约束控制设计的大小和比例，如图 3-61 所示。尺寸约束的具体内容如下。

- ❑ 对象之间或对象上点之间的距离。
- ❑ 对象之间或对象上点之间的角度。

图 3-61 【标注】选项卡

选项说明

(1) 【标注约束格式】选项组：用于设置标注名称格式和锁定图标的显示。

(2) 【标注名称格式】下拉列表：为应用标注约束时显示的文字指定格式。可将名称格式设置为显示名称、值或名称和表达式，例如宽度=长度/2。

(3) 【为注释性约束显示锁定图标】复选框：用于将已应用注释性约束的对象显示锁定图标。

(4) 【为选定对象显示隐藏的动态约束】复选框：用于显示选定时已设置为隐藏的动态约束。

3.4　实践演练

通过学习，读者对本章所介绍的内容有了大致的了解。本节将通过表 3-7 所示的几个实践操作，帮助读者进一步掌握本章的知识要点。

表 3-7　实践演练操作要求

实践名称	操作要求	效　果
支座	(1) 设置两个新图层，绘制右图所示的支座图形； (2) 绘制中心线； (3) 绘制圆； (4) 绘制支座外轮廓	
相切的圆	(1) 设置 3 个图层，绘制中心线和直径为 200 的圆； (2) 通过“三点”方式绘制圆； (3) 使用表 3-5 介绍的关键字，通过捕捉切点绘制直径为 200 的圆中的 4 个小圆	
特殊位置直线	(1) 设置对象捕捉与对象捕捉追踪功能； (2) 设置图层并绘制中心线； (3) 使用表 3-5 中介绍的“捕捉自”功能(FROM)绘制以中心线交点为中心的正方形； (4) 结合对象捕捉追踪和对象捕捉功能，完成图形绘制	
相切的 4 个圆	(1) 绘制相互垂直的两条直线； (2) 通过“相切、相切、半径”方式和“相切、相切、相切”方式绘制 4 个圆； (3) 通过设置对象约束，设置大圆直径为 40，4 个圆相切，且 3 个小圆的直径相等	

3.5　拓展练习

扫描二维码，获取更多 AutoCAD 习题。

扫一扫，做练习

第4章　文本与表格

内容简介

文字对象是 AutoCAD 图形中很重要的图形元素，是机械制图和工程制图中不可缺少的组成部分。在一个完整的图样中，通常都包含一些文字注释来标注图样中的一些非图形信息。例如，机械制图中的技术要求、装配说明，以及工程制图中的材料说明、施工要求等。另外，在 AutoCAD 中，使用表格功能可以创建不同类型的表格，还可以在其他软件中复制表格，以简化制图操作。

内容要点

- ❑ 文本样式
- ❑ 文本标注
- ❑ 文本编辑
- ❑ 表格

4.1　文本样式

在 AutoCAD 中，所有文字都有与之相关联的文字样式。在创建文字注释和尺寸标注时，AutoCAD 通常使用当前的文字样式。用户也可以根据具体要求重新设置文字样式或创建新的样式。文字样式包括文字"字体""字形""高度""宽度系数""倾斜角""反向""倒置"及"垂直"等参数。

执行方式

- ❑ 命令行：STYLE(快捷键：ST)或 DDSTYLE。
- ❑ 菜单栏：执行【格式】|【文字样式】命令。
- ❑ 工具栏：单击【文字】工具栏中的【文字样式】按钮。
- ❑ 功能区：选择【默认】选项卡，在【注释】面板中单击【文字样式】按钮，或单击【注释】选项卡【文字】面板中的【文字样式】下拉列表中的【管理文字样式】按钮，或单击【注释】选项卡【文字】面板中的【对话框启动器】按钮。

操作过程

执行上述操作后，AutoCAD 将打开图 4-1 所示的【文字样式】对话框。

选项说明

(1) 【新建】按钮：用于新建文字样式。单击【新建】按钮，AutoCAD 将打开图 4-2 所示的【新建文字样式】对话框，在该对话框中可以为新建的文字样式输入名称。

(2) 【样式】列表框：列出所有已设定的文字样式名或对已有样式名进行相关操作。例如，从【样式】列表框中选中要改名的文本样式，右击鼠标，在弹出的快捷菜单中选择【重命名】命令，可以为所选文本样式输入新的名称，如图 4-3 所示。

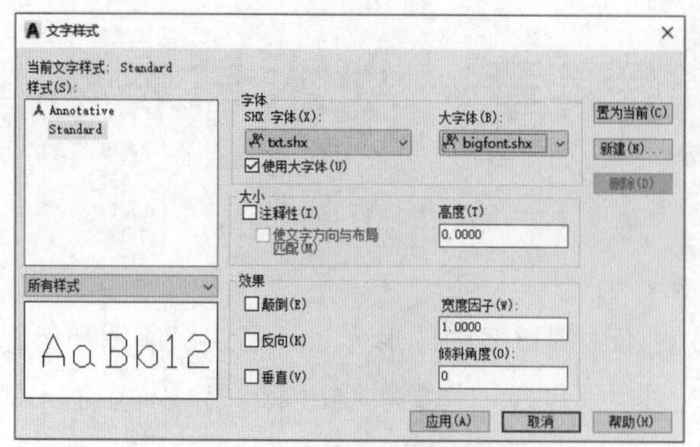

图 4-1 【文字样式】对话框

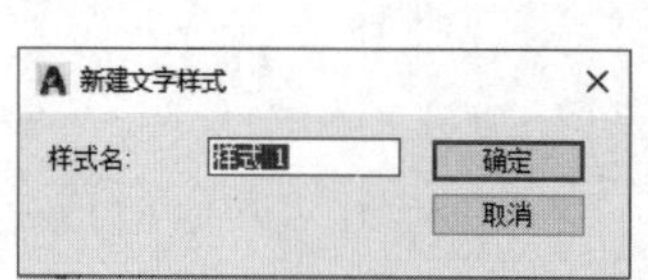

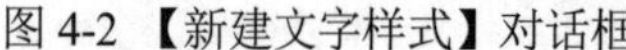

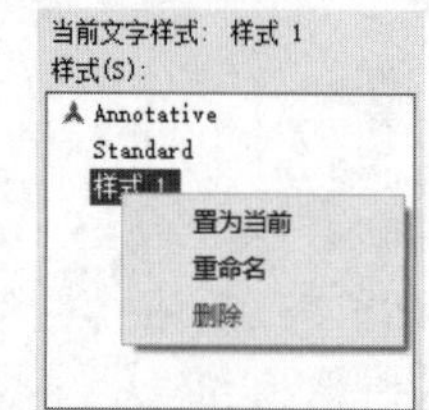

图 4-2 【新建文字样式】对话框　　图 4-3　重命名文字样式

(3) 【字体】选项组：用于确定字体样式。文字的字体用于确定字符的形状。在 AutoCAD 图形中，除了它固有的 SHX 形状字体文件外，还可以使用 TrueType 字体(如宋体、楷体、Italic 等)。一种字体可以设置不同的效果，从而被多种文本样式使用。

(4) 【大小】选项组：用于确定文本样式使用的字体文件、字体风格及字高。其中【高度】文本框用来设置创建文字时的固定字高，在使用 TEXT 命令输入文字时，AutoCAD 不再提示输入字高参数。如果在【大小】文本框中设置字高为 0，系统会在每一次创建文字时提示输入字高，所以，如果不想固定字高，则可以把“高度”文本框中的数值设置为 0。

(5) 【效果】选项组：用于设置文字的效果。

- 颠倒：用于设置将文本文字倒置标注，如图 4-4(a)所示。
- 反向：用于确定是否将文本文字反向标注，如图 4-4(b)所示。
- 垂直：用于确定文本是水平标注还是垂直标注。选中【垂直】复选框为垂直标注，否则为水平标注，如图 4-4(c)所示。

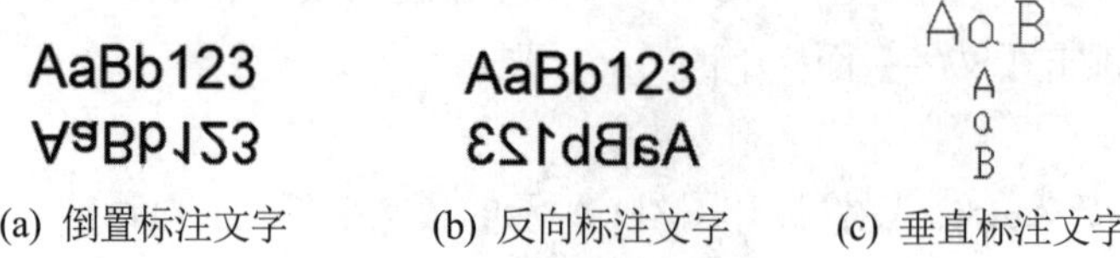

(a) 倒置标注文字　　(b) 反向标注文字　　(c) 垂直标注文字

图 4-4　同一种文字的不同效果

- 宽度因子：用于设置宽度系数，确定文本字符的宽高比。当比例系数为 1 时，表示将按字体文件中顶点宽高比标注文字；当此系数小于 1 时，字会变窄；当此系数大于 1 时，字会变宽。图 4-5 所示为不同比例系数下标注的文本字体。

AutoCAD　　AutoCAD　　AutoCAD

(a) 宽度因子为 3　　(b) 宽度因子为 0.5　　(c) 宽度因子为 1

图 4-5　同一种文字的不同宽度效果

- 倾斜角度：用于确定文字的倾斜角度。角度为 0 时不倾斜，为正数时向右倾斜，为负数时向左倾斜，其效果如图 4-6 所示。

机械设计基础知识　　机械设计基础知识　　机械设计基础知识

(a) 倾斜角度为 15°　　(b) 倾斜角度为-15°　　(c) 倾斜角度为 0

图 4-6　同一种文字的不同倾斜角度效果

(6) 【应用】按钮：用于确认对文字样式的设置。当创建新的文字样式或对现有文字样式的某些特征进行修改后，都需要单击【应用】按钮，AutoCAD 才会确认所做的设置。

AutoCAD 中设置好的文字样式将显示在图 4-7 所示的三处下拉列表框中，即【默认】选项卡【注释】面板的【文字样式】下拉列表框，【注释】选项卡【文字】面板的【文字样式】下拉列表框，【样式】工具栏的【文字样式】下拉列表框。【文字样式】下拉列表框用于选择图形中定义的文字样式，以便将其设为当前文字样式。

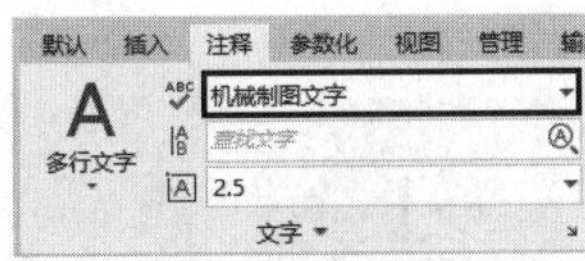

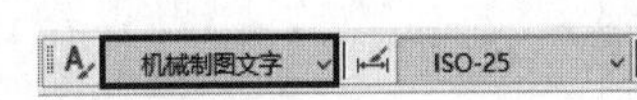

图 4-7　AutoCAD 中的三处【文字样式】下拉列表框

技巧点拨

在【文字样式】对话框中选中【使用大字体】复选框，可以指定亚洲语言的大字体文件，只有 SHX 文件可以创建“大字体”。文字高度可根据输入的值设置，即输入大于 0 的高度将自动为此样式设置文字高度，如果输入 0 则文字高度将默认为上次使用的文字高度，或使用存储在图形样板文件中的值。

视频讲解

【例 4-1】定义新文字样式 Mytext，字高为 3.5，向右倾斜 15°，如图 4-8 所示。

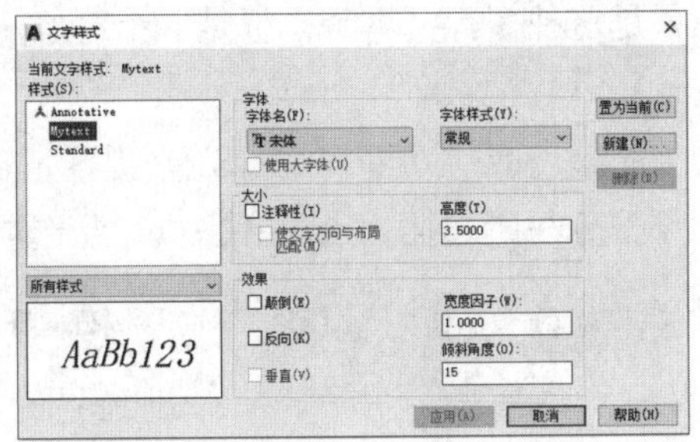

图 4-8　定义 Mytext 文字样式

扫一扫，看视频

4.2 文本标注

在绘图的过程中，文字传递了很多信息，它可能是一个复杂的说明，也可能是一个简短的文字信息。当需要文字标注的文本不太长时，可以利用 TEXT 命令创建单行文本；当需要标注很长、很复杂的文字信息时，可以利用 MTEXT 命令创建多行文本。

4.2.1 单行文本标注

使用单行文字创建一行或多行文字，其中每行文字都是独立的对象，可对其进行移动、格式设置或其他修改。

执行方式

- ❑ 命令行：TEXT。
- ❑ 菜单栏：执行【绘图】|【文字】|【单行文字】命令。
- ❑ 工具栏：单击【文字】工具栏中的【单行文字】按钮A。
- ❑ 功能区：选择【默认】选项卡，在【注释】面板中单击【单行文字】按钮A，或单击【注释】选项卡【文字】面板中的【单行文字】按钮A。

操作过程

```
命令: TEXT↙
当前文字样式: "Standard"   文字高度: 2.5000   注释性: 否   对正: 左
指定文字的起点 或 [对正(J)/样式(S)]:
```

选项说明

(1) 指定文字的起点：在该提示下直接在绘图区选择一点作为输入文本的起始点。命令行提示如下。

```
指定高度 <2.5000>: (确定文字高度)
指定文字的旋转角度 <0>: (确定文本行的倾斜角度)
```

执行上述命令后，即可在指定位置输入文字，输入后按 Enter 键，文字另起一行，可以继续输入文字，全部文字输入完成后按两次 Enter 键(或 Ctrl+Enter 组合键)，将退出 TEXT 命令。可见，使用 TEXT 命令也可以创建多行文本，只是这种多行文本每一行是一个对象，不能对多行文本同时进行操作。

(2) 对正(J)：在命令行“指定文字的起点或[对正(J)/样式(S)]”提示下输入“J”，用来确定文本的对齐方式，对齐方式决定文本的哪部分与所选插入点对齐。执行此选项，命令行提示如下。

```
输入选项 [左(L)/居中(C)/右(R)/对齐(A)/中间(M)/布满(F)/左上(TL)/中上(TC)/右上(TR)/左中(ML)/正中(MC)/
右中(MR)/左下(BL)/中下(BC)/右下(BR)]:
```

在以上提示下选择一个选项作为文本的对齐方式。当文字水平排列时，AutoCAD 为标注文本的文字定义了图 4-9 所示的基线、中线、顶线和底线。各种对齐方式如图 4-10 所示，图中大写字母对应上述提示中的各命令。

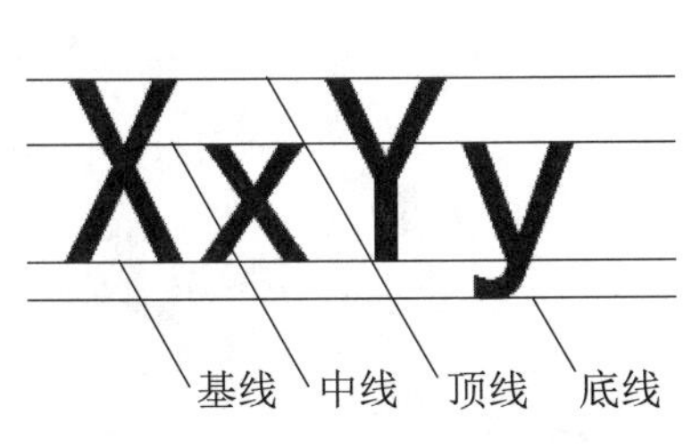

图 4-9　基线、中线、顶线和底线

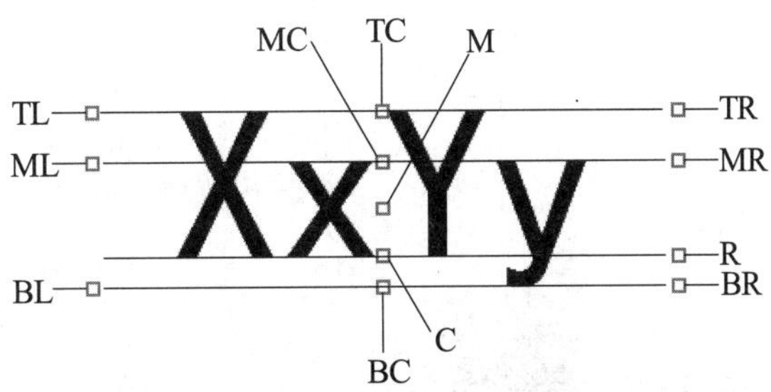

图 4-10　文本的对齐方式

以选择“对齐”方式为例。在命令行提示下选择【对齐(A)】选项，系统将要求指定文本行基线的起始点与终止点的位置。命令行提示与操作如下。

```
指定文字基线的第一个端点: (指定文本行基线的起点位置)
指定文字基线的第二个端点（指定文本行基线的终点位置）
输入文字: (输入文字) ↙
输入文字: ↙
```

执行以上操作后，输入的文字将均匀地分布在指定的两点之间，如果两点间的连线不水平，则文本行将倾斜放置，倾斜角度由两点的连线与 X 轴夹角确定；字高则根据两点间的距离、字符的多少以及文本样式中设置的宽度系数自动确定。指定了两点之后，每行输入的字符越多，字宽和字高越小。其他选项与“对齐”类似，这里不再阐述。

在实际绘图时，有时需要标注一些特殊字符，如直径符号、上画线或下画线、温度符号等，由于这些符号不能直接从键盘上输入，AutoCAD 提供了一些控制码来达到目的。控制码一般用两个百分号(%%)加一个字符构成，常用的控制码及功能如表 4-1 所示。

表 4-1　AutoCAD 常用的控制码

控制码	标注特殊字符	控制码	标注特殊字符
%%O	上画线	\u+0278	电相位
%%U	下画线	\u+E101	流线
%%D	“度”符号(°)	\u+2261	标识
%%P	正负符号(±)	\u+E102	界碑线
%%C	直径符号(ϕ)	\u+2260	不相等(≠)
%%%	百分号(%)	\u+2126	欧姆(Ω)
\u+2248	约等于(≈)	\u+03A9	欧米伽(Ω)
\u+2220	角度(∠)	\u+214A	地界线
\u+E100	边界线	\u+2082	下标 2
\u+2104	中心线	\u+00B2	上标 2
\u+0394	差值		

视频讲解

【例 4-2】使用例 4-1 创建的文字样式，创建如图 4-11 所示的单行文字。

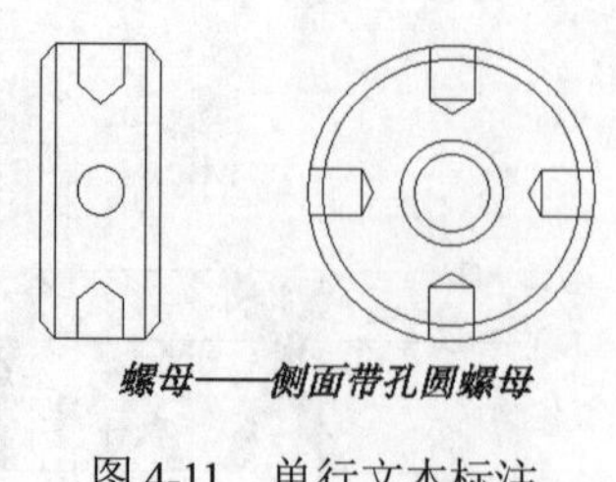

扫一扫，看视频

图 4-11　单行文本标注

4.2.2　多行文本标注

在 AutoCAD 中可以将若干文字段落创建为单个多行文字对象，可以使用文字编辑器格式化文字外观、列和边界。

执行方式

- ❑ 命令行：MTEXT(快捷命令：T 或 MT)。
- ❑ 菜单栏：执行【绘图】|【文字】|【多行文字】命令。
- ❑ 工具栏：单击【绘图】工具栏中的【多行文字】按钮 A，或单击【文字】工具栏中的【多行文字】按钮 A。
- ❑ 功能区：单击【默认】选项卡【注释】面板中的【多行文字】按钮 A，或选择【注释】选项卡，单击【文字】面板中的【多行文字】按钮 A。

操作过程

```
命令: MTEXT↙
当前文字样式: "Standard"    文字高度: 2.5    注释性: 否
指定第一角点: 指定矩形框的第一个角点
指定对角点或 [高度(H)/对正(J)/行距(L)/旋转(R)/样式(S)/宽度(W)/栏(C)]:
```

选项说明

(1) 指定对角点：直接在屏幕上拾取一个点作为矩形框的第二个角点，AutoCAD 以两个点为对角点形成一个矩形区域，其宽度作为将来要标注的多行文本的宽度，而且第一个点作为第一行文本顶点的起点。响应后 AutoCAD 打开【文本编辑器】选项卡(如图 4-12 所示)和多行文字编辑器(如图 4-13 所示)，可利用多行文字编辑器输入多行文本并对其格式进行设置。

图 4-12　【文本编辑器】选项卡

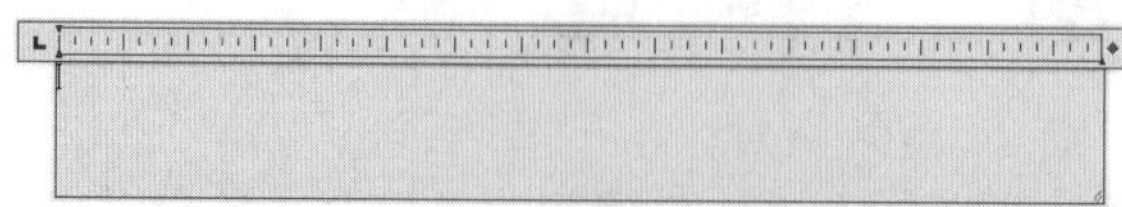

图 4-13　多行文字编辑器

(2) 对正(J)：确定所标注文本的对齐方式。这些对齐方式与 TEXT 命令中的各种对齐方式相同，在此不再重复。选择一种对齐方式后按 Enter 键，AutoCAD 回到上一级提示。

(3) 行距(L)：确定多行文本的行距，这里所说的行距是指相邻两文本行基线之间的垂直距离。选择该选项后命令行提示如下。

```
输入行距类型 [至少(A)/精确(E)] <至少(A)>:
```

输入角度值后按 Enter 键，返回“指定对角点或 [高度(H)/对正(J)/行距(L)/旋转(R)/样式(S)/宽度(W)/栏(C)]:”提示。

(4) 旋转(R)：确定文本行的倾斜角度。选择该命令，命令行提示如下。

```
指定旋转角度 <0>: 输入倾斜角度
```

(5) 样式(S)：确定当前的文字样式。

(6) 宽度(W)：指定多行文本的宽度。可在屏幕上拾取一点，将其与前面确定的第一个角点组成的矩形框的宽度作为多行文本的宽度；也可以输入一个数值，精确设置多行文本的宽度。

(7) 栏(C)：可以将多行文字对象的格式设置为多栏，可以指定栏和栏之间的宽度、高度及栏数，以及使用夹点编辑栏宽和栏高。系统提供了 3 个栏选项，包括“不分栏”“静态栏”“动态栏”。

图 4-12 所示的【文字编辑器】选项卡用于控制文字的显示特性。用户可以在输入文字前设置文字的特性，也可以改变已输入的文字特性。

要改变已有文字显示特性，首先应选择要修改的文字，选择文字的方式有以下几种。

- 将光标定位到文字开始处，按住鼠标左键，拖到文字末尾。
- 双击某个文字，则该文字将被选中。
- 单击 3 次鼠标，则选中全部内容。

下面介绍【文字编辑器】选项卡中部分比较重要的选项功能。

- 【文字高度】下拉列表：用于确定文本的字符高度，可在文本编辑器中输入新的字符高度，也可以从该下拉列表中选择已设定过的高度值。
- 【加粗】按钮 B 和【斜体】按钮 I：用于设置加粗或斜体效果，这两个按钮只对 TrueType 字体有效。
- 【删除线】按钮：用于在文字上添加水平删除线。
- 【下画线】按钮 U 和【上画线】按钮 O：用于设置或取消文字的下画线和上画线。
- 【堆叠】按钮：为层叠或非层叠文本按钮，用于层叠所选的文字，也就是创建分数形式。当文本中某处出现“/”“^”或“#”3 种层叠符号之一时，选中需层叠的文字，才可层叠文本。符号左边的文字作为分子，右边的文字作为分母。AutoCAD 提供了 3 种分数形式：如果选中“123/567”后单击【堆叠】按钮，将得到图 4-14(a)所示的分数形式；如果选中“123^567”后单击【堆叠】按钮，将得到图 4-14(b)所示的分数形式；如果选中“123#567”后单击【堆叠】按钮，将得到图 4-14(c)所示的分数形式。如果选中已经层叠的文本对象后单击【堆叠】按钮，则将恢复到非层叠形式。
- 【倾斜角度】文本框 0/：用于设置文字的倾斜角度。倾斜角度与斜体效果是两个不同的概念，前者可以设置任意倾斜角度，后者是在任意倾斜角度的基础上设置斜体效果。图 4-15(a)所示为倾斜角度为 0°，非斜体效果；图 4-15(b)所示为倾斜角度为 12°，非斜体效果；

图 4-15(c)所示为倾斜角度为 12°，斜体效果。

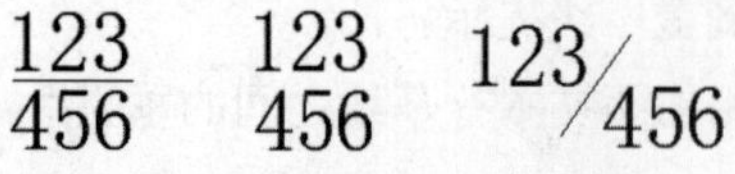

$\frac{123}{456}$ (a)　$\begin{matrix}123\\456\end{matrix}$ (b)　123/456 (c)

图 4-14　文本层叠效果

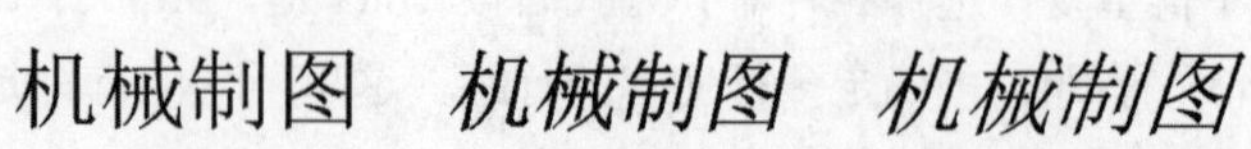

机械制图 (a)　*机械制图* (b)　*机械制图* (c)

图 4-15　倾斜角度与斜体效果

- ❑【符号】按钮@：用于输入各种符号。单击该按钮，AutoCAD 将打开图 4-16 所示的符号列表，用户可以从中选择符号并输入文本中。
- ❑【字段】按钮：用于插入一些常用或预设字段。单击该按钮，AutoCAD 将打开图 4-17 所示的【字段】对话框，用户可以从中选择字段并插入标注文本中。

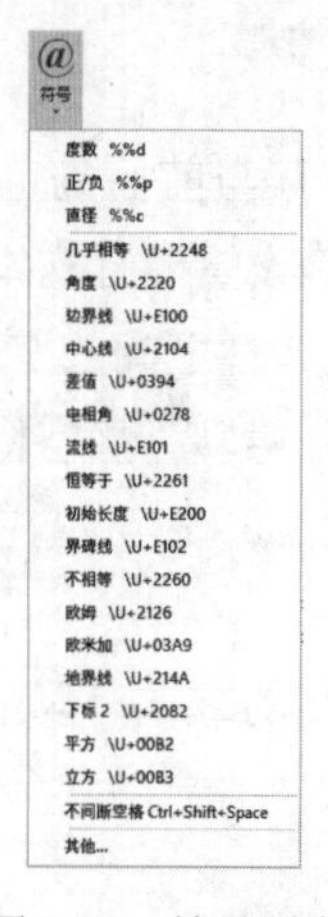

图 4-16　符号列表

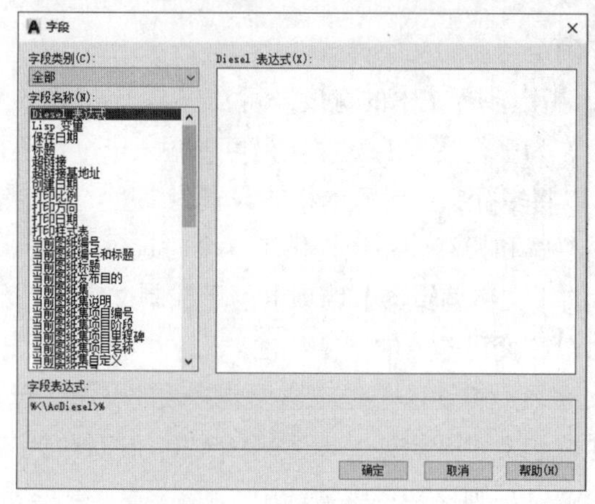

图 4-17　【字段】对话框

- ❑【追踪】文本框：用于增大或减小选定字符的间距。1.0 表示常规间距，大于 1.0 表示增大间距，小于 1.0 表示减小间距。
- ❑【宽度因子】文本框：用于扩展或收缩选定字符。1.0 表示此字体中字母的常规宽度，可以增大该宽度或减小该宽度。
- ❑【上标】按钮x^2：将选定文字转换为上标，即在输入线的上方设置稍小的文字。
- ❑【下标】按钮x_2：将选定文字转换为下标，即在输入线的下方设置稍小的文字。
- ❑【清除】下拉按钮：单击该下拉按钮，在弹出的下拉列表中用户可以选择删除选定字符的字符格式，或删除段落的段落格式，或删除选定段落中的所有格式，如图 4-18 所示。
- ❑【项目符号和编号】下拉按钮：单击该下拉按钮，在弹出的下拉列表中显示用于创建列表的选项，如图 4-19 所示，缩进列表以与一个选定的段落对齐。如果清除复选标记，多行文本对象中的所有列表格式都将被删除，各项将被转换为纯文本。

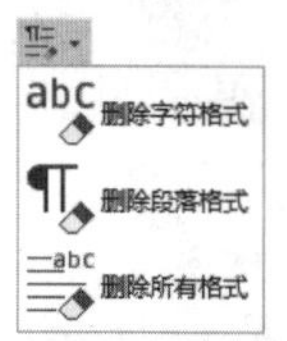

图 4-18　【清除】下拉列表

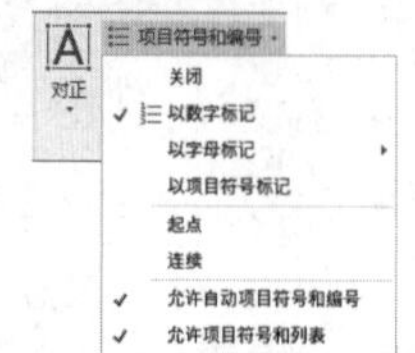

图 4-19　【项目符号和编号】下拉列表

图 4-19 所示下拉列表中各选项的功能说明如表 4-2 所示。

表 4-2 【项目符号和编号】下拉列表中各选项的功能说明

选　　项	功能说明
关闭	选择该选项，将从应用了列表格式的选定文字中删除字母、数字和项目符号，但不更改缩进状态
以数字标记	将带有句点的数字用于列表中的项的列表格式
以字母标记	将带有句点的字母用于列表中的项的列表格式。如果列表含有的项多于字母中含有的字母，可以使用双字母继续序列排序
以项目符号标记	将项目符号用于列表中的项的列表格式
起点	在列表格式中启动新的字母或数字序列。如果选定的项位于列表中间，则选定项下面的未选中的项也将成为新列表的一部分
连续	将选定的段落添加到上面最后一个列表然后继续形成序列的形式。如果选择了列表项而非段落，选定项下面的未选中的项将继续形成序列的形式
允许自动项目符号和编号	在输入时应用列表格式。可以作为字母和数字后的标点但不能作为项目符号的字符有句点“.”、逗号“,”、右括号“)”、方括号“]”和右花括号“}”
允许项目符号和列表	选择该选项，列表格式将应用到外观类似列表的多行文字对象中的所有纯文本

- 【拼写检查】按钮：用于确定输入时拼写检查处于打开还是关闭状态。
- 【编辑词典】按钮：单击该按钮，打开图 4-20 所示的【词典】对话框，从中可添加或删除在拼写检查过程中使用的自定义词典。
- 【标尺】按钮：在编辑器顶部显示标尺。拖动标尺末尾的箭头可更改文字对象的宽度，如图 4-21 所示。列模式处于活动状态时，还可显示高度和列夹点。

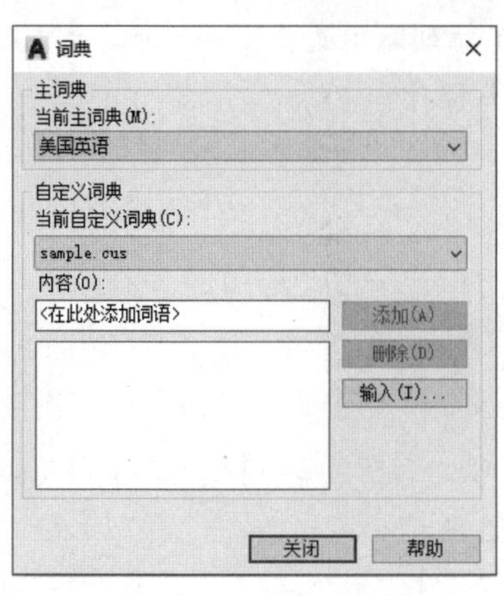

图 4-20 【词典】对话框

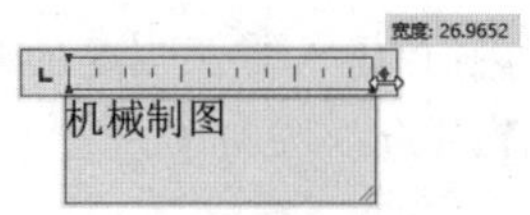

图 4-21 拖动标尺末尾

- 【输入文字】选项：选择【输入文字】选项，AutoCAD 将打开图 4-22 所示的【选择文件】对话框。在该对话框中可选择任意 ASCII 码或 RTF 格式的文件。输入的文字保留原始字符格式和样式特性，但可以在多行文字编辑器中编辑和格式化输入的文字。选择要输入的文本文件后，可以替换选定的文字或全部文字，或在文字边界内将插入的文字附加到选定的文字中。输入文字的文件必须小于 32KB。

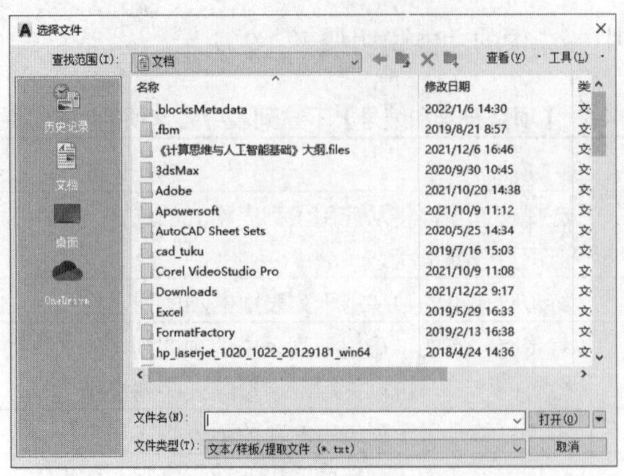

图 4-22 【选择文件】对话框

实例讲解

【例 4-3】在图纸中标注图 4-23 所示的零件技术要求。

技术要求
1. 未注倒角C2。
2. 调质250-285HBS。
3. 棱角倒钝。
4. Ø5H7两圆柱销孔装配时钻。

扫一扫，看视频

图 4-23　技术要求

❶ 继续例 4-1 的操作，在命令行输入 MTEXT(或选择【绘图】|【文字】|【多行文本】命令)，在【文字编辑器】选项卡【样式】面板的【样式】下拉列表中选择例 4-1 创建的文字样式 Mytext，在【高度】文本框中输入文字高度 10。命令行提示与操作如下。

```
命令: MTEXT
当前文字样式: "Mytext"   文字高度:  10   注释性:  否
指定第一角点: 在绘图区空白处单击指定第一角点
指定对角点或 [高度(H)/对正(J)/行距(L)/旋转(R)/样式(S)/宽度(W)/栏(C)]: 向右下角拖动出适当的距离，单击鼠标，指定第二角点
```

❷ 在文字输入窗口输入需要创建的多行文字内容，如图 4-24 所示，然后按 Esc 键，在弹出的对话框中单击【是】按钮，保存多行文本，如图 4-25 所示。

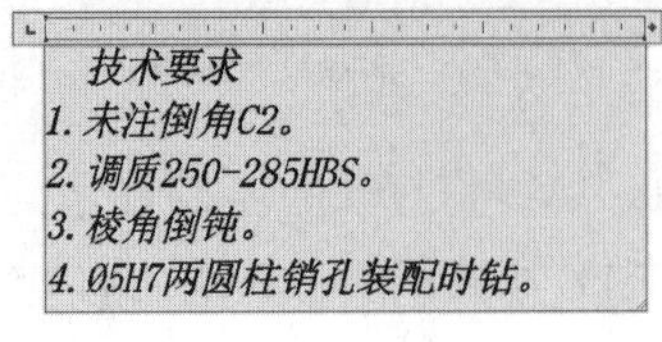

图 4-24　输入多行文字内容

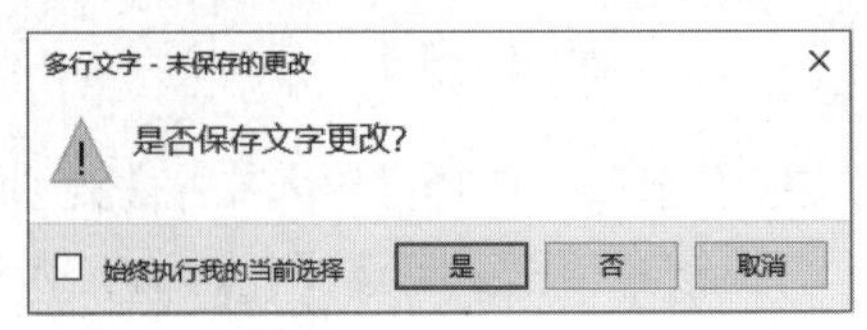

图 4-25　提示对话框

技巧点拨

在输入直径控制符%%C 时，可先右击鼠标，从弹出的快捷菜单中选择【符号】|【直径】命令。当有些中文字体不能正确识别文字中的特殊控制符时，可选择英文字体。

巩固练习

使用单行文本绘制图 4-26(a)所示的技术要求；使用多行文本绘制图 4-26(b)所示的技术要求。

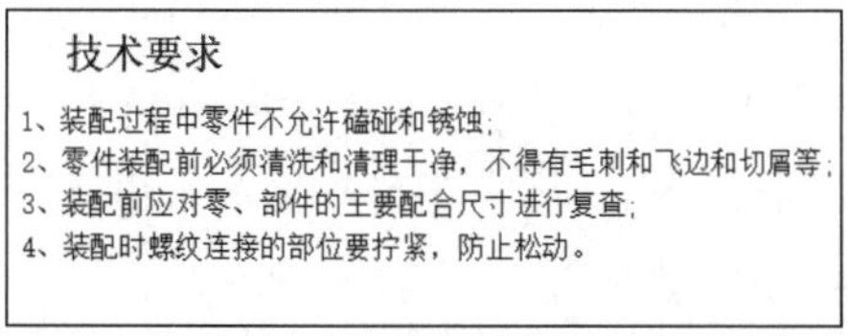

技术要求

1、装配过程中零件不允许磕碰和锈蚀；
2、零件装配前必须清洗和清理干净，不得有毛刺和飞边和切屑等；
3、装配前应对零、部件的主要配合尺寸进行复查；
4、装配时螺纹连接的部位要拧紧，防止松动。

(a)

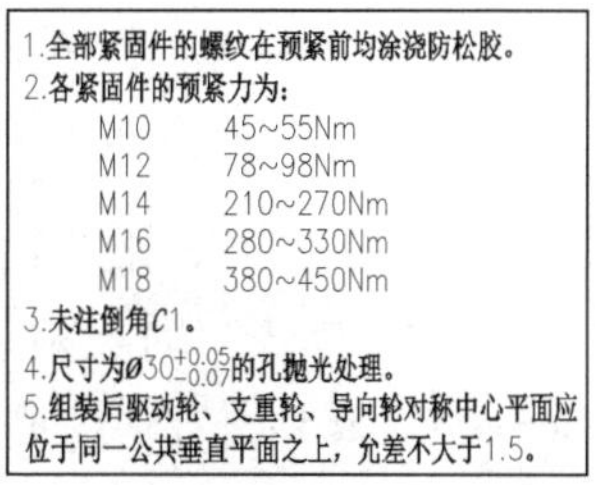

1.全部紧固件的螺纹在预紧前均涂浇防松胶。
2.各紧固件的预紧力为：
M10　45~55Nm
M12　78~98Nm
M14　210~270Nm
M16　280~330Nm
M18　380~450Nm
3.未注倒角C1。
4.尺寸为$\varnothing 30^{+0.05}_{-0.07}$的孔抛光处理。
5.组装后驱动轮、支重轮、导向轮对称中心平面应位于同一公共垂直平面之上，允差不大于1.5。

(b)

图 4-26　技术要求

思路提示

(1) 首先设置文字样式。

(2) 分别用“单行文字”命令 TEXT 和“多行文字”命令 MTEXT 输入技术要求文字。

(3) 通过【特性】面板中的【位置 X 坐标】参数对齐输入的多行单行文字。

4.3　文本编辑

AutoCAD 提供了【文字样式】编辑器，用户通过该编辑器可以方便直观地设置需要的文本样式，或对已有的样式进行修改。

执行方式

- ❑ 命令行：TEXTEDIT。
- ❑ 菜单栏：执行【修改】|【对象】|【文字】|【编辑】命令。
- ❑ 工具栏：单击【文字】工具栏中的【编辑】按钮。

操作过程

```
命令: TEXTEDIT↙
当前设置: 编辑模式 = Multiple
选择注释对象或 [放弃(U)/模式(M)]:
```

选项说明

(1) 选择注释对象：选取要编辑的文字、多行文字或标注对象。要求选择想要修改的文本，同时光标变为拾取框。用拾取框选择对象时：

- ❑ 如果选择的文本是用 TEXT 命令创建的单行文本，则系统会深显该文本，可对其进行修改。
- ❑ 如果选择的文本是用 MTEXT 命令创建的多行文本，选择对象后 AutoCAD 将打开【文字编辑器】选项卡和多行文字编辑器，可根据前面介绍对各项设置或内容进行修改。

(2) 放弃(U)：控制是否自动重复命令。选择该选项，命令行提示如下。

```
输入文本编辑模式选项 [单个(S)/多个(M)] <Multiple>:
```

- ❑ 单个(S)：修改选定的文字对象一次，然后结束命令。

- ❑ 多个(M)：允许在命令持续时间内编辑多个文字对象。

4.4 表　　格

在 AutoCAD 中，用户可以使用创建表格命令创建表格，还可以从 Microsoft Excel 中直接复制表格，并将其作为 AutoCAD 表格对象粘贴到图形中。此外，用户还可以输出来自 AutoCAD 的表格数据，以供在 Microsoft Excel 或其他应用程序中使用。

4.4.1　定义表格样式

表格样式控制一个表格的外观，用于保证标准的字体、颜色、文本、高度和行距。用户可以使用默认的表格样式，也可以根据需要自定义表格样式。模板文件 ACAD.dwt 和 ACADISO.dwt 中定义了名为 Standard 的默认表格样式。

执行方式

- ❑ 命令行：TABLESTYLE。
- ❑ 菜单栏：执行【格式】|【表格样式】命令。
- ❑ 工具栏：单击【样式】工具栏中的【表格样式】按钮。
- ❑ 功能区：选择【默认】选项卡，在【注释】面板中单击【表格样式】按钮。

操作过程

执行上述操作后，AutoCAD 将打开【表格样式】对话框，如图 4-27 所示。

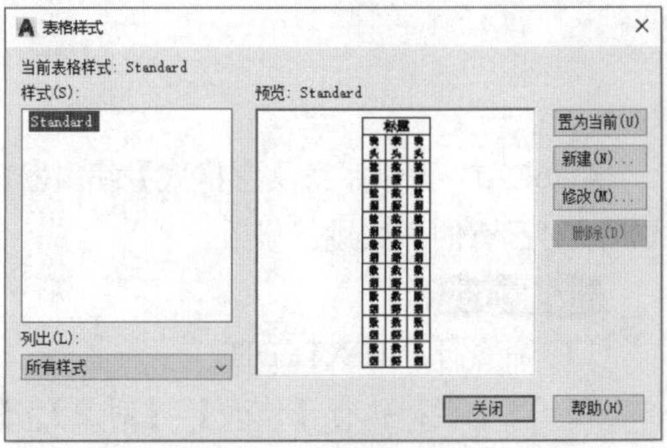

图 4-27 【表格样式】对话框

选项说明

(1) 【新建】按钮：单击该按钮，系统将打开【创建新的表格样式】对话框，如图 4-28 所示。输入新的表格样式名后，单击【继续】按钮，系统将打开【新建表格样式】对话框，从中可以定义新的表格样式，如图 4-29 所示。

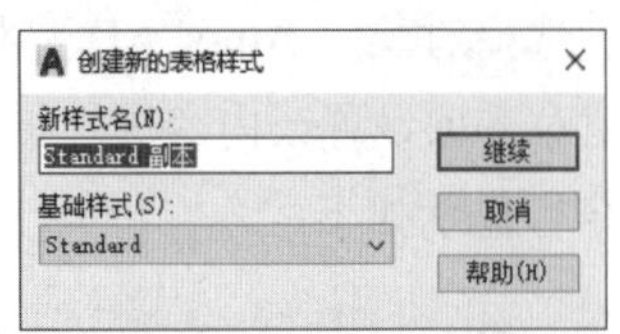

图 4-28 【创建新的表格样式】对话框

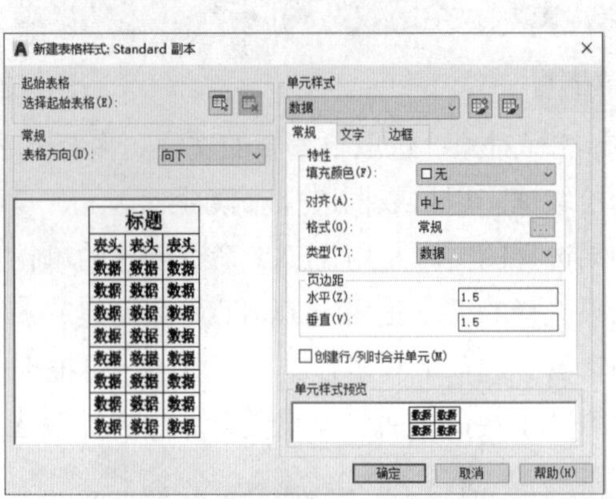

图 4-29 【新建表格样式】对话框

在【新建表格样式】对话框的【单元样式】下拉列表中有 3 个重要的选项：【数据】【表头】【标题】。它们分别控制表格中的数据、列标题和总标题的相关参数。在【新建表格样式】对话框中有 3 个重要的选项卡，其作用说明如下。

- ❑【常规】选项卡：用于控制数据栏与标题栏的上下位置关系。
- ❑【文字】选项卡：用于设置文字属性。单击该选项卡，在【文字样式】下拉列表中可以选择已定义的文字样式并将其用于数据文字，也可以单击右侧的按钮...重新定义文字样式。其中【文字高度】【文字颜色】和【文字角度】各选项设定的相应参数格式可供用户选择，如图 4-30 所示。
- ❑【边框】选项卡：用于设置表格的边框属性。选项卡中的边框线按钮控制数据边框线的各种形式，如绘制所有数据边框线、只绘制数据边框外部边框线、只绘制数据边框内部边框线、无边框线、只绘制底部边框线等，如图 4-31 所示。该选项卡中的【线宽】【线型】【颜色】下拉列表则控制边框线的线宽、线型和颜色；该选项卡中的【间距】文本框用于控制单元边界和内容的间距。

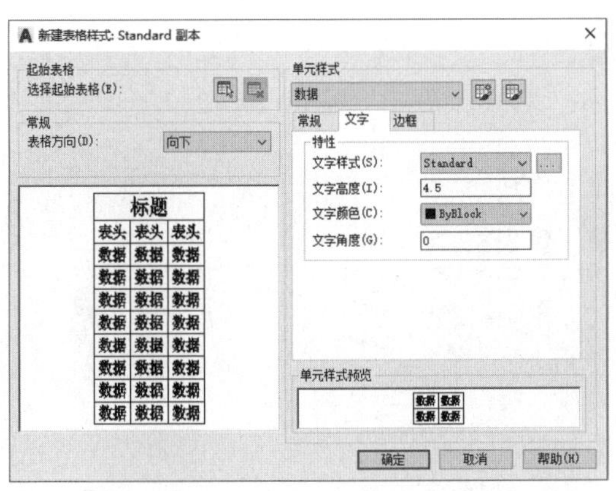

图 4-30　【文字】选项卡

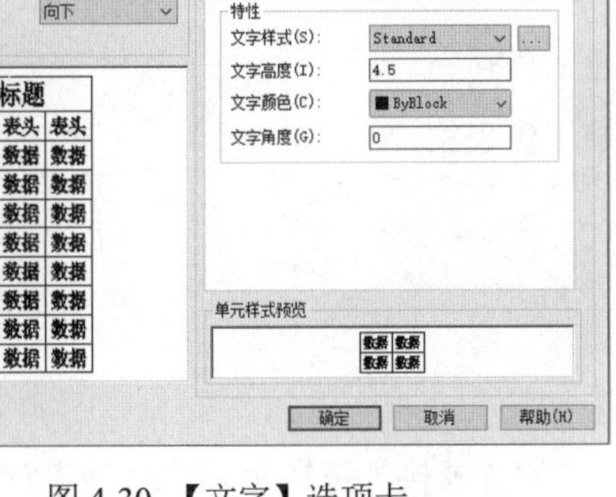

图 4-31　【边框】选项卡

(2) 【修改】按钮：用于对当前表格样式进行修改，其方式与新建表格样式相同。

实例讲解

【例 4-4】设置图 4-32 所示的表格样式。

标题		
表头	表头	表头
数据	数据	数据
数据	数据	数据
数据	数据	数据
数据	数据	数据
数据	数据	数据
数据	数据	数据
数据	数据	数据
数据	数据	数据

图 4-32　表格样式

扫一扫，看视频

❶ 在菜单栏中选择【格式】|【表格样式】命令，打开【表格样式】对话框，单击【修改】按钮，打开【修改表格样式】对话框。

❷ 在【常规】选项卡中将填充颜色设置为【无】，对齐方式设置为【中上】，水平边距和垂

直边距均设置为【1.5】，如图 4-33(a)所示。

❸ 在【文字】选项卡中设置文字样式为【Standard】，将文字高度设置为【4.5】，文字颜色设置为【ByBlock】，表格方向设置为【向下】，如图 4-33(b)所示。完成设置后，单击【确定】按钮退出对话框。

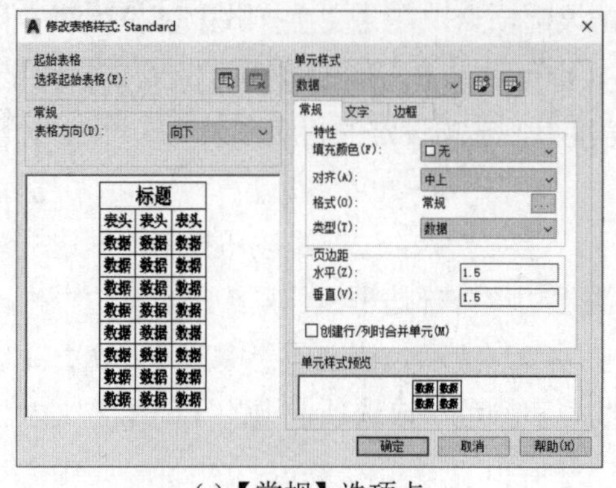

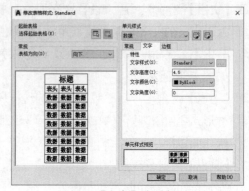

(a)【常规】选项卡

(b)【文字】选项卡

图 4-33 修改表格样式

4.4.2 创建表格

设置好表格样式后，用户可以使用 TABLE 命令创建表格。

执行方式

- ❑ 命令行：TABLE。
- ❑ 菜单栏：执行【绘图】|【表格】命令。
- ❑ 工具栏：单击【绘图】工具栏中的【表格】按钮▦。
- ❑ 功能区：单击【默认】选项卡【注释】面板中的【表格】按钮▦，或选择【注释】选项卡，在【表格】面板中单击【表格】按钮▦。

操作过程

执行上述操作后，AutoCAD 将打开【插入表格】对话框，如图 4-34 所示。

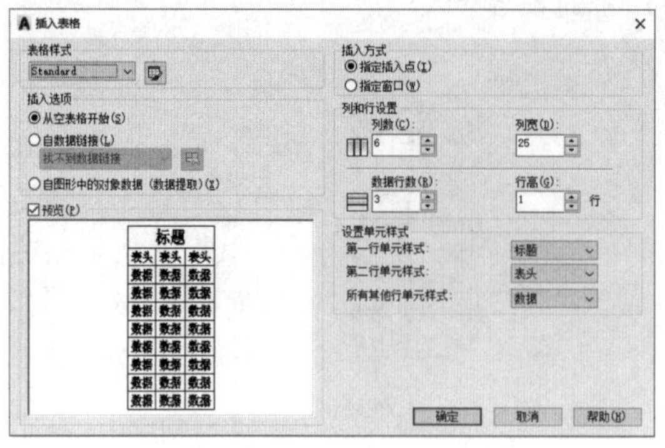

图 4-34 【插入表格】对话框

选项说明

(1) 【表格样式】下拉列表：用于选择表格样式，用户可以单击该下拉列表右侧的按钮，新建或修改表格样式。

(2) 【插入方式】选项组：包括以下两个选项。

- 【指定插入点】单选按钮：指定表左上角的位置，可以使用定点设备，也可以在命令行输入坐标值，如果在【表格样式】对话框中将表格的方向设置为由下而上读取，则插入点位于表格的左下角。
- 【指定窗口】单选按钮：指定表格的大小和位置，可以使用定点设备，也可以在命令行输入坐标值。选中该单选按钮，列数、列宽、数据行数和行高取决于窗口的大小及行和列的设置情况。

(3) 【列和行设置】选项组：用于指定列和行的数目及列宽与行高。在【插入方式】选项组中选中【指定窗口】单选按钮，列与行设置的两个参数中只能指定一个，另外一个由指定窗口的大小自动等分来确定。

(4) 【插入选项】选项组：用于指定插入表格的方式，包括以下几个选项。

- 【从空表格开始】单选按钮：用于创建可以手动填充数据的空表格。
- 【自数据链接】单选按钮：通过启动数据链接管理器来创建表格。
- 【自图形中的对象数据(数据提取)】单选按钮：通过启动【数据提取】向导来创建表格。

(5) 【设置单元样式】选项组：指定【第一行单元样式】【第二行单元样式】【所有其他行单元样式】分别为标题、表头或数据样式。

实例讲解

【例 4-5】绘制图 4-35 所示的直齿圆柱齿轮参数表。

直齿圆柱齿轮参数表(mm)				
	模数	齿宽	轴孔直径	键槽宽
大齿轮	4	24	24	6
小齿轮	4	24	20	6

图 4-35　直齿圆柱齿轮参数表

扫一扫，看视频

❶ 继续例 4-4 的操作，在命令行输入 TABLE，打开【插入表格】对话框。设置插入方式为【指定插入点】，行和列设置为 2 和 5，列宽为 50，行高为 1，将【第一行单元样式】设置为【标题】，【第二行单元样式】设置为【表头】，【所有其他行单元样式】设置为【数据】，然后单击【确定】按钮。

❷ 移动鼠标在绘图区中单击绘制一个表格，此时表格最上一行将处于文字编辑状态，在表单元中输入如图 4-36 所示的文字“直齿圆柱齿轮参数表(mm)”。

	A	B	C	D	E
1	直齿圆柱齿轮参数表(mm)				
2					
3					
4					

图 4-36　在表格中输入文字

❸ 单击其他表单元，输入相应的文字或数据，完成参数表的绘制。

技巧点拨

用户也可以将 Excel 中制作的表格复制到 AutoCAD 中，具体方法是：在 Excel 中复制表格区域，然后在 AutoCAD 中选择【编辑】|【选择性粘贴】命令，打开【选择性粘贴】对话框，在该对话框中选择【AutoCAD 图元】选项后单击【确定】按钮，然后移动鼠标在绘图区中单击即可。

4.4.3 编辑表格

创建表格后，可以对表格的内容和结构进行编辑。

1. 添加表格内容

单击表格(即选中表格)，双击某单元格即可激活文字格式编辑器，在其中输入文字即可，如图 4-36 所示。

在 AutoCAD 中创建表格后，将在功能区激活【文字编辑器】选项卡，如图 4-37 所示。用户按多行文字的方式录入、编辑，即可在表格中添加内容。按 Enter 键切换至下一个单元格，完成后在绘图区空白处单击退出文字编辑状态。

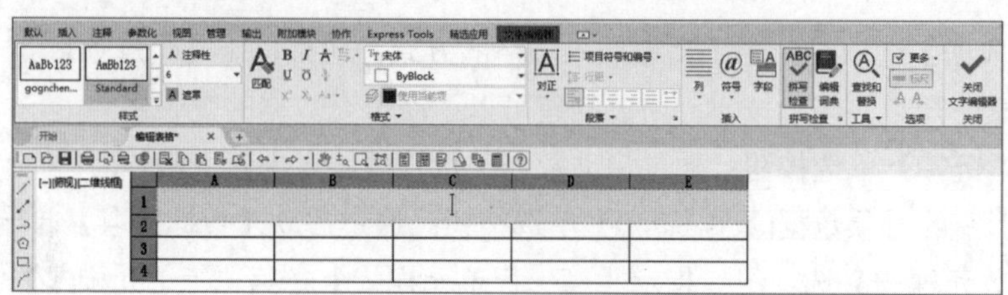

图 4-37 【文字编辑器】选项卡

2. 调整表格行高与列宽

在 AutoCAD 中有以下两种方法可以调整表格的行高与列宽。

- ❑ 选择所需调整的表格或单元格后，右击鼠标，在弹出的快捷菜单中选择【特性】命令，打开【特性】选项板，在该选项板中可以设置表格的单元样式、行高、列宽、字体对齐方式等内容，如图 4-38 所示。
- ❑ 使用夹点更改表格单元的高度或宽度，如图 4-39 所示。该方法只有与所选夹点相邻的行或列会更改，表格的高度或宽度保持不变。若要根据正在编辑的行或列的大小按比例更改表格的大小，可以在使用夹点时按住 Ctrl 键。

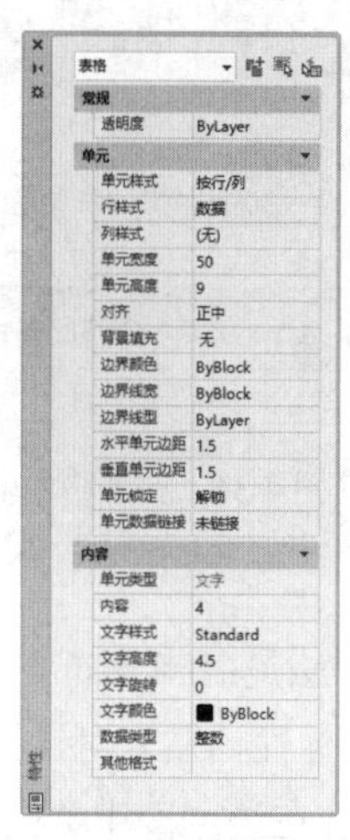

图 4-38 【特性】选项板

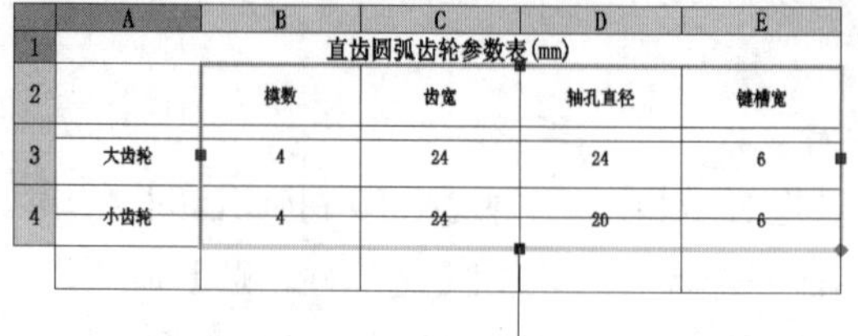

图 4-39 拖动夹点

3. 在表格中插入行与列

选择表格的某个单元格，可以激活【表格单元】选项卡，如图 4-40 所示。用户可以单击该选项卡中的【从上方插入】按钮、【从下方插入】按钮在表格中插入行，也可以单击【从左侧插入】按钮、【从右侧插入】按钮在表格中插入列。

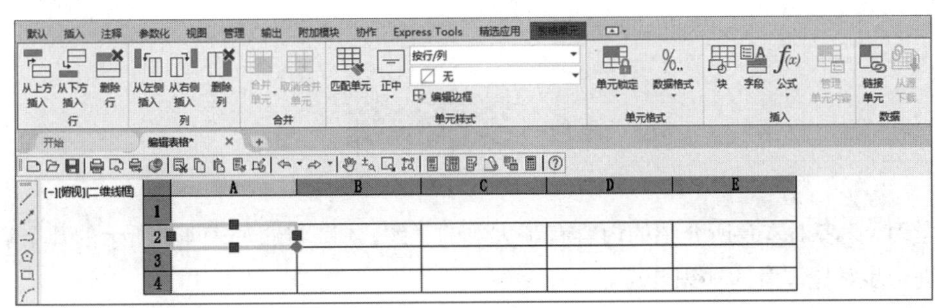

图 4-40 【表格单元】选项卡

4. 删除多余的行与列

创建表格并完成表格文字录入后，如果发现有多余的行或列，或者误插入了行或列，可以删除表格中多余的行或列，具体方法是：单击选择所需删除的行或列，激活【表格单元】选项卡，单击该选项卡中的【删除行】按钮或【删除列】按钮，即可将所选的单元格所处的那一行或列删除。

技巧点拨

单击选择需要删除的单元格，然后按 Delete 键可以删除单元格中的文字内容，而不删除单元格。

5. 合并单元格

在制作表格时，根据填写的内容有时需要将多个单元格合并为一个单元格。合并单元格包括【全部合并】【按行合并】和【按列合并】，具体的操作方法有以下两种。

- 选择需要合并的单元格，激活【表格单元】选项卡，单击【合并单元】按钮，在弹出的下拉列表中选择需要的合并方式即可。
- 选择并右击需要合并的单元格，在弹出的快捷菜单中选择【合并】命令中的子命令即可。

6. 设置表格文字对齐方式

一般在创建表格样式时，可以先设置文字的对齐方式。如果用户没有设置表格样式而创建了表格，那么在表格中添加的文字默认对齐单元格的中上位置。要修改文字在单元格中的对齐方式，可以使用以下两种方法。

- 选择需要调整文字位置的单元格，激活【表格单元】选项卡，单击【正中】按钮，在弹出的下拉列表中选择需要的对齐方式即可。
- 选择需要调整文字位置的单元格并右击鼠标，在弹出的快捷菜单中选择【对齐】命令中的子命令。

视频讲解

【例 4-6】绘制图 4-41 所示的标题栏。

轴				材料	45
				数量	1
设计	王燕			重量	20kg
制图	王刚			比例	1:1
审核	杜彦行			图号	9

扫一扫，看视频

图 4-41　标题栏

4.5　实践演练

通过学习，读者对本章所介绍的内容有了大致的了解。本节将通过表 4-3 所示的几个实践操作，帮助读者进一步掌握本章的知识要点。

表 4-3　实践演练操作要求

实践名称	操作要求	效　果
“箱体”零件的技术要求和标题栏	(1) 设置文字标注的样式； (2) 利用【多行文字】命令进行标注； (3) 利用直线命令和相关编辑命令绘制标题栏； (4) 设置两种不同的文字样式； (5) 注写标题栏中的文字	技术要求 1、采用Q235-A制造，全部连续焊缝，焊缝高度4～6。 2、未注形位公差应符合GB/T1184-K的要求。 3、未注尺寸公差应符合GB/T1804-m的要求。 4、未注倒角均为0.8×45°。 5、尖角倒钝。 审定 / 审核 / 校对 / 设计 26-11-20 / 制图；比例 1:5；数量 1；重量；材料 焊接件；工程；项目；图名 箱体；图号 WP31SC.0.5-10
标注房屋布局	(1) 设置文字标注样式； (2) 利用【单行文字】命令对图形进行标注	客房 厨房 餐厅 客卫 上 主卫 客厅 主卧

4.6　拓展练习

扫描二维码，获取更多 AutoCAD 习题。

扫一扫，做练习

第5章　图形编辑类命令

内容简介

在 AutoCAD 中，单纯地使用绘图命令或绘图工具，只能绘制一些基本的图形对象。为了绘制复杂图形，很多情况下都必须借助于图形编辑类命令。

内容要点

- ❑ 选择对象
- ❑ 复制类命令
- ❑ 删除与恢复类命令
- ❑ 调整位置类命令
- ❑ 改变几何特性类命令

5.1　选择对象

在对图形进行编辑操作之前，首先需要选择要编辑的对象。AutoCAD 用虚线亮显所选的对象，这些对象将构成选择集。选择集可以包含单个对象，也可以包含复杂的对象编组。

5.1.1　选择对象的方法

在 AutoCAD 中，选择对象的方法有很多。例如，可以通过单击对象逐个拾取，也可以利用矩形窗口或交叉窗口选择；可以选择最近创建的对象、前面的选择集或图形中的所有对象，也可以向选择集中添加对象或从中删除对象。

操作过程

在命令行输入 SELECT 命令，按 Enter 键，并在命令行“选择对象:”提示下输入“?”，将显示以下提示信息。

```
需要点或 窗口(W)/上一个(L)/窗交(C)/框(BOX)/全部(ALL)/栏选(F)/圈围(WP)/圈交(CP)/编组(G)/添加(A)/删除(R)/多个(M)/前一个(P)/放弃(U)/自动(AU)/单个(SI)/子对象(SU)/对象(O)
```

选项说明

根据以上提示信息，输入其中的大写字母即可指定对象选择模式。例如，要设置矩形窗口的选择模式，在命令行的“选择对象:”提示下输入 W 即可。其中，常用的选择模式主要有以下几种。

(1) 点：默认情况下可以直接选择对象，此时光标变为一个小方框(即拾取框)，利用该方框可逐个拾取所需对象。该方法每次只能选取一个对象，不便于选取大量对象。

(2) 窗口(W)：用两个对角顶点确定的矩形窗口选取位于其范围内部的所有图形，与边界相交的对象不会被选中。在指定对角顶点时应该按照从左向右的顺序，如图 5-1 所示。

(3) 上一个(L)：在“选择对象:”提示下输入 L 后，按 Enter 键，系统会自动选取最后绘出的一个对象。

(4) 窗交(C)：该方式与前面介绍的“窗口”方式类似，区别在于它不但选中矩形窗口内部的对象，也选中与矩形窗口边界相交的对象，如图 5-2 所示。

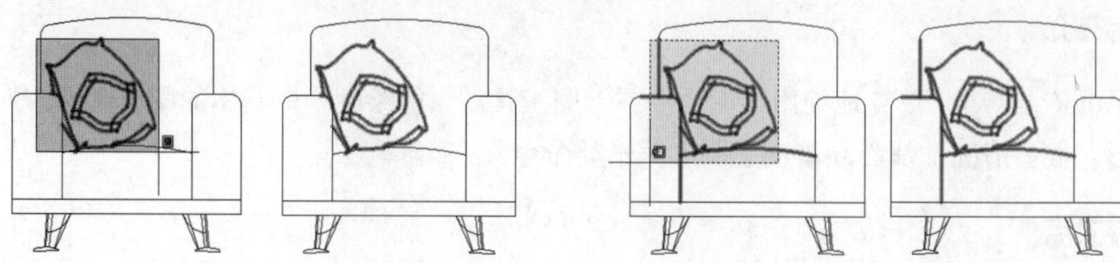

图 5-1 “窗口”对象选择方式　　图 5-2 “窗交”对象选择方式

(5) 框(BOX)：选择“框”对象选择方式时，AutoCAD 会根据用户在屏幕上给出的两个对角点的位置而自动引用“窗口”或“窗交”方式。若从左向右指定对角点，则为“窗口”方式；反之，则为“窗交”方式。

(6) 全部(ALL)：选取图形上的所有对象。

(7) 栏选(F)：用户临时绘制一些直线，这些直线不必构成封闭图形，凡是与这些直线相交的对象均被选中，如图 5-3 所示。

(8) 圈围(WP)：使用一个不规则的多边形来选择对象。用户根据提示依次输入构成多边形的所有顶点的坐标，最后按 Enter 键结束操作。AutoCAD 将自动连接第一个顶点到最后一个顶点的各个顶点，形成封闭的多边形。凡是被多边形围住的对象均被选中(不包括边界)，如图 5-4 所示。

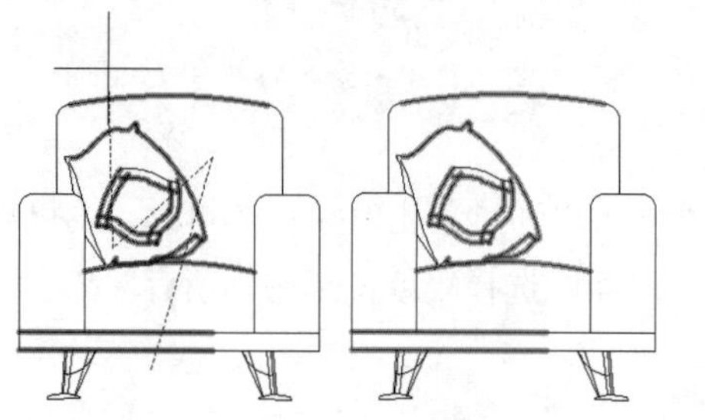

图 5-3 “栏选”对象选择方式

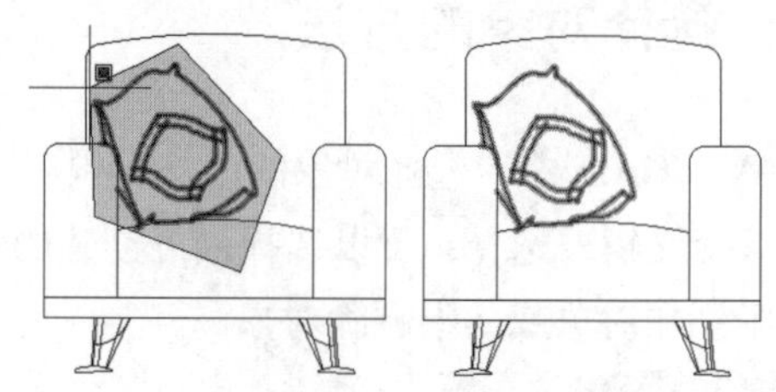

图 5-4 “圈围”对象选择方式

(9) 圈交(CP)：类似于“圈围”方式，在“选择对象:”提示后输入 CP，后续操作与“圈围”方式基本相同，区别在于本操作中与多边形边界相交的对象也会被选中。

(10) 编组(G)：使用预先定义的对象组作为选择集，事先将若干个对象组成对象组，用组名引用。

(11) 添加(A)：添加下一个对象到选择集，也可用于从移走模式(Remove)到选择模式的切换。

(12) 删除(R)：按住 Shift 键选择对象，可以从当前选择集中移走该对象。对象由高亮度显示状态变为正常显示状态。

(13) 多个(M)：指定多个点，不高亮度显示对象。这种方法可以加快在复杂图形上的选择对象过程。若两个对象交叉，两次指定交叉点，则可以选中这两个对象。

(14) 前一个(P)：用关键字 P 回应“选择对象:”的提示，则将上一次编辑命令中的最后一次构造的选择集或最后一次使用 SELECT(DDSELECT)命令预置的选择集作为当前选择集。这种方法适用于对同一选择集进行多种编辑操作的情况。

(15) 放弃(U)：用于取消加入选择集的对象。

(16) 自动(AU)：选择结果视用户在屏幕上的选择操作而定。如果选中单个对象，则该对象为自动选择的结果；如果选择点落在对象内部或外部的空白处，AutoCAD 会提示“指定对角点”，此时系统会采用一种窗口的选择方式。对象被选中后，将变为虚线形式，并以高亮度显示。

(17) 单个(SI)：选择指定的第一个对象或对象集，而不继续提示进行下一步的选择。

(18) 子对象(SU)：使用户可以逐个选择原始形状，这些形状是复合实体的一部分或三维实体上的顶点、边和面。可以选择这些子对象的其中之一，也可以创建多个子对象的选择集。选择集可以包含多种类型的子对象。

(19) 对象(O)：结束选择子对象的功能，使用户可以使用对象选择方法。

技巧点拨

在选择对象时，若矩形框从左向右定义，即第一个选择的对角点为左侧对角点，矩形框内部的对象被选中，框外部及与矩形框边界相交的对象不会被选中。若矩形框从右向左定义，矩形框内部及与矩形框边界相交的对象都会被选中。

5.1.2　快速选择

在 AutoCAD 中，当需要选择具有某些共同特性的对象时，可以通过快速选择来实现。

执行方式

- ❑ 命令行：QSELECT。
- ❑ 菜单栏：执行【工具】|【快速选择】命令。
- ❑ 快捷菜单：在绘图区右击鼠标，从弹出的快捷菜单中选择【快速选择】命令。
- ❑ 特性选项板：单击【特性】选项板中的【快速选择】按钮，如图 5-5 所示。

操作过程

执行上述命令后，AutoCAD 将打开图 5-6 所示的【快速选择】对话框。在该对话框中，用户可以根据设置的过滤参数快速创建选择集。

图 5-5 【特性】选项板

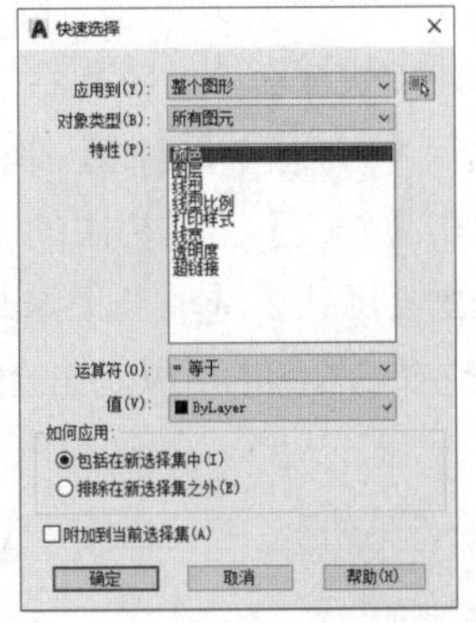

图 5-6 【快速选择】对话框

5.1.3 构造对象组

对象组与选择集并没有本质区别。当用户将若干个对象定义为选择集并想让它们在以后的操作中始终作为一个整体时，为了便捷操作，可给这个选择集命名并保存，这个命名的对象选择集就是对象组，它的名称称为组名。

如果对象组可以被选择(位于锁定层中的对象组不能被选择)，那么可以通过它的组名引用该对象组，并且一旦组中任何一个对象被选中，那么组中的全部对象都将被选中。该命令的调用方法为在命令行中输入 GROUP 命令。

视频讲解

【例 5-1】在图 5-7 所示的吊灯图形中快速选择相同颜色的部分，并执行 GROUP 命令构造对象组。

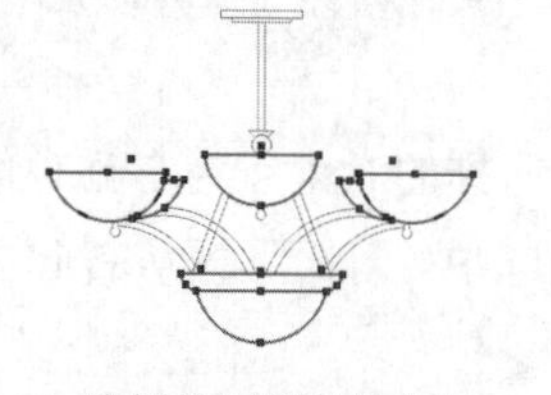

(a) 选择相同颜色的部分

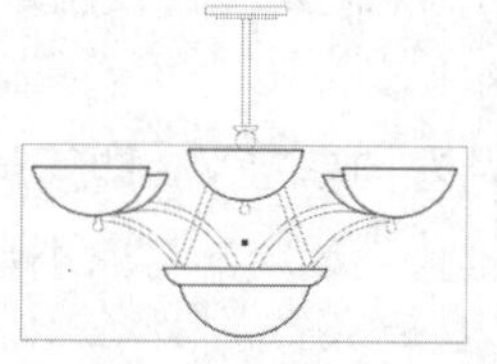

(b) 编组对象

扫一扫，看视频

图 5-7 吊灯

5.2 复制类命令

利用 AutoCAD 提供的复制类命令，用户可以方便地编辑绘制的图形。

5.2.1 复制命令

使用复制命令可以从原对象以指定的角度和方向创建对象副本。AutoCAD 复制默认是多重复制，也就是选定图形并指定基点后，可以通过定位不同的目标点复制出多份。

执行方式

- ❑ 命令行：COPY(快捷命令：CO)。
- ❑ 菜单栏：执行【修改】|【复制】命令。
- ❑ 工具栏：单击【修改】工具栏中的【复制】按钮。
- ❑ 功能区：单击【默认】选项卡【修改】面板中的【复制】按钮。
- ❑ 快捷菜单：选择要复制的对象，在绘图区右击鼠标，从弹出的快捷菜单中选择【复制】命令。

操作过程

```
命令: COPY↙
选择对象: 选择要复制的对象
```

用前面介绍过的选择对象方法在绘图区选择一个或多个对象，按 Enter 键结束选择，命令行提示如下。

指定基点或 [位移(D)/模式(O)] <位移>: 指定基点或位移

选项说明

(1) 指定基点：指定一个坐标点后，AutoCAD 把该点作为复制对象的基点。指定第二个点后，系统将根据这两点确定的位移矢量把选择的对象复制到第二点处。如果此时直接按 Enter 键，即选择系统默认的“使用第一点作为位移”，则第一个点被当作相对于 X、Y、Z 方向的位移。例如，如果指定基点(5,8)并在下一个提示下按 Enter 键，则该对象从它当前的位置开始，在 X 方向上移动 5 个单位，在 Y 方向上移动 8 个单位。一次复制完成后，可以不断指定新的第二点，从而实现多重复制。

(2) 位移(D)：直接输入位移值，表示以选择对象时的拾取点为基准，以拾取点坐标为移动方向，以纵横比移动指定位移后所确定的点为基点。例如，选择对象时的拾取点坐标为(2,3)，输入位移为 15，则表示以(5,8)点为基准，沿纵横比为 3: 2 的方向移动 15 个单位所确定的点为基点。

(3) 模式(O)：控制是否自动重复该命令，确定复制模式是单个还是多个。

(4) 阵列(A)：指定在线性阵列中排列的副本数量。

实例讲解

【例 5-2】使用 COPY 命令在图形中快速复制等距的圆，效果如图 5-8 所示。

❶ 绘制矩形。在命令行输入 L，绘制 2000×1000 的矩形。

❷ 激活状态栏中的【对象捕捉】按钮□和【正交限制光标】按钮⊾。

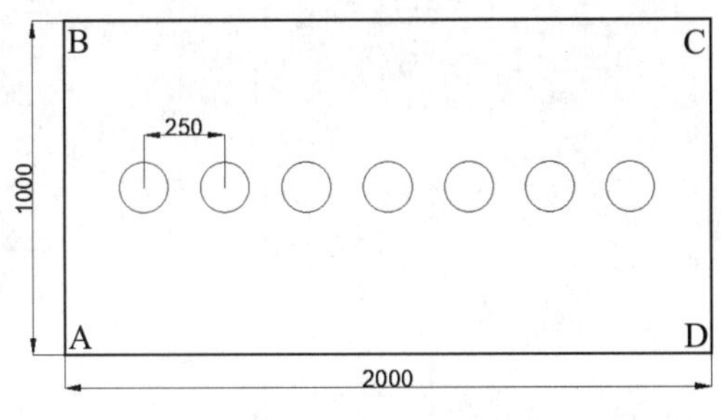

扫一扫，看视频

图 5-8　等距复制圆

❸ 执行复制命令等分矩形。在命令行输入 COPY，命令行提示与操作如下。

命令: COPY↙
选择对象: 捕捉图 5-9(a)中的直线段 AB
指定基点或 [位移(D)/模式(O)] <位移>: 捕捉图 5-9(a)中的点 B
指定第二个点或 [阵列(A)] <使用第一个点作为位移>: A↙
输入要进行阵列的项目数: 9↙
指定第二个点或 [布满(F)]: F↙
指定第二个点或 [阵列(A)]: 捕捉图 5-9(b)中的点 C
指定第二个点或 [阵列(A)/退出(E)/放弃(U)] <退出>:↙(完成绘图，将矩形平均等分)

❹ 绘制辅助线。在命令行输入 L，捕捉直线段 AB 和 CD 的中点，绘制一条直线。

❺ 绘制圆。在命令行输入 C，捕捉交点 E 绘制半径为 75 的圆，如图 5-10 所示。

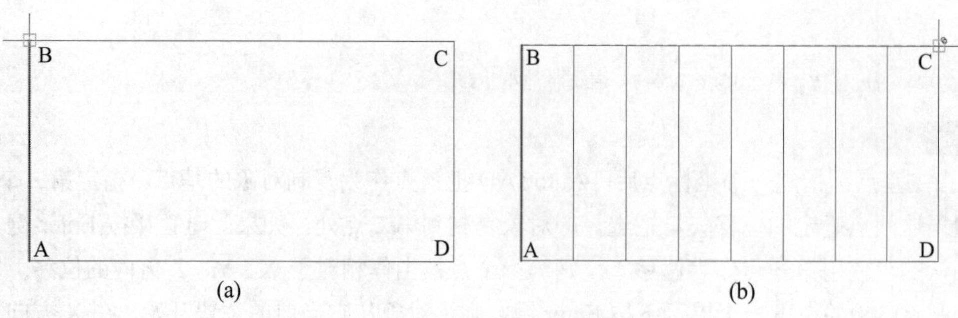

图 5-9　利用“复制”命令等分矩形

❻ 执行复制命令等距批量复制圆。在命令行输入 COPY，命令行提示与操作如下。

```
命令: COPY↙
选择对象: 捕捉步骤(5)绘制的圆
指定基点或 [位移(D)/模式(O)] <位移>: 捕捉图 5-10 中的点 E
指定第二个点或 [阵列(A)] <使用第一个点作为位移>: A↙
输入要进行阵列的项目数: 7↙
指定第二个点或 [布满(F)]: 250↙
指定第二个点或 [阵列(A)/退出(E)/放弃(U)] <退出>:↙(完成绘图，效果如图 5-11 所示)
```

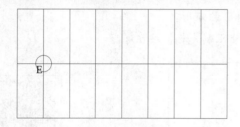

图 5-10　绘制圆

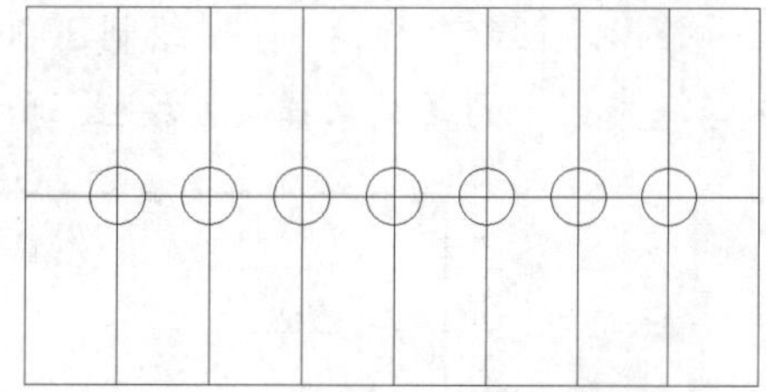

图 5-11　利用【复制】命令批量复制圆

❼ 删除图形中多余的直线段，完成图形的绘制。

巩固练习

练习使用【复制】命令(COPY)将图 5-12(a)所示的喷房总装图在当前文档中复制 3 份；绘制图 5-12(b)所示的钻模装配图。

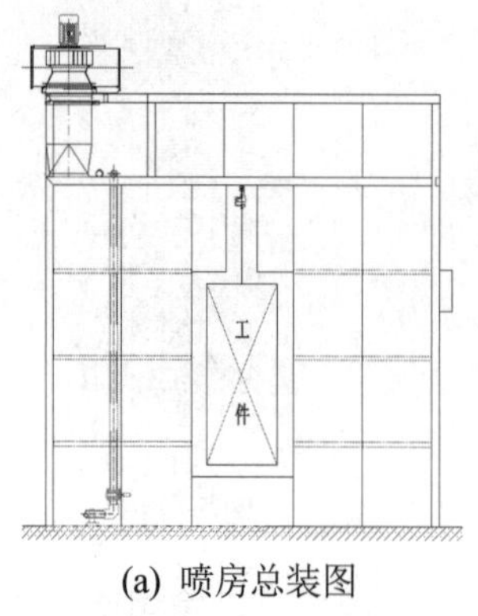

(a) 喷房总装图

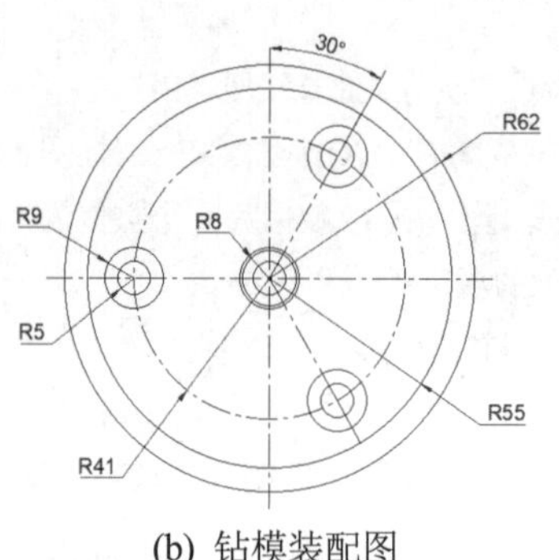

(b) 钻模装配图

图 5-12　喷房总装图和钻模装配图

5.2.2　镜像命令

使用镜像命令可以把选择的对象以一条镜像线为对称轴进行镜像操作。镜像操作完成后，可以保留原对象，也可以将其删除。

执行方式

- ❑ 命令行：MIRROR(快捷命令：MI)。
- ❑ 菜单栏：执行【修改】|【镜像】命令。
- ❑ 工具栏：单击【修改】工具栏中的【镜像】按钮⚠。
- ❑ 功能区：单击【默认】选项卡【修改】面板中的【镜像】按钮⚠。

操作过程

```
命令: MIRROR↙
选择对象: (选择要镜像的对象)
选择对象: ↙
指定镜像线的第一点:(指定镜像线的第一个点)
指定镜像线的第二点:(指定镜像线的第二个点)
要删除源对象吗？[是(Y)/否(N)] <否>:(确定是否删除源对象)
```

根据选择的两点确定一条镜像线，被选择的对象以该直线为对称轴进行镜像复制。包含该线的镜像平面与用户坐标系统的 XY 平面垂直，即镜像操作在与用户坐标系统的 XY 平面平行的平面上执行。

实例讲解

【例 5-3】使用 MIRROR 命令绘制图 5-13 所示的二极管。

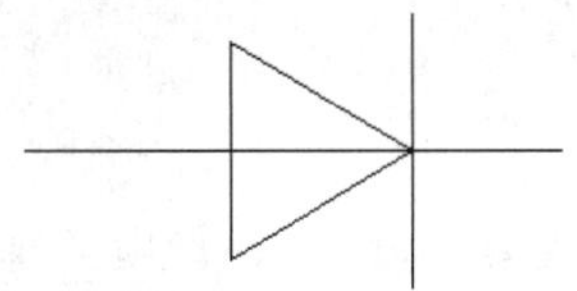

图 5-13　二极管

扫一扫，看视频

❶ 绘制直线。在命令行输入 L，绘制图 5-14 所示的直线。

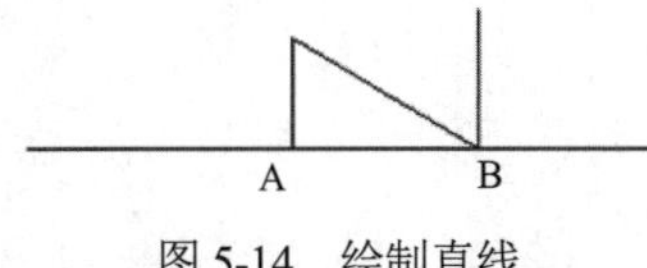

图 5-14　绘制直线

❷ 镜像图形。在命令行输入 MIRROR 命令，命令行提示与操作如下。

```
命令: MIRROR↙
选择对象: 选择图 5-14 水平直线以上的所有图形
选择对象: ↙
指定镜像线的第一点: 选择图 5-14 中的点 A
```

指定镜像线的第二点：选择图 5-14 中的点 B
要删除源对象吗？[是(Y)/否(N)] <否>: N↙(完成绘图，镜像效果如图 5-13 所示。)

技巧点拨

镜像命令在创建对称图形时非常有用。在绘图时快速绘制半个对象，然后将其镜像，可以不必绘制整个对象，从而可以大大提高绘图效率。在默认情况下，镜像文字、属性及属性定义时，它们在镜像后所得图像中不会反转或倒置。文字的对齐和对正方式在镜像图样前后保持一致。如果制图确实需要反转文字，可将 MIRRTEXT 系统变量设置为 1(默认为 0)。

5.2.3 偏移命令

偏移对象可以创建其形状与原始对象平行的新对象。

执行方式

- ❑ 命令行：OFFSET(快捷命令：O)。
- ❑ 菜单栏：执行【修改】|【偏移】命令。
- ❑ 工具栏：单击【修改】工具栏中的【偏移】按钮⋐。
- ❑ 功能区：单击【默认】选项卡【修改】面板中的【偏移】按钮⋐。

操作过程

命令: OFFSET↙
当前设置: 删除源=否　图层=源　OFFSETGAPTYPE=0
指定偏移距离或 [通过(T)/删除(E)/图层(L)] <通过>:　指定偏移距离值
选择要偏移的对象，或 [退出(E)/放弃(U)] <退出>: 指定要偏移的那一侧上的点，或 [退出(E)/放弃(U)] <退出>: 指定偏移方向
选择要偏移的对象，或 [退出(E)/放弃(U)] <退出>:

选项说明

(1) 指定偏移距离：输入一个距离值，或按 Enter 键，使用当前的距离值，系统将该距离值作为偏移距离，如图 5-15 所示。

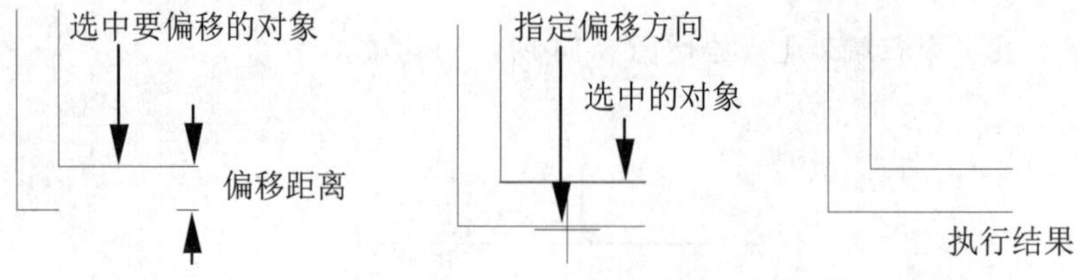

图 5-15　指定偏移距离

(2) 通过(T)：指定偏移的通过点，选择该选项后，命令行提示如下。

选择要偏移的对象，或 [退出(E)/放弃(U)] <退出>: 选择要偏移的对象
指定通过点或 [退出(E)/多个(M)/放弃(U)] <退出>: 指定偏移对象的一个通过点

执行上述操作后，AutoCAD 会根据指定的通过点绘制出偏移对象，如图 5-16 所示。

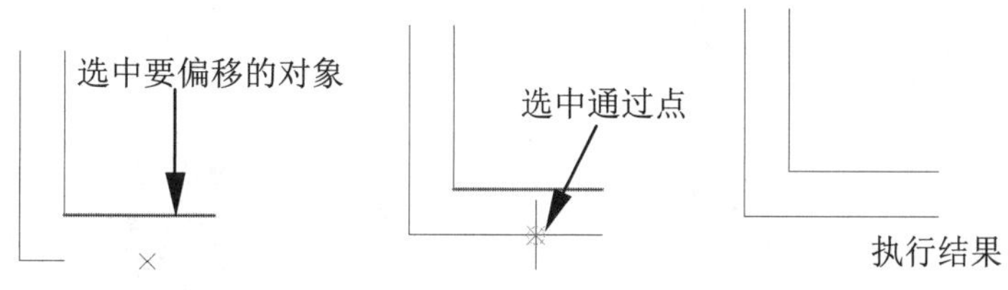

图 5-16　通过点

(3) 删除(E)：偏移源对象后将其删除。选择该选项后，命令行提示如下。

```
要在偏移后删除源对象吗？[是(Y)/否(N)] <否>:
```

(4) 图层(L)：确定将偏移对象创建在当前图层上还是源对象所在的图层上，这样可以在不同图层上偏移对象。选择该选项后，命令行提示如下。

```
输入偏移对象的图层选项 [当前(C)/源(S)] <源>:
```

如果将偏移对象的图层选择为当前图层，则偏移对象的图层与当前图层相同。

(5) 多个(M)：使用当前偏移距离重复进行偏移操作，并接受附加的通过点。

在 AutoCAD 中，可使用偏移命令对指定的直线、圆弧、圆等对象进行定距离偏移复制操作。在绘图中常利用偏移命令的特性创建平行线或等距离分布图形，效果与“阵列”相同。

实例讲解

【例 5-4】使用 OFFSET 命令绘制图 5-17 所示的连接件。

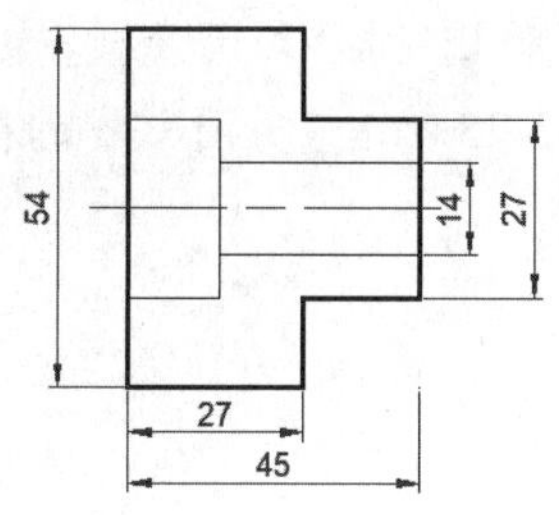

扫一扫，看视频

图 5-17　连接件

❶ 绘制基准线。在命令行输入 L，在绘图窗口中绘制一条水平直线 a 和一条垂直直线 b 作为基准线，如图 5-18 所示。

❷ 偏移水平直线得到直线 c 和 d。在命令行输入 O，命令行操作与提示如下。

```
命令: O↙
指定偏移距离或 [通过(T)/删除(E)/图层(L)] <1.0000>: 7↙
选择要偏移的对象，或 [退出(E)/放弃(U)] <退出>: 选取要偏移的直线 a
指定要偏移的那一侧上的点，或 [退出(E)/多个(M)/放弃(U)] <退出>: 在直线上方单击得到偏移直线 c
选择要偏移的对象，或 [退出(E)/放弃(U)] <退出>: 再次选取直线 a
指定要偏移的那一侧上的点，或 [退出(E)/多个(M)/放弃(U)] <退出>: 在直线上方单击得到偏移直线 c
选择要偏移的对象，或 [退出(E)/放弃(U)] <退出>:↙(结束偏移命令，结果如图 5-19 所示)
```

❸ 重复偏移水平直线 a 得到直线 e 和 f，偏移距离为 13.5，如图 5-20 所示。

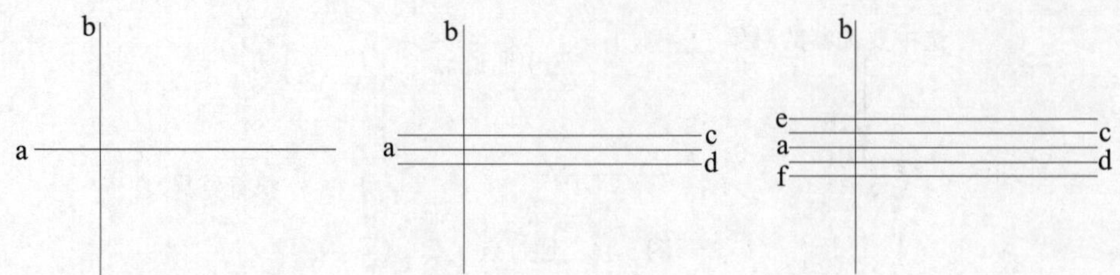

图 5-18　绘制基准线　　图 5-19　绘制偏移直线 c、d　　图 5-20　绘制偏移直线 e、f

❹ 重复偏移水平直线 a 得到直线 g 和 h，偏移距离为 27，如图 5-21 所示。

❺ 向右偏移垂直直线 b，得到直线 i，偏移距离为 45，如图 5-22 所示。

❻ 修剪图形。在命令行输入 TR，参考图 5-23 所示修剪图形(“修剪”命令将在本章 5.5.1 节详细介绍)。

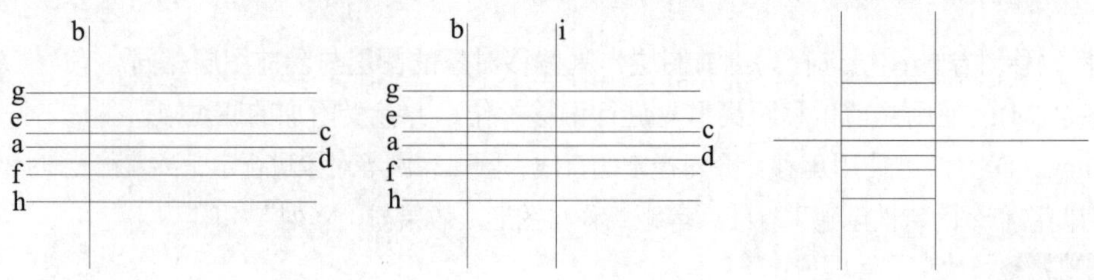

图 5-21　绘制偏移直线 g、h　　图 5-22　绘制偏移直线 i　　图 5-23　修剪多余的直线

❼ 重复向右偏移垂直直线 b 得到直线 j 和 k，偏移距离分别为 14 和 27，如图 5-24 所示。

❽ 修剪图形。在命令行输入 TR，参考图 5-25 所示修剪图形并删除多余的直线，完成图形的绘制。

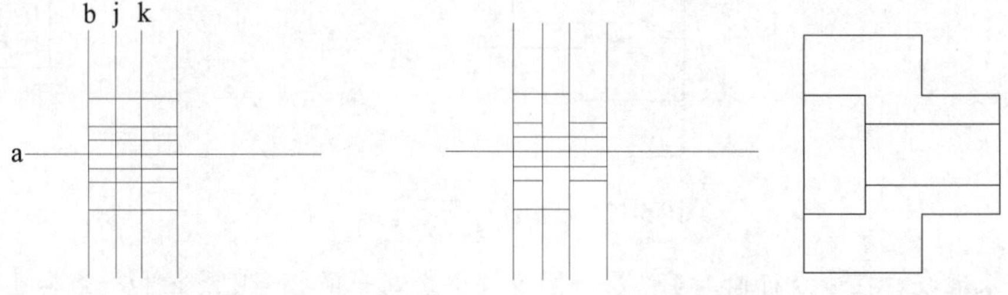

图 5-24　绘制偏移直线 j、k　　图 5-25　修剪并删除多余的直线

巩固练习

练习使用“偏移”命令(OFFSET)绘制图 5-26 所示的六边形地板砖。

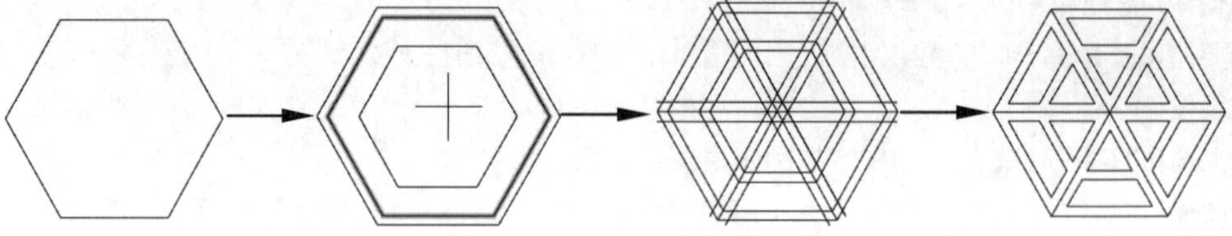

图 5-26　绘制六边形地板砖

5.2.4　阵列命令

阵列是指多次重复选择对象并把这些副本按矩形或环形排列。把副本按矩形排列称为建立矩形阵列，把副本按环形排列称为建立环形阵列。

执行方式

- 命令行：ARRAY(快捷命令：AR)。
- 菜单栏：执行【修改】|【阵列】命令。
- 工具栏：单击【修改】工具栏中的【矩形阵列】按钮、【路径阵列】按钮或【环形阵列】按钮。
- 功能区：单击【默认】选项卡【修改】面板中的【矩形阵列】按钮、【路径阵列】按钮或【环形阵列】按钮。

选项说明

(1) 矩形(R)(命令行执行 ARRAYRECT)：将选定对象的副本分布到行数、列数和层数的任意组合。用户通过夹点调整阵列间距、列数、行数和层数；也可以分别选择各选项输入数值。

(2) 极轴(PO)：在绕中心点或旋转轴的环形阵列中均匀分布对象副本。选择该选项后，命令行将显示以下提示。

```
指定阵列的中心点或 [基点(B)/旋转轴(A)]: 选择中心点、基点或旋转轴
选择夹点以编辑阵列或 [关联(AS)/基点(B)/项目(I)/项目间角度(A)/填充角度(F)/行(ROW)/层(L)/旋转项目(ROT)/退出(X)] <退出>: 通过夹点，调整角度，填充角度；也可以分别选择各选项输入数值
```

(3) 路径(PA)(命令行执行 ARRAYPATH)：沿路径或部分路径均匀分布选定对象的副本。选择该选项后，命令行将显示以下提示。

```
选择路径曲线: 选择中心点、基点或旋转轴
选择夹点以编辑阵列或 [关联(AS)/方法(M)/基点(B)/切向(T)/项目(I)/行(R)/层(L)/对齐项目(A)/z 方向(Z)/退出(X)] <退出>: 通过夹点，调整阵列行数和层数；也可以分别选择各选项输入数值
```

实例讲解

【例 5-5】使用 ARRAY 命令绘制图 5-27 所示的油孔位置图。

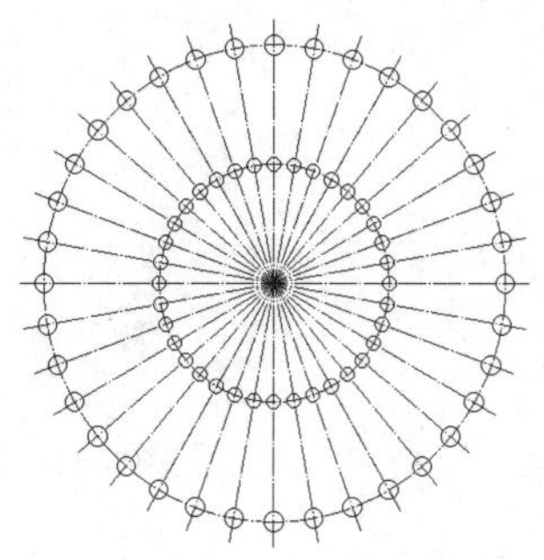

扫一扫，看视频

图 5-27　油孔位置图

❶ 绘制直线。在【默认】选项卡的【特性】面板中设置【对象颜色】为【红】，【线型】为【ACAD_ISO04W100】，然后在命令行输入 L，绘制一条直线。

❷ 创建环形阵列。在命令行输入 AR，命令行操作与提示如下。

```
命令: AR↙
选择对象: 选取步骤❶绘制的直线为阵列对象
输入阵列类型 [矩形(R)/路径(PA)/极轴(PO)] <路径>: PO↙
类型 = 极轴  关联 = 是
指定阵列的中心点或 [基点(B)/旋转轴(A)]: 选取直线的中点为阵列的中心点，如图 5-28(a)所示
选择夹点以编辑阵列或 [关联(AS)/基点(B)/项目(I)/项目间角度(A)/填充角度(F)/行(ROW)/层(L)/旋转项目(ROT)/退出(X)] <退出>: I↙
输入阵列中的项目数或 [表达式(E)] <6>: 36↙
选择夹点以编辑阵列或 [关联(AS)/基点(B)/项目(I)/项目间角度(A)/填充角度(F)/行(ROW)/层(L)/旋转项目(ROT)/退出(X)] <退出>:↙(结束阵列命令，效果如图 5-28(b)所示)
```

❸ 绘制半径为 100 和 200 的同心圆。在命令行输入 C，以环形阵列的中点为圆心绘制半径为 100 和 200 的同心圆，效果如图 5-29 所示。

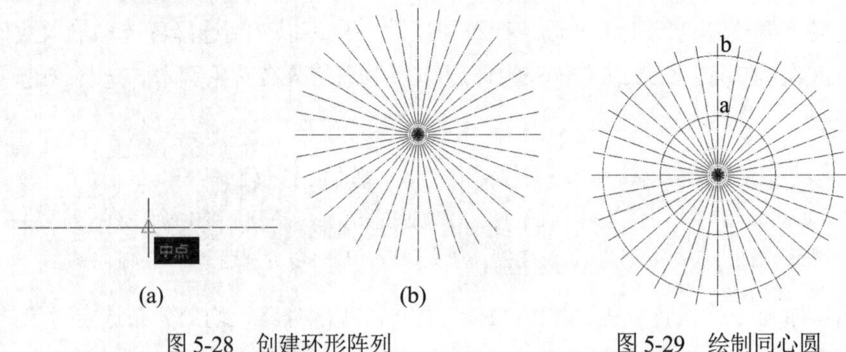

图 5-28　创建环形阵列　　图 5-29　绘制同心圆

❹ 绘制半径为 10 和 6 的圆。在命令行输入 C，分别以图 5-29 中的交点 a 和 b 为圆心绘制半径为 10 和 6 的圆，如图 5-30 所示。

❺ 创建环形阵列。在命令行输入 AR，选取半径为 6 的圆为阵列对象，以步骤❷创建的阵列的中心为阵列的中心点，创建图 5-31 所示的环形阵列(操作方法参考步骤❷)。

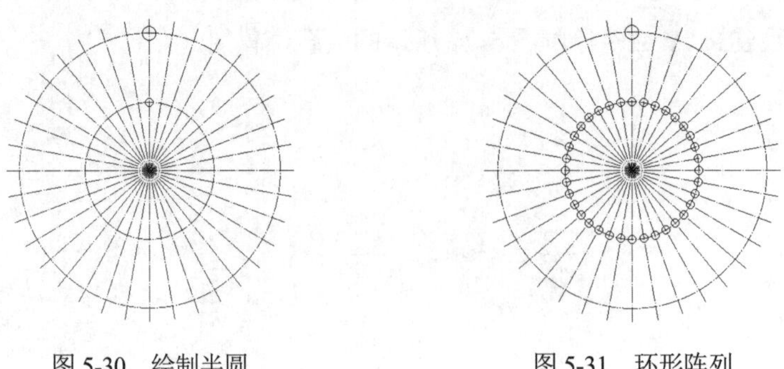

图 5-30　绘制半圆　　图 5-31　环形阵列

❻ 重复步骤❺的操作，选取半径为 10 的圆为阵列对象，以步骤❷创建的阵列的中心为阵列的中心点，创建环形阵列，完成图形的绘制，结果如图 5-27 所示。

巩固练习

练习使用“阵列”命令(ARRAY)绘制图 5-32 所示的花键。

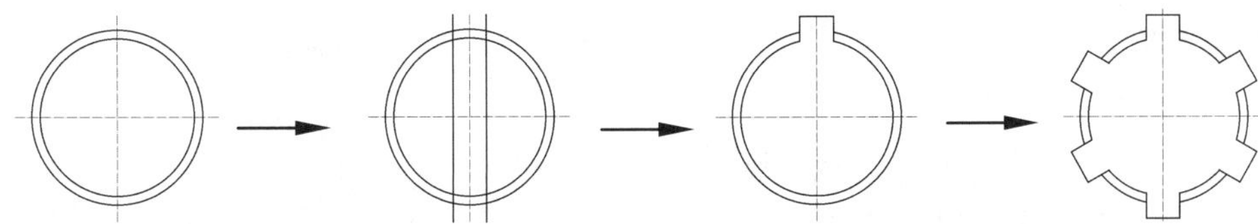

图 5-32　绘制花键

5.3　删除与恢复类命令

删除与恢复类命令主要用于删除图形某部分或对已被删除的部分进行恢复，包括【删除】【恢复】【重做】【清除】等命令。

5.3.1　删除命令

图形中不符合要求或绘错的部分，可以使用删除命令将其删除。

执行方式

- ❑ 命令行：ERASE(快捷命令：E)。
- ❑ 菜单栏：执行【修改】|【删除】命令，或【编辑】|【删除】命令。
- ❑ 工具栏：单击【修改】工具栏中的【删除】按钮。
- ❑ 功能区：单击【默认】选项卡【修改】面板中的【删除】按钮。
- ❑ 快捷菜单：选中要删除的对象，在绘图区右击鼠标，从弹出的快捷菜单中选择【删除】命令。

操作过程

用户可以先选择对象，然后调用删除命令；也可以先调用删除命令，然后选择对象。选择对象时，可以使用本章 5.1 节介绍的各种选择对象的方法。

当选择多个对象时，多个对象都将被删除；若选择的对象属于某个对象组，则该对象组的所有对象都被删除。

视频讲解

【例 5-6】使用 ERASE 命令删除图 5-33 所示图形右侧的沙发。

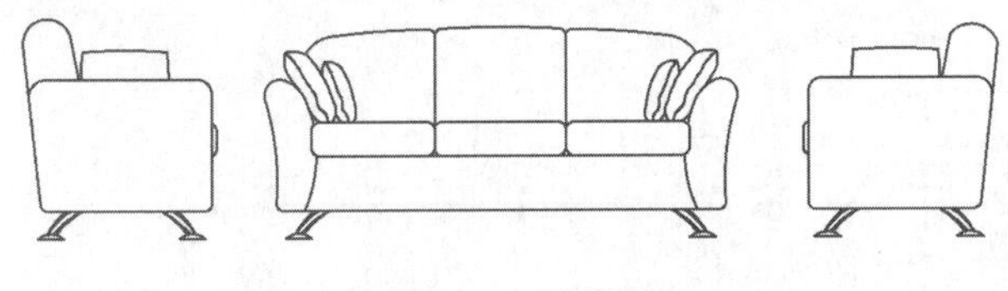

图 5-33　沙发

扫一扫，看视频

5.3.2　恢复命令

使用恢复命令可以恢复在绘图时误删的图形。

执行方式

- ❑ 命令行：OOPS 或 U。
- ❑ 工具栏：单击快速访问工具栏中的【放弃】按钮。
- ❑ 快捷键：按 Ctrl+Z 快捷键。

5.4　改变位置类命令

改变位置类命令的功能是按照指定要求改变当前图形或图形某部分的位置，主要包括【移动】【旋转】【缩放】等命令。

5.4.1　移动命令

移动对象是指对象的重定位，可以在指定方向上按指定距离移动对象。对象的位置虽然发生了改变，但方向和大小不变。

执行方式

- ❑ 命令行：MOVE(快捷命令：M)。
- ❑ 菜单栏：执行【修改】|【移动】命令。
- ❑ 工具栏：单击【修改】工具栏中的【移动】按钮。
- ❑ 快捷菜单：选择要复制的对象，在绘图区右击鼠标，从弹出的快捷菜单中选择【移动】命令。

操作过程

```
命令: MOVE↙
选择对象: 选择要移动的对象，按 Enter 键结束选择
指定基点或 [位移(D)] <位移>: 指定基点或位移
指定第二个点或 <使用第一个点作为位移>:↙ 指定移动第二点
```

视频讲解

【例 5-7】使用 MOVE 命令移动图 5-34 所示汽车在图形中的位置。

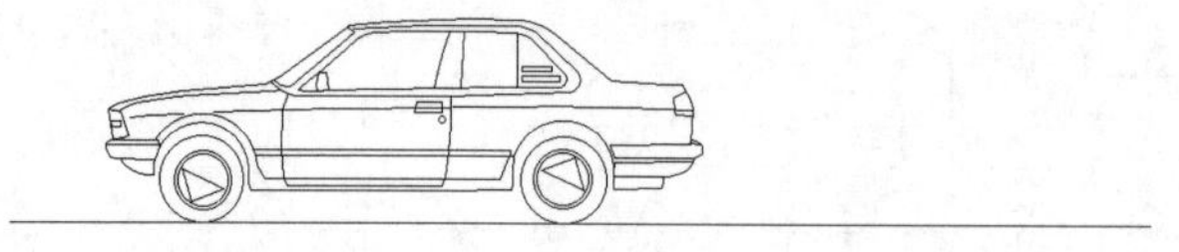

图 5-34　汽车

扫一扫，看视频

5.4.2　旋转命令

使用旋转命令可以在保持原形状不变的情况下，以一定点为中心且以一定角度为旋转角度旋转图形。

执行方式

- ❑ 命令行：ROTATE(快捷命令：RO)。
- ❑ 菜单栏：执行【修改】|【旋转】命令。
- ❑ 工具栏：单击【修改】工具栏中的【旋转】按钮。
- ❑ 功能区：单击【默认】选项卡【修改】面板中的【旋转】按钮。
- ❑ 快捷菜单：选取要旋转的对象，在绘图区右击鼠标，从弹出的快捷菜单中选择【旋转】命令。

操作过程

```
命令: ROTATE↙
UCS 当前的正角方向: ANGDIR=逆时针　ANGBASE=0
选择对象: 选择要旋转的对象
指定基点: 指定旋转基点，在对象内部指定一个坐标点
指定旋转角度，或 [复制(C)/参照(R)] <0>: 指定旋转角度或其他选项
```

选项说明

(1) 复制(C)：选择该选项，则在旋转对象的同时，保留原对象。

(2) 参照(R)：采用参照方式旋转对象时，命令行提示如下。

```
指定参照角 <0>: 指定要参照的角度，默认值为 0
指定新角度或 [点(P)] <0>: 输入旋转后的角度值
```

操作完成后，对象将被旋转至指定的角度位置。

视频讲解

【例 5-8】使用 ROTATE 命令旋转图 5-35(a)所示的弯接头，旋转结果如图 5-35(b)所示，并对其进行复制旋转，结果如图 5-35(c)所示。

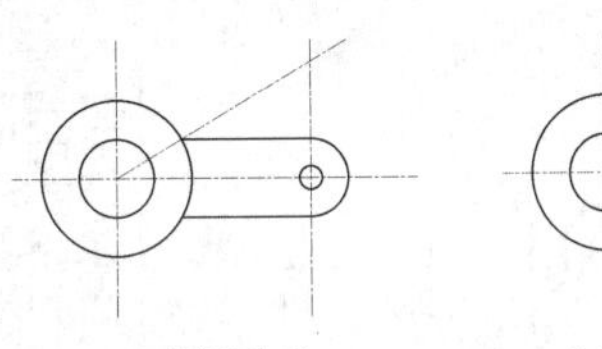

(a) 原始图形

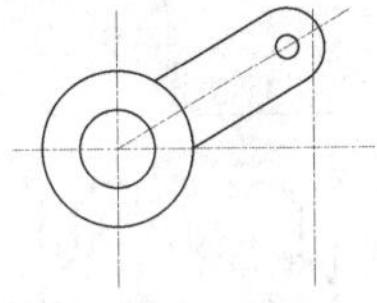

(b) 旋转结果

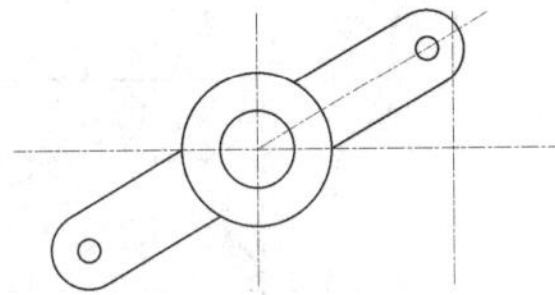

(c) 旋转复制结果

扫一扫，看视频

图 5-35　弯接头

5.4.3　缩放命令

使用缩放命令可将已有的图形对象以基点为参照进行等比例缩放，它可以调整对象的大小，使其在一个方向上按照要求增大或缩小一定的比例。

执行方式

- ❑ 命令行：SCALE(快捷命令：SC)。
- ❑ 菜单栏：执行【修改】|【缩放】命令。
- ❑ 工具栏：单击【修改】工具栏中的【缩放】按钮。
- ❑ 功能区：单击【默认】选项卡【修改】面板中的【缩放】按钮。

❑ 快捷菜单：选取要缩放的对象，在绘图区右击鼠标，从弹出的快捷菜单中选择【缩放】命令。

操作过程

```
命令: SCALE↙
选择对象: 指定对角点: 选择要缩放的对象
选择对象: ↙
指定基点: 指定缩放基点
指定比例因子或 [复制(C)/参照(R)]:
```

选项说明

(1) 采用参照方向缩放对象时，命令行提示如下。

```
指定参照长度 <1.0000>: 指定参照长度值
指定新的长度或 [点(P)] <1.0000>: 指定新长度值
```

若新长度值大于参照长度值，则放大对象；反之则缩小对象。操作完毕后，系统将以指定基点按指定比例因子缩放对象。若选择【点(P)】选项，则选择两点来定义新的长度。

(2) 可以用拖动鼠标的方法来缩放对象。选择对象并指定基点后，从基点到当前光标位置会出现一条连线，线段的长度即为比例大小。拖动鼠标，选择的对象会动态地随着该连线长度的变化而缩放，按 Enter 键确认缩放操作。

(3) 选择【复制(C)】选项时，可以复制缩放对象，即缩放对象时保留源对象。

视频讲解

【例 5-9】使用 SCALE 命令指定的尺寸缩放图 5-36 所示花瓶的瓶口图形。

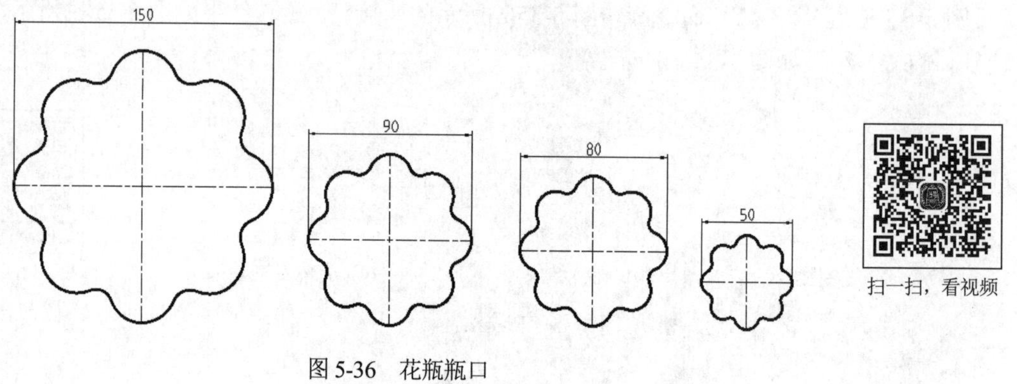

图 5-36　花瓶瓶口

5.5　改变几何特性类命令

使用改变几何特性类命令可以在对指定对象进行编辑后，使其几何特性发生改变。

5.5.1　修剪命令

修剪命令是将超出边界的多余部分修剪删除掉，与橡皮擦的功能类似。

执行方式

- ❑ 命令行：TRIM(快捷命令：TR)。
- ❑ 菜单栏：执行【修改】|【修剪】命令。
- ❑ 工具栏：单击【修改】工具栏中的【修剪】按钮。
- ❑ 功能区：单击【默认】选项卡【修改】面板中的【修剪】按钮。

操作过程

命令 TRIM↙
当前设置: 投影=UCS,边=无,模式=快速
选择要修剪的对象，或按住 Shift 键选择要延伸的对象或
[剪切边(T)/窗交(C)/模式(O)/投影(P)/删除(R)]: O↙
输入修剪模式选项 [快速(Q)/标准(S)] <快速(Q)>: S↙
选择要修剪的对象，或按住 Shift 键选择要延伸的对象或[剪切边(T)/栏选(F)/窗交(C)/模式(O)/投影(P)/边(E)/删除(R)/放弃(U)]:

选项说明

(1) 在选择对象时，如果按住 Shift 键，系统将自动将【修剪】命令转换为【延伸】命令。

(2) 选择【栏选(F)】选项时，系统以栏选方式选择被修剪的对象，如图 5-37 所示。

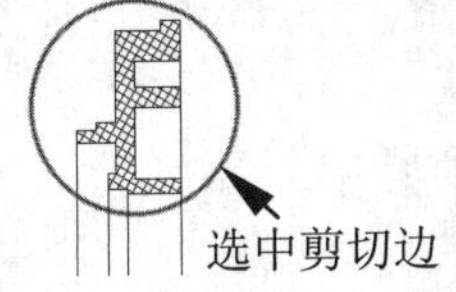

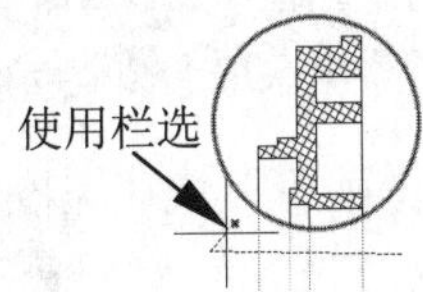

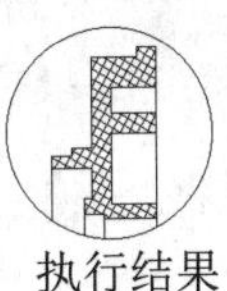

图 5-37　使用【栏选(F)】选项修剪对象

(3) 选择【窗交(C)】选项时，系统以窗交方式选择被修剪的对象，如图 5-38 所示。

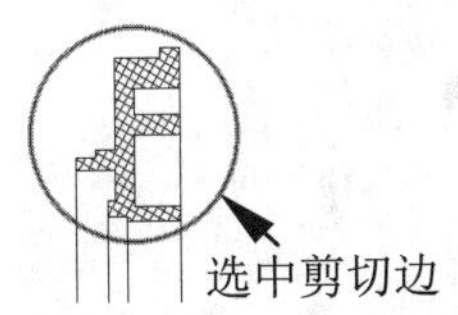

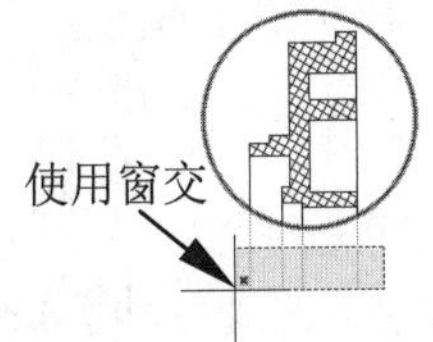

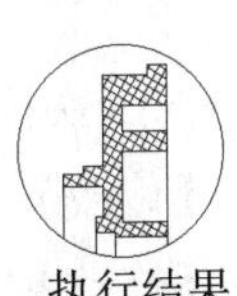

图 5-38　使用【窗交(C)】选项修剪对象

(4) 选择【边(E)】选项时，可以选择对象的修剪方式。

- ❑ 延伸(E)：延伸边界进行修剪。在该方式下，如果剪切边没有与要修剪的对象相交，系统会延伸剪切边直至与对象相交，然后修剪，如图 5-39 所示。

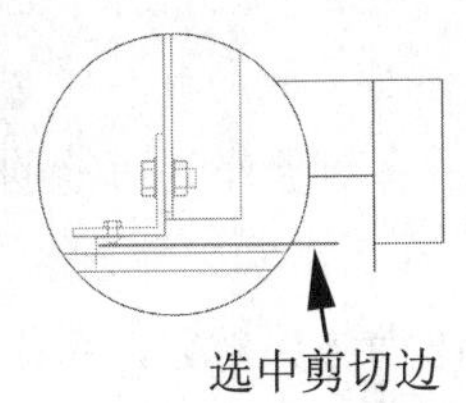

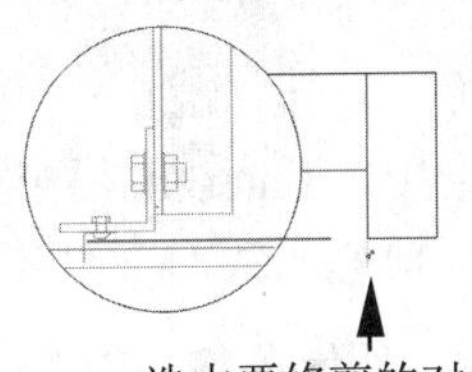

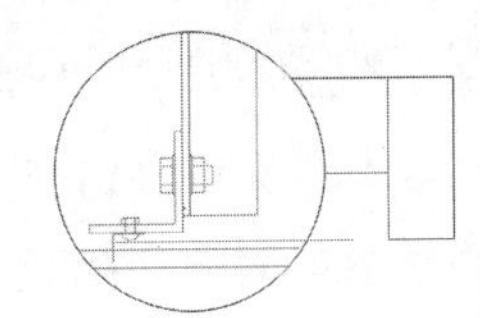

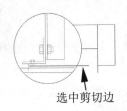

图 5-39　“延伸”修剪对象

- ❑ 不延伸(N)：不延伸边界修剪对象，只修剪与剪切边相交的对象。

(5) 被选择的对象可以互为边界和被修剪的对象，此时系统会在选择的对象中自动判断边界。

视频讲解

【例 5-10】使用 TRIM 命令绘制图 5-40 所示的手轮离合器主视图。

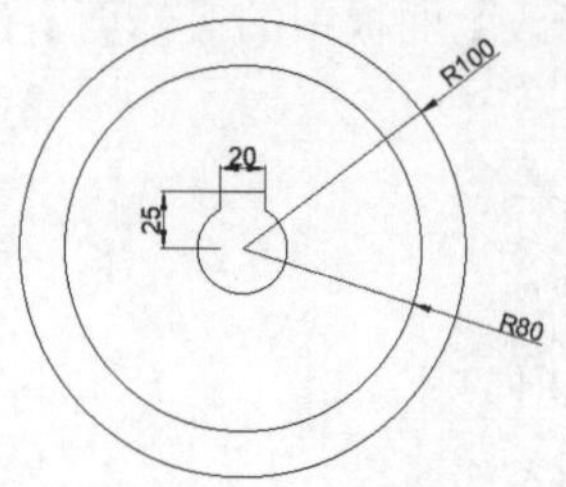

扫一扫，看视频

图 5-40　手轮离合器

技巧点拨

在使用【修剪】命令(TRIM)选择修剪对象时，若逐个单击选择，则效率较低。要比较快速地实现修剪操作，可以先输入修剪命令 TR 或 TRIM，然后按 Space 或 Enter 键，命令行中就会提示选择修剪对象。

```
选择要修剪的对象，或按住 Shift 键选择要延伸的对象或
[剪切边(T)/栏选(F)/窗交(C)/模式(O)/投影(P)/边(E)/删除(R)]:
```

此时系统将默认选择全部，这样做就可以快速完成修剪操作。

5.5.2　延伸命令

使用延伸命令可以延伸一个对象直至另一个对象的边界线。

执行方式

- ❑ 命令行：EXTEND(快捷命令：EX)。
- ❑ 菜单栏：执行【修改】|【延伸】命令。
- ❑ 工具栏：单击【修改】工具栏中的【延伸】按钮⇥。
- ❑ 功能区：单击【默认】选项卡【修改】面板中的【延伸】按钮。

操作过程

```
命令: EXTEND↙
当前设置: 投影=UCS,边=无,模式=快速
选择要延伸的对象，或按住 Shift 键选择要修剪的对象或
[边界边(B)/窗交(C)/模式(O)/投影(P)]:
```

此时可以选择对象来定义边界，若直接按 Enter 键，则选择所有对象作为可能的边界对象。系统规定可以用作边界的对象包括直线段、射线、双向无限长线、圆弧、圆、椭圆、二维/三维多段线、样条曲线、文本、浮动的视口、区域。如果选择二维多段线作为边界对象，系统将会忽略其宽度把对象延伸至多段线的中心线。

选择边界对象后，命令行提示如下。

```
选择要延伸的对象，或按住 Shift 键选择要修剪的对象或
[边界边(B)/栏选(F)/窗交(C)/模式(O)/投影(P)/边(E)]:
```

选项说明

(1) 如果要延伸的对象是适配样条多段线，则延伸后会在多段线的控制框上增加新节点；如果要延伸的对象是锥形多段线，系统会修正延伸端的宽度，使多段线从起始端平滑地延伸至新终止端；如果延伸操作导致终止端宽度为负值，则取宽度值为 0。

(2) 选择对象时，如果按住 Shift 键，系统将自动将【延伸】命令转换成【修剪】命令。

视频讲解

【例 5-11】使用 EXTEND 命令延伸图 5-41(a)所示图形的弧 AB，使其与辅助线 OC 相交，结果如图 5-41(b)所示。

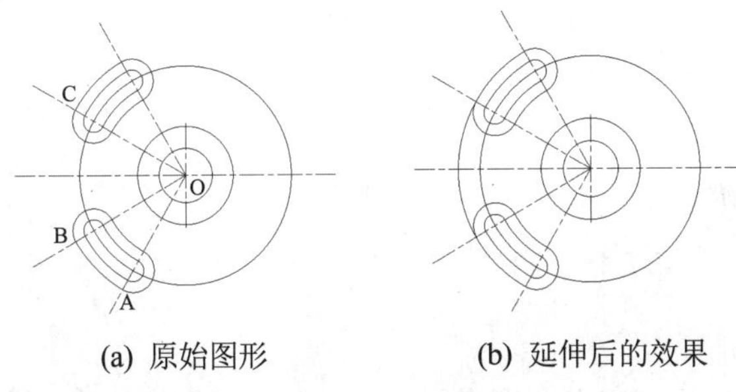

(a) 原始图形　　(b) 延伸后的效果

图 5-41　延伸弧

扫一扫，看视频

5.5.3　拉伸命令

拉伸命令用于拖拉选择的对象，且使对象的形状发生改变。拉伸对象时应指定拉伸的基点和移至点。利用一些辅助工具，如捕捉和相对坐标等，可以提高拉伸的精度。拉伸命令的执行效果如图 5-42 所示。

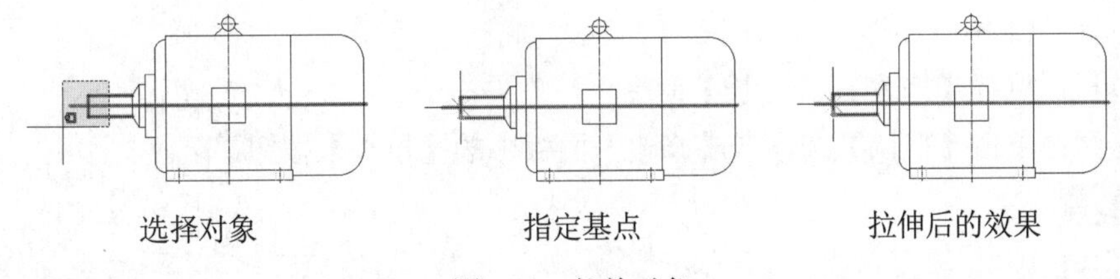

选择对象　　指定基点　　拉伸后的效果

图 5-42　拉伸对象

执行方式

- ❑ 命令行：STRETCH(快捷命令：S)。
- ❑ 菜单栏：执行【修改】|【拉伸】命令。
- ❑ 工具栏：单击【修改】工具栏中的【拉伸】按钮。
- ❑ 功能区：单击【默认】选项卡【修改】面板中的【拉伸】按钮。

操作过程

```
命令: STRETCH↙
```

```
以交叉窗口或交叉多边形选择要拉伸的对象...
选择对象: C↙
指定第一个角点:
选择对象: ↙
指定基点或 [位移(D)] <位移>: 指定拉伸的基点
指定第二个点或 <使用第一个点作为位移>: 指定拉伸的移至点
```

若指定第二个点，AutoCAD 将根据这两点决定矢量拉伸的对象；若直接按 Enter 键，系统会把第一个点作为 X 轴和 Y 轴的分量值。

视频讲解

【例 5-12】使用 STRETCH 命令将图 5-43 所示的支撑板图形的长度向左拉伸 50。

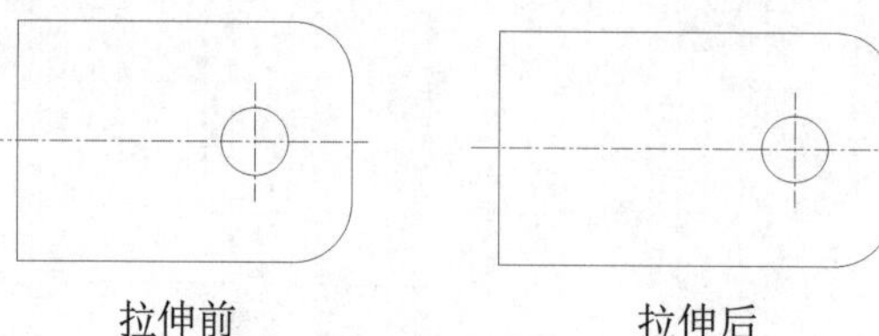

扫一扫，看视频

图 5-43　支撑板

技巧点拨

使用拉伸命令(STRETCH)时，完全包含在交叉窗口内的对象不会被拉伸，部分包含在交叉窗口内的对象则会被拉伸。在执行拉伸命令的过程中，必须采用“交叉窗口”方式选择对象。用交叉窗口选择拉伸对象后，落在交叉窗口内的端点将被拉伸，落在外部的端点保持不动。

5.5.4　拉长命令

使用拉长命令可以更改对象的长度和圆弧包含角。

执行方式

- ❑ 命令行：LENGTHEN(快捷命令：LEN)。
- ❑ 菜单栏：执行【修改】|【拉长】命令。
- ❑ 功能区：单击【默认】选项卡【修改】面板中的【拉长】按钮⁄。

操作过程

```
命令: LENGTHEN↙
选择要测量的对象或 [增量(DE)/百分比(P)/总计(T)/动态(DY)] <增量(DE)>: DE↙ 选择拉长或缩短的方式为增量方式
输入长度增量或 [角度(A)] <10.0000>: 10↙ 输入长度增量数值。若选择圆弧段，则可输入选项 A，给定角度增量
选择要修改的对象或 [放弃(U)]: 选择要拉长的对象
选择要修改的对象或 [放弃(U)]: ↙
```

选项说明

(1) 增量(DE)：用指定增加量的方法改变对象的长度或角度。

(2) 百分比(P)：用指定占总长度百分比的方法改变圆弧或直线段的长度。

(3) 总计(T)：用指定新总长度或总角度值的方法改变对象的长度或角度。

(4) 动态(DY)：在该模式下可以使用拖拉鼠标的方法来动态地改变对象的长度或角度。

视频讲解

【例 5-13】使用 LENGTHEN 命令拉长图 5-44 中的直线和圆弧，完成电梯图形的绘制。

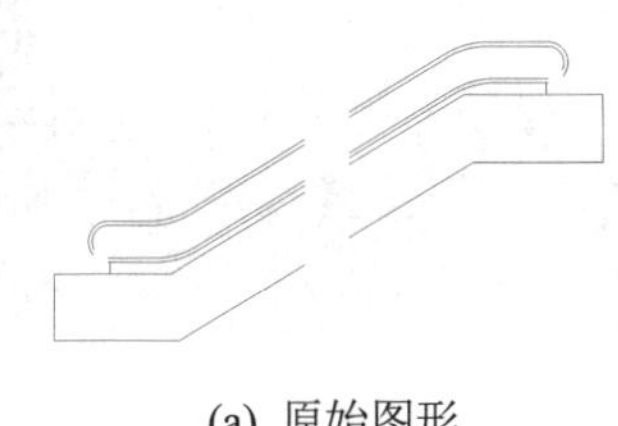

(a) 原始图形　　(b) 拉长后

扫一扫，看视频

图 5-44　电梯

5.5.5　圆角命令

圆角是指用指定的半径决定的一段平滑的圆弧连接两个对象。AutoCAD 规定可以用圆角连接一对直线段、非圆弧的多段线、样条曲线、双向无限长线、射线、圆、圆弧和椭圆，可以用圆角连接非圆弧多段线的每个节点。

执行方式

- 命令行：FILLET(快捷命令：F)。
- 菜单栏：执行【修改】|【圆角】命令。
- 工具栏：单击【修改】工具栏中的【圆角】按钮。

操作过程

```
命令: FILLET↙
当前设置: 模式 = 修剪，半径 = 0.0000
选择第一个对象或 [放弃(U)/多段线(P)/半径(R)/修剪(T)/多个(M)]: 选择第一个对象或别的选项
选择第二个对象，或按住 Shift 键选择对象以应用角点或 [半径(R)]: 选择第二个对象
```

选项说明

(1) 多段线(P)：在一条二维多段线的两段直线段的节点处插入圆弧。选择多段线后，系统会根据指定的圆弧半径把多段线各顶点用圆弧平滑连接起来。

(2) 修剪(T)：设置在平滑连接两条边时，是否修剪这两条边，如图 5-45 所示。

(a) 修剪方式　　(b) 不修剪方式

图 5-45　圆角连接

(3) 多个(M)：同时对多个对象进行圆角编辑，而不必重新启用命令。

(4) 按住 Shift 键并选择两条直线，可以快速创建零距离倒角或零半径圆角。

视频讲解

【例 5-14】使用 FILLET 命令绘制图 5-46 所示的垫圈图形。

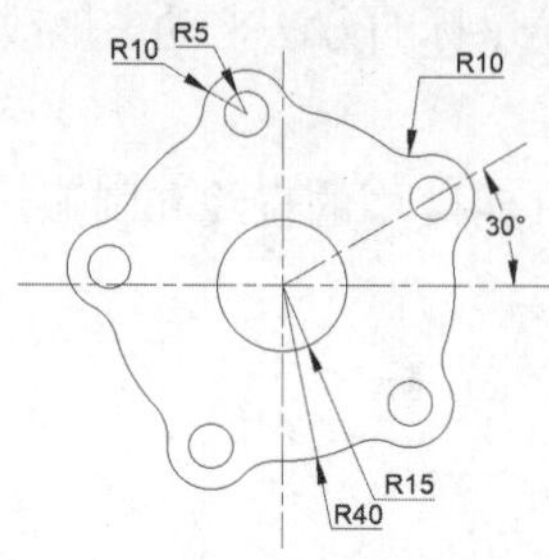

扫一扫，看视频

图 5-46　垫圈

5.5.6　倒角命令

倒角是指用斜线连接两个不平行的线性对象，可以用斜线连接直线段、双向无限长线、射线和多段线。

执行方式

- ❑ 命令行：CHAMFER(快捷命令：CHA)。
- ❑ 菜单栏：执行【修改】|【倒角】命令。
- ❑ 工具栏：单击【修改】工具栏中的【倒角】按钮。
- ❑ 功能区：单击【默认】选项卡【修改】面板中的【倒角】按钮。

操作过程

```
命令: CHAMFER↙
(“修剪”模式) 当前倒角距离 1 = 0.0000，距离 2 = 0.0000
选择第一条直线或 [放弃(U)/多段线(P)/距离(D)/角度(A)/修剪(T)/方式(E)/多个(M)]: 选择第一条直线或其他选项
选择第二条直线，或按住 Shift 键选择直线以应用角点或 [距离(D)/角度(A)/方法(M)]: 选择第二条直线
```

选项说明

(1) 多段线(P)：对多段线的各个交叉点倒斜角。为了得到最好的连接效果，一般设置斜线是相等的值，AutoCAD 会根据指定的斜线距离把多段线的每个交叉点都作斜线连接，连接的斜线成为多段线新的构成部分，如图 5-47 所示。

(2) 距离(D)：选择倒角的两个斜线距离。这两个斜线距离可以相同，也可以不相同，若二者均为 0，则系统不绘制连接的斜线，而是把两个对象延伸至相交并修剪超出的部分。

选择多段线　　倒斜角效果

图 5-47　倒斜角操作

(3) 角度(A)：选择第一条直线的斜线距离和第一条直线的倒角角度。

(4) 修剪(T)：与圆角连接命令(FILLET)相同，该选项决定连接对象后释放剪切源对象。

(5) 方式(E)：设置采用“距离”方式还是“角度”方式来倒斜角。

(6) 多个(M)：同时对多个对象进行倒斜角编辑。

视频讲解

【例 5-15】使用 CHAMFER 命令绘制图 5-48 所示的洗菜盆。

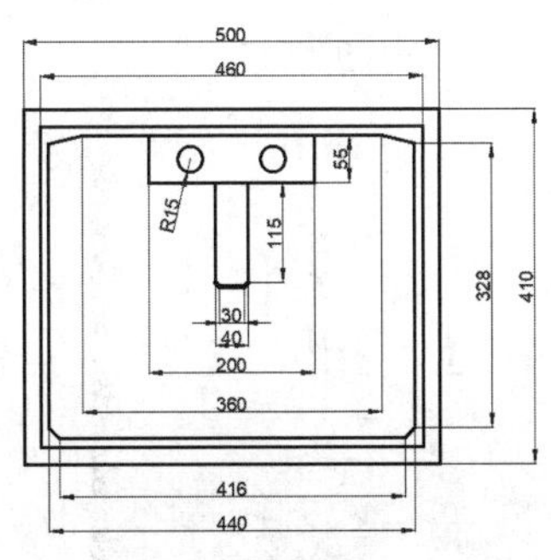

扫一扫，看视频

图 5-48　洗菜盆

5.5.7　打断命令

使用打断命令可以在两个点之间创建间隔。

执行方式

- ❑ 命令行：BREAK(快捷命令：BR)。
- ❑ 菜单栏：执行【修改】|【打断】命令。
- ❑ 工具栏：单击【修改】工具栏中的【打断】按钮。
- ❑ 功能区：单击【默认】选项卡【修改】面板中的【打断】按钮。

操作过程

```
命令: BREAK↙
选择对象: 选择需要打断的对象
指定第二个打断点 或 [第一点(F)]: 指定第二个断开点或输入“F”↙
```

选项说明

若选择【第一点(F)】选项，AutoCAD 将丢弃前面的第一个选择点，重新提示用户指定两个打断点。

视频讲解

【例 5-16】使用 BREAK 命令在图 5-49 所示的建筑平面图中打断一个距离为 50 的门。

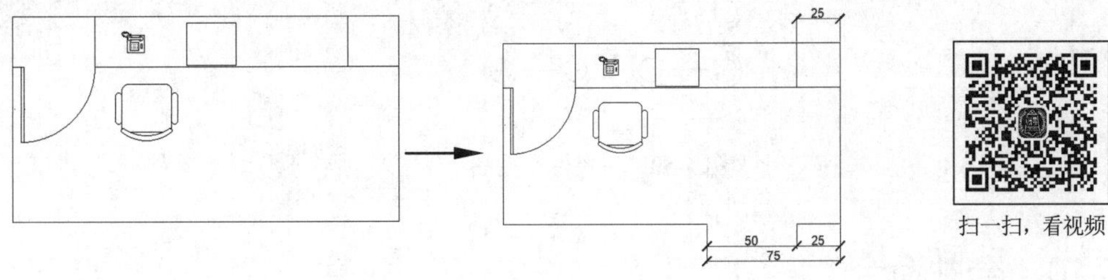

图 5-49　建筑平面图

5.5.8 打断于点命令

使用打断于点命令可以将对象在某一点处打断，且打断之处没有间隙。该命令有效的对象包括直线、圆弧，但不能是圆、矩形、多边形等封闭的图形。

执行方式

- ❑ 命令行：BREAK(快捷命令：BR)。
- ❑ 工具栏：单击【修改】工具栏中的【打断于点】按钮。
- ❑ 功能区：单击【默认】选项卡【修改】面板中的【打断于点】按钮。

操作过程

```
命令: _breakatpoint
选择对象: 选择要打断的对象
指定打断点: 选择打断点
```

打断于点命令与打断命令类似，此处不再赘述。

5.5.9 分解命令

执行分解命令，选择一个对象后，该对象会被分解。

执行方式

- ❑ 命令行：EXPLODE(快捷命令：X)。
- ❑ 菜单栏：执行【修改】|【分解】命令。
- ❑ 工具栏：单击【修改】工具栏中的【分解】按钮。
- ❑ 功能区：单击【默认】选项卡【修改】面板中的【分解】按钮。

操作过程

```
命令: EXPLODE↙
选择对象: 选择要分解的对象
```

视频讲解

【例 5-17】绘制图 5-50 所示的拼接件平面图。

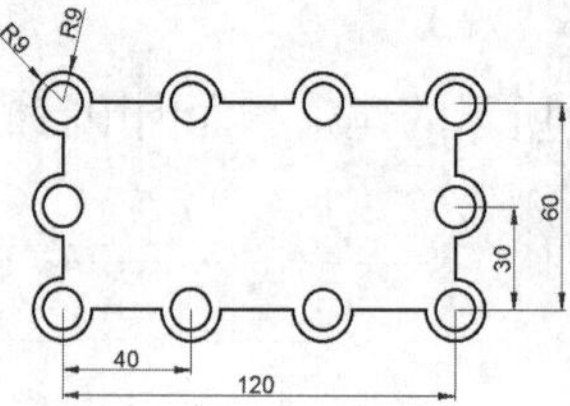

扫一扫，看视频

图 5-50　拼接件平面图

5.5.10 合并命令

使用合并命令可以将直线、圆弧、椭圆弧和样条曲线等独立的对象合并为一个对象。

执行方式

- ❑ 命令行：JOIN(快捷命令：J)。
- ❑ 菜单栏：执行【修改】|【合并】命令。
- ❑ 工具栏：单击【修改】工具栏中的【合并】按钮⁺⁺。
- ❑ 功能区：单击【默认】选项卡【修改】面板中的【合并】按钮⁺⁺。

操作过程

```
命令: JOIN↙
选择源对象或要一次合并的多个对象: 选择一个对象
选择要合并的对象:选择另一个对象
选择要合并的对象: ↙
```

视频讲解

【例 5-18】使用 JOIN 命令合并图 5-51 中花瓶底部与桌面的连接部分。

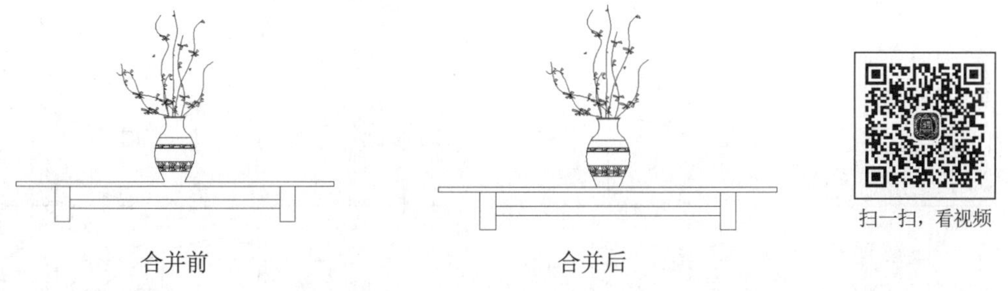

图 5-51　花瓶

5.6　实践演练

通过学习，读者对本章所介绍的内容有了大致的了解。本节将通过表 5-1 所示的几个实践操作，帮助读者进一步掌握本章的知识要点。

表 5-1　实践演练操作要求

实践名称	操作要求	效　　果
绘制花瓣	(1) 使用“直线”和“圆弧”绘制花瓣； (2) 通过【创建环形阵列】和【修剪】命令绘制花瓣内部的纹理； (3) 通过【镜像】命令绘制花瓣的另一半； (4) 通过创建环形阵列完成图形的绘制	

续表

实践名称	操作要求	效　果
绘制法兰盘	(1) 设置新的图层； (2) 使用“直线”和“圆”绘制中心线和基本轮廓； (3) 进行阵列编辑； (4) 进行修剪编辑	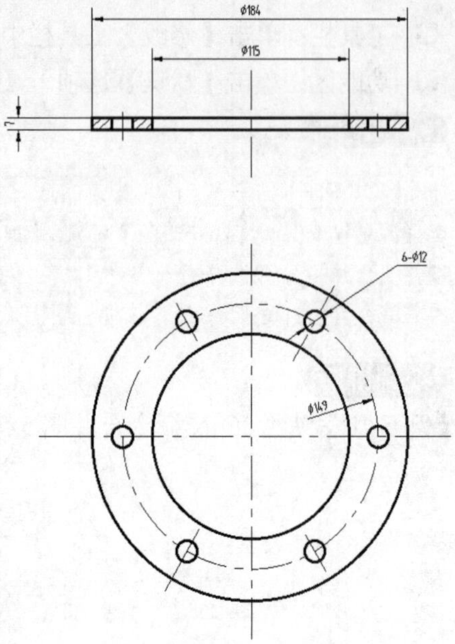
绘制 90° 弯头	(1) 使用“直线”和“圆”绘制中心线、部分轮廓线和辅助线； (2) 使用【偏移】命令绘制平行线； (2) 使用【修剪】命令修剪图形； (3) 使用【倒角】命令进行倒角处理	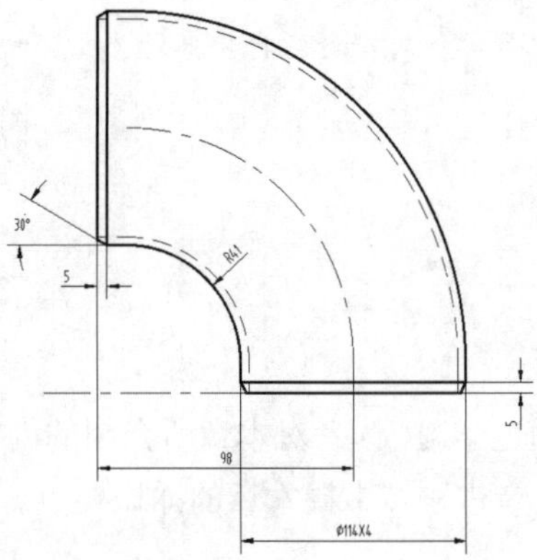

5.7　拓展练习

扫一扫，做练习

扫描二维码，获取更多 AutoCAD 习题。

第6章　复杂二维绘图与编辑命令

内容简介

AutoCAD 可以满足用户的多种绘图需要，且一种图形可以通过多种绘制方式来绘制。例如，平行线可以用两条直线来绘制，但是用多线绘制会更加快捷准确。

内容要点

- ❑ 多线与多段线
- ❑ 样条曲线
- ❑ 对象编辑命令

6.1　多　　线

多线是一种复合线，由连续的直线段组成。多线的突出优点是能够大大提高绘图效率，保证图线之间的统一性。

6.1.1　绘制多线

多线的绘制和直线的绘制方法类似，不同的是多线由两条线型相同的平行线组成。绘制的每一条多线都是一个完整的整体，不能对其进行偏移、倒角、延伸、修剪等编辑操作，只能使用“分解”命令将其分解成多条直线后再编辑。

执行方式

- ❑ 命令行：MLINE。
- ❑ 菜单栏：执行【绘图】|【多线】命令。

操作过程

```
命令: MLINE↙
当前设置: 对正 = 上，比例 = 20.00，样式 = STANDARD
指定起点或 [对正(J)/比例(S)/样式(ST)]: 指定起点
指定下一点: 指定下一点
指定下一点或 [放弃(U)]: 继续指定下一点绘制线段；输入“U”则放弃前一段多线的绘制；单击鼠标或按Enter 键则结束命令
指定下一点或 [闭合(C)/放弃(U)]: 继续指定下一点绘制线段；输入“C”，则闭合线段，结束命令
```

选项说明

(1) 对正(J)：该选项用于指定绘制多线的基准，共有 3 种对正类型，即【上】【无】和【下】。其中，【上】表示以多线上侧的线为基准，其他两项以此类推。

(2) 比例(S)：选择该选项，要求用户设置平行线的间距。输入值为 0 时，平行线重合；输入值为负时，多线的排列是倒置的。

(3) 样式(ST)：用于设置当前使用的多线样式。

实例讲解

【例 6-1】使用 MLINE 命令绘制图 6-1 所示的墙线。

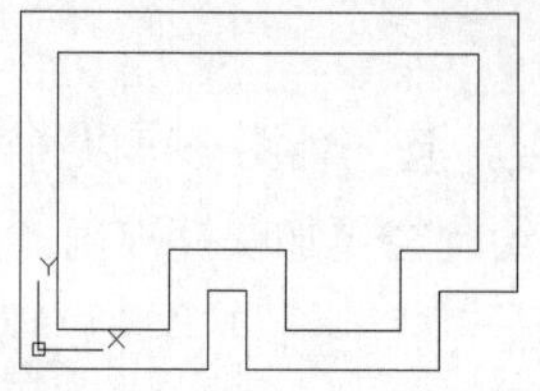

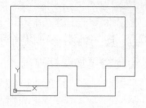

扫一扫，看视频

图 6-1　墙线

在命令行输入 MLINE，绘制多线，命令行提示与操作如下。

```
命令: MLINE↙
指定起点或 [对正(J)/比例(S)/样式(ST)]:  J↙
输入对正类型 [上(T)/无(Z)/下(B)] <上>:  Z↙
指定起点或 [对正(J)/比例(S)/样式(ST)]:  S↙
输入多线比例 <20.00>:  25↙
指定起点或 [对正(J)/比例(S)/样式(ST)]:  0,0↙
指定下一点:  100,0↙
指定下一点或 [放弃(U)]:  100,50↙
指定下一点或 [闭合(C)/放弃(U)]:  150,50↙
指定下一点或 [闭合(C)/放弃(U)]:  150,0↙
指定下一点或 [闭合(C)/放弃(U)]:  250,0↙
指定下一点或 [闭合(C)/放弃(U)]:  250,50↙
指定下一点或 [闭合(C)/放弃(U)]:  300,50↙
指定下一点或 [闭合(C)/放弃(U)]:  300,200↙
指定下一点或 [闭合(C)/放弃(U)]:  0,200↙
指定下一点或 [闭合(C)/放弃(U)]:  C↙(绘图结束)
```

6.1.2　定义多线样式

在使用“多线”命令时，可对多线的数量和每条单线的偏移距离、颜色、线型、背景填充等特性进行设置。

执行方式

- ☐ 命令行：MLSTYLE。
- ☐ 菜单栏：执行【格式】|【多线样式】命令。

执行上述命令后，系统将打开图 6-2 所示的【多线样式】对话框。在该对话框中，用户可以对多线样式进行定义、保存和加载等操作。

下面通过定义一个新的多线样式来介绍【多线样式】对话框的使用方法，具体要求如下。

- ❑ 定义由 3 条平行线组成多线。
- ❑ 中心轴线和两条平行的实线相对于中心轴线上、下各偏移“0.5”。

❶ 在【多线样式】对话框中单击【新建】按钮，打开图 6-3 所示的【创建新的多线样式】对话框。

❷ 在【创建新的多线样式】对话框的【新样式名】文本框中输入“墙”，然后单击【继续】按钮。

❸ AutoCAD 打开如图 6-4 所示的【新建多线样式】对话框。

❹ 在【封口】选项组中可以设置多线起点和端点的特性，包括直线、外弧、内弧封口以及封口线段或圆弧的角度。

图 6-2 【多线样式】对话框

❺ 在【填充颜色】下拉列表中可以选择多线的颜色。

❻ 在【图元】选项组中可以设置组成多线元素的特性：单击【添加】按钮，可以为多线添加元素；单击【删除】按钮，可以为多线删除元素。在【偏移】文本框中可以为选中的对象设置偏移；单击【线型】按钮，AutoCAD 将打开【选择线型】对话框，在该对话框中可以为选中的元素设置线型，如图 6-5 所示。

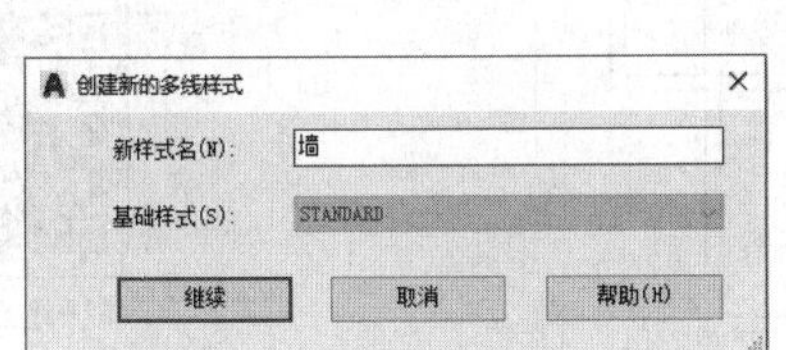

图 6-3 【创建新的多线样式】对话框

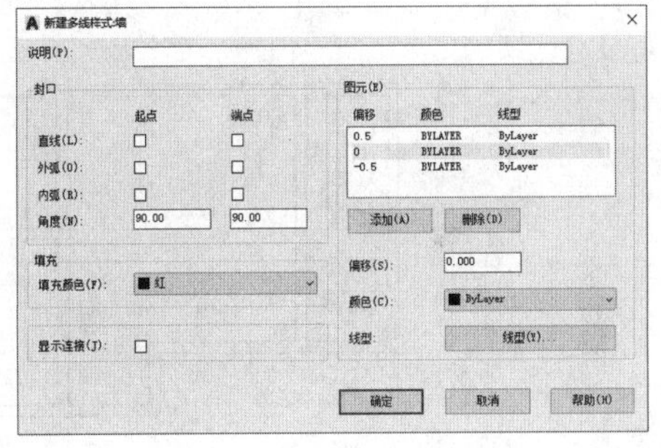

图 6-4 【新建多线样式】对话框

❼ 设置完毕后，单击【确定】按钮，返回【新建多线样式】对话框。再次单击【确定】按钮，返回【多线样式】对话框，在【样式】列表中将显示刚设置的多线样式名，选择该样式，单击【置为当前】按钮，则将设置的多线样式设置为当前样式。

❽ 单击【确定】按钮，完成多线样式设置。重复例 6-1 的操作，绘制图 6-6 所示的多线图形。

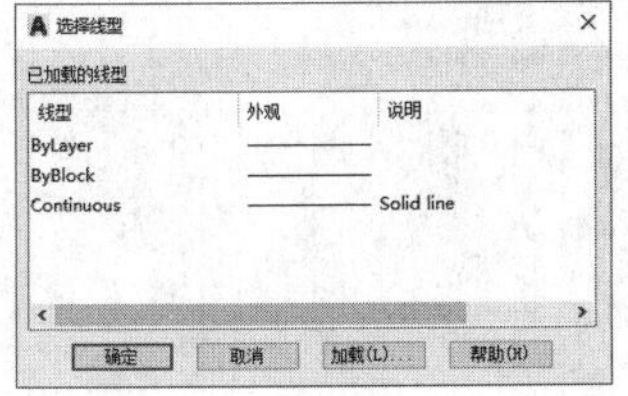

图 6-5 【选择线型】对话框

图 6-6 多线图形

6.1.3 编辑多线

AutoCAD 提供了 4 种类型，共 12 个多线编辑工具。

执行方式

- ❑ 命令行：MLEDIT。
- ❑ 菜单栏：执行【修改】|【对象】|【多线】命令。

操作过程

执行上述命令后，系统将打开图 6-7 所示的【多线编辑工具】对话框。利用该对话框，用户可以创建或修改多线的模式。

图 6-7 【多线编辑工具】对话框

选项说明

在【多线编辑工具】对话框中分 4 列显示示例图形。其中第一列管理十字交叉形多线，第二列管理 T 形多线，第三列管理拐角接合点和节点，第四列管理多线被剪切或连接的形式。单击某个示例图形，就可以调用该项编辑功能。

实例讲解

【例 6-2】绘制图 6-8 所示的房屋平面图的墙体结构图。

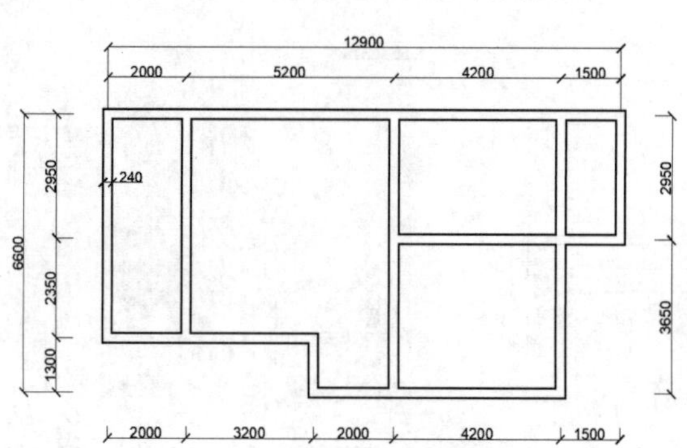

图 6-8 房屋平面图的墙体结构图

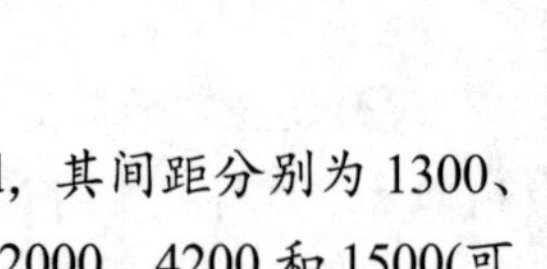

扫一扫，看视频

❶ 绘制水平和垂直直线段。在命令行输入 L，绘制水平直线 a、b、c、d，其间距分别为 1300、2350、2950；绘制垂直直线 e、f、g、h、i 和 j，其间距分别为 2000、3200、2000、4200 和 1500(可以通过偏移对象绘制这些直线)，结果如图 6-9 所示。

❷ 绘制多线。在命令行输入 MLINE，命令行提示与操作如下。

```
命令: MLINE↙
指定起点或 [对正(J)/比例(S)/样式(ST)]:  J↙
输入对正类型 [上(T)/无(Z)/下(B)] <上>:  Z↙
指定起点或 [对正(J)/比例(S)/样式(ST)]:  S↙
输入多线比例 <20.00>:  240↙
指定起点或 [对正(J)/比例(S)/样式(ST)]: 捕捉直线段 e 顶部端点
指定下一点: 捕捉直线段 e 底部的端点
指定下一点或 [放弃(U)]: ↙(绘图结束，绘制图 6-10 所示的多线)
```

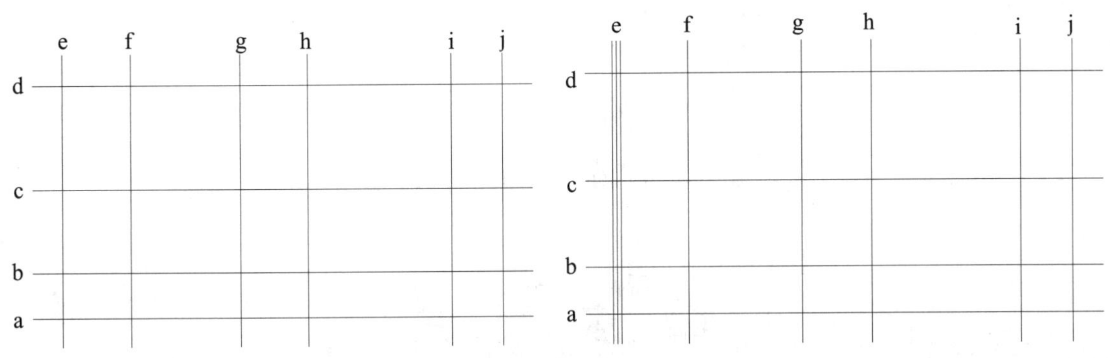

图 6-9　绘制直线段　　　　图 6-10　捕捉辅助线端点绘制多线

❸ 重复步骤❷的操作，以其他直线段为辅助线绘制多线，如图 6-11 所示。

❹ 使用【角点结合】工具编辑多线。在命令行输入 MLEDIT，打开【多线编辑工具】对话框，单击【角点结合】工具，然后参照图 6-12 所示对绘制的多线修直角。

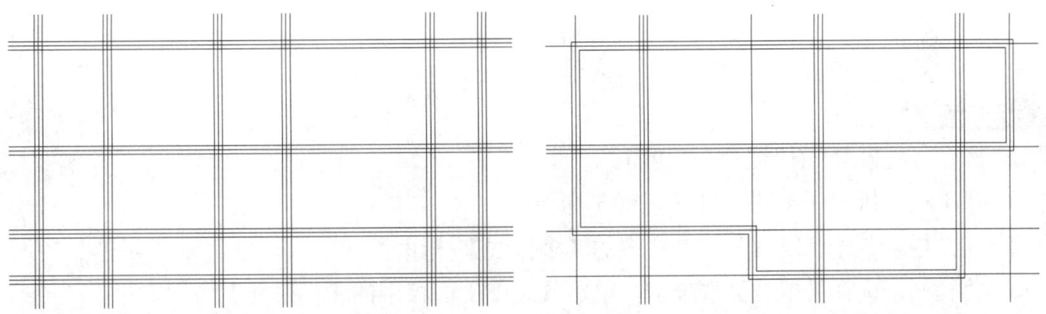

图 6-11　绘制多线　　　　图 6-12　对多线修直角

❺ 使用【T 形打开】工具编辑多线。在命令行输入 MLEDIT，打开【多线编辑工具】对话框，单击【T 形打开】工具，然后参照图 6-13 所示对多线修 T 形。

❻ 使用【十字合并】工具编辑多线。在命令行输入 MLEDIT，打开【多线编辑工具】对话框，单击【十字合并】工具，然后参照图 6-14 所示对 k 处的多线进行十字合并。

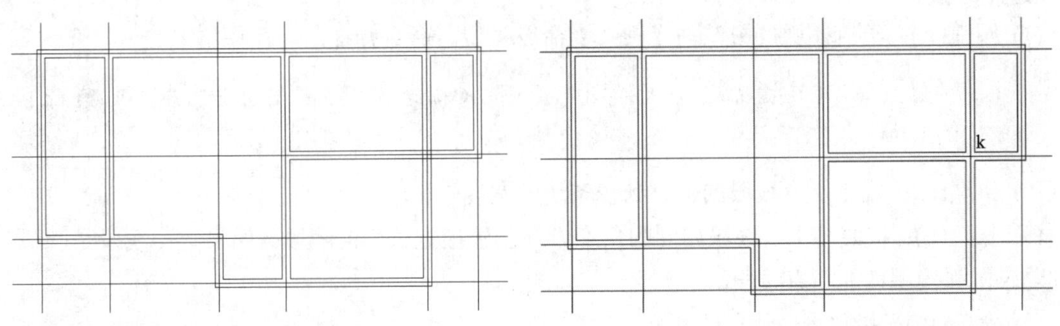

图 6-13　对多线修 T 形　　　　图 6-14　对多线进行十字合并

❼ 选择绘制的所有直线，按 Delete 键删除即可得到图 6-8 所示的图形。

技巧点拨

在建筑平面图中，墙体用双线表示，一般采用轴线定位的方式，以轴线为中心，具有很强的对称关系，因此绘制墙线一般有以下几种方法。

- ❑ 使用【偏移】命令直接偏移轴线，将轴线向两侧偏移一定距离得到双线，然后将所得双线转移至墙线图层。
- ❑ 使用【多线】命令直接绘制墙线。
- ❑ 当墙体要求填充成实体颜色时，也可以使用【多段线】命令直接绘制，将线宽设置为墙厚即可。

6.2 多 段 线

多段线是作为单个对象创建的相互连接的线段组合图形。该组合线段作为一个整体，可以由直线段、圆弧段或者两者组合线段组成，并且可以是任意开放或封闭的图形。

6.2.1 绘制多段线

多段线由直线段或圆弧连接组成，作为单一对象使用。

执行方式

- ❑ 命令行：PLINE(快捷命令：PL)。
- ❑ 菜单栏：执行【绘图】|【多段线】命令。
- ❑ 工具栏：单击【绘图】工具栏中的【多段线】按钮。
- ❑ 功能区：选择【默认】选项卡，单击【绘图】面板中的【多段线】按钮。

操作过程

```
命令：PLINE↙
指定起点: 指定多段线的起点
当前线宽为 0.0000
指定下一个点或 [圆弧(A)/半宽(H)/长度(L)/放弃(U)/宽度(W)]: 指定多段线的下一个点
```

选项说明

(1) 圆弧(A)：绘制圆弧的方法与【圆弧】命令类似。命令行提示与操作如下。

```
指定圆弧的端点(按住 Ctrl 键以切换方向)或[角度(A)/圆心(CE)/方向(D)/半宽(H)/直线(L)/半径(R)/第二个点(S)/放弃(U)/宽度(W)]:
```

(2) 半宽(H)：指定从宽线段的中心到一条边的宽度。

(3) 长度(L)：按照与上一线段相同的角度方向创建指定长度的线段。如果上一线段是圆弧，将创建与该圆弧段相切的新直线段。

(4) 宽度(W)：指定下一线段的宽度。

(5) 放弃(U)：删除最近添加的线段。

实例讲解

【例 6-3】绘制图 6-15(a)所示的二维多段线和图 6-15(b)所示的箭头图形效果。

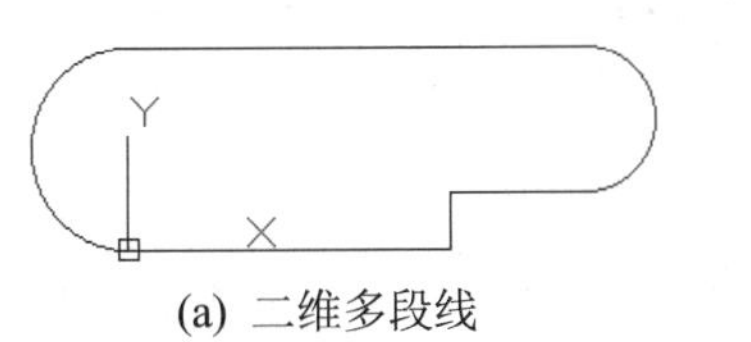

(a) 二维多段线

(b) 箭头

扫一扫，看视频

图 6-15　二维多段线和箭头图形

❶ 在命令行输入 PL，绘制多段线，命令行提示与操作如下。

```
命令: PL↙
指定起点: 0,0↙
当前线宽为 0.0000
指定下一个点或 [圆弧(A)/半宽(H)/长度(L)/放弃(U)/宽度(W)]: 60<0↙
指定下一点或 [圆弧(A)/闭合(C)/半宽(H)/长度(L)/放弃(U)/宽度(W)]: @10<90↙
指定下一点或 [圆弧(A)/闭合(C)/半宽(H)/长度(L)/放弃(U)/宽度(W)]: @25<0↙
指定下一点或 [圆弧(A)/闭合(C)/半宽(H)/长度(L)/放弃(U)/宽度(W)]: A↙
指定圆弧的端点(按住 Ctrl 键以切换方向)或
[角度(A)/圆心(CE)/闭合(CL)/方向(D)/半宽(H)/直线(L)/半径(R)/第二个点(S)/放弃(U)/宽度(W)]: @26<90↙
指定圆弧的端点(按住 Ctrl 键以切换方向)或[角度(A)/圆心(CE)/闭合(CL)/方向(D)/半宽(H)/直线(L)/半径(R)/
第二个点(S)/放弃(U)/宽度(W)]: L↙
指定下一点或 [圆弧(A)/闭合(C)/半宽(H)/长度(L)/放弃(U)/宽度(W)]: @85<180↙
指定下一点或 [圆弧(A)/闭合(C)/半宽(H)/长度(L)/放弃(U)/宽度(W)]: A↙
指定圆弧的端点(按住 Ctrl 键以切换方向)或[角度(A)/圆心(CE)/闭合(CL)/方向(D)/半宽(H)/直线(L)/半径(R)/
第二个点(S)/放弃(U)/宽度(W)]: CL↙(完成绘图，结果如图 6-15(a)所示)
```

❷ 在命令行输入 PL，再次绘制多段线，命令行提示与操作如下。

```
命令: PL↙
指定起点: 100,0↙
当前线宽为 0.0000
指定下一个点或 [圆弧(A)/半宽(H)/长度(L)/放弃(U)/宽度(W)]: W↙
指定起点宽度 <0.0000>:↙
指定端点宽度 <0.0000>: 10↙
指定下一个点或 [圆弧(A)/半宽(H)/长度(L)/放弃(U)/宽度(W)]: @0,12.5↙
指定下一点或 [圆弧(A)/闭合(C)/半宽(H)/长度(L)/放弃(U)/宽度(W)]: W↙
指定起点宽度 <10.0000>: 5↙
指定端点宽度 <5.0000>:↙
指定下一点或 [圆弧(A)/闭合(C)/半宽(H)/长度(L)/放弃(U)/宽度(W)]: @0,10↙
指定下一点或 [圆弧(A)/闭合(C)/半宽(H)/长度(L)/放弃(U)/宽度(W)]: W↙
指定起点宽度 <5.0000>:↙
指定端点宽度 <5.0000>: 0↙
指定下一点或 [圆弧(A)/闭合(C)/半宽(H)/长度(L)/放弃(U)/宽度(W)]: A↙
指定圆弧的端点(按住 Ctrl 键以切换方向)或[角度(A)/圆心(CE)/闭合(CL)/方向(D)/半宽(H)/直线(L)/半径(R)/
第二个点(S)/放弃(U)/宽度(W)]: @35<180↙
```

```
指定圆弧的端点(按住 Ctrl 键以切换方向)或[角度(A)/圆心(CE)/闭合(CL)/方向(D)/半宽(H)/直线(L)/半径(R)/第二个点(S)/放弃(U)/宽度(W)]: ↙(完成绘图，结果如图 6-15(b)所示)
```

巩固练习

练习使用 PLINE 命令绘制图 6-16(a)所示的二极管符号；使用 MLINE 命令绘制图 6-16(b)所示的门。

思路提示

(1) 绘制二极管符号：执行 PLINE 命令后可以以点(20,30)为起点，以点(40,30)为第二点，在命令行提示下选择【宽度(W)】选项设置起点宽度为 10，端点宽度为 0，然后指定点(50,30)绘制第一条多段线。参考第一条多段线绘制点(50,30)到点(51,30)的第二条多段线，以及从点(51,30)到(70,30)的第三条多段线。

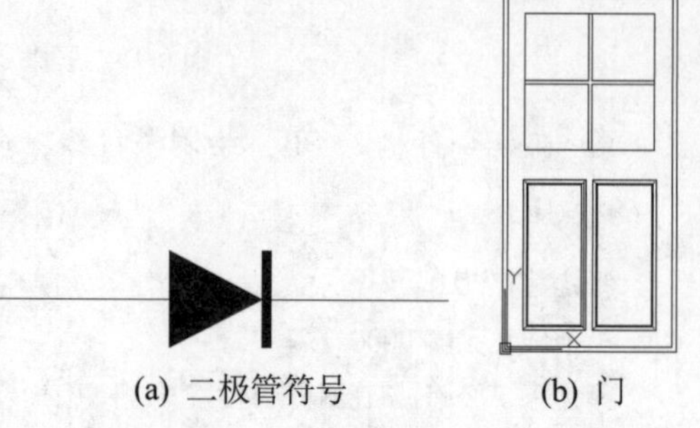

(a) 二极管符号　　(b) 门

图 6-16　二极管符号和门

(2) 绘制门：可以使用 MLINE 命令，输入坐标(0,0)、(@170,0)、(@0,340)和(@-170, 0)，并在命令行提示下选择【闭合(C)】选项绘制门框部分；使用 RECTAMH 命令，以坐标(20,320)为起点绘制长和宽都为 130 的矩形作为门内的装饰框；捕捉矩形的中点绘制矩形中的两条中线，并使用多线编辑工具中的“十字打开”工具对两条中线进行修剪；使用 MLINE 命令，输入坐标(20,20)、(20,160)、(@60,0)和(@0,-140)，并按 C 键绘制门左下角的矩形多线框，输入坐标(90,20)、(90,160)、(@60,0)和(@0,-140)绘制门右下角的矩形多线框。

6.2.2 编辑多段线

编辑多段线可以合并二维多段线，将线条和圆弧转换为二维多段线，以及将多段线转换为近似 B 样条曲线的曲线。

执行方式

- ❑ 命令行：PEDIT(快捷命令：PE)。
- ❑ 菜单栏：执行【修改】|【对象】|【多段线】命令。
- ❑ 工具栏：单击【修改II】工具栏中的【编辑多段线】按钮。
- ❑ 功能区：单击【默认】选项卡【修改】面板中的【编辑多段线】按钮。
- ❑ 快捷菜单：选择要编辑的多段线，在绘图区中右击鼠标，从弹出的快捷菜单中选择【多段线】|【编辑多段线】命令。

操作过程

```
命令: PEDIT↙
选择多段线或 [多条(M)]: 选择多段线
输入选项 [闭合(C)/合并(J)/宽度(W)/编辑顶点(E)/拟合(F)/样条曲线(S)/非曲线化(D)/线型生成(L)/反转(R)/放弃(U)]: ↙
选择对象: ↙
输入选项 [闭合(C)/合并(J)/宽度(W)/编辑顶点(E)/拟合(F)/样条曲线(S)/非曲线化(D)/线型生成(L)/反转(R)/放弃(U)]: ↙
```

选项说明

(1) 合并(J)：以选中的多段线为主体，合并其他直线段、圆弧或多段线，使其成为一条多段线。能合并的条件是各段线的端点首尾相连。

(2) 宽度(W)：修改整条多段线的线宽，使其具有同一线宽，如图 6-17 所示。

(3) 编辑顶点(E)：选择该选项后，在多段线起点处出现一个斜的十字叉“×”，为当前顶点的标记，并在命令上提示进行后续操作。

```
[下一个(N)/上一个(P)/打断(B)/插入(I)/移动(M)/重生成(R)/拉直(S)/切向(T)/宽度(W)/退出(X)] <N>:
```

(4) 拟合(F)：从指定的多段线生成由光滑弧连接而成的圆弧拟合曲线，该曲线经过多段线的各顶点，如图 6-18 所示。

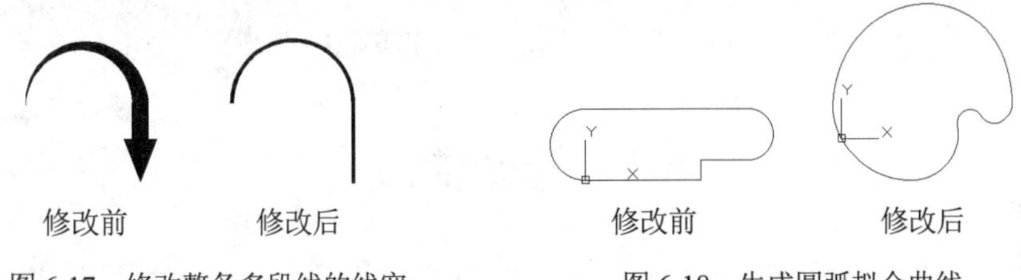

图 6-17　修改整条多段线的线宽　　图 6-18　生成圆弧拟合曲线

(5) 样条曲线(S)：以指定的多段线的各项顶点作为控制点生成样条曲线，如图 6-19 所示。

(6) 非曲线化(D)：用直线代替指定的多段线中的圆弧。对于选择【拟合(F)】选项或【样条曲线(S)】选项后生成的圆弧拟合曲线或样条曲线，删去其生成曲线时新插入的顶点，则恢复成由直线段组成的多段线，如图 6-20 所示。

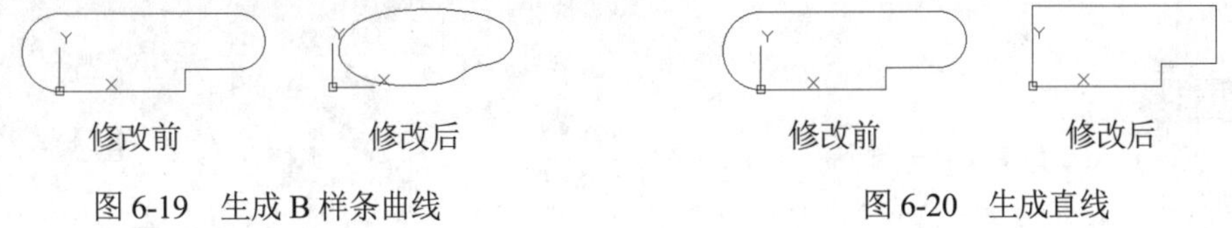

图 6-19　生成 B 样条曲线　　图 6-20　生成直线

(7) 线型生成(L)：当多段线的线型为点画线时，其为控制多段线的线型生成方式开关，用户需设置该选项。命令行提示与操作如下。

```
输入多段线线型生成选项 [开(ON)/关(OFF)] <关>:
```

在上述提示中选择 ON 时，将在每个顶点处允许以短画开始或结束生成线型；选择 OFF 时，将在每个顶点处允许以长画开始或结束生成线型。线型生成不能用于包含带有变宽线段的多段线。

技巧点拨

多段线是一条完整的线，折弯的地方是一体的。另外，多段线可以改变线宽，使端点和尾点的粗细不一。多段线还可以绘制圆弧，这是直线绝对不可能做到的。另外，使用“偏移”命令，直线和多段线的偏移对象也不相同，直线是偏移单线，多段线是偏移图形。

巩固练习

练习使用多段线绘制图 6-21 所示的圆弧。

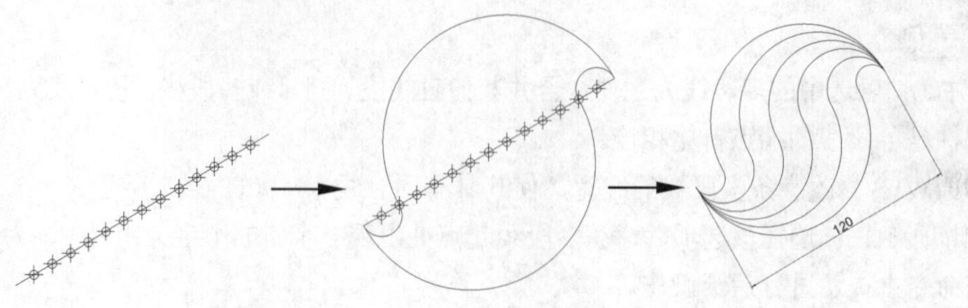

图 6-21　绘制圆弧

思路提示

(1) 利用【直线】命令绘制一条长度为 120 的直线。

(2) 利用【定数等分】命令将直线等分为 14 份。

(3) 利用【多段线】命令捕捉等分后的点为圆心绘制圆弧。

6.3　样条曲线

样条曲线是一种通过或接近指定点的拟合曲线。在 AutoCAD 中，其类型是非均匀有理 B 样条(Non-Uniform Rational Basis Splines，NURBS)曲线。

6.3.1　绘制样条曲线

样条曲线适于表达具有不规则变化曲率半径的曲线，例如，机械图形的断切面及地形外貌轮廓线等。

执行方式

- ❑ 命令行：SPLINE(快捷命令：SPL)。
- ❑ 菜单栏：执行【绘图】|【样条曲线】命令。
- ❑ 工具栏：单击【绘图】工具栏中的【样条曲线】按钮。
- ❑ 功能区：单击【默认】选项卡【绘图】面板中的【样条曲线拟合】按钮或【样条曲线控制点】按钮。

操作过程

```
命令: SPLINE↙
当前设置: 方式=拟合　　节点=弦
指定第一个点或 [方式(M)/节点(K)/对象(O)]: 指定一点或选择“对象(O)”选项
输入下一个点或 [起点切向(T)/公差(L)]: 指定第二点
输入下一个点或 [端点相切(T)/公差(L)/放弃(U)]: 指定第三点
输入下一个点或 [端点相切(T)/公差(L)/放弃(U)/闭合(C)]: C
```

选项说明

(1) 对象(O)：将二维或三维的二次或三次样条曲线的拟合多段线转换为等价的样条曲线，然后(根据 DELOBJ 系统变量的设置)删除该拟合多段线。

(2) 第一个点：指定样条线的第一个点，或者第一个拟合点，或者第一个控制点。

(3) 方式(M)：控制使用拟合点或使用控制点创建样条曲线。

- 拟合(F)：通过指定样条曲线必须经过的拟合点创建 3 阶 B 样条曲线。
- 控制点(CV)：通过指定控制点创建样条曲线。使用此方法创建 1 阶(线性)、2 阶(二次)、3 阶(三次)直到最高为 10 阶的样条曲线。通过移动控制点调整样条曲线的形状。

(4) 节点(K)：用于确定样条曲线中连续拟合点之间的零部件曲线如何过渡。

实例讲解

【例 6-4】使用 SPLINE 命令在图 6-22(a)所示的链轮图形上绘制一个断切面，得出如图 6-22(b)所示图形。

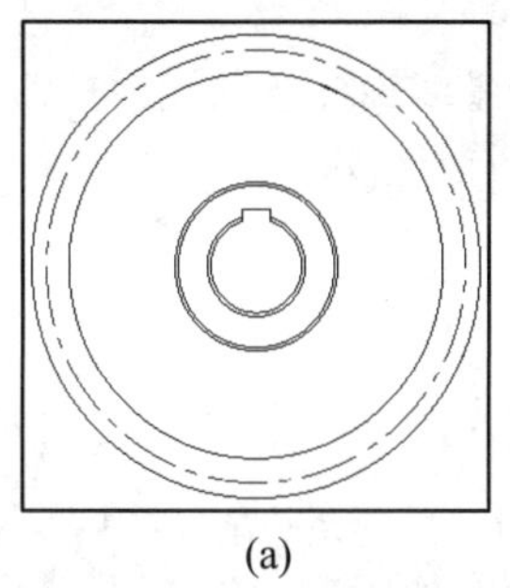

(a)

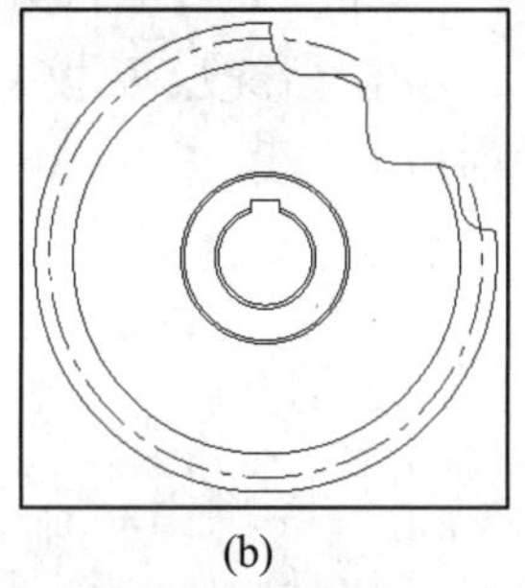

(b)

扫一扫，看视频

图 6-22　链轮

❶ 打开“链轮”图形后在命令行输入 SPL，绘制样条曲线，命令行操作与提示如下。

```
命令: SPL↙
当前设置: 方式=拟合　　节点=弦
指定第一个点或 [方式(M)/节点(K)/对象(O)]: 指定样条曲线的起点 A，如图 6-23 所示
输入下一个点或 [起点切向(T)/公差(L)]: 指定样条曲线的经过点 B
输入下一个点或 [端点相切(T)/公差(L)/放弃(U)]: 指定样条曲线的经过点 C
输入下一个点或 [端点相切(T)/公差(L)/放弃(U)/闭合(C)]: 指定样条曲线的经过点 D
输入下一个点或 [端点相切(T)/公差(L)/放弃(U)/闭合(C)]: 指定样条曲线的经过点 E
输入下一个点或 [端点相切(T)/公差(L)/放弃(U)/闭合(C)]: 指定样条曲线的经过点 F
输入下一个点或 [端点相切(T)/公差(L)/放弃(U)/闭合(C)]: 指定样条曲线的经过点 G
输入下一个点或 [端点相切(T)/公差(L)/放弃(U)/闭合(C)]: 指定样条曲线的经过点 H
输入下一个点或 [端点相切(T)/公差(L)/放弃(U)/闭合(C)]: 指定样条曲线的经过点 I
输入下一个点或 [端点相切(T)/公差(L)/放弃(U)/闭合(C)]: ↙(结束命令，绘制 AI 样条曲线)
```

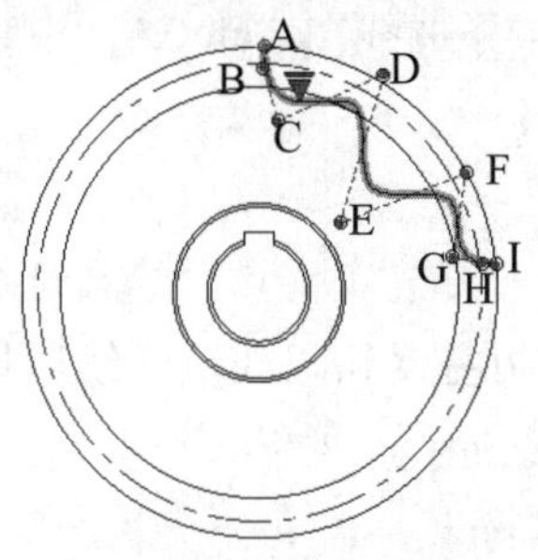

图 6-23　绘制样条曲线

❷ 在命令行输入 TR，执行修剪命令，选择样条曲线作为修剪边，修剪样条曲线之间的图形边，结果如图 6-22(b)所示。

6.3.2 编辑样条曲线

用户可以编辑样条曲线，包括修改样条曲线的参数或将样条曲线拟合多段线转换为样条曲线。

执行方式

- ❑ 命令行：SPLINEDIT。
- ❑ 菜单栏：执行【修改】|【对象】|【样条曲线】命令。
- ❑ 工具栏：单击【修改II】工具栏中的【编辑样条曲线】按钮。
- ❑ 功能区：单击【默认】选项卡【修改】面板中的【编辑样条曲线】按钮。
- ❑ 快捷菜单：选中要编辑的样条曲线，在绘图区中右击鼠标，从弹出的快捷菜单中选择【样条曲线】子菜单中相应的命令。

操作过程

```
命令: SPLINEDIT↙
选择样条曲线: 选择要编辑的样条曲线。若选择的样条曲线是使用 SPLINE 命令创建的，其近似点以夹点的颜色显示；若选择的样条曲线是用 PLINE 命令创建的，其控制点以夹点的颜色显示
输入选项 [打开(O)/拟合数据(F)/编辑顶点(E)/转换为多段线(P)/反转(R)/放弃(U)/退出(X)] <退出>:
```

选项说明

(1) 闭合(C)：决定样条曲线是开放的还是闭合的。开放的样条曲线有两个端点，而闭合的样条曲线则形成一个环。

(2) 合并(J)：将选定的样条曲线与其他样条曲线、直线、多段线和圆弧在重合端点处合并，形成一个较大的样条曲线。

(3) 拟合数据(F)：编辑近似数据。选择该选项后，创建该样条曲线时指定的各点将以小方格的形式显示。

(4) 转换为多段线(P)：将样条曲线转换为多段线。精度值决定生成的多段线与源样条曲线拟合的精确程度(有效值为 0 和 99 之间的任意整数)。

(5) 反转(R)：反转样条曲线的方向，该项操作主要用于应用程序。

(6) 编辑顶点(E)：编辑控制框数据。

巩固练习

参考图 6-24(a)所示的图片，使用样条曲线在 AutoCAD 中绘制一个苹果图形，效果如图 6-24(b)所示。

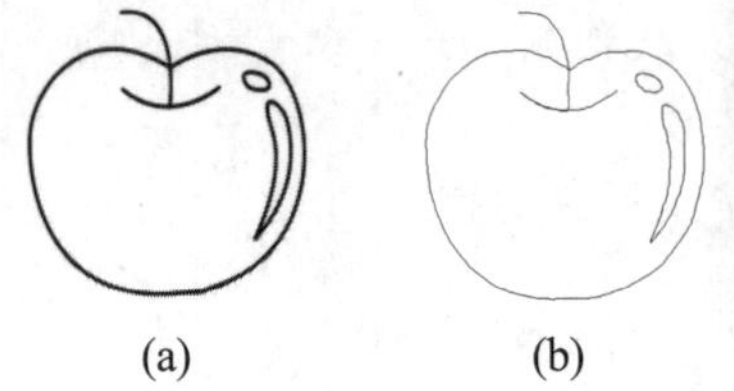

(a) (b)

图 6-24 绘制苹果

技巧点拨

选中绘制的样条曲线，曲线上会显示若干夹点，绘制时单击几个点就有几个夹点。单击某个夹点并拖动可以改变曲线形状，可以更改“拟合公差”数据来改变曲线通过点的精确程度，数值为 0 时精度最高。

6.4　对象编辑命令

在编辑图形的过程中，用户可以对图形本身的某些特性进行编辑。

6.4.1　钳夹功能

使用钳夹功能可以方便用户编辑对象。AutoCAD 在图形对象上定义了一些特殊点，称为特征点，也称夹点。夹点是一种集成的编辑模式，用户利用夹点可以灵活地控制对象，进行拉伸、移动、复制、缩放、镜像等操作。

在默认情况下，夹点始终是打开的。用户可以通过【选项】对话框的【选择集】选项卡设置夹点的显示和大小，如图 6-25 所示。对于不同的对象，用来控制其特征的夹点的位置和数量也不相同，通过拖动夹点可以对图形进行简单编辑，例如拉伸、移动、旋转、缩放、镜像等。

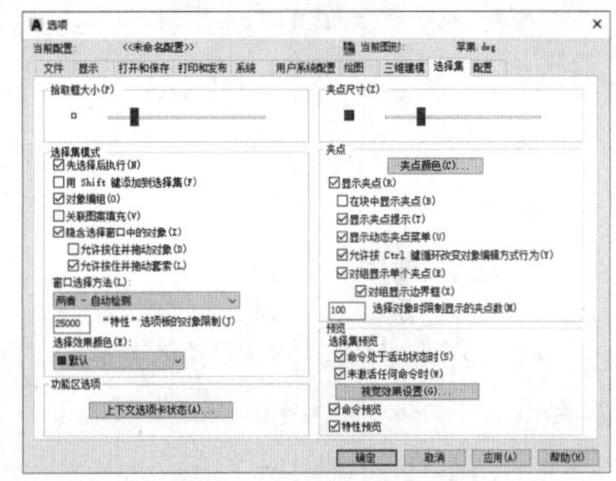

图 6-25 【选择集】选项卡

1. 拉伸对象

在不执行任何命令的情况下选择对象并显示其夹点，然后单击其中一个夹点，进入编辑状态。此时，AutoCAD 自动将其作为拉伸的基点，进入拉伸编辑模式，命令行将显示如下提示信息。

```
** 拉伸 **
指定拉伸点或 [基点(B)/复制(C)/放弃(U)/退出(X)]:
```

视频讲解

【例 6-5】通过编辑夹点拉伸图 6-26(a)中路灯的灯柱长度，结果如图 6-26(b)所示。

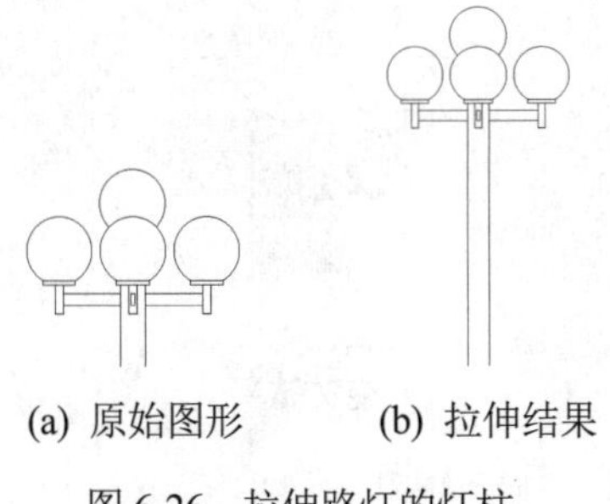

(a) 原始图形　　(b) 拉伸结果

图 6-26　拉伸路灯的灯柱

扫一扫，看视频

2. 移动对象

移动对象仅仅是位置上的平移，对象的方向和大小并不会改变。在夹点编辑模式下确定基点后，在命令行提示下输入 MO 进入移动模式，命令行将显示如下提示信息。

```
** 移动 **
```

```
指定移动点或 [基点(B)/复制(C)/放弃(U)/退出(X)]:
```

通过输入点的坐标或拾取点的方式来确定平移对象的目的点后，即可以基点为平移的起点，以目的点为终点，将所选对象平移至新位置。

视频讲解

【例 6-6】通过编辑夹点复制并移动图 6-27(a)中的大衣，结果如图 6-27(b)所示。

(a) 原始图形

(b) 复制并移动后的结果

图 6-27　复制并移动大衣

扫一扫，看视频

3. 旋转对象

在夹点编辑模式下确定基点后，在命令行提示下输入 RO 进入旋转模式，命令行将显示如下提示信息。

```
** 旋转 **
指定旋转角度或 [基点(B)/复制(C)/放弃(U)/参照(R)/退出(X)]:
```

默认情况下，输入旋转的角度值或通过拖动方式确定旋转角度后，即可将对象绕基点旋转指定的角度。也可以选择【参照】选项，以参照方式旋转对象，这与【旋转】命令中的【参照】选项功能相同。

视频讲解

【例 6-7】通过编辑夹点将图 6-28(a)中的装饰画旋转 90°，结果如图 6-28(b)所示。

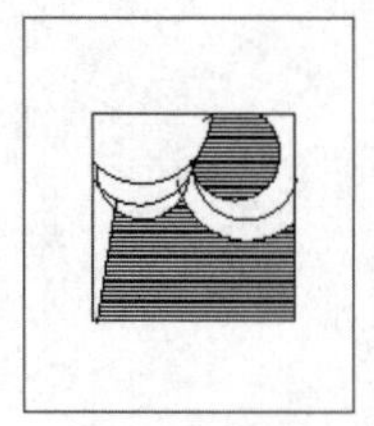
(a) 原始图形

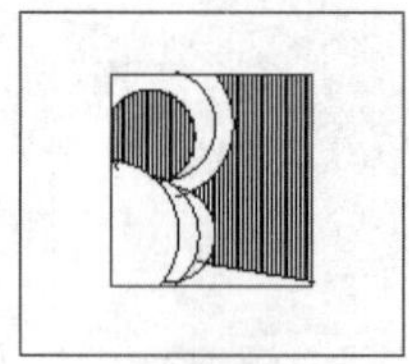
(b) 旋转结果

图 6-28　旋转装饰画

扫一扫，看视频

4. 缩放对象

在夹点编辑模式下确定基点后，在命令行提示下输入 SC 进入缩放模式，命令行将显示如下提示信息。

```
** 比例缩放 **
指定比例因子或 [基点(B)/复制(C)/放弃(U)/参照(R)/退出(X)]:
```

默认情况下，当确定缩放的比例因子后，AutoCAD 将相对于基点进行缩放对象操作。当比例因子大于 1 时放大对象；当比例因子大于 0 而小于 1 时缩小对象。

视频讲解

【例 6-8】通过编辑夹点放大图 6-29(a)中固定板的中心孔，结果如图 6-29(b)所示。

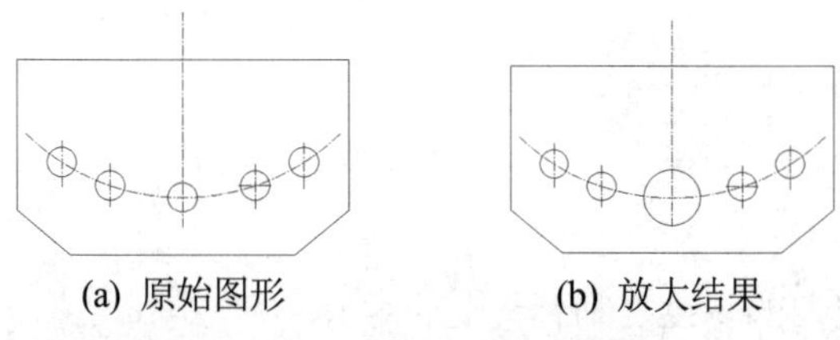

(a) 原始图形　　(b) 放大结果

图 6-29　缩放固定板的中心孔

扫一扫，看视频

5. 镜像对象

与【镜像】命令的功能类似，镜像操作后将删除原对象。在夹点编辑模式下确定基点后，在命令行提示下输入 MI 进入镜像模式，命令行将显示如下提示信息。

```
** 镜像 **
指定第二点或 [基点(B)/复制(C)/放弃(U)/退出(X)]:
```

指定镜像线上的第 2 个点后，AutoCAD 将以基点作为镜像线上的第 1 点，新指定的点为镜像线上的第 2 个点，将对象进行镜像操作并删除原对象。

视频讲解

【例 6-9】通过编辑夹点绘制图 6-30 所示的底座。

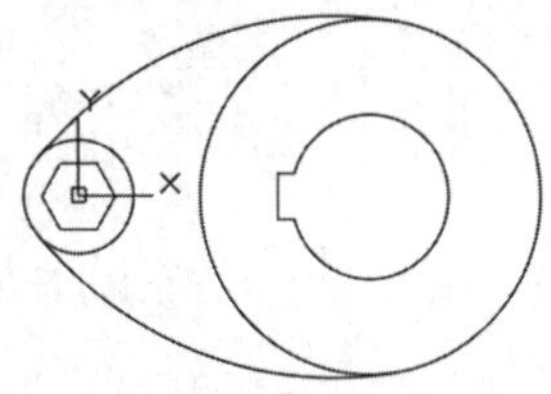

图 6-30　底座

扫一扫，看视频

6.4.2　特性匹配

用户利用特性匹配功能，可以将目标对象的属性与源对象的属性进行匹配，使目标对象的属性与源对象属性相同，从而方便、快捷地修改对象属性，并保持不同对象的属性一致。

执行方式

- 命令行：MATCHPROP。
- 菜单栏：执行【修改】|【特性匹配】命令。
- 工具栏：单击【标准】工具栏中的【特性匹配】按钮。
- 功能区：单击【默认】选项卡【特性】面板中的【特性匹配】按钮。

操作过程

命令: MATCHPROP↙

选择源对象: 选择匹配特性的源对象

当前活动设置: 颜色 图层 线型 线型比例 线宽 透明度 厚度 打印样式 标注 文字 图案填充 多段线 视口 表格 材质 多重引线 中心对象

选择目标对象或 [设置(S)]: 选择要将源对象特性复制到其上的对象

选择目标对象或 [设置(S)]: ↙

选项说明

(1) 目标对象：指定要将源对象的特性复制到其上的对象。

(2) 设置(S)：选择该选项后将打开图 6-31 所示的【特性设置】对话框，在该对话框中可以控制要将哪些对象特性复制到目标对象。在默认情况下，选定所有对象特性进行复制。

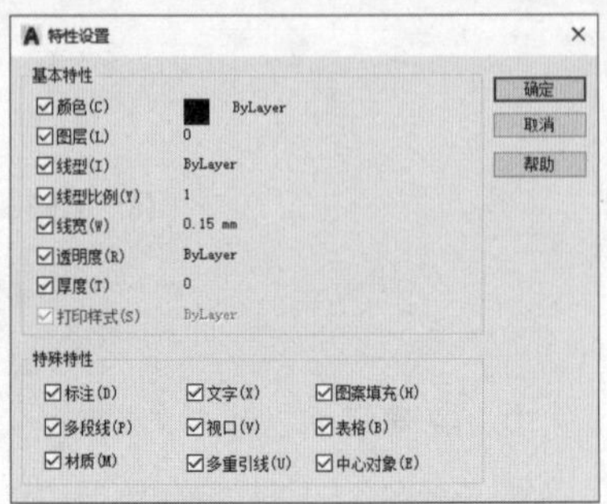

图 6-31 【特性设置】对话框

视频讲解

【例 6-10】为图 6-32 中的沙发匹配其右侧茶几的特性。

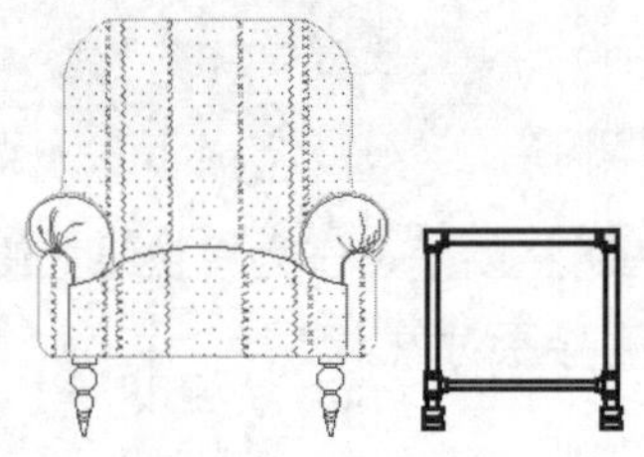

图 6-32 沙发和茶几

扫一扫，看视频

6.4.3 修改对象属性

在 AutoCAD 中可以通过执行 DDMODIFY 命令或 PROPERTIES 命令修改对象属性。

执行方式

- 命令行：DDMODIFY 或 PROPERTIES。
- 菜单栏：执行【修改】|【特性】命令或执行【工具】|【选项板】|【特性】命令。
- 工具栏：单击【标准】工具栏中的【特性】按钮。
- 功能区：选择【视图】选项卡，单击【选项板】面板中的【特性】按钮。
- 快捷菜单：右击对象，在弹出的快捷菜单中选择【特性】命令。
- 快捷键：Ctrl+1。

执行方式

执行上述操作后，AutoCAD 将打开图 6-33 所示的【特性】选项板。

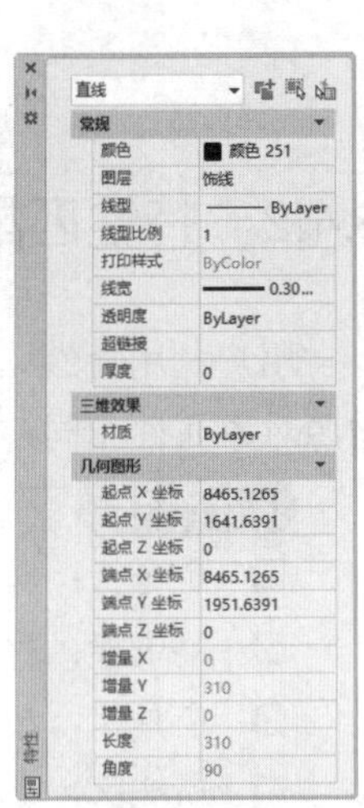

图 6-33 【特性】选项板

选项说明

(1) 【切换 PICKADD 系统变量的值】按钮：单击该按钮，将打开或关闭 PICKADD 系统变量。打开 PICKADD 时，每个选定对象都将被添加到当前选择集中。

(2) 【选择对象】按钮：使用任意选择方法选择所需对象。

(3) 【快速选择】按钮：单击该按钮后将打开图 6-34 所示的【快速选择】对话框，用于创建基于过滤条件的选择集。

(4) 快捷菜单：在【特性】选项板的标题栏右击鼠标，将弹出图 6-35 所示的快捷菜单，其中主要命令的功能说明如下。

- 移动：选择该命令，系统将显示用于移动选项板的四向箭头光标。
- 大小：选择该命令，系统将显示四向箭头光标，用于拖动选项板中的边或角点，使其变大或缩小。
- 关闭：选择该命令将关闭【特性】选项板。
- 允许固定：切换固定或定位选项板。选择该命令，在图形边上的固定区域拖动窗口时，可以固定该窗口。固定窗口附着到应用程序窗口边上，该操作会使系统重新调整绘图区域的大小。
- 锚点居左/锚点居右：将【特性】选项板附着到位于绘图区左侧或右侧的定位点选项卡基点。
- 自动隐藏：选择该命令，当光标移动到浮动选项板上时，该选项板将展开；当光标离开该选项板时，选项板将自动关闭。
- 透明度：选择该命令，将打开图 6-36 所示的【透明度】对话框，从其中可以调整选项板的透明度。

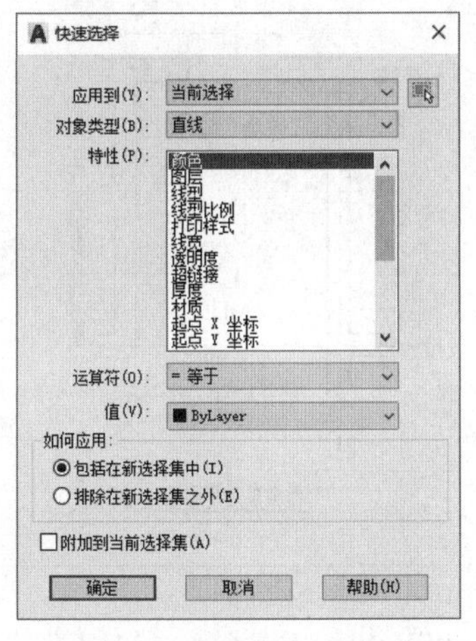

图 6-34 【快速选择】对话框

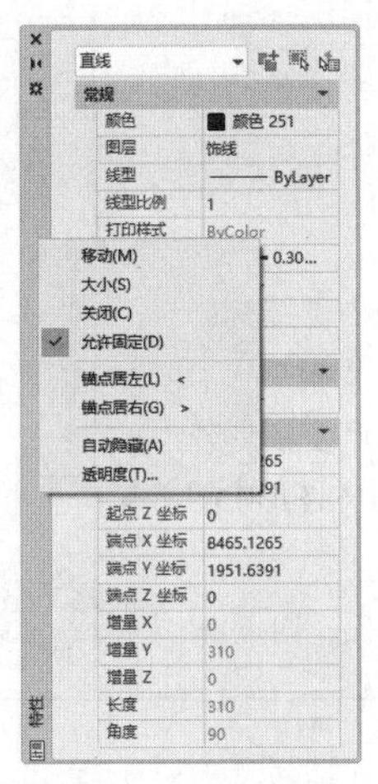

图 6-35　快捷菜单

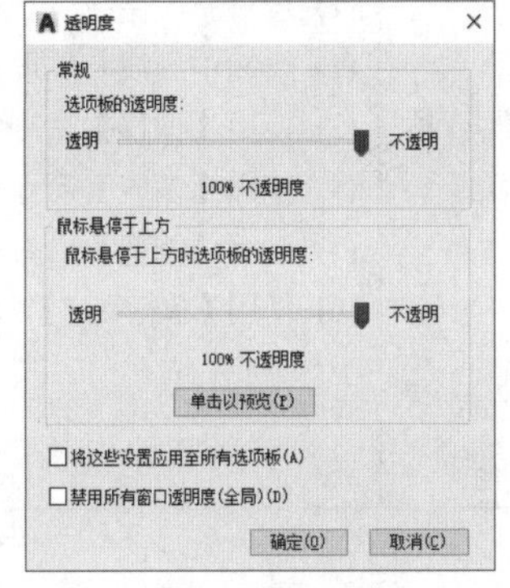

图 6-36 【透明度】对话框

6.5　实践演练

通过学习，读者对本章所介绍的内容有了大致的了解。本节将通过表 6-1 所示的几个实践操作，帮助读者进一步掌握本章的知识要点。

表 6-1　实践演练操作要求

实践名称	操作要求	效　果
绘制雨伞	(1) 使用“圆弧”绘制雨伞顶部； (2) 使用“样条曲线”绘制雨伞底部的起伏边缘； (3) 使用“圆弧”绘制伞上的辐条； (4) 使用“多段线”绘制伞杆和伞柄	
绘制墙线	(1) 设置多线样式； (2) 使用多线绘制墙体轮廓； (3) 通过【多线编辑工具】对话框修改多线，完成墙体的绘制	
绘制 3 孔侧板	(1) 设置新图层； (2) 绘制中心线； (3) 绘制圆，并使用【修剪】命令修剪图形得到基本轮廓； (4) 通过夹点进一步编辑图形	
绘制楼梯顶层平面图	(1) 设置新图层； (2) 绘制中心线和辅助线； (3) 使用【偏移】命令绘制内部结构； (4) 使用【多线】命令绘制墙线； (5) 进行【修剪】命令编辑产生图形外形； (6) 使用【单行文字】命令输入图形中的文本	

6.6　拓展练习

扫描二维码，获取更多 AutoCAD 习题。

扫一扫，做练习

第7章　面域与图案填充

内容简介

面域指的是具有边界的平面区域，它是一个面对象，内部可以包含孔。从外观来看，面域和一般的封闭线框没有区别，但实际上面域就像是一张没有厚度的纸，除了包括边界外，还包括边界内的平面。

图案填充是一种使用指定线条图案、颜色来充满指定区域的操作，常常用于表达剖切面和不同类型物体对象的外观纹理等，被广泛应用在绘制机械图、建筑图及地质构造图等各类图形中。

内容要点

- ❑ 将图形转换为面域
- ❑ 使用图案填充

7.1　面　　域

在 AutoCAD 中，用户可以将由某些对象围成的封闭区域转换为面域，这些封闭区域可以是圆、椭圆、封闭的二维多段线或封闭的样条曲线等对象，也可以是由圆弧、直线、二维多段线、椭圆弧、样条曲线等对象构成的封闭区域。

7.1.1　创建面域

面域是使用形成闭合环的对象创建的二维闭合区域，其内部可以包含孔。

执行方式

- ❑ 命令行：REGION(快捷命令：REG)。
- ❑ 菜单栏：执行【绘图】|【面域】命令。
- ❑ 工具栏：单击【绘图】工具栏中的【面域】按钮。
- ❑ 功能区：选择【默认】选项卡，单击【绘图】面板中的【面域】按钮。

操作过程

```
命令: REGION↙
选择对象:
```

选择对象后，系统自动将其转换为面域。

7.1.2 布尔运算

布尔运算是数学上的一种逻辑运算。在 AutoCAD 中绘图时使用布尔运算，可以提高绘图效率，尤其是在绘制比较复杂的图形时。

执行方式

- 命令行：UNION(并集，快捷命令：UNI)、INTERSECT(交集，快捷命令：IN)、SUBTRACT(差集，快捷命令：SU)。
- 菜单栏：执行【修改】|【实体编辑】|【并集】(【差集】或【交集】)命令。
- 工具栏：单击【实体编辑】工具栏中的【并集】按钮(【差集】按钮或【交集】按钮)。
- 功能区：选择【三维工具】选项卡，单击【实体编辑】面板中的【并集】按钮(【差集】按钮或【交集】按钮)。

实例讲解

【例 7-1】通过布尔运算中的【并集】【差集】【交集】命令绘制图 7-1 所示的“齿轮”“垫片”“花瓣”图形。

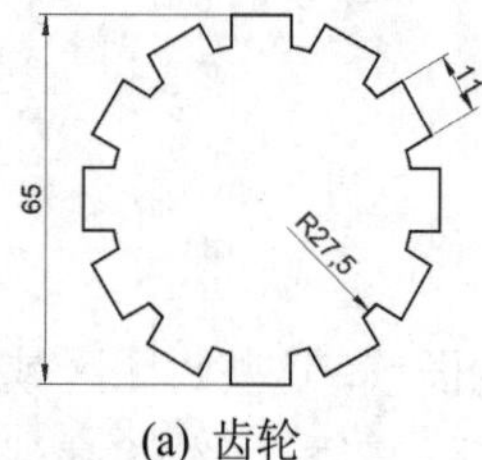

(a) 齿轮

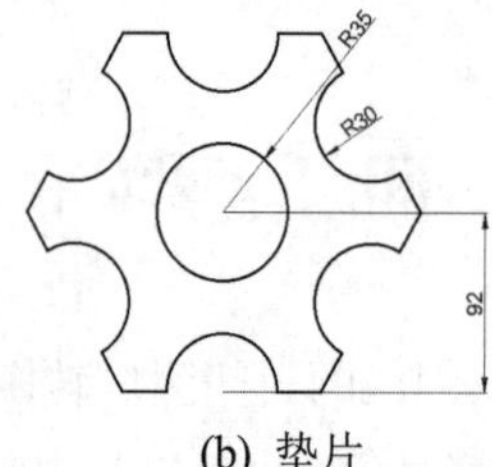

(b) 垫片

(c) 花瓣

扫一扫，看视频

图 7-1 齿轮、垫片和花瓣

❶ 绘制矩形。在命令行输入 REC，命令行提示与操作如下。

```
命令: REC↙
指定第一个角点或 [倒角(C)/标高(E)/圆角(F)/厚度(T)/宽度(W)]: 在绘图区任意位置捕捉一点
指定另一个角点或 [面积(A)/尺寸(D)/旋转(R)]: @11,32.5↙(完成绘图)
```

❷ 绘制圆。在命令行输入 C，命令行提示与操作如下。

```
命令: C↙
指定圆的圆心或 [三点(3P)/两点(2P)/切点、切点、半径(T)]: 捕捉图 7-2 中矩形底部边的中点 A
指定圆的半径或 [直径(D)] <27.5000>: 27.5↙(完成绘图，效果如图 7-2 所示)
```

❸ 创建面域。在命令行输入 REG，命令行提示与操作如下。

```
命令: REG↙
选择对象: 选择绘制的圆和矩形
选择对象:↙(完成绘图)
```

❹ 创建环形阵列。在命令行输入 ARRAY，命令行提示与操作如下。

```
命令: ARRAY↙
```

```
选择对象: 选择图 7-2 中的矩形
输入阵列类型 [矩形(R)/路径(PA)/极轴(PO)] &lt;极轴&gt;: PO↙
类型 = 极轴　关联 = 是
指定阵列的中心点或 [基点(B)/旋转轴(A)]: 捕捉图 7-2 中矩形底部边的中点 A
选择夹点以编辑阵列或 [关联(AS)/基点(B)/项目(I)/项目间角度(A)/填充角度(F)/行(ROW)/层(L)/旋转项目(ROT)/退出(X)] &lt;退出&gt;: I↙
输入阵列中的项目数或 [表达式(E)] &lt;6&gt;: 12↙
选择夹点以编辑阵列或 [关联(AS)/基点(B)/项目(I)/项目间角度(A)/填充角度(F)/行(ROW)/层(L)/旋转项目(ROT)/退出(X)] &lt;退出&gt;:↙(完成绘图，效果如图 7-3 所示)
```

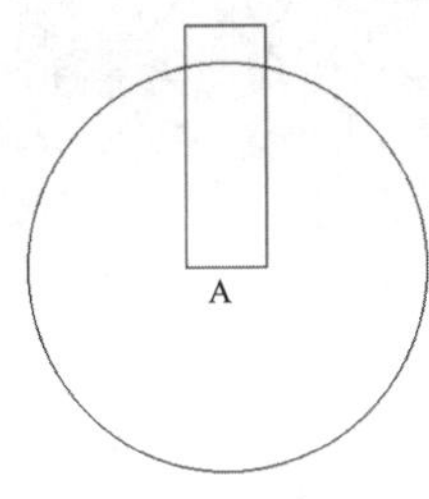

图 7-2　绘制圆

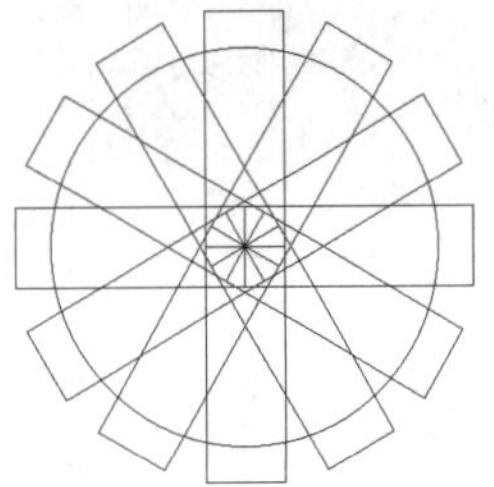
图 7-3　创建环形阵列

❺ 分解图形。在命令行输入 EXPLODE，命令行提示与操作如下。

```
命令: EXPLODE↙
选择对象: 选择上一步创建的环形阵列
选择对象: ↙(完成绘图)
```

❻ 执行【并集】命令。在命令行输入 UNI，命令行提示与操作如下。

```
命令: UNION↙
选择对象: 选中绘图区中的所有图形
选择对象: ↙(完成绘图，效果如图 7-1(a)所示)
```

❼ 在绘图区绘制一个半径为 35 的圆，以该圆的圆心为中心点绘制一个外切于半径为 92 的圆的正六边形，并参考上面介绍的方法，通过创建环形阵列绘制图 7-4 所示的 6 个半径为 30 的小圆。

❽ 参考步骤❸介绍的方法，将步骤❼绘制的图形创建为面域。

❾ 执行【差集】命令。在命令行输入 SU，命令行提示与操作如下。

```
命令: SU↙
选择对象: 选择图 7-4 中的正六边形
选择对象: ↙
选择要减去的实体、曲面和面域...
选择对象: 选择图 7-4 中的 7 个圆
选择对象: ↙(完成绘图，效果如图 7-1(b)所示)
```

❿ 绘制圆。在命令行输入 C，绘制两个相交的圆，如图 7-5 所示。然后在命令行输入 REG 将绘制的两个圆创建为面域。

⑪ 执行【交集】命令。在命令行输入 IN，命令行提示与操作如下。

```
命令: IN↙
选择对象: 选择图 7-5 左侧的圆
选择对象: 选择图 7-5 右侧的圆
选择对象: ↙(完成绘图，得到图 7-6 所示的图形)
```

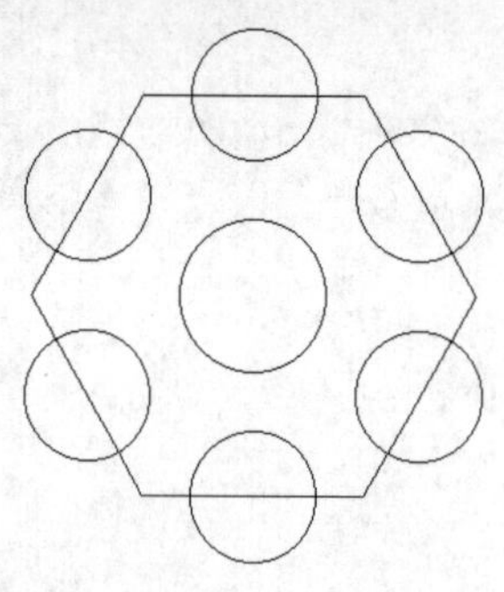

图 7-4　通过创建环形阵列绘制圆

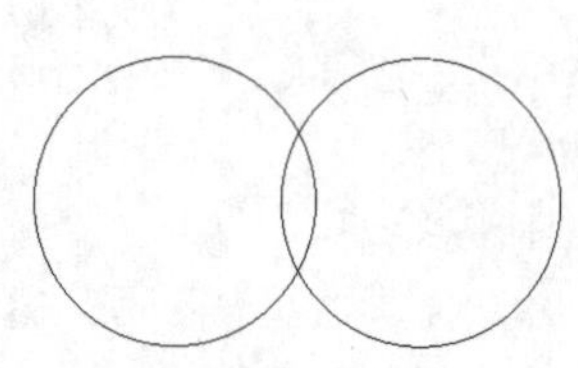

图 7-5　绘制相交的圆

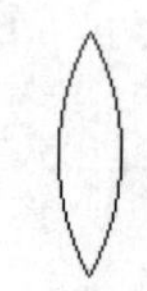

图 7-6　交集运算结果

⑫ 创建环形阵列。在命令行输入 AR，选中图 7-6 所示的图形创建环形阵列(项目数为 12)，完成后图形效果如图 7-1(c)所示。

技巧点拨

布尔运算的对象只包括实体和共面面域，普通的线条对象无法使用布尔运算。

7.1.3　提取数据

在 AutoCAD 中，选择【工具】|【查询】|【面域/质量特性】命令(MASSPROP)，然后选择面域对象，按 Enter 键，系统将自动切换到命令行窗口，显示面域对象的数据特性。

视频讲解

【例 7-2】绘制图 7-7 所示的法兰盘图形，并查询其数据特性。

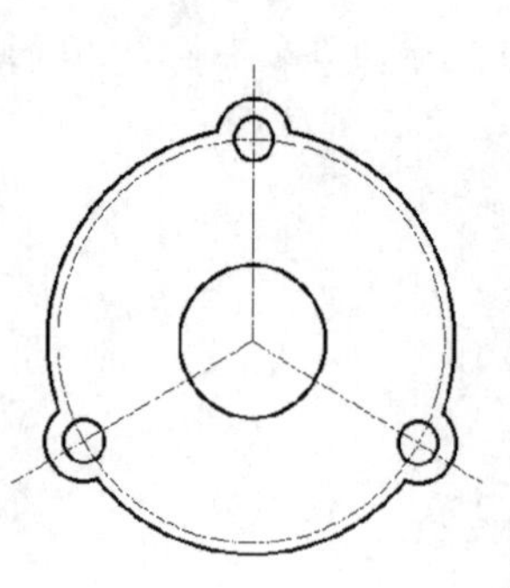

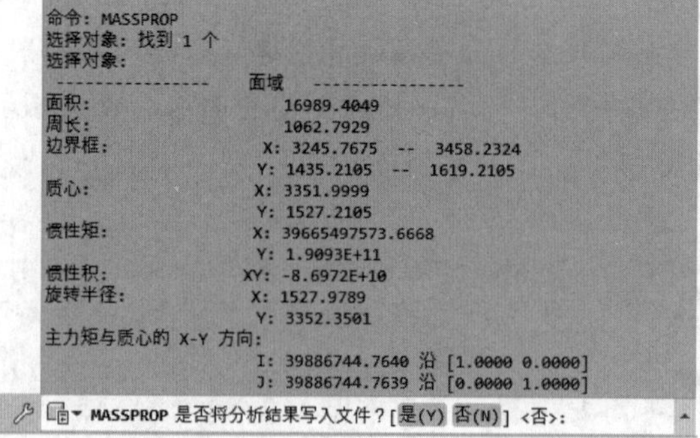

扫一扫，看视频

图 7-7　查询图形的数据特性

7.2　图案填充

重复绘制某些图案以填充图形中的一个区域，从而表达该区域的特性，这种填充操作称为图案填充。图案填充应用十分广泛，例如，在机械工程图中，可以用图案填充表达一个剖切的区域，也可以使用不同的图案填充来表达不同零部件或者材料。

(1) 图案填充边界。在进行图案填充之前，首先要确定填充图案的边界。定义边界的对象只能是直线、双向射线、单向射线、多段线、样条曲线、圆弧、圆、椭圆、椭圆弧、面域等对象或用这些对象定义的块，并且作为边界的对象在当前图层上必须全部可见。

(2) 孤岛。在进行图案填充时，我们将位于总填充区域内的封闭区域称为孤岛，如图 7-8 所示。在执行图案填充时，AutoCAD 允许用户以拾取点的方式确定填充边界，即在希望填充的区域内任意拾取一点，系统会自动确定出填充边界，同时也确定该边界内的孤岛。如果用户以选择对象的方式确定填充边界，则必须确切地选取这些孤岛。

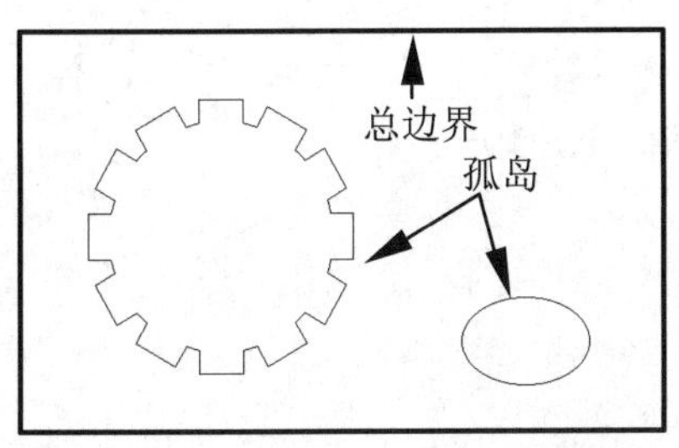

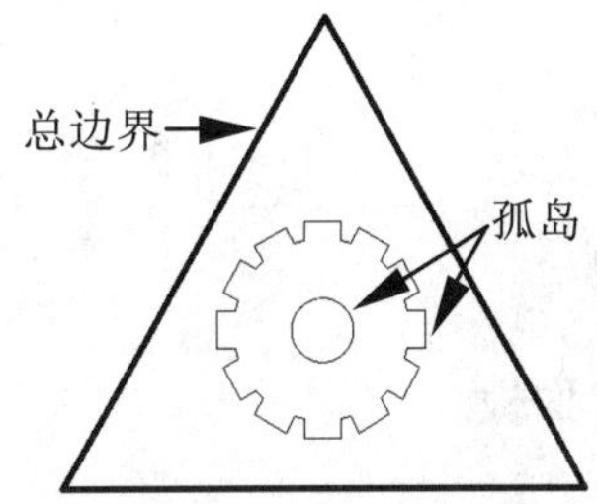

图 7-8　孤岛

(3) 图案填充方式。在进行图案填充时，需要控制填充的范围，AutoCAD 为用户提供了“普通方式”“最外层方式”“忽略方式”3 种填充方式以实现对填充范围的控制。

- 普通方式：如图 7-9(a)所示，该方式从边界开始，从每条填充线或每个填充符号的两端向里填充，遇到内部对象与之相交时，填充线或符号断开，直到遇到下一次相交时再继续填充。采用这种填充方式时，要避免剖面线或符号与内部对象的相交次数为奇数，该方式为系统内部的默认方式。
- 最外层方式：如图 7-9(b)所示，该方式从边界向里填充，只要在边界内部与对象相交，剖面符号就会断开，而不再继续填充。
- 忽略方式：如图 7-9(c)所示，该方式忽略边界内的对象，所有内部结构都被剖面符号覆盖。

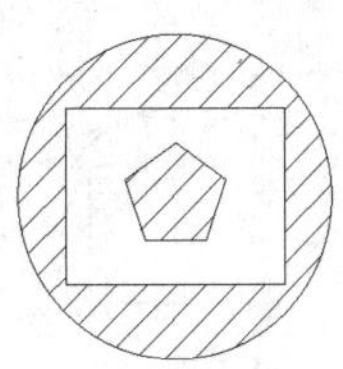

(a) 普通方式

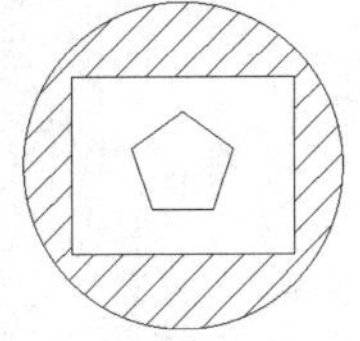

(b) 最外层方式

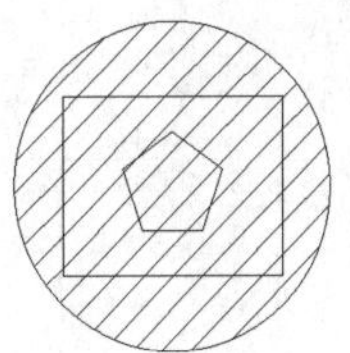

(c) 忽略方式

图 7-9　填充方式

7.2.1 设置图案填充

在 AutoCAD 中执行 BHATCH 命令，可以使用选定的填充图案或渐变色来填充现有对象或封闭区域。

执行方式

- ☐ 命令行：BHATCH(快捷命令：H)。
- ☐ 菜单栏：执行【绘图】|【图案填充】命令。
- ☐ 工具栏：单击【绘图】工具栏中的【图案填充】按钮▨。
- ☐ 功能区：单击【默认】选项卡【绘图】面板中的【图案填充】按钮▨。

操作过程

执行上述命令后，AutoCAD 将打开图 7-10 所示的【图案填充创建】选项卡。通过该选项卡中的各个面板，用户可以完成图案填充的创建与设置。

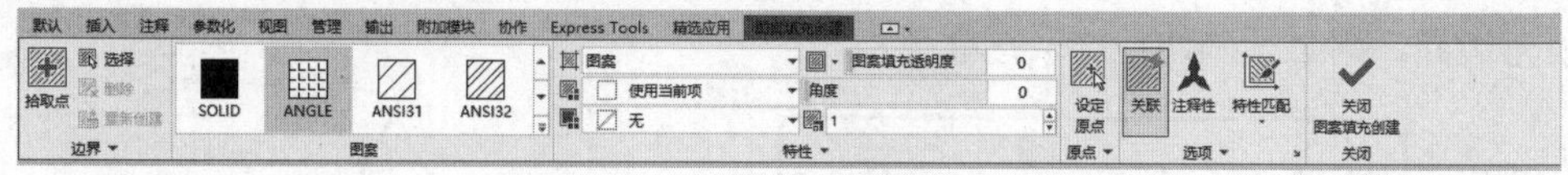

图 7-10 【图案填充创建】选项卡

选项说明

1. 【边界】面板

完整的【边界】面板如图 7-11 所示。

(1) 【拾取点】按钮▨：通过选择由一个或多个对象形成的封闭区域内的点，确定图案填充边界，如图 7-12 所示。指定内部点时，可以随时在绘图区域中右击鼠标以显示包含多个选项的快捷菜单。

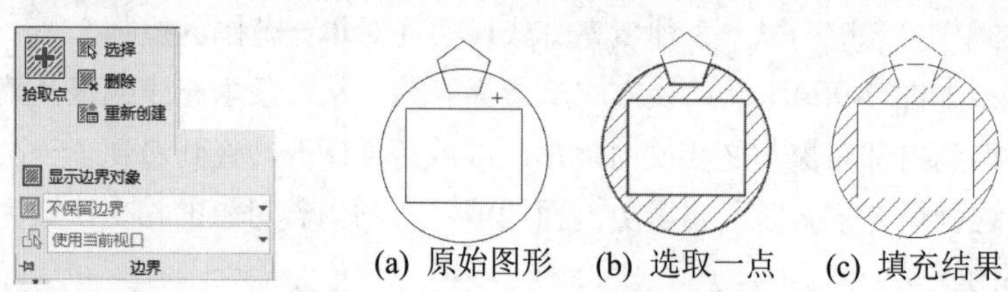

(a) 原始图形　(b) 选取一点　(c) 填充结果

图 7-11 【边界】面板　　图 7-12 确定边界

(2) 【选择】按钮▨：选取边界对象，指定基于选定对象的图案填充边界。使用该选项时，不会自动检测内部对象，必须选择选定边界的对象，以按照当前孤岛检测样式填充这些对象，如图 7-13 所示。

(3) 【删除】按钮▨：删除边界对象，从边界定义中删除之前添加的任何对象，如图 7-14 所示。

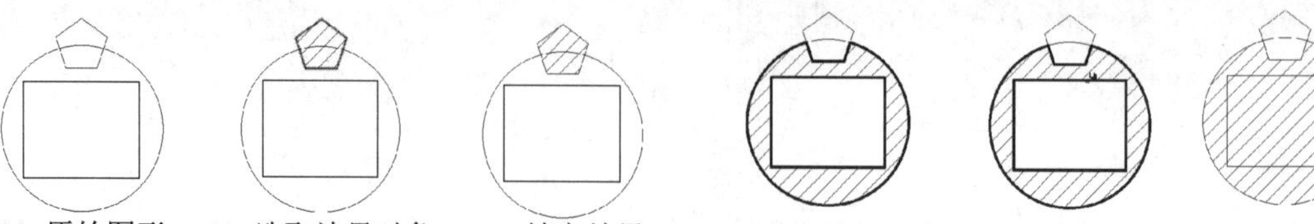

(a) 原始图形　(b) 选取边界对象　(c) 填充结果　(a) 选取边界对象　(b) 删除边界　(c) 填充结果

图 7-13 选取边界对象　　图 7-14 删除边界对象

(4) 【重新创建】按钮：重新创建边界，围绕选定的图案填充或填充对象创建多段线或面域，并使其与图案填充对象相关联(可选)。

(5) 【显示边界对象】按钮：选择构成选定关联图案填充对象的边界的对象，使用显示的夹点可修改图案填充边界。

(6) 【保留边界对象】下拉列表：指定如何处理图案填充边界对象。该下拉列表包括以下几个选项。

- 不保留边界。仅在图案填充创建期间可用，不创建独立的图案填充边界对象。
- 保留边界-多段线。仅在图案填充创建期间可用，创建封闭图案填充对象的多段线。
- 保留边界-面域。仅在图案填充创建期间可用，创建封闭图案填充对象的面域对象。

2. 【图案】面板

该面板用于显示所有预定义和自定义图案的预览图像。

3. 【特性】面板

完整的【特性】面板如图 7-15 所示。

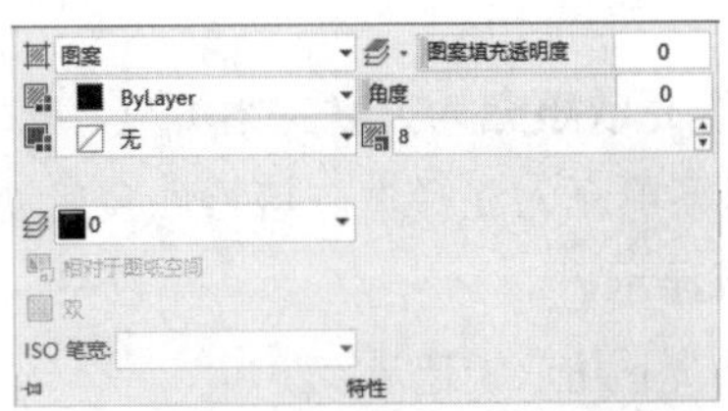

图 7-15 【特性】面板

(1) 图案填充类型：选择是使用纯色、渐变色、图案，还是用户定义的填充。

(2) 图案填充颜色：替代实体填充和填充图案的当前颜色。

(3) 背景色：指定填充图案背景的颜色。

(4) 图案填充透明度：设定新图案填充或填充的透明度，替代当前对象的透明度。

(5) 图案填充角度：指定图案填充或填充的角度。

(6) 图案填充比例：放大或缩小预定义或自定义填充图案。

(7) 【相对于图纸空间】按钮：仅在布局中可用，相对于图纸空间单位缩放填充图案。使用该选项，可方便地做到适用于布局的比例显示填充图案。

(8) 【双】按钮：仅当“图案填充类型”设定为“用户定义”时可用。将绘制第二组直线，与原始直线垂直，从而构成交叉线。

(9) 【ISO 笔宽】文本框：仅对于预定义的 ISO 图案可用，基于选定的笔宽缩放 ISO 图案。

4. 【原点】面板

完整的【原点】面板如图 7-16 所示。

(1) 【设定原点】按钮：直接指定新的图案填充原点。

(2) 【左下】按钮：将图案填充原点设定在图案填充边界矩形范围的左下角。

(3) 【右下】按钮：将图案填充原点设定在图案填充边界矩形范围的右下角。

(4) 【左上】按钮：将图案填充原点设定在图案填充边界矩形范围的左上角。

(5) 【右上】按钮：将图案填充原点设定在图案填充边界矩形范围的右上角。

(6) 【中心】按钮：将图案填充原点设定在图案填充边界矩形范围的中心。

(7)【使用当前原点】按钮：将图案填充原点设定在 HPORIGIN 系统变量中存储的默认位置。

(8) 【存储为默认原点】按钮：将新图案填充原点的值存储在 HPORIGIN 系统变量中。

5. 【选项】面板

完整的【选项】面板如图 7-17 所示。

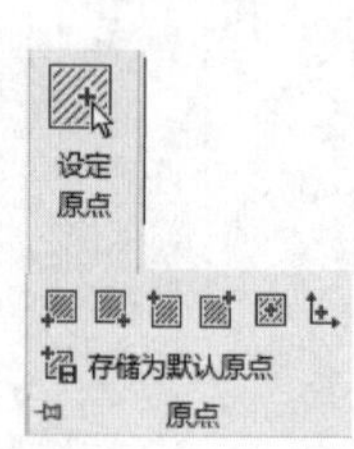

图 7-16 【原点】面板

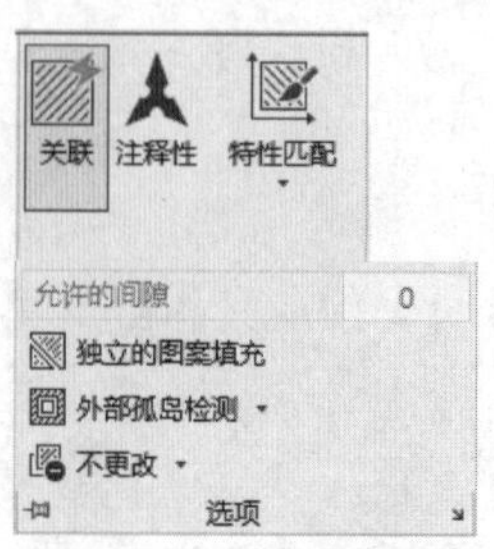

图 7-17 【选项】面板

(1) 【关联】按钮：指定图案填充或填充为关联图案填充，在用户修改其边界对象时将会更新。

(2) 【注释性】按钮：指定图案填充为注释性。该特性会自动完成缩放注释过程，从而使注释能够以正确的大小在图纸上打印或显示。

(3) 【匹配特性】按钮：包括以下几个子选项。

- 使用当前原点。使用选定图案填充对象(除图案填充原点外)设定图案填充的特性。
- 使用源图案填充的原点。使用选定图案填充对象(包括图案填充原点)设定图案填充的特性。

(4) 【允许的间隙】文本框：设定将对象用作图案填充边界时可以忽略的最大间隙(默认值为 0)，该值指定对象必须为封闭区域且没有间隙。

(5) 【独立的图案填充】按钮：控制当指定了几个单独的闭合边界时，是创建单个图案填充对象，还是创建多个图案填充对象。

(6) 【孤岛检测】按钮：包括以下几个子选项。

- 普通孤岛检测。从外部边界向内填充。如果遇到内部孤岛，填充将关闭，直到遇到孤岛中的另一个孤岛。
- 外部孤岛检测。从外部边界向内填充。该选项仅填充指定的区域，不会影响内部孤岛。
- 忽略孤岛检测。忽略所有内部的对象，填充图案时将通过这些对象。

(7) 【绘图次序】按钮：为图案填充或填充指定绘图次序。该选项包括不更改、后置、前置、置于边界之后和置于边界之前等几个子选项。

6. 【关闭】面板

【关闭图案填充创建】按钮：退出 BHATCH 命令并关闭上下文选项卡。也可以按 Enter 键或 Esc 键退出 BHATCH 命令。

实例讲解

【例 7-3】为橱柜图形设置图案填充，效果如图 7-18 所示。

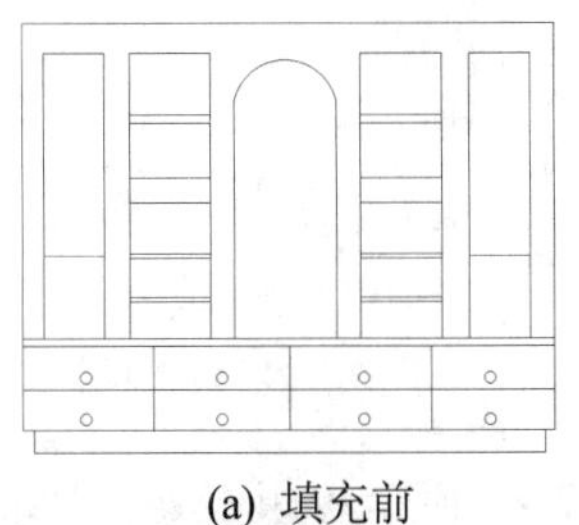

(a) 填充前

(b) 填充后

扫一扫，看视频

图 7-18　为橱柜图形设置图案填充

❶ 打开图 7-18(a)的橱柜图形后，在命令行中输入 H，在功能区显示【图案填充创建】选项卡，然后在【图案】面板中选择 ANSI31 选项，在【特性】面板中将【图案填充颜色】设置为【蓝】，将【角度】设置为 135，将【图案填充比例】设置为 10，如图 7-19 所示。

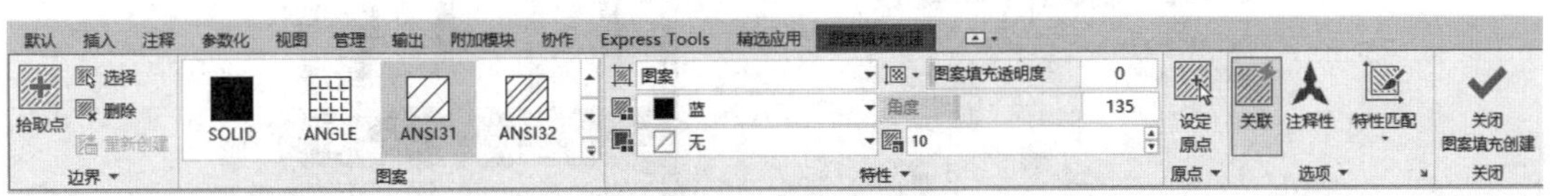

图 7-19　设置图案填充

❷ 在【边界】面板中单击【选择】按钮，选择橱柜图形中的两个封闭图形，为其设置横线填充效果，如图 7-20 所示，然后在【图案填充创建】选项卡的【关闭】面板中单击【关闭图案填充创建】按钮。

❸ 在命令行中输入 H，在显示的【图案填充创建】选项卡的【图案】面板中单击【更多】按钮，从弹出的列表中选择 AR-RROOF 图案，如图 7-21 所示，在【特性】面板中将【图案填充颜色】设置为【青】，将【角度】设置为 45，将【图案填充比例】设置为 10，然后在【边界】面板中单击【拾取点】按钮切换到绘图窗口，在橱柜图形中需要填充的图形内部单击，设置图 7-22 所示的镜面填充效果。按 Enter 键或 Esc 键结束图案填充。

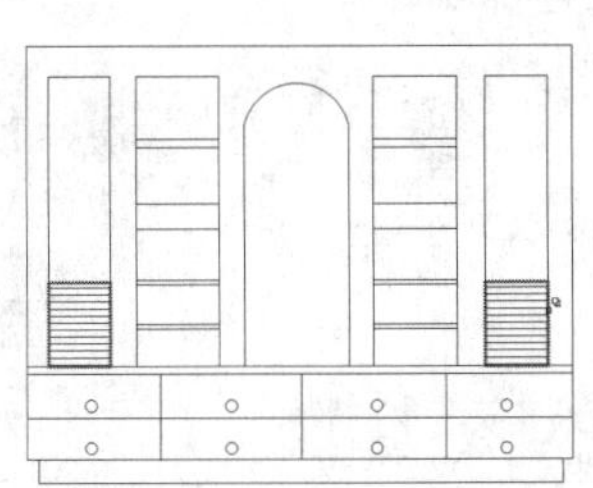

图 7-20　横线填充效果

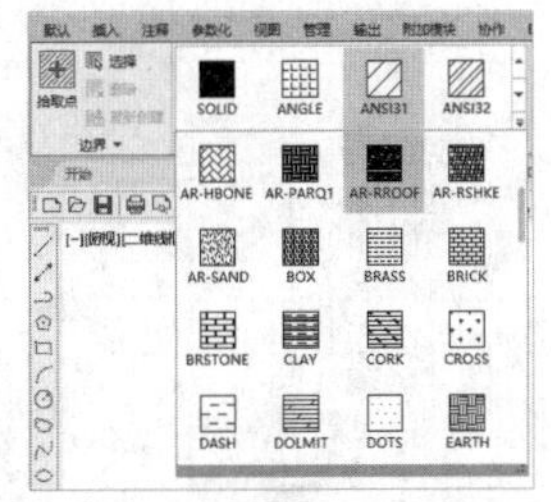

图 7-21　选择填充图案

❹ 在命令行中输入 H，在显示的【图案填充创建】选项卡的【图案】面板中选择 SOLD 选项，在【特性】面板中单击【图案填充颜色】右侧的下拉按钮，在弹出的下拉列表中选择【更多颜色】选项，如图 7-23 所示。

❺ 打开【选择颜色】对话框，选择一种颜色作为图案填充颜色，如图 7-24 所示，然后单击【确定】按钮。

图 7-22　镜面填充效果

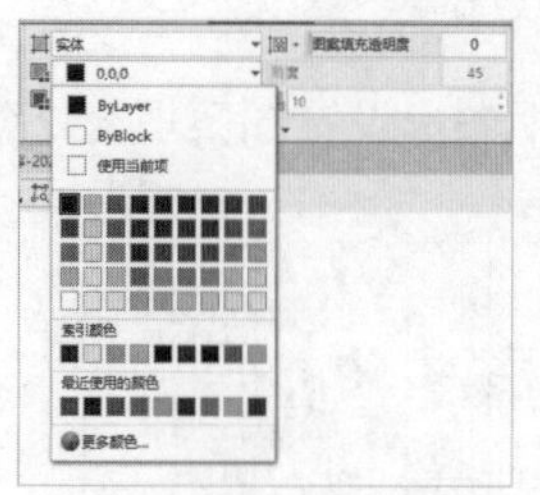

图 7-23　选择更多填充颜色

❻ 在橱柜图形中需要填充的图形内部单击，设置图 7-25 所示的颜色填充效果。按 Enter 键或 Esc 键结束图案填充。

图 7-24 【选择颜色】对话框

图 7-25　填充颜色

❼ 重复步骤❹~❻的操作为图形其他部分设置图案填充，完成后的效果如图 7-18(b)所示。

技巧点拨

在命令行中输入 H，命令行显示以下提示信息。

```
拾取内部点或 [选择对象(S)/放弃(U)/设置(T)]:
```

输入 T，选择【设置(T)】选项可以打开图 7-26 所示的【图案填充和渐变色】对话框，该对话框中的选项的功能与【图案填充创建】选项卡类似。

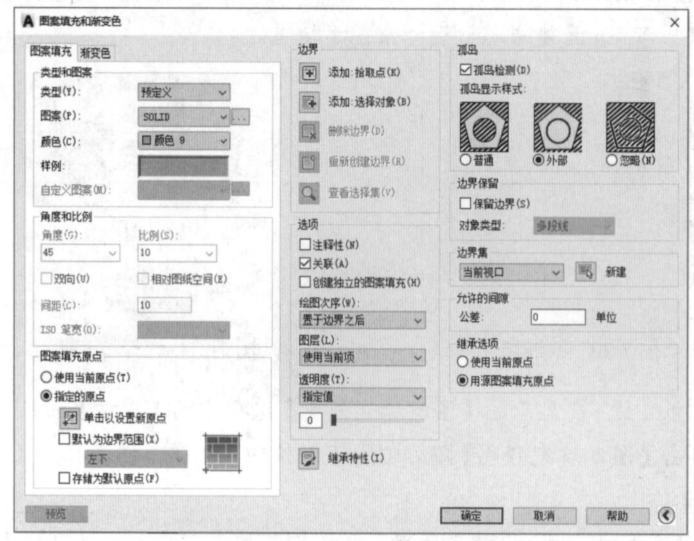

图 7-26 【图案填充和渐变色】对话框

7.2.2　设置渐变色填充

在绘图过程中，如果图形在填充时需要用到一种或多种颜色(例如在绘制装潢、美工图纸时)，就要用到渐变色图案填充功能。

执行方式

- ❑ 命令行：GRADIENT。
- ❑ 执行【绘图】|【渐变色】命令。
- ❑ 工具栏：单击【绘图】工具栏中的【渐变色】按钮▦。
- ❑ 功能区：单击【默认】选项卡【绘图】面板中的【渐变色】按钮▦。

操作过程

执行上述命令后，AutoCAD 将打开图 7-27 所示的【图案填充创建】选项卡，该选项卡中各选项的功能与前面 7.2.1 节中介绍的类似，这里不再重复阐述。

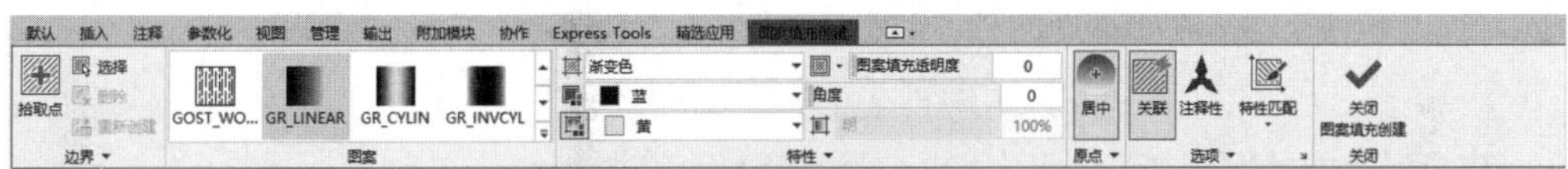

图 7-27　【图案填充创建】选项卡

视频讲解

【例 7-4】为图 7-28(a)中的树图形设置渐变色填充，效果如图 7-28(b)所示。

(a) 填充前　　(b) 填充后

扫一扫，看视频

图 7-28　设置渐变色填充

7.2.3　操作边界

用户可以使用 BOUNDARY 创建图案填充的边界。

执行方式

- ❑ 命令行：BOUNDARY(快捷命令：BO)。
- ❑ 功能区：单击【默认】选项卡【绘图】面板中的【边界】按钮□。

操作过程

执行上述操作后，AutoCAD 将打开图 7-29 所示的【边界创建】对话框。

图 7-29　【边界创建】对话框

选项说明

(1) 拾取点：根据围绕指定点构成封闭区域的现有对象来确定边界。

(2) 孤岛检测：控制 BOUNDARY 命令是否检测内部闭合边界，该边界称为孤岛。

(3) 对象类型：控制新边界对象的类型。BOUNDARY 命令将边界作为面域或多段线对象创建。

(4) 边界集：定义通过指定点定义边界时，BOUNDARY 命令要分析的对象集。

视频讲解

【例 7-5】使用 BOUNDARY 命令，在图 7-30(a)所示的灯具图形中将直线和多边形快速转换为多段线并填充颜色，效果如图 7-30(c)所示。

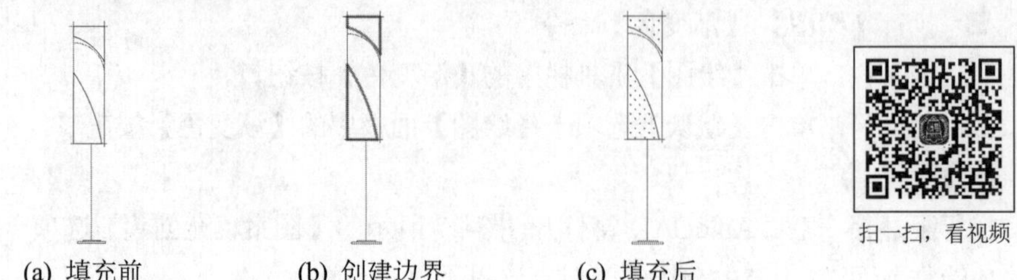

(a) 填充前　　(b) 创建边界　　(c) 填充后

图 7-30　边界创建并填充颜色

7.2.4　编辑填充的图案

编辑填充的图案可以修改现有的图案填充对象，但不能修改边界。

执行方式

- ❑ 命令行：HATCHEDIT(快捷命令：HE)。
- ❑ 菜单栏：执行【修改】|【对象】|【图案填充】命令。
- ❑ 工具栏：单击【修改II】工具栏中的【编辑图案填充】按钮。
- ❑ 快捷菜单：选中填充的图案后右击鼠标，在弹出的快捷菜单中选择【图案填充编辑】命令。
- ❑ 快捷方法：直接选择填充的图案，打开图 7-31 所示的【图案填充编辑器】选项卡编辑填充图案。

图 7-31 【图案填充编辑器】选项卡

视频讲解

【例 7-6】使用 HATCHEDIT 命令，编辑图 7-32(a)所示滚珠装配零件图中的填充图案，使其图案填充效果如图 7-32(b)所示。

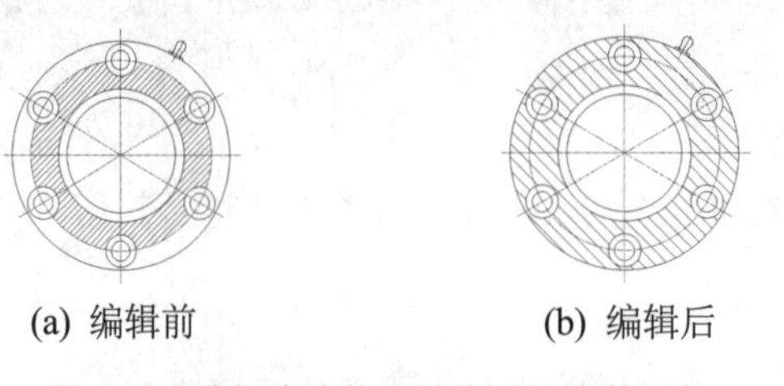

(a) 编辑前　　(b) 编辑后

扫一扫，看视频

图 7-32　编辑滚珠装配零件图的填充图案

7.3　实践演练

通过学习，读者对本章所介绍的内容有了大致的了解。本节将通过表 7-1 所示的几个实践操作，帮助读者进一步掌握本章的知识要点。

表 7-1　实践演练操作要求

实践名称	操作要求	效　果
建材图案填充	(1) 使用【矩形】命令绘制矩形； (2) 设置填充图案； (3) 设置填充图案比例； (4) 通过【拾取点】命令填充图形	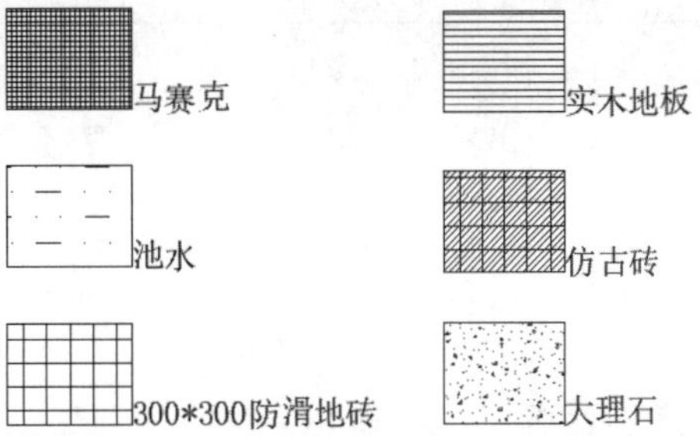 马赛克　实木地板 池水　仿古砖 300*300防滑地砖　大理石
半联轴器	(1) 设置新图层； (2) 绘制中心线和基本轮廓； (3) 通过偏移绘制辅助线； (4) 进行修剪编辑，产生图形的基本外形； (5) 进行图案填充操作，填充剖面线	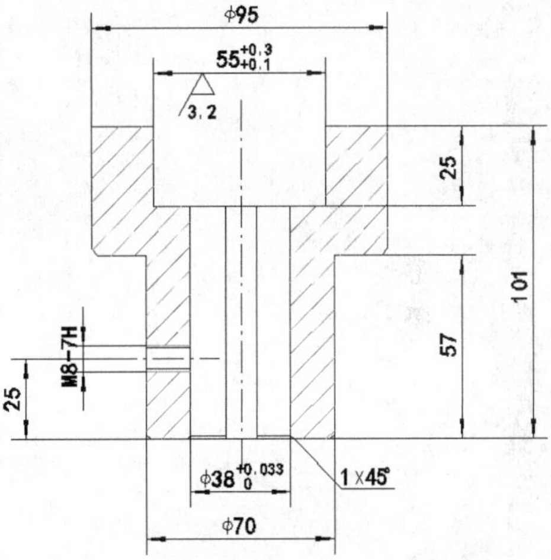 ϕ95　$55^{+0.3}_{+0.1}$　3.2　25　101　57　M8-7H　25　$ϕ38^{+0.033}_{0}$　1×45°　ϕ70
轴承盖	(1) 设置新图层，绘制中心线； (2) 绘制圆； (3) 进行阵列编辑产生图形基本外形； (4) 进行分解编辑； (5) 将图形转换为面域，并进行并集处理	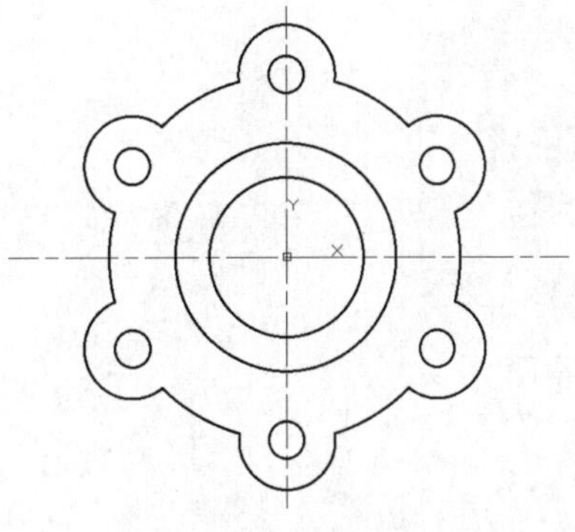

(续表)

实践名称	操作要求	效　果
建筑立面图	(1) 设置新图层； (2) 使用直线绘制立面轮廓图(尺寸由读者自行确定)； (3) 设置图案填充，分别填充图形中的不同区域	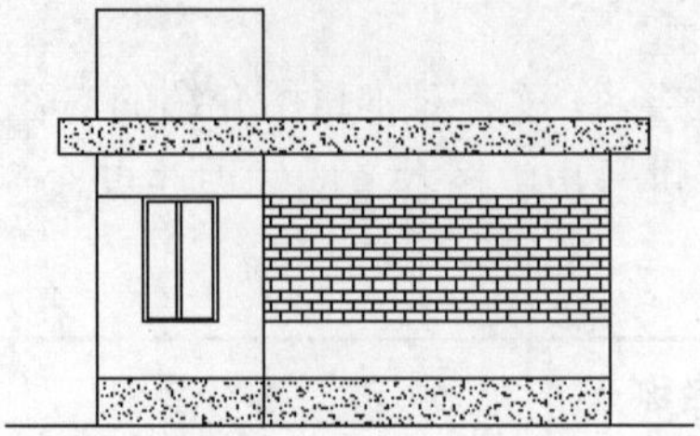

7.4　拓展练习

扫描二维码，获取更多 AutoCAD 习题。

扫一扫，做练习

第8章　图形标注类命令

内容简介

在图形设计中，尺寸标注是绘图设计工作中的一项重要内容。因为绘制图形的根本目的是反映对象的形状，并不能表达清楚图形的设计意图，而图形中各个对象的真实大小和相互位置只有经过尺寸标注后才能确定。AutoCAD 包含了一套完整的尺寸标注命令和实用程序，可以轻松完成图纸中要求的尺寸标注。例如，使用 AutoCAD 中的【直径】【半径】【角度】【线性】【圆心标记】等标注命令，可以对直径、半径、角度、直线及圆心位置等进行标注。

内容要点

- 尺寸样式
- 长度型尺寸标注
- 半径、直径和圆心标注
- 角度标注与其他类型标注
- 几何公差
- 编辑标注对象

8.1　尺寸样式

尺寸标注的形态取决于当前所采用的尺寸标注样式。标注样式决定尺寸标注的形式，包括尺寸线、尺寸界线、尺寸箭头和中心标记的形式、尺寸文本的位置及特性等。在 AutoCAD 中，用户可以利用【标注样式管理器】对话框，方便地设置自己所需要的尺寸标注样式。

8.1.1　新建或修改尺寸样式

在进行尺寸标注前，先要创建尺寸标注的样式。

执行方式

- 命令行：DIMSTYLE(快捷命令：D)。
- 菜单栏：执行【格式】|【标注样式】命令，或执行【标注】|【标注样式】命令。
- 工具栏：单击【标注】工具栏中的【标注样式】按钮。
- 功能区：选择【默认】选项卡，单击【注释】面板中的【标注样式】按钮。

操作过程

执行上述操作后，AutoCAD 将打开图 8-1 所示的【标注样式管理器】对话框。通过该对话框，用户可以方便、直观地定制和浏览尺寸标注样式，包括创建新标注样式、修改已存在的标注样式、设置当前尺寸标注样式、重命名样式、删除已有的标注样式等。

选项说明

(1) 【置为当前】按钮：单击该按钮，可把【样式】列表框中选择的样式设置为当前标注样式。

(2) 【新建】按钮：创建新的尺寸标注样式。单击【新建】按钮后，AutoCAD 将打开【创建新标注样式】对话框，如图 8-2 所示。通过该对话框可创建一个新的尺寸标注样式，其中各项功能说明如下。

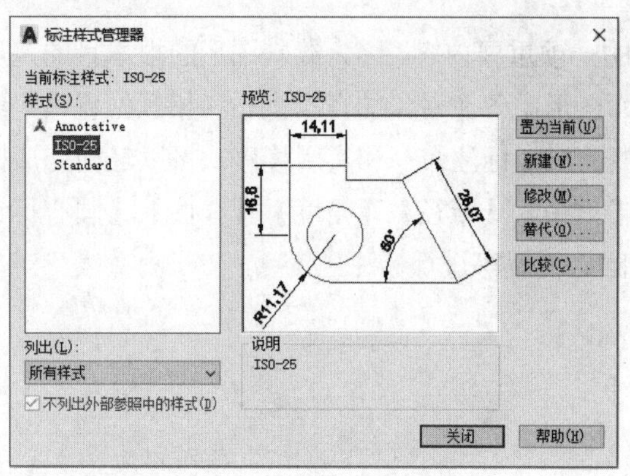

图 8-1 【标注样式管理器】对话框

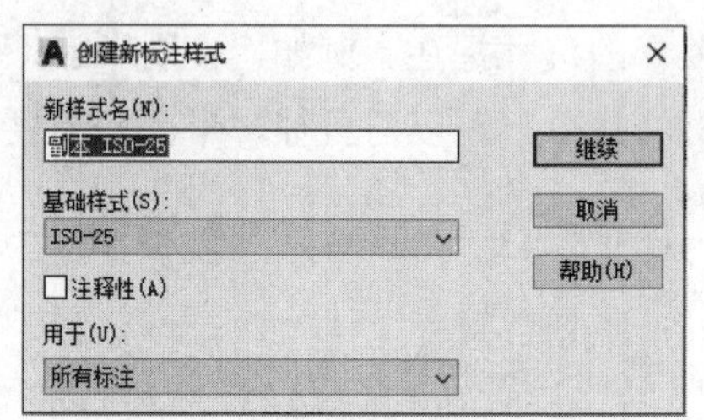

图 8-2 【创建新标注样式】对话框

- 【新样式名】文本框：用于为新的尺寸标注样式命名。
- 【基础样式】下拉列表框：选择创建新样式所基于的标注样式。单击【基础样式】下拉列表框，打开当前已有的样式列表，从中选择一个作为定义新样式的基础，新的样式是在所选样式的基础上修改一些特性得到的。
- 【用于】下拉列表框：用于指定新样式应用的尺寸类型。单击该下拉列表框，打开尺寸类型列表，如果新建样式应用于所有尺寸，则选择【所有标注】选项；如果新建样式只应用于特定的尺寸标注(如果只在标注直径时使用此样式)，则选择相应的尺寸类型。
- 【继续】按钮：单击该按钮，AutoCAD 将打开图 8-3 所示的【新建标注样式】对话框，通过该对话框用户可以对新标注样式的各项特性进行设置(【新建标注样式】对话框中各部分的含义和功能将在后面详细介绍)。

(3) 【修改】按钮：用于修改一个已存在的尺寸标注样式。单击【修改】按钮，AutoCAD 将打开【修改标注样式】对话框，该对话框中的各项选项与【新建标注样式】对话框完全相同，用户使用它可以对已有标注样式进行修改。

(4) 【替代】按钮：设置临时覆盖尺寸标注样式。单击【替代】按钮，AutoCAD 将打开【替代当前样式】对话框，该对话框中各项选项与【新建标注样式】对话框完全相同，用户可以通过改变选项的设置来覆盖原来的设置。这种修改只对指定的尺寸标注起作用，而不影响当前其他尺寸变量的设置。

(5) 【比较】按钮：用于比较两个尺寸标注样式在参数上的区别，或浏览一个尺寸标注样式的参数设置。单击该按钮，AutoCAD 将打开图 8-4 所示的【比较标注样式】对话框。可以把比较结果复制到剪贴板上，然后粘贴到其应用软件中。

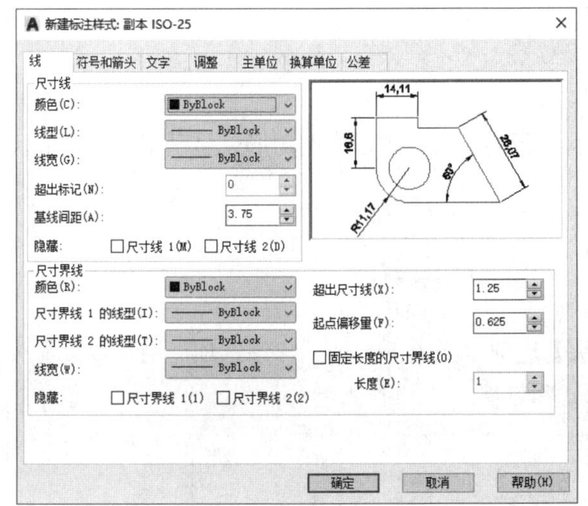

图 8-3 【新建标注样式】对话框

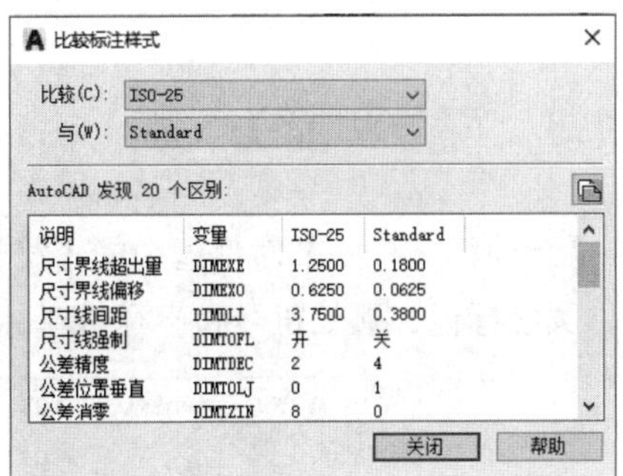

图 8-4 【比较标注样式】对话框

8.1.2 线

在【新建标注样式】对话框中，左侧第一个选项卡为【线】选项卡，如图 8-3 所示。该选项卡用于设置尺寸线、尺寸界线的形式和特性。

1. 【尺寸线】选项组

该选项组用于设置尺寸线的特性，其中各选项的功能说明如下。

(1) 【颜色】【线型】【线宽】下拉列表：用于设置尺寸线的颜色、线型和线宽。

(2) 【超出标记】微调框：当尺寸箭头设置为短斜线、短波浪线等，或尺寸线上无箭头时，可利用该微调框设置尺寸线超出尺寸界线的距离。

(3) 【基线间距】微调框：用于设置以基线方式标注尺寸时相邻两尺寸线之间的距离。

(4) 【隐藏】复选框：用于确定是否隐藏尺寸线及相应箭头。选中【尺寸线 1】【尺寸线 2】复选框，表示隐藏第一、第二段尺寸线。

2. 【尺寸界线】选项组

该选项组用于确定尺寸界线的形式，其中各选项的功能说明如下。

(1) 【颜色】【线宽】下拉列表：用于设置尺寸界线的颜色和线宽。

(2) 【尺寸界线 1 的线型】【尺寸界线 2 的线型】下拉列表：用于设置第一、第二条尺寸界线的线型(即 DIMLTEX1、DIMLTEX2 系统变量)。

(3) 【超出尺寸线】微调框：用于确定尺寸界线超出尺寸线的距离。

(4) 【起点偏移量】微调框：用于确定尺寸界线的实际起始点相对于指定尺寸界线起始点的偏移量。

(5) 【隐藏】复选框组：确定是否隐藏尺寸界线。

(6) 【固定长度的尺寸界线】复选框：选中该复选框，系统以固定长度的尺寸界线标注尺寸，可以在其下面的【长度】微调框中设定长度值。

3. 尺寸样式预览框

在【新建标注样式】对话框右上方为尺寸样式预览框，其中以样例的形式显示用户设置的尺寸样式。

8.1.3 符号和箭头

【新建标注样式】对话框中的【符号和箭头】选项卡如图 8-5 所示，该选项卡用于设置箭头大小、圆心标记、弧长符号和半径折弯标注的形式和特性。

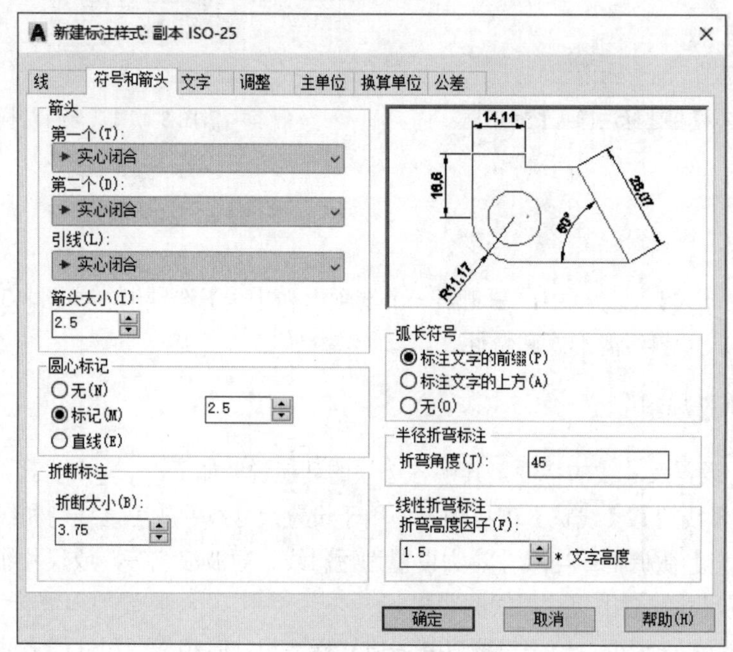

图 8-5 【符号和箭头】选项卡

1. 【箭头】选项组

该选项组用于设置尺寸箭头的形式。

(1) 【第一个】【第二个】下拉列表框：用于设置第一、第二个尺寸箭头的形式。单击【第一个】下拉列表框，在弹出的下拉列表中列出了各类箭头的形状名称，如图 8-6 所示。选择“第一个”箭头的类型后，“第二个”箭头将自动与其匹配，如果“第二个”箭头想要采用不同的形状，可在【第二个】下拉列表框中设定。

单击【第一个】【第二个】下拉列表框，在弹出的下拉列表中选择【用户箭头】选项，将打开图 8-7 所示的【选择自定义箭头块】对话框，用户可以事先把自定义的箭头存成一个图块，在对话框中输入图块名即可。

(2) 【引线】下拉列表框：确定引线箭头的形式(与【第一个】下拉列表框的设置类似)。

(3) 【箭头大小】微调框：用于设置尺寸箭头的大小。

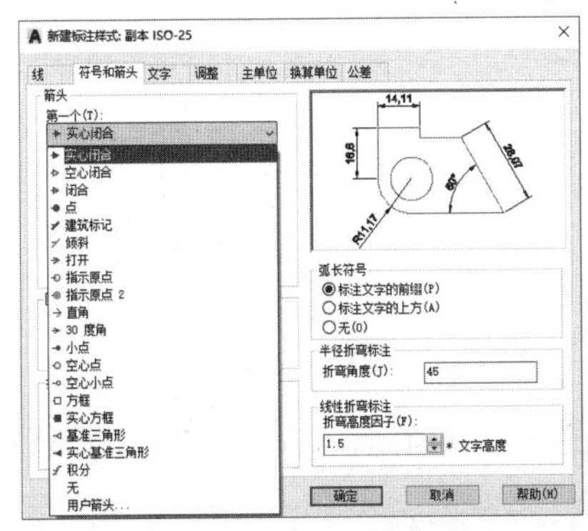

图 8-6 【第一个】下拉列表框

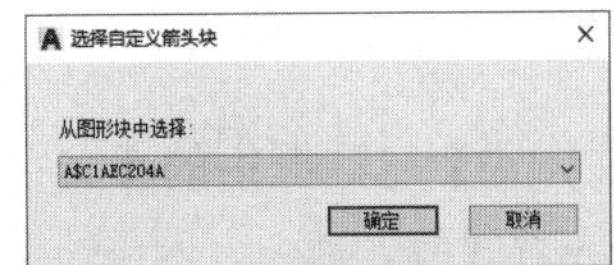

图 8-7 【选择自定义箭头块】对话框

2. 【圆心标记】选项组

该选项组用于设置半径标注、直径标注及中心标注中的中心标记和中心线形式，其中各选项的功能说明如下。

(1) 【无】单选按钮：选中该单选按钮，既不产生中心标记，也不产生中心线。

(2) 【标记】单选按钮：选中该单选按钮，中心标记为一个点记号。

(3) 【直线】单选按钮：选中该单选按钮，中心标记采用中心线的形式。

(4) 【标记】微调框：用于设置中心标记和中心线的大小和粗细。

3. 【折断标注】选项组

该选项组用于控制折断标注的间距宽度。

4. 【弧长符号】选项组

该选项组用于控制弧长标注中圆弧符号的显示，其中各选项的功能说明如下。

(1) 【标注文字的前缀】单选按钮：选中该单选按钮，将弧长符号放在标注文字的左侧，如图 8-8(a)所示。

(2) 【标注文字的上方】单选按钮：选中该单选按钮，将弧长符号放在标注文字的上方，如图 8-8(b)所示。

(3) 【无】单选按钮：选中该单选按钮，不显示弧长符号，如图 8-8(c)所示。

(a) 标注文字的前缀

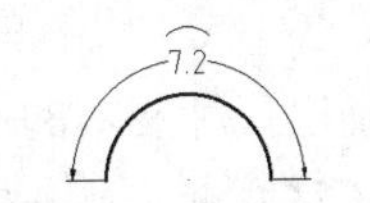

(b) 标注文字的上方

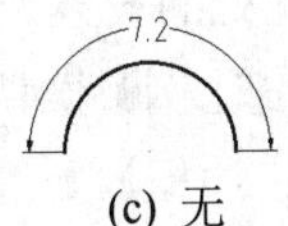

(c) 无

图 8-8　弧长符号

5. 【半径折弯标注】选项组

该选项组用于控制半径折弯(Z 字形)标注的显示。半径折弯标注通常在中心点位于页面外部时创建。在【折弯角度】文本框中可以输入连接半径标注的尺寸界线和尺寸线的横向直线角度，如图 8-9 所示。

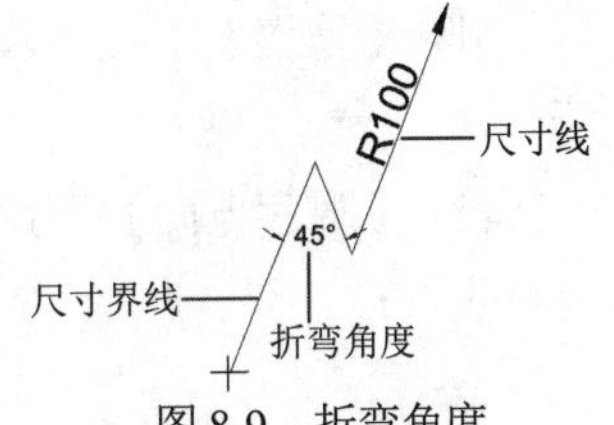

图 8-9　折弯角度

6. 【线性折弯标注】选项组

该选项组用于控制线性折弯标注的显示。当标注不能精确表示实际尺寸时，常将折弯线添加到线性标注中。通常，实际尺寸比所需值小。

8.1.4 文字

【新建标注样式】对话框中的【文字】选项卡如图 8-10 所示，该选项卡用于设置尺寸文字的外观、位置、对齐方式等。

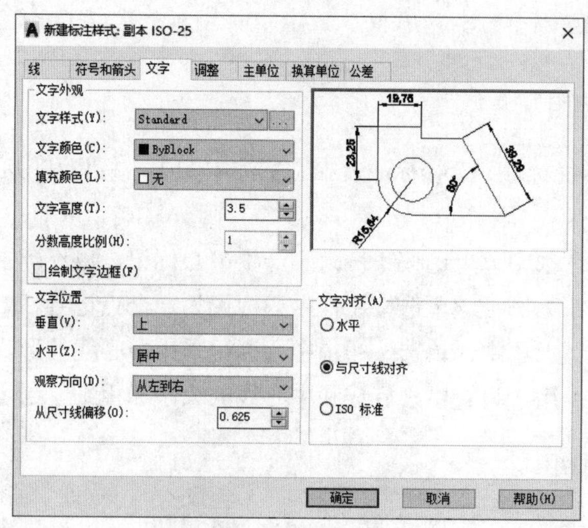

图 8-10 【文字】选项卡

【文字】选项卡中主要选项的功能说明如下。

1. 【文字外观】选项组

(1) 【文字样式】下拉列表框：用于选择当前尺寸文本采用的文字样式。

(2) 【文字颜色】下拉列表框：用于设置尺寸文本的颜色。

(3) 【填充颜色】下拉列表框：用于设置标注中文字背景的颜色。

(4) 【文字高度】微调框：用于设置尺寸文本的字高。如果选用的文本样式中已设置了具体的字高是“0”，则此处的设置无效；如果文本样式中设置的字高为“0”，才以此处设置为准。

(5) 【分数高度比例】微调框：用于确定尺寸文本的比例系数。

(6) 【绘制文字边框】复选框：选中该复选框，AutoCAD 会在尺寸文本的周围加边框。

2. 【文字位置】选项组

(1) 【垂直】下拉列表框：用于确定尺寸文本相对于尺寸线在垂直方向的对齐方式，如图 8-11 所示。

(2) 【观察方向】下拉列表框：用于控制标注文字的观察方向(可用 DIMTXTDIRECTION 系统变量设置)。

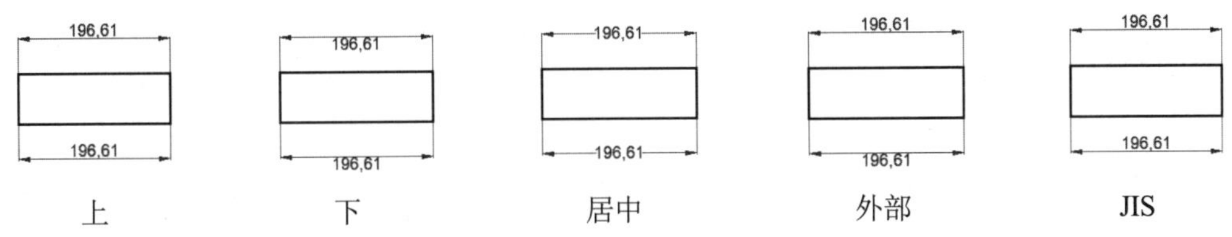

图 8-11　尺寸文本在垂直方向的放置

(3) 【从尺寸线偏移】微调框：当尺寸文本被放在断开的尺寸线中间时，该微调框用来设置尺寸文本与尺寸线之间的距离。

(4) 【水平】下拉列表框：用于确定尺寸文本相对于尺寸线和尺寸界线在水平方向的对齐方式。单击该下拉列表框，可从弹出的列表中选择 5 种对齐方式：居中、第一条尺寸界线、第二条尺寸界线、第一条尺寸界线上方、第二条尺寸界线上方，如图 8-12 所示。

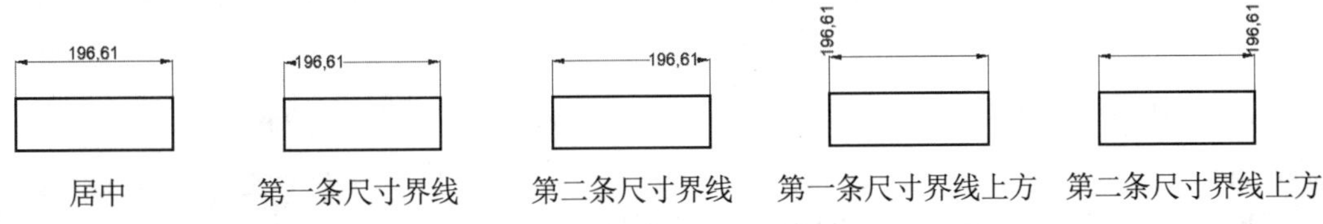

图 8-12　尺寸文本在水平方向的放置

3. 【文字对齐】选项组

该选项组用于控制尺寸文本的排列方向。

(1) 【水平】单选按钮：选中该单选按钮，尺寸文本会沿水平方向放置。不论标注什么方向的尺寸，尺寸文本总保持水平。

(2) 【与尺寸线对齐】单选按钮：选中该单选按钮，尺寸文本沿尺寸线方向放置。

(3) 【ISO 标准】单选按钮：选中该单选按钮，当尺寸文本在尺寸界线之间时，会沿尺寸线方向放置尺寸文本；当尺寸文本在尺寸界线之外时，会沿水平方向放置尺寸文本。

8.1.5　调整

【新建标注样式】对话框中的【调整】选项卡如图 8-13 所示。用户可以根据两条尺寸界线之间的空间，设置将尺寸文本、尺寸箭头放置在两尺寸界线内还是外。如果空间允许，AutoCAD 总是将尺寸文本和箭头放置在尺寸界线的里面；如果空间不够，则根据【调整】选项卡的各项设置放置。

【调整】选项卡中主要选项的功能说明如下。

1. 【调整选项】选项组

(1) 【文字或箭头(最佳效果)】单选按钮：选中该单选按钮，如果空间允许，AutoCAD 会将尺寸文本和箭头都放置在两尺寸界线之间；如果两尺寸界线之间只够放置尺寸文本，则系统会把尺寸文本放置在尺寸界线之间，而把箭头放置在尺寸界线之外；如果只够放置箭头，则 AutoCAD 会把箭头放在里面，把尺寸文本放在外面；如果两尺寸界线之间既放不下文本，也放不下箭头，则系统会把二者均放在外面。

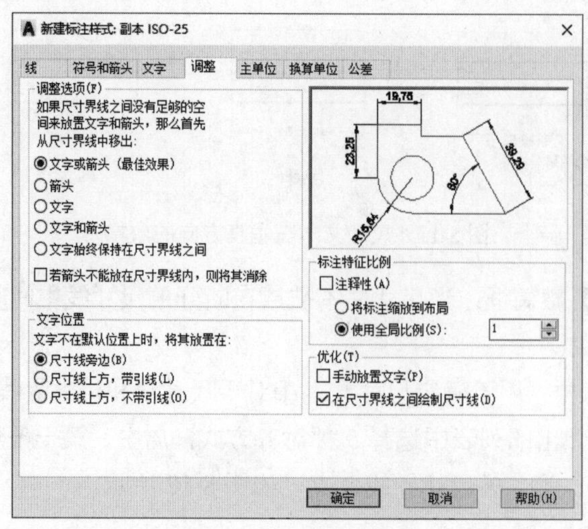

图 8-13 【调整】选项卡

(2) 【文字和箭头】单选按钮：选中该单选按钮，如果空间允许，AutoCAD 会把尺寸文本和箭头都放置在两尺寸界线之间；否则，AutoCAD 会把尺寸文本和箭头都放在尺寸界线外面。

【调整选项】选项组中的其他选项此处不再赘述。

2. 【文字位置】选项组

该选项组用于设置尺寸文本的位置，包括尺寸线旁边、尺寸线上方带引线及尺寸线上方不带引线，如图 8-14 所示。

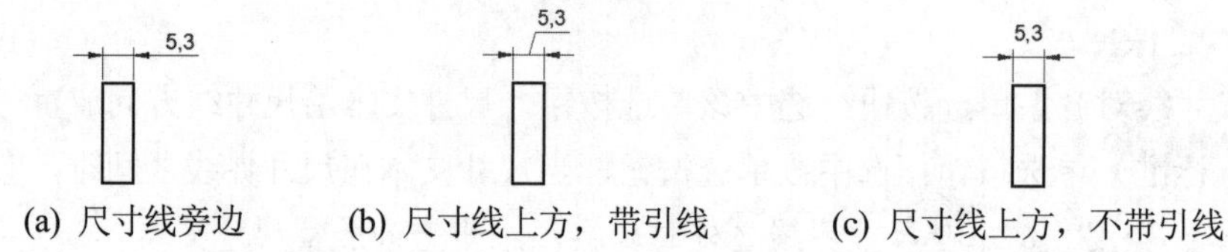

(a) 尺寸线旁边　(b) 尺寸线上方，带引线　(c) 尺寸线上方，不带引线

图 8-14　尺寸文本的不同位置

3. 【标注特征比例】选项组

(1) 【注释性】复选框：用于指定标注为注释性。注释性对象和样式用于控制注释对象在模型空间或布局中显示的尺寸和比例。

(2) 【将标注缩放到布局】单选按钮：根据当前模型空间视口和图纸空间之间的比例确定比例因子。当在图纸空间而不是模型空间视口中工作时，或当 TILEMODE 被设置为 1 时，系统将使用默认的比例因子 1。

(3) 【使用全局比例】单选按钮：确定尺寸的整体比例系数，其后面的【比例值】微调框可以用来选择需要的比例。

4. 【优化】选项组

该选项组用于设置附加的尺寸文本布置选项。

(1) 【手动放置文字】复选框：选中该复选框，标注尺寸时由用户确定尺寸文本的放置位置，AutoCAD 忽略前面的对齐设置。

(2) 【在尺寸界线之间绘制尺寸线】复选框：选中该复选框，无论尺寸文本在尺寸界线里面还是外面，AutoCAD 均在两尺寸界线之间绘出一条尺寸线；否则，当尺寸界线内放不下尺寸文本时，系统将其放在外面时，尺寸界线之间无尺寸线。

8.1.6　主单位

【新建标注样式】对话框中的【主单位】选项卡如图 8-15 所示，该选项卡用于设置尺寸标注的主单位和精度，以及为尺寸文本添加固定的前缀和后缀。

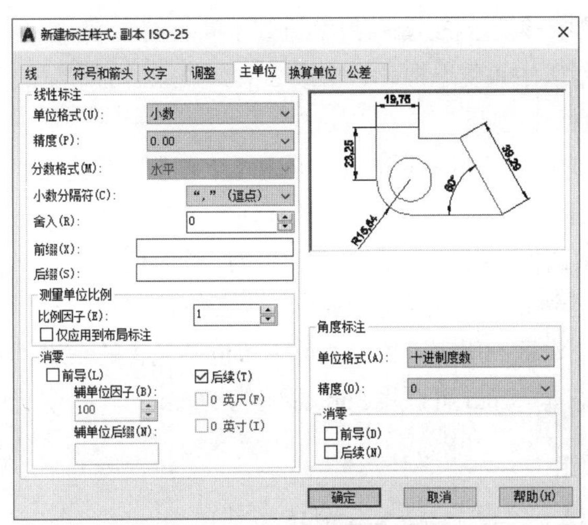

图 8-15 【主单位】选项卡

【主单位】选项卡中主要选项的功能说明如下。

1. 【线性标注】选项组

(1) 【单位格式】下拉列表框：用于确定标注尺寸时使用的单位制(角度型尺寸除外)。在其下拉列表框中 AutoCAD 提供了“科学”“小数”“工程”“建筑”“分数”“Windows 桌面”6 种单位制，用户可根据需要选择。

(2) 【精度】下拉列表框：用于确定标注尺寸时的精度，即精确到小数点后几位。精度设置一定要和用户的需求吻合，如果设置的精度过低，标注会出现误差。

(3) 【分数格式】下拉列表框：用于设置分数的形式。AutoCAD 提供了“水平”“对角”“非堆叠”3 种形式供用户选用。

(4) 【小数分隔符】下拉列表框：用于确定十进制单位(Decimal)的分隔符。AutoCAD 提供了句点“.”、逗点“,”和空格 3 种形式。系统默认的小数分隔符是逗点，所以每次标注尺寸时注意要把此处设置为句点。

(5) 【舍入】微调框：用于设置除角度以外的尺寸测量圆整规则。在其文本框中输入一个值，如果输入 1，则所有测量值均为正数。

(6) 【前缀】文本框：为尺寸标注设置固定前缀。可输入文本，也可以利用控制符使系统产生特殊字符，这些文本被加在所有尺寸文本之前。

(7) 【后缀】文本框：为尺寸标注设置固定后缀。

2. 【测量单位比例】选项组

该选项组用于确定 AutoCAD 自动测量尺寸时的比例因子。其中，【比例因子】微调框用于设置除角度之外所有尺寸测量的比例因子。例如，用户确定比例因子为 2，AutoCAD 则把实际测量为 1 的尺寸标注为 2。如果选中【仅应用到布局标注】复选框，则设置的比例因子只适用于布局标注。

3. 【消零】选项组

该选项组用于设置是否省略标注尺寸时的 0。

(1)【前导】复选框：选中该复选框，省略尺寸值处于高位的 0。例如，0.80000 会被标注为 80000。

(2)【后续】复选框：选中该复选框，省略尺寸值小数点后的末尾的 0。例如，1.8000 会被标注为 1.8，而 45.0000 会被标注为 45。

(3)【0 英尺(寸)】复选框：选中该复选框，采用【工程】和【建筑】单位制时，如果尺寸值小于 1 英尺(寸)时，省略尺(寸)。例如，0'-8 3/4"会被标注为 8 3/4"。

(4)【辅单位因子】微调框：将辅单位的数量设置为一个单位。它用于在距离小于一个单位时以辅单位为单位计算标注距离。例如，若后缀为 m 而辅单位后缀则以 cm 显示，则输入 100。

(5)【辅单位后缀】文本框：用于设置标注值辅单位中包含的后缀。可以输入文字或使用控制代码显示特殊符号。例如，输入 cm 可以将.56m 显示为 56cm。

4. 【角度标注】选项组

该选项组用于设置标注角度时采用的角度单位。

8.1.7 换算单位

【新建标注样式】对话框中的【换算单位】选项卡如图 8-16 所示，该选项卡用于对替换单位进行设置。

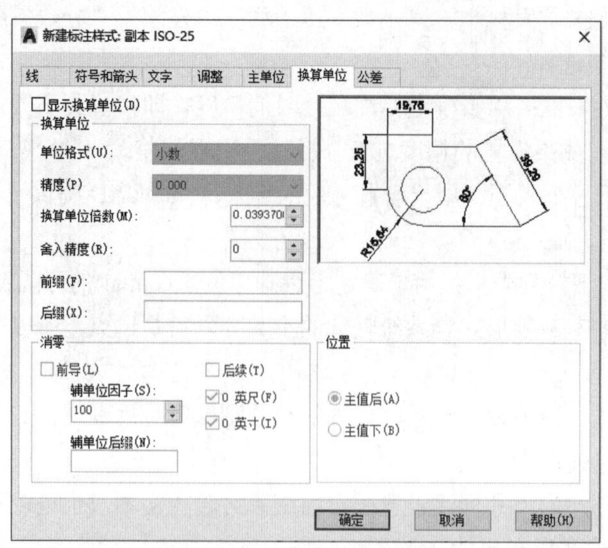

图 8-16 【换算单位】选项卡

【换算单位】选项卡中主要选项的功能说明如下。

1. 【显示换算单位】复选框

选中该复选框，AutoCAD 会将替换单位的尺寸值同时显示在尺寸文本上。

2. 【换算单位】选项组

该选项组用于设置替换单位，其中各选项的功能说明如下。

(1) 【单位格式】下拉列表框：用于选择替换单位采用的单位制。

(2) 【精度】下拉列表框：用于设置替换单位的精度。

(3) 【换算单位倍数】微调框：用于指定主单位和替换单位的转换因子。

(4) 【舍入精度】微调框：用于设定替换单位的圆整规则。

(5) 【前缀】文本框：用于设置替换单位文本的固定前缀。

(6) 【后缀】文本框：用于设置替换单位文本的固定后缀。

3. 【位置】选项组

该选项组用于设置替换单位尺寸标注的位置，包括【主值后】【主值下】两个选项。

8.1.8 公差

【新建标注样式】对话框中的【换算单位】选项卡用于确定标注公差的方式，如图 8-17 所示。

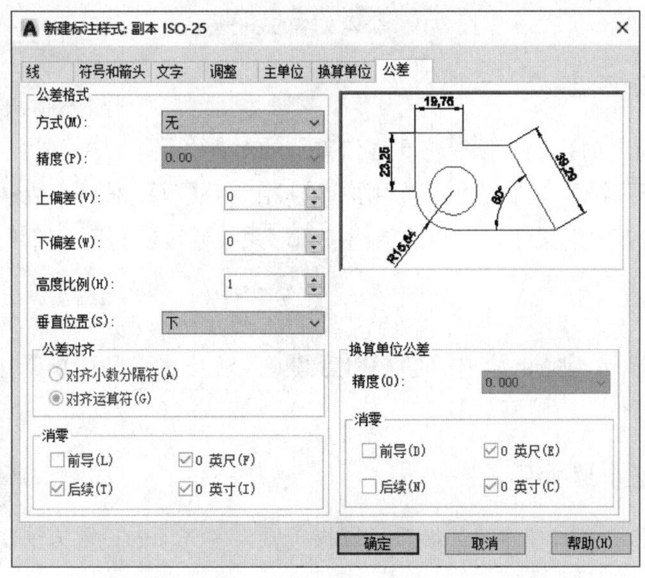

图 8-17 【公差】选项卡

【公差】选项卡中主要选项的功能说明如下。

1. 【公差格式】选项组

该选项组用于设置公差的标注方式。

(1) 【方式】下拉列表框：用于设置公差标注的方式。AutoCAD 提供了 5 种标注公差的方式，分别是【无】【对称】【极限偏差】【极限尺寸】和【基本尺寸】，其中【无】表示不标注公差，其余 4 种标注情况如图 8-18 所示。

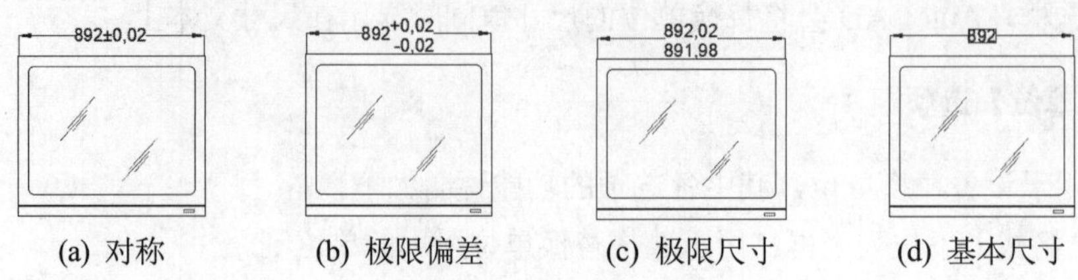

(a) 对称　(b) 极限偏差　(c) 极限尺寸　(d) 基本尺寸

图 8-18　公差标注的形式

(2) 【上(下)偏差】微调框：用于设置尺寸的上(下)偏差。

(3) 【高度比例】微调框：用于设置公差文本的高度比例，即公差文本的高度与一般尺寸文本的高度之比。

(4) 【垂直位置】下拉列表框：用于控制【对称】和【极限偏差】形式公差标注的文本对齐方式，包括【上】【中】【下】3 个选项，其各自的标注效果如图 8-19 所示。

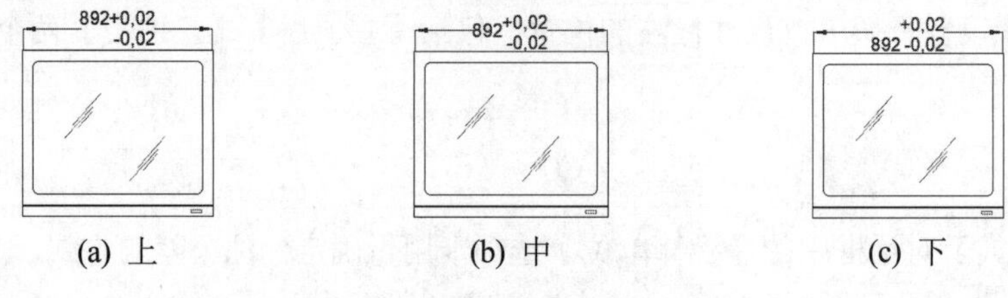

(a) 上　(b) 中　(c) 下

图 8-19　公差文本的对齐方式

2. 【公差对齐】选项组

该选项组用于在堆叠时控制上偏差值和下偏差值的对齐。

(1) 【对齐小数分隔符】单选按钮：选中该单选按钮，系统通过值的小数分隔符堆叠值。

(2) 【对齐运算符】单选按钮：选中该单选按钮，系统通过值的运算符堆叠值。

3. 【消零】选项组

该选项组用于控制是否禁止输出前导 0 和后续 0，以及 0 英尺和 0 英寸部分(用户可以使用 DIMTZIN 系统变量设置)。

4. 【换算单位公差】选项组

该选项组用于对形位公差标注的替换单位进行设置，各选项的设置方法与前面相同。

技巧点拨

公差标注的精度设置一定要准确，否则标注出的公差值会出现错误。此外，国家规定公差文本的高度是一般尺寸文本高度的 1/2，用户要注意设置得是否正确。

8.2　长度型尺寸标注

长度型尺寸标注用于标注图形中两点间的长度，可以是端点、交点、圆弧弦线端点或能够识别的任意两个点。在 AutoCAD 中，长度型尺寸标注包括多种类型，如下面将要介绍的线性标注、对齐标注、连续标注、基线标注和弧长标注。

8.2.1　线性标注

线性标注用于标注图形对象的线性距离或长度，包括水平标注、垂直标注和旋转标注 3 种类型。

执行方式

- ❑ 命令行：DIMLINEAR(缩写名：DIMLIN，快捷命令：DLI)。
- ❑ 菜单栏：执行【标注】|【线性】命令。
- ❑ 工具栏：单击【标注】工具栏中的【线性】按钮⊢⊣。
- ❑ 功能区：选择【默认】选项卡，单击【注释】面板中的【线性】按钮⊢⊣；或选择【注释】选项卡，单击【标注】面板中的【线性】按钮⊢⊣。
- ❑ 快捷键：D+L+I。

操作过程

```
命令: _dimlinear↙
指定第一个尺寸界线原点或 <选择对象>:
```

(1) 直接按 Enter 键：光标变为拾取框，命令行提示如下。

```
指定第二条尺寸界线原点: 用拾取框选择要标注尺寸的线段
指定尺寸线位置或
[多行文字(M)/文字(T)/角度(A)/水平(H)/垂直(V)/旋转(R)]:
```

(2) 选择对象：指定第一条与第二条尺寸界线的起始点。

选项说明

(1) 指定尺寸线位置：用于确定尺寸线的位置。用户可移动鼠标选择合适的尺寸线位置，然后按 Enter 键或单击鼠标，AutoCAD 则自动测量要标注线段的长度并标注出相应的尺寸。

(2) 多行文字(M)：用多行文字编辑器确定尺寸文本。

(3) 文字(T)：用于在命令行提示下输入或编辑尺寸文本。选择该选项后，命令行提示如下。

```
输入标注文字 <默认值>:
```

其中的默认值是 AutoCAD 自动测量得到的被标注线段的长度，直接按 Enter 键即可采用此长度值，也可以输入其他数值代替默认值。当尺寸文本中包含默认值时，可使用尖括号“< >”表示默认值。

(4) 角度(A)：用于确定尺寸文本的倾斜角度。

(5) 水平(H)：水平标注尺寸，不论标注什么方向的线段，尺寸线总保持水平放置。

(6) 垂直(V)：垂直标注尺寸，不论标注什么方向的线段，尺寸线总保持垂直放置。

(7) 旋转(R)：输入尺寸线旋转的角度值，旋转标注尺寸。

实例讲解

【例 8-1】 使用 DIMLINEAR 命令标注图 8-20 所示的滚轮尺寸。

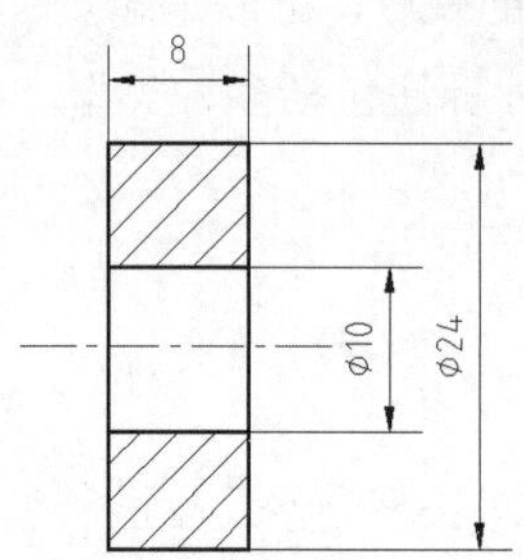

扫一扫，看视频

图 8-20　标注滚轮尺寸

❶ 打开滚轮文件素材后，在命令行输入 D，打开【标注样式管理器】对话框。由于系统的标注样式不符合要求，因此需要根据系统提供的标注样式进行设置。单击【新建】按钮，打开【创建新标注样式】对话框，如图 8-21 所示，在【用于】下拉列表框中选择【线性标注】选项，然后单击【继续】按钮。

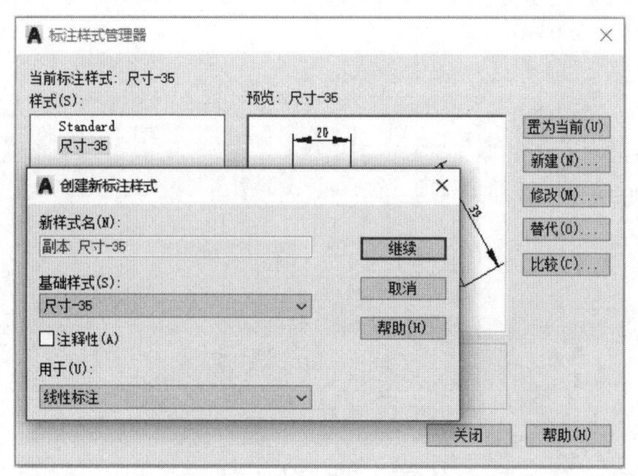

图 8-21　创建新标注样式

❷ 打开【新建标注样式】对话框，选择【符号和箭头】选项卡，将【箭头大小】设置为 1.5；选择【文字】选项卡，单击【文字样式】选项后的...按钮，打开【文字样式】对话框，设置字体为【楷体】，【文字高度】为 2，然后依次单击【应用】和【关闭】按钮，关闭【文字样式】对话框；返回【新建标注样式】对话框，选择【线】选项卡，将尺寸线和尺寸界线的【线宽】设置为 0.15mm，然后单击【确定】按钮，返回【标注样式管理器】对话框，单击【置为当前】按钮，将设置的标注样式置为当前标注样式，再单击【关闭】按钮。

❸ 在命令行输入 DLI，命令行操作与提示如下。

```
命令: DLI↙
指定第一个尺寸界线原点或 <选择对象>: 选择滚轮内孔的右上角
指定第二条尺寸界线原点: 选择滚轮内孔的右下角
指定尺寸线位置或[多行文字(M)/文字(T)/角度(A)/水平(H)/垂直(V)/旋转(R)]: T↙
```

```
输入标注文字 <10>: %%C10↙
指定尺寸线位置或[多行文字(M)/文字(T)/角度(A)/水平(H)/垂直(V)/旋转(R)]: 指定
尺寸线的位置(标注结果如图 8-22 所示)
```

❹ 重复执行 DLI 命令，最终标注结果如图 8-20 所示。

图 8-22　标注内径尺寸

8.2.2　对齐标注

创建对齐标注是指创建与尺寸界线的原点对齐的线性标注。

执行方式

- ❑ 命令行：DIMALIGNED(快捷命令：DAL)。
- ❑ 菜单栏：执行【标注】|【对齐】命令。
- ❑ 工具栏：单击【标注】工具栏中的【对齐】按钮。
- ❑ 功能区：选择【默认】选项卡，单击【注释】面板中的【对齐】按钮；或选择【注释】选项卡，单击【标注】面板中的【已对齐】按钮。

操作过程

```
命令: DIMALIGNED↙
指定第一个尺寸界线原点或 <选择对象>:
```

应用对齐标注命令标注的尺寸线与所标注的轮廓线平行，标注起点到终点之间的距离尺寸。

视频讲解

【例 8-2】标注图 8-23 所示立方体和五角星图形中的线性标注和对齐标注尺寸。

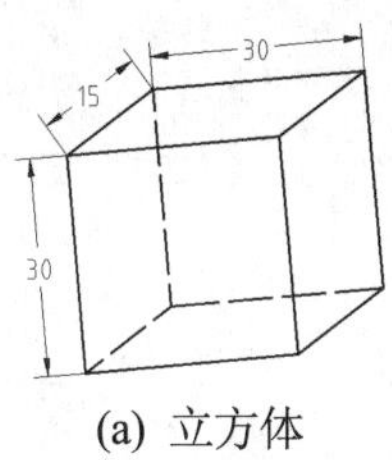

(a) 立方体

(b) 五角形

扫一扫，看视频

图 8-22　线性标注和对齐标注

8.2.3　基线标注

基线标注用于产生一系列基于同一尺寸界线的尺寸标注。在使用基线标注方式之前，应先标注出一个相关的尺寸作为基线标准。

执行方式

- ❑ 命令行：DIMBASELINE(快捷命令：DBA)。
- ❑ 菜单栏：执行【标注】|【基线】命令。
- ❑ 工具栏：单击【标注】工具栏中的【基线】按钮。
- ❑ 功能区：选择【注释】选项卡，单击【标注】面板中的【基线】按钮。

操作过程

```
命令: DIMBASELINE↙
指定第二个尺寸界线原点或 [选择(S)/放弃(U)] <选择>:
```

选项说明

(1) 指定第二个尺寸界线原点：直接确定另一个尺寸的第二条尺寸界线的起点，AutoCAD 将以上次标注的尺寸为基准标注，标注出相应尺寸。

(2) 选择(S)：在上述提示下直接按 Enter 键，AutoCAD 提示如下。

```
选择基准标注: 选取作为基准的尺寸标注
```

实例讲解

【例 8-3】使用 DIMALIGNED 命令标注图 8-24 所示的帽筒零件图。

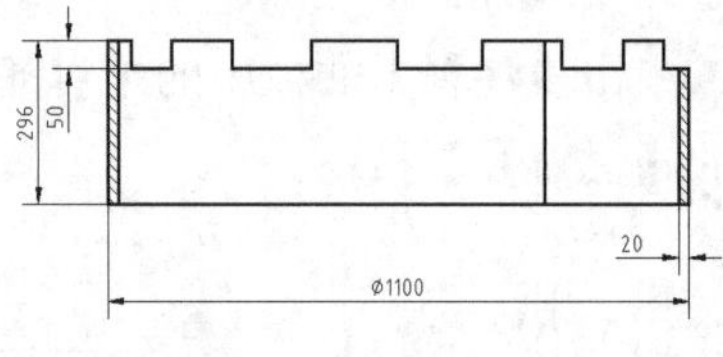

图 8-24　帽筒零件图

扫一扫，看视频

❶ 打开帽筒零件图后，在命令行中输入 DLI，参照例 8-1 的操作标注直径，如图 8-25 所示。

❷ 在命令行中输入 DBA，命令行提示与操作如下。

```
命令: DBA↙
指定第二个尺寸界线原点或 [选择(S)/放弃(U)] <选择>: S↙
选择基准标注: 选择步骤(1)尺寸标注的右侧界线
指定第二个尺寸界线原点或 [选择(S)/放弃(U)] <选择>: 选取帽筒右侧的原点
标注文字 = 20
指定第二个尺寸界线原点或 [选择(S)/放弃(U)] <选择>:↙(完成标注，效果如图 8-26 所示)
```

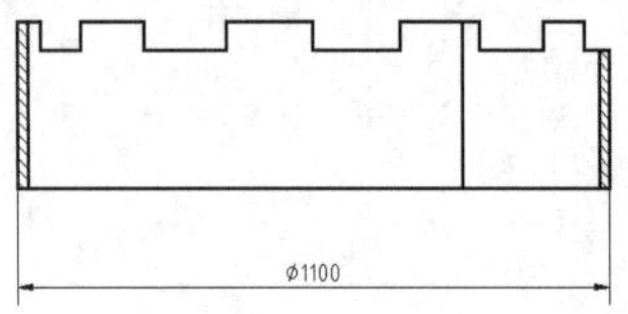

图 8-25　线性标注

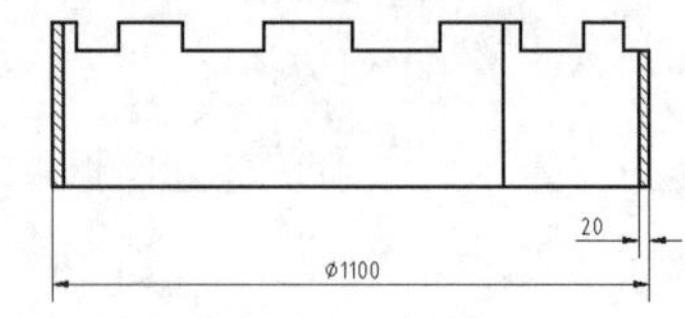

图 8-26　基线标注

❸ 重复步骤❶、❷的操作，先使用 DLI 命令标注帽筒的高度，再使用 DBA 命令标注其凹槽的高度，完成后的结果如图 8-24 所示。

8.2.4　连续标注

连续标注又称为尺寸链标注，用于产生一系列连续的尺寸标注，后一个尺寸标注均把前一个标注的第二条尺寸界线作为它的第一条尺寸界线。这种标注适用于长度型尺寸、角度型尺寸和坐标标注。在使用连续标注方式之前，应先标注出一个相关的尺寸。

执行方式

- ❑ 命令行：DIMCONTINUE(快捷命令：DCO)。
- ❑ 菜单栏：执行【标注】|【连续】命令。
- ❑ 工具栏：单击【标注】工具栏中的【连续】按钮。
- ❑ 功能区：选择【注释】选项卡，单击【标注】面板中的【连续】按钮。

操作过程

```
命令: DIMCONTINUE↙
选择连续标注: 选取一个已有的标注
指定第二个尺寸界线原点或 [选择(S)/放弃(U)] <选择>:
```

上述提示下的各选项与基线标注中的完全相同，这里不再赘述。

实例讲解

【例 8-4】使用 DIMCONTINUE 命令标注图 8-27 所示的房屋平面图。

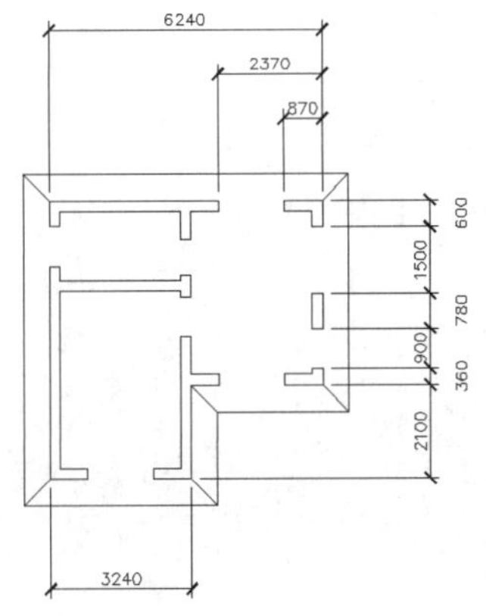

扫一扫，看视频

图 8-27　房屋平面图

❶ 打开房屋平面图素材文件后，在命令行中输入 DLI，创建点 A、B 和点 B、C 之间的线性标注，如图 8-28 所示。

❷ 在命令行中输入 DCO，命令行操作与提示如下。

```
命令: DCO↙
指定第二个尺寸界线原点或 [选择(S)/放弃(U)] <选择>: 选取图 8-29 中的点 D
指定第二个尺寸界线原点或 [选择(S)/放弃(U)] <选择>: 选取图 8-29 中的点 E
指定第二个尺寸界线原点或 [选择(S)/放弃(U)] <选择>: 选取图 8-29 中的点 F
指定第二个尺寸界线原点或 [选择(S)/放弃(U)] <选择>: 选取图 8-29 中的点 G
指定第二个尺寸界线原点或 [选择(S)/放弃(U)] <选择>: 选取图 8-29 中的点 H
指定第二个尺寸界线原点或 [选择(S)/放弃(U)] <选择>: ↙(结束绘图，结果如图 8-29 所示)
```

❸ 使用与步骤❶、❷相同的操作方法，标注房屋平面图上半部分的尺寸，完成后的结果如图 8-27 所示。

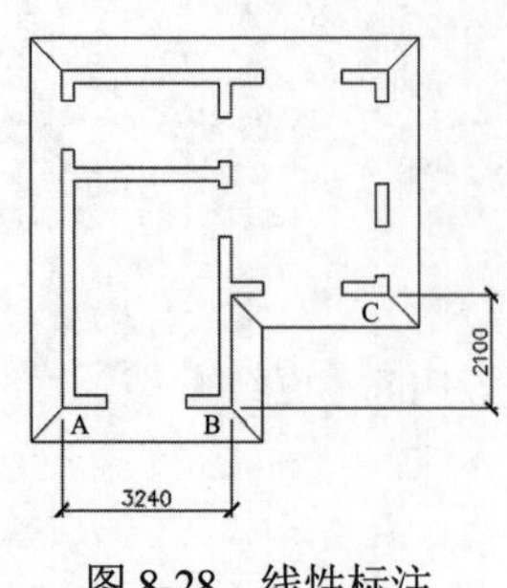

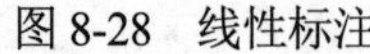

图 8-28　线性标注

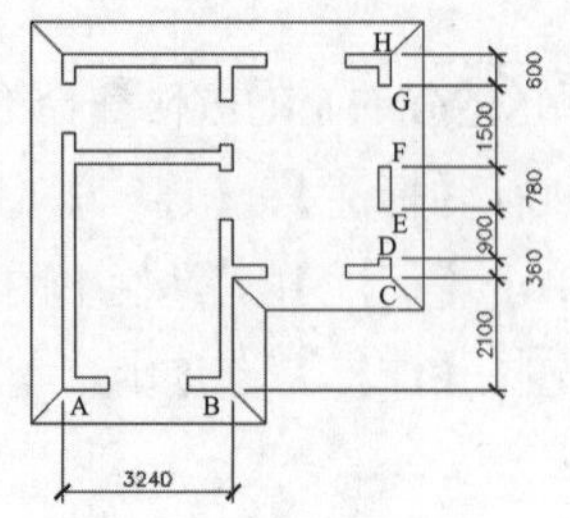

图 8-29　连续标注

8.2.5　弧长标注

弧长标注可以标注圆弧线段或多段线圆弧线段部分的弧长。

执行方式

- ❑ 命令行：DIMARC(快捷命令：DAR)。
- ❑ 菜单栏：执行【标注】|【弧长】命令。
- ❑ 工具栏：单击【标注】工具栏中的【弧长】按钮。
- ❑ 功能区：选择【注释】选项卡，单击【标注】面板中的【弧长】按钮。

操作过程

```
命令: DIMARC↙
选择弧线段或多段线圆弧段:
指定弧长标注位置或 [多行文字(M)/文字(T)/角度(A)/部分(P)/]:
```

选项说明

(1) 多行文字(M)：选择该选项则进入多行文字编辑模式，用户可以使用【多行文字编辑器】对话框输入并设置标注文字。其中，文字输入窗口中的尖括号“< >”表示系统测量值。

(2) 文字(T)：可以以单行文字的形式输入标注文字，此时将显示“输入标注文字<1>：”提示信息，要求输入标注文字。

(3) 角度(A)：设置标注文字的旋转角度。

(4) 部分(P)：选定对象的一部分进行标注。

视频讲解

【例 8-5】使用 DIMARC 命令标注图 8-30 所示图形中的弧长。

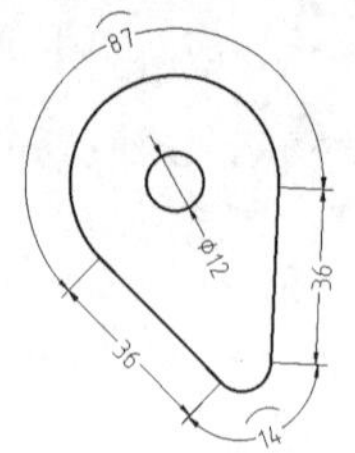

扫一扫，看视频

图 8-30　弧长标注

8.3　半径、直径和圆心标注

在 AutoCAD 中，可以使用【半径】【直径】和【圆心】命令标注圆或圆弧的半径尺寸、直径尺寸及圆心位置。

8.3.1　半径标注

半径标注用于标注圆或圆弧的半径尺寸。

执行方式

- 命令行：DIMRADIUS(快捷命令：DRA)。
- 菜单栏：执行【标注】|【半径】命令。
- 工具栏：单击【标注】工具栏中的【半径】按钮。
- 功能区：单击【默认】选项卡【注释】面板中的【半径】按钮，或单击【注释】选项卡【标注】面板中的【半径】按钮。

操作过程

```
命令: DIMRADIUS↙
选择圆弧或圆: 选择要标注半径的圆或圆弧
指定尺寸线位置或 [多行文字(M)/文字(T)/角度(A)]: 确定尺寸线的位置或选择某一选项
```

选项说明

(1) 尺寸线位置：确定尺寸线的角度和标注文字的位置。如果未将标注放置在圆弧上而导致标注指向圆弧外，则 AutoCAD 会自动绘制圆弧延伸线。

(2) 多行文字(M)：显示在位文字编辑器，用户可以使用它来编辑标注文字。若要添加前缀或后缀，用户可以在生成的测量值前后输入前缀或后缀。用控制代码和 Unicode 字符串来输入特殊字符或符号。

(3) 文字(T)：自定义标注文字，生成的标注测量值显示在尖括号“<>”中。

(4) 角度(A)：修改标注文字的角度。

实例讲解

【例 8-6】使用 DIMRADIUS 命令标注图 8-31 所示连接板的半径尺寸。

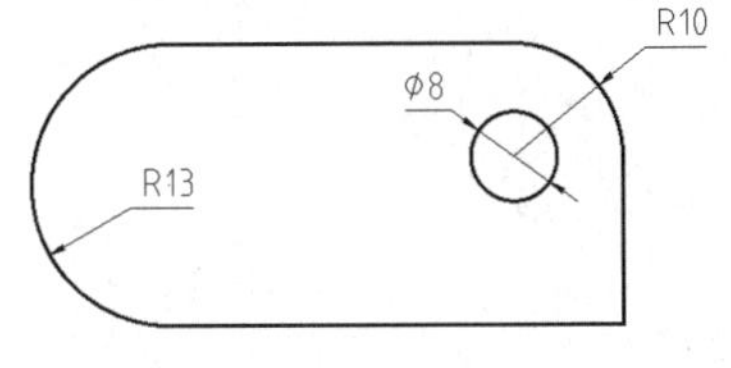

图 8-31　半径标注

扫一扫，看视频

❶ 打开连接板文件后，在命令行输入 DRA，命令行提示与操作如下。

```
命令: DIMRADIUS↙
选择圆弧或圆: 选择连接板右上方的圆弧
```

```
标注文字 =10
指定尺寸线位置或 [多行文字(M)/文字(T)/角度(A)]: T↙
输入标注文字 <10>: R10↙
指定尺寸线位置或 [多行文字(M)/文字(T)/角度(A)]: 指定尺寸线的位置(结束绘图)
```

❷ 重复步骤❶的操作，标注连接板右侧的圆弧半径，结果如图 8-31 所示。

8.3.2 折弯标注

折弯标注一般用于机械制图中，例如，一个零件如果是通过折弯加工形成的弧度，则使用折弯标注。此外，当圆弧半径较大，标注半径尺寸线较长时，也可以采用折弯标注来标注圆弧半径。

执行方式

- ❑ 命令行：DIMJOGGED(快捷命令：DJO 或 JOG)。
- ❑ 菜单栏：执行【标注】|【折弯】命令。
- ❑ 工具栏：单击【标注】工具栏中的【折弯】按钮。
- ❑ 功能区：单击【默认】选项卡【注释】面板中的按钮，或单击【注释】选项卡【标注】面板中的【已折弯】按钮。

操作过程

```
命令: DIMJOGGED↙
选择圆弧或圆: 选择要标注的圆或圆弧
指定图示中心位置: 指定一点
标注文字 =150
指定尺寸线位置或 [多行文字(M)/文字(T)/角度(A)]: 指定一点或选择某一选项
指定折弯位置: 指定折弯位置
```

视频讲解

【例 8-7】使用 DIMJOGGED 命令为圆弧标注图 8-32 中的折弯标注。

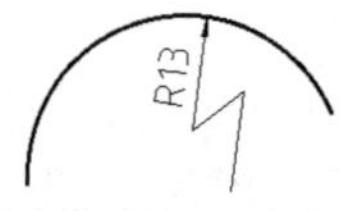

图 8-32　折弯标注

扫一扫，看视频

8.3.3 直径标注

直径标注用于标注圆或圆弧的直径尺寸。

执行方式

- ❑ 命令行：DIMDIAMETER(快捷命令：DDI)。
- ❑ 菜单栏：执行【标注】|【直径】命令。
- ❑ 工具栏：单击【标注】工具栏中的【直径】按钮。

- 功能区：单击【默认】选项卡【注释】面板中的【直径】按钮⊘，或单击【注释】选项卡【标注】面板中的【直径】按钮⊘。

操作过程

```
命令: DIMDIAMETER↙
选择圆弧或圆: 选择要标注直径的圆或圆弧
标注文字 =50
指定尺寸线位置或 [多行文字(M)/文字(T)/角度(A)]: 确定尺寸线的位置或选择某一选项
```

选项说明

直径标注与半径标注类似，这里不再赘述。

8.3.4　圆心标记

使用圆心标记可以标注圆或圆弧的圆心。

执行方式

- 命令行：DIMCENTER。
- 菜单栏：执行【标注】|【圆心标记】命令。
- 工具栏：单击【标注】工具栏中的【圆心标记】按钮⊙。

操作过程

```
命令: DIMCENTER↙
选择圆弧或圆:
```

视频讲解

【例 8-8】使用半径标注、直径标注和圆心标注功能，标注图 8-33 所示的零件图形。

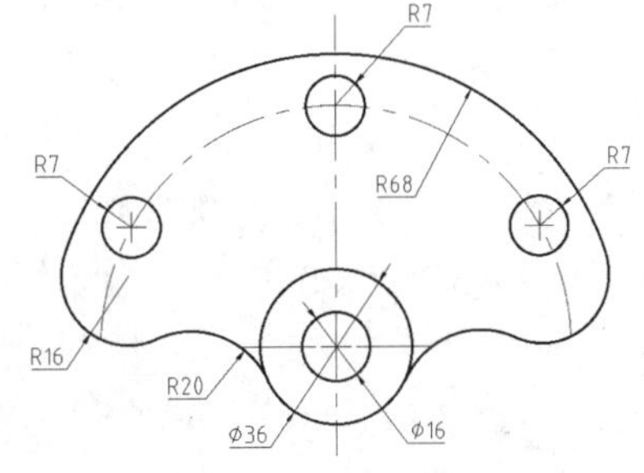

扫一扫，看视频

图 8-33　标注圆和圆弧的直径、半径和圆心

8.4　角度标注与其他类型标注

在 AutoCAD 中，除了前面介绍的几种常用尺寸标注以外，还可以使用角度标注及其他类型的标注功能，对图形中的角度、坐标等元素进行标注。

8.4.1 角度标注

角度标注用于标注圆弧包含角、两条非平行线的夹角以及三点之间的夹角。

执行方式

- ❑ 命令行：DIMANGULAR(快捷命令：DAN)。
- ❑ 菜单栏：执行【标注】|【角度】命令。
- ❑ 工具栏：单击【标注】工具栏中的【角度】按钮△。
- ❑ 功能区：单击【默认】选项卡【注释】面板中的【角度】按钮△，或单击【注释】选项卡【标注】面板中的【角度】按钮△。

操作过程

```
命令: DIMANGULAR↙
选择圆弧、圆、直线或 <指定顶点>:
```

选项说明

(1) 选择圆弧：标注圆弧的中心角。当用户选择一段圆弧后，命令行提示如下。

```
指定标注弧线位置或 [多行文字(M)/文字(T)/角度(A)/象限点(Q)]:
```

在上述提示下确定尺寸线的位置，AutoCAD 系统按自动测量得到的值标注出相应的角度。在此之前用户可以选择【多行文字(M)】【文字(T)】【角度(A)】选项，通过多行文字编辑器或命令行来输入或定制尺寸文本，以及指定尺寸文本的倾斜角度。

(2) 选择圆：标注圆上某段圆弧的中心角。当用户选择圆上的一点后，命令行提示如下。

```
指定角的第二个端点: 选择另一点，该点可以在圆上，也可以不在圆上
指定标注弧线位置或 [多行文字(M)/文字(T)/角度(A)/象限点(Q)]:
```

在上述提示下确定尺寸线的位置，AutoCAD 系统标注出一个角度值，该角度以圆心为顶点，两条尺寸界线通过所选取的两点，第二点可以不必在圆周上。用户还可以选择【多行文字(M)】【文字(T)】【角度(A)】选项，编辑其尺寸文本或指定尺寸文本的倾斜角度，如图 8-34 所示。

(3) 选择直线：标注两条直线间的夹角。当选择一条直线后，命令行提示如下。

```
选择第二条直线: 选择另一条直线
指定标注弧线位置或 [多行文字(M)/文字(T)/角度(A)/象限点(Q)]:
```

在上述提示下确定尺寸线的位置，AutoCAD 系统自动标注出两条直线之间的夹角。该角以两条直线的交点为顶点，以两条直线为尺寸界线，所标注角度取决于尺寸线的位置，如图 8-35 所示。用户还可以选择【多行文字(M)】【文字(T)】【角度(A)】选项，编辑其尺寸文本或指定尺寸文本的倾斜角度。

(4) 指定顶点：直接按 Enter 键，命令行提示如下。

```
指定角的顶点: 指定顶点
指定角的第一个端点: 输入角的第一个端点
指定角的第二个端点: 输入角的第二个端点，创建无关联标注
```

```
指定标注弧线位置或 [多行文字(M)/文字(T)/角度(A)/象限点(Q)]: 输入一点作为角的顶点
```

在上述提示下给定尺寸线的位置，AutoCAD 可以根据指定的三点标注出角度，如图 8-36 所示。此外，用户还可以选择【多行文字(M)】【文字(T)】【角度(A)】选项，编辑其尺寸文本或指定尺寸文本的倾斜角度。

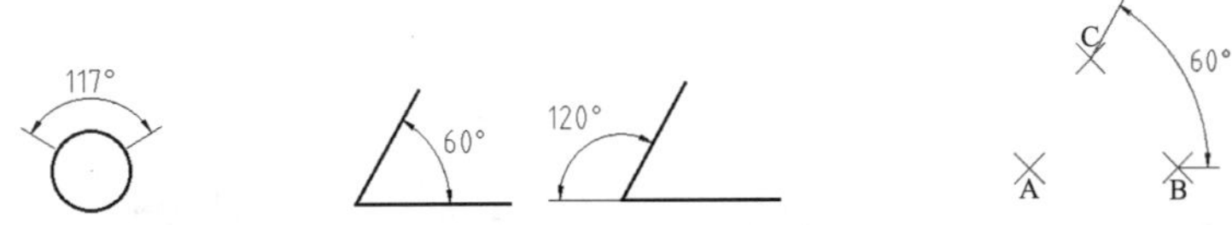

图 8-34　标注角度　　图 8-35　标注两直线的夹角　　图 8-36　指定三点确定角度

(5) 指定标注弧线位置：指定尺寸线的位置并确定绘制延伸线的方向。指定位置之后 DIMANGULAR 命令将结束。

(6) 多行文字(M)：显示在位文字编辑器，用户可用它来编辑标注文字。若要添加前缀或后缀，用户可以在生成的测量值前后输入前缀或后缀。用控制代码和 Unicode 字符串来输入特殊字符或符号。

(7) 文字(T)：自定义标注文字，生成的标注测量值显示在尖括号“<>”中，命令行提示如下。

```
输入标注文字 <当前>:
```

输入标注文字，或按 Enter 键接受生成的测量值。要包括生成的测量值，可以使用尖括号“<>”来表示。

(8) 角度(A)：修改标注文字的角度。

(9) 象限值(Q)：指定标注应锁定到的象限。打开象限行为后，将标注文字放置在角度标注外时，尺寸线会延伸超过延伸线。

视频讲解

【例 8-9】使用 DIMANGULAR 命令，标注图 8-37 所示零件图形中的直线 OA、OB 之间的夹角，以及圆弧 a、b、c、d、e 的包含角。

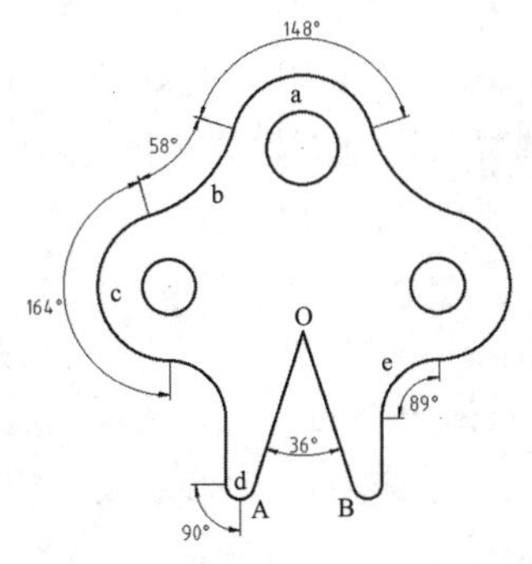

图 8-37　标注直线夹角和圆弧的包含角

扫一扫，看视频

8.4.2　引线标注

AutoCAD 提供了引线标注功能，用户利用该功能不仅可以标注特定的尺寸(如圆角、倒角等)，还可以实现在图中添加多行旁注、说明。在引线标注中，指引线可以是折线，也可以是曲线；指引线端部可以有箭头，也可以没有箭头。

1. 一般引线标注

使用 LEADER 命令可以创建灵活多样的引线标注形式。

执行方式

命令行：LEADER(快捷命令：LEAD)。

操作过程

```
命令: LEADER↙
指定引线起点: 输入指引线的起始点
指定下一点: 输入指引线的另一点
指定下一点或 [注释(A)/格式(F)/放弃(U)] <注释>:
```

选项说明

(1) 指定下一点：直接输入一点，系统将根据前面的点绘制出折线作为指引线。

(2) 注释(A)：输入注释文本(为默认项)。在该提示下直接按 Enter 键，命令行提示如下。

```
输入注释文字的第一行或 <选项>:
```

① 输入注释文字。在该提示下输入第一行文字后按 Enter 键，用户可继续输入第二行文字，如此反复执行，直到输入全部注释文字。然后在该提示下直接按 Enter 键，AutoCAD 会在指引线终端标注出所输入的多行文字，并结束 LEADER 命令。

② 直接按 Enter 键。若在上述提示下直接按 Enter 键，命令行提示如下。

```
输入注释选项 [公差(T)/副本(C)/块(B)/无(N)/多行文字(M)] <多行文字>:
```

在该提示下选择一个注释选项或直接按 Enter 键，默认选择【多行文字】选项，其选项的功能说明如下。

- ❑ 公差(T)：用于标注几何公差(形位公差)，几何公差的标注可参见本章 8.5 节。
- ❑ 副本(C)：用于将已利用 LEADER 命令创建的注释复制到当前指引线的末端。选择该选项，命令行的提示如下。在该提示下选择一个已创建的注释文本，系统将把它复制到当前指引线的末端。

```
选择要复制的对象:
```

- ❑ 块(B)：用于把已定义好的图块插入指引线的末端。选择该选项，命令行提示如下。在该提示下输入一个已定义好的图块名，系统将把该图块插入指引线的末端；或输入“?”列出当前已有图块，用户可从中选择。

```
输入块名或 [?]:
```

- ❑ 无(N)：不进行注释，没有注释文本。
- ❑ 多行文字(M)：用多行文字编辑器标注注释文本，并定制文本格式(默认选项)。

(3) 格式(F)：确定指引线的形式。选择该选项，命令行提示如下。

```
输入引线格式选项 [样条曲线(S)/直线(ST)/箭头(A)/无(N)] <退出>:
```

选择指引线形式，或直接按 Enter 键返回上一级提示。

① 样条曲线(S)：设置指引线为样条曲线。

② 直线(ST)：设置指引线为折线。

③ 箭头(A)：在指引线的起始位置画箭头。

④ 无(N)：在指引线的起始位置不画箭头。

⑤ 退出：该选项为默认选项，选择该选项则退出【格式(F)】选项，返回“指定下一点或 [注释(A)/格式(F)/放弃(U)] <注释>:”提示，并且指引线形式按默认方式设置。

实例讲解

【例 8-10】标注图 8-38 所示的固定板尺寸。

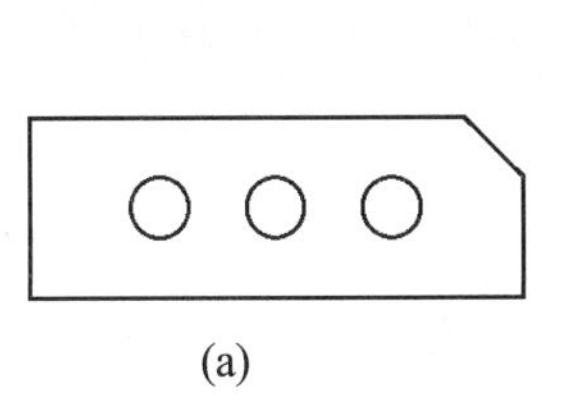

(a)

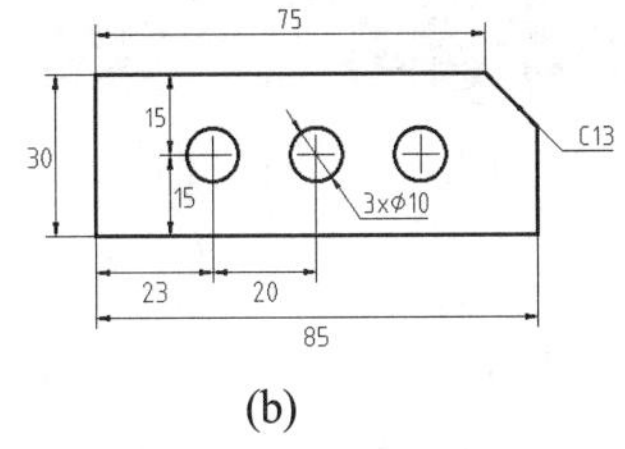

(b)

扫一扫，看视频

图 8-38　标注固定板尺寸

❶ 打开图 8-38(a)所示的固定板文件后，在命令行输入 DIMCENTER 命令标注图形中的圆心；在命令行输入 DLI 命令标注固定板的线性尺寸；输入 DDI 标注直径尺寸，结果如图 8-39 所示。

❷ 在命令行输入 LEADER，标注倒角尺寸，命令行操作与提示如下。

```
命令: LEADER↙
指定引线起点: 选取倒角中心点
指定下一点: 在合适的位置选取下一点
指定下一点或 [注释(A)/格式(F)/放弃(U)] <注释>: 在合适的位置选取下一点
指定下一点或 [注释(A)/格式(F)/放弃(U)] <注释>: ↙
输入注释文字的第一行或 <选项>: ↙
输入注释选项 [公差(T)/副本(C)/块(B)/无(N)/多行文字(M)] <多行文字>: ↙
```

显示【文字编辑器】选项卡和多行文字编辑器，输入 C13，如图 8-40 所示，然后在【多行文字编辑器】选项卡中单击【关闭】按钮。

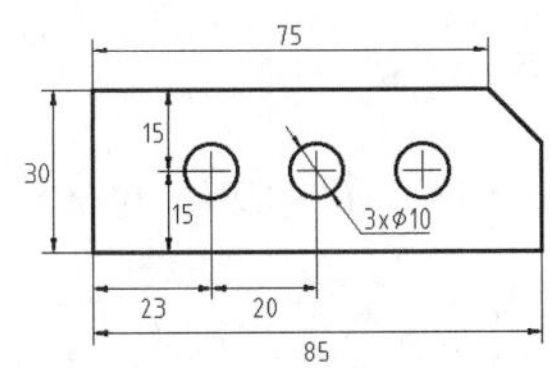

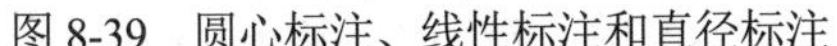

图 8-39　圆心标注、线性标注和直径标注

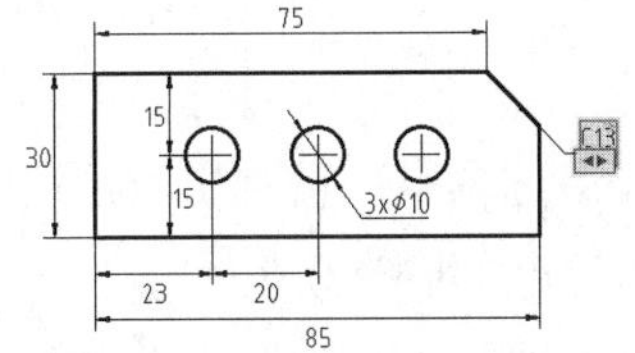

图 8-40　标注倒角

2. 快速引线标注

使用 QLEADER 命令可以快速生成指引线及注释，并且可以通过命令行优化对话框进行用户自定义，由此可以减少命令行中不必要的提示，提高绘图效率。

执行方式

命令行：QLEADER(快捷命令：LE)。

操作过程

```
命令: QLEADER↙
指定第一个引线点或 [设置(S)] <设置>:
```

选项说明

(1) 指定第一个引线点：在上面的提示下确定一点作为指引线的第一点。AutoCAD 命令行的提示如下。

```
指定下一点: 指定指引线的第二点
指定下一点: 指定指引线的第三点
```

AutoCAD 提示用户输入的点的数目由【引线设置】对话框确定。指定指引线的点后，命令行提示如下。

```
指定文字宽度 <0>: 输入多行文本的宽度
输入注释文字的第一行 <多行文字(M)>:
```

此时，有两种命令输入选择，其各自的含义如下。

- 输入注释文字的第一行：在命令行输入第一行文本。
- 多行文字(M)：打开多行文字编辑器，输入并编辑多行文字。

直接按 Enter 键，结束 QLEADER 命令，并将多行文本标注在指引线的末端附近。

(2) 设置(S)：直接按 Enter 键或输入 S，打开【引线设置】对话框，AutoCAD 允许对引线标注进行设置。该对话框包含【注释】【引线和箭头】【附着】3 个选项卡，如图 8-41 所示，下面将分别进行介绍。

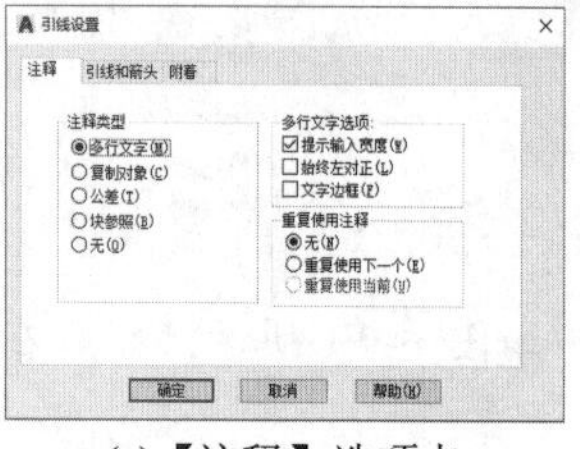

(a)【注释】选项卡

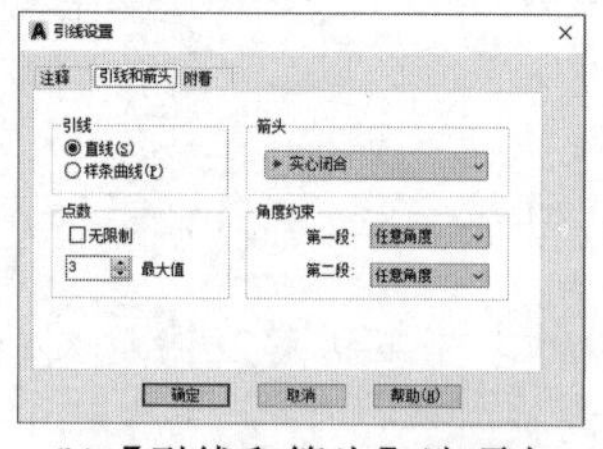

(b)【引线和箭头】选项卡

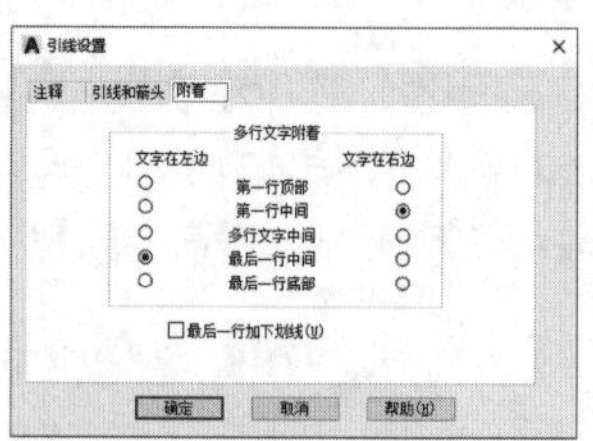

(c)【附着】选项卡

图 8-41 【引线设置】对话框

- 【注释】选项卡：设置引线标注中注释文本的类型、多行文字的格式并确定文本是否多次使用，如图 8-41(a)所示。
- 【引线和箭头】选项卡：设置标注中指引线和箭头的形式。其中【点数】选项组用于设置执行 QLEADER 命令时，AutoCAD 提示用户输入点的数目；【引线】选项组用于设置引线是直线还是样条曲线；【箭头】选项组用于设置箭头的样式；【角度约束】选项组用于设置引线的第一段和第二段的角度约束，如图 8-41(b)所示。
- 【附着】选项卡：设置注释文本和指引线的相对位置，如图 8-41(c)所示。如果最后一段指引线指向右边，系统自动将注释文本放在右侧；反之注释文本会被放在左侧。通过该选项卡左侧和右侧的单选按钮可以分别设置位于左侧和右侧的注释文本与最后一段指引线的相对位置，两者可相同也可不相同。

视频讲解

【例 8-11】使用 QLEADER 命令标注图 8-42 所示图形中的填充颜色值。

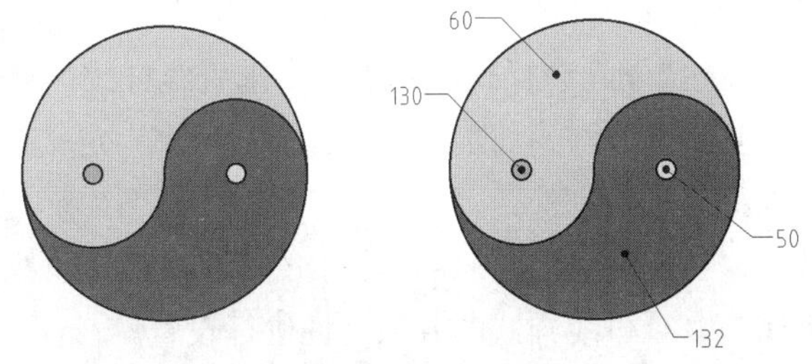

扫一扫，看视频

图 8-42　标注颜色值

8.4.3　多重引线标注

多重引线标注可以控制引线的外观。用户既可以使用默认的多重引线样式 Standard，也可以创建自定义的多重引线样式。在多重引线样式中，可以指定基线、引线、箭头和内容的格式。

1. 多重引线样式

定义多重引线样式可以控制引线的外观、引线的基线及引线、箭头和内容的格式。

执行方式

- 命令行：MLEADERSTYLE。
- 菜单栏：执行【格式】|【多重引线样式】命令。
- 功能区：单击【默认】选项卡【注释】面板中的【多重引线样式】按钮。

操作过程

执行上述操作后，AutoCAD 将打开图 8-43 所示的【多重引线样式管理器】对话框。利用该对话框，用户可以方便、直观地定制和浏览多重引线样式，包括创建新的多重引线样式、修改已存在的多重引线样式、设置当前多重引线样式等。

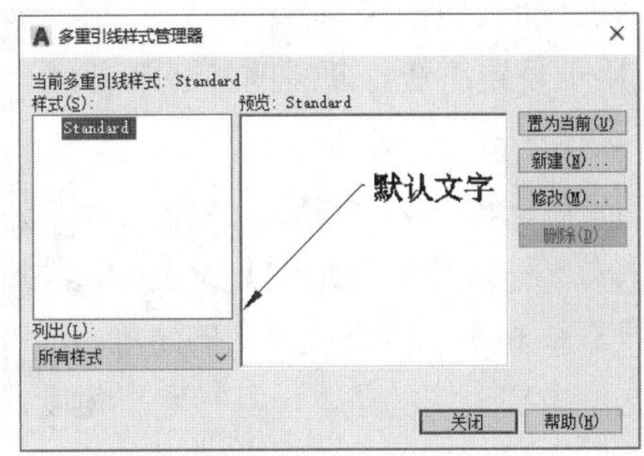

图 8-43　【多重引线样式管理器】对话框

选项说明

(1)【置为当前】按钮：单击该按钮，将把【样式】列表框中选中的样式设置为当前多重引线标注样式。

(2) 【新建】按钮：用于创建新多重引线样式。单击该按钮后，系统将打开图 8-44 所示的【创建新多重引线样式】对话框，用户通过该对话框可创建一个新的多重引线样式，其中各选项的功能说明如下。

- ❑【新样式名】文本框：为新的多重引线样式命名。
- ❑【基础样式】下拉列表框：选择创建新样式所基于的多重引线样式。单击【基础样式】下拉列表框，系统将弹出当前已有的样式列表，从中选择一个作为定义新样式的基础，新的样式是在所选样式的基础上修改得到的。
- ❑【继续】按钮：单击该按钮，系统将打开图 8-45 所示的【修改多重引线样式】对话框，用户通过该对话框可对新建的多重引线样式的各项特性进行设置。

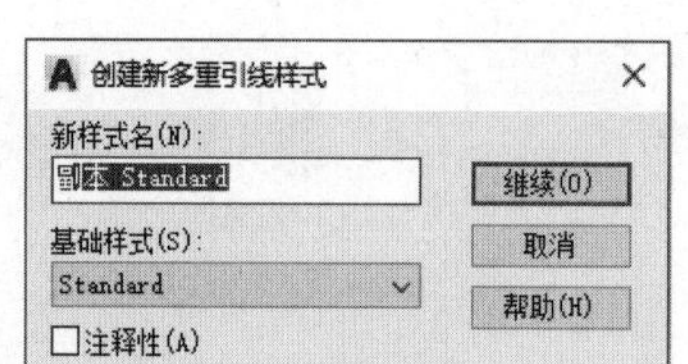

图 8-44 【创建新多重引线样式】对话框

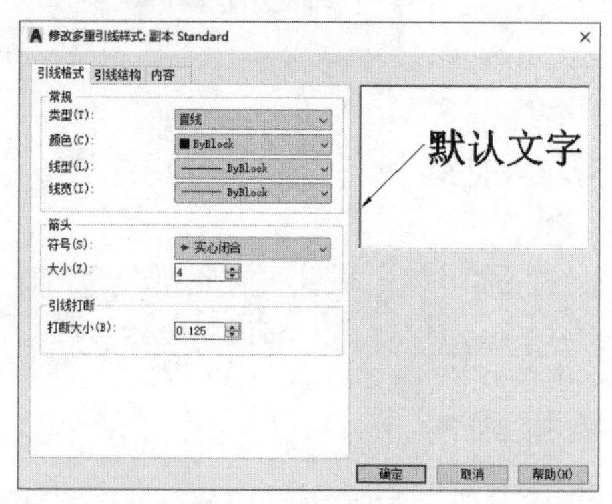

图 8-45 【修改多重引线样式】对话框

(3) 【修改】按钮：用于修改一个已存在的多重引线样式。单击该按钮后，系统将打开【修改多重引线样式】对话框，用户通过该对话框可以对已有标注样式进行修改。

【修改多重引线样式】对话框中的选项说明如下。

① 【引线格式】选项卡，如图 8-45 所示。

- ❑【常规】选项组：用于设置引线的外观。其中【类型】下拉列表框用于设置引线的类型，下拉列表中有【直线】【样条曲线】【无】3 个选项，分别表示引线为直线、样条曲线或者没有引线；可以分别在【颜色】【线型】【线宽】下拉列表框中设置引线的颜色、线型及线宽。
- ❑【箭头】选项组。用于设置箭头的样式和大小。
- ❑【引线打断】选项组：用于设置引线打断时的打断距离。

② 【引线结构】选项卡，如图 8-46 所示。

- ❑【约束】选项组：用于控制多重引线的结构。其中【最大引线点数】复选框用于确定是否要指定引线端点的最大数量；【第一段角度】和【第二段角度】复选框分别用于确定是否设置反映引线中第一段直线和第二段直线方向的角度，选中这些复选框后，可以在对应的输入框中指定角度。这里需要说明的是，一旦指定了角度，对应线段的角度方向会按设置值的整数倍变化。
- ❑【基线设置】选项组：用于设置多重引线中的基线。其中【自动包含基线】复选框用于设置引线中是否包含基线，还可以通过【设置基线距离】来指定基线的长度。
- ❑【比例】选项组：用于设置多重引线标注的缩放关系。【注释性】复选框用于确定多重引线样式是否为注释性样式。【将多重引线缩放到布局】单选按钮表示系统将根据当前模型空间视口和图纸空间之间的比例确定比例因子。【指定比例】单选按钮用于为所有多重引线标注设置一个缩放比例。

③ 【内容】选项卡，如图 8-47 所示。

❑ 【多重引线类型】下拉列表框：用于设置多重引线标注的类型。单击该下拉列表框后，在弹出的下拉列表中包含【多行文字】【块】【无】3 个选项，表示由多重引线标注出的对象分别是多行文字、块或没有内容。

❑ 【文字选项】选项组：若在【多重引线类型】下拉列表框中选择【多行文字】选项，则会显示此选项组。该选项组用于设置多重引线标注的文字内容。其中【默认文字】文本框用于确定所采用的文字样式；【文字样式】下拉列表框用于选择当前尺寸文本采用的文字样式；【文字角度】下拉列表框用于确定文字的倾斜角度；【文字颜色】和【文字高度】分别用于确定文字的颜色和高度；【始终左对正】复选框用于确定是否使文字左对齐；【文字边框】复选框用于确定是否要为文字加边框。

❑ 【引线连接】选项组：【水平连接】单选按钮表示引线终点位于所标注文字的左侧或右侧；【垂直连接】单选按钮表示引线终点位于所标注文字的上方或下方。

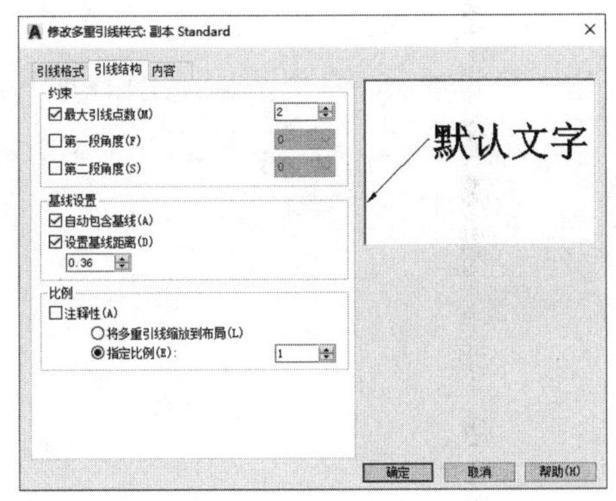

图 8-46 【引线结构】选项卡

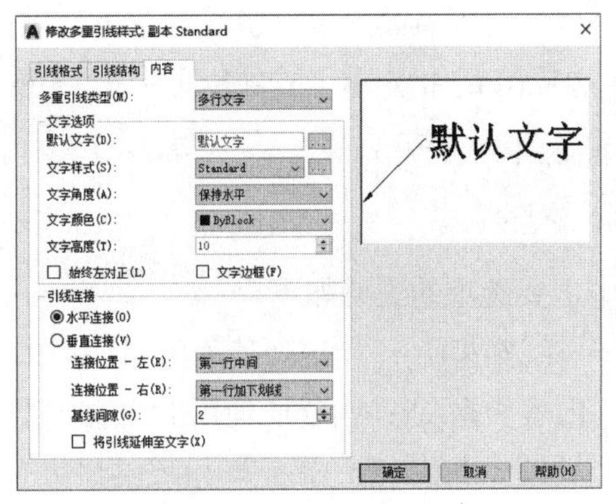

图 8-47 【内容】选项卡

若在【多重引线类型】下拉列表中选中【块】，表示多重引线标注的对象是块，此时对话框如图 8-48 所示。其中【源块】下拉列表框用于确定多重引线标注使用的块对象；【附着】下拉列表框用于指定块与引线的关系；【颜色】下拉列表框用于指定块的颜色。

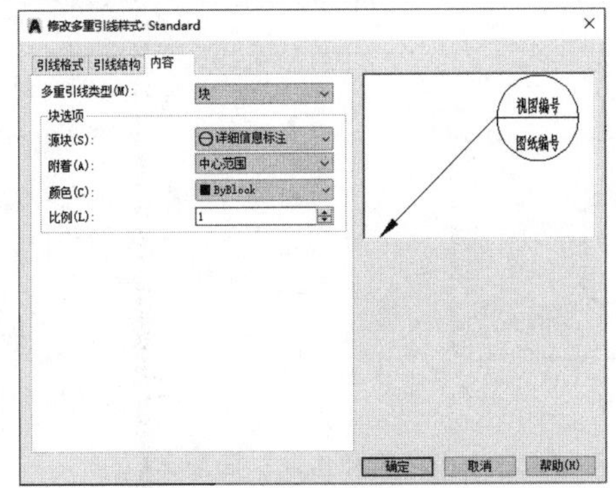

图 8-48 【块】多重引线类型

2. 多重引线标注

执行方式

- ❑ 命令行：MLEADER。
- ❑ 菜单栏：执行【标注】|【多重引线】命令。
- ❑ 工具栏：单击【多重引线】工具栏中的【多重引线】按钮。
- ❑ 功能区：单击【默认】选项卡【注释】面板中的【多重引线】按钮。

操作过程

```
命令: MLEADER↙
指定引线箭头的位置或 [引线基线优先(L)/内容优先(C)/选项(O)] <选项>:
```

选项说明

(1) 引线箭头的位置：指定多重引线对象箭头的位置。

(2) 引线基线优先(L)：指定多重引线对象的基线的位置。如果先前绘制的多重引线对象是基线优先，则后续的多重引线也将创建基线(除非另外指定)。

(3) 内容优先(C)：指定与多重引线对象相关联的文字或块的位置。如果先前绘制的多重引线对象是内容优先，则后续的多重引线对象也将先创建内容(除非另外指定)。

(4) 选项(O)：指定用于放置多重引线对象的选项，输入 O 选项后，命令行提示与操作如下。

```
输入选项 [引线类型(L)/引线基线(A)/内容类型(C)/最大节点数(M)/第一个角度(F)/第二个角度(S)/退出选项(X)]
<退出选项>:
```

其中主要选项的说明如下。

- ❑ 引线类型(L)：指定要使用的引线类型。
- ❑ 内容类型(C)：指定要使用的内容类型。
- ❑ 最大节点数(M)：指定新引线的最大节点数。
- ❑ 第一个角度(F)：约束新引线中的第一个点的角度。
- ❑ 第二个角度(S)：约束新引线中的第二个点的角度。
- ❑ 退出选项(X)：返回到第一个 MLEADER 命令提示。

视频讲解

【例 8-12】分别标注图 8-49(a)所示的齿轮箱图形和图 8-49(b)所示的传送机局部的尺寸。

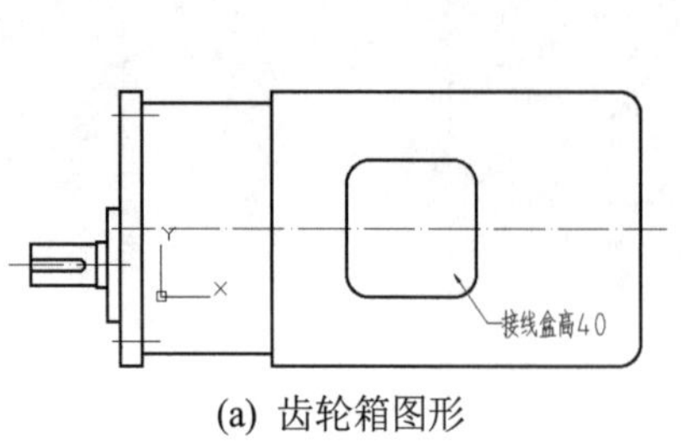

(a) 齿轮箱图形

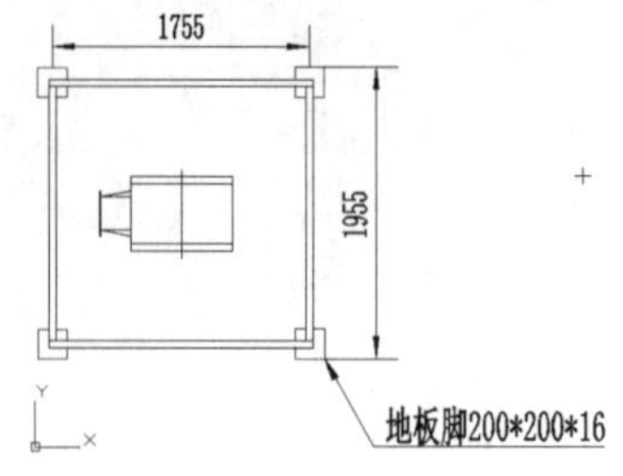

(b) 传送机局部

扫一扫，看视频

图 8-49　标注齿轮箱和传送机局部

8.4.4　快速引线标注

使用 QLEADER 命令可以快速生成指引线及注释，并且可以通过命令优化对话框进行用户自定义，由此消除不必要的命令行提示。

执行方式

命令行：QLEADER(快捷命令：LE)。

操作过程

```
命令: QLEADER↙
指定第一个引线点或 [设置(S)] <设置>:
```

选项说明

(1) 指定第一个引线点：在以上提示下指定一点为指引线的第一点，命令行提示如下。

```
指定下一点: 输入指引线的第二点
指定下一点: 输入指引线的第三点
```

输入完指引线的点后，命令行提示如下。

```
指定文字宽度 <0>: 输入多行文字的宽度
输入注释文字的第一行 <多行文字(M)>:
```

此时，有以下两种输入选择。

① 输入注释文字的第一行：在命令行输入第一行文字，命令行提示如下。

```
输入注释文字的下一行: 输入另一行文字
输入注释文字的下一行: 输入另一行文字或按 Enter 键
```

② 多行文字(M)：打开多行文字编辑器，输入并编辑多行文字。

输入全部注释文本后，在此提示下直接按 Enter 键，AutoCAD 结束 QLEADER 命令，并把多行文本标注在指引线的末端附近。

(2) 设置(S)：在上面的提示下直接按 Enter 键，或输入 S，AutoCAD 将打开【引线设置】对话框，通过该对话框可以对引线标注进行设置，如图 8-50 所示。

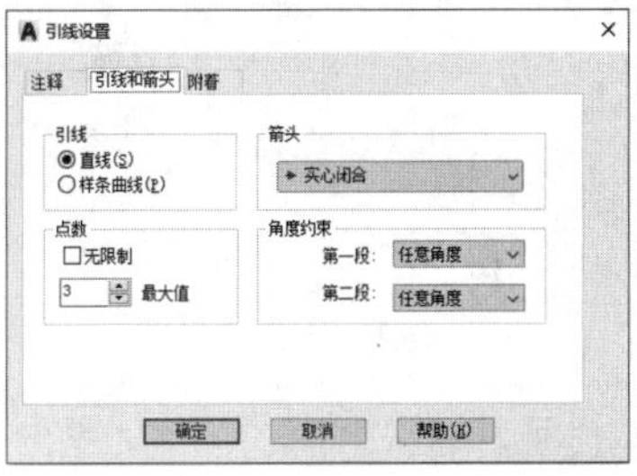

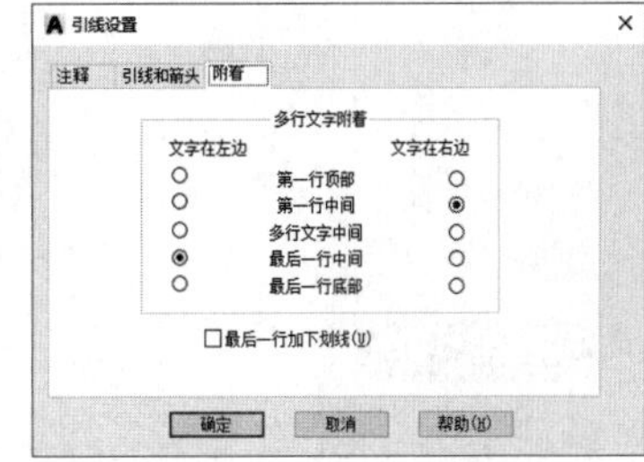

图 8-50 【引线设置】对话框

视频讲解

【例 8-13】使用 QLEADER 命令标注图 8-51 所示的端点保护器。

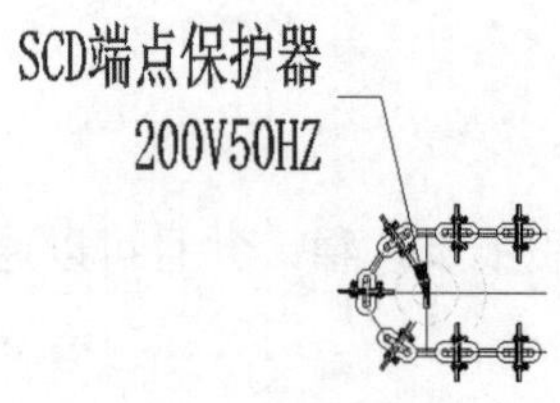

扫一扫，看视频

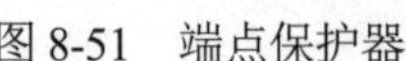

图 8-51　端点保护器

8.5　几何公差

为方便机械设计绘图工作，AutoCAD 提供了标注形状、位置公差的功能，其在新版机械制图国家标准中称为“几何公差”(也叫形位公差)。在 AutoCAD 中，可以通过特征控制框来显示几何公差信息，如图形的形状、轮廓、方向、位置和跳动的偏差等，如图 8-52 所示。

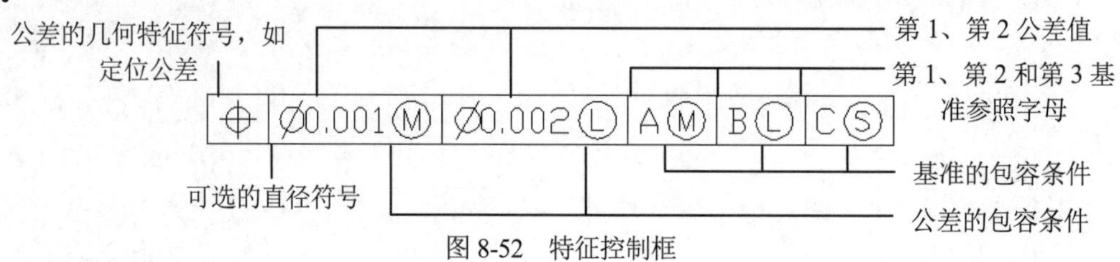

图 8-52　特征控制框

执行方式

- ❑ 命令行：TOLERANCE(快捷命令：TOL)。
- ❑ 菜单栏：执行【标注】|【公差】命令。
- ❑ 工具栏：单击【标注】工具栏中的【公差】按钮。
- ❑ 功能区：选择【注释】选项卡，在【标注】面板中单击【公差】按钮。

操作过程

执行上述操作后，AutoCAD 将打开图 8-53 所示的【形位公差】对话框。

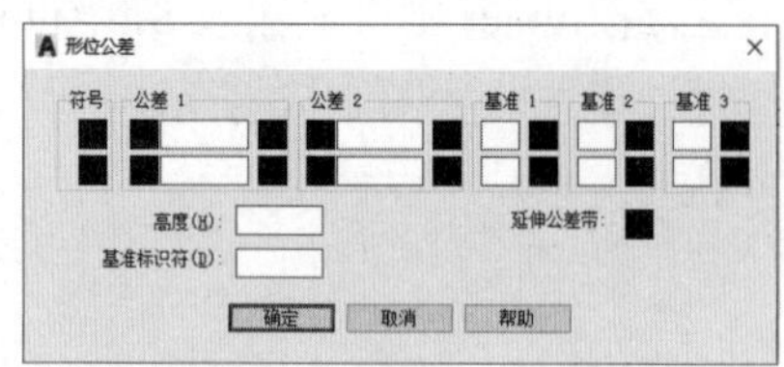

图 8-53　【形位公差】对话框

选项说明

(1) 符号：用于设定或改变公差代号。单击下面的黑块，系统将打开图 8-54 所示的【特征符号】对话框，从中可以选择需要的公差代号。

(2) 公差 1(2)：用于产生第 1(2)个公差的公差值及“附加符号”。白色文本框左侧的黑块控制是否在公差值之前加一个直径符号，单击该符号，系统将显示一个直径符号；再次单击，直径符号消失。白色文本框用于确定公差值，可在其中输入一个具体的数值。右侧黑块用于插入【包容条件】符号，单击该符号，系统将打开图 8-55 所示的【附加符号】对话框，用户可以从中选择所需的符号。

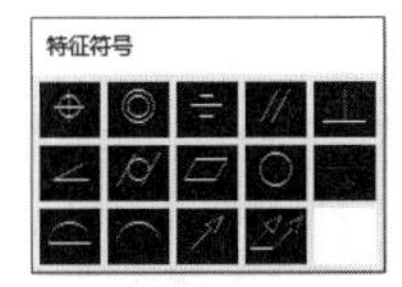

图 8-54 【特征符号】对话框

图 8-55 【附加符号】对话框

(3) 基准 1(2,3)：用于确定第 1(2，3)个基准代号及材料状态符号。在其下方的白色文本框中输入一个基准代号。单击其右侧的黑块，系统将会打开【附加符号】对话框，用户可从中选择适合的“包容条件”符号。

(4) 【高度】文本框：用于确定标注复合形位公差的高度。

(5) 延伸公差带：单击其右侧的黑块，可在复合公差带后面增加一个复合公差符号，如图 8-56(e)所示，其他形位公差标注如图 8-56(a)~(d)所示。

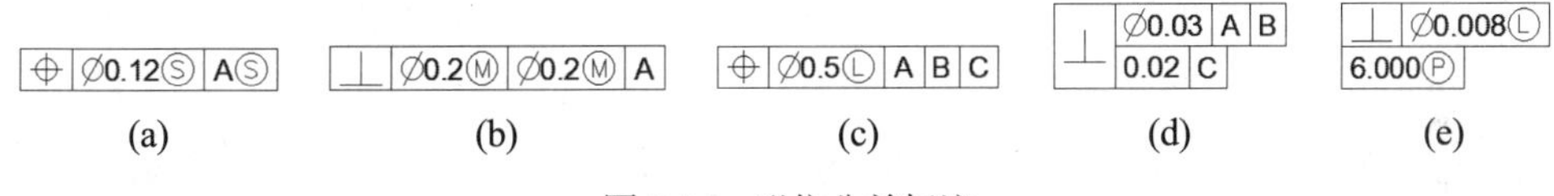

图 8-56　形位公差标注

(6) 【基准标识符】文本框：用于产生一个标识符号，可用一个字母表示。

视频讲解

【例 8-14】标注图 8-57 所示轴套图形的形位公差。

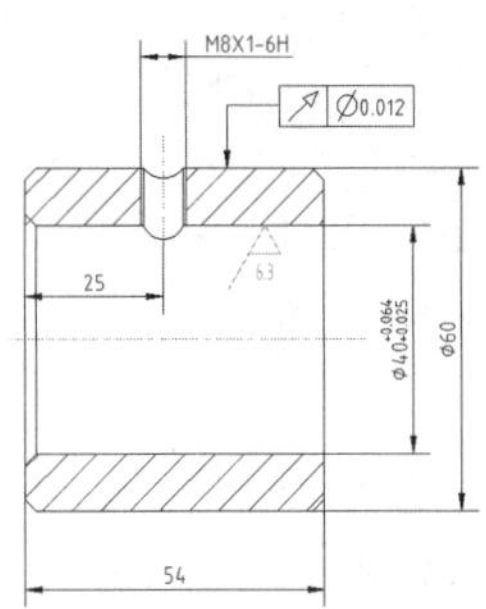

图 8-57　标注轴套的形位公差

扫一扫，看视频

8.6　编辑尺寸标注

AutoCAD 允许用户对已经创建好的尺寸标注进行编辑修改，包括修改尺寸文本的内容、改变其位置、使尺寸文本倾斜一定角度等，还可以对尺寸界线进行编辑。

8.6.1　尺寸编辑

使用 DIMEDIT 命令可以同时对多个尺寸标注进行编辑修改，如修改已有尺寸标注的文本内容、将尺寸文本倾斜一定角度，或者对尺寸界线进行修改，使其旋转一定角度。

执行方式

- ❑ 命令行：DIMEDIT(快捷命令：DED)。
- ❑ 菜单栏：执行【标注】|【对齐文字】|【默认】命令。
- ❑ 工具栏：单击【标注】工具栏中的【编辑标注】按钮。

操作过程

```
命令: DIMEDIT↙
输入标注编辑类型 [默认(H)/新建(N)/旋转(R)/倾斜(O)] <默认>:
```

选项说明

(1) 默认(H)：按尺寸标注样式中设置的默认位置和方向放置尺寸文本，如图 8-58(a)所示。选择该选项后，命令行提示如下。

```
选择对象: 选择要编辑的尺寸标注
```

(2) 新建(N)：选择该选项后，系统将打开多行文字编辑器，利用该编辑器可对尺寸文本进行修改。

(3) 旋转(R)：改变尺寸文本的倾斜角度。尺寸文本的中心点不变，使文本沿指定的角度方向倾斜排列，如图 8-58(b)所示。若输入角度为 0，则系统会按【新建标注样式】对话框的【文字】选项卡中设置的系统默认方向排列。

(4) 倾斜(O)：修改长度型尺寸标注的尺寸界线，使其倾斜一定角度，与尺寸线不垂直，如图 8-58(c)所示。

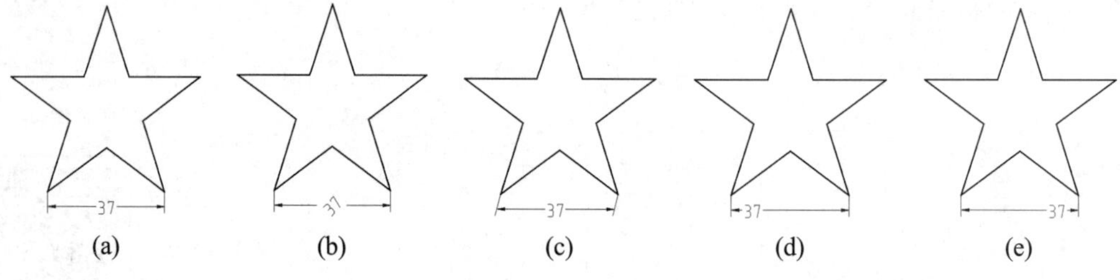

图 8-58　编辑尺寸标注

8.6.2　尺寸文本编辑

使用 DIMTEDIT 命令可以改变尺寸文本的位置，使其位于尺寸线上面左端、右端或中间，并且可以使文本倾斜一定角度。

执行方式

- ❑ 命令行：DIMTEDIT。
- ❑ 菜单栏：执行【标注】|【对齐文字】子菜单中除【默认】命令以外的其他命令。
- ❑ 工具栏：单击【标注】工具栏中的【编辑标准文字】按钮。

操作过程

```
命令: DIMTEDIT↙
选择标注: 选择一个尺寸标注
为标注文字指定新位置或 [左对齐(L)/右对齐(R)/居中(C)/默认(H)/角度(A)]:
```

选项说明

(1) 为标注文字指定新位置：更新尺寸文本的位置。用户使用鼠标将文本拖动至新的位置，此时系统变量 DIMSHO 为 ON。

(2) 左(右)对齐：使尺寸文本沿尺寸线左(右)对齐，如图 8-58(d)和图 8-58(e)所示。该选项只对长度型、半径型、直径型尺寸标注起作用。

(3) 居中(C)：将尺寸文本放在尺寸线上的中间位置，如图 8-58(a)所示。

(4) 默认(H)：将尺寸文本按默认位置放置。

(5) 角度(A)：改变尺寸文本的倾斜角度。

8.7　实践演练

通过学习，读者对本章所介绍的内容有了大致的了解。本节将通过表 8-1 所示的几个实践操作，帮助读者进一步掌握本章的知识要点。

表 8-1　实践演练操作要求

实践名称	操作要求	效　　果
吊环	(1) 绘制图形，设置标注样式； (2) 标注线性尺寸； (3) 标注半径尺寸； (4) 标注直径尺寸； (5) 标注角度尺寸	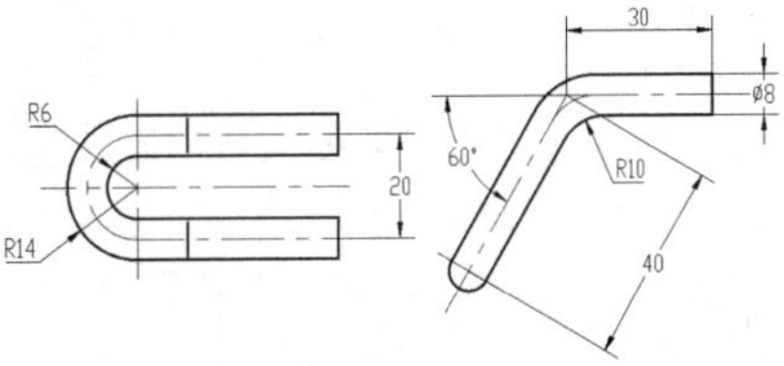
家具腿	(1) 在图形中设置文字样式和标注样式； (2) 标注半径尺寸； (3) 标注直径尺寸； (4) 标注线性尺寸； (5) 标注连续尺寸	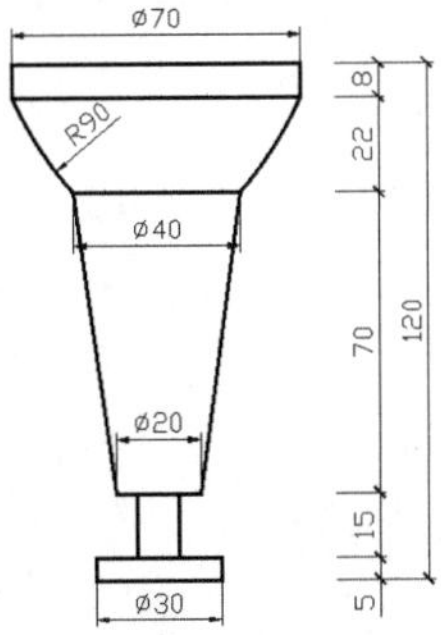
从动中间轴	(1) 绘制图形； (2) 设置文字样式和标注样式； (3) 标注线性尺寸； (4) 标注尺寸公差	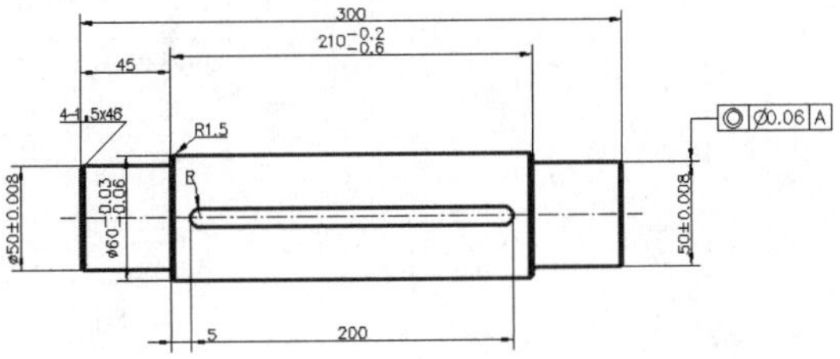

(续表)

实践名称	操作要求	效　果
滚轮轴	(1) 设置文字样式和标注样式； (2) 标注线性尺寸； (3) 标注半径尺寸； (4) 标注尺寸公差； (5) 标注形位公差	

8.8　拓展练习

扫描二维码，获取更多 AutoCAD 习题。

扫一扫，做练习

第9章　块及其属性

内容简介

在绘制图形时，如果图形中有大量相同或相似的内容，或者所绘制的图形与已有的图形文件相同，则可以把要重复绘制的图形创建成块(也称图块)。用户可根据需要为块创建属性，指定块的名称、用途及设计者等信息，在需要时插入它们，从而提高绘图效率。

内容要点

- ❑ 创建与插入块
- ❑ 定义与编辑块属性

9.1　创建与插入块

块是一个或多个对象组成的对象集合，常用于绘制复杂、重复的图形。一旦一组对象组合成块，用户就可以根据作图需要将这组对象插入图中的任意指定位置，还可以按不同的比例和旋转角度插入它们。在 AutoCAD 中使用块的好处有以下几个。

(1) 提高绘图效率。在 AutoCAD 中绘图时，常常要绘制一些重复出现的图形。如果把这些图形做成块保存起来，绘制这些图形时就可以用插入块的方法实现，即把绘图变成拼图，从而避免了大量的重复操作，提高了绘图效率。

(2) 节省存储空间。AutoCAD 要保存图中每一个对象的相关信息，如对象的类型、位置、图层线型及颜色等，这些信息要占用存储空间。如果一幅图中包含大量相同的图形，就会占据较大的磁盘空间。但如果把相同的图形事先定义成一个块，绘制它们时就可以直接把块插入图中的各个相应位置。这样既满足了绘图要求，又可以节省磁盘空间。因为虽然在块的定义中包含了图形的全部对象，但系统只需要一次这样的定义。对块的每次插入，AutoCAD 仅需要记住这个块对象的有关信息(如块名、插入点坐标及插入比例等)。对于复杂但需多次绘制的图形，这一优点更为明显。

(3) 便于修改图形。一张工程图纸往往需要多次修改。例如在机械设计中，旧的国家标准用虚线表示螺栓的内径，之后的标准则规定用细实线表示。如果对旧图纸上的每一个螺栓按新国家标准修改，既费时又不方便。但如果原来各螺栓是通过插入块的方法绘制的，那么只要简单地对块进行再定义，就可以对图中的所有螺栓进行修改。

(4) 可以添加属性。很多块要求有文字信息以进一步解释其用途。AutoCAD 允许用户为块创建文字属性，并可以在插入的块中指定是否显示这些属性。此外，用户还可以从图中提取这些信息并将它们传送到数据库中。

9.1.1 创建块

在使用块之前，要先创建块。

1. 定义内部块

内部块是存储在图形文件内部的块，只能在存储文件中使用，而不能在其他图形文件中使用。

执行方式

- 命令行：BLOCK(快捷命令：B)。
- 菜单栏：执行【绘图】|【块】|【创建】命令。
- 工具栏：单击【绘图】工具栏中的【创建块】按钮。
- 功能区：选择【默认】选项卡，单击【块】面板中的【创建】按钮；或选择【插入】选项卡，单击【块定义】面板中的【创建块】按钮。

操作过程

执行上述操作后，AutoCAD 将打开图 9-1 所示的【块定义】对话框，用户利用该对话框可以定义图块并为其命名。

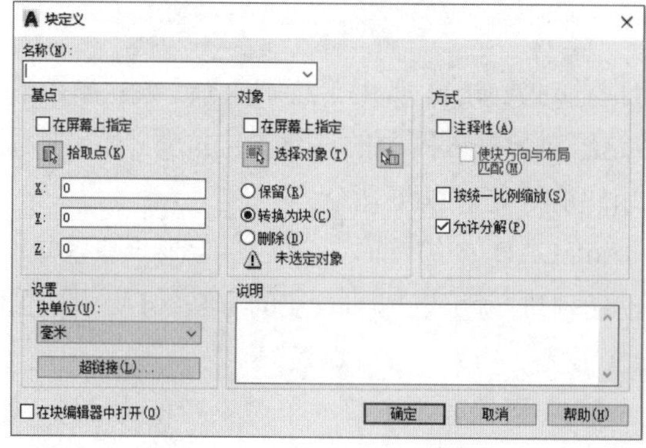

图 9-1 【块定义】对话框

选项说明

(1) 【基点】选项组：用于确定图块的基点，默认为(0,0,0)，也可以在下面的 X、Y、Z 文本框中输入块的基点坐标值。单击【拾取点】按钮，系统临时切换到绘图区，在绘图区选择一点后，返回【块定义】对话框中，把选择的点作为图块的放置基点。

(2) 【对象】选项组：用于选择制作图块的对象，以及设置图块对象的相关属性。如图 9-2 所示，将图 9-2(a)中的圆形定义为图块，图 9-2(b)为选取【删除】单选按钮的结果，图 9-2(c)为选取【保留】单选按钮的结果。

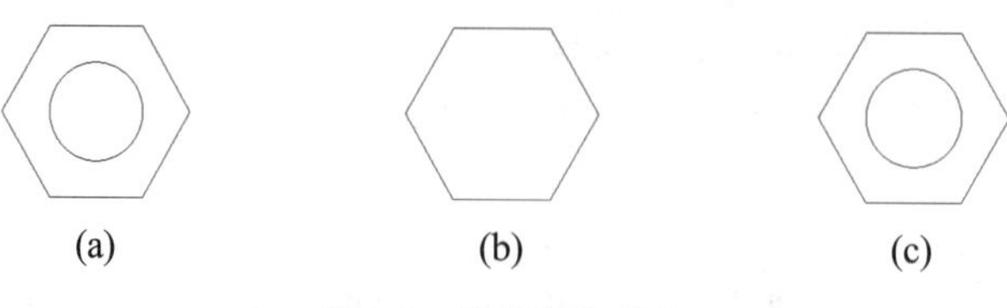

图 9-2 设置图块对象

(3) 【设置】选项组：指定从 AutoCAD 设计中心拖动图块时用于测量图块的单位，以及进行超链接设置等。

(4) 【在块编辑器中打开】复选框：选中该复选框后，可以在块编辑器中定义动态块(后面将详细介绍)。

(5) 【方式】选项组：指定块的行为。其中【注释性】复选框用于指定在图纸空间中块参照的方向与布局方向匹配；【按统一比例缩放】复选框用于指定是否阻止块参照不按统一比例缩放；【允许分解】复选框用于指定块参照是否可以被分解。

实例讲解

【例 9-1】将图 9-3 所示的粗糙度符号定义成块。

图 9-3　粗糙度符号块

扫一扫，看视频

❶ 在【绘图】工具栏中单击【直线】按钮，在绘图区绘制表示粗糙度的图形。

❷ 选择【绘图】|【块】|【创建】命令，打开【块定义】对话框，在【名称】文本框中输入块的名称，如 Myblock。

❸ 在【基点】选项组中单击【拾取点】按钮，然后单击图 9-3 中的 O 点，确定基点位置。

❹ 在【对象】选项组中选择【保留】单选按钮，然后单击【选择对象】按钮，切换到绘图区，使用窗口选择方法选择所有图形，然后按 Enter 键。

❺ 返回【块定义】对话框，在【块单位】下拉列表中选择【毫米】选项。

❻ 在【说明】文本框中输入对图块的说明，如“粗糙度符号”，单击【确定】按钮。

2. 定义外部块

内部块仅限于在创建块的图形文件中使用，当其他文件中也需要使用时，则需要创建外部块(也就是永久块)。外部块不依赖于当前图形，可以在任意图形文件中调用并插入。

执行方式

- 命令行：WBLOCK(快捷命令：W)
- 菜单栏：执行【插入】|【块】命令。
- 功能区：选择【插入】选项卡，单击【块定义】面板中的【写块】按钮。

操作过程

执行上述命令后，AutoCAD 将打开图 9-4 所示的【写块】对话框。用户利用该对话框可以把图形对象保存为图形文件或把图块转换成图形文件。

选项说明

(1) 【源】选项组：确定要保存为图形文件的图块或图形对象，选中【块】单选按钮，单击右侧的下拉列表框，在展开的下拉列表中选择一个图块，将其保存为图形文件；选中【整个图形】单选按钮，则把当前的整个图形保存为图形文件；选中【对象】单选按钮，AutoCAD 会将不属于图块的图形对象保存为图形文件。对象的选择通过【对象】选项组来完成。

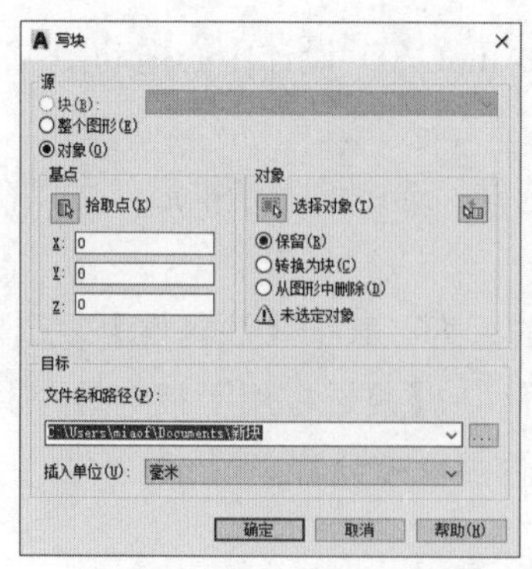

图 9-4 【写块】对话框

(2) 【目标】选项组：用于指定图形文件的名称、保存路径和插入单位。

(3) 【基点】选项组、【对象】选项组各选项功能与【块定义】对话框中选项组功能相似，此处不再赘述。

实例讲解

【例 9-2】将图 9-5 所示的垫片图形定义为外部块。

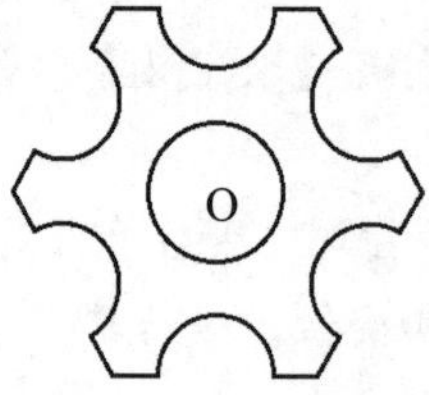

扫一扫，看视频

图 9-5 定义外部块

❶ 在菜单栏中执行【绘图】|【块】|【创建】命令，打开【块定义】对话框，在【名称】文本框中输入 DP3。

❷ 单击【拾取点】按钮，切换到绘图区，选择图 9-5 中的圆心 O 为插入基点。

❸ 返回【块定义】对话框，单击【选择对象】按钮，切换到绘图区，选择所有对象后，按 Enter 键。

❹ 再次返回【块定义】对话框，单击【确定】按钮。

❺ 在命令行输入 WBLOCK 后按 Enter 键，打开【写块】对话框，在【源】选项组中选中【块】单选按钮，在右侧的下拉列表框中选择【DP3】块，然后单击【确定】按钮。

技巧点拨

在定义外部块时，许多用户常常会忽略创建拾取点，其实创建拾取点在插入块操作中十分有用，它用于决定图块的插入点。如果在创建块时没有设置拾取点，图块会以原点为插入点。

9.1.2 插入块

在 AutoCAD 绘图过程中，用户可以根据需要随时把已经定义好的图块或图形文件插入当前图形的任意位置，在插入的同时还可以改变图块的大小、旋转一定角度或把图块炸开等。

执行方式

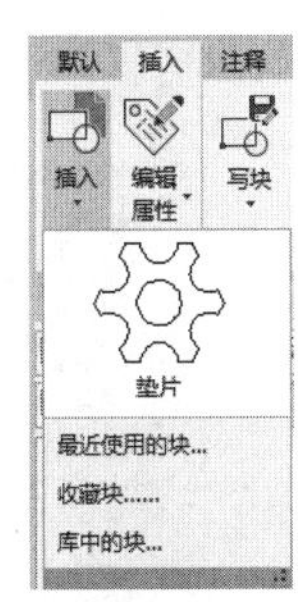

图 9-6 【插入】下拉列表

- 命令行：INSERT(快捷命令：I)。
- 菜单栏：执行【插入】|【块选项板】命令。
- 工具栏：单击【插入】工具栏中的【插入块】按钮，或单击【绘图】工具栏中的【插入块】按钮。
- 功能区：单击【默认】选项卡【块】面板中的【插入】按钮，或单击【插入】选项卡【块】面板中的【插入】按钮，在弹出的下拉列表中选择相应的选项，如图 9-6 所示。

操作过程

执行上述命令后，AutoCAD 将打开图 9-7 所示的【块】选项板，用户可以在其中指定要插入的图块及插入位置。

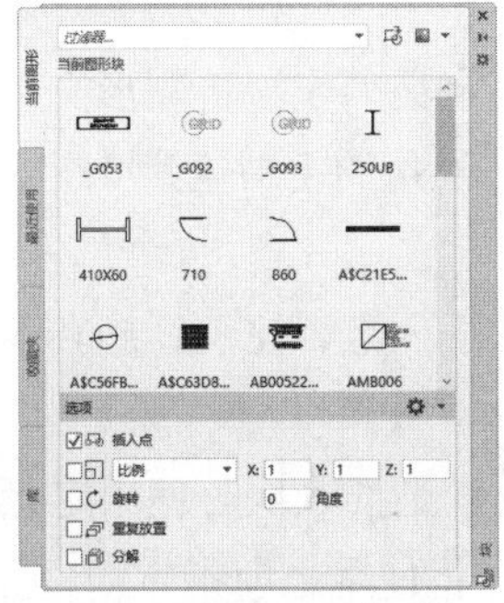

(a)【当前图形】选项卡

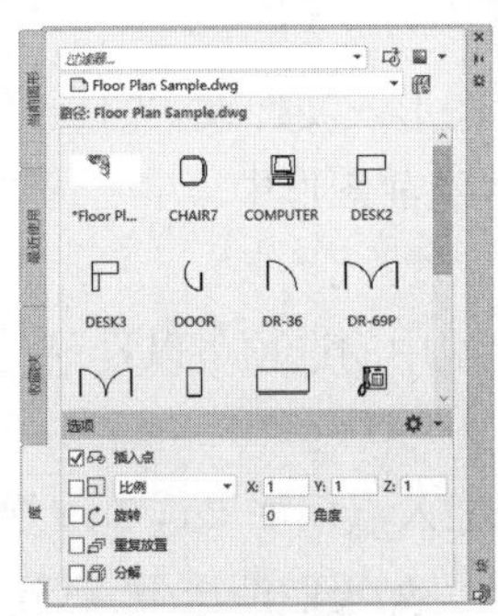

(b)【库】选项卡

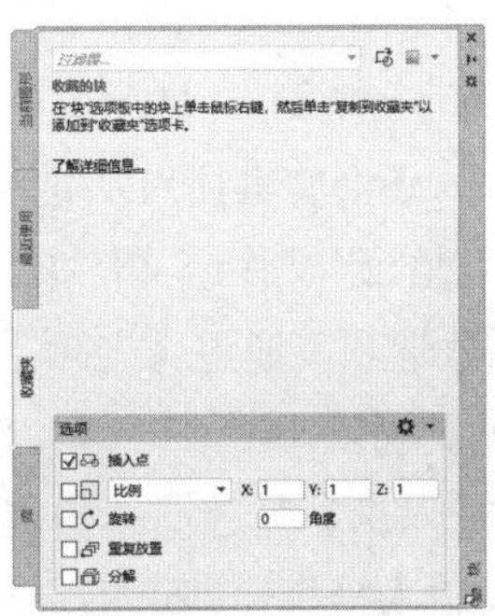

(c)【收藏夹】选项卡

图 9-7 【块】选项板

选项说明

(1) 控制选项。通过【块】选项板中的控制选项，可以快速查找、插入图块，或者改变选项卡中图块的显示方式。

- 过滤器：输入接受通配符的条件，以按名称过滤可用的块。有效通配符为用于单个字符的“？”和用于多个字符的“*”。例如，输入 3??A*可显示名为 3??A321 和 3x8AD 的块。下拉列表显示之前使用的通配符字符串。
- 【浏览】按钮：单击该按钮，显示图 9-8 所示的【选择要插入的文件】对话框，通过该对话框可以选择要作为块插入当前图形的图形文件或其块定义之一。
- 【图标或列表样式】按钮：单击右侧小三角，显示列出或预览可用块的多个选项，如图 9-9 所示。

(2) 选项卡。通过拖放、单击并放置选项卡，或右击鼠标并从弹出的快捷菜单中选择命令，即可从选项卡插入块。

- 预览区域：显示基于当前图形中可用块定义的预览或列表。
- 【当前图形】选项卡：显示当前图形中可用块定义的预览或列表。
- 【最近使用】选项卡：显示当前和上一个任务中最近插入或创建的块定义的预览或列表(这些块可能来自各种图形)。
- 【收藏夹】选项卡：在其他选项卡中显示的块上右击鼠标，从弹出的快捷菜单中选择【复制到收藏夹】命令，可以将其添加至【收藏夹】选项卡。

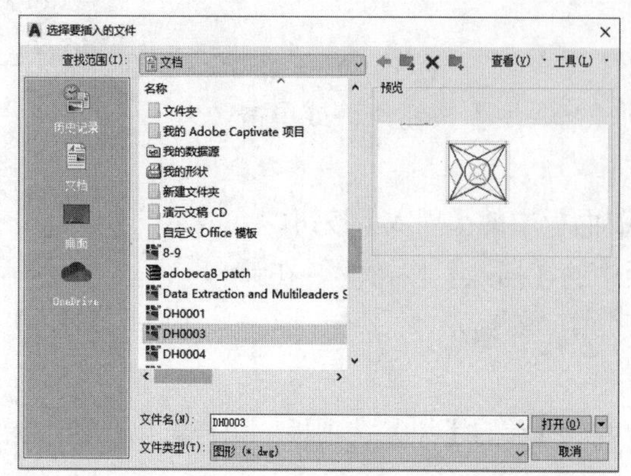

图 9-8 【选择要插入的文件】对话框

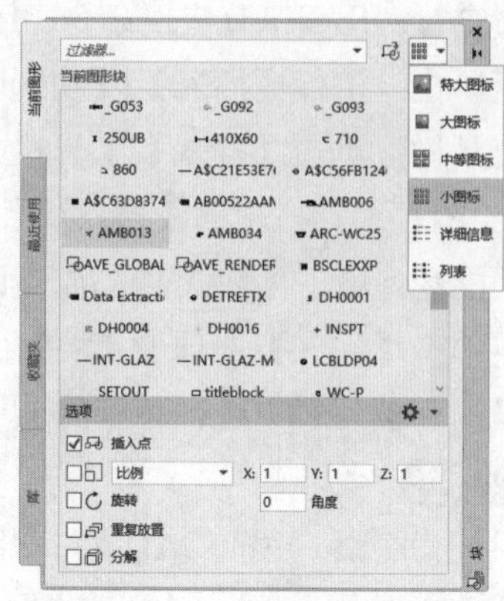

图 9-9 图标列表

- 【库】选项卡：显示单个指定图形或文件夹中的预览或块定义列表。将图形文件作为块插入，还会将其所有块定义输入当前图形中。单击选项板右上角的【浏览】按钮，以浏览其他图形文件或文件夹。

(3) 插入选项。通过【选项】选项组中的选项可以设置图块的插入点、比例、旋转角度以及是否分解或重复放置。

- 【插入点】复选框：指定块的插入点。如果选中该复选框，则插入块时使用定点设备或手动输入坐标，即可指定插入点。如果取消选中该复选框，将使用之前指定的坐标。
- 【比例】复选框：指定插入块的缩放比例。若取消选中该复选框，则指定 X、Y 和 Z 方向的比例因子。如果 X、Y 和 Z 比例因子为负值，则块将作为围绕该轴的镜像图像插入。如果选中该复选框，将使用之前指定的比例。如图 9-10 所示，图 9-10(a)是被插入的图块；图 9-10(b)为按比例系数 1.5 插入图块的结果；图 9-10(c)为按比例系数 0.5 插入图块的结果；X 轴方向和 Y 轴方向的比例系数也可以取不同值，图 9-10(d)为 X 轴方向的比例系数为 1，Y 轴方向的比例系数为 1.3 插入图块的结果。此外，比例系数也可以是负数，表示插入图块的镜像，例如图 9-10(e)为按比例系数 X=1，Y=1 插入图块的结果；图 9-10(f)为按比例系数 X=1，Y=－1 插入图块的结果；图 9-10(g)为按比例系数 X=－1，Y=1 插入图块的结果；图 9-10(h)为按比例系数 X=－1，Y=－1 插入图块的结果。

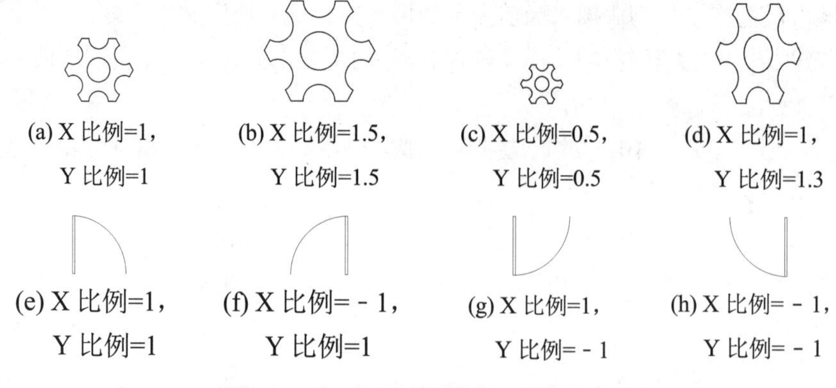

(a) X 比例=1，Y 比例=1　(b) X 比例=1.5，Y 比例=1.5　(c) X 比例=0.5，Y 比例=0.5　(d) X 比例=1，Y 比例=1.3

(e) X 比例=1，Y 比例=1　(f) X 比例=－1，Y 比例=1　(g) X 比例=1，Y 比例=－1　(h) X 比例=－1，Y 比例=－1

图 9-10 取不同比例系数插入图块的结果

- 【旋转】复选框：在当前 UCS 中指定插入块的旋转角度。如果选中该复选框，使用定点设备或输入角度指定块的旋转角度。如果取消选中该复选框，将使用之前指定的旋转角度。例如图 9-11 所示，其中图 9-11(a)为原图块，图 9-11(b)为图块旋转 30° 后的插入效果，图 9-11(c)为图块旋转 - 30° 后的插入效果。

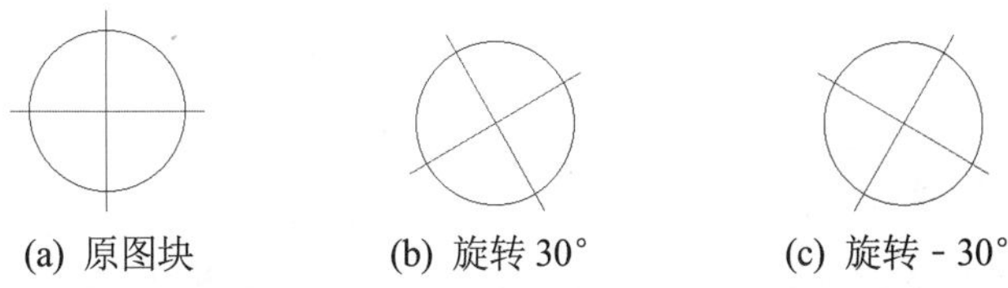

(a) 原图块　(b) 旋转 30°　(c) 旋转 - 30°

图 9-11　不同旋转角度插入图块的效果

- 【角度】文本框：如果选中【旋转】复选框，切换到绘图区，在绘图区选择一点，AutoCAD 将自动测量插入点与该点连线和 X 轴正方向之间的夹角，并把它作为块的旋转角。用户也可以在【角度】文本框中直接输入插入图块的旋转角度。
- 【分解】复选框：用于控制块在插入时是否自动分解为其构件对象。作为块将在插入时遭分解的指示，将自动组织光标处块的预览。如果选中【分解】复选框，则块中的构件对象将解除关联并恢复为其原有特性。使用 Byblock 颜色的对象为白色。具有 Byblock 线型的对象使用 Continuous 线型。如果取消选中【分解】复选框，将在不分解块的情况下插入指定块。
- 【重复放置】复选框：控制是否自动重复块插入。如果选中该复选框，AutoCAD 将自动提示其他插入点，直到按 Esc 键取消命令；如果取消选中该复选框，则将插入指定块一次。

实例讲解

【例 9-3】在图 9-12(a)所示的弯头图形中插入例 9-1 定义的块，结果如图 9-12(b)所示。

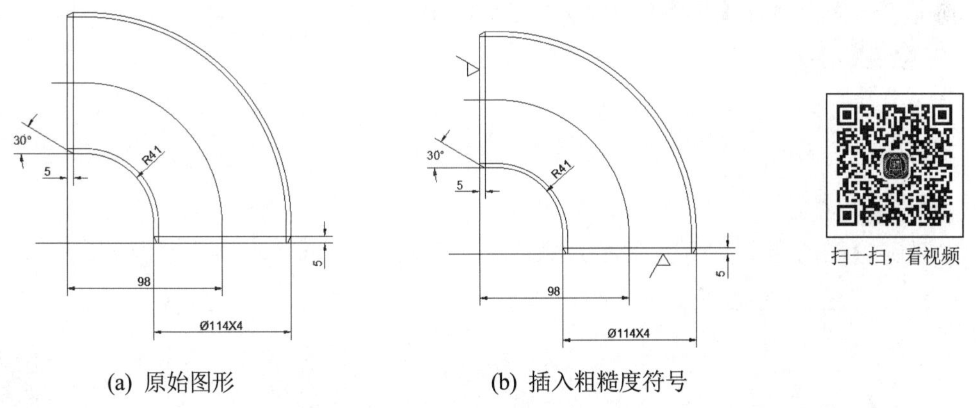

(a) 原始图形　(b) 插入粗糙度符号

图 9-12　插入图块

❶ 打开素材图形后，在命令行输入 I，系统打开【块】选项板，如图 9-13 所示。在【选项】选项组中选中【插入点】和【重复放置】复选框，在【角度】文本框中输入 180，设置 X 轴方向和 Y 轴方向的比例系数为 2，在【最近使用】选项卡中选中 Myblock 图块，将粗糙度符号图块插入图中合适的位置，如图 9-14 所示。

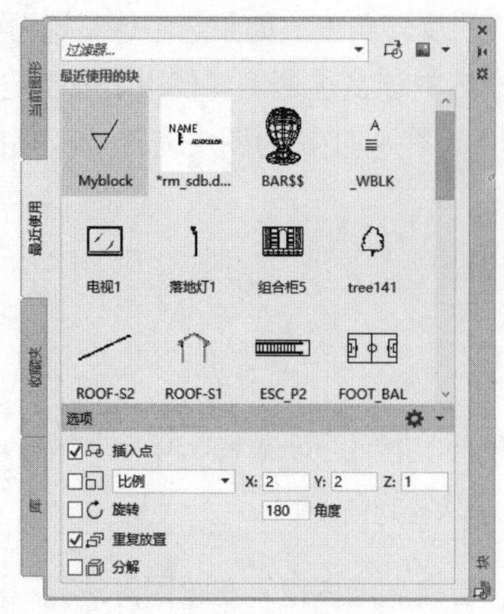

图 9-13 【块】选项板

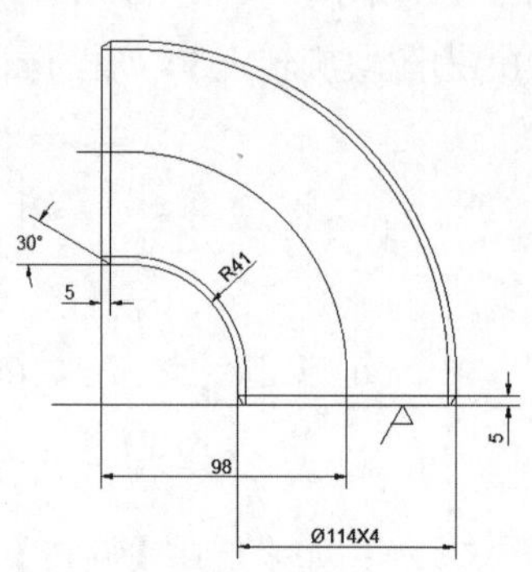

图 9-14 插入块

❷ 在【选项】选项组的【角度】文本框中输入 90，然后在【最近使用】选项卡中选中 Myblock 图块，将粗糙度符号图块再次插入图中，结果如图 9-12(b)所示。

9.1.3 设置插入基点

使用 BASE 命令可以设置当前图形的插入基点。当把某一图形文件作为块插入时，AutoCAD 默认将该图的坐标原点作为插入点，这样往往会给绘图带来不便。此时就可以使用【基点】命令，对图形文件指定新的插入基点。

执行方式

- 命令行：BASE。
- 菜单栏：执行【绘图】|【块】|【基点】命令。

操作过程

命令: BASE↙
输入基点 <当前>: 指定作为块插入基点的坐标

视频讲解

【例 9-4】在图 9-15 所示房屋布局图插入沙发块时使用 BASE 命令设置插入基点。

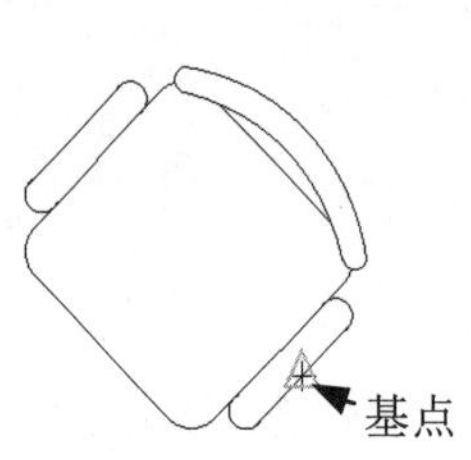

(a) 设置基点

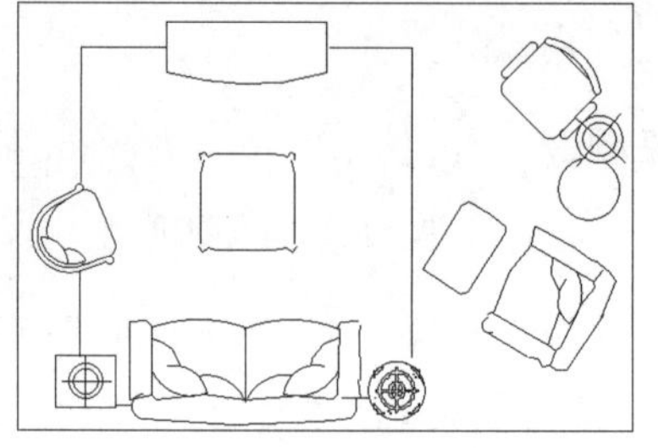
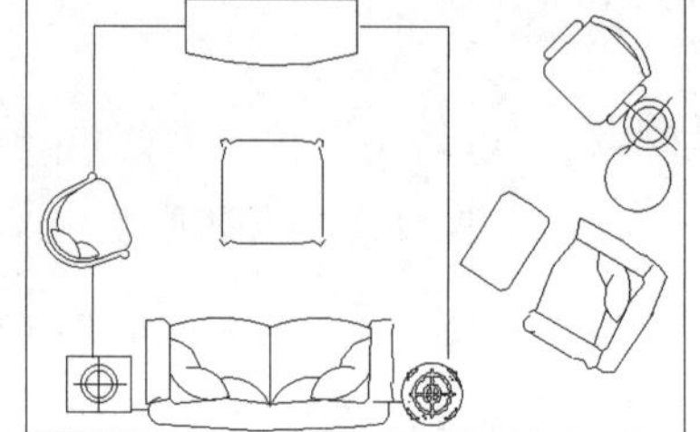

(b) 在图形中插入块

扫一扫，看视频

图 9-15 在插入块时设置插入基点

9.1.4　块与图层的关系

块可以由绘制在若干图层上的对象组成，AutoCAD 可以将图层的信息保留在块中。当插入这样的块时，AutoCAD 有如下约定。

(1) 块插入后，原来位于图层上的对象被绘制在当前层，并按当前层的颜色与线型绘出。

(2) 对于块中其他图层上的对象，若块中包含与图形中的图层同名的层，块中该层上的对象仍然绘制在图中的同名层上，并按图中该层的颜色与线型绘制。块中其他图层上的对象仍在原来的层上绘出，并给当前图形增加相应的图层。

(3) 若插入的块由多个位于不同图层上的对象组成，那么冻结某一对象所在的图层后，此图层上属于块上的对象将不可见；当冻结插入块时的当前层时，不管块中各对象处于哪一图层，整个块将不可见。

9.2　定义与编辑块属性

图块除了包含图形对象以外，还可以具有非图形信息。例如，将沙发图形定义为图块后，还可以将沙发的产品编号、尺寸、材料、重量及说明等文本信息一并加入图块中。图块的这些非图形信息称为图块的属性，它们是图块的一部分，与图块对象一起构成一个整体。在插入图块时，AutoCAD 会将图形对象连同其属性一起插入图形中。

9.2.1　定义块属性

定义块属性就是将数据附着到块上的标签或标记，该属性中可能包含的数据包括零件编号、价格、注释，产品的重量、材料、说明等。

执行方式

- 命令行：ATTDEF(快捷命令：ATT)。
- 菜单栏：执行【绘图】|【块】|【定义属性】命令。
- 功能区：单击【默认】选项卡【块】面板中的【定义属性】按钮，或单击【插入】选项卡【块定义】面板中的【定义属性】按钮。

操作过程

执行上述命令后，AutoCAD 将打开图 9-16 所示的【属性定义】对话框。

图 9-16 【属性定义】对话框

选项说明

(1) 【模式】选项组：用于确定属性的模式。

- 【不可见】复选框：选中该复选框后属性为不可见显示方式，即插入图块并输入属性值后，属性值在图中并不显示出来。
- 【固定】复选框：选中该复选框，数值为常量，即属性值在属性定义时给定，在插入图块时系统不再提示输入属性值。

- ❑【验证】复选框：选中该复选框，当插入图块时系统重新显示属性值，提示用户验证该值是否正确。
- ❑【预设】复选框：选中该复选框，当插入图块时，系统自动将事先设置好的默认值赋予属性，而不再提示输入属性值。
- ❑【锁定位置】复选框：锁定块参照中属性的位置。解锁后，属性可以相对于使用夹点编辑块的其他部分移动，并且可以调整多行文字属性的大小。
- ❑【多行】复选框：选中该复选框，可以指定属性值包含多行文字，也可以指定属性的边界宽度。

(2) 【属性】选项组：用于设置属性值。在每个文本框中，AutoCAD 允许输入不超过 256 个字符。

- ❑【标记】文本框：输入属性标签。属性标签可由除空格和感叹号以外的所有字符组成，需要注意的是系统会自动把小写字母改为大写字母。
- ❑【提示】文本框：输入属性提示。属性提示是插入图块时系统要求输入属性值的提示，若不在该文本框中输入文字，系统将以属性标签作为提示，若在【模式】选项组中选中【固定】复选框，即设置属性为常量，则不需要设置属性提示。
- ❑【默认】文本框：设置默认的属性值。可把使用次数较多的属性值作为默认值，也可不设默认值。

(3) 【插入点】选项组：用于确定属性文本的位置。可以在插入时由用户在图形中确定属性文本的位置，也可以在 X、Y、Z 文本框中直接输入属性文本的位置坐标。

(4) 【文字设置】选项组：用于设置属性文本的对齐方式、文本样式、字高和倾斜角度。

(5) 【在上一个属性定义下对齐】复选框：选中该复选框表示将属性标签直接放在前一个属性的下面，而且该属性继承前一个属性的文本样式、字高、倾斜角度等特性。

实例讲解

【例 9-5】在图 9-17 所示的标题栏中定义属性块。

标记	处数	分区	更改文件号	签名	年月日	(材料标记)			(单位名称)
设计	(设计)	(日期)	标准化			阶段标记	(重量)	(比例)	(图样名称)
校对									
审核									(图样代号)
工艺			批准			共 Z1 张 第 Z2 张			

扫一扫，看视频

图 9-17　标题栏

❶ 打开图形素材文件后，在命令行输入 STYLE 命令，打开【文字样式】对话框，单击【新建】按钮，在打开的【新建文字样式】对话框的【样式名】文本框中输入“工程字-10”，然后单击【确定】按钮。

❷ 返回【文字样式】对话框，在该对话框的【高度】文本框中输入 20，如图 9-18 所示，然后单击【应用】按钮。

❸ 在命令行输入 ATT，打开【属性定义】对话框进行对应的属性设置，如图 9-19 所示。

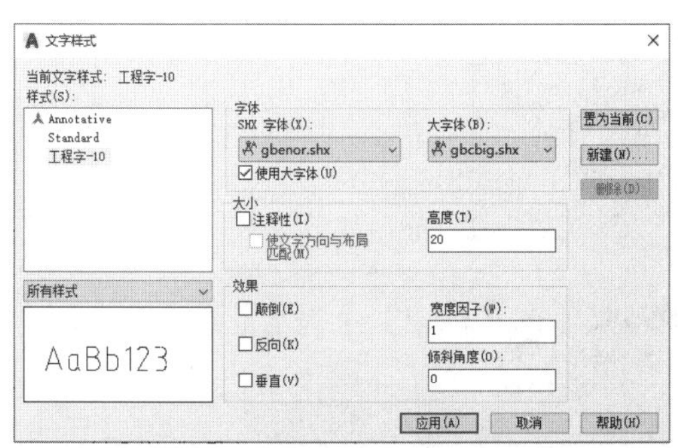

图 9-18 【文字样式】对话框

图 9-19 【属性定义】对话框

❹ 在【属性定义】对话框中单击【确定】按钮，命令行操作与提示如下。

```
指定起点: 在绘图区指定对应的位置
```

❺ 重复以上操作，根据表 9-1 所示的要求定义其他属性，结果如图 9-17 所示。

表 9-1　属性要求

属性标记	属性提示	默认值	功能说明
(材料标记)	输入材料标记	无	填写零件的材料标记
(单位名称)	输入单位名称	无	填写绘图单位的名称
(图样名称)	输入图形名称	无	填写图样的名称
(图样代号)	输入零件代号	无	填写图样的代号
(重量)	输入零件重量	无	填写图样的重量
(比例)	输入图形比例	无	填写图样的比例
Z1	输入图形的总张数	无	填写图形的总张数
Z2	输入此图形的序号	无	填写本图形的序号
(设计)	输入设计者的名称	无	填写设计者的名称
(日期)	输入绘图日期	无	填写绘图日期

9.2.2　修改属性的定义

在定义图块之前，可以使用 TEXTEDIT 命令对属性的定义进行修改，例如修改属性标签、属性提示和属性默认值。

执行方式

- ❑ 命令行：TEXTEDIT。
- ❑ 菜单栏：执行【修改】|【对象】|【文字】|【编辑】命令。

操作过程

```
命令: TEXTEDIT↙
当前设置: 编辑模式 =Multiple
选择注释对象或 [放弃(U)/模式(M)]: 选择定义的图块将打开图 9-20 所示的【编辑属性定义】对话框
```

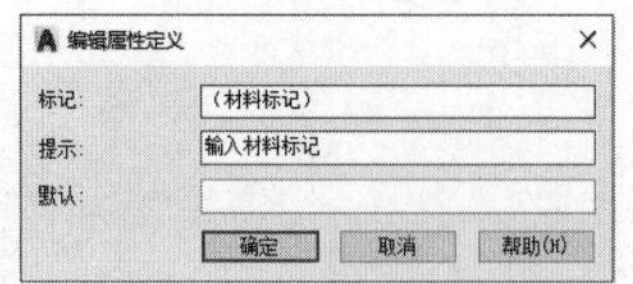

图 9-20 【编辑属性定义】对话框

选项说明

图 9-20 所示【编辑属性定义】对话框用于修改属性的【标记】【提示】及【默认】，用户可在该对话框的各文本框中对各项进行修改。

9.2.3 编辑块属性

属性被定义到图块中后，或图块被插入图形中后，用户使用 ATTEDIT 可以对图块属性进行编辑。

执行方式

- ❑ 命令行：ATTEDIT。
- ❑ 菜单栏：执行【修改】|【对象】|【属性】|【单个】命令。
- ❑ 工具栏：单击【修改II】工具栏中的【编辑属性】按钮。
- ❑ 功能区：单击【默认】选项卡【块】面板中的【编辑属性】按钮。

操作过程

```
命令: ATTEDIT↙
选择块参照: 选择要修改属性的图块
```

当用户在命令行执行上述操作后，系统将打开图 9-21 所示的【编辑属性】对话框。该对话框中显示所选图块中包含的属性值，用户可以对这些属性值进行修改。如果该图块中还有其他属性，可以通过单击【下一个】和【上一个】按钮查看和修改。

当用户通过菜单栏或工具栏执行上述命令后，系统将打开图 9-22 所示的【增强属性编辑器】对话框。用户通过该对话框不仅可以编辑属性值，还可以编辑属性的文字选项和图层、线型、颜色等属性值。

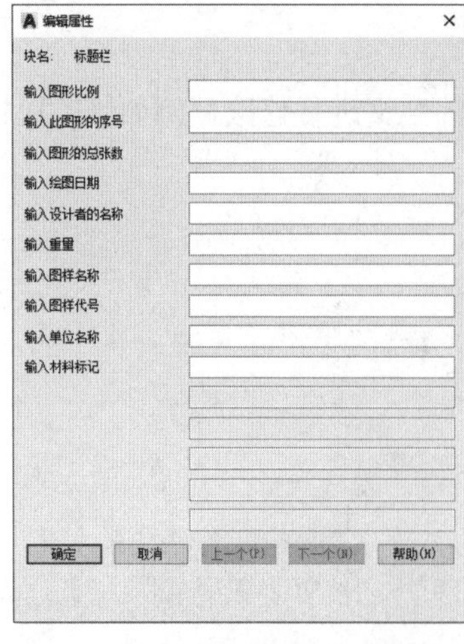

图 9-21 【编辑属性】对话框

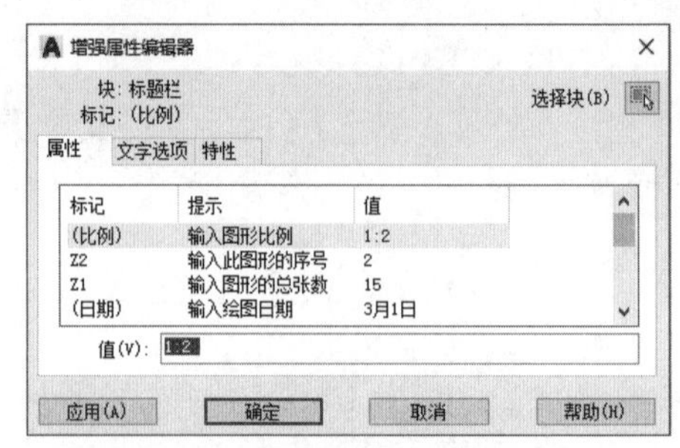

图 9-22 【增强属性编辑器】对话框

此外，用户还可以通过【块属性管理器】对话框来编辑属性。在菜单栏中选择【修改】|【对象】|【属性】|【块属性管理器】命令，系统将打开图 9-23 所示的【块属性管理器】对话框，在该对话框中选择要编辑的块后单击【编辑】按钮，将打开图 9-24 所示的【编辑属性】对话框，在该对话框中可编辑块属性。

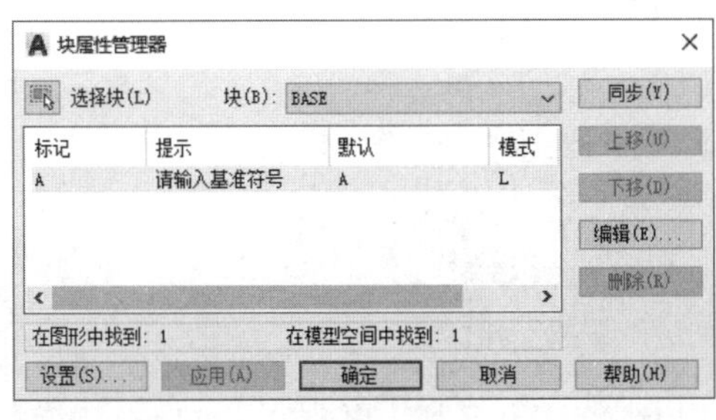

图 9-23　【块属性管理器】对话框

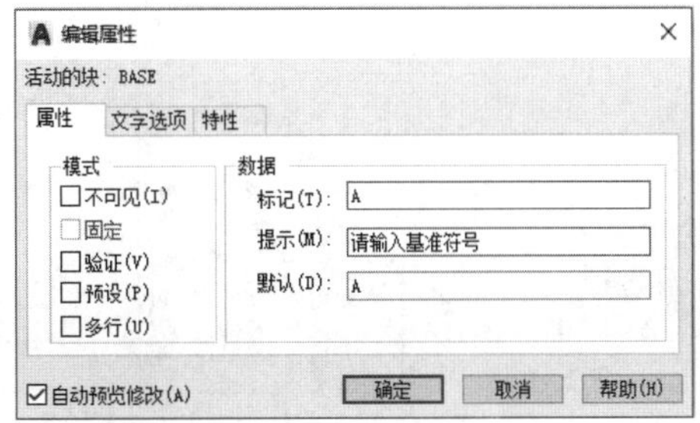

图 9-24　【编辑属性】对话框

视频讲解

【例 9-6】继续例 9-5 的操作，将标题栏定义成块，然后使用 ATTEDIT 命令编辑图块属性，结果如图 9-25 所示。

扫一扫，看视频

图 9-25　标题栏块

9.3　创建与编辑动态块

创建动态块后，用户在操作时可以通过更改图形中的动态块参照，利用自定义夹点或自定义特性来操作动态块参照中的几何图形。用户可以根据需要在位调整块，而不用去搜索其他块以插入或重定义现有的块。

执行方式

- 命令行：BEDIT(快捷命令：BE)。
- 菜单栏：执行【工具】|【块编辑器】命令。
- 工具栏：单击【标准】工具栏中的【块编辑器】按钮。
- 功能区：选择【插入】选项卡，单击【块定义】面板中的【块编辑器】按钮。
- 快捷菜单：选择一个块参照，在绘图区右击鼠标，从弹出的快捷菜单中选择【块编辑器】命令。

操作过程

执行上述操作后，AutoCAD 将打开图 9-26 所示的【编辑块定义】对话框。在【要创建或编辑的块】文本框中输入图块名称或在列表框中选择已定义的块或当前图形。确认后，系统将打开图 9-27 所示的块编写选项板和【块编辑器】工具栏。用户可以利用【块编辑器】工具栏对动态块进行编辑。

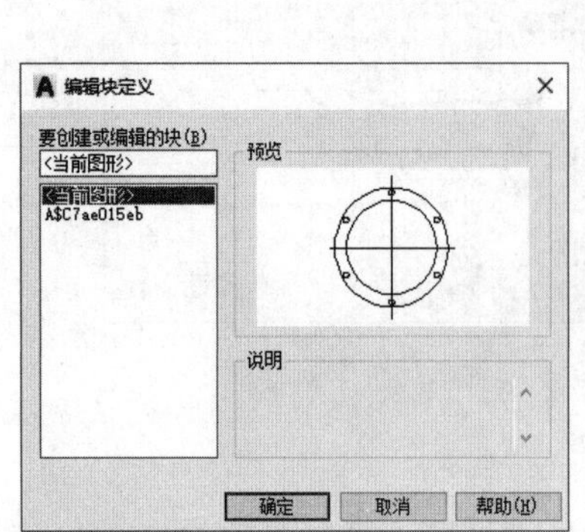

图 9-26 【编辑块定义】对话框

图 9-27 块编辑状态绘图平面

视频讲解

【例 9-7】以标注图 9-28 所示齿轮半联轴器图形中的粗糙度符号为例，介绍动态块功能标注的使用方法。

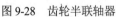

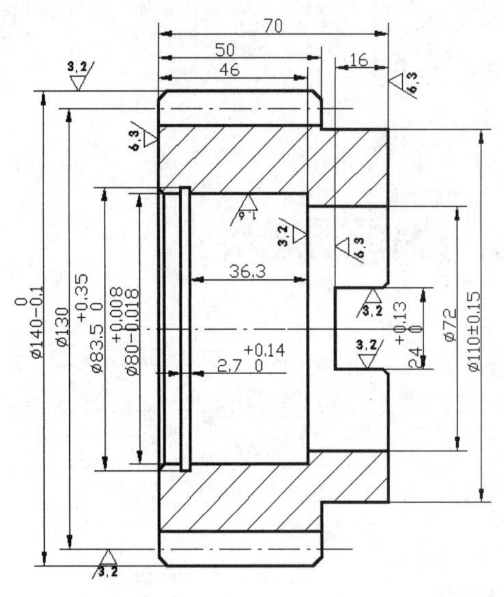

扫一扫，看视频

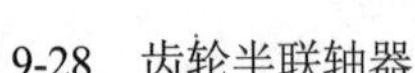
图 9-28 齿轮半联轴器

9.4 实践演练

通过学习，读者对本章所介绍的内容有了大致的了解。本节将通过表 9-2 所示的几个实践操作，帮助读者进一步掌握本章的知识要点。

表 9-2　实践演练操作要求

实践名称	操作要求	效　果
建筑总平面图	(1) 分别绘制塔楼、综合楼和板楼图形； (2) 将绘制的图形定义为图块； (3) 绘制小区主要道路和区块图； (4) 在小区区块图中插入定义的图块	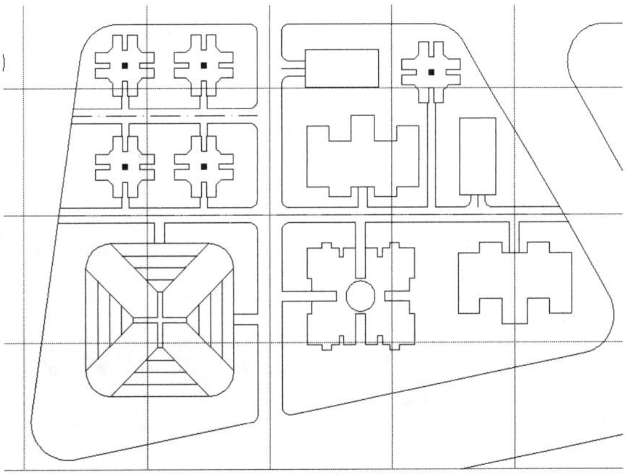
马桶图块	(1) 绘制马桶图形； (2) 将图块定义为外部块； (3) 绘制卫生间图形； (4) 将定义的外部块插入卫生间图形中合适的位置	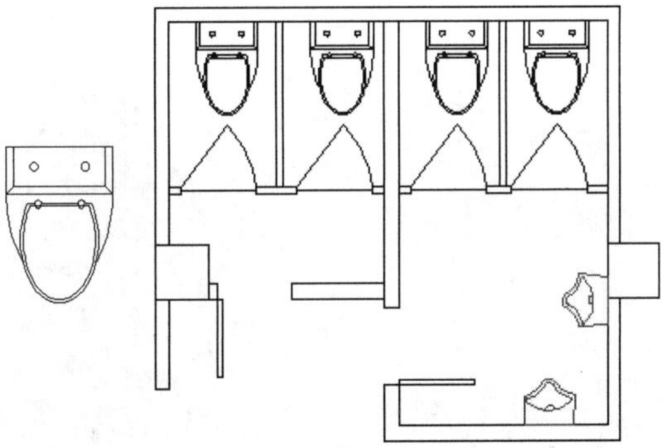
表示位置公差基准的图块	(1) 绘制图形； (2) 定义与编辑块属性； (3) 打开零件图形，在图形中合适的位置插入块	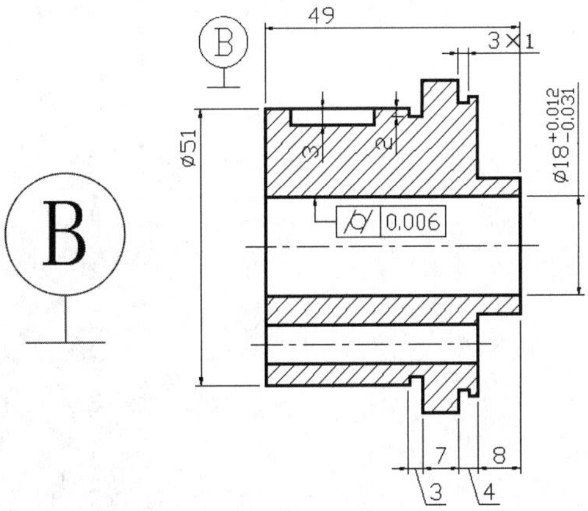 B 49 3×1 ø51 ø18$^{+0.012}_{-0.031}$ 3 2 0.006 7 8 3 4

9.5 拓展练习

扫一扫，做练习

扫描二维码，获取更多 AutoCAD 习题。

第10章　辅助绘图工具

内容简介

AutoCAD 提供了大量集成化绘图工具，包括查询工具、设计中心、工具选项板、CAD 标准文件、图纸集管理器和标记集管理器等。用户利用这些工具，可以有效地协同统一管理整个系统的图形文件。

内容要点

- ❑ 设计中心
- ❑ 工具选项板
- ❑ 对象查询
- ❑ CAD 标准文件
- ❑ 图纸集

10.1　设计中心

使用 AutoCAD 设计中心，用户可以很容易地组织设计内容。

执行方式

- ❑ 命令行：ADCENTER(快捷命令：ADC)。
- ❑ 菜单栏：执行【工具】|【选项板】|【设计中心】命令。
- ❑ 工具栏：单击【标准】工具栏中的【设计中心】按钮。
- ❑ 功能区：选择【视图】选项卡，单击【选项板】面板中的【设计中心】按钮。
- ❑ 快捷键：Ctrl+2。

操作过程

执行上述操作后，AutoCAD 将打开图 10-1 所示的【设计中心】选项板。

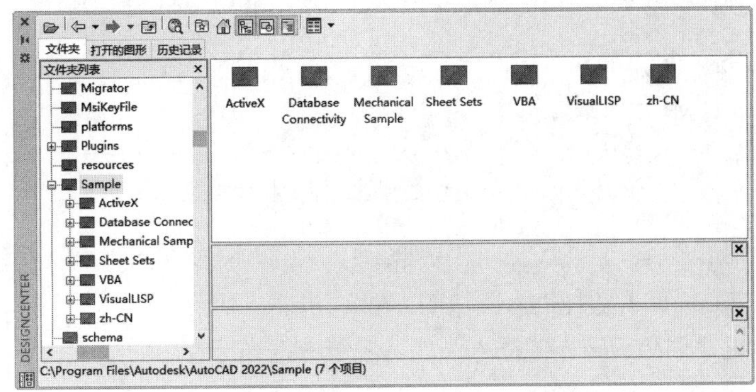

图 10-1　【设计中心】选项板

在第一次启动设计中心时，系统默认打开【文件夹】选项卡，其中内容显示区采用大图标显示，左侧的资源管理器显示系统的树状结构，用户在浏览资源的同时，系统在内容显示区显示所浏览资源的有关细目或内容。

1. 跨文件传输文件信息

视频讲解

【例 10-1】通过设计中心为当前文件导入其他图形文件的标注样式、表格样式、图层、布局、文字样式等信息。

在【设计中心】选项板中选择【打开的图形】选项卡，将显示 AutoCAD 打开的图形文件列表，如图 10-2 所示。单击图形文件左侧的⊞按钮，用户可以在显示的列表中将 AutoCAD 打开图形文件中的标注样式、表格样式、布局、图层、文字样式等信息传输到当前打开的图形文件中。

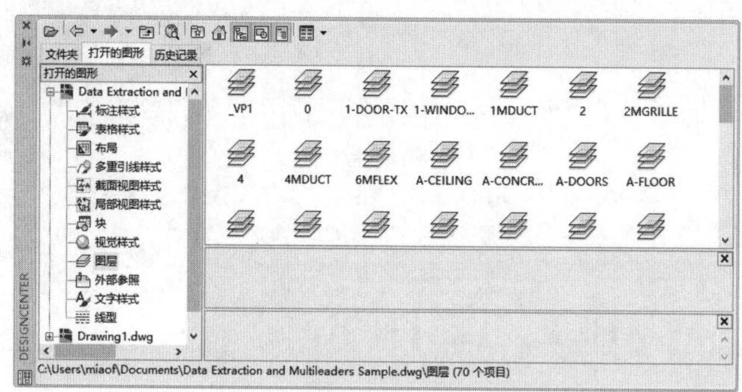

扫一扫，看视频

图 10-2 【打开的图形】选项卡

2. 插入图块

在使用 AutoCAD 绘图的过程中，可以将图块插入图形中。将一个图块插入图形中时，块定义就被复制到图形的数据库中，在设计中心中展开【块】列表即可查看，如图 10-3 所示。

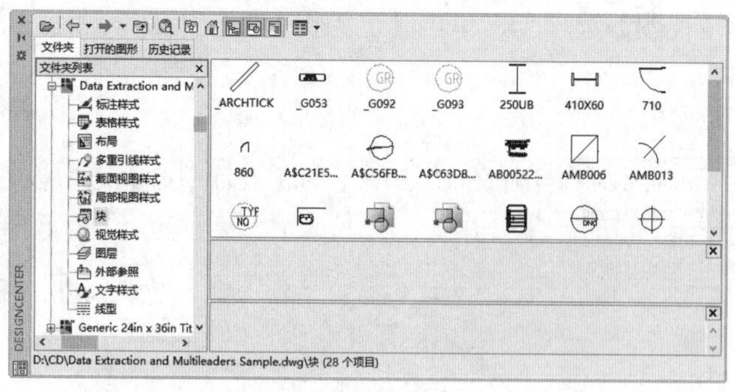

图 10-3 通过设计中心查看图形数据库中的图块

一个图块被插入图形之后，如果原来的图块被修改，则插入图形中的图块也将随之改变。

AutoCAD 设计中心提供了两种插入图块的方式。

(1) 利用鼠标指定比例和旋转方式插入图块。系统根据光标拉出的线段长度、角度确定比例与旋转角度插入图块，其具体步骤如下。

- ❑ 从文件夹列表或查找结果列表中选择要插入的图块，按住鼠标左键，将其移动到打开的图形中。释放鼠标，此时选择的对象被插入当前打开的图形中。利用当前设置的捕捉方式，可以将对象插入任何存在的图形中。

- 在绘图区单击指定一点作为插入点，移动鼠标，光标位置与插入点之间距离为缩放比例，单击确定比例。采用同样的方法确定旋转角度：移动光标，光标指定位置和插入点的连接与水平线的夹角为旋转角度。被选择的对象将根据光标指定的比例和角度插入图形当中。

(2) 精确指定坐标、比例和旋转角度方式插入图块。利用此方法可以设置插入图块的参数，插入图块的步骤如下。

- 从文件夹列表或查找结果列表框中选择要插入的对象，拖动对象到打开的图形中。
- 右击鼠标，在弹出的快捷菜单中可选择【缩放】【旋转】等命令。

技巧点拨

当其他命令正在执行时，不能插入图块到图形中。例如，若在插入图块时，命令提示行正在执行一个命令，此时光标将变成一个带斜线的圆，提示操作无效。此外，一次只能插入一个图块。

视频讲解

【例 10-2】使用设计中心在图形中插入外部图块。

扫一扫，看视频

3. 在图形之间复制图块

利用 AutoCAD 设计中心可以浏览和装载需要复制的图块，然后将图块复制到剪贴板中，再利用剪贴板将图块粘贴到图形中。

实例讲解

【例 10-3】使用设计中心在两个图形之间复制图块。

❶ 在【设计中心】选项板选择需要复制的图块，右击鼠标，从弹出的快捷菜单中选择【复制】命令，如图 10-4 所示。

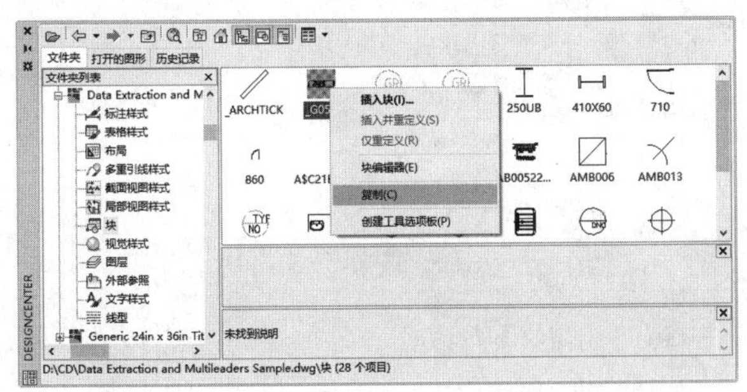

扫一扫，看视频

图 10-4　通过【设计中心】选项板复制图块

❷ 在绘图区右击鼠标，从弹出的快捷菜单中选择【剪贴板】|【粘贴】命令，将图块粘贴到当前图形上。

10.2　工具选项板

AutoCAD 工具选项板中的选项卡提供了组织、共享和放置块及填充图案的有效方法。工具选项板还可以包含由第三方开发人员提供的自定义工具。

执行方式

- ❑ 命令行：TOOLPALETTES(快捷命令：TP)。
- ❑ 菜单栏：执行【工具】|【选项板】|【工具选项板】命令。
- ❑ 工具栏：单击【标准】工具栏中的【工具选项板窗口】按钮。
- ❑ 功能区：选择【视图】选项板，单击【选项板】面板中的【工具选项板】按钮。
- ❑ 快捷键：Ctrl+3。

操作过程

执行上述操作后，AutoCAD 将打开图 10-5 所示的工具选项板。在该选项板中，系统提供了一些常用图形选项卡。

图 10-5　工具选项板

1. 创建自定义工具选项板

在工具选项板中，用户可以创建新的选项板，以便于满足特殊绘图需要。

执行方式

- ❑ 命令行：CUSTOMIZE。
- ❑ 菜单栏：执行【工具】|【自定义】|【工具选项板】命令。
- ❑ 快捷菜单：右击工具选项板，在弹出的快捷菜单中选择【自定义选项板】命令。

视频讲解

【例 10-4】 使用 CUSTOMIZE 命令，打开图 10-6 所示的【自定义】对话框，然后在【选项板】列表框中右击鼠标，在弹出的快捷菜单中选择【新建选项板】命令，即可创建工具选项板。

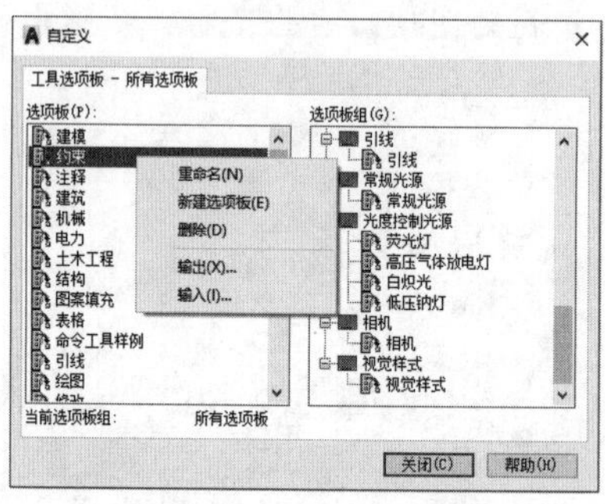

图 10-6 【自定义】对话框

扫一扫，看视频

2. 从设计中心创建工具选项板

视频讲解

【例 10-5】 通过设计中心文件夹列表中的图形文件创建新工具选项板。

打开【设计中心】选项板后，在文件夹列表上右击鼠标，从弹出的快捷菜单中选择【创建工具选项板】命令，如图 10-7(a)所示。设计中心中存储的图元将出现在工具选项板中新建的选项板中，如图 10-7(b)所示。

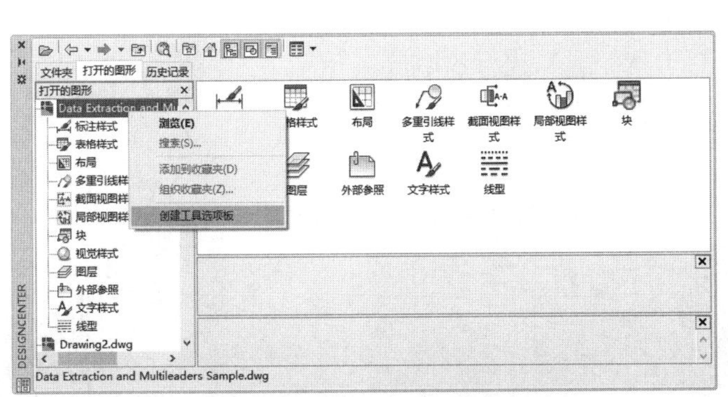

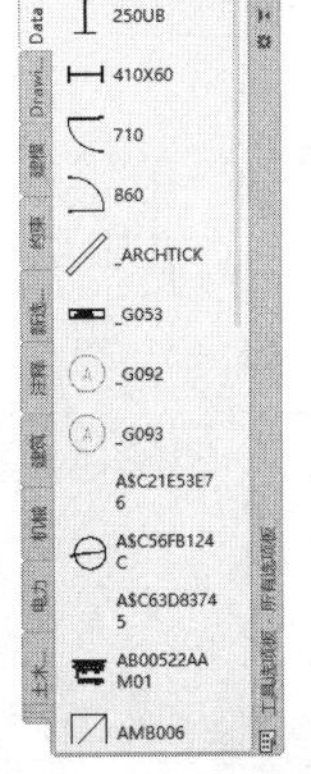

(a)【设计中心】选项板　　(b) 工具选项板

图 10-7　通过设计中心创建新选项板

扫一扫，看视频

10.3　对象查询

在绘制图形时，有时需要即时查询图形对象的相关数据，如图形对象之间的距离、建筑平面图室内面积等。为了查询方便，AutoCAD 提供了相关的查询命令。

10.3.1　查询距离

使用查询距离可以测量两点之间的距离和角度。

执行方式

- ❑ 命令行：DIST。
- ❑ 菜单栏：执行【工具】|【查询】|【距离】命令。
- ❑ 工具栏：单击【查询】工具栏中的【距离】按钮。
- ❑ 功能区：单击【默认】选项卡【实用工具】面板中的【距离】按钮。

操作过程

```
命令: MEASUREGEOM↙
输入一个选项[距离(D)/半径(R)/角度(A)/面积(AR)/体积(V)/快速(Q)/模式(M)/退出(X)] <距离>: _distance
指定第一点:
指定第二个点或 [多个点(M)]:
距离 = 1600.0000，XY 平面中的倾角 = 270，  与 XY 平面的夹角 = 0
X 增量 = 0.0000，  Y 增量 = -1600.0000，  Z 增量 = 0.0000
输入一个选项[距离(D)/半径(R)/角度(A)/面积(AR)/体积(V)/快速(Q)/模式(M)/退出(X)] <距离>:
```

面积、面域/质量特性的查询与距离查询类似，此处不再赘述。

选项说明

(1) 距离：两点之间的三维距离。

(2) XY 平面中的倾角：两点之间连线在 XY 平面上的投影与 X 轴的夹角。

(3) 与 XY 平面的夹角：两点之间连线与 XY 平面的夹角。

(4) X 增量：第二点 X 坐标相对于第一点 X 坐标的增量。

(5) Y 增量：第二点 Y 坐标相对于第一点 Y 坐标的增量。

(6) Z 增量：第二点 Z 坐标相对于第一点 Z 坐标的增量。

视频讲解

【例 10-6】通过执行 DIST 命令查询图 10-8 所示窗户图形的属性。

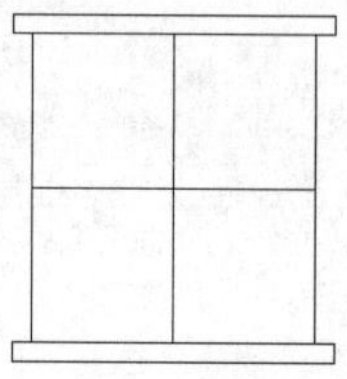

图 10-8　窗户

扫一扫，看视频

10.3.2　查询对象状态

查询对象状态可以显示图形的统计信息和显示范围等。

执行方式

- ❑ 命令行：STATUS。
- ❑ 菜单栏：执行【工具】|【查询】|【状态】命令。

操作过程

执行上述操作后，若命令行关闭，则系统自动打开 AutoCAD 文本窗口，显示当前所有文件的状态，包括文件中的各种参数状态及文件所在磁盘的使用状态，如图 10-9 所示。若命令行打开，则在命令行显示当前所有文件的状态。

```
AutoCAD 文本窗口 - 窗户.dwg
编辑(E)
命令:
命令: _saveas
命令: '_status 163 个对象在C:\Users\miaof\Desktop\《AutoCAD 2022从小白到高手
放弃文件大小:         4523 个字节
模型空间图形界限        X:     0.0000   Y:     0.0000  (关)
                        X:   420.0000   Y:   297.0000
模型空间使用        X:  734.0786   Y: 1634.5304
                         X: 2434.0786   Y: 3434.5304 **超过
显示范围                X: -3590.8648   Y: -126.4744
                         X: 6190.2079   Y: 4663.5990
插入基点                X:     0.0000   Y:     0.0000   Z:     0.0000
捕捉分辨率              X:    10.0000   Y:    10.0000
栅格间距                X:    10.0000   Y:    10.0000

当前空间:               模型空间
当前布局:               Model
当前图层:               0
当前颜色:         BYLAYER -- 7 (白)
当前线型:     BYLAYER -- "Continuous"
当前材质:     BYLAYER -- "Global"
当前线宽:   BYLAYER
当前标高:               0.0000  厚度:    0.0000
填充 开  栅格 关  正交 关  快速文字 关  捕捉 关  数字化仪 关
按 ENTER 键继续:
```

图 10-9　AutoCAD 文本窗口

视频讲解

【例 10-7】通过执行 STATUS 命令查询图 10-10 所示法兰盘零件图的属性。

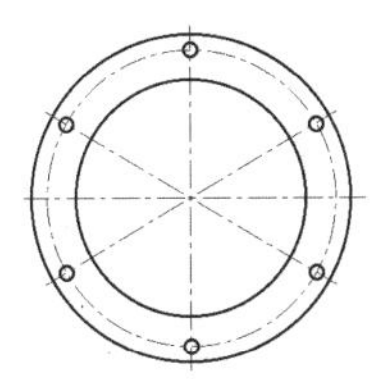

扫一扫，看视频

图 10-10　法兰盘零件图

10.4　CAD 标准文件

CAD 标准文件实际上就是为命名对象(如图层和文本样式)定义一个公共特性集。所有用户在绘制图形时都应严格按照这个约定来创建、修改和应用 AutoCAD 图形。用户可以根据图形中使用的命名对象(如图层、文本样式、标注样式、线型)来创建 CAD 标准文件。

10.4.1　创建 CAD 标准文件

在 AutoCAD 中，用户可以为图层、文字样式、标注样式和线型等命名对象创建标准。如果要创建 CAD 标准文件，需要先创建一个定义有图层、标注样式、文字样式和线型的文件，然后将其以样板的形式保存，CAD 标准文件的扩展名为.dws。

实例讲解

【例 10-8】创建 CAD 标准文件。

❶ 在命令行输入 NEW(或选择【文件】|【新建】命令)，在打开的【选择样板】对话框中选择一个合适的样板文件，单击【打开】按钮，新建一个空白图形文件。

❷ 在样板图形中，创建任何要作为标准文件一部分的图层、标注样式、文件样式、线型。在图 10-11 所示的【图层特性管理器】选项板中创建作为标准的图层，并对图层属性进行设置。

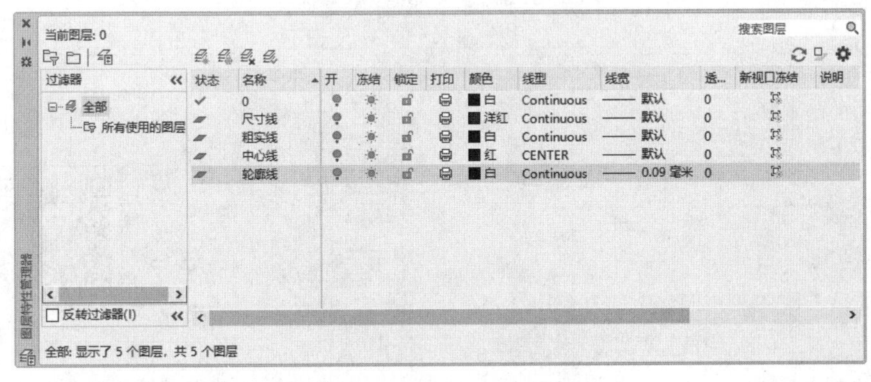

扫一扫，看视频

图 10-11　设置标准文件的图层

❸ 在命令行输入 SAVE(或选择【文件】|【另存为】命令)，打开【图形另存为】对话框，将标准文件命名为“CAD 标准文件”，在【文件类型】下拉列表框中选择【AutoCAD 图形标准(*.dws)】选项，然后单击【保存】按钮，如图 10-12 所示。

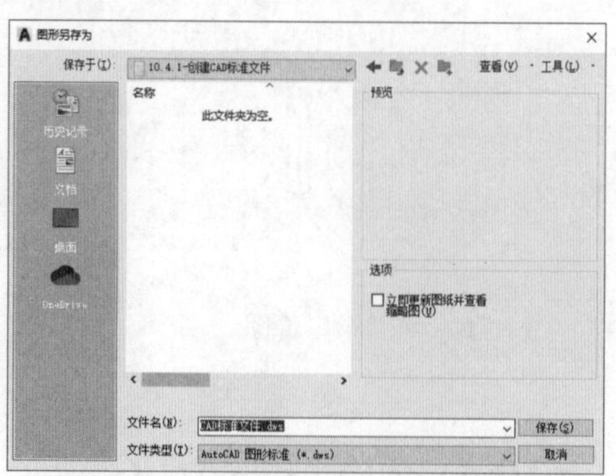

图 10-12 【图形另存为】对话框

技巧点拨

DWS 文件必须以当前图形文件格式保存。要创建以前图形格式的 DWS 文件，以所需的 DWG 格式保存该文件，然后使用.dws 扩展名对 DWG 文件进行重命名。

10.4.2 关联 CAD 标准文件

在使用 CAD 标准文件检查图形文件之前，首先需要将图形文件与标准文件关联。

执行方式

- ❑ 命令行：STANDARDS。
- ❑ 菜单栏：执行【工具】|【CAD 标准】|【配置】命令。
- ❑ 工具栏：单击【CAD 标准】工具栏中的【配置】按钮。
- ❑ 功能区：选择【管理】选项卡，单击【CAD 标准】面板中的【配置】按钮。

实例讲解

【例 10-9】创建汽车底盘图纸与标准文件关联。创建 CAD 标准文件后，要使用其检验图形是否符合标准，需要使当前图形与标准文件相关联。

❶ 继续例 10-8 的操作，打开图 10-13 所示的汽车底盘图纸文件。

扫一扫，看视频

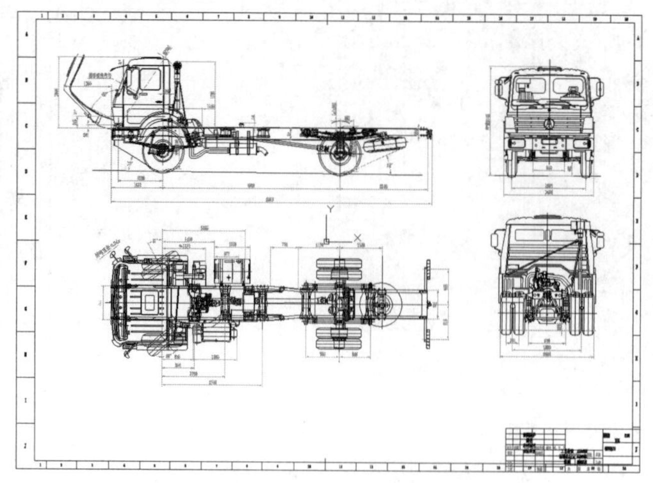

图 10-13 汽车底盘图纸文件

❷ 选择【管理】选项卡，单击【CAD 标准】面板中的【配置】按钮，打开图 10-14 所示的【配置标准】对话框，然后单击【添加】按钮，打开【选择标准文件】对话框，选中例 10-8 保存的标准文件，单击【打开】按钮，如图 10-15 所示。

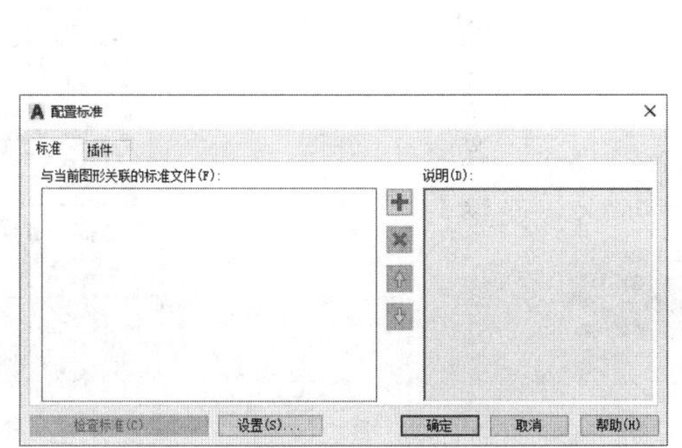

图 10-14 【配置标准】对话框

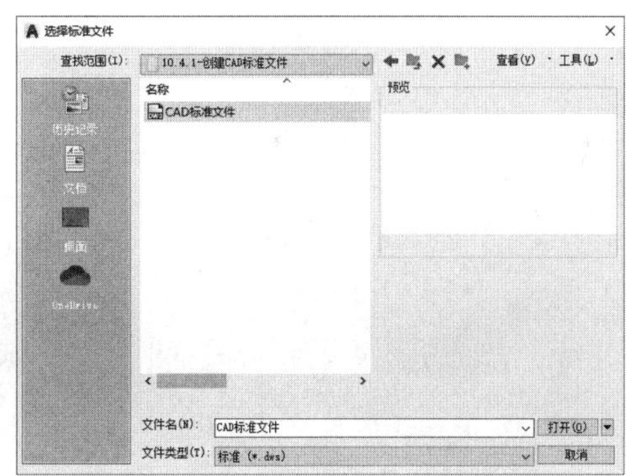

图 10-15 【选择标准文件】对话框

❸ 打开标准文件后，【配置标准】对话框中将显示图 10-16 所示的信息，说明当前图形已与“CAD 标准文件”关联。

❹ 在【配置标准】对话框中单击【设置】按钮，在打开的【CAD 标准设置】对话框中可以对 CAD 的标准进行设置，如图 10-17 所示。

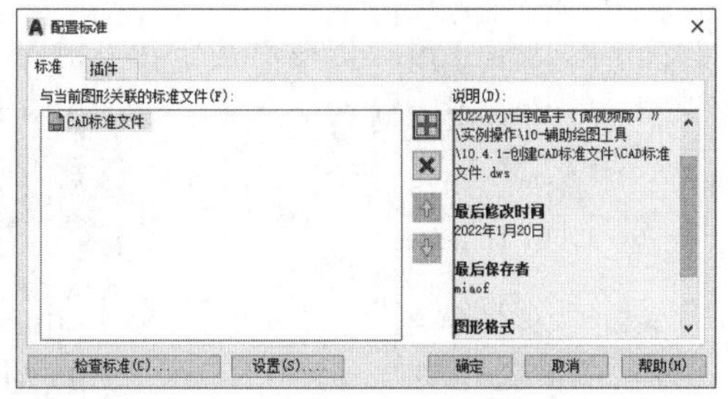

图 10-16 与标准文件建立关联

图 10-17 【CAD 标准设置】对话框

如果需要将其他 CAD 标准文件与当前图形相关联，可以重复执行例 10-9 的操作。

10.4.3 使用标准文件检查图形

用户可以利用已经设置的 CAD 标准文件，检查所绘制图形是否符合标准。在批量绘制图形时，这样做可以使所有图形都符合相同的标准，使图形绘制更加规范。

执行方式

- ❑ 命令行：CHECKSTANDARDS。
- ❑ 菜单栏：执行【工具】|【CAD 标准】|【检查】命令。
- ❑ 工具栏：单击【CAD 标准】工具栏中的【检查】按钮。
- ❑ 功能区：选择【管理】选项卡，单击【CAD 标准】面板中的【检查】按钮。

实例讲解

【例 10-10】继续例 10-9 的操作，打开图 10-18 所示的【检查标准】对话框，检查汽车底盘图纸与标准文件是否冲突，结果如图 10-19 所示。

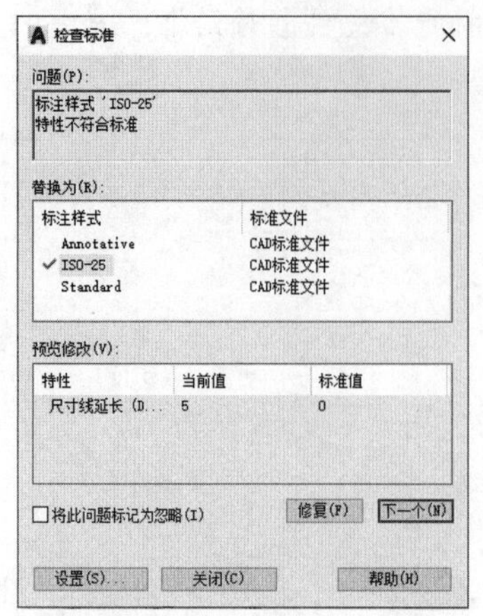

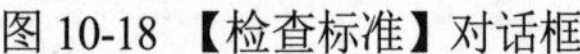
图 10-18 【检查标准】对话框

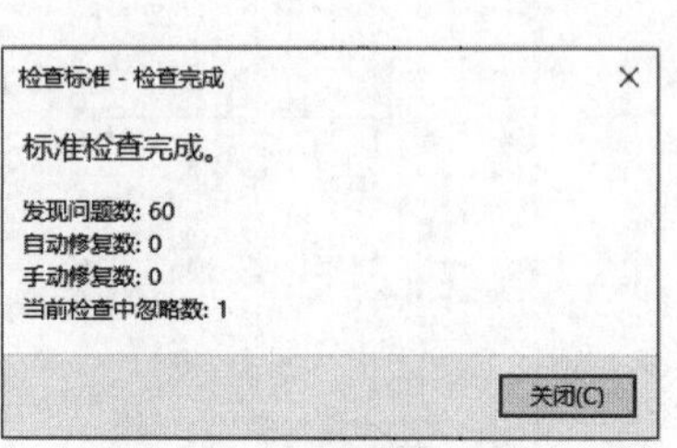

图 10-19 检查结果提示

扫一扫，看视频

❶ 继续例 10-9 的操作，选择【管理】选项卡，单击【CAD 标准】面板中的【检查】按钮。

❷ 打开【检查标准】对话框，在【问题】栏中注解了当前图形与标准文件冲突的项目；单击【下一个】按钮，系统将对当前图形的项目逐一检查，如图 10-18 所示。

❸ 选中【将此问题标记为忽略】复选框，将忽略当前冲突项目；单击【修复】按钮，则会将当前图形中与标准文件相冲突的部分替换为标准文件中的标准。

❹ 检查完成后，系统将打开图 10-19 所示的提示对话框，该对话框中显示在当前图形中发现的标准冲突信息和修复情况。若用户对检查结果不满意，可以继续进行检查和修复，直到当前图形与标准文件一致为止。

技巧点拨

根据工程的组织方式，用户可以决定是否创建多个特定标准文件，并将其与单个图形关联。在检查图形文件时，标准文件中的各项设置之间可能存在冲突。此时，第一个与图形关联的 CAD 标准文件具有优先权。用户可以在【配置标准】对话框中通过单击【上移】按钮和【下移】按钮，改变标准文件的顺序以改变其优先级。

10.5 图 纸 集

整理图纸集是大多数设计项目的重要工作之一。一般情况下，手动整理非常耗时。为了提高整理图纸集的效率，AutoCAD 提供了图纸集管理器功能，用户利用该功能可以在图纸集中为各个图纸自动创建布局。

10.5.1 创建图纸集

在批量绘图或管理某个项目的所有图纸时，用户可以根据需要创建图纸集。

执行方式

- ❑ 命令行：NEWSHEETSET。
- ❑ 菜单栏：执行【文件】|【新建图纸集】命令或【工具】|【向导】|【新建图纸集】命令。
- ❑ 工具栏：单击【标准】工具栏中的【图纸集管理器】按钮。
- ❑ 功能区：选择【视图】选项卡，单击【选项板】面板中的【图纸集管理器】按钮。

实例讲解

【例 10-11】通过创建图纸集的方法创建焊接滚轮架图纸集，利用图纸集管理器功能设置图纸。

扫一扫，看视频

❶ 将绘制的图形保存至同一个文件夹中，并将文件夹命名为“焊接滚轮架图纸”。

❷ 选择【视图】选项卡，单击【选项板】面板中的【图纸集管理器】按钮，打开【图纸集管理器】选项板，然后单击控件下拉列表框，在弹出的下拉列表中选择【新建图纸集】选项，如图 10-20 所示。

❸ 打开【创建图纸集-开始】对话框，选中【现有图形】单选按钮(因为已经将图纸绘制完成)，然后单击【下一步】按钮，如图 10-21 所示。

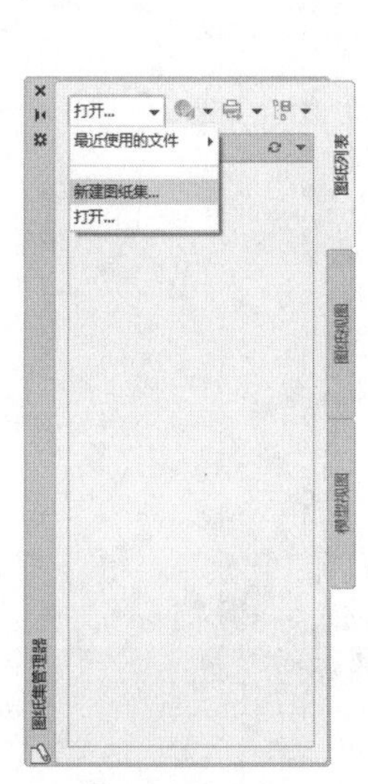

图 10-20 【图纸集管理器】选项板

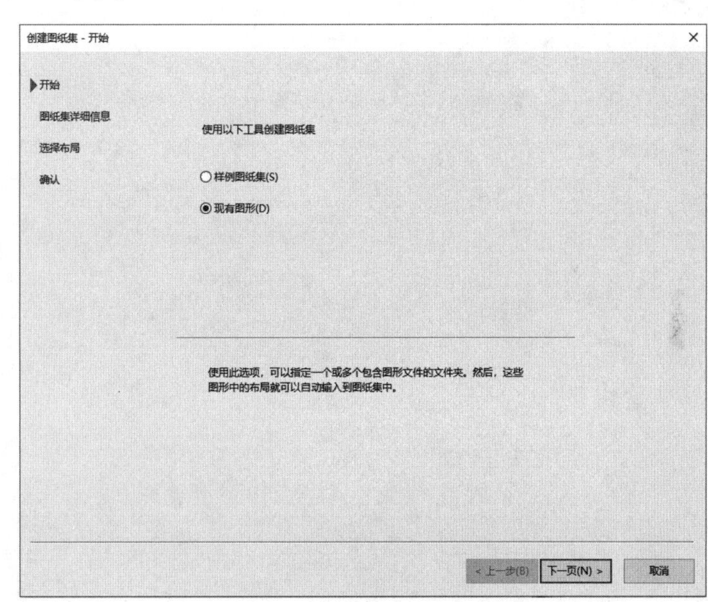

图 10-21 【创建图纸集-开始】对话框

❹ 打开【创建图纸集-图纸集详细信息】对话框，输入新图纸集名称为“焊接滚轮架图纸”，设置保存图纸集数据文件的位置，如图 10-22 所示，单击【下一步】按钮。

❺ 打开【创建图纸集-选择布局】对话框，单击【输入选项】按钮，打开【输入选项】对话框，将其中的复选框全部选中，然后单击【确定】按钮，如图 10-23 所示。

❻ 在【创建图纸集-选择布局】对话框单击【浏览】按钮，在打开的对话框中选择“焊接滚轮架图纸”文件夹，然后单击【确定】按钮。

❼ 返回【创建图纸集-选择布局】对话框，单击【下一步】按钮。

创建图纸集 - 图纸集详细信息

开始
图纸集详细信息
选择布局
确认

新图纸集的名称(W):
焊接滚轮架图纸

说明 (可选)(D):

在此保存图纸集数据文件 (.dst)(S):
D:\焊接滚轮架图纸

注意: 应将图纸集数据文件保存在所有参与者都可以访问的位置。

图纸集特性(P)

< 上一步(B)　下一页(N) >　取消

图 10-22 【创建图纸集-图纸集详细信息】对话框

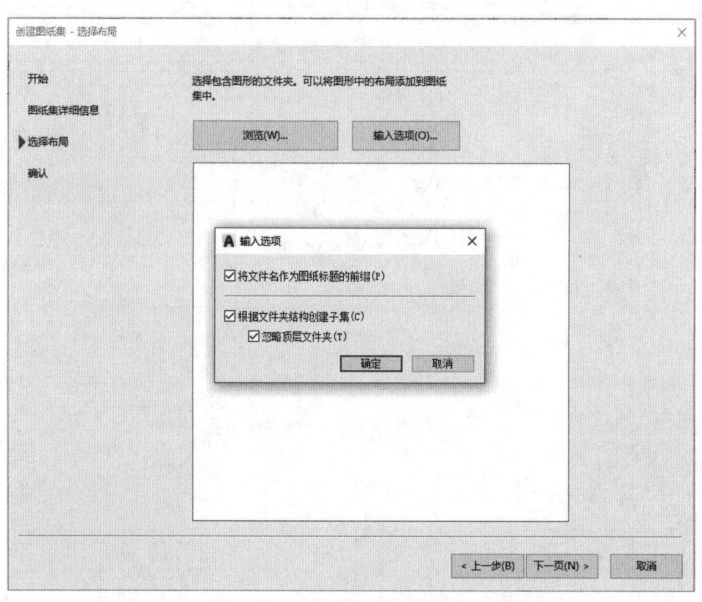

图 10-23 【创建图纸集-选择布局】对话框

❽ 打开【创建图纸集-确认】对话框，显示图纸集的详细确认信息，然后单击【完成】按钮，如图 10-24 所示。此时，系统将自动打开【图纸集管理器】选项板，在【图纸列表】选项卡中显示焊接滚轮架图纸的布局，如图 10-25 所示。

❾ 在【图纸集管理器】选项板中选择【模型视图】选项卡，双击【添加新位置】按钮，打开【浏览文件夹】对话框，然后选择事先保存好图形文件的文件夹，单击【打开】按钮，返回到【图纸集管理器】选项板，如图 10-26 所示。

创建图纸集后，可以利用图纸集的布局生成图纸文件。例如在图纸集中选择一个图形布局，右击鼠标，在弹出的快捷菜单中选择【发布】|【发布为 DWFx】命令，AutoCAD 会打开【指定 DWFx 文件】对话框。在该对话框中选择合适的路径，然后单击【选择】按钮，系统将进行发布工作，同

时在屏幕右下角显示发布状态图标，将鼠标悬停在该图标上，系统将显示当前执行操作的状态。

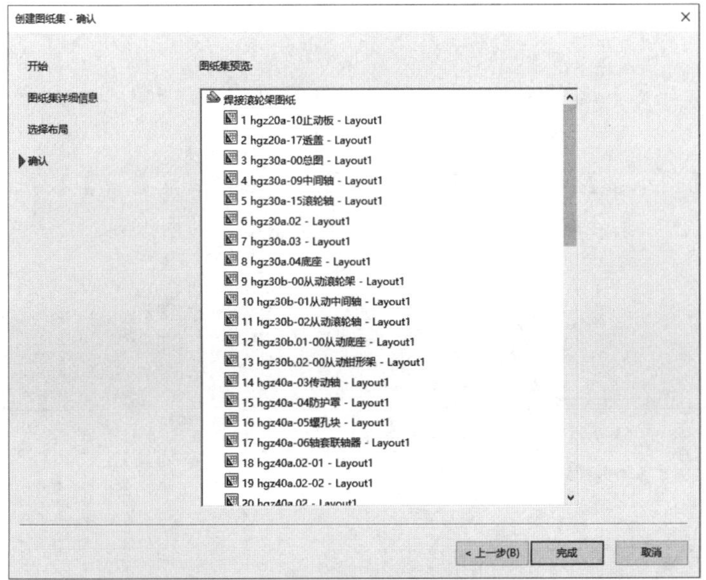

图 10-24 【创建图纸集-确认】对话框

图 10-25 【图纸集管理器】选项板

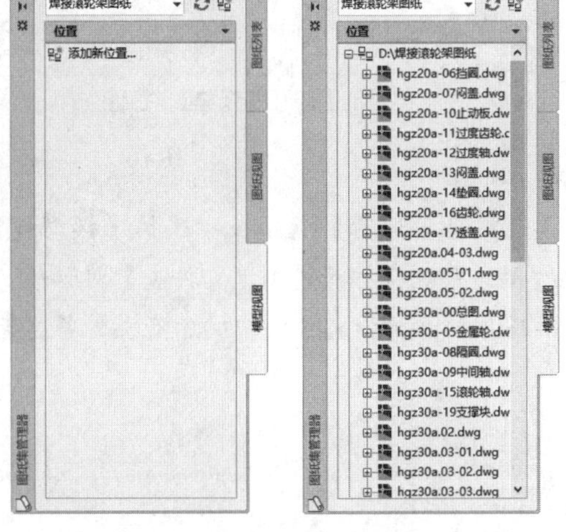

图 10-26 在【模型视图】选项卡中添加图纸

10.5.2 使用图纸集管理器

创建图纸集后，用户可以根据需要对图纸集进行管理。

执行方式

- ❑ 命令行：SHEETSET。
- ❑ 菜单栏：执行【文件】|【打开图纸集】命令。
- ❑ 工具栏：单击【标准】工具栏中的【图纸集管理器】按钮。
- ❑ 功能区：选择【视图】选项卡，单击【选项板】面板中的【图纸集管理器】按钮。

实例讲解

【例 10-12】在焊接滚轮架图纸集中放置图形。

❶ 选择【视图】选项卡，单击【选项板】面板中的【图纸集管理器】按钮，系统打开【图纸集管理器】选项板，单击控件下拉列表框，在弹出的下拉列表中选择【打开】选项。

❷ 打开【打开图纸集】对话框，选择一个图纸集后单击【打开】按钮，如图 10-27(a)所示，【图纸集管理器】选项板中将显示该图纸集的图纸列表，如图 10-27(b)所示。

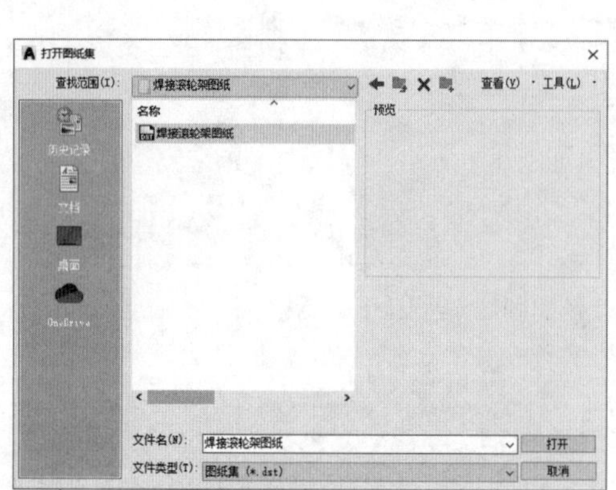

(a)【打开图纸集】对话框

(b) 显示图纸列表

图 10-27　打开图纸集

❸ 在【图纸集管理器】选项板中选择【模型视图】选项卡，双击【添加新位置】选项，如图 10-28(a)所示，系统将打开【浏览文件夹】对话框，在该对话框中选择文件夹后单击【打开】按钮，如图 10-28(b)所示，该文件夹中的所有文件将显示在位置目录中，如图 10-28(c)所示。

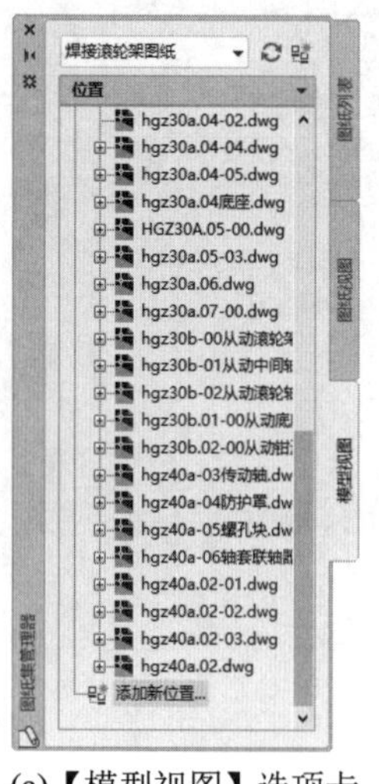

(a)【模型视图】选项卡

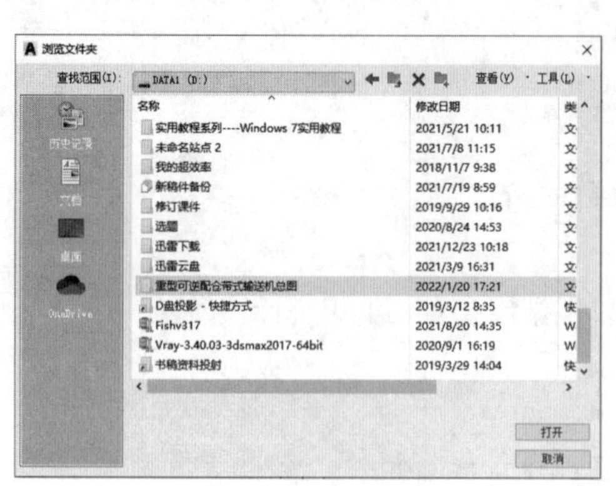

(b)【浏览文件夹】对话框

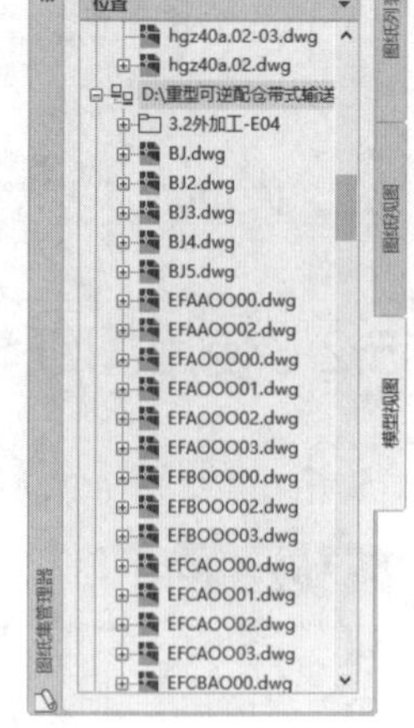

(c) 显示所有文件

图 10-28　添加新位置

❹ 在【图纸集管理器】选项板中选择一个图形文件后，右击鼠标，在弹出的快捷菜单中选择【放置到图纸上】命令，选择的图形布局就出现在当前图纸的布局中，如图 10-29 所示。在当前图形布局中右击鼠标，在弹出的快捷菜单中选择一个合适的比例，拖动鼠标，指定一个位置后该布局就插入当前图形布局中。

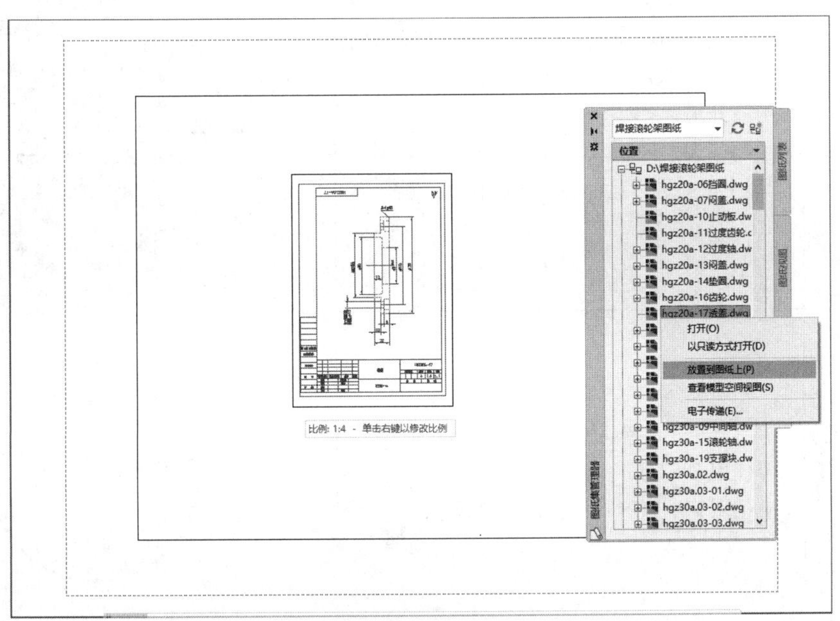

图 10-29　将图形放置到图纸上

这里需要注意的是：图纸集管理器中打开和添加的图纸必须是布局空间图形图纸，不能是模型空间图形图纸。如果要打开的图纸不是布局空间图形图纸，必须事先进行转换。

10.6　实践演练

通过学习，读者对本章所介绍的内容有了大致的了解。本节将通过表 10-1 所示的几个实践操作，帮助读者进一步掌握本章的知识要点。

表 10-1　实践演练操作要求

实践名称	操作要求	效　果
带肩螺钉和滚珠轴承	(1) 打开工具选项板，在【机械】选项卡中选择“带肩螺钉”和“滚珠轴承”图块，插入空白图形； (2) 通过快捷菜单进行缩放； (3) 对剖面线进行图案填充	(a) 带肩螺钉　(b) 滚珠轴承

(续表)

实践名称	操作要求	效　果
通过 AutoCAD 设计中心绘制房屋平面图	(1) 打开设计中心； (2) 在设计中心查找已经绘制好的房屋平面图，并通过该图创建工具选项板； (3) 打开房屋平面图素材文件； (4) 将需要的图块从工具选项板上拖入当前图形中，并进行适当的缩放、移动、旋转等操作	
在皮带轮零件图中查询图形对象状态	(1) 打开“三通接头零件”图； (2) 使用 DIST 命令查询距离； (3) 使用 STATUS 命令查询对象状态	

10.7　拓展练习

扫描二维码，获取更多 AutoCAD 习题。

扫一扫，做练习

第11章　外部参照与光栅图像

内容简介

在工程图中有大量反复使用的图形对象，例如机械图形中的螺栓、垫圈等，以及建筑图形中的门、窗等。由于这些对象的结构形状相同，只是尺寸有所不同，因此在绘图时常常将它们生成图块，并通过外部参照链接到图形文件中。

内容要点

- ❑ 外部参照
- ❑ 外部参照和在位编辑
- ❑ 光栅图像

11.1　外部参照

外部参照与块有相似之处，它们的主要区别是：一旦插入了块，该块就永久地插入当前图形中，成为当前图形的一部分。而以外部参照方式将图形插入某一图形(称之为主图形)后，被插入图形文件的信息并不直接加入主图形中，主图形只是记录参照的关系，例如，参照图形文件的路径等信息。另外，对主图形的操作不会改变外部参照图形文件的内容。当打开具有外部参照的图形时，系统会自动把各外部参照图形文件重新调入内存并在当前图形中显示出来。

11.1.1　附着外部参照

使用外部参照首先要将外部参照附着于宿主图形上。

执行方式

- ❑ 命令行：XATTACH(或 XA)。
- ❑ 菜单栏：执行【插入】|【DWG 参照】命令。
- ❑ 工具栏：单击【参照】工具栏中的【附着外部参照】按钮。

操作过程

执行上述操作后，系统将打开【选择参照文件】对话框，在该对话框中选择欲参照的图形文件后，单击【打开】按钮，将打开图 11-1 所示的【附着外部参照】对话框。

实例讲解

【例 11-1】新建一个图形文件，在其中附着图 11-2 所示的装配图。

❶ 打开装配图后，在命令行输入 BASE，命令行提示与操作如下。

```
输入基点 <0.0000,0.0000,0.0000>: 捕捉图 11-2 中的 A 点，确定外部参照基点
```

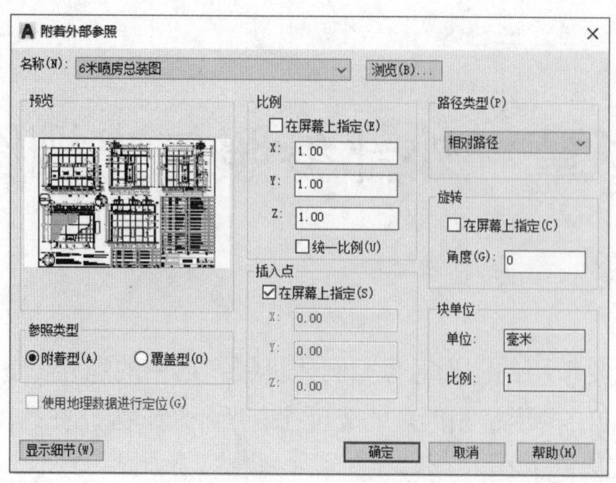

图 11-1 【附着外部参照】对话框

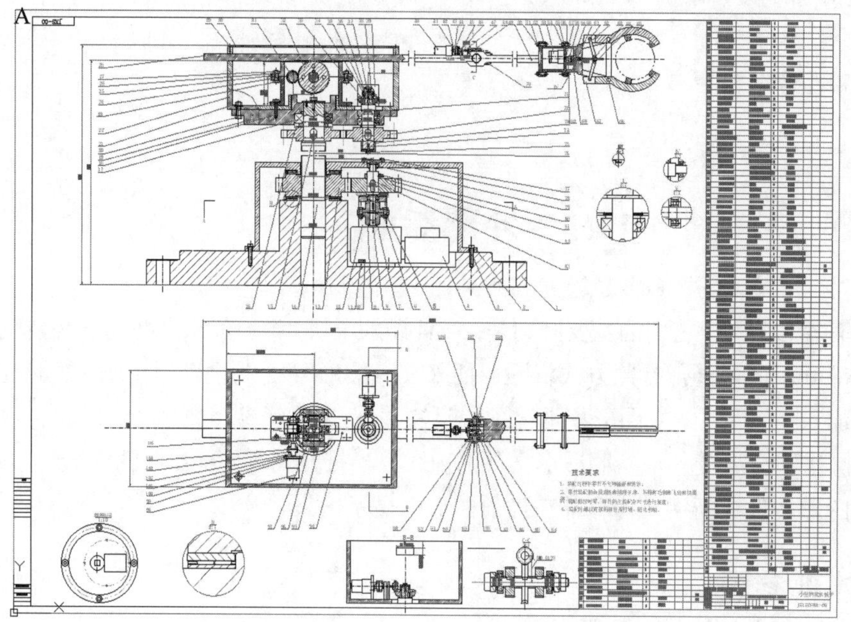

图 11-2 装配图

扫一扫，看视频

❷ 选择【文件】|【保存】命令，保存装配图。

❸ 在命令行输入 XA，打开【选择参照文件】对话框，选中步骤❷保存的装配图文件，然后单击【打开】按钮，如图 11-3 所示。

❹ 打开【附着外部参照】对话框，选中【在屏幕上指定】复选框和【附着型】单选按钮，然后单击【确定】按钮，即可在屏幕中单击附着外部参照(以设置的 A 点为基点)，如图 11-4 所示。

选项说明

利用【附着外部参照】对话框中的【参照类型】选项组和【路径类型】下拉列表框，可以设置附着外部参照是否可以嵌套以及外部参照的路径。下面将分别对其进行介绍。

(1) 【参照类型】选项组：用于设置附着外部参照是否可以嵌套。

- ❑【附着型】单选按钮：选中该单选按钮，则外部参照是可以嵌套的。
- ❑【覆盖型】单选按钮：选中该单选按钮，则外部参照不可嵌套。

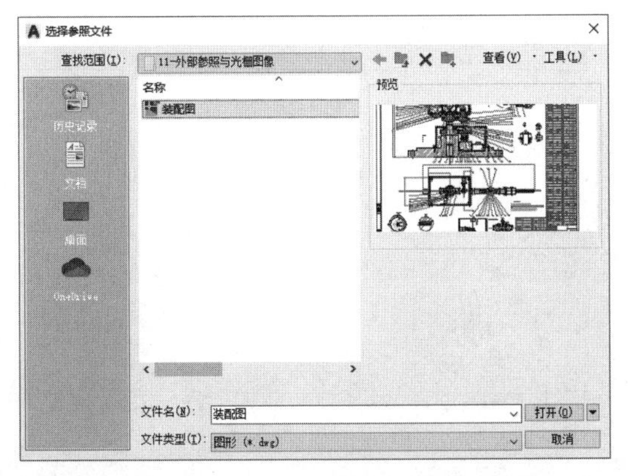

图 11-3 【选择参照文件】对话框

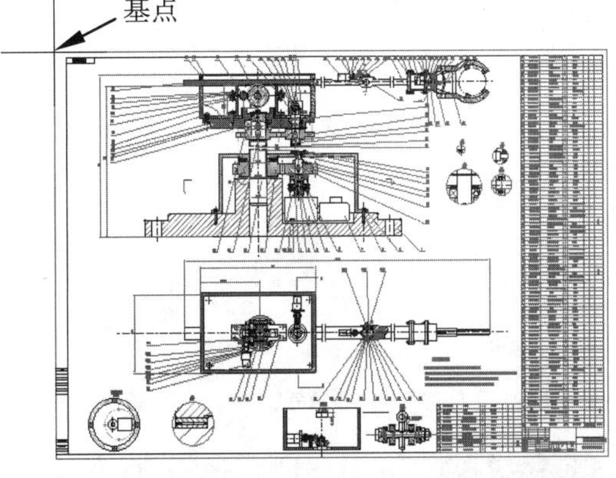

图 11-4　附着外部参照

例如，图 11-5 所示的图形 D 中 A、B 两个都是附着在图形中的外部参照，如果在外部参照 A 中附加一个"附着型"的外部参照 C，那么图形 C 就将嵌套到图形 D 中。如果在 A 中附加一个"覆盖型"的外部参照 C，则图形 C 就不会嵌套进图形 D 中，如图 11-6 所示。

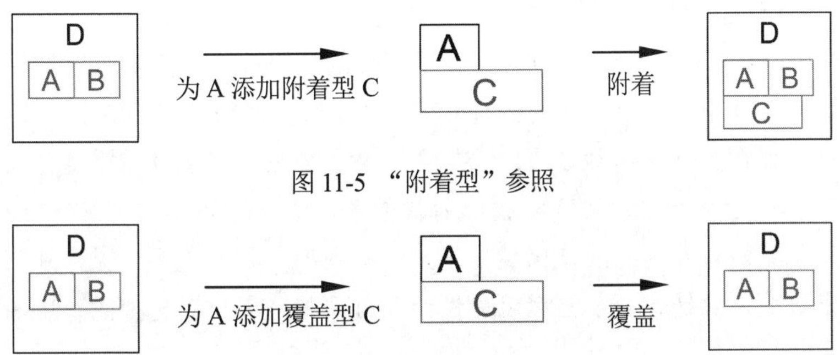

图 11-5 "附着型"参照

D
A B
为 A 添加覆盖型 C
A
C
覆盖
D
A B

图 11-6 "覆盖型"参照

(2) 【路径类型】下拉列表框：用于设置外部参照的路径。

- 无路径：在不使用路径附着外部参照时，AutoCAD 首先在宿主图形的文件夹中查找外部参照。当外部参照文件与宿主图形位于同一个文件夹时，该选项非常有用。
- 完整路径：当使用完整路径附着外部参照时，外部参照的精确位置将保存到宿主图形中。该选项的精度最高，但灵活性最小。因为如果移动工程文件夹，AutoCAD 将无法融入任何使用完整路径附着的外部参照。
- 相对路径：使用相对路径附着外部参照时，将保存外部参照相对于宿主图形的位置。该选项的灵活性最大。因为如果移动工程文件夹，AutoCAD 仍可以融入使用相对路径附着的外部参照，只要此外部参照相对宿主图形的位置未发生变化。

11.1.2　剪裁外部参照

对于图形中附着的外部参照，可以根据需要对其范围进行剪裁，也可以控制边框的显示。

1. 剪裁外部参照

用户可以根据指定边界修剪选定外部参照或块参照的显示。

执行方式

- ❑ 命令行：XCLIP。
- ❑ 工具栏：单击【参照】工具栏中的【剪裁外部参照】按钮。

操作过程

```
命令: XCLIP↙
选择对象: 选择被参照图形
选择对象: 继续选择或按 Enter 键结束命令
输入剪裁选项[开(ON)/关(OFF)/剪裁深度(C)/删除(D)/生成多段线(P)/新建边界(N)] <新建边界>:
```

选项说明

(1) 开(ON)：在宿主图形中不显示外部参照或块的被剪裁部分。

(2) 关(OFF)：在宿主图形中显示外部参照或块的全部几何信息，忽略剪裁边界。

(3) 剪裁深度(C)：在外部参照或块上设置前剪裁平面和后剪裁平面，如果对象位于边界和指定深度定义的区域外将不显示。

(4) 删除(D)：为选定的外部参照或块删除剪裁边界。

(5) 生成多段线(P)：自动绘制一条与剪裁边界重合的多段线。此多段线采用当前的图层、线型、线宽和颜色设置。当用 PEDIT 命令修改当前剪裁边界，然后用新生成的多段线重新定义剪裁边界时，应使用该选项。如在重定义剪裁边界时查看整个外部参照，应使用【关】选项关闭剪裁边界。

(6) 新建边界(N)：定义一个矩形或多边形剪裁边界，或者用多段线生成一个多边形剪裁边界。剪裁后，外部参照在剪裁边界内的部分仍然可见，而剩余部分则变为不可见，外部参照附着和块插入的几何图形并未改变，只是改变了显示可见性，并且剪裁边界只对选择的外部参照起作用，对其他图形没有影响。

视频讲解

【例 11-2】使用 XCLIP 命令剪裁例 11-1 附着的外部参照装配图，如图 11-7 所示。

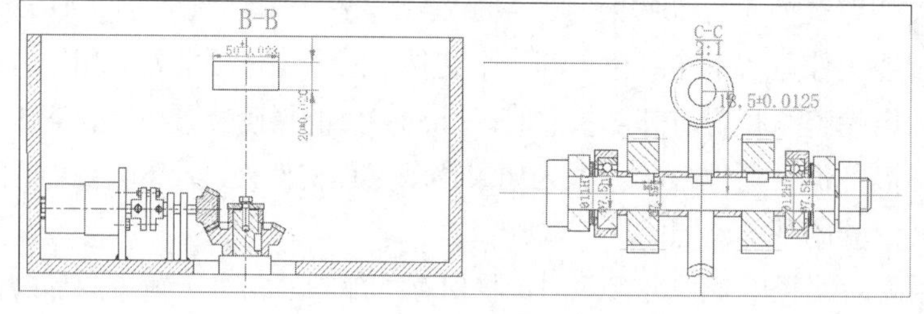

扫一扫，看视频

图 11-7　剪裁外部参照

2. 剪裁边界边框

剪裁边界边框可以决定外部参照剪裁边界在当前图形中是否可见或进行打印。

执行方式

- ❑ 命令行：XCLIPFRAME。
- ❑ 菜单栏：执行【修改】|【对象】|【外部参照】|【边框】命令。
- ❑ 工具栏：单击【参照】工具栏中的【外部参照边框】按钮。

操作过程

```
命令: XCLIPFRAME↙
输入 XCLIPFRAME 的新值 <0>:
```

选项说明

剪裁外部参照时，可以通过 XCLIPFRAME 系统变量来控制是否显示剪裁边界的边框，如图 11-8 所示，当其值为 1 时，将显示剪裁边框，并且该边框可以作为对象的一部分进行选择和打印；当其值设置为 0 时，则不显示剪裁边框。

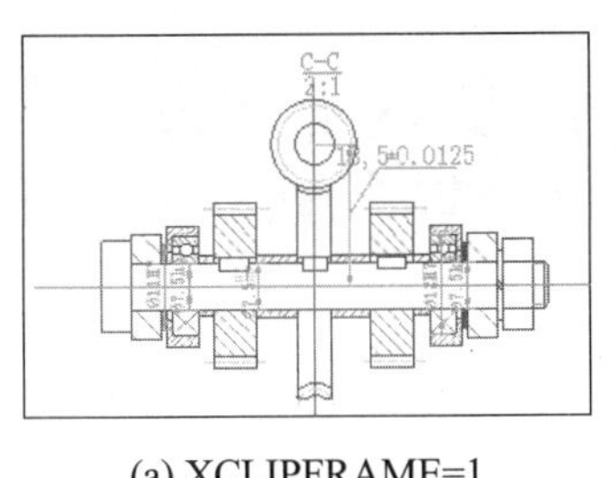

(a) XCLIPFRAME=1

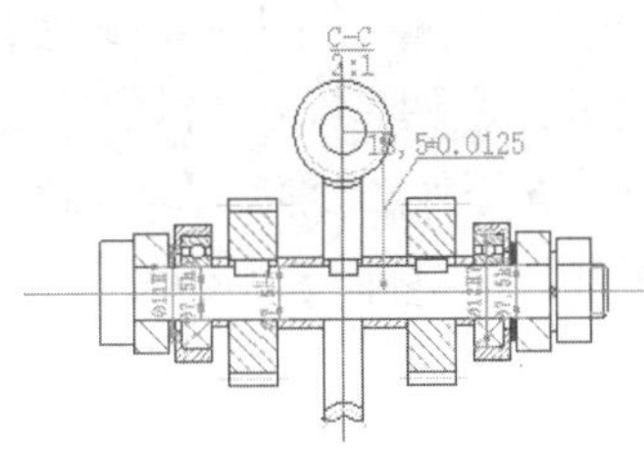

(b) XCLIPFRAME=0

图 11-8　剪裁边界边框

11.1.3　绑定外部参照

如果将外部参照绑定到当前图形中，则外部参照及其依赖的命名对象将成为当前图形的一部分。外部参照依赖的命名对象的命名语法从“块名|定义名”变为“块名n定义名”。在这种情况下，AutoCAD 将为绑定到当前图形中的所有外部参照相关定义名创建唯一的命名对象。例如，如果有一个 GEAR1 的外部参照，它包含一个名为 CONTOUR 的图层，那么在绑定了外部参照后，依赖外部参照的图层 GEAR1|CONTOUR 将变为名为 GEAR1$0$CONTOUR 的本地定义图层。如果已经存在同名的本地命名对象，n 中的数字 n 将自动增加。在这个例子中，如果图形已经存在 GEAR1$0$CONTOUR，依赖外部参照的图层 GEAR1|CONTOUR 将重命名为 GEAR1$0$CONTOUR。

执行方式

- ❑ 命令行：XBIND。
- ❑ 菜单栏：执行【修改】|【对象】|【外部参照】|【绑定】命令。
- ❑ 工具栏：单击【参照】工具栏中的【外部参照绑定】按钮。

操作过程

执行上述操作后，AutoCAD 将打开【外部参照绑定】对话框，如图 11-9 所示。在该对话框中选择外部参照后，单击【确定】按钮，系统将外部参照所依赖的命名对象(如块、标注样式、图层、线型、文字样式等)添加到用户图形中。

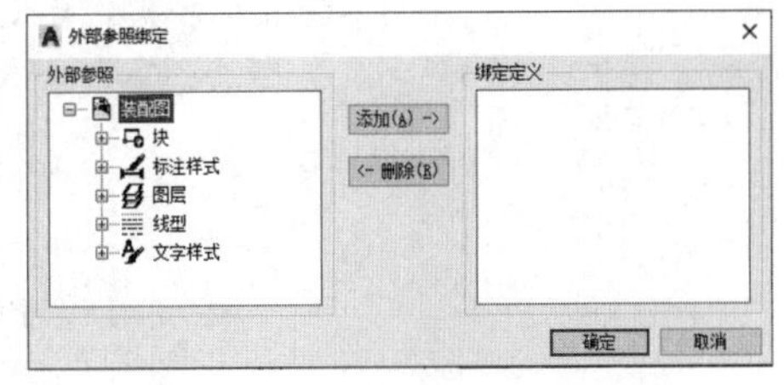

图 11-9 【外部参照绑定】对话框

选项说明

(1) 外部参照：显示所选择的外部参照。用户可以将其展开，进一步显示该外部参照的各种设置定义名，如标注样式、图层、线型、文字样式等。

(2) 绑定定义：显示将被绑定的外部参照的有关设置定义。

11.1.4　管理外部参照

附着外部参照后，可以使用 XREF 命令打开【外部参照】选项板对其进行管理。

执行方式

- ❑ 命令行：XREF(或 XR)。
- ❑ 菜单栏：选择【插入】|【外部参照】命令。
- ❑ 工具栏：单击【参照】工具栏中的【外部参照】按钮。
- ❑ 快捷菜单：选择外部参照，在绘图区右击鼠标，从弹出的快捷菜单中选择【外部参照】命令。

操作过程

执行以上操作后，AutoCAD 将打开图 11-10 所示的【外部参照】选项板。在该选项板中，可以附着、组织和管理所有与图形相关联的文件参照，还可以附着和管理参照图形(外部参照)、附着 DWF 参考底图和输入的光栅图像。

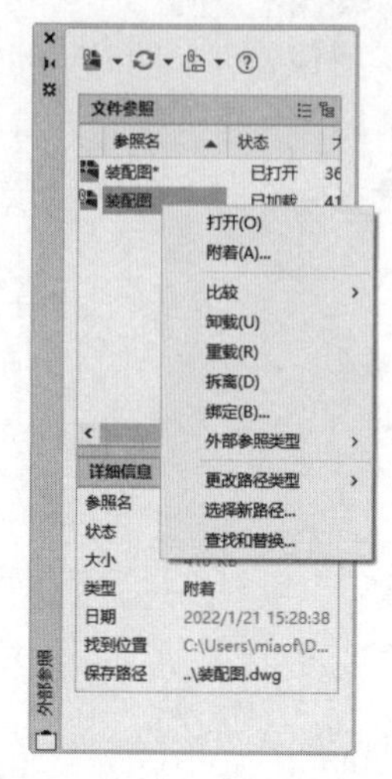

图 11-10　【外部参照】选项板

视频讲解

【例 11-3】通过【外部参照】选项板在图形中附着图 11-11 所示的主减速器差速器总图，并将其分解为可编辑的图形。

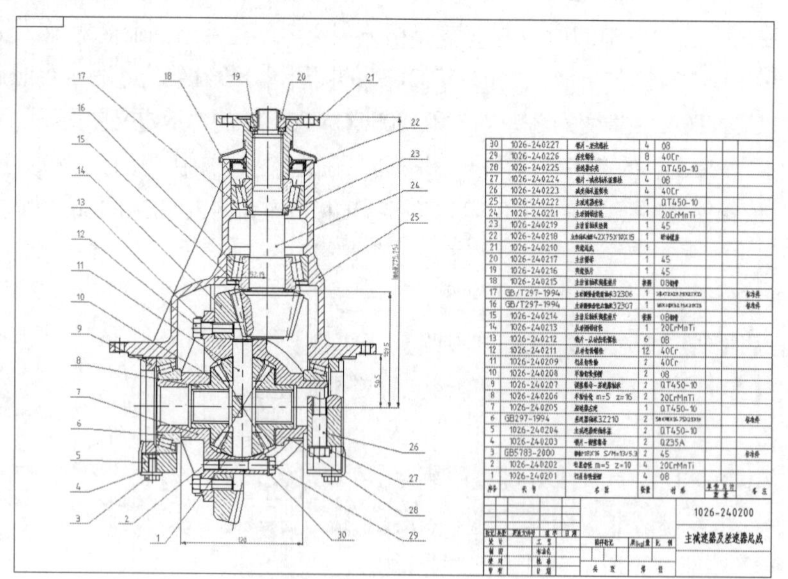

图 11-11　主减速器差速器总图

扫一扫，看视频

11.1.5　设置外部参照透明度

用户可以在命令行输入 OP 命令，打开图 11-12 所示的【选项】对话框，选择【显示】选项卡，在【淡入度控制】选项组中拖动【外部参照显示】滑块，设置外部参照在图形中的显示透明度。

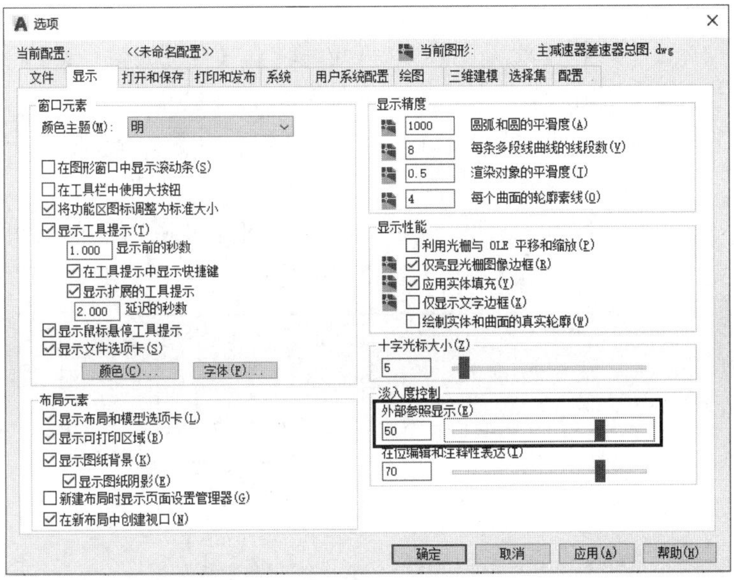

图 11-12 【选项】对话框

11.2 外部参照和块在位编辑

AutoCAD 在处理外部参照图形时，可对外部参照进行修改，并将修改保存到原始图形中，或者将对象从自己的图形转移到外部参照块中。

11.2.1 在窗口中打开外部参照

在宿主图形中，可以选择附着的外部参照，并使用【打开参照(XOPEN)】命令在单独的窗口中打开此外部参照，不需要浏览后再打开外部参照文件。使用【打开参照】命令可以在新窗口中立即打开外部参照。

执行方式

- ❑ 命令行：XOPEN。
- ❑ 菜单栏：执行【工具】|【外部参照和块在位编辑】|【打开参照】命令。

操作过程

```
命令: XOPEN↙
选择外部参照:
```

选择外部参照后，AutoCAD 将立即重新建立一个窗口，显示外部参照图形。

11.2.2 在位编辑参照

用户可以直接在当前图形中编辑外部参照或块定义。

执行方式

- ❑ 命令行：REFEDIT。
- ❑ 菜单栏：执行【工具】|【外部参照和块在位编辑】|【在位编辑参照】命令。
- ❑ 工具栏：单击【参照编辑】工具栏中的【在位编辑参照】按钮。
- ❑ 功能区：选择【插入】选项卡，单击【参照】面板中的【编辑参照】按钮。

操作过程

执行上述操作后，选择要编辑的参照，AutoCAD 将打开【参照编辑】对话框，如图 11-13 所示。在该对话框中完成设定后，单击【确定】按钮即可对所选参照进行编辑。

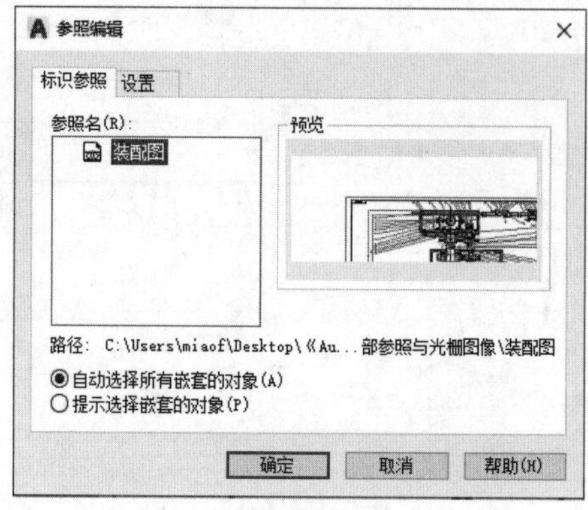

图 11-13 【参照编辑】对话框

选项说明

(1) 【标识参照】选项卡：为标识要编辑的参照提供形象化辅助工具，并控制选择参照的方式。

(2) 【设置】选项卡：用于为编辑参照提供选项，如图 11-14 所示。

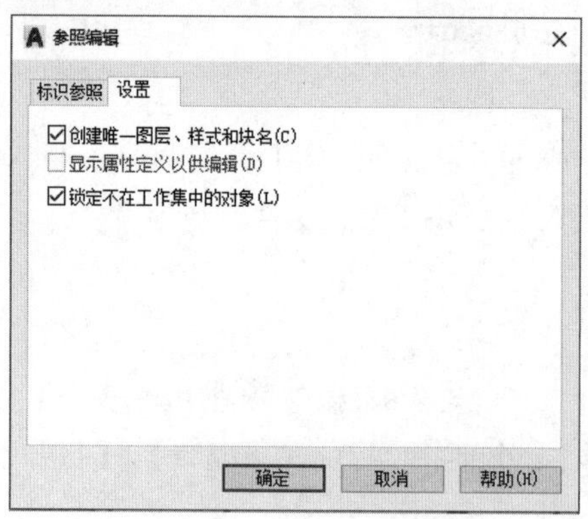

图 11-14 【设置】选项卡

11.2.3 保存参照修改

本小节介绍保存或放弃在位编辑参照时所做的更改。在位编辑并保存图形中的外部参照时，除非再次打开并保存图形，否则不能再使用原始参照图形的预览图像。

执行方式

- ❑ 命令行：REFCLOSE。

- ❑ 菜单栏：执行【工具】|【外部参照和块在位编辑】|【保存参照编辑】(关闭参照)命令。
- ❑ 工具栏：单击【参照编辑】工具栏中的【保存参照编辑】按钮。
- ❑ 快捷菜单：在位参照编辑期间没有选定对象的情况下，在绘图区域右击鼠标，从弹出的快捷菜单中选择【关闭 REFEDIT 任务】|【保存参照编辑】(关闭参照)命令。

操作过程

执行上述操作后，在弹出的提示对话框中单击【确定】按钮将保存参照编辑。

11.2.4　添加或删除对象

本小节介绍在位编辑参照时如何从工作集添加或删除对象。作为工作集组成部分的对象与当前图形中的其他对象明显不同，在当前图形中，工作集以外的所有对象都将呈淡入显示。

执行方式

- ❑ 命令行：REFSET。
- ❑ 菜单栏：执行【工具】|【外部参照和块在位编辑】|【添加到工作集】(从工作集删除)命令。
- ❑ 工具栏：单击【参照编辑】工具栏中的【添加到工作集】按钮(或【从工作集删除】按钮)。

操作过程

```
命令: REFSET↙
输入选项 [添加(A)/删除(R)] <添加>: 选择相应选项进行操作即可
```

视频讲解

【例 11-4】编辑图 11-15 所示的外部参照。

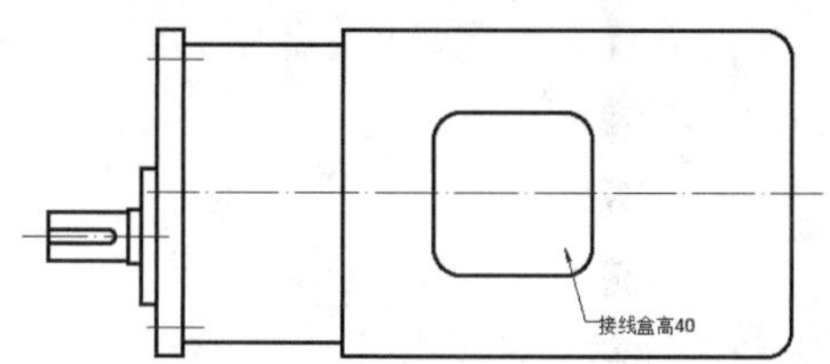

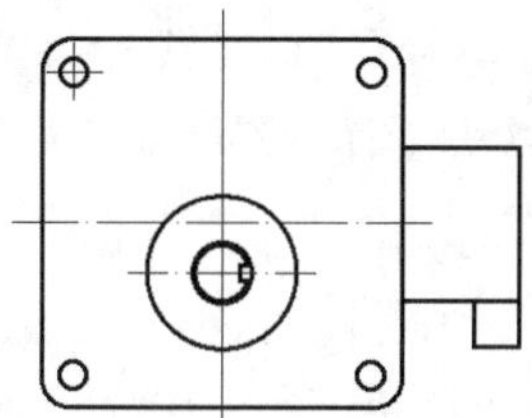

图 11-15　齿轮箱

11.3　光栅图像

光栅图也称为位图、点阵图、像素图，简单来说就是最小单位由像素构成的图，其只有点的信息，在缩放时会失真。AutoCAD 提供了对多数常见图像格式的支持，包括.bmp、.jpeg、.gif、.pcx 等。

11.3.1　附着光栅图像

在绘图时，可以将光栅图像附着到基于矢量的 AutoCAD 图形中。与外部参照一样，附着的光栅图像不是图形文件的组成部分，而是通过路径名链接到图形文件中。一旦在图形中附着了光栅图像，可以像块一样将它多次附着。每个插入的图像都有自己的剪裁边界、亮度、对比度、褪色度和透明度等特性。

执行方式

- ❑ 命令行：IMAGEATTACH(或 IAT)。
- ❑ 菜单栏：执行【插入】|【光栅图像参照】命令。
- ❑ 工具栏：单击【参照】工具栏中的【附着图像】按钮。

实例讲解

【例 11-5】利用光栅图像绘制装饰画，如图 11-16 所示。

图 11-16　装饰画

扫一扫，看视频

❶ 单击【参照】工具栏中的【附着图像】按钮，打开【选择参照文件】对话框，选中需要插入的光栅图像，然后单击【打开】按钮，如图 11-17 所示。

图 11-17 【选择参照文件】对话框

❷ 打开【附着图像】对话框，设置图像附着参数，单击【确定】按钮，如图 11-18 所示。

图 11-18 【附着图像】对话框

❸ 命令行提示与操作如下。

```
指定插入点 <0,0>: 在绘图区捕捉一点
基本图像大小: 宽: 84.931252，高: 116.681252，Millimeters
指定缩放比例因子或 [单位(U)] <1>: 2↙
```

❹ 在【默认】选项卡的【绘图】面板中单击【矩形】按钮□，捕捉图片右上角端点，绘制一个合适的矩形，如图 11-19 所示。

❺ 单击【默认】选项卡【修改】面板中的【偏移】按钮⊆，将步骤❹绘制的矩形向外偏移合适的距离，如图 11-20 所示。

❻ 单击【参照】工具栏中的【剪裁图像】按钮，剪裁光栅图像，命令行操作与提示如下。

```
命令: imageclip
选择要剪裁的图像: 选取光栅图像
输入图像剪裁选项 [开(ON)/关(OFF)/删除(D)/新建边界(N)] <新建边界>:↙
外部模式 - 边界外的对象将被隐藏。
指定剪裁边界或选择反向选项:
[选择多段线(S)/多边形(P)/矩形(R)/反向剪裁(I)] <矩形>:↙
指定第一角点: 捕捉内部矩形的角点
指定对角点: 捕捉内部矩形的另一角点(对角点)。
```

图 11-19　绘制矩形

图 11-20　偏移矩形

❼ 单击【默认】选项卡【绘图】面板中的【图案填充】按钮，打开【图案填充创建】选项

卡，选择 SOLID 图案，在【特性】面板中设置颜色为金黄色，如图 11-21 所示。

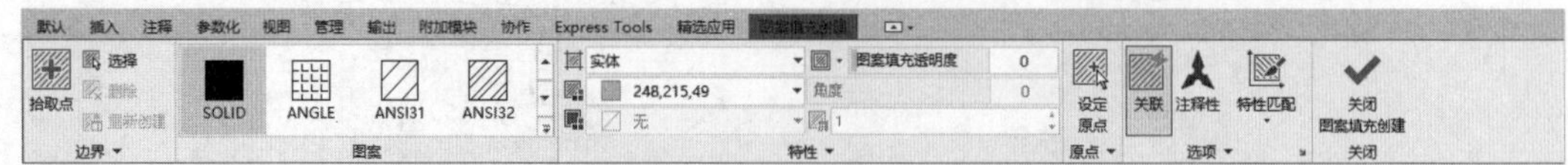

图 11-21 【图案填充创建】选项卡

❽ 将设置的图案填充到两个矩形之间，结果如图 11-16 所示。

11.3.2 管理光栅图像

附着光栅图像后，用户可以利用 IMAGE 命令对其进行管理。

操作过程

在命令行执行 IMAGE 命令后，AutoCAD 将打开图 11-22 所示的【外部参照】选项板，在该选项板中选择要进行管理的光栅图像，右击鼠标，在弹出的快捷菜单中即可对其进行管理操作。

在 AutoCAD 中还有一些关于光栅图像的命令，在【参照】工具栏中可以找到这些命令，如图 11-23 所示。这些命令与外部参照的相关命令操作方法类似，具体如下。

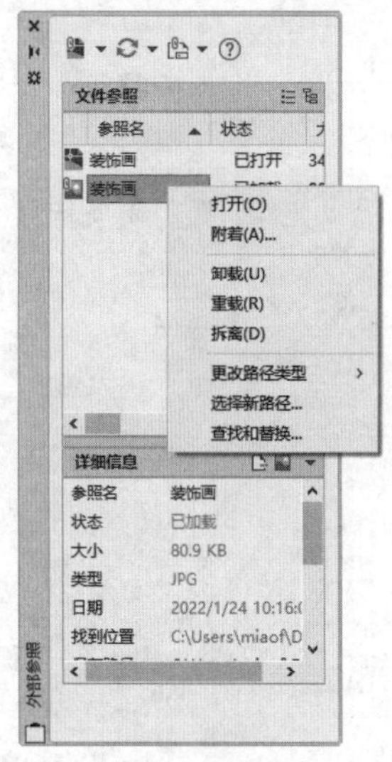

图 11-22 【外部参照】选项板

图 11-23 【参照】工具栏

- ❑【剪裁图像】按钮(IMAGECLIP 命令)：用于剪裁图像边界的创建与控制，可以用矩形或多边形作为剪裁边界，也可以控制剪裁功能的打开与关闭，还可以删除剪裁边界。
- ❑【调整图像】按钮(IMAGEADJUST 命令)：用于控制图像的亮度、对比度和褪色度。
- ❑【图像质量】按钮(IMAGEQUALITY 命令)：用于控制图像显示的质量，高质量显示速度较慢，草稿式显示速度较快。
- ❑【图像透明度】按钮(TRANSPARENCY 命令)：用于控制图像的背景像素是否透明。
- ❑【图像边框】按钮(IMAGEFRAME 命令)：用于控制图像边框是否显示。

11.4　实践演练

通过学习，读者对本章所介绍的内容有了大致的了解。本节将通过表 11-1 所示的几个实践操作，帮助读者进一步掌握本章的知识要点。

表 11-1　实践演练操作要求

实践名称	操作要求	效　　果
通过附着外部参照绘制零件图	(1) 执行 XATTACH 命令，打开【附着外部参照】对话框，选择 A1.dwg 作为参照文件； (2) 设置外部参照选项，指定插入点为(0,0)； (3) 重复以上操作，将 A2.dwg 和 A3.dwg 作为参照文件插入文档	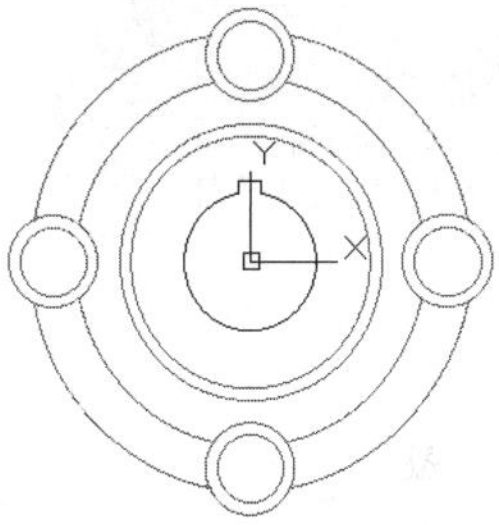
从动底座零件图	(1) 打开素材图形文件后，将从动底座零件图作为外部参照附着在文件中； (2) 打开【外部参照】选项板，将外部参照绑定到当前图形文件中； (3) 执行【分解】命令(EXPLODE)，分解绑定的图形文件	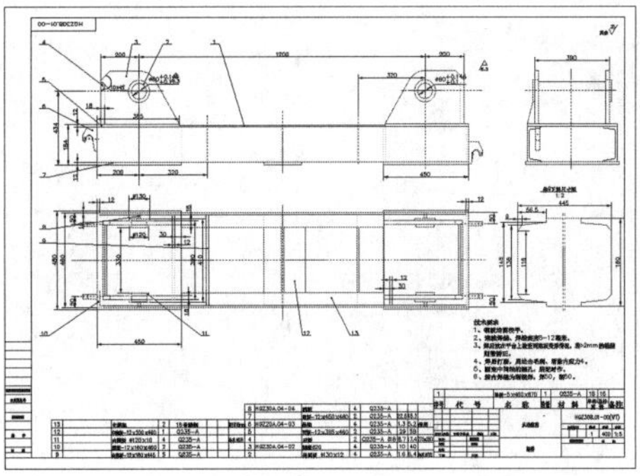
在"挖掘机底盘总成图"中插入企业 LOGO	(1) 打开"挖掘机底盘总成"图后，使用 IMAGEATTACH 命令附着光栅图像； (2) 使用 SC 命令调整光栅图像大小； (3) 使用 MOVE 命令调整光栅图像的位置	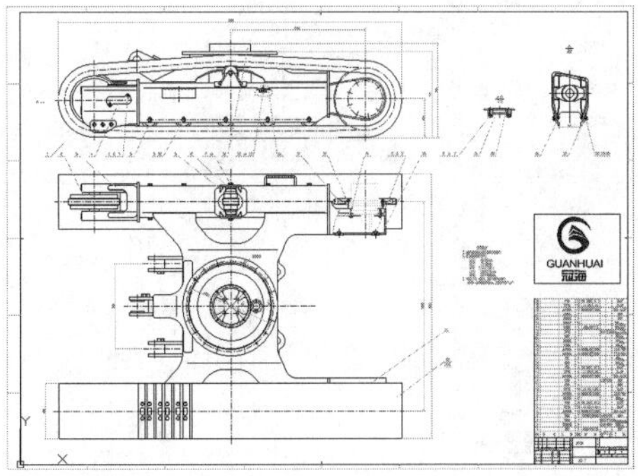

11.5 拓展练习

扫描二维码，获取更多 AutoCAD 习题。

扫一扫，做练习

第12章　样板图绘制实例

内容简介

样板图作为一张标准图纸，除了需要绘制图形以外，还要求设置图纸大小，绘制图框线和标题栏；而对于图形本身，需要设置图层以绘制图形的不同部分，设置不同的线型和线宽以表达不同的含义，设置不同的图线颜色以区分图形的不同部分等。所有这些都是绘制一幅完整图形不可或缺的工作。为了方便绘图，提高绘图效率，往往将这些绘制图形的基本作图和通用设置绘制成一张基础图形，进行初步或标准的设置，这种基础图形称为样板图。本章将通过综合绘图实例，介绍使用AutoCAD 制作样板图的步骤，以及应用样板图绘制简单图形的方法。

内容要点

- ❑ 绘图单位和精度的设置
- ❑ 图形界限和图层的设置
- ❑ 文本样式和尺寸标注样式的设置
- ❑ 图框线和标题栏的绘制

12.1　制作样板图的准则

本节将以绘制图 12-1 所示的样板图为例，介绍样板图形的绘制方法。

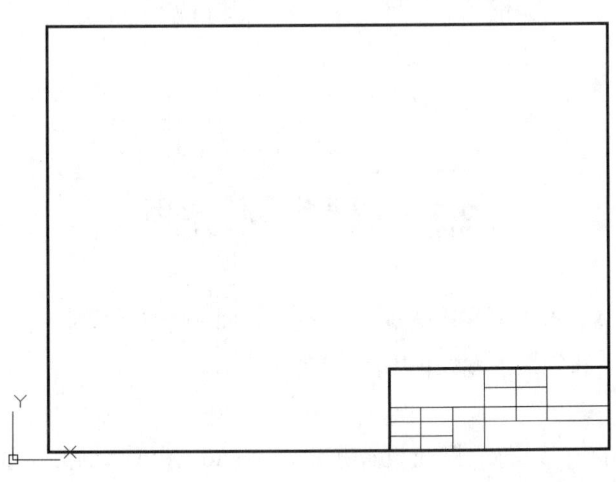

图 12-1　样板图

使用 AutoCAD 绘制样板图时，必须遵守以下准则。

- ❑ 严格遵守国家标准的有关规定。
- ❑ 使用标准线型。

- ❑ 设置适当图形界限，以便能包含最大操作区域。
- ❑ 将捕捉和栅格设置为在操作区域操作的尺寸。
- ❑ 按标准的图纸尺寸打印图形。

12.2　设置绘图单位和精度

在绘图时，数值都采用十进制，长度精度为小数点后 0 位，角度精度也为小数点后 0 位。要设置图形单位和精度，可以打开【图形单位】对话框进行设置。

实例讲解

【例 12-1】打开【图形单位】对话框设置绘图单位和精度。

❶ 在命令行中输入 UN 命令(或执行【格式】|【单位】命令)，打开【图形单位】对话框，如图 12-2 所示。

❷ 在【长度】选项组设置【类型】为【小数】，【精度】为 0。

❸ 在【角度】选项组设置【类型】为【十进制度数】，【精度】为 0。

❹ 系统默认逆时针方向为正，单击【确定】按钮。

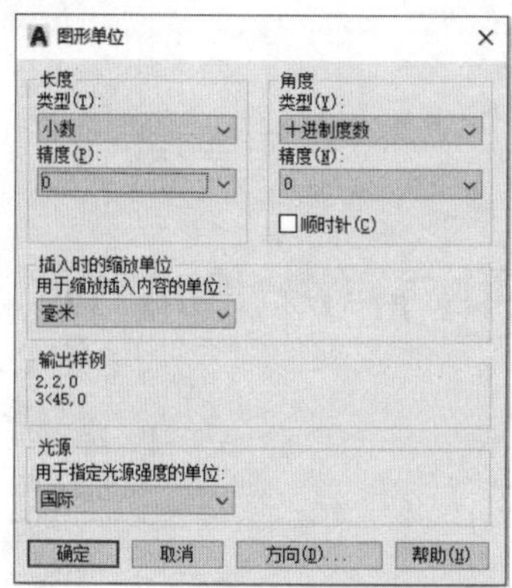

扫一扫，看视频

图 12-2 【图形单位】对话框

12.3　设置图形界限

国家标准对图纸的幅面大小有严格的规定，每一种图纸幅面都有唯一的尺寸。在绘制图形时，设计者应根据图形的大小和复杂程度选择图纸幅面。

实例讲解

扫一扫，看视频

【例 12-2】选择国际 A3 图纸幅面设置图形边界(A3 图纸幅面为 420mm×297mm)。

❶ 在命令行输入 LIMITS 命令(或执行【格式】|【图形界限】命令)。

❷ 在命令行提示下执行以下操作。

```
命令：LIMITS↙
```

```
重新设置模型空间界限:
指定左下角点或 [开(ON)/关(OFF)] <0.0000,0.0000>: 0,0↙
指定右上角点 <420.0000,297.0000>: 420,297↙
```

❸ 在状态栏中单击【显示图形栅格】按钮#，可以在绘图窗口中显示图纸的图限范围。

12.4　设置图层

在绘制图形时，图层是一个重要的辅助工具，可以用来管理图形中的不同对象。创建图层一般包括设置图层名、颜色、线型和线宽。图层的多少需要根据所绘制图形的复杂程度来确定，通常对于一些比较简单的图形，只需要分别为辅助线、轮廓线、标注等对象建立图层即可。

实例讲解

【例 12-3】为样板图形创建辅助线、轮廓线、标注等图层，如图 12-3 所示。

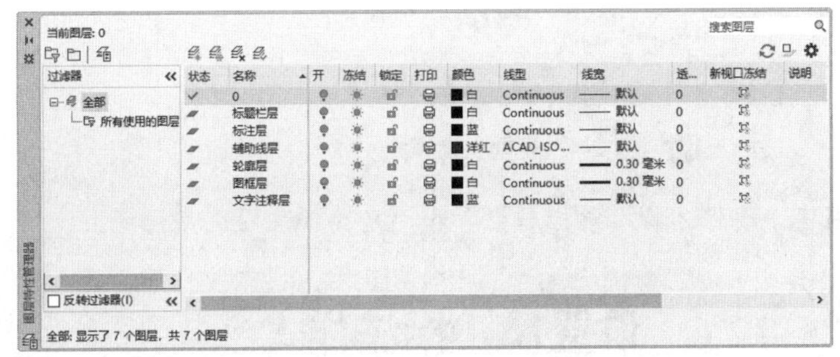

扫一扫，看视频

图 12-3　创建图层

❶ 在命令行输入 LAYER 命令(或执行【格式】|【图层】命令)。

❷ 打开【图层特性管理器】选项板，单击【新建图层】按钮，创建“辅助线层”，设置颜色为“洋红”，线型为 ACAD_ISO04W100，线宽为“默认”；创建“标注层”和“文字注释层”，设置颜色为“蓝色”，线型为 Continuous，线宽为“默认”；创建“轮廓层”和“图框层”，设置颜色为“白色”，线型为 Continuous，线宽为“0.3mm”；创建“标题栏层”，设置颜色为“白色”，线型为 Continuous，线宽为“默认”。

❸ 完成上述操作后，关闭【图层特性管理器】选项板。

12.5　设置文本样式

在绘制图形时，通常要设置 4 种文字样式，分别用于一般注释、标题块中的零件名、标题块注释和尺寸标注。

实例讲解

扫一扫，看视频

【例 12-4】为样板图形创建以下文字样式。

- ❑ 注释：大字体 gbcbig.shx，高度 7mm。
- ❑ 零件名称：大字体 gbcbig.shx，高度 10mm。

- 标题栏：大字体 gbcbig.shx，高度 5mm。
- 尺寸标注：大字体 gbcbig.shx，高度 5mm。

❶ 在命令行输入 ST 命令(或执行【格式】|【文字样式】命令)，打开【文字样式】对话框。

❷ 单击【新建】按钮，创建一个名为“注释”的文字样式，设置【字体】为“txt.shx”，选中【使用大字体】复选框，然后设置【大字体】为“gbcbig.shx”。

❸ 在【高度】文本框中输入 7 后，单击【应用】按钮，如图 12-4 所示。

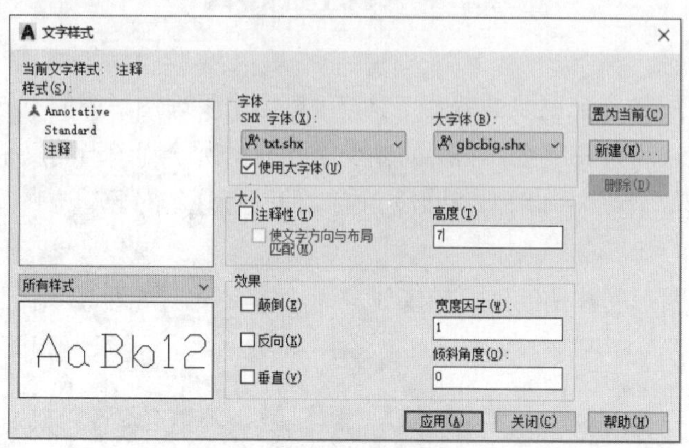

图 12-4　设置文字样式

❹ 重复以上操作，创建“零件名称”“标题栏”和“尺寸标注”文字样式。

12.6　设置尺寸标注样式

尺寸标注样式主要用来标注图形中的尺寸，对于不同类型的图形，其尺寸标注的要求也不相同。通常采用 ISO 标准，并设置标注文字为前面创建的“尺寸标注”。

实例讲解

【例 12-5】为样板图形设置图 12-5 所示的尺寸标注样式。

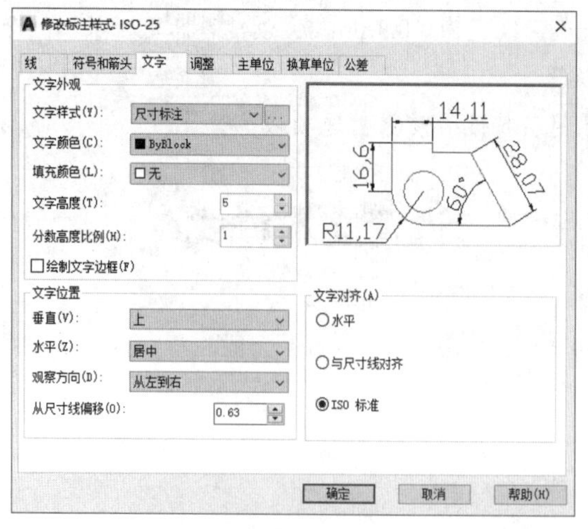

图 12-5　设置标注样式

扫一扫，看视频

❶ 在命令行输入 D 命令(或执行【格式】|【标注样式】命令)，打开【标注样式管理器】对话框。

❷ 在【标注样式管理器】对话框中单击【修改】按钮，打开【修改标注样式】对话框，然后选择【文字】选项卡，设置【文字样式】为【尺寸标注】，并在【文字对齐】选项组中选择【ISO 标准】单选按钮。

❸ 设置完成后单击【确定】按钮返回【标注样式管理器】对话框，单击【关闭】按钮。

12.7　绘制图框线

在使用 AutoCAD 绘图时，绘图图限不能直观地显示出来，因此在绘图时还需要通过图框来确定绘图的范围，使所有的图形绘制在图框线之内。图框线通常要小于图限，到图限边界要留一定的单位，在此可以使用【直线】工具来绘制图框线。

实例讲解

扫一扫，看视频

【例 12-6】使用【直线】工具绘制图框线。

❶ 在【默认】选项卡【图层】面板中将“图框层”图层设置为当前图层。

❷ 在命令行输入 LINE，绘制直线，命令行提示与操作如下。

```
命令: LINE↙
指定第一个点: 25,5↙
指定下一点或 [放弃(U)]: 415,5↙
指定下一点或 [放弃(U)]: 415,292↙
指定下一点或 [闭合(C)/放弃(U)]: 25,292↙
指定下一点或 [闭合(C)/放弃(U)]:C↙(绘图结束)
```

12.8　绘制标题栏

标题栏一般位于图框的右下角，在 AutoCAD 中，用户可以通过插入表格来绘制标题栏。

实例讲解

【例 12-7】继续例 12-6 的操作，绘制图 12-6 所示的标题栏。

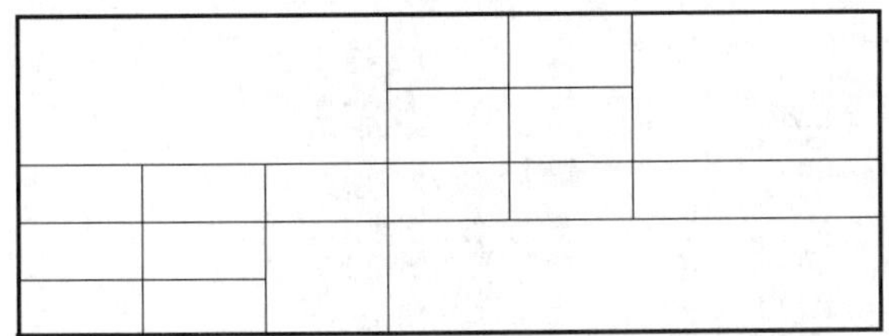

图 12-6　标题栏

扫一扫，看视频

❶ 在【默认】选项卡的【图层】面板中将“标题栏层”图层设置为当前图层。

❷ 在菜单栏中执行【格式】|【表格样式】命令(或在命令行中输入 TABLESTYLE 命令)，打开

【表格样式】对话框，单击【新建】按钮，在打开的【创建新的表格样式】对话框中创建新表格样式“Table”，然后单击【继续】按钮。

❸ 打开【新建表格样式】对话框，选择【文字】选项卡，设置【文字样式】为【标题栏】，如图 12-7 所示；选择【常规】选项卡，设置【对齐】为【正中】，如图 12-8 所示。

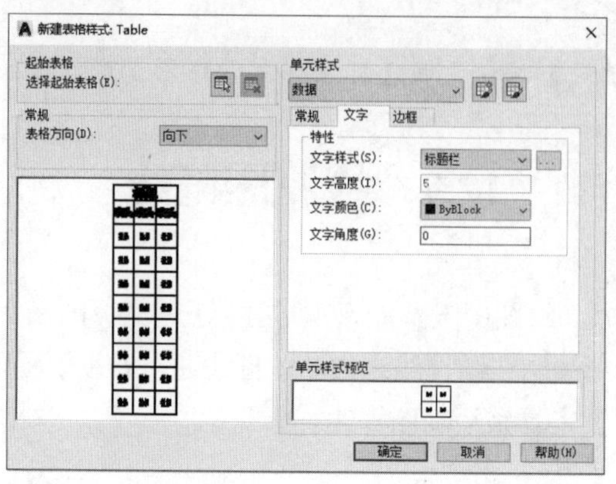

图 12-7 【文字】选项卡

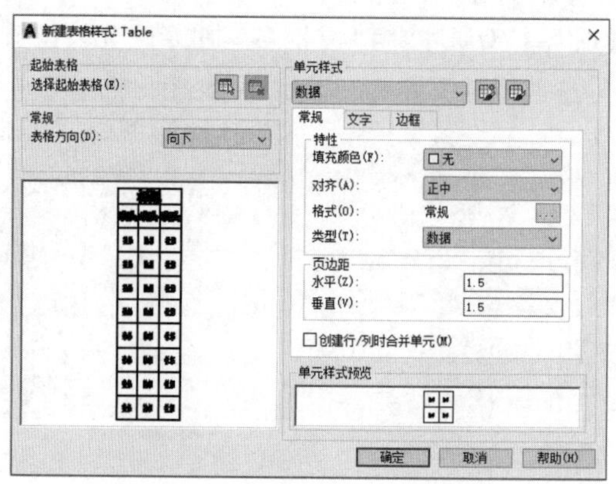

图 12-8 【常规】选项卡

❹ 选择【边框】选项卡，在【特性】选项组中设置【线宽】为“0.3mm”，然后单击【外边框】按钮▣，如图 12-9 所示。

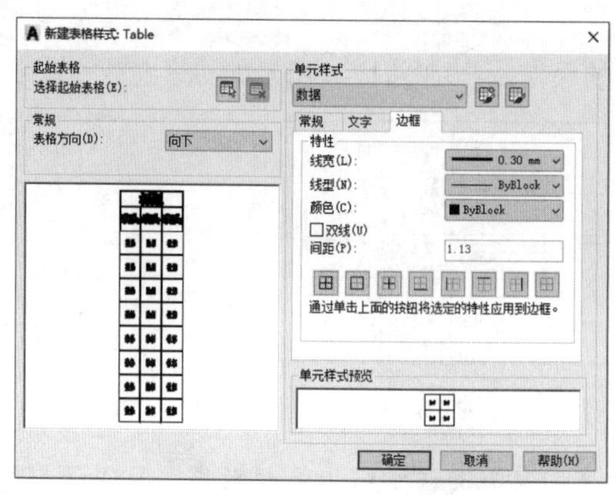

图 12-9 【边框】选项卡

❺ 设置完成后，单击【确定】按钮，返回【表格样式】对话框，单击【关闭】按钮。

❻ 在命令行中输入 TABLE(或在菜单栏中执行【绘图】|【表格】命令)，打开【插入表格】对话框，在【插入方式】选项组中选中【指定插入点】单选按钮，在【列和行设置】选项组中分别设置【列数】和【数据行数】分别为 7 和 3，设置【列宽】为 25，在【设置单元样式】选项组中将所有单元格的样式都设置为【数据】，然后单击【确定】按钮，如图 12-10 所示。

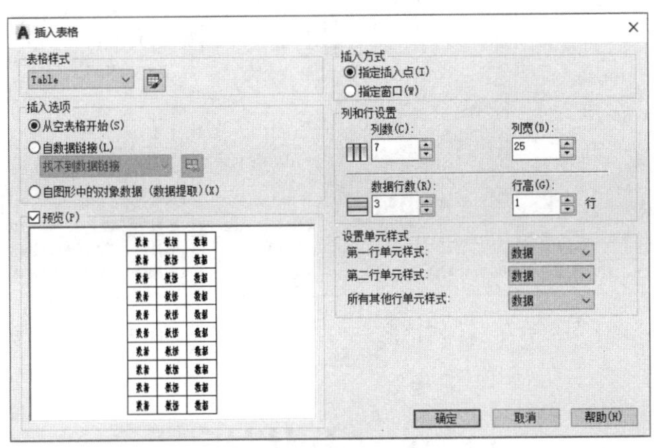

图 12-10 【插入表格】对话框

❼ 在绘图区插入一个 5 行 7 列的表格，如图 12-11 所示。

❽ 拖动鼠标选中表格中前 2 行和前 3 列表格单元格，右击鼠标，在弹出的快捷菜单中选择【合并】|【全部】命令合并表格单元，效果如图 12-12 所示。

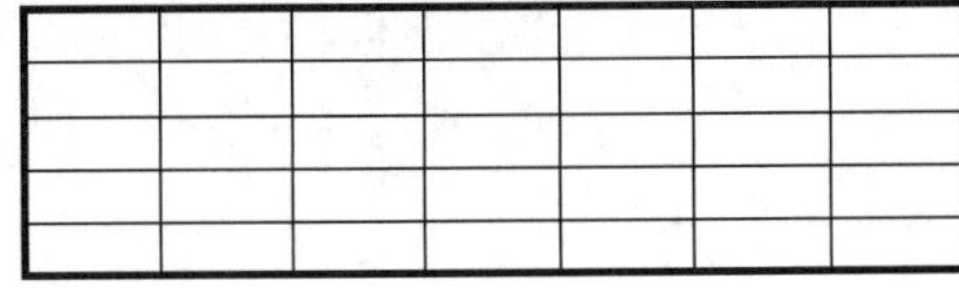

图 12-11　插入表格

图 12-12　合并表格单元

❾ 使用同样的方法，合并表格中的其他表格单元，完成后的效果如图 12-6 所示。

❿ 使用【移动】命令将表格移至图框的右下角，如图 12-1 所示。

12.9　保存样板图

通过前面的操作，样板图及其环境已经设置完毕，可以将其保存成样板图文件。

实例讲解

【例 12-8】保存制作的样板图。

扫一扫，看视频

❶ 选择【文件】|【另存为】命令，打开图 12-13 所示的【图形另存为】对话框，在【文件类型】下拉列表框中选择【AutoCAD 图形样板(*.dwt)】选项，在【文件名】文本框中输入文件名 A3，然后单击【保存】按钮。

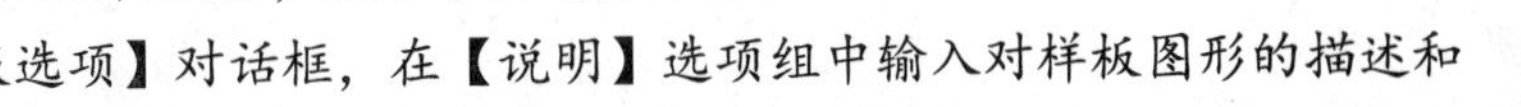

❷ 打开【样板选项】对话框，在【说明】选项组中输入对样板图形的描述和

说明，然后单击【确定】按钮，如图 12-14 所示。此时已创建好一个自定义的 A3 幅面的样板文件，下面的绘图工作都将在此样板的基础上进行。

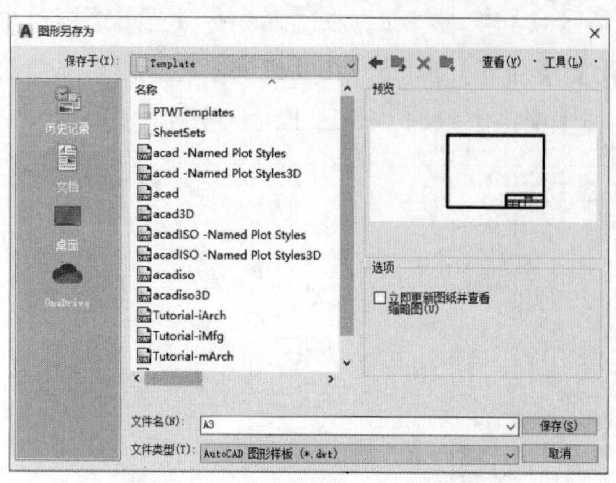

图 12-13 【图形另存为】对话框

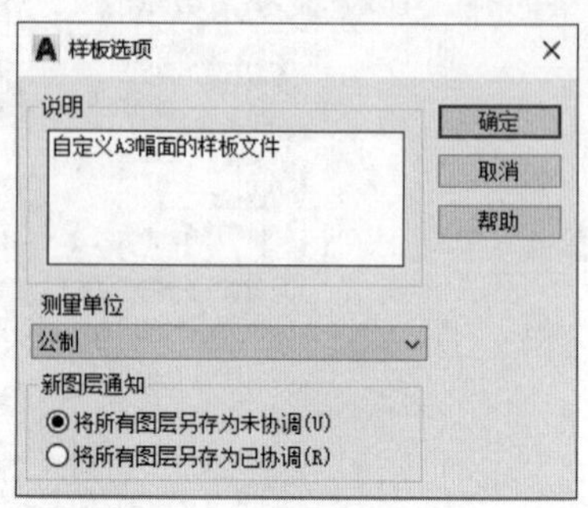

图 12-14 【样板选项】对话框

12.10 应用样板图

本节将应用前面创建的样板图绘制图 12-15 所示的零件平面图。零件图是设计部门提交给生产部门的重要技术文件，是制造、加工和检验零件的依据。

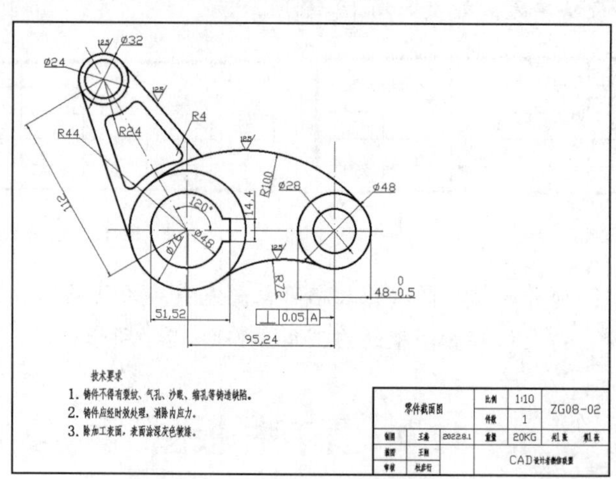

图 12-15 操纵杆零件图

在工程绘图中，零件图是用来指导制造和检验零件的图样，主要通过平面绘图来表现。因此，在一个零件平面图中不仅要将零件的材料、内外结构、形状和大小表达清楚，而且还要对零件的加工、检验、测量提供必要的技术要求。

零件图主要包括以下内容。

- 一组图形：用视图、剖视、断面及其他规定画法来正确、完整、清晰地表达零件的各部分形状和结构。
- 尺寸：正确、完整、清晰、合理地标注零件的全部尺寸。

- 技术要求：用符号或文字来说明零件在制造、检验等过程中应达到的一些技术要求，如表面粗糙度、尺寸公差、形状和位置公差、热处理要求等。技术要求的文字一般标注在标题栏上方图纸空白处。
- 标题栏：标题栏位于图纸的右下角，应填写零件的名称、材料、数量、图的比例以及设计、描图、审核人的签字、日期等各项内容。

通常绘制零件图时，应在对零件结构形状进行分析后，根据零件的工作位置或加工位置，选择最能反映零件特征的视图作为主视图，然后再选取其他视图。选取其他视图时，应在能表达零件内外结构、形状前提下，尽量减少图形数量，以便画图和看图。

12.10.1　使用样板图建立新图

在绘图时，首先绘制辅助线，然后绘制图形轮廓，最后根据需要添加标注、注释等内容。在绘图之前，要使用样板文件建立新图。用户可选择【文件】|【新建】命令(或在命令行输入 NEW)，打开【选择样板】对话框，在文件列表中选择前面创建的样板文件 A3，然后单击【打开】按钮，创建一个新的图形文件。此时绘图窗口中将显示图框和标题栏，并包含了样板图中的所有设置。

12.10.2　绘制与编辑图形

绘制与编辑图形主要使用【绘图】和【修改】菜单(或【绘图】和【修改】工具栏)中的命令。在绘制图形时不同的对象应绘制在预设的图层上，以便控制图形中各部分的显示。

实例讲解

【例 12-9】绘制图 12-16 所示的零件图形。

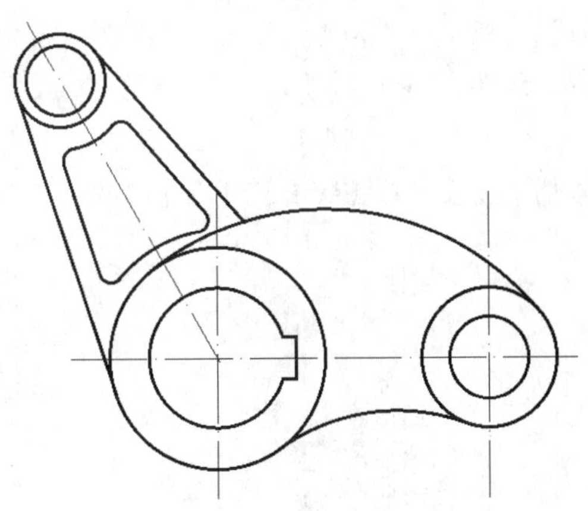

扫一扫，看视频

图 12-16　绘制零件图形

❶ 在【默认】选项卡的【图层】面板中将“辅助线层”图层设置为当前图层。

❷ 启用“极轴追踪”功能。选择【工具】|【绘图设置】命令，打开【草图设置】对话框，选择【极轴追踪】选项卡，选中其中的【启用极轴追踪】复选框，然后在【增量角】下拉列表中选择【30】，如图 12-17 所示，然后单击【确定】按钮。

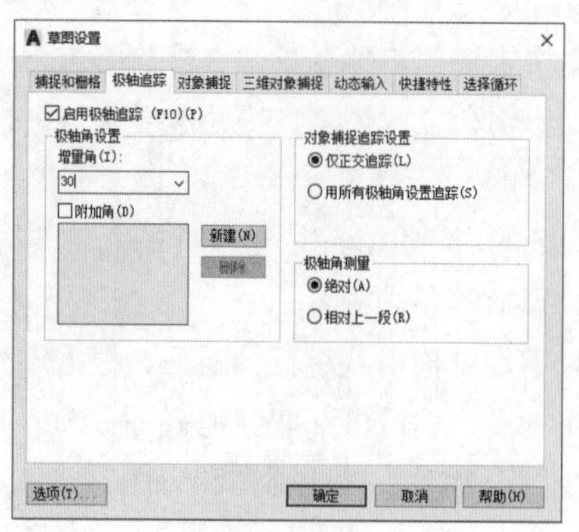

图 12-17 【草图设置】对话框

❸ 绘制水平和垂直构造线。选择【绘图】|【构造线】命令(或在命令行输入 XL)，绘制一条过点(140,160)的水平构造线和两条分别过点(140,160)和点(236,160)的垂直构造线，结果如图 12-18 所示。

❹ 绘制射线。选择【绘图】|【射线】命令(或在命令行输入 RAY)，单击水平构造线与最左侧垂直构造线的交点 A，然后移动光标，当角度显示为 120° 时单击绘制射线，结果如图 12-19 所示。

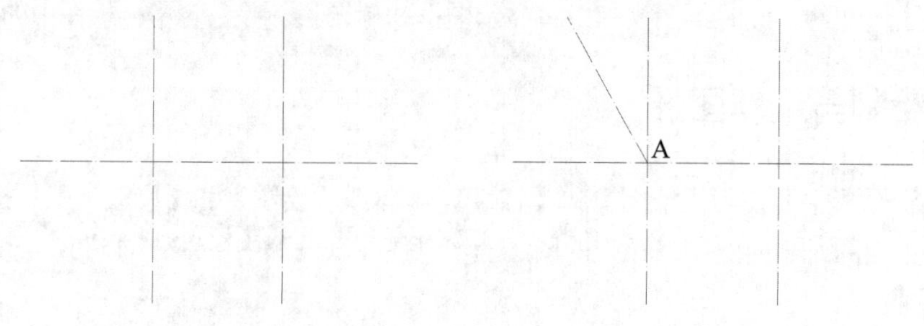

图 12-18 绘制构造线　　图 12-19 绘制射线

❺ 在【默认】选项卡的【图层】面板中将“轮廓层”图层设置为当前图层。

❻ 绘制半径为 44 的圆。选择【绘图】|【圆】|【圆心、半径】命令(或在命令行输入 C)，以图 12-19 中的点 A 为圆心，绘制一个半径为 44 的辅助圆，如图 12-20 所示。

❼ 绘制半径为 24 和 38 的同心圆。再次选择【绘图】|【圆】|【圆心、半径】命令，仍以 A 点为圆心，绘制半径为 24 和 38 的圆，如图 12-21 所示。

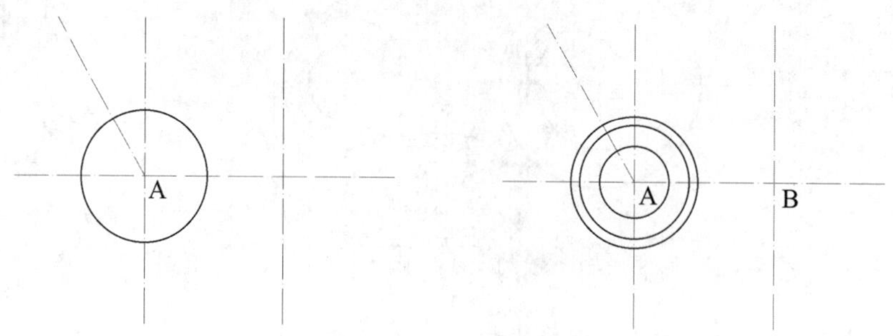

图 12-20 绘制半径为 44 的圆　　图 12-21 绘制半径为 24 和 38 的圆

❽ 绘制半径为 14 和 24 的同心圆。再次选择【绘图】|【圆】|【圆心、半径】命令，以图 12-21 中的 B 点为圆心，绘制半径为 14 和 24 的圆，如图 12-22 所示。

❾ 启用“极轴捕捉”功能。选择【工具】|【绘图设置】命令，打开【草图设置】对话框，选

择【捕捉和栅格】选项卡，选中【PolarSnap】单选按钮后，在【极轴距离】文本框中输入 112，然后单击【确定】按钮，如图 12-23 所示。

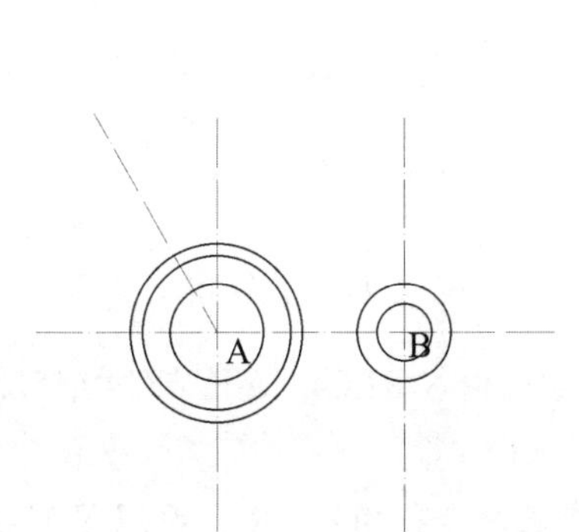

图 12-22　绘制半径为 14 和 24 的圆

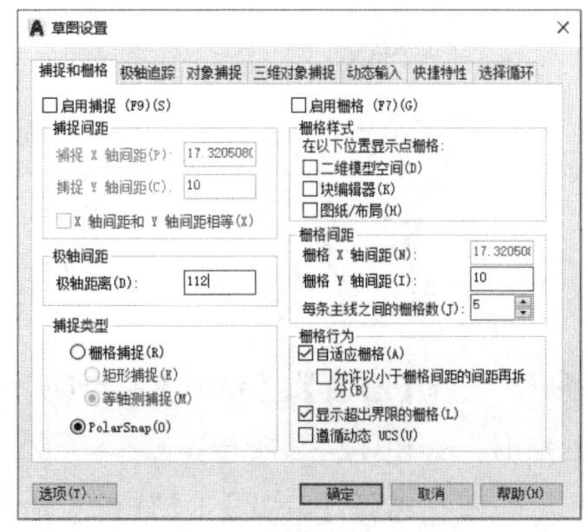

图 12-23　设置捕捉属性

❿ 绘制直线。选择【绘图】|【直线】命令(或在命令行输入 L)，以点 A 为起点，通过极轴捕捉(延伸:100<120°)绘制一条直线，如图 12-24 所示。

⓫ 绘制半径为 12、16 和 24 的同心圆。选择【绘图】|【圆】|【圆心、半径】命令，以直线端点 C 为圆心，绘制半径为 12、16 和 24 的同心圆，如图 12-25 所示。

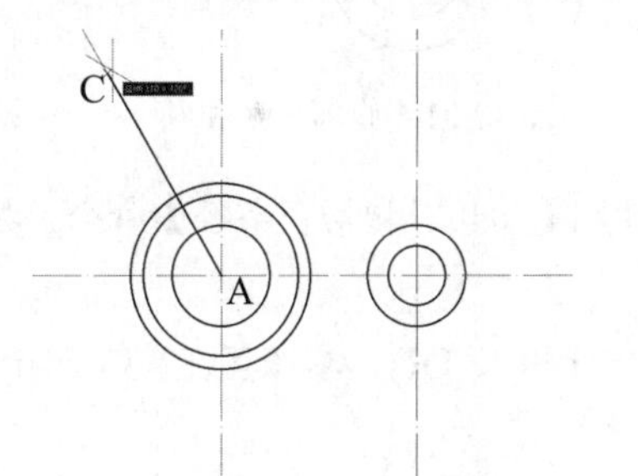

图 12-24　绘制直线

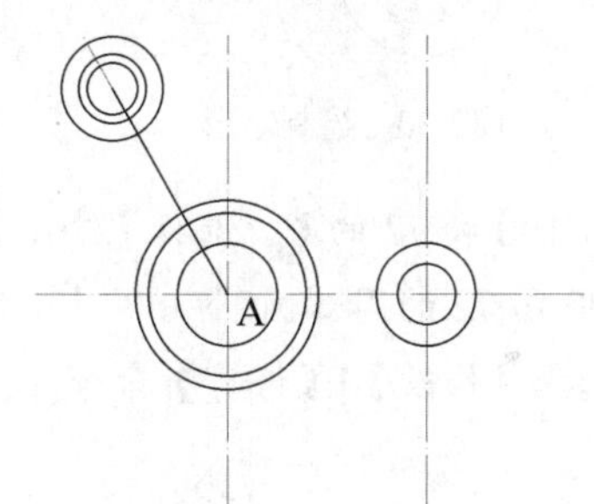

图 12-25　绘制半径为 12、16 和 24 的同心圆

⓬ 绘制与圆相切的直线。选择【绘图】|【直线】命令，通过捕捉切点分别绘制和圆相切的直线，如图 12-26 所示。

⓭ 偏移直线。选择【修改】|【偏移】命令(或在命令行输入 OFFSET)，设置偏移量为 8，将绘制的两条直线移动到如图 12-27 所示的位置。

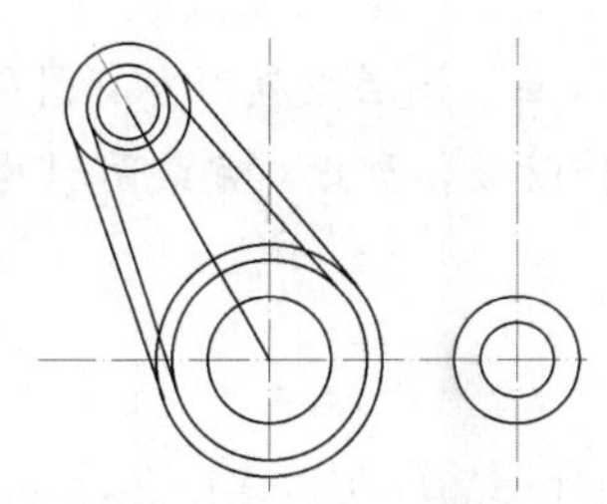

图 12-26　绘制与圆相切的直线

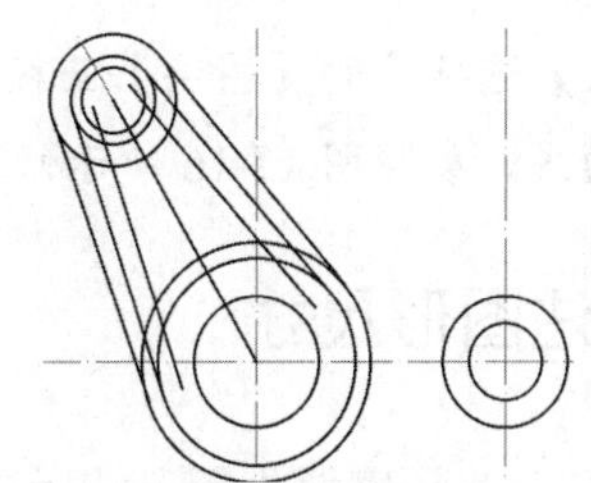

图 12-27　偏移直线

⓮ 对直线和圆修圆角。选择【修改】|【圆角】命令(或在命令行输入 F)，设置圆角半径为 4，参照图 12-28 所示对直线和圆修圆角。

⑮ 修剪图形。选择【修改】|【修剪】命令(或在命令行输入 TR)，参照图 12-29 所示修剪图形。

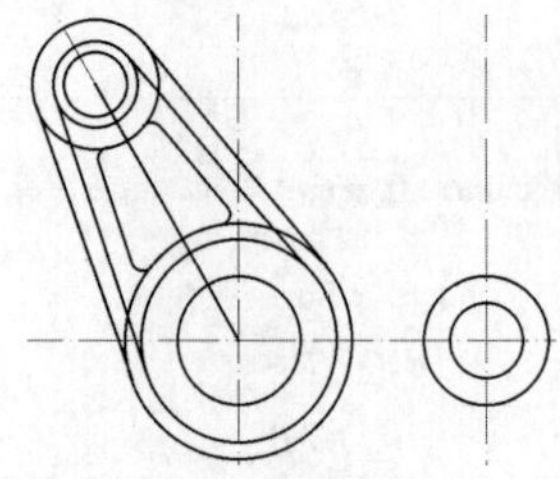

图 12-28　修圆角

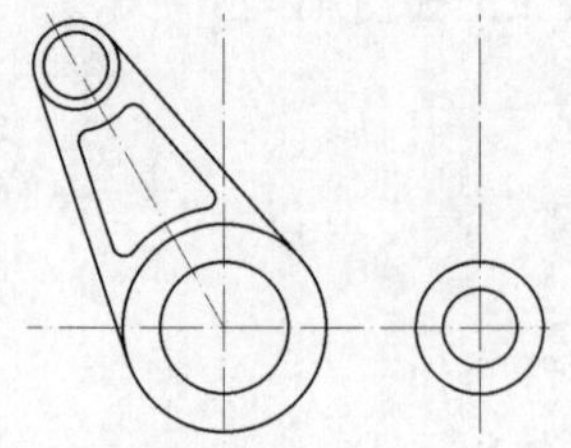

图 12-29　修剪图形

⑯ 绘制矩形。选择【绘图】|【矩形】命令(或在命令行输入 REC)，通过点(140,152.8)和(167.52, 167.2)绘制一个矩形，如图 12-30 所示。

⑰ 修剪矩形和圆。选择【修改】|【修剪】命令(或在命令行输入 TR)，参照图 12-31 所示修剪图形。

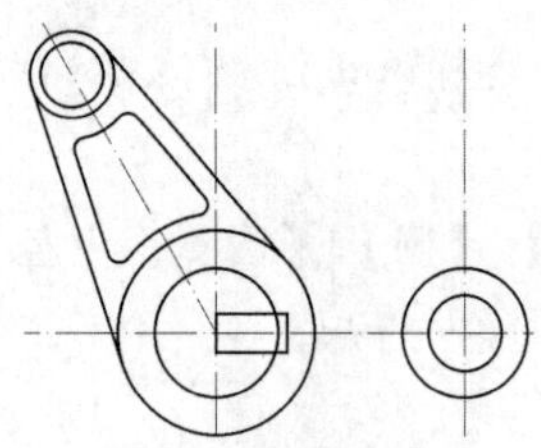

图 12-30　绘制矩形

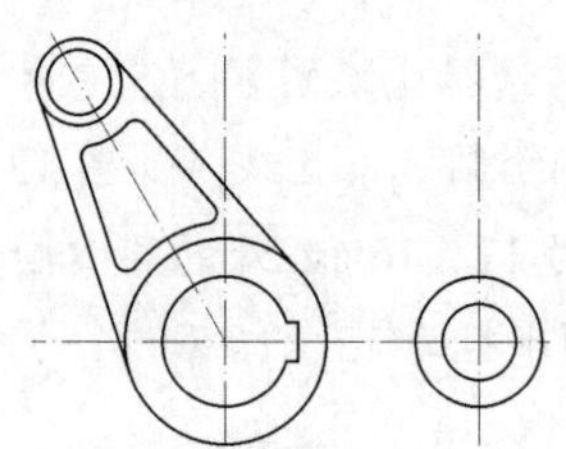

图 12-31　修剪矩形和圆

⑱ 绘制半径为 100 和 72 的圆。选择【绘图】|【圆】|【相切、相切、半径】命令，按照图 12-32 所示绘制半径为 100 和 72 的同心圆。

⑲ 修剪圆。选择【修改】|【修剪】命令(或在命令行输入 TR)，参照图 12-33 所示修剪图形。

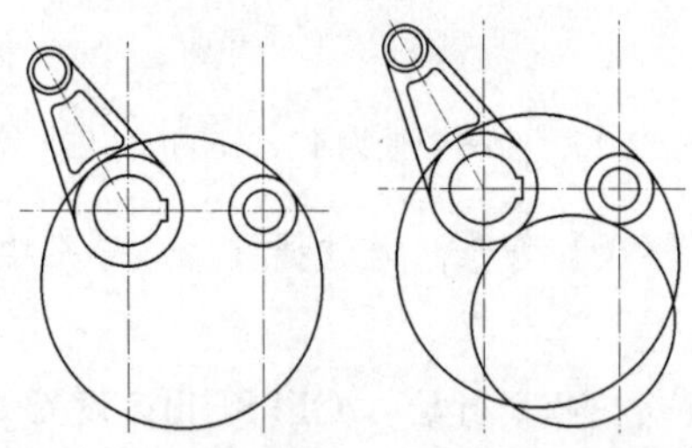

图 12-32　绘制半径为 100 和半径 72 的圆

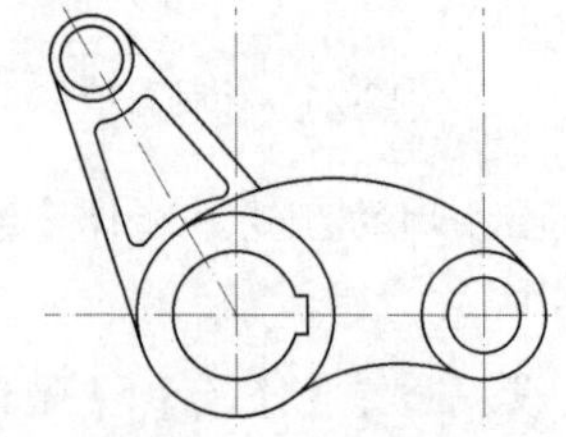

图 12-33　修剪圆

⑳ 在【默认】选项卡的【图层】面板中将“辅助线层”图层设置为当前图层。

㉑ 修剪辅助线。参照图 12-16 所示修剪图层中的辅助线。至此，完成图形的绘制。

12.10.3　标注图形尺寸

图形绘制完成后，还需要进行尺寸标注。通常，图纸中的标注包括尺寸标注、公差标注及粗糙度标注等。

1. 标注基本尺寸

基本尺寸主要包括图形中的长度、圆心、直径和半径等。

实例讲解

【例 12-10】标注图 12-34 所示零件图的基本尺寸。

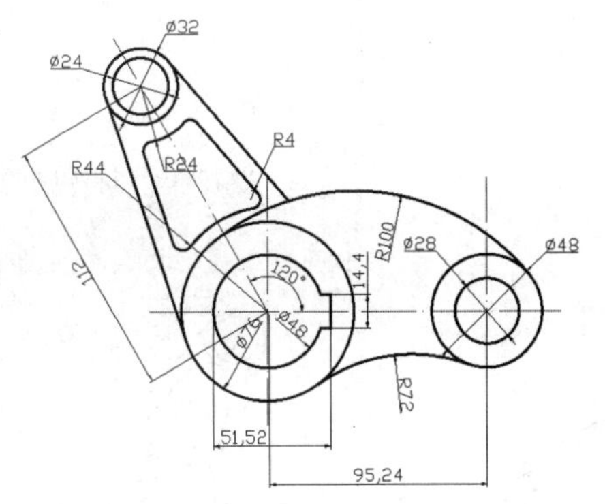

扫一扫，看视频

图 12-34　标注图形的基本尺寸

❶ 创建水平标注。将文字注释层设置为当前层，选择【标注】|【线性】命令(或在命令行输入 DLI)，创建水平标注，结果如图 12-35 所示。

❷ 编辑尺寸文本。使用步骤❶的方法，标注其他线性尺寸，然后在命令行输入 DIMTEDIT，编辑尺寸文本使其左对齐，结果如图 12-36 所示。

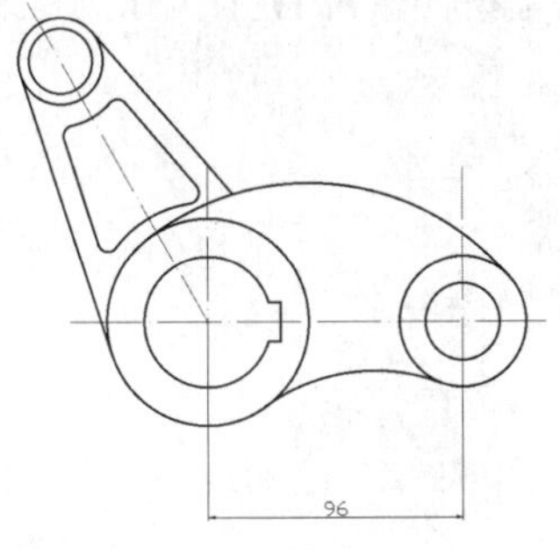

图 12-35　创建水平标注

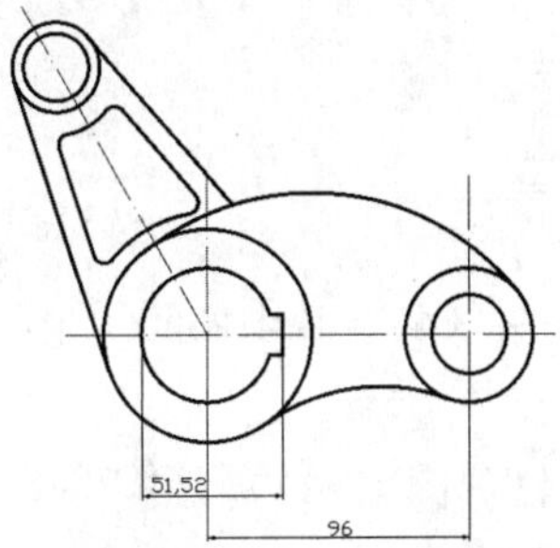

图 12-36　编辑尺寸文本使其左对齐

❸ 标注圆弧半径。选择【标注】|【半径】命令(或在命令行输入 DRA)，标注图形中的圆弧半径，结果如图 12-37 所示。

❹ 标注圆的直径。选择【标注】|【直径】命令(或在命令行输入 DDI)，标注图形中的圆的直径，如图 12-38 所示。

❺ 标注夹角。选择【标注】|【角度】命令(或在命令行输入 DAN)，标注倾斜辅助线与水平辅助线之间的夹角，如图 12-39 所示。

❻ 标注两个圆心的距离。选择【工具】|【新建 UCS】| Z 命令(或在命令行输入 UCS)，将坐标轴绕 Z 轴旋转 120°，然后选择【标注】|【线性】命令(或在命令行输入 DLI)，标注两个圆心的距离，如图 12-40 所示。

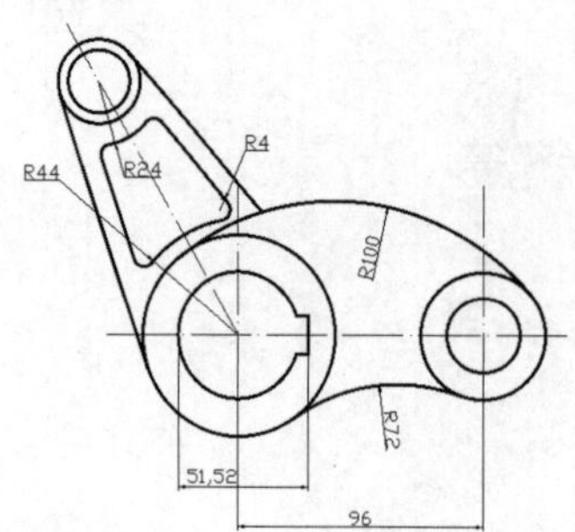

图 12-37　标注圆弧半径

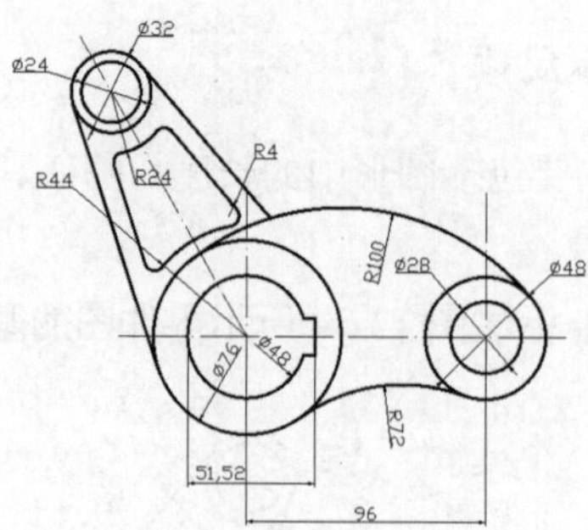

图 12-38　标注圆的直径

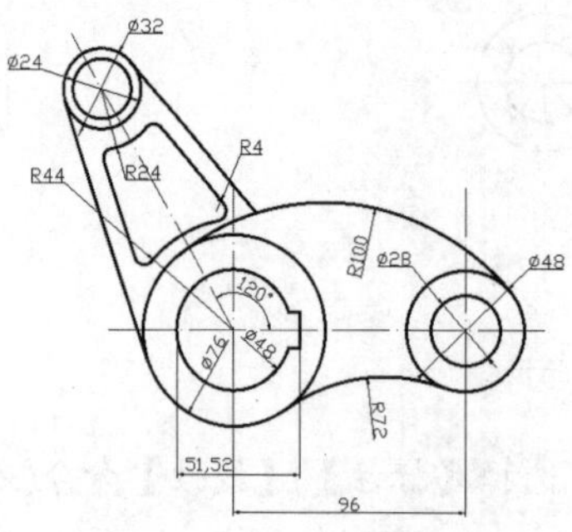

图 12-39　标注夹角

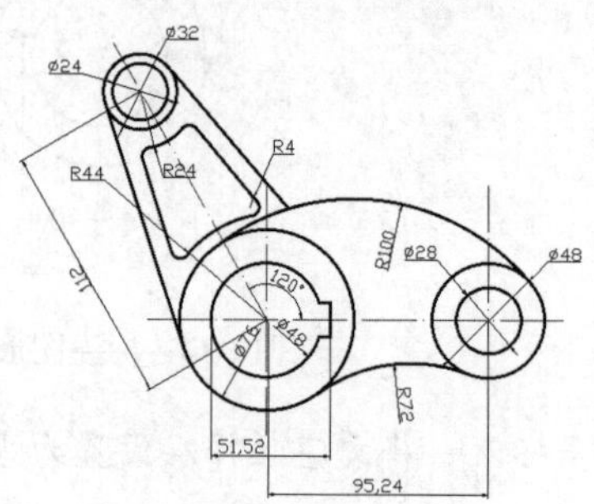

图 12-40　标注圆心距离

❼ 标注矩形缺口的距离。选择【工具】|【新建 UCS】| Z 命令(或在命令行输入 UCS)，将坐标轴绕 Z 轴旋转 − 30° 。选择【标注】|【线性】命令(或在命令行输入 DLI)，标注矩形缺口的距离，结果如图 12-34 所示。

2. 标注尺寸公差

在 AutoCAD 中标注公差必须创建一个新的标注样式。

实例讲解

【例 12-11】标注如图 12-41 所示零件图的公差。

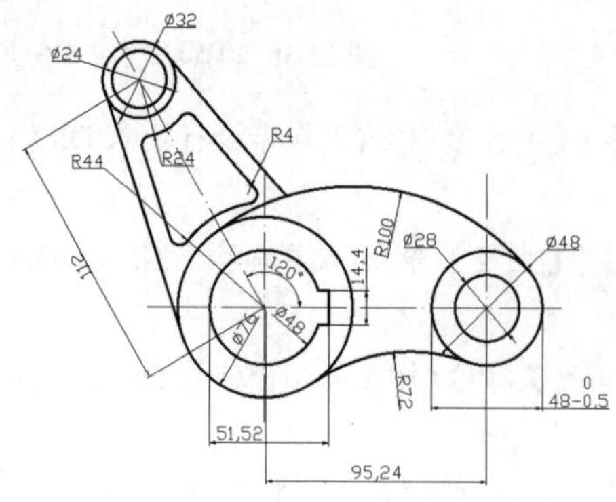

扫一扫，看视频

图 12-41　标注尺寸公差

❶ 选择【格式】|【标注样式】命令，在打开的【标注样式管理器】对话框中单击【新建】按钮，新建一个名为 h1 的标注样式。在【新建标注样式：h1】对话框中选择【公差】选项卡，设置

公差的方式为【极限偏差】，在【上偏差】和【下偏差】文本框中分别输入数值 0 和 0.5，其他选项使用默认值，设置完毕后单击【确定】按钮。

❷ 选择【工具】|【绘图设置】命令，打开【草图设置】对话框，选择【对象捕捉】选项卡，然后选中【象限点】复选框，并单击【确定】按钮。

❸ 选择【工具】|【新建 UCS】| Z 命令(或在命令行输入 UCS)，将坐标轴绕 Z 轴旋转－90°，选择【标注】|【线性】命令(或在命令行输入 DLI)，在图样上捕捉圆左侧和右侧的象限点，创建尺寸公差标注，结果如图 12-41 所示。

3. 标注形位公差

标注形位公差可以通过引线标注实现，也可以使用 QLEADER 命令。

实例讲解

【例 12-12】标注如图 12-42 所示零件图的形位公差。

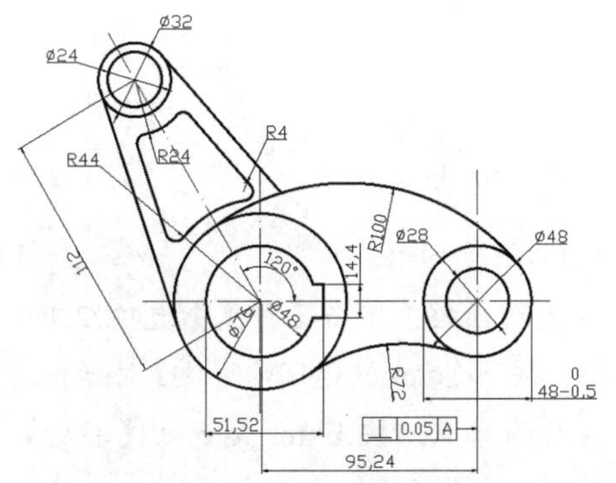

扫一扫，看视频

图 12-42　标注形位公差

❶ 在命令行中输入 QLEADER，在命令行“指定第一个引线点或[设置]<设置>”提示下输入 S，打开【引线设置】对话框，选择【公差】单选按钮，然后单击【确定】按钮，如图 12-43 所示。

❷ 在图样上捕捉最左边垂直辅助线上的一点，然后相对上一点水平向右选择一点。

❸ 在命令行中输入 TOL，打开【形位公差】对话框，参考图 12-44 所示设置后单击【确定】按钮。

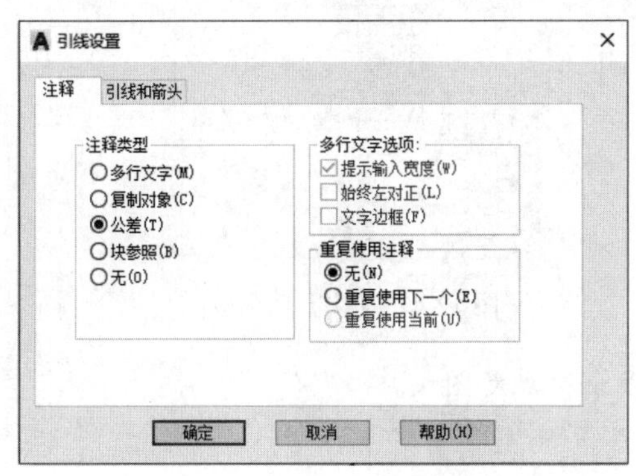

图 12-43 【引线设置】对话框

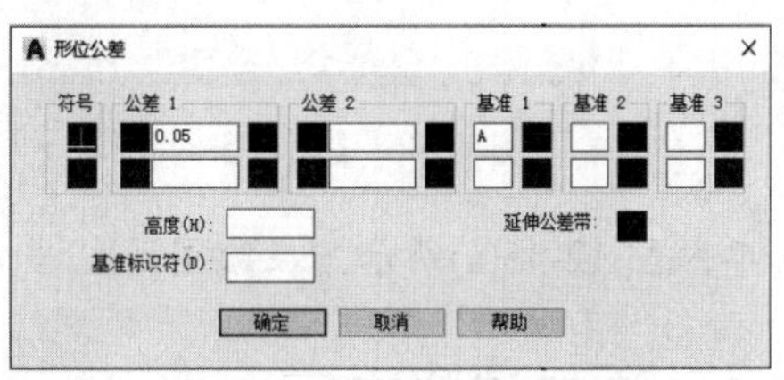

图 12-44　设置形位公差

❹ 设置完成后，在绘图区中标注的形位公差如图 12-42 所示。

4. 标注粗糙度

在 AutoCAD 中，没有直接定义粗糙度的标注功能，用户可以将粗糙度符号制作成块，然后在需要的地方插入该块即可。

实例讲解

【例 12-13】标注如图 12-45 所示零件图的粗糙度。

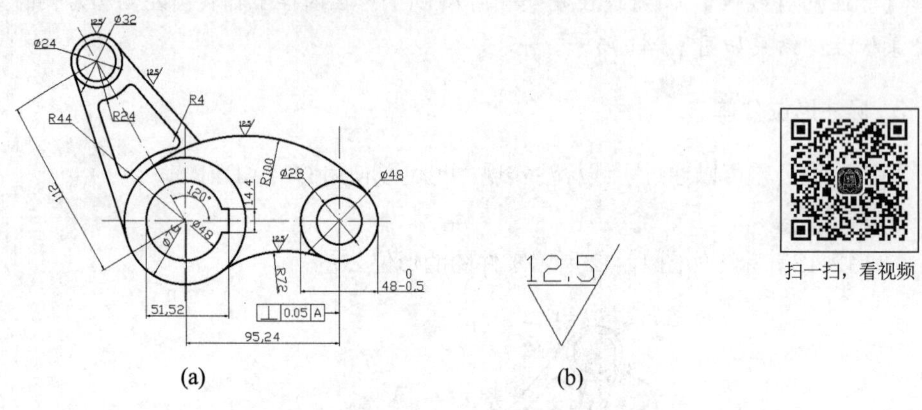

图 12-45　标注粗糙度

❶ 在绘图区绘制图 12-45(b)所示的粗糙度图形。

❷ 在命令行输入 W，打开【写块】对话框，单击【对象】选项组中的【选择对象】按钮，在绘图区中选择图 12-45(b)所示的图形，按下 Enter 键返回【写块】对话框。单击【拾取点】按钮，然后单击图 12-45(b)所示图形的中心点作为基点，按 Enter 键返回【写块】对话框。设置块的文件名和路径后，单击【确定】按钮，如图 12-46 所示。

❸ 在命令行输入 I，在打开的【块】选项板中选择步骤❷创建的块文件，在【缩放比例】选项组中选中【统一比例】复选框，并在 X 文本框中输入数值 0.5，如图 12-47 所示。

图 12-46 【写块】对话框

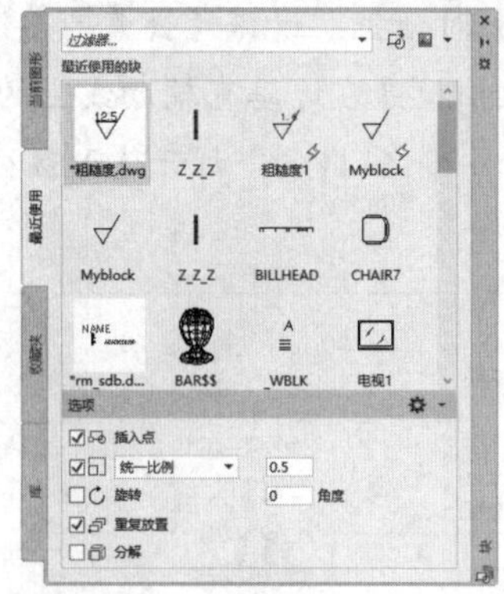

图 12-47 【块】选项板

❹ 参照图 12-45(a)所示，在绘图区文档插入多个粗糙度图块。

12.10.4　添加注释文字

在图纸中，文字注释也是必不可少的，通常是关于图纸的一些技术要求和其他相关说明，可以使用多行文字功能创建文字注释。

实例讲解

【例 12-14】在图 12-48 所示的零件图中添加注释文字。

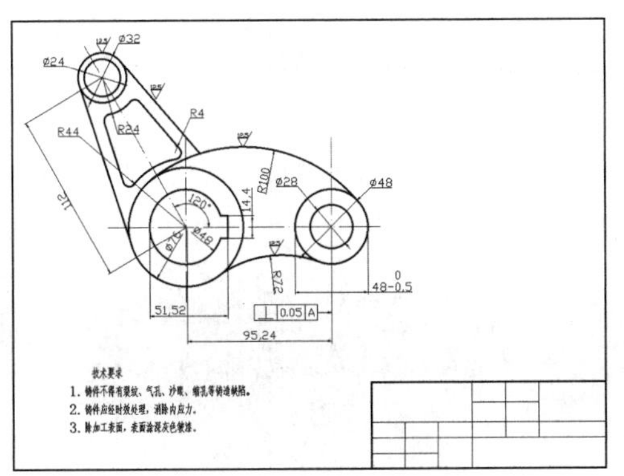

图 12-48　创建技术要求文字

扫一扫，看视频

❶ 将文字注释层设置为当前图层，选择【绘图】|【文字】|【多行文字】命令(或在命令行输入 MT)，然后在绘图区中单击鼠标并拖动，创建一个用于放置多行文字的矩形区域。

❷ 在【样式】下拉列表框中选择【注释】选项，并在文字输入框中输入需要创建的多行文字内容，如图 12-49 所示。

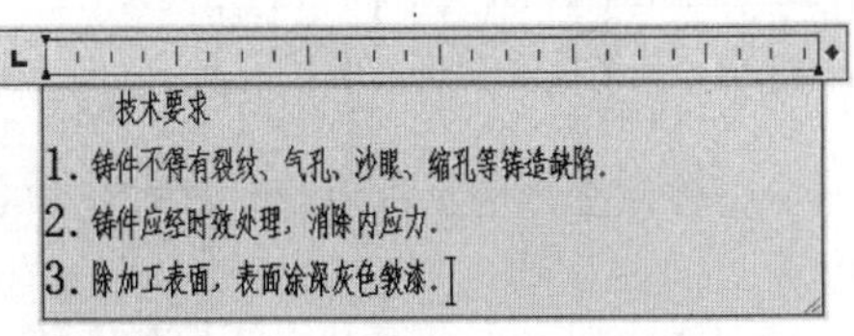

图 12-49　输入多行文字内容

❸ 在绘图区空白位置单击，在打开的对话框中单击【确定】按钮，输入的文字将显示在绘制的矩形窗口中，结果如图 12-48 所示。

12.10.5　创建标题栏

将插入点置于标题栏的第一个表格单元中，双击打开【文字格式】工具栏，在【字体】下拉列表框中选择【零件名称】选项，然后输入“零件截面图”，如图 12-50 所示。

使用同样的方法，创建标题栏中的其他内容，完成后的结果如图 12-51 所示。

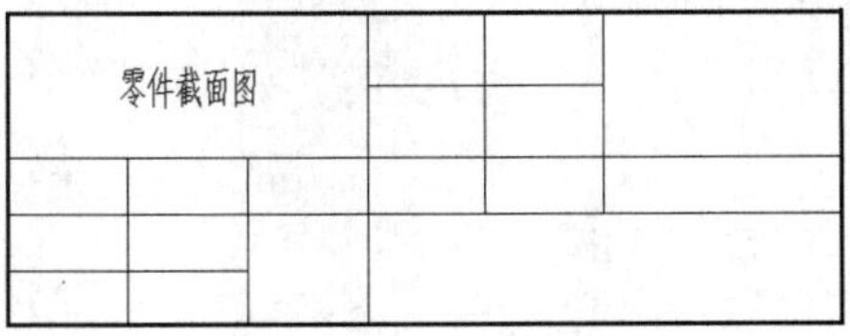

零件截面图					

图 12-50　在表格中输入文字

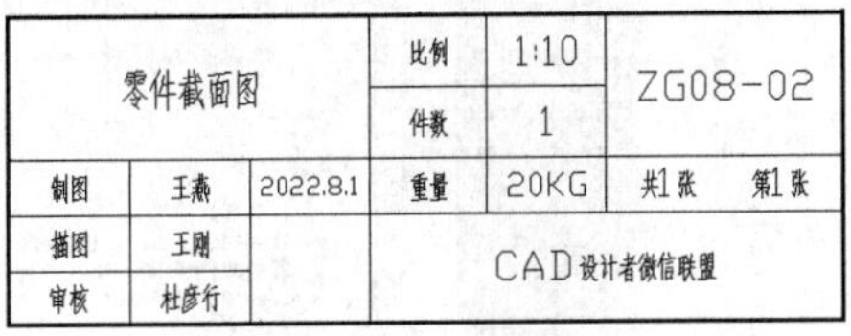

零件截面图			比例	1:10	ZG08-02
			件数	1	
制图	王燕	2022.8.1	重量	20KG	共1张　第1张
描图	王刚		CAD设计者微信联盟		
审核	杜彦行				

图 12-51　输入其他文字

12.11 打印图形

在绘制完零件截面图后，可以使用 AutoCAD 的打印功能输出该零件截面图。

实例讲解

【例 12-15】通过图 12-52 所示的【打印】对话框，打印图 12-48 所示的零件图。

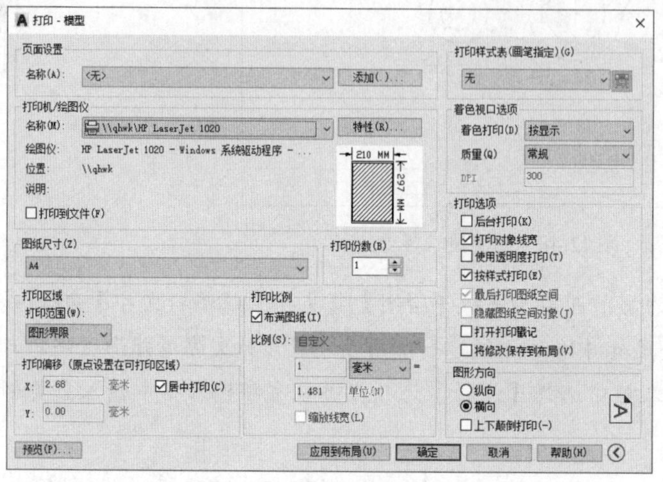

扫一扫，看视频

图 12-52 【打印】对话框

❶ 选择【文件】|【打印】命令，打开【打印】对话框，对打印的各个选项进行设置，如图 12-52 所示。

❷ 设置打印选项后，单击对话框中的【预览】按钮，对所要输出的图形进行完全预览，如图 12-53 所示。若已连接并配置好绘图仪或打印机，在【打印】对话框中单击【确定】按钮，即可将该图形直接输出到图纸上。

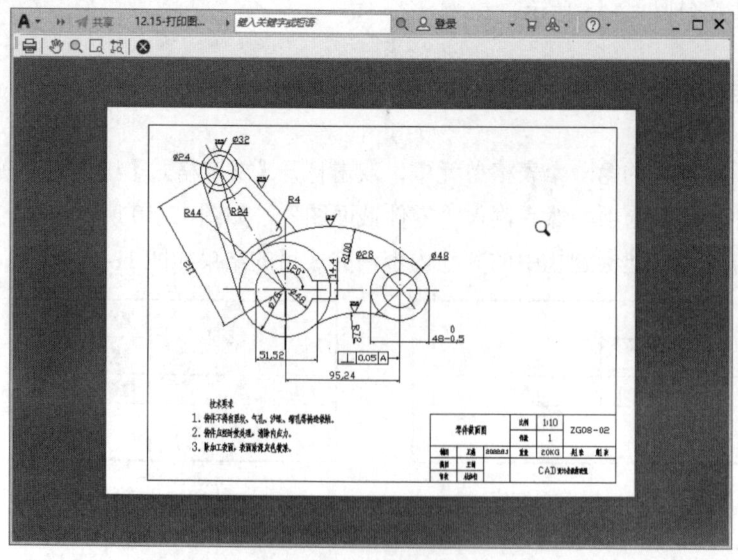

图 12-53 预览图形

第13章　平面图绘制实例

内容简介

本章将总结前面各章所介绍的知识点，由简到繁地为用户提供使用 AutoCAD 绘制各种常见平面图形的必要练习操作指导，包括绘制螺栓、把手、垫圈、连杆等，帮助用户进一步巩固所学的知识，解决绘图中可能遇到的问题。

13.1　绘制螺栓

视频讲解

【例 13-1】绘制图 13-1 所示的螺栓。

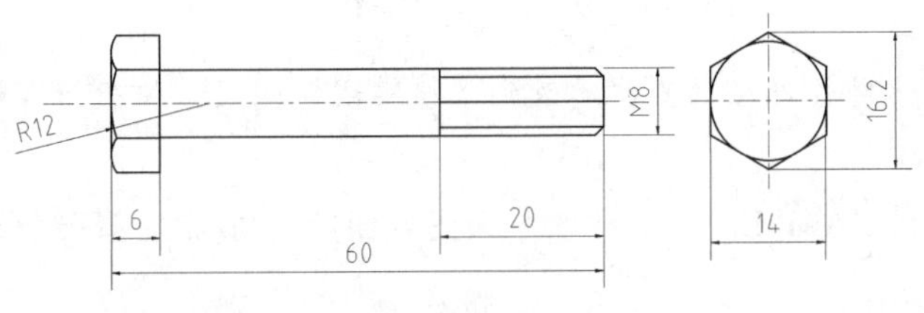

扫一扫，看视频

图 13-1　螺栓

操作提示

❶ 以本书第 12 章绘制的样板图建立图形后，在“中心线”图层使用【直线】命令(LINE)绘制水平和垂直的中心线。

❷ 在“粗实线”图层使用【多边形】命令(POLYGON)绘制一个六边形，其边数为 6，内接于假设的圆(圆的半径为 8.1)。

❸ 执行【旋转】命令(ROTATE)，将绘制的六边形旋转 90°。使用【圆】命令(CIRCLE)，以六边形的中心为圆心，捕捉六边形任意一边垂足绘制圆，如图 13-2 所示。

❹ 使用【直线】命令(LINE)、【偏移】命令(OFFSET)、【圆】命令(CIRCLE)绘制图 13-3 所示的辅助线。

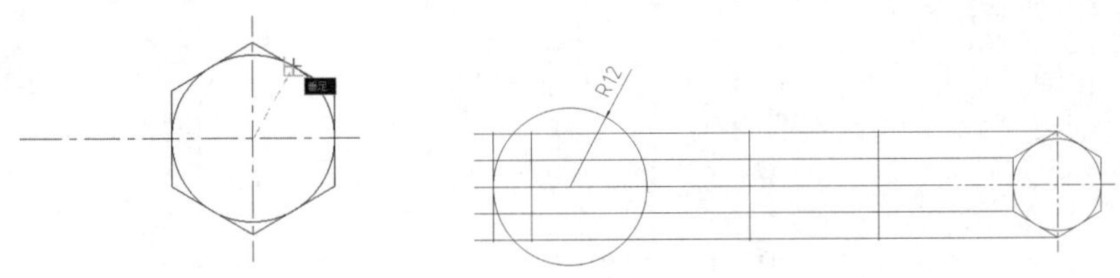

图 13-2　捕捉垂足绘制圆　　　　图 13-3　绘制辅助线

❺ 使用【修剪】命令(TRIM)，对辅助线进行修剪并删除多余的辅助线，结果如图 13-4 所示。

❻ 使用【直线】命令(LINE)绘制辅助线，使用【圆弧】命令(ARC)绘制圆弧，然后使用【镜像】命令(MIRROR)对绘制的圆弧进行镜像处理，再使用【修剪】命令(TRIM)修剪镜像后的图形，结果如图 13-5 所示。

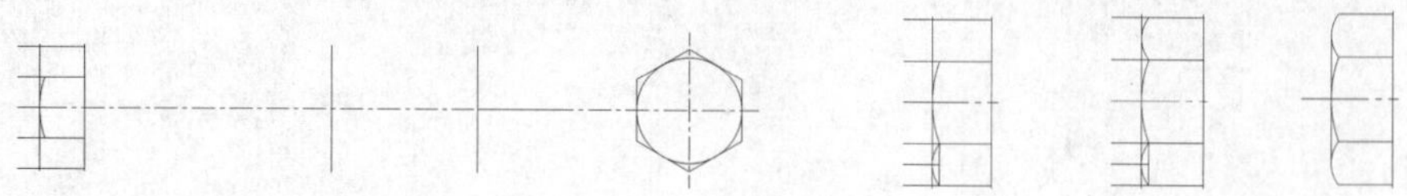

图 13-4 修剪多余的辅助线　　图 13-5 绘制圆弧并镜像图形

❼ 使用【偏移】命令(OFFSET)偏移水平中心线(距离为 4 和 3)，然后使用【修剪】命令(TRIM)修剪偏移后的直线，结果如图 13-6(a)所示。

❽ 使用【镜像】命令(MIRROR)对图形进行镜像处理，如图 13-6(b)所示。

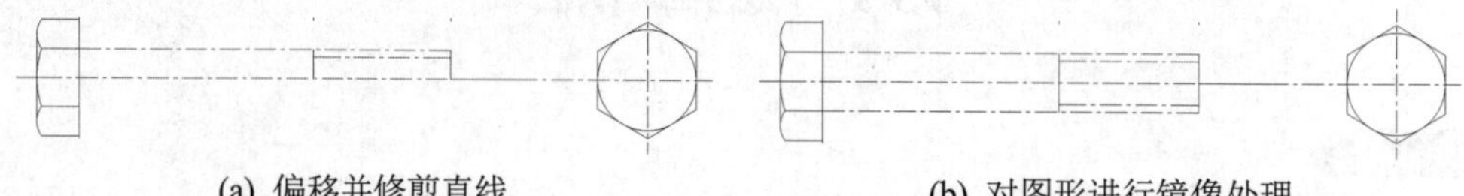

(a) 偏移并修剪直线　　(b) 对图形进行镜像处理

图 13-6 镜像修剪后的直线

❾ 通过更改图层将表示螺栓外径的直线更改到“粗实线”图层，将表示螺栓内径的直线更改到“细实线”图层。

❿ 使用【倒角】命令(CHAMFER)，在螺栓平面图右侧修倒角(指定第一个倒角距离和第二个倒角距离均为 1)。

⓫ 删除多余的辅助线后，参考本书第 8 章内容标注图形，结果如图 13-1 所示。

13.2 绘制把手

视频讲解

【例 13-2】绘制图 13-7 所示的把手。

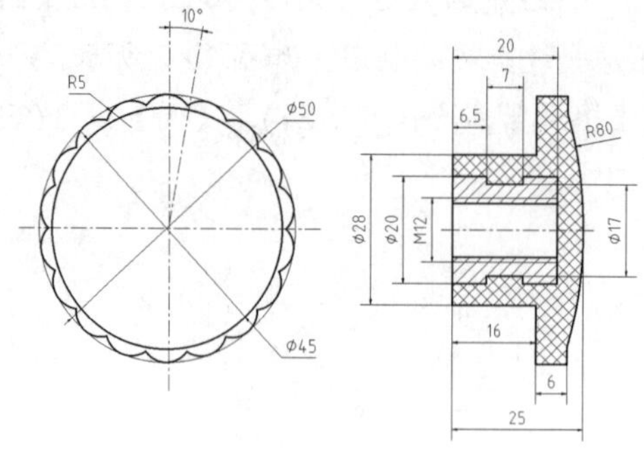

扫一扫，看视频

图 13-7 把手

操作提示

❶ 在“中心线”图层执行【直线】命令(LINE)，绘制水平和垂直的中心线。

❷ 在“粗实线”图层执行【圆】命令(CIRCLE)，以中心线的交点为圆心绘制直径为 45 的圆。以该圆心为圆心，在“细实线”图层执行【圆】命令(CIRCLE)绘制直径为 40 和 50 的辅助圆。

❸ 在“粗实线”图层执行【圆】命令(CIRCLE)，捕捉垂直中心线和直径为 40 的圆的交点为圆心，绘制半径为 5 的小圆，然后使用【直线】命令(LINE)结合【修剪】命令(TRIM)和【删除】命令(ERASE)在主视图中绘制出半径为 5 的圆弧，如图 13-8 所示。

❹ 使用【阵列】命令(ARRAY)创建项目数为 18 的环形阵列，执行【分解】命令(EXPLODE)分解创建的阵列，使用【修剪】命令(TRIM)修剪多余的线，结果如图 13-9 所示。

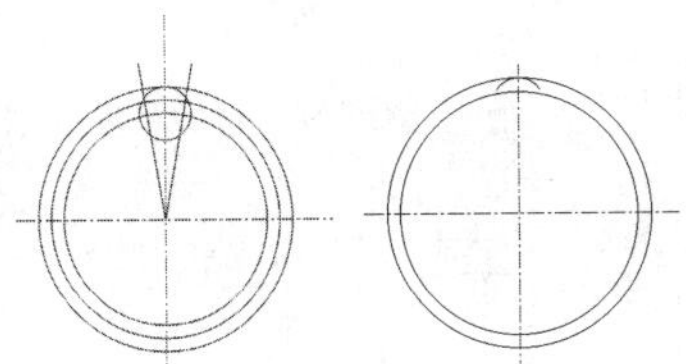

图 13-8　绘制圆与圆弧

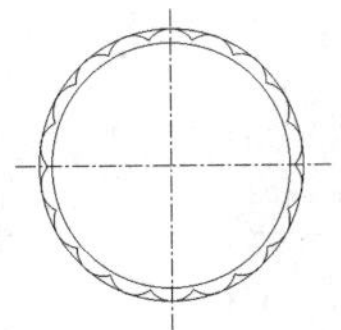

图 13-9　阵列图形

❺ 执行【直线】命令(LINE)，在左视图中合适的位置绘制垂线。

❻ 执行【偏移】命令(OFFSET)，将步骤❺绘制的垂线向右侧分别偏移 6.5、13.5、16、20、22、25；将水平中心线向上分别偏移 5、6、8.5、10、14、25，如图 13-10 所示。

❼ 使用【修剪】命令(TRIM)对上一步绘制的辅助线进行修剪，如图 13-11 所示。

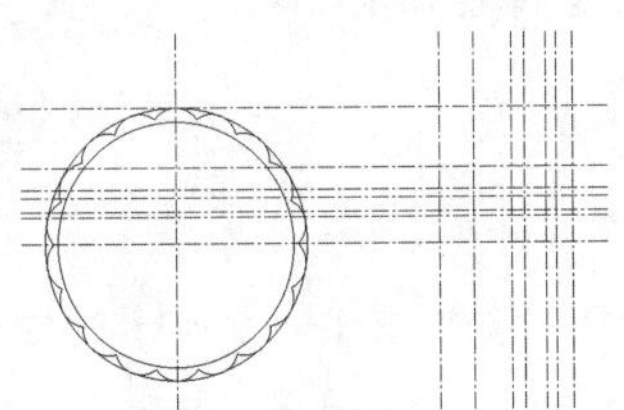

图 13-10　偏移辅助线

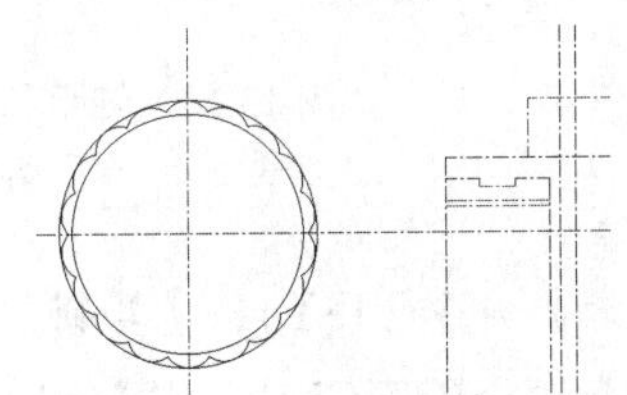

图 13-11　修剪辅助线

❽ 通过修改图层，将表示螺纹底径的直线更改到“细实线”图层，将经过修剪后得到的其他直线更改到“粗实线”图层。

❾ 执行【圆】命令(CIRCLE)，捕捉水平中心线位于最右侧垂线的交点为基点，指定其偏移距离为“@-80,0”确定圆的圆心，绘制半径为 80 的圆，如图 13-12 所示。

❿ 执行【修剪】命令对图形进行修剪，如图 13-13 所示。

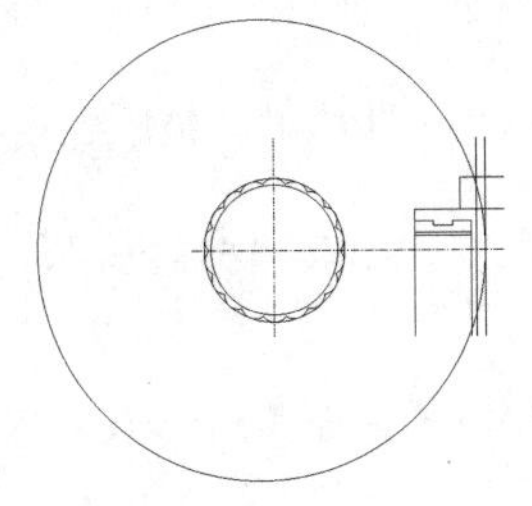

图 13-12　绘制半径为 80 的圆

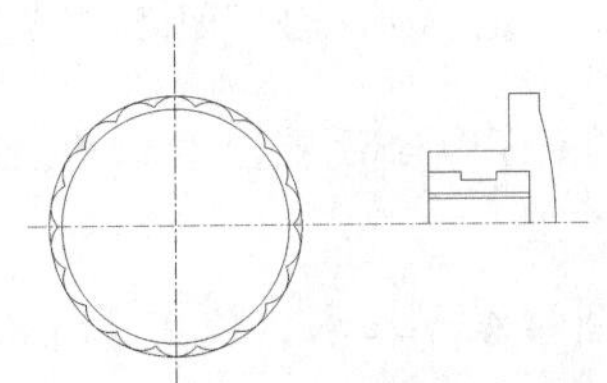

图 13-13　修剪图形

⓫ 执行【镜像】命令(MIRROR)对图 13-13 所示修剪后得到的图形进行镜像处理。

⓬ 参考本书第 7 章的内容，对绘制的图形先进行金属剖面线的填充，再进行非金属剖面线的

填充。

⓭ 执行【打断】命令(BREAK)，打断水平中心线。

⓮ 标注图形尺寸，结果如图 13-7 所示。

13.3 绘制轴承

视频讲解

【例 13-3】绘制图 13-14 所示的轴承与圆锥滚子轴承。

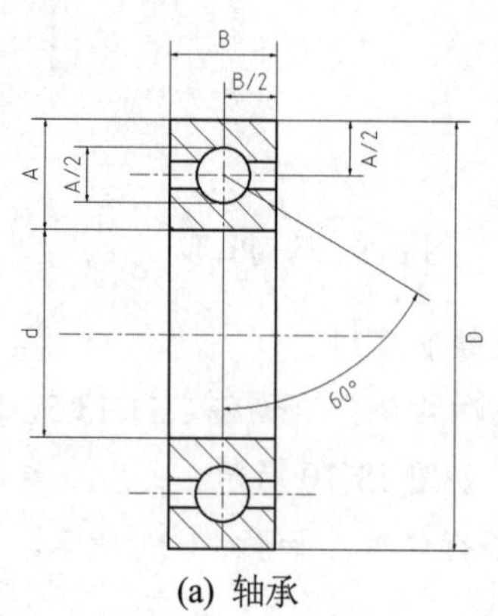

(a) 轴承

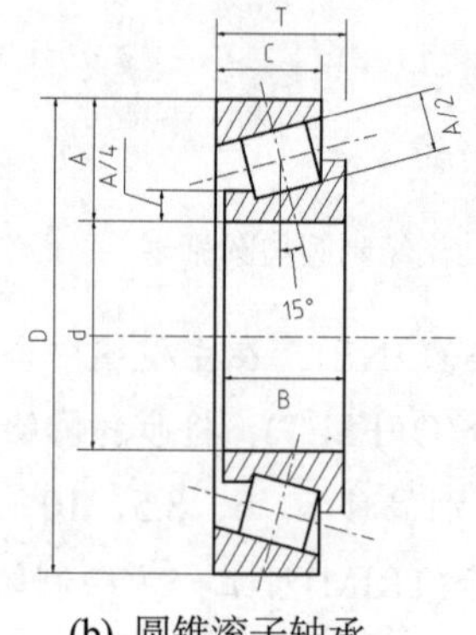

(b) 圆锥滚子轴承

扫一扫，看视频

图 13-14　轴承和圆锥滚子轴承

操作提示

❶ 使用【直线】命令(LINE)和【复制】命令(COPY)，绘制图 13-15 所示的图形。

❷ 使用【圆】命令(CIRCLE)，捕捉图形上方辅助线的交点绘制半径为 4 的圆；使用【直线】命令(LINE)在圆的右侧绘制水平直线；使用【镜像】命令(MIRROR)对直线和图形整体镜像处理，并删除多余的辅助线，如图 13-16 所示。

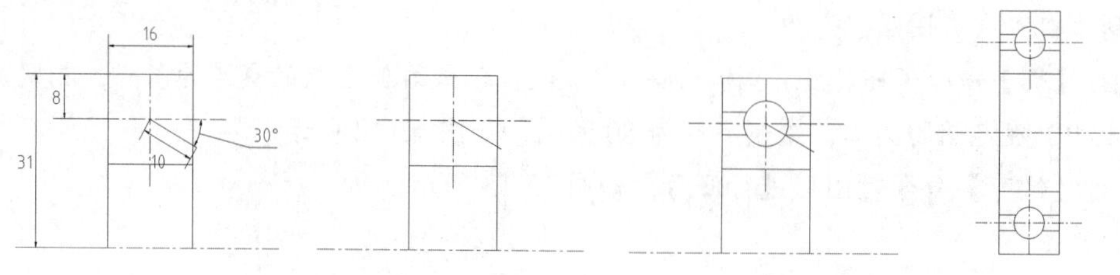

图 13-15　绘制图形　　图 13-16　镜像结果

❸ 执行 BHATCH 命令设置图案填充，然后标注图形尺寸，完成轴承的绘制，结果如图 13-14(a)所示。

❹ 下面绘制圆锥滚子轴承。使用【直线】命令(LINE)和【复制】命令(COPY)绘制图 13-17 所示的图形。

❺ 选择【工具】|【新建 UCS】|【原点】命令，捕捉图 13-17 中位于上方两条中心线的交点，移动坐标系，结果如图 13-18 所示。

❻ 选择【工具】|【新建 UCS】| Z 命令，将坐标系绕 Z 轴旋转 15°，结果如图 13-19 所示。

❼ 使用【旋转】命令(ROTATE)旋转中心线，使用【偏移】命令(OFFSET)绘制平行线，结果如图 13-20 所示。

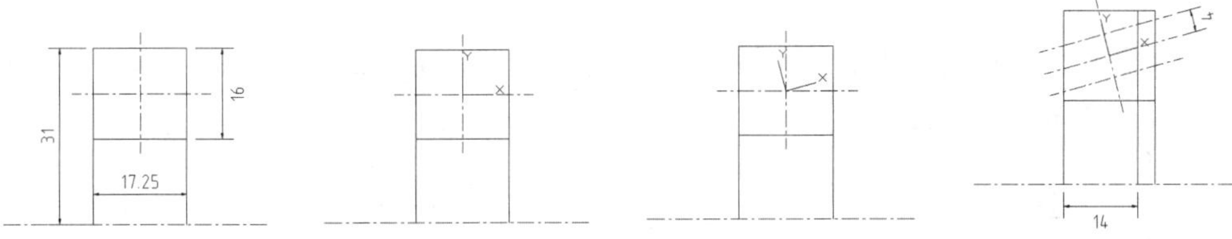

图 13-17　绘制直线　　图 13-18　移动坐标系　　图 13-19　旋转坐标系　　图 13-20　绘制平行线

❽ 使用【直线】命令(LINE)，通过捕捉交点和垂足绘制图 13-21 所示的直线。

❾ 执行【镜像】命令(MIRROR)，对绘制的直线进行镜像，结果如图 13-22 所示。

❿ 再次使用【偏移】命令(OFFSET)绘制平行线，结果如图 13-23 所示。

⓫ 使用【修剪】命令(TRIM)对图形进行修剪，结果如图 13-24 所示。

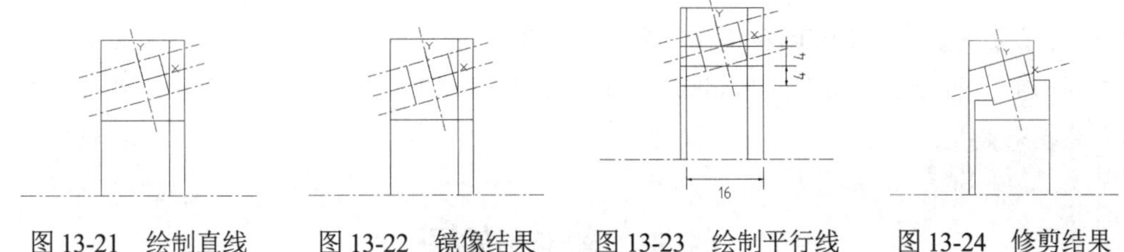

图 13-21　绘制直线　　图 13-22　镜像结果　　图 13-23　绘制平行线　　图 13-24　修剪结果

⓬ 更改图层，对图 13-24 所示的图形沿水平中心线镜像，而后填充剖面线，即可得到图 13-14(b)所示的最终结果。

13.4　绘制垫圈

视频讲解

【例 13-4】绘制图 13-25 所示的垫圈。

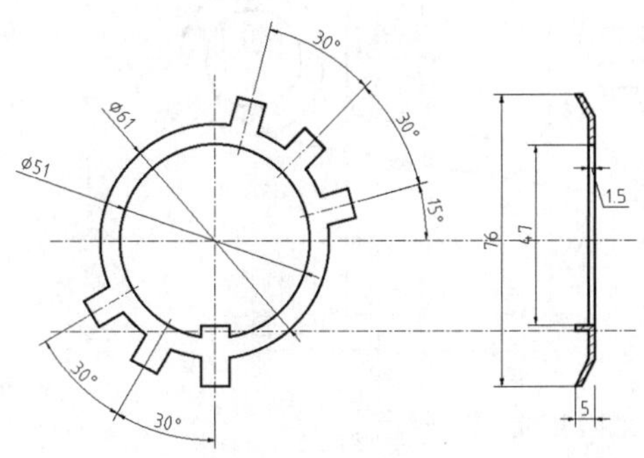

扫一扫，看视频

图 13-25　垫圈

操作提示

❶ 使用【直线】命令(LINE)、【偏移】命令(OFFSET)和【圆】命令(CIRCLE)，分别在对应的

图层绘制中心线和主视图中的圆与直线，结果如图 13-26 所示。

❷ 使用【阵列】命令(ARRAY)，对图 13-26 中的两条短直线进行多次环形阵列，结果如图 13-27 所示。

❸ 删除多余的辅助线，使用【直线】命令(LINE)、【偏移】命令(OFFSET)和【修剪】命令(TRIM)，绘制如图 13-28 所示的左视图轮廓。

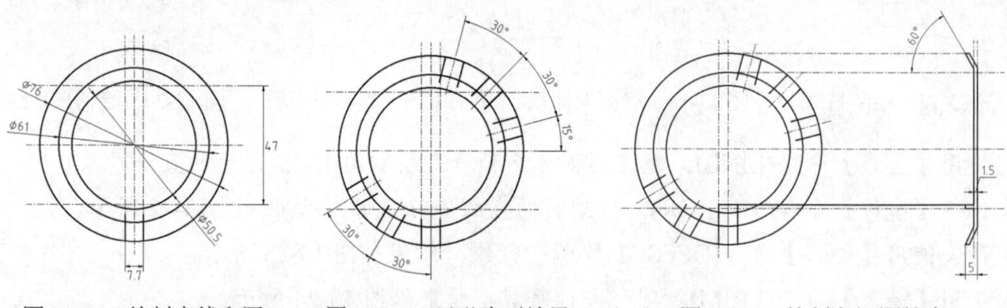

图 13-26　绘制直线和圆　　图 13-27　环形阵列结果　　图 13-28　绘制左视图轮廓

❹ 使用【直线】命令(LINE)和【修剪】命令(TRIM)进一步编辑图形，对左视图执行 HATCH 命令填充剖面线，然后整理图形，如删除多余的辅助线、调整中心线的长度等，即可得到图 13-25 所示的最终图形效果。

13.5　绘制连杆

视频讲解

【例 13-5】绘制图 13-29 所示的连杆。

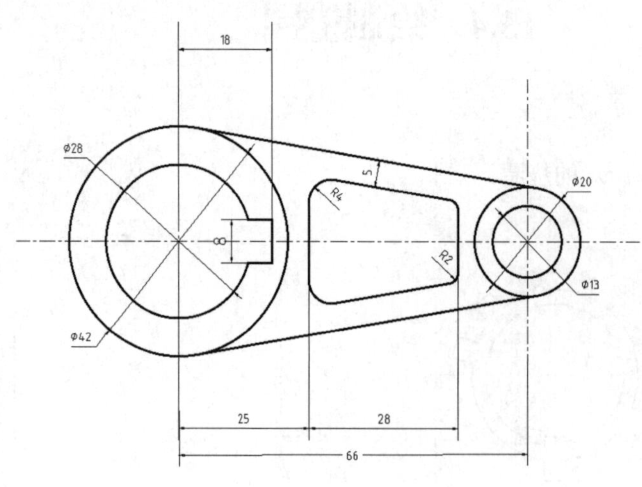

扫一扫，看视频

图 13-29　连杆

操作提示

❶ 使用【直线】命令(LINE)、【圆】命令(CIRCLE)和【偏移】命令(OFFSET)绘制图 13-30 所示的直线和圆。

❷ 使用【偏移】命令(OFFSET)绘制图 13-31 所示的平行线。

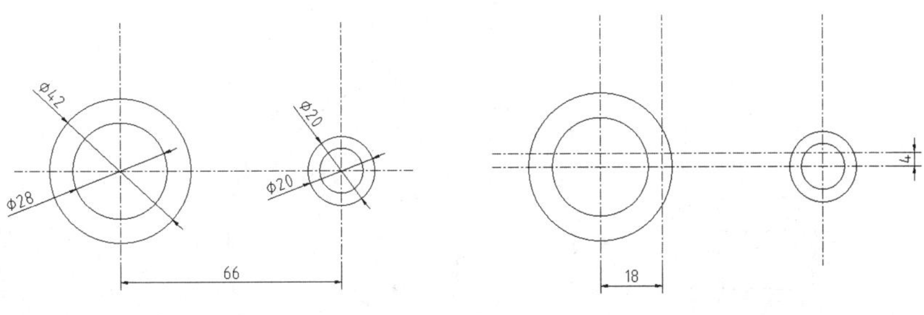

图 13-30　绘制直线和圆　　　　图 13-31　绘制平行线

❸ 使用【修剪】命令(TRIM)修剪图形，结果如图 13-32 所示。

❹ 使用【直线】命令(LINE)绘制切线，使用【偏移】命令(OFFSET)绘制平行线，结果如图 13-33 所示。

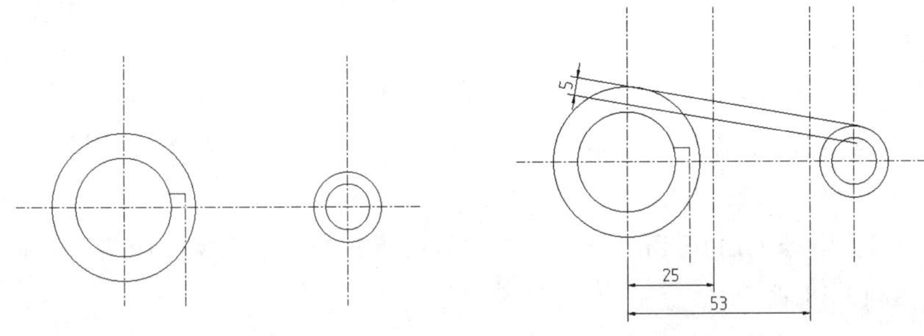

图 13-32　修剪结果　　　　图 13-33　绘制切线和平行线

❺ 使用【圆角】命令(FILLET)分别创建半径为 4 和 2 的圆角，结果如图 13-34 所示。

❻ 使用【镜像】命令(MIRROR)对图 13-34 中的对象以水平中心线为对称轴进行镜像，结果如图 13-35 所示。

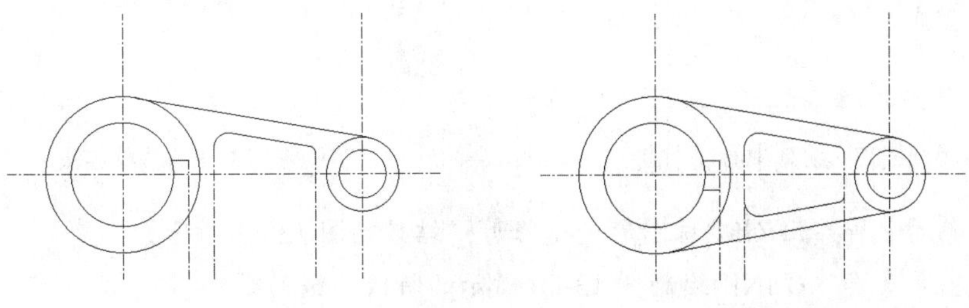

图 13-34　创建圆角　　　　图 13-35　镜像结果

❼ 使用【修剪】命令(TRIM)修剪图形，更改图层，然后标注图形，完成图形的绘制，结果如图 13-29 所示。

13.6　绘制锥齿轮

视频讲解

【例 13-6】绘制图 13-36 所示的锥齿轮。

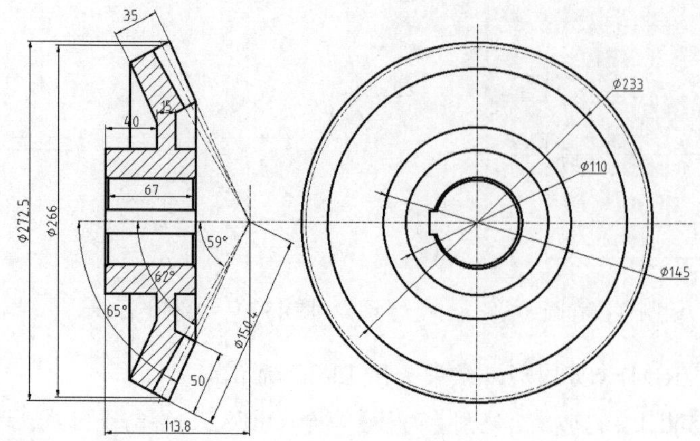

图 13-36　锥齿轮

扫一扫，看视频

操作提示

❶ 使用【直线】命令(LINE)和【偏移】命令(OFFSET)，绘制长度为 480 的水平中心线和长度为 300 的垂直中心线，以及距离水平中心线左端点为 135 的短垂直中心线；使用【圆】命令(CIRCLE)分别绘制直径为 65、69、110、266、272.52 的圆，如图 13-37 所示。

❷ 使用【偏移】命令(OFFSET)，将水平中心线向上和向下分别偏移距离 9，将垂直中心线向左偏移 36.9，如图 13-38 所示。

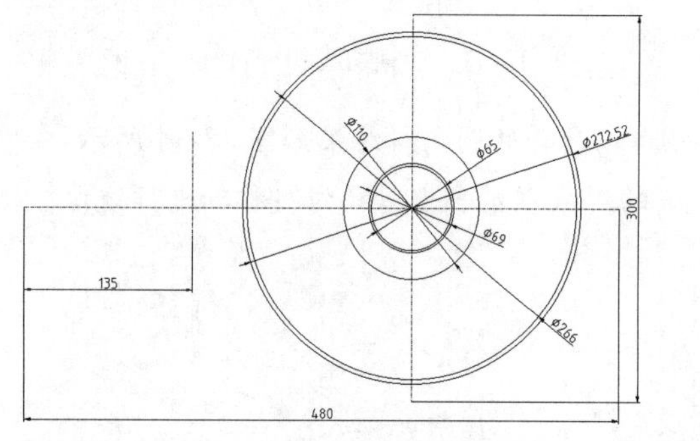

图 13-37　绘制中心线和圆

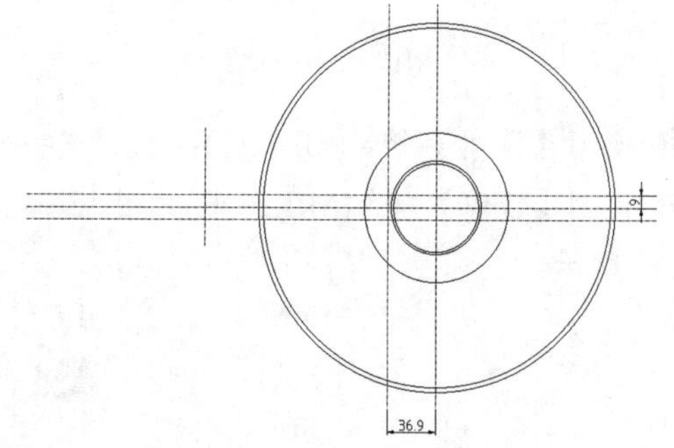

图 13-38　偏移结果

❸ 使用【修剪】命令(TRIM)对图形进行修剪，结果如图 13-39 所示。

❹ 使用【直线】命令(LINE)绘制图 13-40 所示的斜线与辅助线。

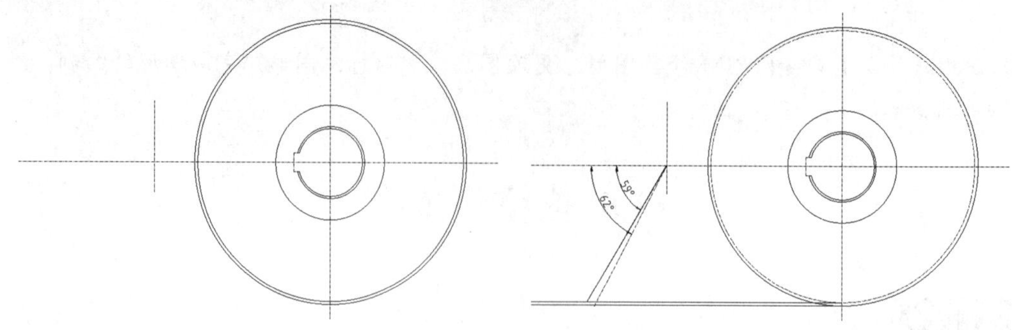

图 13-39　修剪结果　　图 13-40　绘制斜线与辅助线

❺ 使用【直线】命令(LINE)，从任意一点向斜中心线绘制垂直线；使用【移动】命令(MOVE)，将该直线移动至斜中心线与对应的水平线的交点处；使用【延伸】命令(EXTEND)将其延伸，与位于最下方的水平线相交，如图 13-41 所示。

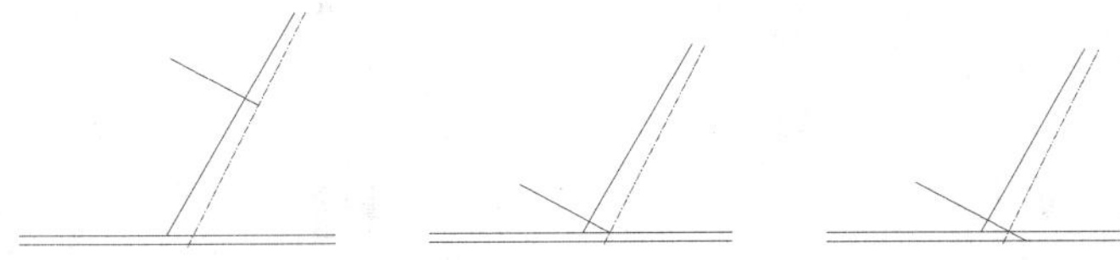

图 13-41　绘制垂直斜线

❻ 使用【直线】命令(LINE)，在新得到的斜线与位于最下方水平线的交点处重新绘制一条倾斜角为 65° 的斜线，结果如图 13-42 所示。

❼ 使用【偏移】命令(OFFSET)，绘制与已有直线相距 50 的平行线，并使用【修剪】命令(TRIM)进行修剪，然后绘制与角度为 65° 的斜线平行的斜线，并且两条斜线相距 35，删除位于下方的两条水平辅助线，如图 13-43 所示。

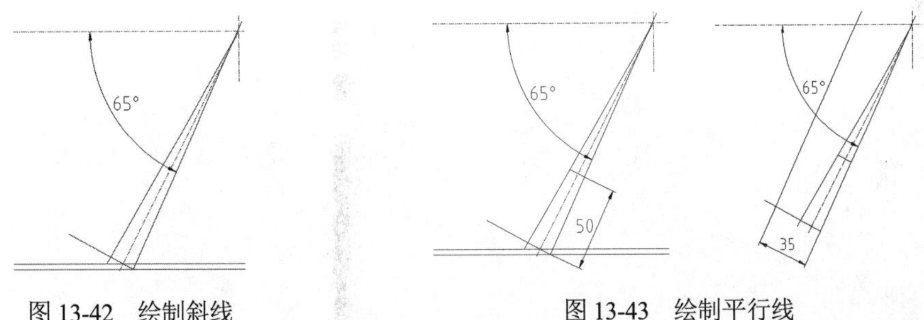

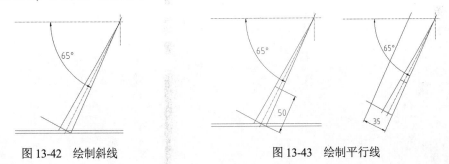

图 13-42　绘制斜线　　　　图 13-43　绘制平行线

❽ 使用【直线】命令(LINE)和【偏移】命令(OFFSET)，根据图 13-44 所示绘制垂直线，并从左视图绘制辅助线。

❾ 使用【修剪】命令(TRIM)修剪图形，然后对修剪后的图形进行整理，执行延伸、倒角、删除等操作，结果如图 13-45 所示。

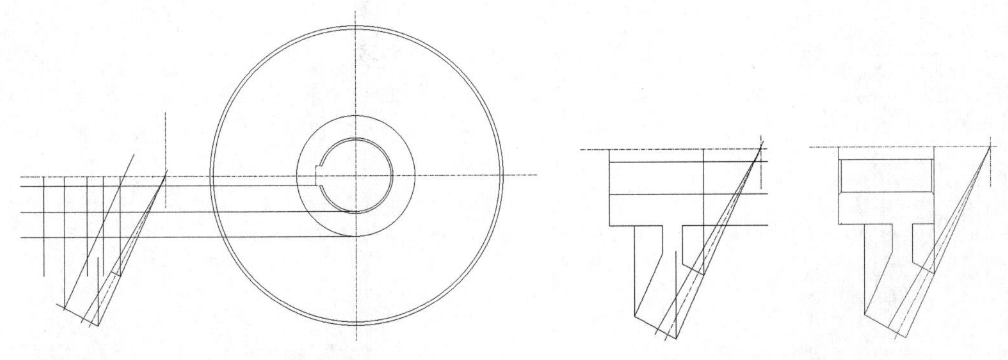

图 13-44　绘制垂直线与辅助平行线　　　　图 13-45　整理图形

❿ 使用【镜像】命令(MIRROR)，对位于水平中心线以下的全部图形相对于水平中心线镜像，结果如图 13-46 所示。

⓫ 执行 HATCH 命令填充剖面线，并调整图层，然后使用【圆】命令(CIRCLE)分别绘制直径

为 145 和 233 的圆，结果如图 13-47 所示。

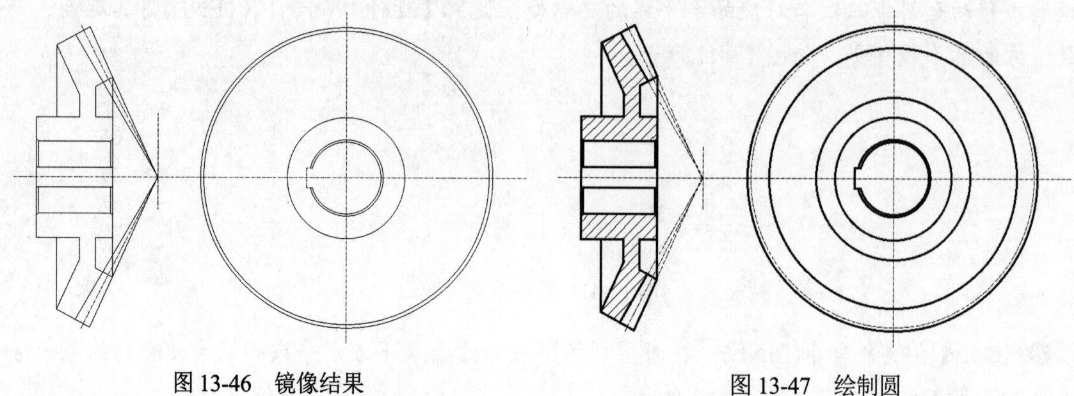

图 13-46　镜像结果　　　　图 13-47　绘制圆

⑫ 标注图形尺寸，结果如图 13-36 所示。

第14章　三维建模基础知识

内容简介

相对于二维平面视图，三维视图多了一个维度，不仅有 XY 平面，还有 ZX 平面和 YZ 平面。因此，三维视图相对于二维视图更加直观，人们可以通过三维空间和视觉样式的切换从不同的角度观察图形。

内容要点

- ❑ 三维坐标系统
- ❑ 动态观察
- ❑ 漫游和飞行
- ❑ 观察三维图形
- ❑ 渲染实体
- ❑ 视点设置

14.1　设置三维绘图环境

三维空间可由 3 个坐标轴来表示，即 X 轴、Y 轴、Z 轴。其中 X 轴表示左右空间，Y 轴表示前后空间，Z 轴表示上下空间。为了准确地绘制三维图形，必须先了解三维的视图、视口和视觉样式等基本内容的设置。

14.1.1　切换至三维建模空间

AutoCAD 提供了专门用于三维绘图的工作界面，即三维建模空间。在三维建模空间中，用户可以通过切换视图样式来从多个角度全面观察图形。

执行方式

- ❑ 命令行：WSCURRENT。
- ❑ 菜单栏：执行【工具】|【工作空间】|【三维建模】命令。

操作过程

```
命令: WSCURRENT↙
输入 WSCURRENT 的新值 <"草图与注释">: 三维建模↙
```

执行上述操作切换到三维建模空间后，可以看到该空间也是由快速访问工具栏、菜单栏、功能区、状态栏组成的集合。其中，功能区中有【常用】【实体】【曲面】【网格】【可视化】【参数化】【插入】【注释】【视图】【管理】【输出】【附加模块】【协作】【Express Tool】和【精选应用】等选项卡，如图 14-1 所示，用户可以通过这些选项卡方便地执行对应的三维建模命令。

图 14-1　切换至三维建模空间后的 AutoCAD 功能区

14.1.2　设置三维视图方向

AutoCAD 提供了俯视、仰视、左视、右视、前视和后视 6 个基本视点，另外还提供了西南等轴测、东南等轴测、东北等轴测和西北等轴测 4 个特殊视点。用户从这 4 个特殊视点观察，可以得到具有立体感的 4 个特殊视图，如图 14-2 所示。

在 AutoCAD 中设置切换视图方向的方法如下。

执行方式

- ❑ 菜单栏：执行【视图】|【三维视图】命令，如图 14-3 所示。

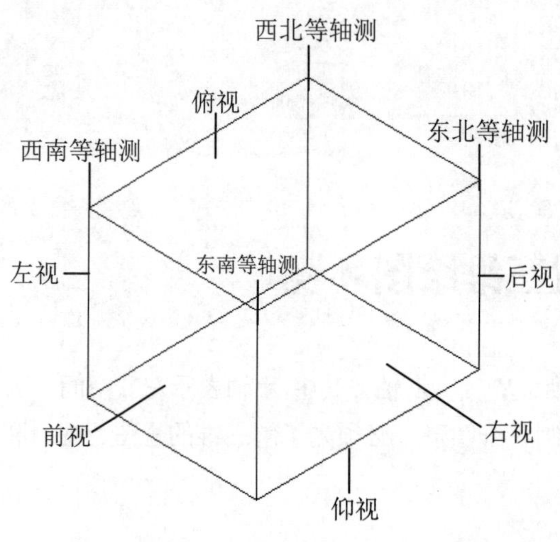

图 14-2　三维视图观察方向

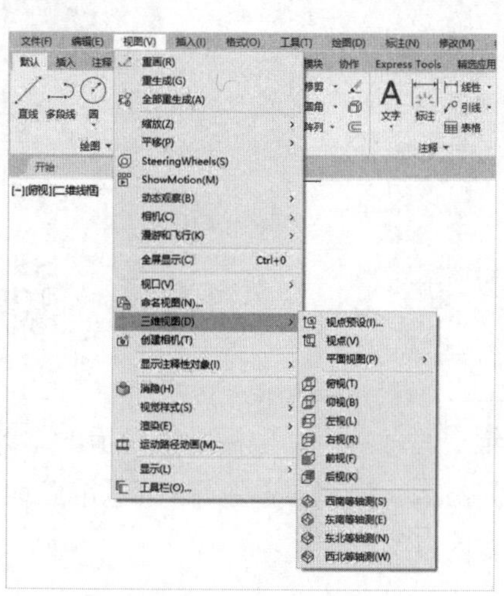

图 14-3　三维视图菜单

- ❑ 工具栏：单击【视图】工具栏中的相应按钮，如图 14-4 所示。
- ❑ 视图控件：单击绘图区左上角的视图控件，弹出视图控件菜单，如图 14-5 所示。

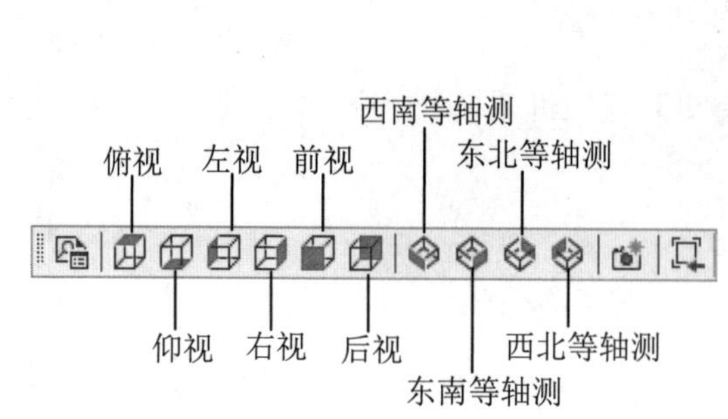

图 14-4　【视图】工具栏

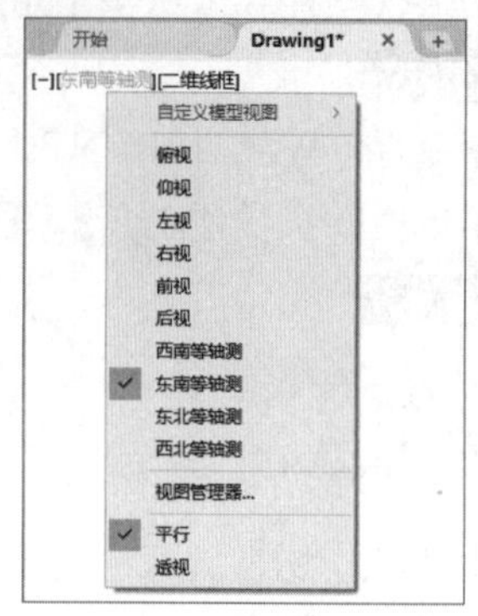

图 14-5　视图控件菜单

从图 14-2 所示的 6 个基本视点来观察图形非常方便。这 6 个基本视点的视线方向都与 X、Y、Z 三坐标之一平行，而与 XY、XZ、YZ 三坐标平面之一正交。所以，相对应的 6 个基本视图实际上是三维模型投影在 XY、XZ、YZ 平面上的二维图形。这样即可将三维模型转换为二维模型。在这 6 个基本视图上对模型进行编辑，就如同绘制二维图形一样。

操作过程

执行上述操作后，即可显示相应的三维视图效果，例如图 14-6(a)所示的俯视视图、图 14-6(b)所示的前视视图和图 14-6(c)所示的东南等轴测视图。

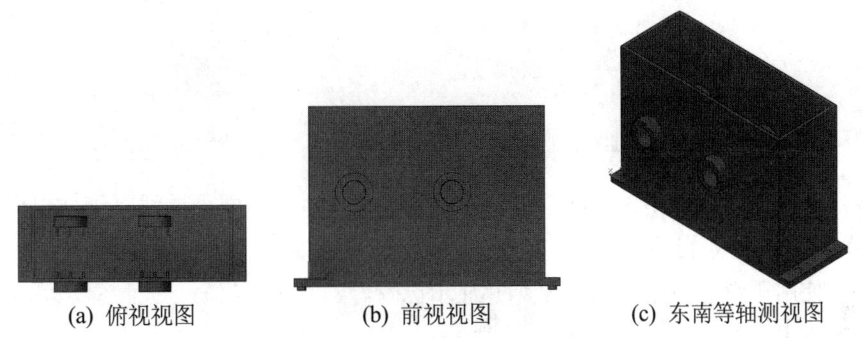

(a) 俯视视图　(b) 前视视图　(c) 东南等轴测视图

图 14-6　俯视视图、前视视图和东南等轴测视图

14.1.3　设置三维视图的视觉样式

视觉样式用于控制视口中的三维模型边缘和着色的显示。用户一旦对三维模型应用了视觉样式或更改了其他设置，就可以在视口中查看视觉效果。

执行方式

- 菜单栏：执行【视图】|【视觉样式】命令，在弹出的子菜单中选择所需的视图样式。
- 功能区：单击【常用】选项卡【视图】面板中的【视觉样式】下拉列表框，在弹出的列表框中选择所需的视觉样式，如图 14-7 所示。
- 视觉样式控件：单击绘图区左上角的视觉样式控件，在弹出的菜单中选择所需的视觉样式，如图 14-8 所示。

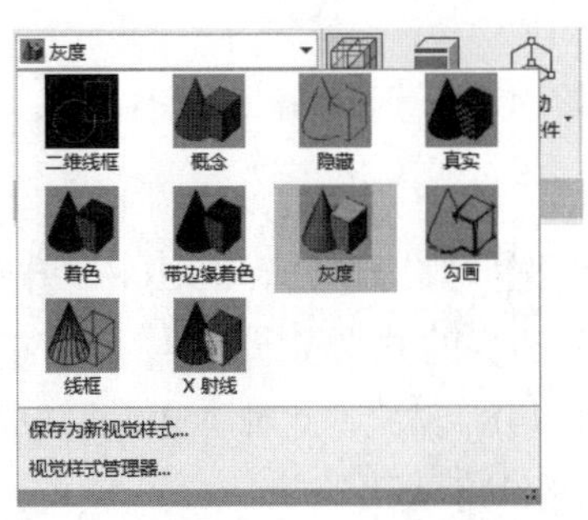

图 14-7 【视觉样式】下拉列表框

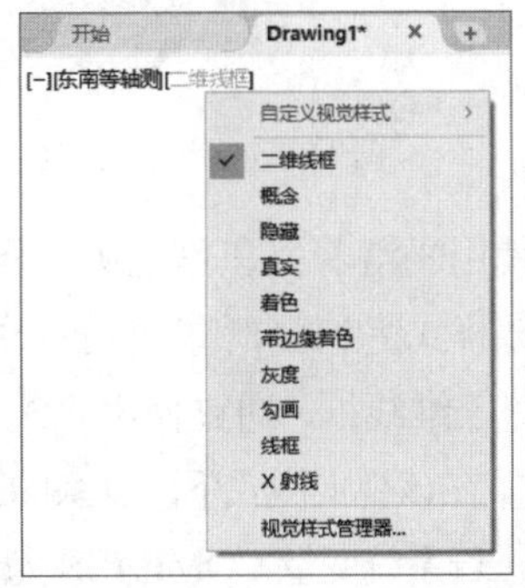

图 14-8　视觉样式控件菜单

操作过程

执行上述操作后，即可将视图切换为相应的效果图。

选项说明

(1) 二维线框：使用直线和曲线表示边界的对象。该视觉样式下，光栅和 OLE 对象、线型和线宽均可见，如图 14-9 所示。

(2) 概念：使用平滑着色和古氏面样式显示对象，同时对三维模型消隐。古氏面样式在冷暖颜色而不是明暗效果之间切换。该效果缺乏真实感，但可以方便地查看模型的细节，如图 14-10 所示。

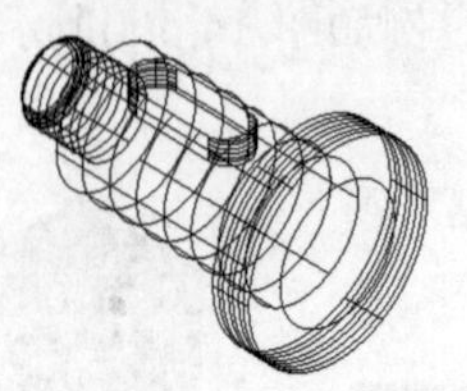

图 14-9　二维线框视觉样式

图 14-10　概念视觉样式

(3) 隐藏：即三维隐藏，用三维线框表示法显示对象，并隐藏背面的线。该效果可以较容易和清晰地观察模型，如图 14-11 所示。

(4) 真实：使用平滑着色来显示对象，并显示已附着到对象的材质，此种显示方法可以得到三维模型的真实感表达，如图 14-12 所示。

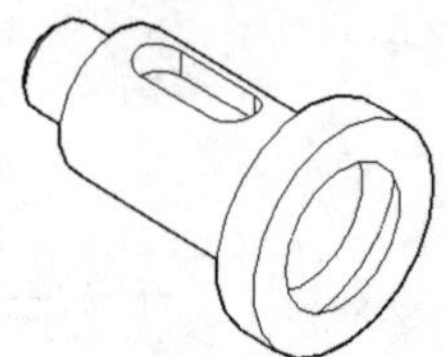

图 14-11　隐藏视觉样式

图 14-12　真实视觉样式

(5) 着色：不显示对象轮廓线，使用平滑着色显示对象，效果如图 14-13 所示。

(6) 带边缘着色：该样式对其表面轮廓线以暗色线条显示，效果如图 14-14 所示。

图 14-13　着色视觉样式

图 14-14　带边缘着色视觉样式

(7) 灰度：使用平滑着色和单色灰度显示对象并显示可见边，效果如图 14-15 所示。

(8) 勾画：该样式使用延伸和抖动边修改显示手绘效果的对象，仅显示可见边，效果如图 14-16 所示。

(9) 线框：即三维线框，通过使用直线和曲线表示边界的方式显示对象，所有的边和线都可见，如图 14-17 所示。在该视觉样式下，复杂的三维模型难以分清结构。此时，坐标系变成一个着色的三维 UCS 图标。此时，若系统变量 COMPASS 为 1，三维指南针将显示。

(10) X 射线：以局部透视方式显示对象，不可见边褪色显示，效果如图 14-18 所示。

图 14-15　灰度视觉样式

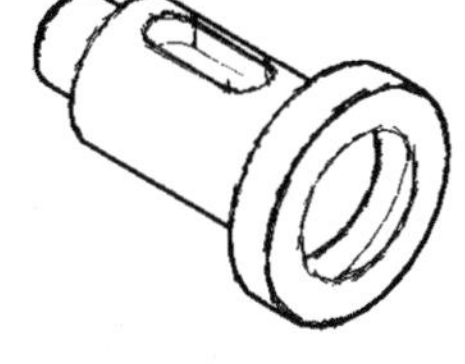

图 14-16　勾画视觉样式

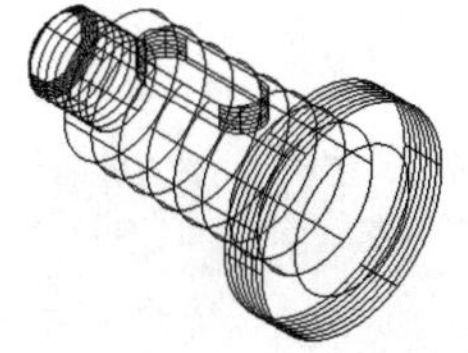

图 14-17　线框视觉样式

图 14-18　X 射线视觉样式

14.2　三维坐标系

AutoCAD 使用笛卡儿坐标系，其使用的直角坐标系有两种类型：一种是世界坐标系(WCS)；另一种是用户坐标系(UCS)。在绘制二维图形时，常用的坐标系即世界坐标系，由系统默认提供。世界坐标系又称为通用坐标系或绝对坐标系，对于二维绘图来说，世界坐标系足以满足绘图需要。为了方便用户创建三维模型，AutoCAD 允许用户根据自己的需要设定坐标系，即用户坐标系(UCS)。合理地创建 UCS，可以使三维模型创建更加便捷。

14.2.1　右手定则与坐标系

(1) 在 AutoCAD 中通过右手定则确定直角坐标系 Z 轴的正方向和绕轴线旋转的正方向。用户只需要简单地使用右手就可以确定所需要的坐标信息。

(2) 在 AutoCAD 中输入坐标时可以采用绝对坐标和相对坐标两种格式，其中绝对坐标格式为：X,Y,Z；相对坐标格式为：@ X,Y,Z。

(3) 本书前面已经详细介绍了平面坐标系的使用方法，其所有的变换和使用方法同样适用于三维坐标系。例如，在三维坐标系下，同样可以使用直角坐标或极坐标方法(参见 1.4.4 节)来定义点。此外，在绘制三维图形时，还可以使用柱坐标和球坐标来定义点。

① 柱坐标使用 XY 平面的角和沿 Z 轴的距离来表示，如图 14-19 所示，其格式如下：

- XY 平面距离<XY 平面角度，Z 坐标(绝对坐标)。
- @ XY 平面距离<XY 平面角度，Z 坐标(相对坐标)。

② 球坐标系具有 3 个参数：点到原点的距离、在 XY 平面上的角度和 XY 平面的夹角，如图 14-20 所示，其格式如下：

- XYZ 距离<XY 平面角度<和 XY 平面的夹角(绝对坐标)。
- @ XYZ 距离<XY 平面角度<和 XY 平面的夹角(相对坐标)。

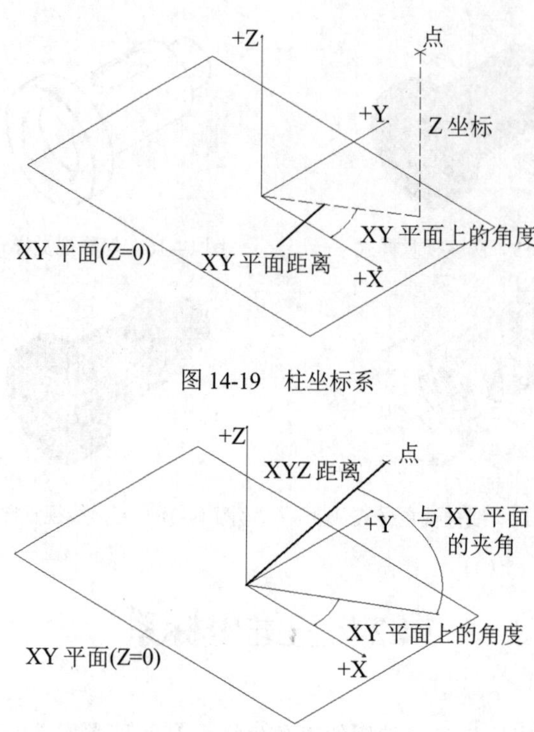

图 14-19　柱坐标系

图 14-20　球坐标系

14.2.2　创建坐标系

在使用 AutoCAD 绘制三维图形时，经常需要根据绘图要求转换坐标系，此时就需要新建一个坐标系来取代原来的坐标系。

执行方式

- ❑ 命令行：UCS。
- ❑ 菜单栏：执行【工具】|【新建 UCS】命令。

操作过程

```
命令: UCS↙
当前 UCS 名称: *世界*
指定 UCS 的原点或 [面(F)/命名(NA)/对象(OB)/上一个(P)/视图(V)/世界(W)/X/Y/Z/Z 轴(ZA)] <世界>:
```

选项说明

(1) 指定 UCS 的原点：使用一点、两点或三点定义一个新的 UCS。如果指定单个点，当前 UCS 的原点将会移动而不会更改 X、Y 和 Z 轴的方向。选择该选项，命令行提示如下。

```
指定 X 轴上的点或 <接受>: 继续指定 X 轴通过的点 2 或直接按 Enter 键，接受原坐标系 X 轴为新坐标系的 X 轴
指定 XY 平面上的点或 <接受>: 继续指定 XY 平面通过的点 3 以确定 Y 轴或直接按 Enter 键，接受原坐标系 XY 平面为新坐标系的 XY 平面，根据右手法则，相应的 Z 轴也同时确定
```

指定 UCS 原点的效果如图 14-21 所示。

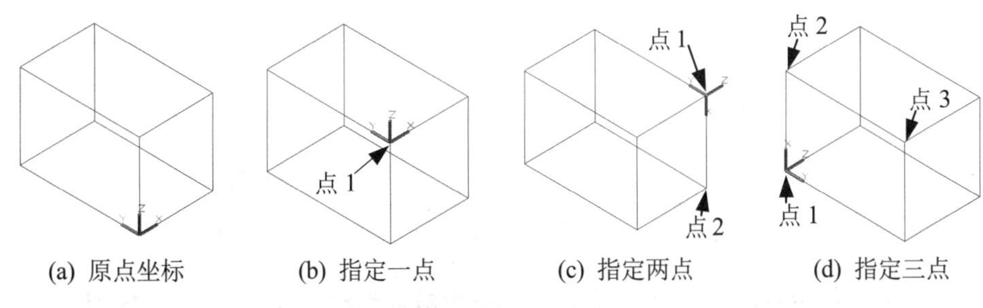

(a) 原点坐标　(b) 指定一点　(c) 指定两点　(d) 指定三点

图 14-21　指定原点

(2) 面(F)：将 UCS 与三维实体的选定面对齐。要选择一个面，可以在该面的边界内或面的边上单击，被选中的面将亮显，UCS 的 X 轴将与找到的第一个面上最近的边对齐。选择该选项，命令行提示如下。

```
选择实体面、曲面或网格: 选择面，如图 14-22 所示
输入选项 [下一个(N)/X 轴反向(X)/Y 轴反向(Y)] <接受>:↙
```

如果选择【下一个(N)】选项，系统将 UCS 定位于邻接的面或选定边的后向面，如图 14-23 所示。

(3) 对象(OB)：根据选定三维对象定义新的坐标系，如图 14-24 所示。新建 UCS 的拉伸方向(Z 轴正方向)与选定对象的拉伸方向相同。选择该选项后，命令行提示如下。

```
选择对齐 UCS 的对象: 选择对象
```

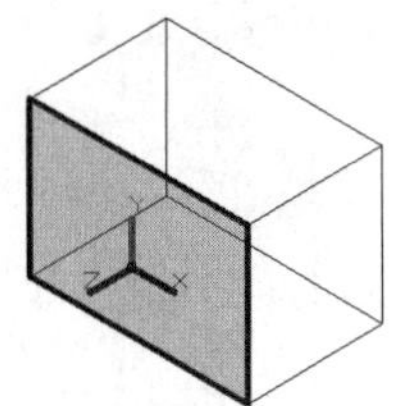

图 14-22　选择面确定坐标系

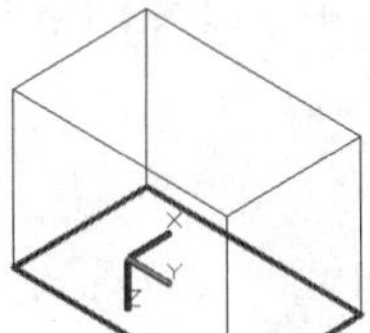

图 14-23　定位邻接的面

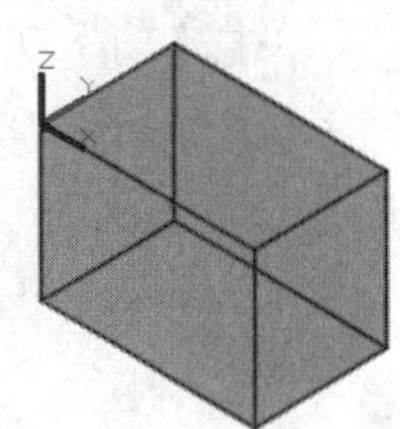

图 14-24　选择对象确定坐标系

对于大多数对象，新 UCS 的原点位于远离选定对象最近的顶点处，并且 X 轴与一条边对齐或相切。对于平面对象，UCS 的 XY 平面与该对象所在的平面对齐。对于复杂对象，系统将重新定位原点，但是轴的当前方向保持不变。

(4) 视图(V)：以垂直于观察方向(平行于屏幕)的平面为 XY 平面，创建新的坐标系。UCS 原点保持不变。

(5) 世界(W)：将当前用户坐标系设置为世界坐标系。WCS 是所有用户坐标系的基准，不能被重新定义。

14.2.3　动态坐标系

单击状态栏中的【允许/禁止动态 UCS】按钮，可以激活或关闭动态坐标系。激活动态坐标系后，可以使用动态 UCS 在三维实体的平整面上创建对象，而无须手动更改 UCS 方向。在执行命令的过程中，当将光标移动到平面上方时，动态 UCS 会临时将 UCS 的 XY 平面与三维实体的平整面对齐，如图 14-25 所示为激活动态坐标系后绘制一个圆柱体。

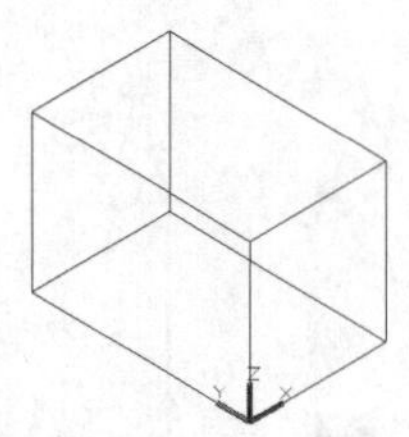
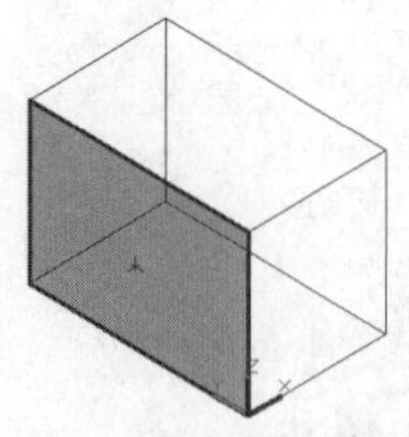
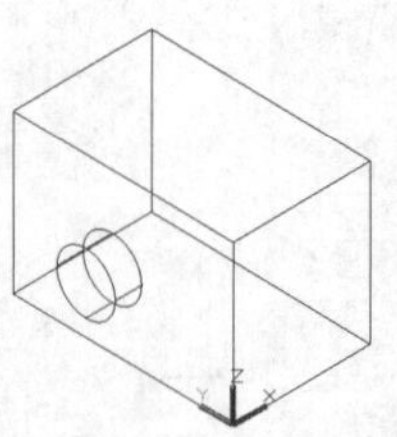

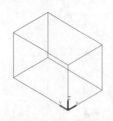

图 14-25　激活动态坐标系后绘制圆柱体

激活动态 UCS 后，指定的点和绘图工具(如极轴追踪和栅格)都将与动态 UCS 建立的临时 UCS 相关联。

14.3　动态观察

AutoCAD 提供具有交互控制功能的三维动态观测器。利用三维动态观测器，用户可以实时地控制和改变当前视口中创建的三维视图，以使其显示需要的效果。

执行方式

- ❑ 命令行：3DORBIT(快捷命令：3DO)，受约束的动态观察；3DFORBIT，自由动态观察；3DCORBIT，连续动态观察。
- ❑ 菜单栏：执行【视图】|【动态观察】命令，在弹出的子菜单中选择所需的动态观察类型。
- ❑ 工具栏：单击【动态观察】工具栏中的【受约束的动态观察】按钮或【自由动态观察】按钮或【连续动态观察】按钮。

操作过程

执行上述操作后，绘图区将根据用户所选的动态观察类型显示不同的动态观察效果。

选项说明

(1) 受约束的动态观察(3DORBIT)：在当前视口中通过拖动光标指针可以动态观察模型，观察视图时，视图的目标位置保持不动，相机位置(或观察点)围绕该目标移动(尽管在用户看来目标是移动的)。默认情况下，观察点会约束为沿着世界坐标系的 XY 平面或 Z 轴移动，如图 14-26 所示。

(2) 自由动态观察(3DFORBIT)：与“受约束的动态观察”命令类似，但是观察点不会约束为沿着 XY 平面或 Z 轴移动。当移动光标时，其形状也将随之改变，以指示视图的旋转方向，如图 14-27 所示。

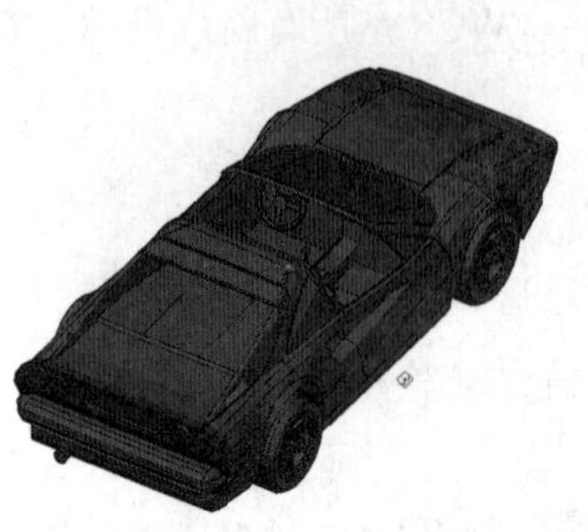

图 14-26　受约束的动态观察

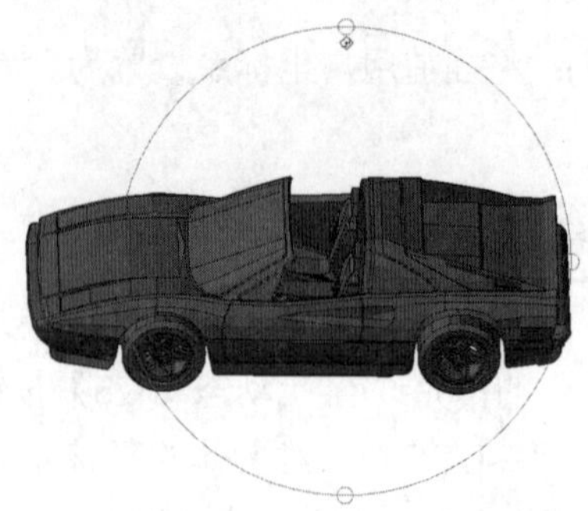

图 14-27　自由动态观察

(3) 连续动态观察(3DCORBIT)：连续动态地观察模型。此时光标指针将变为一个由两条线包围的球体，在绘图区单击并沿任何方向拖动光标，可以使对象沿着拖动的方向开始移动。释放鼠标，对象将在指定分段方向沿着轨道连续旋转。光标移动的速度决定了对象旋转的速度，如图 14-28 所示。单击或再次拖动鼠标可以改变旋转轨迹的方向。也可以在绘图窗口右击鼠标，从弹出的快捷菜单中选择一个命令来修改连续轨迹的显示。例如，选择【视觉辅助工具】|【栅格】命令，可以向视图添加栅格，而不用退出连续动态观察状态，如图 14-29 所示。

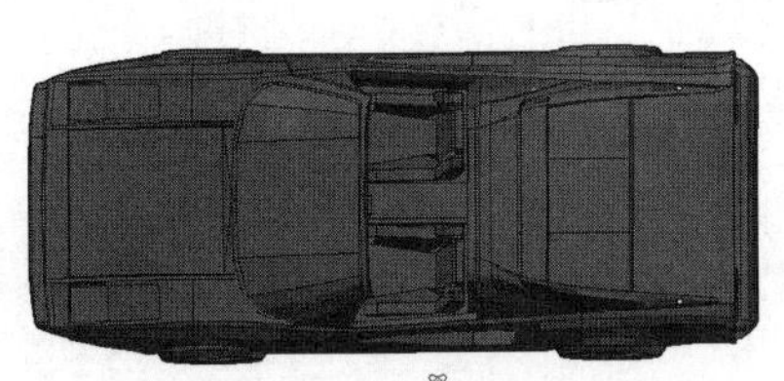

图 14-28　连续动态观察

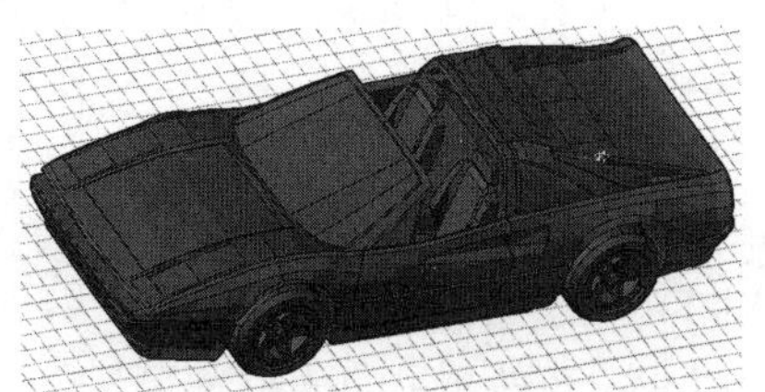

图 14-29　显示栅格

14.4　使用相机

相机是 AutoCAD 提供的除动态观察以外的另一种三维动态观察功能。用户可以在模型空间放置一台或多台相机来定义三维透视图。

14.4.1　创建相机

使用 CAMERA 命令可以创建相机并设置相机位置和目标位置，如图 14-30 所示，从而创建并保存对象的三维透视图。

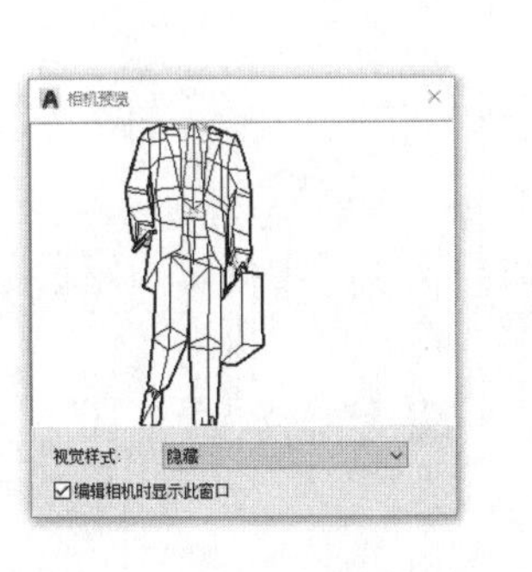

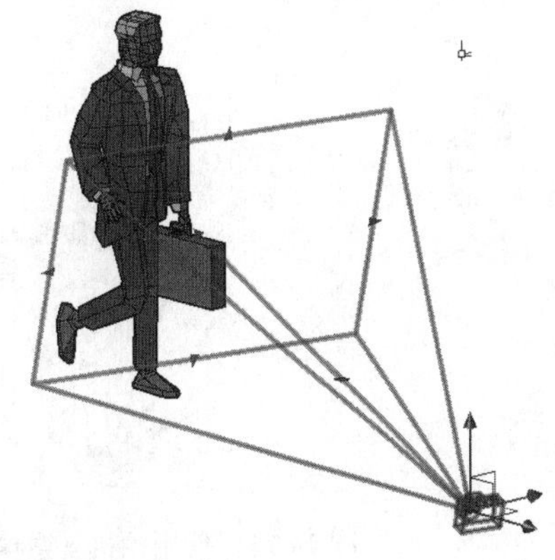

图 14-30　相机

执行方式

- 命令行：CAMERA(快捷命令：CAM)。
- 菜单栏：执行【视图】|【创建相机】命令。
- 功能区：选择【可视化】选项卡，单击【相机】面板中的【创建相机】按钮。

操作过程

命令: CAMERA↙
当前相机设置: 高度=0 焦距=50 mm
指定相机位置: 指定位置
指定目标位置: 指定位置
输入选项 [?/名称(N)/位置(LO)/高度(H)/坐标(T)/镜头(LE)/剪裁(C)/视图(V)/退出(X)] <退出>:

选项说明

(1) 位置(LO)：指定相机的位置。
(2) 高度(H)：更改相机的高度。
(3) 坐标(T)：指定相机的目标。
(4) 镜头(LE)：更改相机的焦距。
(5) 剪裁(C)：定义前后剪裁平面并设置它们的值。选择该选项命令行提示与操作如下。

是否启用前向剪裁平面? [是(Y)/否(N)] <否>: 选择【是】启用向前剪裁
指定从坐标平面的前向剪裁平面偏移 <0.0000>: 输入距离
是否启用后向剪裁平面? [是(Y)/否(N)] <否>: 选择【是】启用向后剪裁
指定从坐标平面的后向剪裁平面偏移 <0.0000>: 输入距离

剪裁范围内的对象不可见。设置剪裁平面后单击相机符号，系统会显示对应的相机预览视图。
(6) 视图(V)：设置当前视图以匹配相机设置，选择该选项，命令行提示与操作如下。

是否切换到相机视图? [是(Y)/否(N)] <否>:

视频讲解

【例 14-1】使用相机观察图 14-31 所示的把手模型。

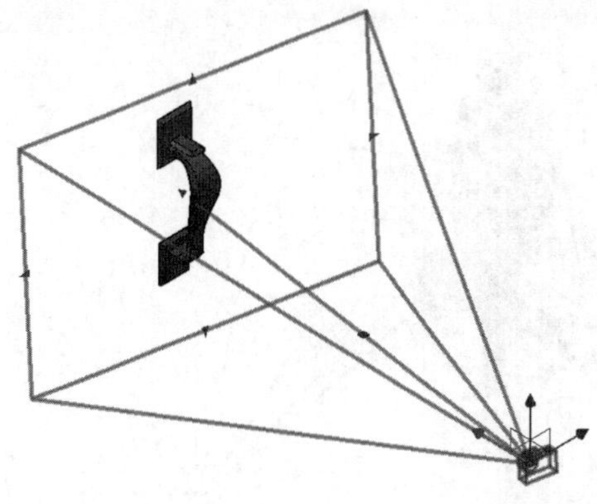

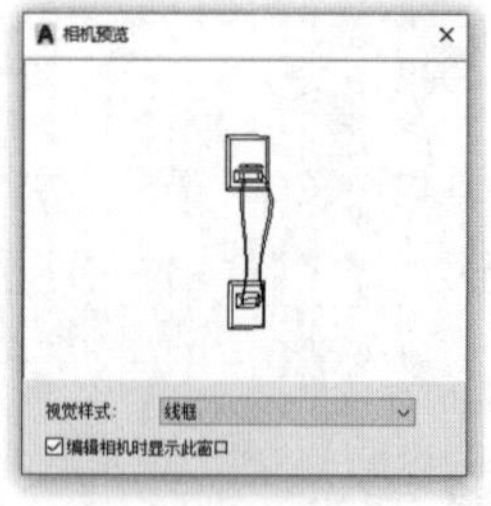

扫一扫，看视频

图 14-31　使用相机观察模型

14.4.2　调整距离

执行方式

❑ 命令行：3DDISTANCE。

- ❑ 菜单栏：执行【视图】|【相机】|【调整视距】命令。
- ❑ 工具栏：单击【相机调整】工具栏中的【调整视距】按钮，或单击【三维导航】工具栏中的【调整视距】按钮。
- ❑ 快捷菜单：启用交互式三维视图后，在视口中右击，在弹出的快捷菜单中选择【调整视距】命令。

操作过程

```
命令: 3DDISTANCE↙
按 Esc 或 Enter 键退出，或者单击鼠标右键显示快捷菜单
```

执行该命令后，系统将光标更改为具有上箭头和下箭头的直线。单击并向平面顶部垂直拖动光标可使相机靠近对象，从而使对象显示得更大。单击并向屏幕底部垂直拖动光标使相机远离对象，可使对象显示得更小。

14.4.3　启用回旋

执行方式

- ❑ 命令行：3DSWIVEL。
- ❑ 菜单栏：执行【视图】|【相机】|【回旋】命令。
- ❑ 工具栏：单击【相机调整】工具栏中的【回旋】按钮，或单击【三维导航】工具栏中的【回旋】按钮。
- ❑ 快捷菜单：启用交互式三维视图后，在视口中右击，在弹出的快捷菜单中选择【回旋】命令。

操作过程

```
命令: 3DSWIVEL↙
按 Esc 或 Enter 键退出，或者单击鼠标右键显示快捷菜单
```

执行【回旋】命令后，AutoCAD 会在拖动方向上模拟平移相机，查看的目标随即更改。用户可以沿 XY 平面或 Z 轴回旋视图。

14.5　漫游和飞行

使用漫游和飞行功能，用户可以产生一种在 XY 平面行走或飞越视图的观察效果。用户可以在漫游或飞行模式下，通过键盘和鼠标控制视图显示或创建导航动画。

14.5.1　漫游

执行方式

- ❑ 命令行：3DWALK(快捷命令：3DW)。
- ❑ 菜单栏：执行【视图】|【漫游和飞行】|【漫游】命令。
- ❑ 工具栏：单击【漫游和飞行】工具栏中的【漫游】按钮，或单击【三维导航】工具栏中

的【漫游】按钮。

- 功能区：选择【可视化】选项卡，单击【动画】面板中的【漫游】按钮。
- 快捷菜单：启用交互式三维视图后，在视口中右击，在弹出的快捷菜单中选择【漫游】命令。

操作过程

命令: 3DWALK↙

执行【漫游】命令后，AutoCAD 会打开图 14-32 所示的提示对话框，单击【修改】按钮，在当前视口中激活漫游模式，系统会在当前视图中显示一个绿色的十字形表示当前漫游位置，同时会打开【定位器】选项板。在键盘上使用 4 个箭头键或 W(前)、A(左)、S(后)、D(右)键和鼠标，可以确定漫游的方向。要指定视图的方向，可以沿要进行观察的方向拖动鼠标，也可以直接通过定位器调节目标指示器，设置漫游位置，如图 14-33 所示。

图 14-32　提示对话框　　　图 14-33　漫游设置

14.5.2　飞行

执行方式

- 命令行：3DFLY。
- 菜单栏：执行【视图】|【漫游和飞行】|【飞行】命令。
- 工具栏：单击【漫游和飞行】工具栏中的【飞行】按钮，或单击【三维导航】工具栏中的【飞行】按钮。
- 快捷菜单：启用交互式三维视图后，在视口中右击，在弹出的快捷菜单中选择【飞行】命令。

操作过程

命令: 3DFLY↙

执行该命令后，系统在当前视口中激活飞行模式，同时系统打开【定位器】选项板。可以离开 XY 平面，看起来就像在模型中飞跃或环绕模型飞行一样。在键盘上可以使用 4 个箭头键或 W(前)、A(左)、S(后)、D(右)键和鼠标来确定飞行的方向，如图 14-34 所示。

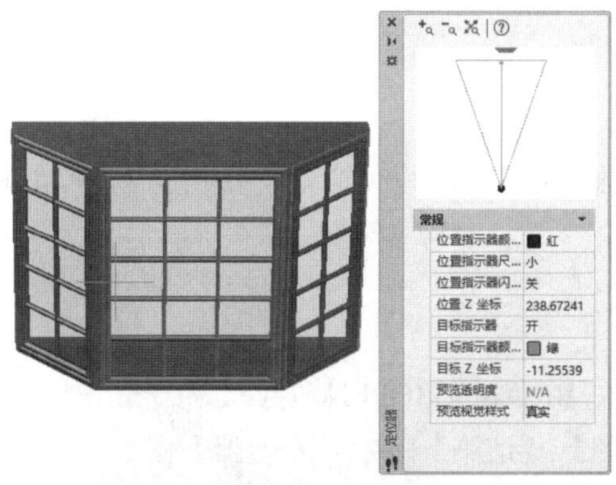

图 14-34　飞行设置

14.5.3　漫游和飞行设置

使用 WALKFLYSETTINGS 命令可以控制漫游和飞行导航设置。

执行方式

- ❑ 命令行：WALKFLYSETTINGS。
- ❑ 菜单栏：执行【视图】|【漫游和飞行】|【漫游和飞行设置】命令。
- ❑ 工具栏：单击【漫游和飞行】工具栏中的【漫游和飞行设置】按钮，或单击【三维导航】工具栏中的【漫游和飞行设置】按钮。

操作过程

```
命令: WALKFLYSETTINGS↙
```

执行上述操作后，AutoCAD 将打开【漫游和飞行设置】对话框，通过该对话框用户可以设置漫游和飞行的相关参数，如图 14-35 所示。

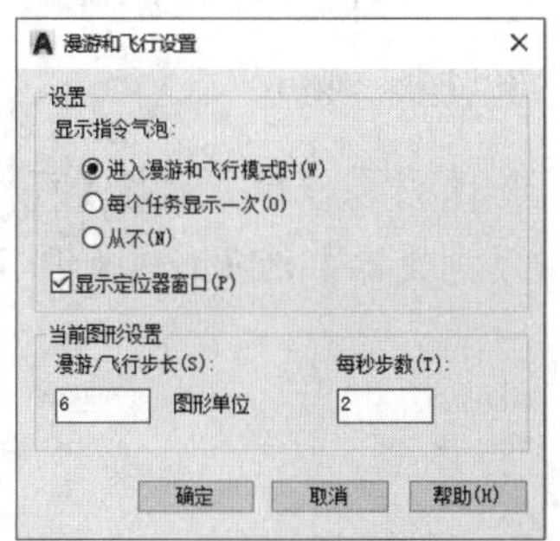

图 14-35 【漫游和飞行设置】对话框

14.6　渲染实体

在 AutoCAD 中，为了能够更好地表现三维实体对象，有时需要对实体模型进行渲染处理。渲染是对三维实体对象添加颜色和材质，或进行灯光、背景、场景等设置，能够更真实地表达图形的外观和纹理。

14.6.1 材质

在渲染图形时，为对象添加材质，可以使渲染效果更加逼真和完美。

1. 附着材质

执行方式

- ❑ 命令行：RMAT/MATBROWSEROPEN。
- ❑ 菜单栏：执行【视图】|【渲染】|【材质浏览器】命令。
- ❑ 工具栏：单击【渲染】工具栏中的【材质浏览器】按钮⊗。
- ❑ 功能区：选择【视图】选项卡，单击【选项板】面板中的【材质浏览器】按钮⊗，或选择【可视化】选项卡，单击【材质】面板中的【材质浏览器】按钮⊗。

操作过程

```
命令: MATBROWSEROPEN↙
```

实例讲解

【例 14-2】为图 14-36 所示的阀门模型附着金属生锈材质。

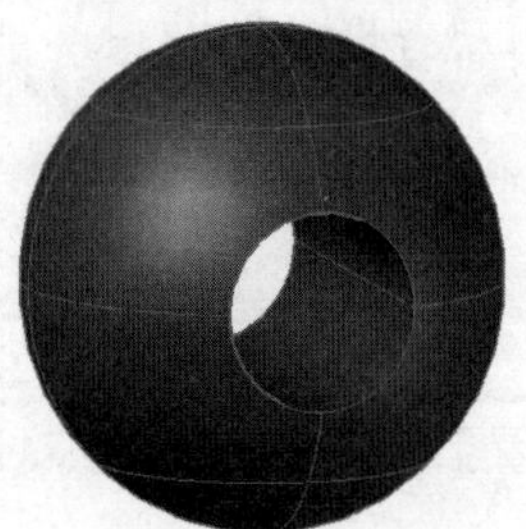

(a) 原阀门模型

(b) 附着材质后的阀门模型

扫一扫，看视频

图 14-36 阀门

❶ 打开图 14-36(a)所示的“阀门”素材文件后，选择【可视化】选项卡，单击【材质】面板中的【材质浏览器】按钮⊗，打开【材质浏览器】选项板，如图 14-37 所示。

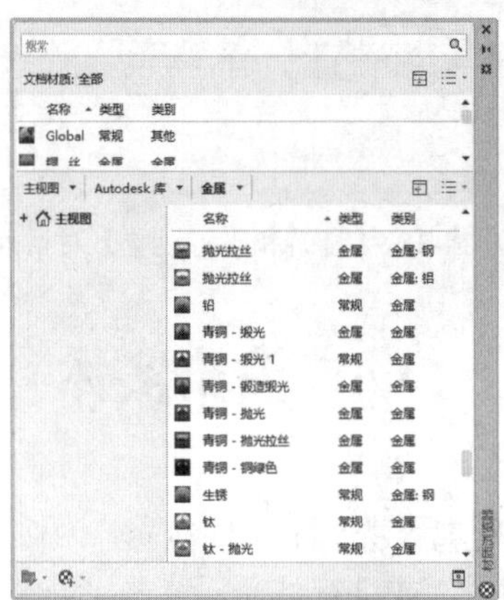

图 14-37 【材质浏览器】选项板

❷ 在【材质浏览器】选项板中选择【生锈】材质，将其直接拖动到阀门模型对象上，即可附加材质。将视觉样式转为“真实”，即可显示出附着材质后的图形，效果如图 14-36(b)所示。

2. 设置材质

执行方式

- ❑ 命令行：MATEDITOROPEN。
- ❑ 菜单栏：执行【视图】|【渲染】|【材质编辑器】命令。
- ❑ 工具栏：单击【渲染】工具栏中的【材质编辑器】按钮。
- ❑ 功能区：选择【视图】选项卡，单击【选项板】面板中的【材质编辑器】按钮。

操作过程

```
命令: MATEDITOROPEN↙
```

执行上述命令后，AutoCAD 将打开图 14-38 所示的【材质编辑器】选项板。

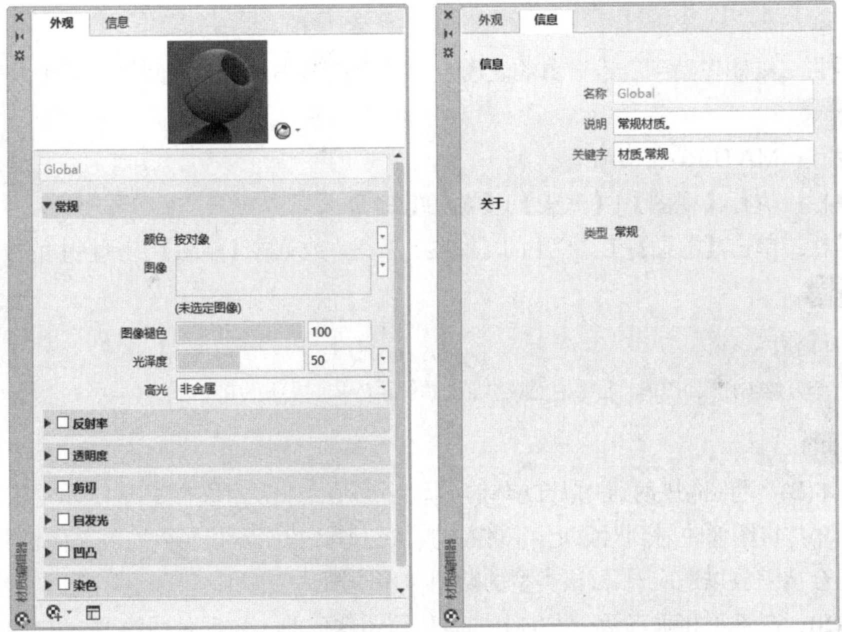

图 14-38 【材质编辑器】选项板

选项说明

(1) 【外观】选项卡：包含用于编辑材质特性的控件，可以更改材质的名称、颜色、光泽度、反射率、透明度等。

(2) 【信息】选项卡：包含用于编辑和查看材质关键字信息的所有控件。

视频讲解

【例 14-3】通过【材质编辑器】选项板创建一个新的材质，并将其附着于图 14-39 所示的卫生间四周的墙壁。

扫一扫，看视频

图 14-39　卫生间

14.6.2　贴图

贴图就是将二维图像贴到三维对象的表面上，从而在渲染时产生照片级的真实效果。

执行方式

- ❑ 命令行：MATERIALMAP。
- ❑ 菜单栏：执行【视图】|【渲染】|【贴图】命令。
- ❑ 工具栏：单击【渲染】工具栏中的【贴图】按钮，或单击【贴图】工具栏中的按钮。

操作过程

```
命令: MATERIALMAP↙
选择选项 [长方体(B)/平面(P)/球面(S)/柱面(C)/复制贴图至(Y)/重置贴图(R)] <长方体>:
```

选项说明

(1) 长方体(B)：将图像映射到类似长方体的实体上，该图像将在对象的每个面上重复使用。

(2) 平面(P)：将图像映射到对象上，就像将其从幻灯片投影器投影到二维曲面上一样，图像不会失真，但是会被缩放以适应对象(该类型的贴图常用于面)。

(3) 球面(S)：在水平和垂直两个方向上同时使用图像弯曲。纹理贴图的顶边在球体的“北极”压缩为一个点；同样，底边在“南极”压缩为一个点。

(4) 柱面(C)：将图像映射到圆柱形对象上，水平边将一起弯曲，但顶边和底边不会弯曲。图像的高度将沿圆柱体的轴进行缩放。

(5) 复制贴图至(Y)：将贴图从原始对象或面应用到选定对象。

(6) 重置贴图(R)：将 UV 坐标重置为贴图的默认坐标。

14.6.3　渲染

与线框图像或着色图像相比，渲染的图像可以使人更容易想象出三维对象的形状、大小和实际效果。

1. 高级渲染设置

执行方式

- ❑ 命令行：RPREF(快捷命令：RPR)。
- ❑ 菜单栏：执行【视图】|【渲染】|【高级渲染设置】命令。
- ❑ 工具栏：单击【渲染】工具栏中的【高级渲染设置】按钮。
- ❑ 功能区：选择【视图】选项卡，单击【选项板】面板中的【高级渲染设置】按钮。

操作过程

执行上述命令后，AutoCAD 将打开【渲染预设管理器】选项板，如图 14-40 所示，在该选项板中用户可设置渲染高级选项。

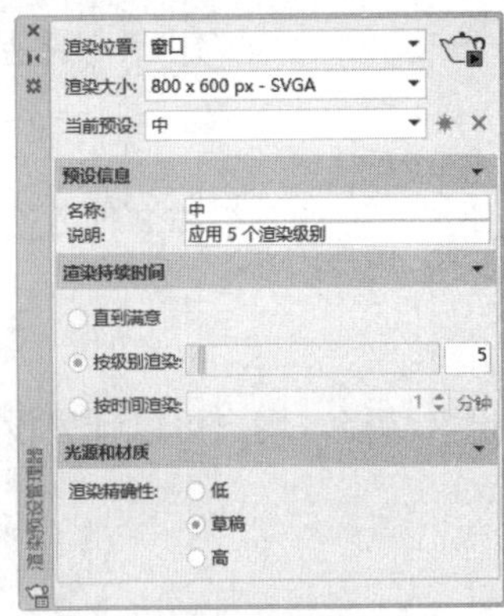

图 14-40 【渲染预设管理器】选项板

2. 渲染对象

执行方式

- ❑ 命令行：RENDER(快捷命令：RR)。
- ❑ 功能区：选择【可视化】选项卡，单击【渲染】面板中的【渲染到尺寸】按钮。

视频讲解

【例 14-4】渲染例 14-3 打开的卫生间，结果如图 14-41 所示。

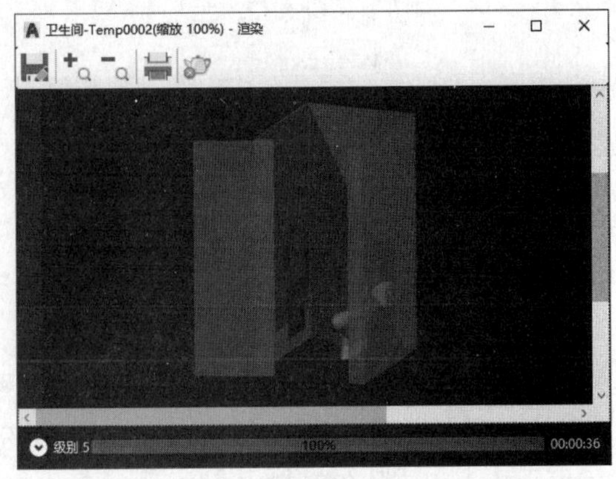

图 14-41　渲染

扫一扫，看视频

14.7　视点设置

视点是指观察图形的方向。例如，绘制正方形时，如果使用平面坐标系即 Z 轴垂直于 XY 平面，此时仅能看到物体在 XY 平面上的投影。如果调整视点至当前坐标系的左上方，将看到一个三维物体，如图 14-42 所示。

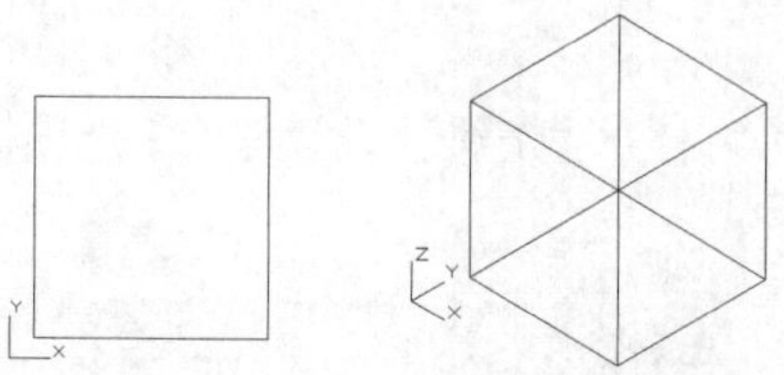

图 14-42　正方形在平面坐标系和三维视图中的显示效果

在 AutoCAD 中，可以使用视点预置、视点命令等多种方法来设置视点。

1. 使用对话框设置视点

使用 AutoCAD 提供的“视点预设”功能，用户可以预先设置观察视点。

执行方式

- ❑ 命令行：DDVPOINT。
- ❑ 菜单栏：执行【视图】|【三维视图】|【视点预设】命令。

操作过程

命令: DDVPOINT↙

执行 DDVPOINT 命令后，AutoCAD 将打开图 14-43 所示的【视点预设】对话框。

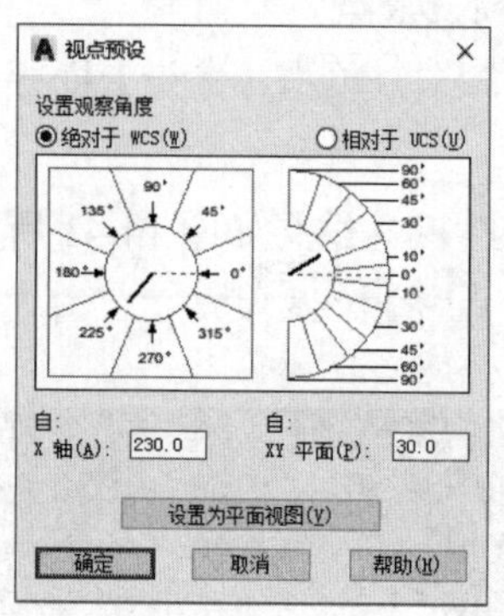

图 14-43　【视点预设】对话框

选项说明

在【视点预设】对话框中，左侧的图形用于确定视点和原点的连线在 XY 平面的投影与 X 轴正方向的夹角；右侧的图形用于确定视点和原点的连线与其在 XY 平面的投影的夹角。用户可以在【自：X 轴】和【自：XY 平面】两个文本框中输入相应的角度值。

【设置为平面视图】按钮用于将三维视图设置为平面视图。默认情况下，观察角度是相对于

WCS 坐标系的。选择【相对于 UCS】单选按钮，可以相对于 UCS 坐标系定义角度。

2. 使用罗盘设置视点

在 AutoCAD 中，用户可以使用罗盘和三轴架来确定视点。罗盘是以二维形式显示的地球仪，它的中心是北极(0,0,1)，相当于视点位于 Z 轴的正方向；内部的圆环为赤道(n,n,0)；外部的圆环为南极(0,0,－1)，相当于视点位于 Z 轴的负方向。

执行方式

- ❑ 命令行：VPOINT。
- ❑ 菜单栏：执行【视图】|【三维视图】|【视点】命令。

操作过程

```
命令: VPOINT↙
当前视图方向:   VIEWDIR=1.0000,-1.0000,1.0000
指定视点或 [旋转(R)] <显示指南针和三轴架>: *取消*
```

【显示指南针和三轴架】是系统默认的选项，直接按 Enter 键，AutoCAD 显示图 14-44 所示的罗盘和三轴架。

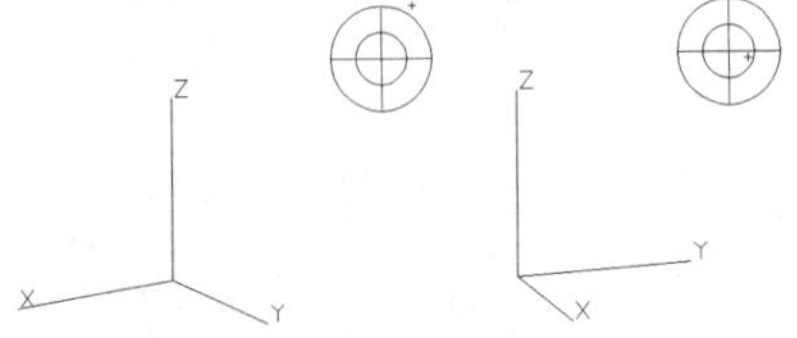

图 14-44　罗盘和三轴架

在图 14-44 中，罗盘相当于球体的俯视图，十字光标表示视点的位置。确定视点时，拖动鼠标光标可以使光标在坐标球移动时，三轴架的 X、Y 轴也会绕 Z 轴转动，如图 14-44 右图所示。三轴架转动的角度与光标在坐标球上的位置相对应。光标位于坐标球的不同位置，对应的视点也不相同：当光标位于内环内部时，相当于视点在球体的上半球；当光标位于内环与外环之间时，相当于视点在球体的下半球。

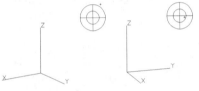

用户根据需要确定视点的位置后，按下 Enter 键，AutoCAD 将会按该视点显示三维模型。

14.8　实践演练

通过学习，读者对本章所介绍的内容有了大致的了解。本节将通过表 14-1 所示的几个实践操作，帮助读者进一步掌握本章的知识要点。

表 14-1　实践演练操作要求

实践名称	操作要求	效　果
为“酒杯”模型添加材质	(1) 打开“酒杯”文件后； (2) 使用 RMAT 命令打开【材质浏览器】选项板为模型添加材质； (3) 切换至“真实”视图样式和“西南等轴测”视点观察模型	

(续表)

实践名称	操作要求	效　果
动态观察“分支接头”模型	(1) 打开“分支接头”文件； (2) 为模型添加材质，并切换至“真实”视图样式； (3) 分别使用 3DORBIT 命令、3DFORBIT 命令和 3DCORBIT 命令观察模型	

14.9　拓展练习

扫描二维码，获取更多 AutoCAD 习题。

扫一扫，做练习

第15章　三维建模类命令

内容简介

使用 AutoCAD 可以通过 3 种方式来创建三维图形，即线架模型方式、曲面模型方式和实体模型方式。线架模型方式为一种轮廓模型，它由三维的直线和曲线组成，没有面和体的特征。曲面模型用面描述三维对象，它不仅定义了三维对象的边界，而且还定义了表面，即具有面的特征。实体模型不仅具有线和面的特征，而且还具有体的特征，各实体对象间可以进行各种布尔运算，从而创建复杂的三维实体图形。本章主要介绍三维实体的绘制。

内容要点

- ❑ 绘制三维点和线
- ❑ 绘制三维网格
- ❑ 绘制三维基本实体
- ❑ 通过二维图形创建三维实体

15.1　绘制三维点和线

三维图形中点和线是最基本的元素。

15.1.1　三维点

点是图形中最简单的单元。本书前面已经学过二维点的绘制方法，三维点的绘制方法与二维点类似。

执行方式

- ❑ 命令行：POINT。
- ❑ 菜单栏：执行【绘图】|【点】|【单点】命令。
- ❑ 工具栏：单击【绘图】工具栏中的【多点】按钮∵。
- ❑ 功能区：选择【默认】选项卡，单击【绘图】面板中的【多点】按钮∵。

操作过程

```
命令: POINT↙
指定点:
```

由于三维图形对象上的一些特殊点，如交点、中点等不能通过输入坐标的方法来实现，可以采用三维坐标下的目标捕捉法来拾取点。

二维图形方式下的所有目标捕捉方式在三维图形环境中可以继续使用。不同之处在于，在三维环境下只能捕捉三维对象的顶面和底面的一些特殊点，而不能捕捉柱体等实体侧面的特殊点(即在柱状体侧面竖线上无法捕捉目标点)，因为柱体的侧面上的竖线只是帮助显示的模拟曲线。在三维对象的平面视图中也不能捕捉目标点，因为在顶面上的任意一点都对应着底面上的一点，此时的系统无法辨别所选的点究竟在哪个面上。

15.1.2 三维多段线

在前面的章节已学习过二维多段线，三维多段线与二维多段线类似，也是由具有宽度的线段组成，如图 15-1 所示。

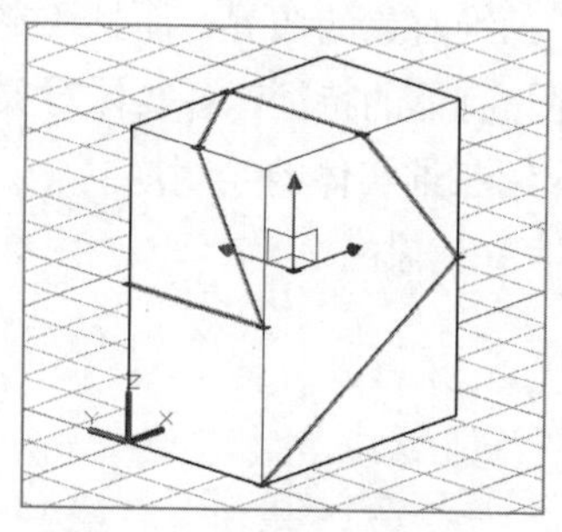

图 15-1 三维多段线

执行方式

- ❑ 命令行：3DPLOY。
- ❑ 菜单栏：执行【绘图】|【三维多段线】命令。
- ❑ 功能区：选择【常用】选项卡，单击【绘图】面板中的【三维多段线】按钮。

操作过程

```
命令: 3DPOLY↙
指定多段线的起点: 指定一点或者输入坐标点
指定直线的端点或 [放弃(U)]: 指定下一点
指定直线的端点或 [放弃(U)]: 指定下一点
指定直线的端点或 [闭合(C)/放弃(U)]: ↙
```

15.1.3 螺旋线

使用“螺旋”命令可以创建二维螺旋线或三维螺旋线。

执行方式

- ❑ 命令行：HELIX。
- ❑ 菜单栏：执行【绘图】|【螺旋】命令。
- ❑ 工具栏：单击【建模】工具栏中的【螺旋】按钮。
- ❑ 功能区：选择【常用】选项卡，单击【绘图】面板中的【螺旋】按钮。

操作过程

```
命令: HELIX↙
```

圈数 = 3.0000　　扭曲=CCW
指定底面的中心点: 指定螺旋线底面的中心点坐标
指定底面半径或 [直径(D)] <1.0000>: 指定螺旋线底面半径
指定顶面半径或 [直径(D)] <86.9381>: 指定螺旋线顶面半径
指定螺旋高度或 [轴端点(A)/圈数(T)/圈高(H)/扭曲(W)] <1.0000>: 指定螺旋高度

选项说明

(1) 指定螺旋高度：用于指定螺旋线的高度。选择该选项(输入高度值后按 Enter 键)，即可绘制出对应的螺旋线。

(2) 轴端点(A)：用于确定螺旋线轴的另一端点位置，选择该选项后命令行提示如下。

指定轴端点:

在该提示下指定轴端点的位置即可。指定轴端点后，所绘螺旋线的轴线沿螺旋线底面中心点与轴端点的连线方向，即螺旋线底面不再与 UCS 的 XY 面平行。

(3) 圈数(T)：用于设置螺旋线的圈数(系统默认值为“3”，最大值为“500”)。执行该选项后命令行提示如下。

输入圈数 <3.0000>:

在该提示下输入圈数值即可。

(4) 圈高(H)：用于指定螺旋线一圈的高度(即圈间距，又称为节距，指螺旋线旋转一圈后，沿轴线方向移动的距离)。执行该选项后命令行提示如下。

指定圈间距:

根据该提示响应即可。

(5) 扭曲(W)：确定螺旋线的旋转方向(即旋向)。执行该选项后命令行提示如下。

输入螺旋的扭曲方向 [顺时针(CW)/逆时针(CCW)] <CCW>:

根据该提示响应即可。

视频讲解

【例 15-1】绘制图 15-2 所示的螺旋线。

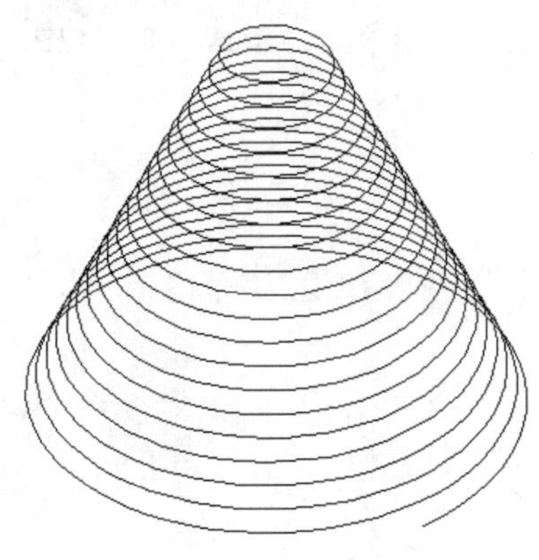

扫一扫，看视频

图 15-2　螺旋线

15.2 绘制三维网格

在 AutoCAD 中，用户不仅可以绘制三维曲面，还可以绘制旋转网格、平移网格、直纹网格和边界网格。

15.2.1 平面曲面

在 AutoCAD 中，可以通过指定平面对象或指定矩形表面的对角点创建平面曲面。

执行方式

- 命令行：PLANESURF。
- 菜单栏：执行【绘图】|【建模】|【曲面】|【平面】命令。
- 工具栏：单击【曲面创建】工具栏中的【平面曲面】按钮。
- 功能区：选择【曲面】选项卡，单击【创建】面板中的【平面曲面】按钮。

操作过程

执行上述操作后，命令行提示如下。

```
指定第一个角点或 [对象(O)] <对象>:
```

选项说明

(1) 指定第一个角点：通过指定两个角点来创建矩形形状的平面曲线，如图 15-3 所示。

(2) 对象(O)：通过指定平面对象创建平面曲面，如图 15-4 所示。

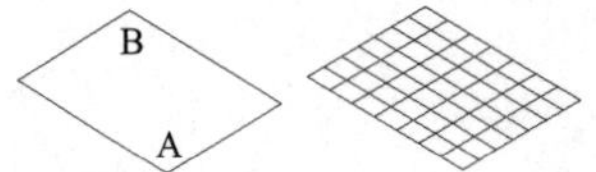

图 15-3 通过两点创建矩形平面曲面

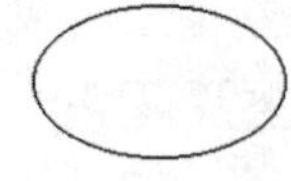
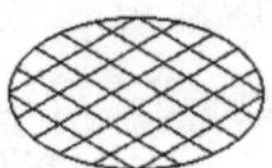

图 15-4 通过指定对象创建圆形平面曲面

15.2.2 三维面与多边三维面

三维面是指以空间 3 个点或 4 个点组成的一个面。在 AutoCAD 中，用户可以任意指定 3 点或 4 点来绘制三维面。

执行方式

- 命令行：3DFACE(快捷命令：3F)。
- 菜单栏：执行【绘图】|【建模】|【网格】|【三维面】命令。

操作过程

```
命令: 3DFACE↙
指定第一点或 [不可见(I)]:(指定某一点或输入)
```

选项说明

(1) 指定第一点：输入某一点的坐标或用鼠标确定某一点，以定义三维面的起点。在输入第一点后，可按顺时针或逆时针方向输入其余的点，以创建普通三维面。如果在输入第 4 点后按 Enter 键，系统则以指定的第 4 点生成一个空间的三维平面。如果在提示下继续输入第二个平面上的第 3 点和第 4 点坐标，系统则生成第二个平面。该平面以第一个平面的第 3 点和第 4 点作为第二个平面的第 1 点和第 2 点，创建第二个三维平面。继续输入点可以创建用户要创建的平面，按 Enter 键结束。

(2) 不可见(I)：控制三维面各边的可见性，以便创建有孔对象的正确模型。如果在输入某一边之前输入 I，则可以使该边不可见。图 15-5 所示为创建长方体时某一边使用【不可见(I)】选项和不使用【不可见(I)】选项的视图效果对比。

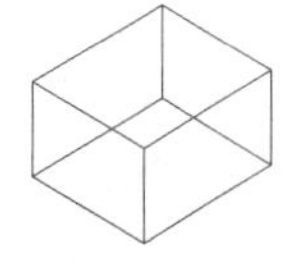

可见边

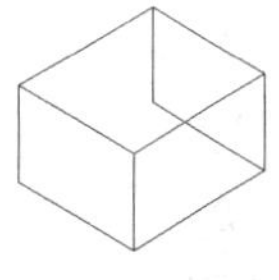

不可见边

图 15-5　【不可见(I)】选项视图效果对比

视频讲解

【例 15-2】执行 3DFACE 命令，在命令行提示下依次输入(60,40,0)、(80,60,40)、(80,100,40)、(60,120,0)、(140,120,0)、(120,100,40)、(120,60,40)、(140,40,0)、(60,40,0)、(80,60,40)，并设置适当的视点，绘制图 15-6 所示的三维面。

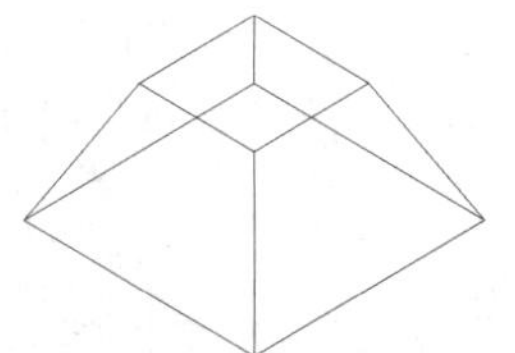

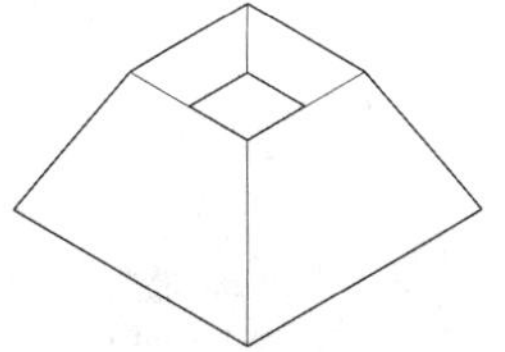

扫一扫，看视频

图 15-6　三维面

使用 3DFACE 命令只能生成 3 条或 4 条边的三维面，而要生成多边的曲面，则必须使用 PFACE 命令。在该命令提示信息下，可以输入多个点。例如要在图 15-7 所示的图形上添加一个面，可以在命令行输入 PFACE，并依次选取点 1~4，然后在命令中依次输入顶点编号 1~4，消隐后的效果如图 15-8 所示。

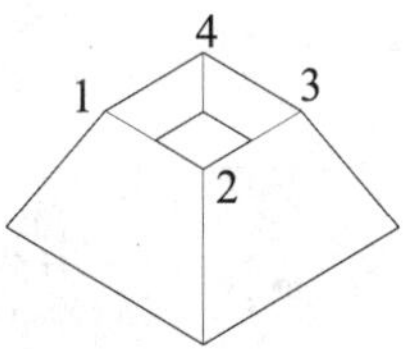

图 15-7　原始图形

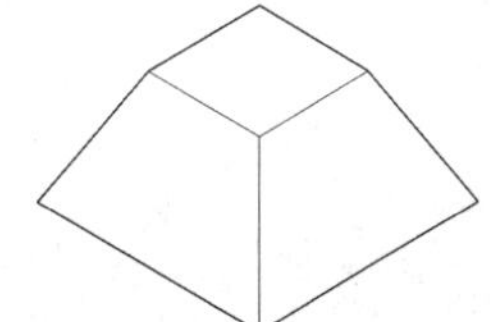

图 15-8　添加三维多重面并消隐后的效果

15.2.3　三维网格

在 AutoCAD 中，用户可以指定多个点来组成三维网格，系统以这些点按指定的顺序来确定其空间位置。

执行方式

命令行：3DMESH。

操作过程

```
命令: 3DMESH↙
```

```
输入 M 方向上的网格数量: 输入 2 和 256 之间的值
输入 N 方向上的网格数量: 输入 2 和 256 之间的值
为顶点 (0, 0) 指定位置: 输入第一行第一列的顶点坐标
为顶点 (0, 1) 指定位置: 输入第一行第二列的顶点坐标
为顶点 (1, 0) 指定位置: 输入第一行第三列的顶点坐标
…
为顶点 (0, N－1) 指定位置: 输入第一行第 N 列的顶点坐标
为顶点 (1, 0) 指定位置: 输入第二行第一列的顶点坐标
为顶点 (1, 1) 指定位置: 输入第二行第二列的顶点坐标
…
为顶点 (1, N－1) 指定位置: 输入第二行第 N 列的顶点坐标
…
为顶点 (M－1, N－1) 指定位置: 输入第 M 行第 N 列的顶点坐标
```

例如，要绘制图 15-9 所示的 4×4 网格，在命令行输入 3DMESH 后，设置 M 方向上的网格数量为 4，N 方向上的网格数量为 4，然后依次指定 16 个顶点的位置。在菜单栏选择【修改】|【对象】|【多段线】命令(3DPLOY)，则可以编辑绘制的网格。例如，使用该命令的【平滑曲线】选项可以平滑曲面，效果如图 15-10 所示。

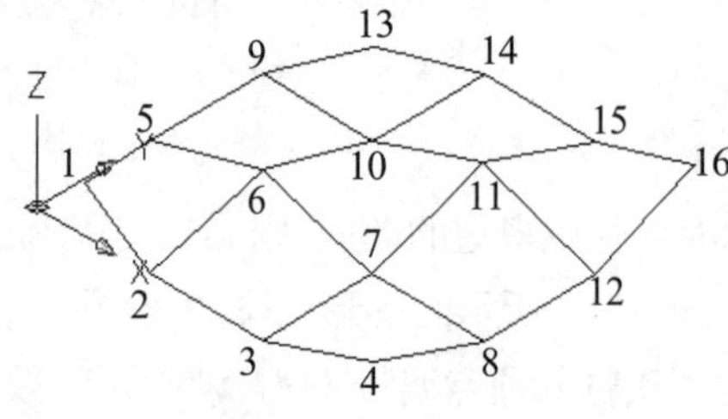

图 15-9　绘制网格

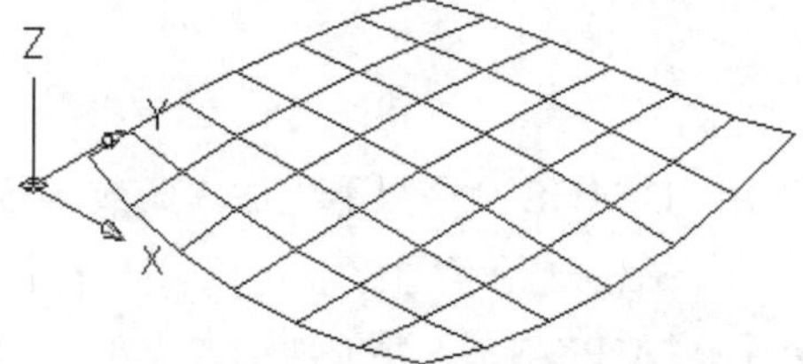

图 15-10　对三维网格进行平滑处理后的效果

15.2.4　旋转网格

在 AutoCAD 中，用户可以将曲线或轮廓按指定的旋转轴旋转一定角度，从而创建旋转网格。旋转轴可以是直线，也可以是开放的二维或三维多段线。

执行方式

- ❑ 命令行：REVSURF。
- ❑ 菜单栏：执行【绘图】|【建模】|【网格】|【旋转网格】命令。

操作过程

```
命令: REVSURF↙
当前线框密度: SURFTAB1=20    SURFTAB2=20
选择要旋转的对象:
选择定义旋转轴的对象:
指定起点角度 <0>:   指定第二点: 360
指定夹角 (+=逆时针，-=顺时针) <360>:
```

选项说明

(1) 起点角度：若设置为非零值，平面将从生成路径曲线位置的某个偏移处开始旋转。

(2) 夹角：用于指定绕旋转轴旋转的角度。

(3) 系统变量 SURFTAB1 和 SURFTAB2：用于控制生成网格的密度。SURFTAB1 指定在旋转方向上绘制的网格线数目；SURFTAB2 指定将绘制的网格线数目等分。

图 15-11 所示为利用 REVSURF 绘制的瓶子模型。

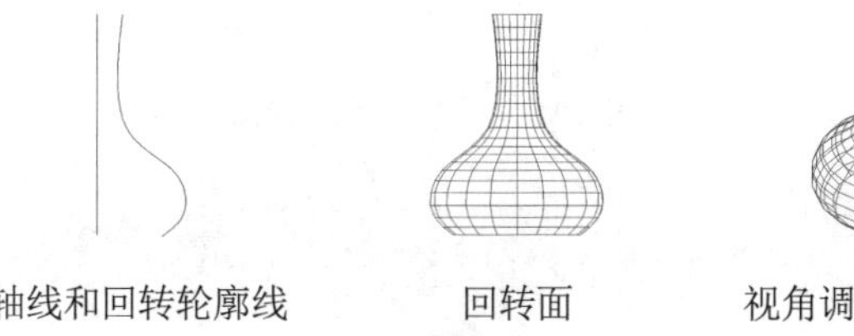

轴线和回转轮廓线　　回转面　　视角调整后的效果

图 15-11　使用 REVSURF 命令绘制花瓶

视频讲解

【例 15-3】 制图 15-12 所示的弹簧。

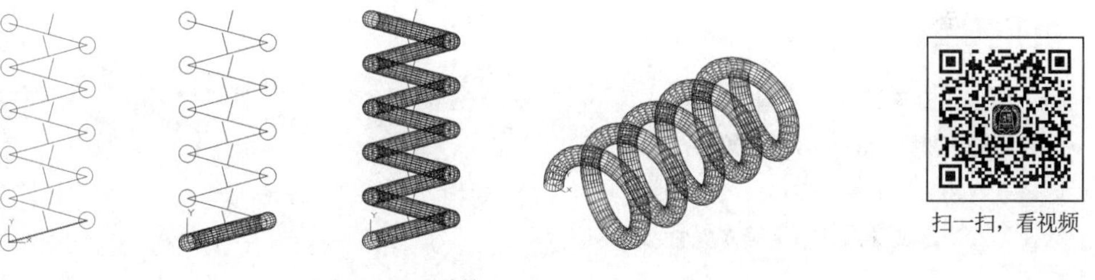

图 15-12　弹簧

15.2.5　平移网格

将路径曲线沿方向矢量进行平移后构成平移曲面。

执行方式

- ❑ 命令行：TABSURF。
- ❑ 菜单栏：执行【绘图】|【建模】|【网格】|【平移网格】命令。

操作过程

```
命令: TABSURF↙
当前线框密度: SURFTAB1=6
选择用作轮廓曲线的对象: 选取一个已经存在的轮廓曲线
选择用作方向矢量的对象: 选取一个已经存在的方向线
```

选项说明

(1) 轮廓曲线：可以是直线、圆弧、圆、椭圆、二维(三维)多段线。系统默认从轮廓曲线上离选定点最近的点开始绘制曲面。

(2) 方向矢量：指出形状的拉伸方向和长度。系统在多段线或直线上选定的端点决定拉伸的方向。

图 15-13 所示为利用 TABSURF 绘制的窗帘模型。

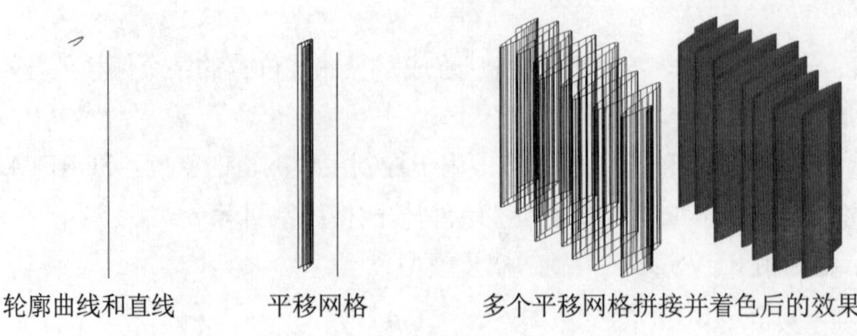

图 15-13　使用 TABSURF 命令绘制窗帘

15.2.6　直纹网格

直纹网格是指用于表示两直线或曲线之间的曲面的网格。

执行方式

- ❑ 命令行：RULESURF。
- ❑ 菜单栏：执行【绘图】|【建模】|【网格】|【直纹网格】命令。

操作过程

```
命令: RULESURF↙
当前线框密度: SURFTAB1=100
选择第一条定义曲线: 指定第一条曲线
选择第二条定义曲线: 指定第二条曲线
```

选择两条用于定义网格的边，选择的边可以是直线、圆弧、样条曲线、圆或多段线。如果有一条边是闭合的，那么另一条边必须是闭合的。也可以将点作为开放曲线或闭合曲线的一条边。

MESHTYPE 系统变量用于设置创建的网格的类型。系统默认情况下创建网格对象。用户可将变量设定为 0，以创建传统多面网格或多边形网格。

对于闭合曲线，无须考虑选择的对象。如果曲线是一个圆，直纹网格将从 0° 象限点开始绘制，此象限点由当前 X 轴加上 SNAPANG 系统变量的当前值确定。对于闭合多段线，直纹网格从最后一个顶点开始反向沿着多段线的线段绘制，在圆和闭合多段线之间创建直纹网格可能会造成乱纹。

图 15-14 所示为利用 RULESURF 命令绘制的门后墙面。

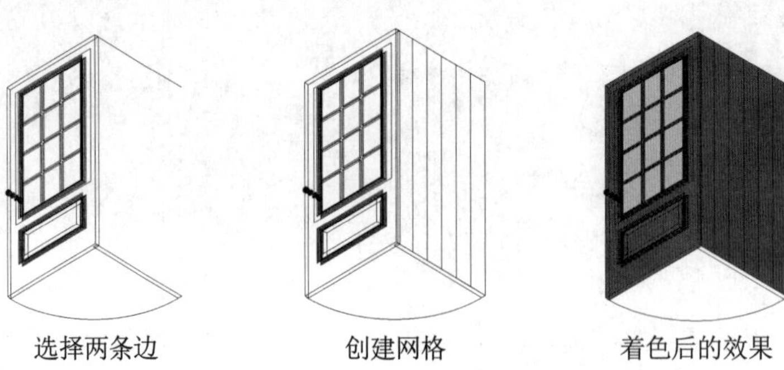

图 15-14　使用 RULESURF 命令创建网格

15.2.7　边界网格

使用 4 条首尾连接的边创建三维多边形网格。

执行方式

- ❑ 命令行：EDGESURF。
- ❑ 菜单栏：执行【绘图】|【建模】|【网格】|【边界网格】命令。

操作过程

```
命令: EDGESURF↙
当前线框密度: SURFTAB1=6    SURFTAB2=6
选择用作曲面边界的对象 1: 指定第一条边界线
选择用作曲面边界的对象 2: 指定第二条边界线
选择用作曲面边界的对象 3: 指定第三条边界线
选择用作曲面边界的对象 4: 指定第四条边界线
```

图 15-15 所示为利用 EDGESURF 命令为窗户添加玻璃面。

选择 4 条首尾相连的边

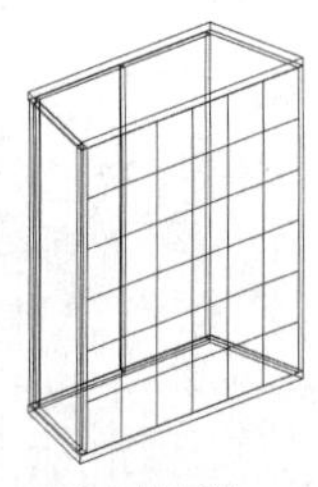
创建网格

着色后的效果

图 15-15　使用 EDGESURF 命令创建三维多边形网格

15.3　绘制三维基本实体

实体建模是 AutoCAD 三维建模中重要的一部分。用户通过绘制三维实体模型，能够完整描述对象的 3D 模型，相比三维线框、三维曲面更能逼真地表达实物。

15.3.1　多段体

使用 POLYSOLID 命令，用户可以将现有的直线、二维多段线、圆弧或圆转换为具有矩形轮廓的模型。多段体可以包含曲线，在默认情况下轮廓始终为矩形。

执行方式

- ❑ 命令行：POLYSOLID。
- ❑ 菜单栏：执行【绘图】|【建模】|【多段体】命令。
- ❑ 工具栏：单击【建模】工具栏中的【多段体】按钮。
- ❑ 功能区：单击【常用】选项卡【建模】面板中的【多段体】按钮。

操作过程

```
命令: POLYSOLID↙
高度 = 4.0000, 宽度 = 0.2500, 对正 = 居中
指定起点或 [对象(O)/高度(H)/宽度(W)/对正(J)] <对象>: 指定起点
指定下一个点或 [圆弧(A)/放弃(U)]: 指定下一点
指定下一个点或 [圆弧(A)/放弃(U)]: 指定下一点
指定下一个点或 [圆弧(A)/闭合(C)/放弃(U)]: ↙
```

选项说明

(1) 对象(O)：指定要转换为建模的对象(AutoCAD 允许将直线、圆弧、二维多段线、圆等对象转换为多段体)。

(2) 高度(H)：指定建模的高度。

(3) 宽度(W)：指定建模的宽度。

(4) 对正(J)：使用命令定义轮廓时，可以将建模的宽度和高度设置为左对正、右对正或居中，对正方式由轮廓的第一条线段的起始方向决定。

实例讲解

【例 15-4】绘制管状实体，如图 15-16 所示。

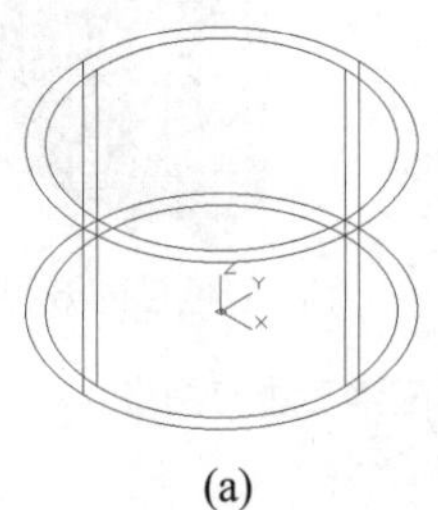

(a)

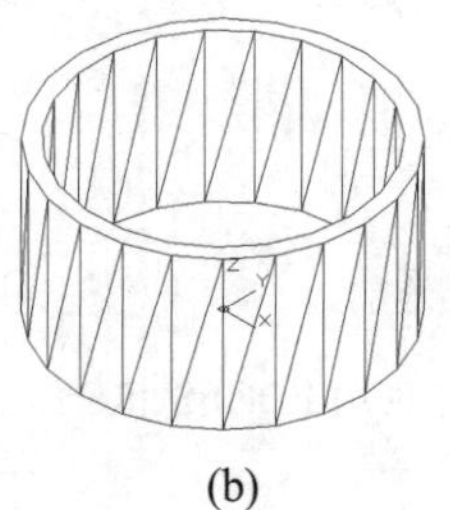

(b)

扫一扫，看视频

图 15-16　管状实体

❶ 选择【视图】|【三维视图】|【东南等轴测】命令，切换到三维东南等轴测视图。

❷ 在命令行输入 C，以点(0,0)为圆心，绘制一个半径为 200 的圆。

❸ 在命令行输入 POLYSOLID，命令行操作与提示如下。

```
命令: POLYSOLID↙
高度 = 4.0000, 宽度 = 0.2500, 对正 = 居中
指定起点或 [对象(O)/高度(H)/宽度(W)/对正(J)] <对象>: H↙
指定高度 <4.0000>: 200↙
高度 = 200.0000, 宽度 = 0.2500, 对正 = 居中
指定起点或 [对象(O)/高度(H)/宽度(W)/对正(J)] <对象>: W↙
指定宽度 <0.2500>: 20↙
高度 = 200.0000, 宽度 = 20.0000, 对正 = 居中
指定起点或 [对象(O)/高度(H)/宽度(W)/对正(J)] <对象>: J↙
输入对正方式 [左对正(L)/居中(C)/右对正(R)] <居中>: R↙
高度 = 200.0000, 宽度 = 20.0000, 对正 = 右对齐
指定起点或 [对象(O)/高度(H)/宽度(W)/对正(J)] <对象>:
```

```
选择对象: 选取步骤❷绘制的圆，则创建的实体效果如图 15-16(a)所示
```

❹ 选择【视图】|【消隐】命令，管状实体效果如图 15-16(b)所示。

15.3.2　长方体

长方体是最简单的实体单元。

执行方式

- ❑ 命令行：BOX。
- ❑ 菜单栏：执行【绘图】|【建模】|【长方体】命令。
- ❑ 工具栏：单击【建模】工具栏中的【长方体】按钮。
- ❑ 功能区：单击【常用】选项卡【建模】面板中的【长方体】按钮。

操作过程

```
命令: BOX↙
指定第一个角点或 [中心(C)]: 指定第一点或按 Enter 键表示原点是长方体的角点，或输入 C 表示中心点
```

选项说明

(1) 指定第一个角点：用于确定长方体的一个顶点位置。选择该选项后命令行提示如下。

```
指定其他角点或 [立方体(C)/长度(L)]:
```

其中各选项的功能说明如下。

- ❑ 指定其他角点：指定长方体的其他角点。输入另一个角点的数值，即可确定该长方体。若输入的是正值，则沿着当前 UCS 的 X、Y 和 Z 轴的正向绘制长度；若输入的是负值，则沿着 X、Y 和 Z 轴的负向绘制长度。图 15-17 所示为利用“角点”创建的长方体。
- ❑ 立方体(C)：用于创建一个长、宽、高相等的长方体。
- ❑ 长度(L)：按要求输入长、宽、高的值来创建长方体。

(2) 中心点：利用指定的中心点创建长方体，如图 15-18 所示。

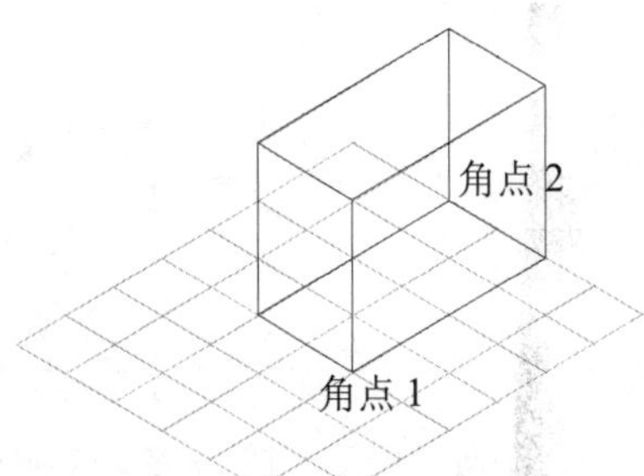

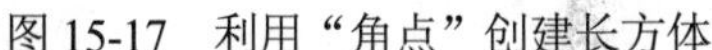

图 15-17　利用“角点”创建长方体

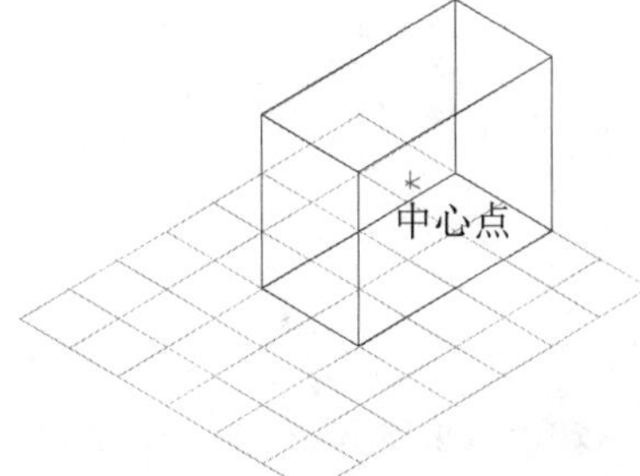

图 15-18　利用“中心点”创建长方体

视频讲解

【例 15-5】绘制一个 40×20×30 的长方体，如图 15-19 所示。

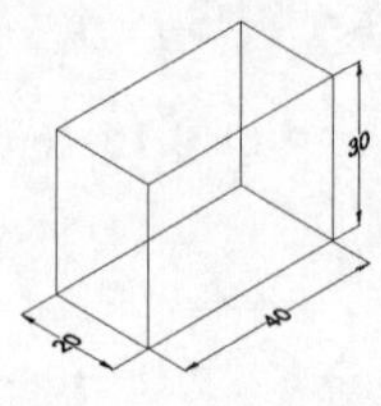

扫一扫，看视频

图 15-19　长方体

15.3.3　圆柱体

圆柱体也是一种简单的实体单元。

执行方式

- ❑ 命令行：CYLINDER(快捷命令：CYL)。
- ❑ 菜单栏：执行【绘图】|【建模】|【圆柱体】命令。
- ❑ 工具栏：单击【建模】工具栏中的【圆柱体】按钮。
- ❑ 功能区：单击【常用】选项卡【建模】面板中的【圆柱体】按钮。

操作过程

```
命令: CYLINDER↙
指定底面的中心点或 [三点(3P)/两点(2P)/切点、切点、半径(T)/椭圆(E)]:
```

选项说明

(1) 中心点：先输入底面圆心的坐标，然后指定底面的半径和高度(该选项为系统的默认选项)。AutoCAD 按指定的高度创建圆柱体，且圆柱体的中心线与当前坐标系的 Z 轴平行，如图 15-20 所示。用户也可以指定另一个端面的圆心来指定高度，AutoCAD 根据圆柱体两个端面的中心位置来创建圆柱体，该圆柱体的中心线就是两个端面的连线，如图 15-21 所示。

(2) 椭圆(E)：创建椭圆柱体。椭圆端面的绘制方法与平面椭圆一样，创建的椭圆柱体如图 15-22 所示。

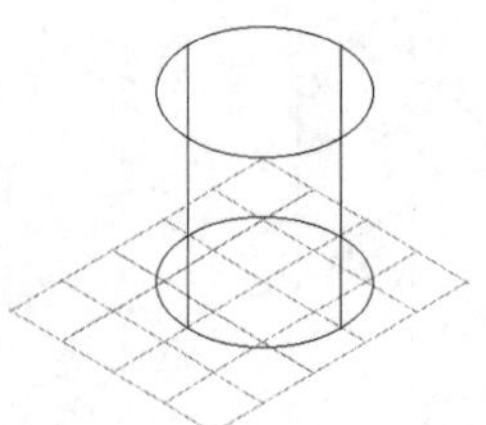
图 15-20　按指定高度创建圆柱体

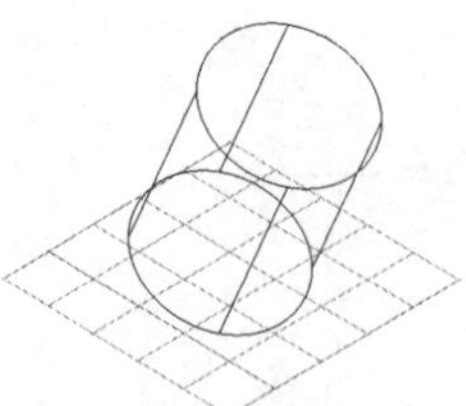
图 15-21　指定圆柱体另一端面中心

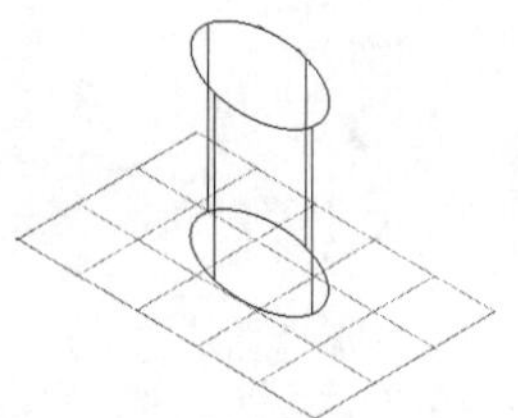
图 15-22　椭圆柱体

15.3.4　球体

球体也属于一种简单的实体单元。

执行方式

- ❑ 命令行：SPHERE。

- ❑ 菜单栏：执行【绘图】|【建模】|【球体】命令。
- ❑ 工具栏：单击【建模】工具栏中的【球体】按钮。
- ❑ 功能区：单击【常用】选项卡【建模】面板中的【球体】按钮。

操作过程

```
命令: SPHERE↙
指定中心点或 [三点(3P)/两点(2P)/切点、切点、半径(T)]: 输入球心的坐标值
指定半径或 [直径(D)] <0.9836>: 输入相应的数值
```

技巧点拨

在使用 AutoCAD 绘制球体时，可以通过改变 ISOLINES 系统变量，来确定每个面上线框的密度，如图 15-23 所示。

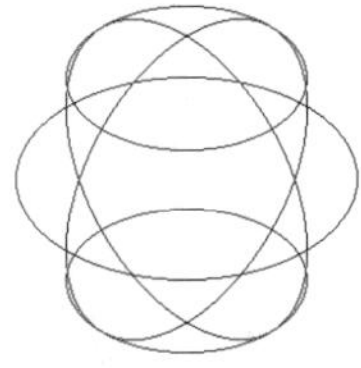

(a) ISOLINES=4

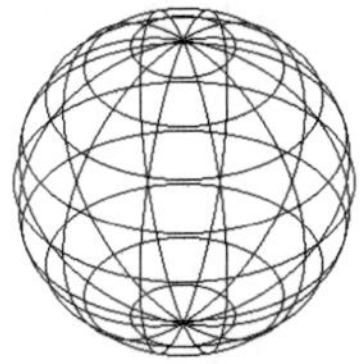

(b) ISOLINES=12

图 15-23　球体实例示意图

实例讲解

【例 15-6】绘制一个如图 15-24 所示的阀门。

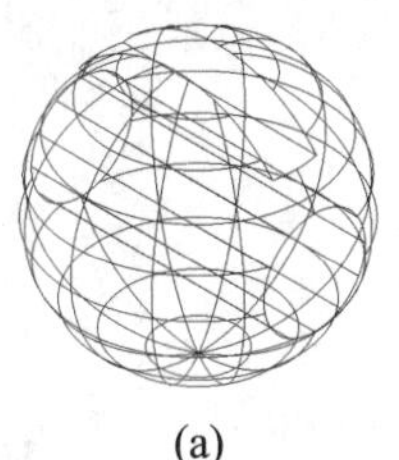

(a)

(b)

扫一扫，看视频

图 15-24　阀门

❶ 选择【视图】|【三维视图】|【西南等轴测】命令，设置三维视图方向。

❷ 设置 ISOLINES 系统变量。在命令行输入 ISOLINES，命令行操作与提示如下。

```
命令: ISOLINES↙
输入 ISOLINES 的新值 <4>: 12↙
```

❸ 创建球体。在命令行输入 SPHERE，命令行操作与提示如下。

```
命令: SPHERE↙
指定中心点或 [三点(3P)/两点(2P)/切点、切点、半径(T)]: 0,0,0↙
指定半径或 [直径(D)] <35.0000>: 35↙
```

❹ 将坐标轴沿 X 轴旋转 90°。在命令行输入 UCS，命令行操作与提示如下。

```
命令: UCS↙
```

```
当前 UCS 名称: *世界*
指定 UCS 的原点或 [面(F)/命名(NA)/对象(OB)/上一个(P)/视图(V)/世界(W)/X/Y/Z/Z 轴(ZA)] <世界>: X↙
指定绕 X 轴的旋转角度 <90>:↙
```

❺ 创建圆柱体。在命令行输入 CYL，命令行操作与提示如下。

```
命令: CYL↙
指定底面的中心点或 [三点(3P)/两点(2P)/切点、切点、半径(T)/椭圆(E)]: 0,0,-50↙
指定底面半径或 [直径(D)] <35.0000>: 14↙
指定高度或 [两点(2P)/轴端点(A)] <-80.0000>: 100↙(结束绘图，绘制图 15-25 所示的圆柱体)
```

❻ 差集操作。在命令行输入 SU，命令行操作与提示如下。

```
命令: SU↙
SUBTRACT 选择要从中减去的实体、曲面和面域...
选择对象: 选择图 15-25 中的球体
选择对象: ↙
选择要减去的实体、曲面和面域...
选择对象: 选择图 15-25 中的圆柱体
选择对象: ↙(结束绘图，结果如图 15-26 所示)
```

❼ 绘制长方体。在命令行输入 BOX，命令行操作与提示如下。

```
命令: BOX↙
指定第一个角点或 [中心(C)]: 6,22,40↙
指定其他角点或 [立方体(C)/长度(L)]: @-12,20,-80↙(结束绘图，绘制图 15-27 所示的长方体)
```

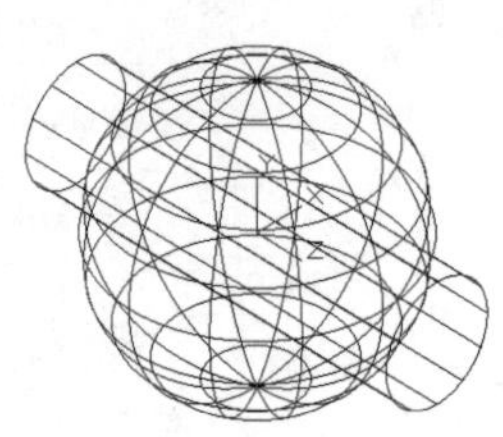

图 15-25　绘制圆柱体

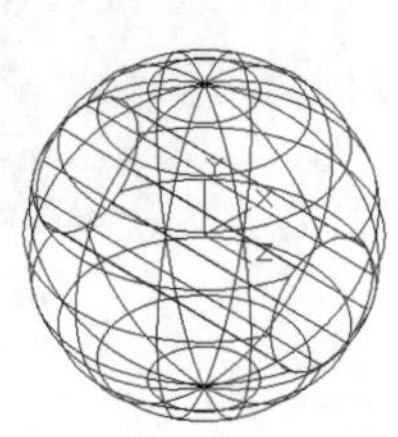

图 15-26　差集结果

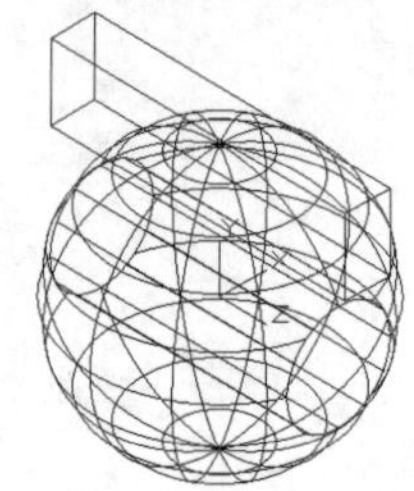

图 15-27　绘制长方体

❽ 对球体和长方体执行差集操作，结果如图 15-24(a)所示。选择【视图】|【视觉样式】|【概念】命令后，模型效果如图 15-24(b)所示。

其他如楔体、棱锥体、圆锥体等的基本建模方法，与前面介绍的长方体、圆柱体、球体类似，此处不再赘述。

15.4　通过二维图形创建三维实体

在 AutoCAD 中，通过拉伸二维轮廓曲线或者将二维曲线沿指定轴旋转，可以创建出三维实体。

15.4.1　拉伸

使用【拉伸】命令(EXTRUDE)可以将二维对象沿 Z 轴或某个方向拉伸成实体。拉伸对象被称为端面，可以是任何二维封闭多段线、圆、椭圆、封闭样条曲线和面域，多段线对象的顶点数不能超过 500 个且不小于 3 个。

执行方式

- 命令行：EXTRUDE(快捷命令：EXT)。
- 菜单栏：执行【绘图】|【建模】|【拉伸】命令。
- 工具栏：单击【建模】工具栏中的【拉伸】按钮。
- 功能区：单击【常用】选项卡【建模】面板中的【拉伸】按钮。

操作过程

```
命令: EXTRUDE↙
当前线框密度:  ISOLINES=12，闭合轮廓创建模式 = 实体
选择要拉伸的对象或 [模式(MO)]: 选择绘制好的二维对象
选择要拉伸的对象或 [模式(MO)]: 可继续选择对象或按 Enter 键结束选择
指定拉伸的高度或 [方向(D)/路径(P)/倾斜角(T)/表达式(E)]:
```

选项说明

(1) 拉伸的高度：按指定的高度拉伸出三维建模对象。输入高度值后，根据实际需要指定拉伸的倾斜角度。如果指定的角度为“0”，则系统把二维对象按指定的高度拉伸成柱体；如果输入角度值，则拉伸后建模截面沿拉伸方向按此角度变化，成为一个棱台或圆台体。图 15-28 所示为以不同角度拉伸圆的结果。

图 15-28　拉伸圆

(2) 路径(P)：以现有的图形对象作为拉伸路径创建三维建模对象。图 15-29 所示为沿圆弧曲线路径拉伸圆的结果。

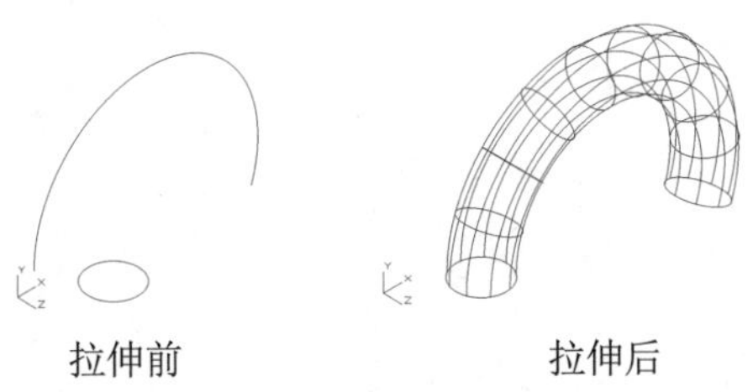

图 15-29　沿圆弧曲线路径拉伸圆

用户可以使用创建圆柱体的【轴端点(A)】命令确定圆柱体的高度和方向。轴端点是圆柱体顶面的中心点，可以位于三维空间的任意位置。

实例讲解

【例 15-7】使用 EXTRUDE 命令绘制图 15-30 所示的弯管模型。

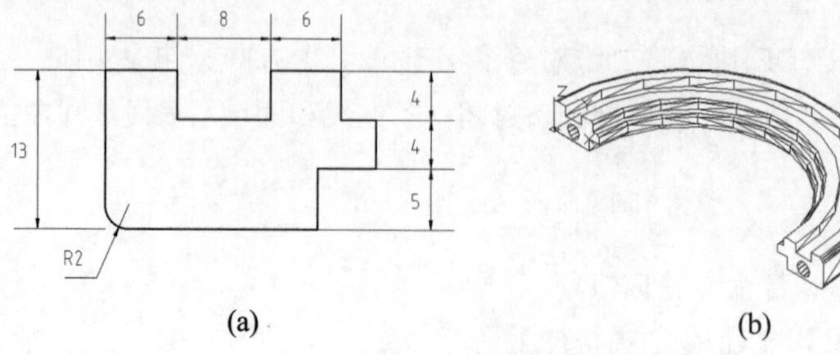

扫一扫，看视频

图 15-30　弯管模型

❶ 选择【视图】|【三维视图】|【东南等轴测】命令，设置三维视图方向。

❷ 在命令行输入 UCS，将坐标系沿 X 轴旋转 90°，如图 15-31 所示。

❸ 绘制多段线。在命令行输入 PL，依次指定起点和经过点为(0,0)、(18,0)、(18,5)、(23,5)、(23,9)、(20,9)、(20,13)、(14,13)、(14,9)、(6,9)、(6,13)和(0,13)，绘制闭合多段线，结果如图 15-32 所示。

❹ 修圆角。在命令行输入 F，并设置圆角半径为 2，对步骤❸绘制的多段线修圆角，结果如图 15-33 所示。

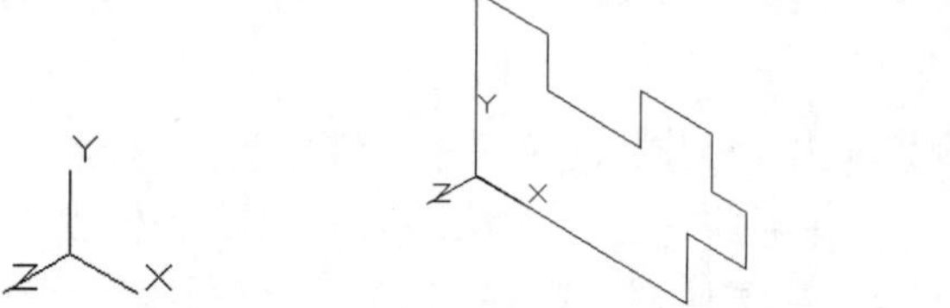

图 15-31　旋转坐标　　图 15-32　绘制多段线

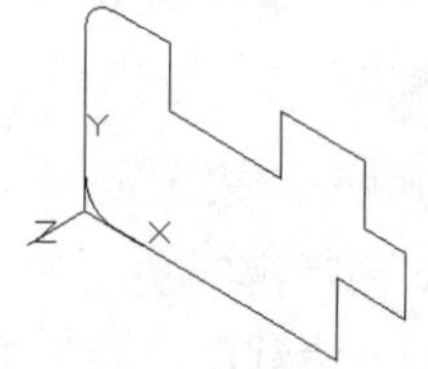

图 15-33　对多段线修圆角

❺ 修倒角。在命令行输入 CHA，并设置倒角距离为 1，然后对绘制的多段线修倒角，结果如图 15-34 所示。

❻ 设置面域。在命令行输入 REG，选择绘制的多段线并将其转换为面域。

❼ 在命令行输入 UCS，将坐标系沿 X 轴旋转－90°，如图 15-35 所示。

❽ 绘制圆弧。在命令行输入 A，以(18,0)为起点，(68,0)为圆心，角度为－180° 绘制圆弧，结果如图 15-36 所示。

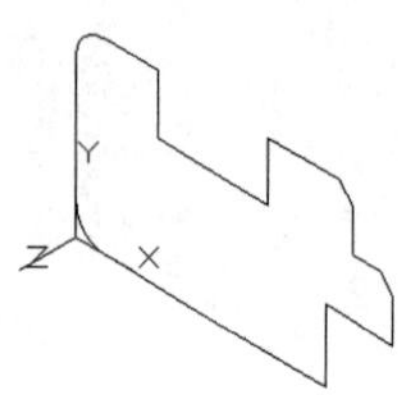

图 15-34　对多段线修倒角

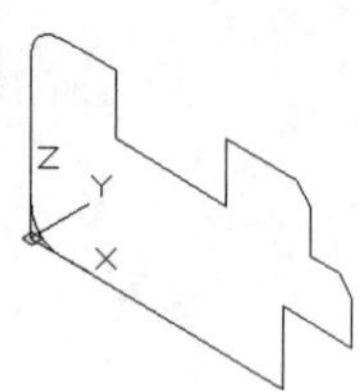

图 15-35　旋转坐标系

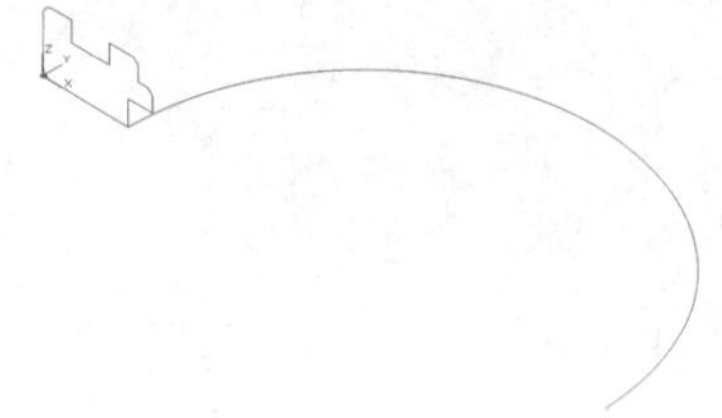

图 15-36　绘制圆弧

❾ 拉伸图形。在命令行输入 EXTRUDE，命令行提示与操作如下。

```
命令: EXTRUDE↙
选择要拉伸的对象或 [模式(MO)]: 选取图 15-36 中的多段线
```

```
选择要拉伸的对象或 [模式(MO)]: ↙
指定拉伸的高度或 [方向(D)/路径(P)/倾斜角(T)/表达式(E)] <-2.1027>: P↙
选择拉伸路径或 [倾斜角(T)]: 选取图 15-36 中的圆弧，完成拉伸操作，结果如图 15-37 所示
```

⑩ 绘制圆环体。选择【绘图】|【建模】|【圆环体】命令(TORUS)，以点(68,0,4)为圆心，半径为 58，圆管半径为 3 绘制一个圆环，结果如图 15-38 所示。

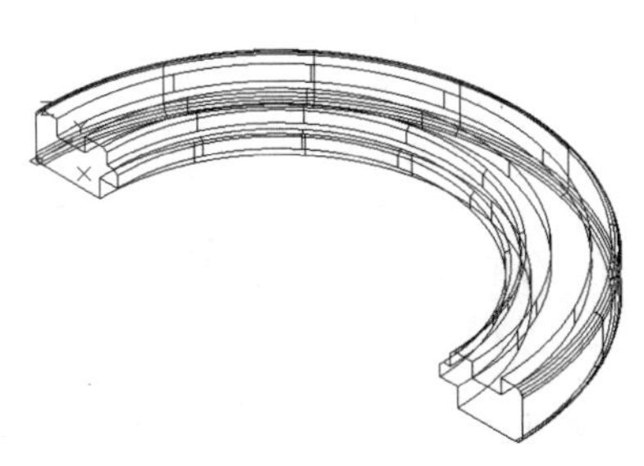

图 15-37　拉伸图形

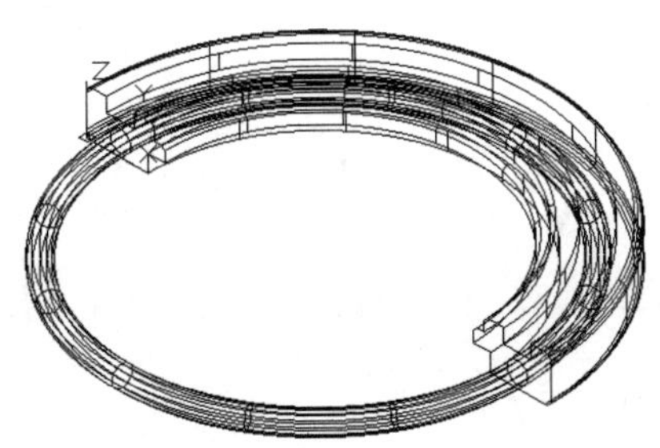

图 15-38　绘制圆环体

⑪ 差集操作。在命令行输入 SU，用拉伸实体减去圆环体，得到如图 15-30(a)所示的弯管模型。

⑫ 消隐图形。选择【视图】|【消隐】命令，结果如图 15-30(b)所示。

15.4.2　旋转

使用【旋转】命令(REVOLVE)可以将二维对象绕某一轴旋转生成实体。用于旋转的二维对象可以是封闭多段线、多边形、圆、椭圆、封闭样条曲线、圆环以及封闭区域。包含在块中的对象、有交叉或自干涉的多段线不能被旋转，并且每次只能旋转一个对象。

执行方式

- ❑ 命令行：REVOLVE (快捷命令：REV)。
- ❑ 菜单栏：执行【绘图】|【建模】|【旋转】命令。
- ❑ 工具栏：单击【建模】工具栏中的【旋转】按钮。
- ❑ 功能区：单击【常用】选项卡【建模】面板中的【旋转】按钮。

操作过程

```
命令: REVOLVE↙
当前线框密度:  ISOLINES=4，闭合轮廓创建模式 = 实体
选择要旋转的对象或 [模式(MO)]: 选择已绘制的二维对象
选择要旋转的对象或 [模式(MO)]: 继续选择对象，或按 Enter 键结束选择
指定轴起点或根据以下选项之一定义轴 [对象(O)/X/Y/Z] <对象>: *取消*
```

选项说明

(1) 指定轴起点：通过两个点来定义旋转轴。系统将按指定的角度和旋转轴旋转二维对象。

(2) 对象(O)：选择已绘制的直线或用多段线命令绘制的直线作为旋转轴线。

(3) X(Y/Z)轴：将二维对象绕当前坐标系(UCS)的 X(Y/Z)轴旋转。图 15-39 所示为矩形平面绕 X 轴旋转的结果。

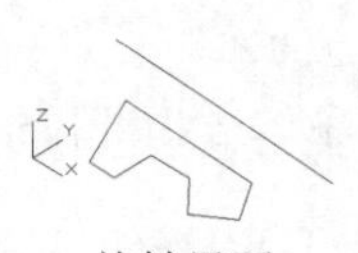

旋转界面

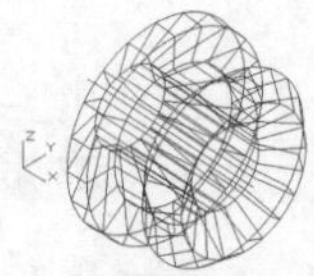

旋转后的模型

“概念”视觉样式

图 15-39 旋转

视频讲解

【例 15-8】使用 REVOLVE 命令绘制图 15-40 所示的皮带轮模型的轮廓部分。

扫一扫，看视频

图 15-40 绘制皮带轮的轮廓部分

15.4.3 扫掠

使用【扫掠】命令(SWEEP)可以绘制网格面或三维实体。如果要扫掠的对象不是封闭的图形，那么使用扫掠命令后得到的是网格面，否则得到的是三维实体。

执行方式

- ❑ 命令行：SWEEP(快捷命令：SW)。
- ❑ 菜单栏：执行【绘图】|【建模】|【扫掠】命令。
- ❑ 工具栏：单击【建模】工具栏中的【扫掠】按钮。
- ❑ 功能区：单击【常用】选项卡【建模】面板中的【扫掠】按钮。

操作过程

```
命令: SWEEP↙
当前线框密度:  ISOLINES=20，闭合轮廓创建模式 = 实体
选择要扫掠的对象或 [模式(MO)]: 选择对象，例如图 15-41(a)中的圆
选择要扫掠的对象或 [模式(MO)]: ↙
选择扫掠路径或 [对齐(A)/基点(B)/比例(S)/扭曲(T)]: 选择路径，例如图 15-41(a)中的螺旋线，结果如图 15-41(b)所示
```

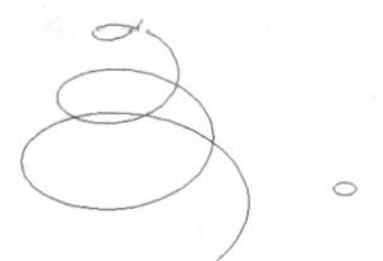

(a) 对象和路径

(b) 扫掠结果

图 15-41 扫掠

选项说明

(1) 对齐(A)：指定是否对齐轮廓以使其作为扫掠路径切向的法向，默认情况下，轮廓是对齐的。选择该选项后，命令行提示如下。

扫掠前对齐垂直于路径的扫掠对象 [是(Y)/否(N)] <是>：输入 N，指定轮廓无须对齐；按 Enter 键，指定轮廓将对齐

(2) 基点(B)：指定要扫掠对象的基点。如果指定的点不在选定对象所在的平面上，则该点将被投影到该平面上。选择该选项后，命令行提示如下。

指定基点：指定选择集的基点

(3) 比例(S)：指定比例因子以进行扫掠操作。从扫掠路径的开始到结束，比例因子将统一应用到扫掠的对象上。选择该选项后，命令行提示如下。

输入比例因子或 [参照(R)/表达式(E)]<1.0000>：指定比例因子，输入 R，调用参照选项；按 Enter 键，选择默认值

其中【参照(R)】选项表示通过拾取点或输入值来根据参照的长度缩放选定的对象。

(4) 扭曲(T)：设置正被扫掠的对象的扭曲角度。扭曲角度是指沿扫掠路径全部长度的旋转量。选择该选项后，命令行提示如下。

输入扭曲角度或允许非平面扫掠路径倾斜 [倾斜(B)/表达式(EX)]<0.0000>：指定小于 360° 的角度值，输入 B，打开倾斜；按 Enter 键，选择默认角度值

其中【倾斜(B)】选项指定被扫掠的曲线是沿三维扫掠路径(三维多段线、三维样条曲线或螺旋线)自然倾斜(旋转)。图 15-42 所示为扭曲扫掠示意图。

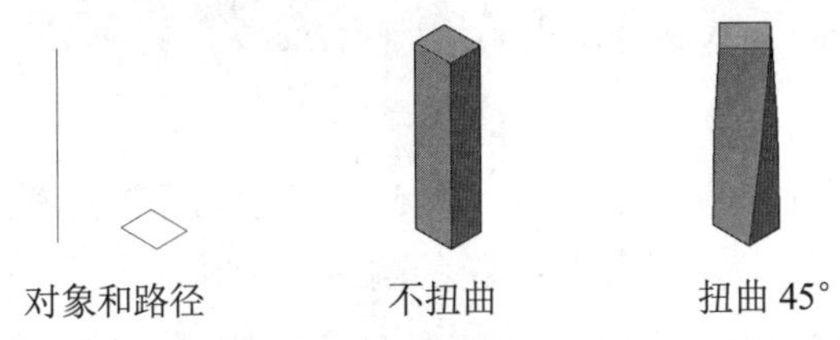

图 15-42　扭曲扫掠示意图

视频讲解

【例 15-9】使用 SWEEP 命令绘制图 15-43 所示的三维管道体模型。

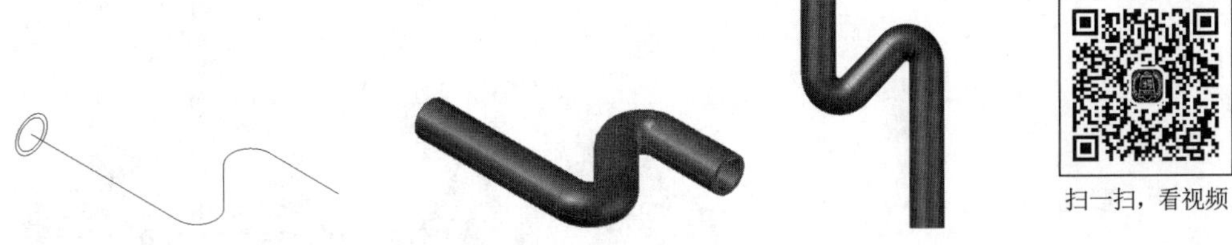

图 15-43　三维管道体

技巧点拨

使用扫掠命令，可以通过沿开放或闭合的二维或三维路径扫掠开放或闭合的平面曲线(轮廓)来创建

新的模型或曲面。扫掠命令用于沿指定路径以指定轮廓的形状(扫掠对象)创建模型或曲面。用户可以扫掠多个对象，但是这些对象必须在同一平面内。如果沿一条路径扫掠闭合的曲线，则生成模型。

15.4.4 放样

使用【放样】命令(LOFT)可以将二维图形放样成实体，如图 15-44 所示。

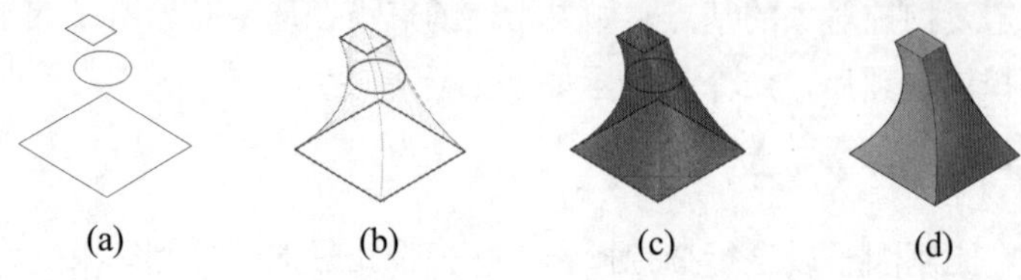

图 15-44　将二维图形放样成实体

执行方式

- ❑ 命令行：LOFT。
- ❑ 菜单栏：执行【绘图】|【建模】|【放样】命令。
- ❑ 工具栏：单击【建模】工具栏中的【放样】按钮。
- ❑ 功能区：单击【常用】选项卡【建模】面板中的【放样】按钮。

操作过程

```
命令: LOFT↙
当前线框密度: ISOLINES=4，闭合轮廓创建模式 = 实体
按放样次序选择横截面或 [点(PO)/合并多条边(J)/模式(MO)]: 依次选择图 15-44(a)所示的 3 个截面
按放样次序选择横截面或 [点(PO)/合并多条边(J)/模式(MO)]: ↙
输入选项 [导向(G)/路径(P)/仅横截面(C)/设置(S)] <仅横截面>:
```

选项说明

(1) 设置(S)：选择该选项，系统将打开如图 15-45 所示的【放样设置】对话框，其中包含 4 个单选按钮选项。图 15-46(a)所示为选中【直纹】单选按钮后的放样结果；图 15-46(b)所示为选中【平滑拟合】单选按钮后的放样结果；图 15-46(c)所示为选中【法线指向】单选按钮，并选择【所有横截面】选项后的放样结果；图 15-46(d)所示为选中【拔模斜度】单选按钮，并设置【起点角度】为 30°、【起点幅值】为 15、【端点角度】为 45°、【端点幅值】为 20 后的放样结果。

图 15-45 【放样设置】对话框

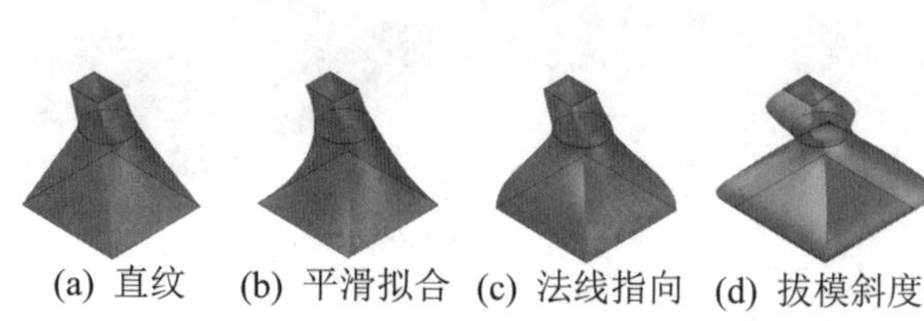

图 15-46　放样结果示意图

(2) 导向(G)：指定控制放样建模或曲面形状的导向曲线。导向曲线是直线或曲线，可通过将其他线框信息添加至对象来进一步定义建模或曲面的形状，如图 15-47 所示。

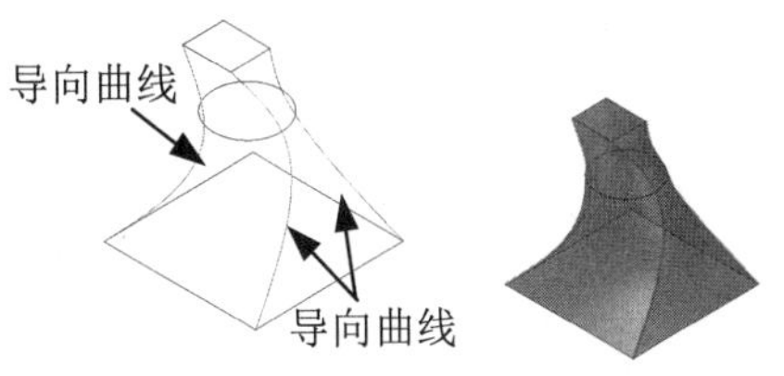

选择【导向(G)】选项后，命令行提示如下。

```
选择导向轮廓或 [合并多条边(J)]: 选择放样建模或曲面的导向曲线，然后按 Enter 键
```

每条样条曲线必须满足以下几个条件才能正常工作：①与每个横截面相交；②从第一个横截面开始；③到最后一个横截面结束。

(3) 路径(P)：指定放样建模或曲面的单一路径，如图 15-48 所示。

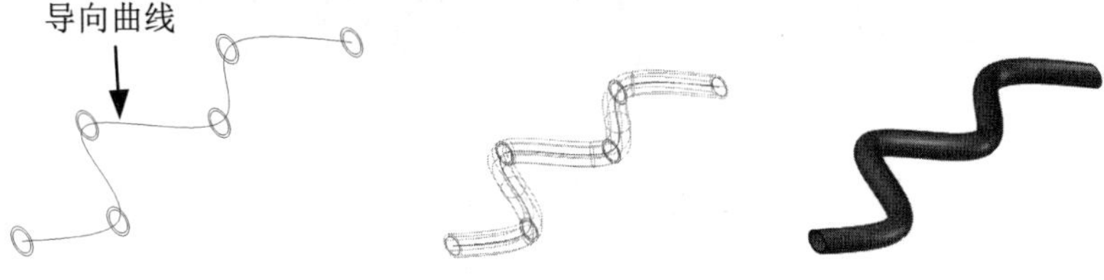

图 15-48　路径放样

选择【路径(P)】选项，命令行提示如下。

```
选择路径轮廓: 指定放样建模或曲面的单一路径
```

注意：路径曲线与必须用于横截面的所有平面相交。

视频讲解

【例 15-10】使用 LOFT 命令绘制图 15-49 所示的三维花瓶模型。

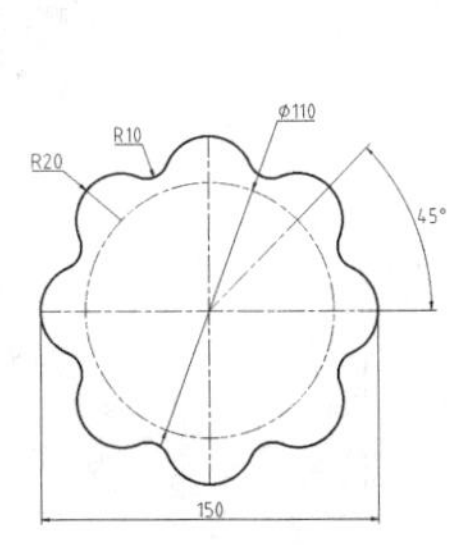

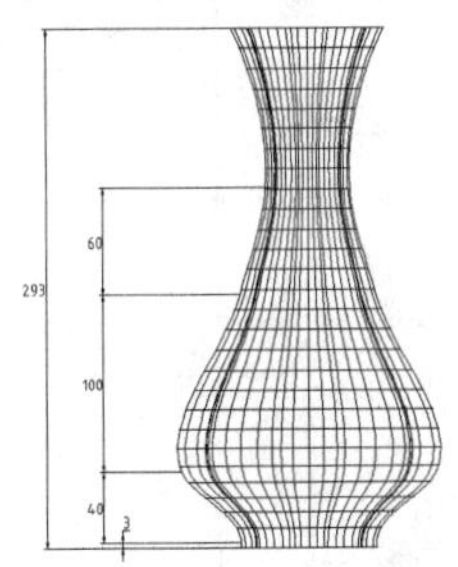

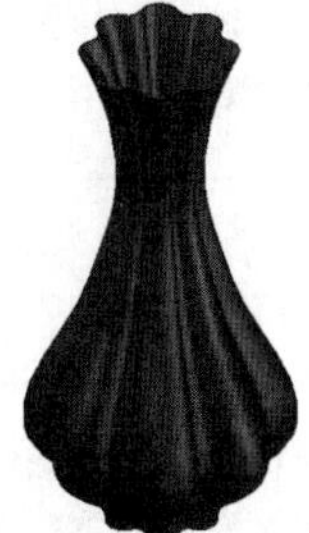

图 15-49　花瓶

15.4.5　按住并拖动

按住并拖动实际上是一种对三维实体对象的夹点编辑，通过拖动三维实体上的夹点来改变三维实体的形状。

执行方式

- 命令行：PRESSPULL。
- 工具栏：单击【建模】工具栏中的【按住并拖动】按钮。
- 功能区：单击【常用】选项卡【建模】面板中的【按住并拖动】按钮。

操作过程

```
命令: PRESSPULL↙
选择对象或边界区域:
指定拉伸高度或 [多个(M)]:
已创建 1 个拉伸
```

选择有限区域后，按住鼠标左键并拖动，相应的区域将会拉伸变形，如图 15-50 所示。

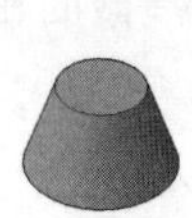

(a) 原始模型

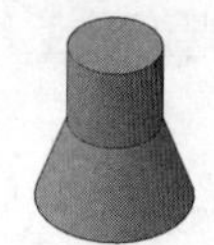

(b) 向上拖动鼠标

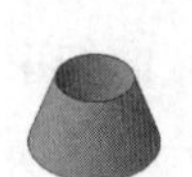

(c) 向下拖动鼠标

图 15-50　按住并拖动

15.5　实践演练

通过学习，读者对本章所介绍的内容有了大致的了解。本节将通过表 15-1 所示的几个实践操作，帮助读者进一步掌握本章的知识要点。

表 15-1　实践演练操作要求

实践名称	操作要求	效　果
方形接头	(1) 绘制长方体和圆柱体； (2) 通过矩形阵列得到 4 个圆柱体； (3) 对长方体的边修圆角； (4) 执行差集运算，用长方体减去 4 个圆柱体	
挡板	(1) 绘制二维图形； (2) 将二维图形转换为面域，并拉伸为三维实体； (3) 绘制长方体和圆柱体； (4) 通过并集和差集运算，得到挡板模型	R100 R40 200 400 500

15.6　拓展练习

扫描二维码，获取更多 AutoCAD 习题。

扫一扫，做练习

第16章　三维模型编辑类命令

内容简介

在使用 AutoCAD 绘制三维图形时，基本的三维建模命令只能帮助用户创建初步的模型外观，而模型的细节部分，如壳、孔、圆角等特征，需要使用相应的编辑命令来创建。此外，模型的尺寸、位置、局部形状的修改，也需要用到专门的编辑命令。

内容要点

- ❑ 编辑三维对象
- ❑ 对实体修倒角和圆角
- ❑ 分解、剖切、加厚实体
- ❑ 编辑实体的边和面

16.1　操作三维对象

在 AutoCAD 中，二维图形编辑中的许多命令(如移动、复制、删除等)同样适用于三维图形。此外，用户还可以对三维空间中的对象进行三维阵列、三维镜像、三维旋转及三维对齐等操作。

16.1.1　三维移动

在三维视图中，通过显示的三维移动小控件可以在指定方向上按指定距离移动三维对象。用户可以自由移动选定的对象和子对象，或将移动约束到轴或平面。

执行方式

- ❑ 命令行：3DMOVE。
- ❑ 菜单栏：执行【修改】|【三维操作】|【三维移动】命令。
- ❑ 工具栏：单击【建模】工具栏中的【三维移动】按钮。
- ❑ 功能区：单击【常用】选项卡【修改】面板中的【三维移动】按钮。

操作过程

```
命令: 3DMOVE↙
选择对象: 指定移动对象
选择对象: ↙
指定基点或 [位移(D)] <位移>: 指定基点
指定第二个点或 <使用第一个点作为位移>: 指定第二点，如图 16-1 所示
```

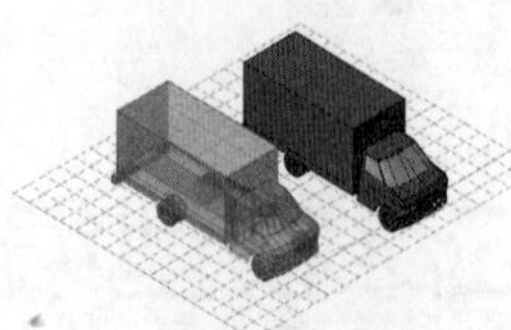

图 16-1　在三维空间中移动模型

16.1.2　三维旋转

使用三维旋转命令，可以把三维实体模型围绕指定的轴在空间中进行旋转。

执行方式

- ❑ 命令行：3DROTATE(快捷命令：3DR)。
- ❑ 菜单栏：执行【修改】|【三维操作】|【三维旋转】命令。
- ❑ 工具栏：单击【建模】工具栏中的【三维旋转】按钮。
- ❑ 功能区：单击【常用】选项卡【修改】面板中的【三维旋转】按钮。

操作过程

```
命令: 3DROTATE↙
UCS 当前的正角方向:  ANGDIR=逆时针  ANGBASE=0
选择对象: 指定旋转对象
选择对象: ↙
指定基点: 指定旋转的基点位置
拾取旋转轴: 选择旋转轴
指定角的起点或键入角度:
```

实例讲解

【例 16-1】使用 3DROTATE 命令，将图 16-2(a)所示的高脚凳模型绕 Z 轴旋转 45°，结果如图 16-2(c)所示。

(a) 原始模型

(b) 确认旋转轴

(c) 旋转后的模型

扫一扫，看视频

图 16-2　旋转模型

打开素材文件后，在命令行输入 3DR，命令行操作与提示如下。

```
命令: 3DR↙
UCS 当前的正角方向:  ANGDIR=逆时针  ANGBASE=0
选择对象: 指定对角点: 选取图 16-2(a)所示的模型
选择对象: ↙
指定基点: 在模型上确定旋转的基点
拾取旋转轴: 此时在绘图区显示图 16-2(b)图所示的球形坐标(红色代表 X 轴，绿色代表 Y 轴，蓝色代表 Z 轴)，
```

单击蓝色环形线确认绕 Z 轴旋转
指定角的起点或键入角度: 45↙(完成操作，结果如图 16-2(c)所示)

16.1.3 三维对齐

使用 3DALIGN 命令，可以在二维和三维空间中将对象与其他对象对齐。在要对齐的对象上指定最多三点，然后在目标对象上指定最多三个相应的点。

执行方式

- ❑ 命令行：3DALIGN。
- ❑ 菜单栏：执行【修改】|【三维操作】|【三维对齐】命令。
- ❑ 工具栏：单击【建模】工具栏中的【三维对齐】按钮。
- ❑ 功能区：单击【常用】选项卡【修改】面板中的【三维对齐】按钮。

操作过程

命令: 3DALIGN↙
选择对象: 指定对齐的对象
选择对象: ↙
指定基点或 [复制(C)]: 指定基点，如图 16-3(a)所示
指定第二个点或 [继续(C)] <C>: 指定第二点或输入 C 继续，如图 16-3(b)所示)
指定第三个点或 [继续(C)] <C>: 指定第三点或输入 C 继续
指定第一个目标点: 指定对齐对象上的第一个目标点，如图 16-3(c)所示
指定第二个目标点或 [退出(X)] <X>:指定对齐对象上的第二个目标点，如图 16-3(d)所示
指定第三个目标点或 [退出(X)] <X>: ↙

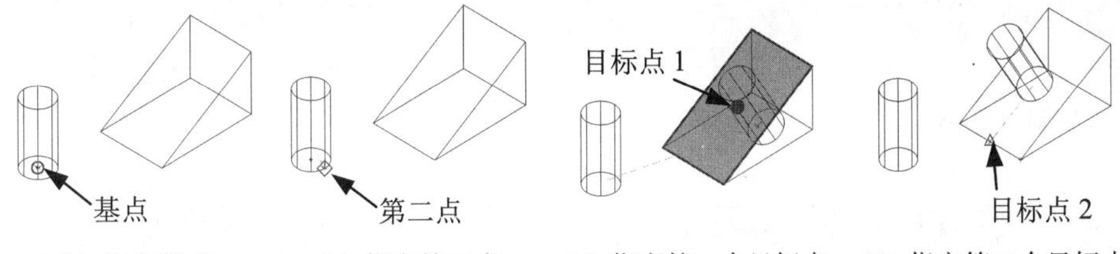

(a) 指定基点　(b) 指定第二点　(c) 指定第一个目标点　(d) 指定第二个目标点

图 16-3 三维对齐

视频讲解

【例 16-2】使用 3DALIGN 命令，将图 16-4(a)中的餐椅模型对齐，使模型的效果如图 16-4(b)所示。

(a) 对齐前

(b) 对齐后

图 16-4 对齐桌椅

扫一扫，看视频

16.1.4 对齐对象

使用 ALIGN 命令，可以在二维和三维空间内将选定对象与其他对象相对齐。在对齐对象时，可选取一个或者多个对象作为源对象，向选定对象(源对象)添加源点，向要与之对齐的对象(目标对象)添加目标点，使源对象与目标对象对齐(最多可添加三对源点和目标点)。

执行方式

- ❑ 命令行：ALIGN(快捷命令：AL)。
- ❑ 菜单栏：执行【修改】|【三维操作】|【对齐】命令。

操作过程

```
命令: ALIGN↙
选择对象: 选择要对齐的对象
选择对象: 选择下一个对象或按 Enter 键
指定一对、两对或三对点，将选定对象对齐，例如
指定第一个源点: 选择图 16-5(a)中的点 1
指定第一个目标点: 选择图 16-5(b)中的点 2
指定第二个源点: ↙
```

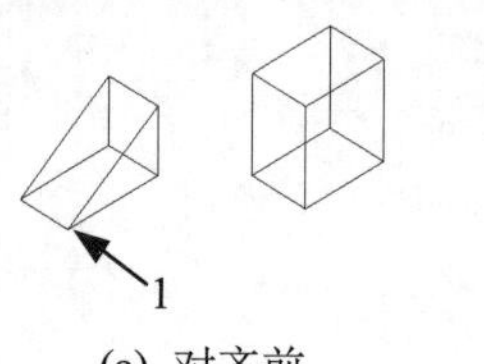

(a) 对齐前

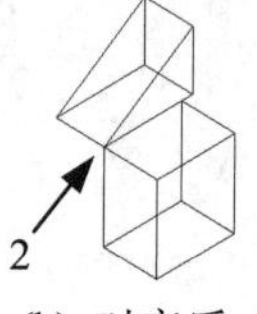

(b) 对齐后

图 16-5 对齐对象

16.1.5 三维镜像

使用 MIRROR3D 命令，可以在三维空间中将指定对象相对于某一平面镜像。

执行方式

- ❑ 命令行：MIRROR3D。
- ❑ 菜单栏：执行【修改】|【三维操作】|【三维镜像】命令。

操作过程

```
命令: MIRROR3D↙
选择对象: 选择要镜像的对象
选择对象: 选择下一个对象或按 Enter 键
指定镜像平面 (三点) 的第一个点或 [对象(O)/最近的(L)/Z 轴(Z)/视图(V)/XY 平面(XY)/YZ 平面(YZ)/ZX 平面(ZX)/三点(3)] <三点>: 在镜像平面上指定第一点:
```

选项说明

(1) 三点：输入镜像平面上点的坐标。该选项通过 3 个点确定镜像平面(系统默认选项)。

(2) Z 轴(Z)：利用指定的平面作为镜像平面，选择该选项后，命令提示如下。

在镜像平面上指定点：输入镜像平面上一点的坐标
在镜像平面的 Z 轴 (法向) 上指定点：输入与镜像平面垂直的任意一条直线上任意一点的坐标
是否删除源对象？[是(Y)/否(N)] <否>：根据需要确定是否删除源对象

(3) 视图(V)：指定一个平行于当前视图的平面作为镜像平面。

(4) XY(YZ/ZX)平面：指定一个平行于当前坐标系的 XY(YZ、ZX)平面作为镜像平面。

实例讲解

【例 16-3】使用 MIRROR3D 命令，镜像复制图 16-6(a)所示的盘盖模型，使其结果如图 16-6(c)所示。

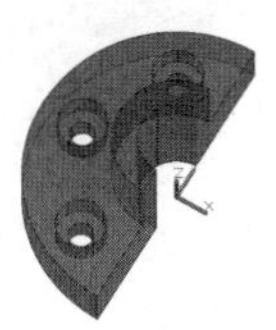

(a) 原始模型

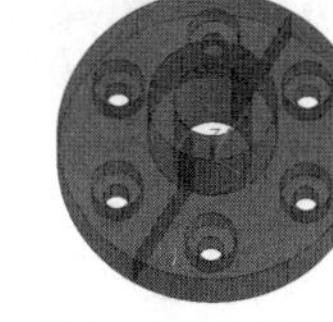

(b) 进行三维镜像操作

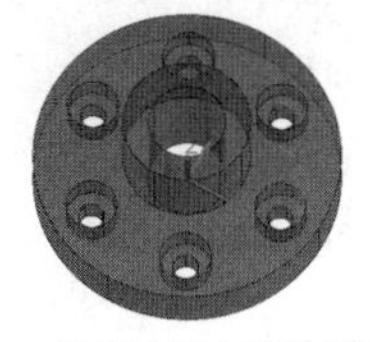

(c) 镜像复制后的模型

扫一扫，看视频

图 16-6　镜像复制三维实体模型

❶ 打开素材文件后，在命令行输入 MIRROR3D，命令行操作与提示如下。

命令: MIRROR3D↙
选择对象：选择需要镜像复制的对象
指定镜像平面 (三点) 的第一个点或 [对象(O)/最近的(L)/Z 轴(Z)/视图(V)/XY 平面(XY)/YZ 平面(YZ)/ZX 平面(ZX)/三点(3)] <三点>: YZ↙
指定 YZ 平面上的点 <0,0,0>：按下 Enter 键，通过指定点确定镜像面
是否删除源对象？[是(Y)/否(N)] <否>:↙(完成三维镜像操作，结果如图 16-6(b)所示)

❷ 对图形做并集运算，结果如图 16-6(c)所示。

16.1.6　三维阵列

使用 3DARRAY 命令，可以在三维空间中按矩形阵列或环形阵列的方式创建指定对象的多个副本。

执行方式

- ❑ 命令行：3DARRAY。
- ❑ 菜单栏：执行【修改】|【三维操作】|【三维阵列】命令。
- ❑ 工具栏：单击【建模】工具栏中的【三维阵列】按钮。

操作过程

命令: 3DARRAY↙
正在初始化... 已加载 3DARRAY。
选择对象：选择下一个对象或按 Enter 键
输入阵列类型 [矩形(R)/环形(P)] <矩形>:

选项说明

(1) 矩形(R)：对图形进行矩形阵列复制(系统默认选项)。选择该选项后命令行提示如下。

```
输入行数 (---) <1>: 输入行数
输入列数 (|||) <1>: 输入列数
输入层数 (...) <1>: 输入层数
指定行间距 (---): 输入行间距
指定列间距 (|||): 输入列间距
指定层间距 (...): 输入层间距
```

(2) 环形(P)：对图形进行环形阵列复制。选择该选项后命令行提示如下。

```
输入阵列中的项目数目: 输入阵列的数目
指定要填充的角度 (+=逆时针, -=顺时针) <360>: 输入环形阵列的圆心角
旋转阵列对象？ [是(Y)/否(N)] <Y>: 确定阵列上的每一个图形是否根据旋转轴线的位置进行旋转
指定阵列的中心点: 输入旋转轴线上一点的坐标
指定旋转轴上的第二点: 输入旋转轴线上另一点的坐标
```

视频讲解

【例 16-4】绘制图 16-7 所示的三维零件图形。

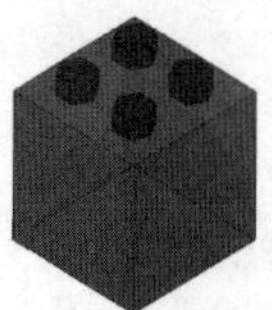
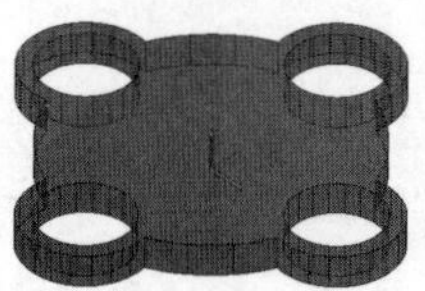

扫一扫，看视频

图 16-7　三维阵列实体模型

16.2　编辑三维实体

在 AutoCAD 中，用户可以对三维视图对象进行分解、剖切、抽壳等编辑操作。

16.2.1　分解实体

使用 EXPLODE 命令，可以将实体分解为一系列面域和主体。其中，实体中的平面被转换为面域，曲面转换为主体。用户还可以继续使用该命令，将面域和主体分解为组成它们的基本元素，例如直线、圆及圆弧等，如图 16-8 所示。

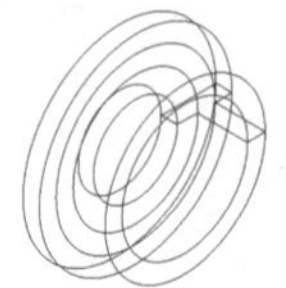

图 16-8　分解实体

执行方式

- ❑ 命令行：EXPLODE。
- ❑ 菜单栏：执行【修改】|【分解】命令。
- ❑ 功能区：单击【常用】选项卡【修改】面板中的【分解】按钮。

操作过程

```
命令: EXPLODE
选择对象: 选择需要分解的对象
```

16.2.2　剖切视图

在 AutoCAD 中，用户可以利用剖切功能对三维实体模型进行剖切处理，以便观察三维模型的内部结构。

1. 剖切

使用 SLICE 命令，可以用指定的平面或曲面对象剖切三维实体对象。此命令仅可通过指定的平面剖切曲面对象，不可直接剖切网格或将其用来剖切曲面。

执行方式

- ❑ 命令行：SLICE(快捷命令：SL)。
- ❑ 菜单栏：执行【修改】|【三维操作】|【剖切】命令。
- ❑ 功能区：单击【常用】选项卡【实体编辑】面板中的【剖切】按钮。

操作过程

```
命令: SLICE↙
选择要剖切的对象: 选择要剖切的实体
选择要剖切的对象: 继续选择或按 Enter 键结束选择
指定切面的起点或 [平面对象(O)/曲面(S)/Z 轴(Z)/视图(V)/XY 平面(XY)/YZ 平面(YZ)/ZX 平面(ZX)/三点(3)]
<三点>:
指定平面上的第二个点:
在所需的侧面上指定点或 [保留两个侧面(B)] <保留两个侧面>:
```

选项说明

(1) 平面对象(O)：将所选对象的所在平面作为剖切面。

(2) 曲面(S)：将剪切平面与曲面对齐，如图 16-9 所示。

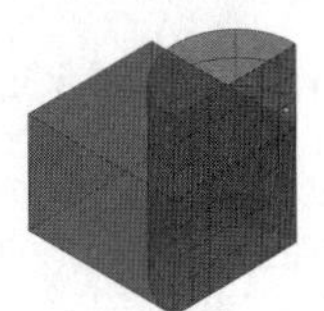
(a) 剖切前的三维实体

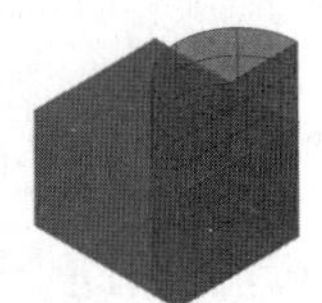
(b) 选择要剖切的对象

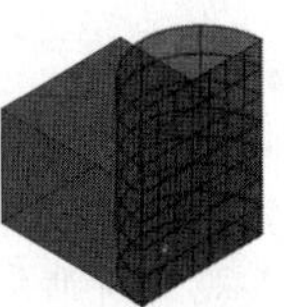
(c) 选择曲面

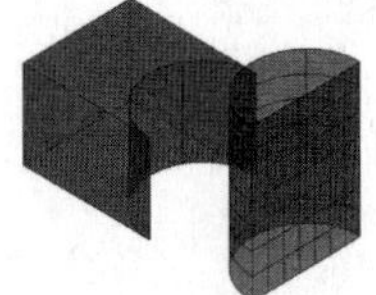
(d) 剖切后的实体

图 16-9　将剖切平面与曲面对齐

(3) Z 轴(Z)：通过平面指定的一点与在平面的 Z 轴(法向)上指定的另一点来定义剖切平面。

(4) 视图(V)：以平行于当前视图的平面作为剖切面。

(5) XY 平面(XY)/YZ 平面(YZ)/ZX 平面(ZX)：将剖切平面与当前用户坐标系(UCS)的 XY 平面/YZ 平面/ZX 平面对齐。

(6) 三点(3)：根据空间中 3 个点确定的平面作为剖切面。确定剖切面后，系统提示保留一侧或两侧。

视频讲解

【例 16-5】使用 SLICE 命令剖切图 16-10 所示的三维接口实体。

(a) 剖切前的三维实体

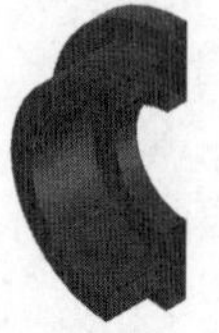

(b) 剖切后的三维实体

扫一扫，看视频

图 16-10　剖切三维实体

2. 剖切截面

剖切截面功能与剖切相对应，是指平面剖切实体，以得到截面的形状。

执行方式

命令行：SECTION(快捷命令：SEC)。

操作过程

```
命令: SECTION↙
选择对象: 选择要剖切的实体
指定截面上的第一个点，依照 [对象(O)/Z 轴(Z)/视图(V)/XY(XY)/YZ(YZ)/ZX(ZX)/三点(3)] <三点>:
```

3. 截面平面

通过截面平面功能，用户可以创建实体对象的二维截面或三维截面实体。

执行方式

- ❑ 命令行：SECTIONPLANE。
- ❑ 菜单栏：执行【修改】|【实体编辑】|【倒角边】命令。
- ❑ 功能区：单击【常用】选项卡【截面】面板中的【截面平面】按钮。

操作过程

```
命令: SECTIONPLANE↙
类型 = 平面
选择面或任意点以定位截面线或 [绘制截面(D)/正交(O)/类型(T)]:
```

选项说明

(1) 选择面或任意点以定位截面线：选择绘图区的任意点(不在面上)，可以创建独立于实体的截面对象。第一点可创建截面对象旋转所围绕的点，第二点可创建截面对象。

(2) 绘制截面(D)：定义具有多个点的截面对象，以创建带有折弯的截面线。选择该选项后，命令行提示与操作如下。

```
指定起点：指定点 1
指定下一点：指定点 2
指定下一个点或按 Enter 键完成：指定点 3 或按 Enter 键
按截面视图的方向指定点：指定点以指示剪切平面的方向
```

(3) 正交(O)：将截面对象与相对于 UCS 的正交方向对齐。选择该选项后，命令行提示与操作如下。

```
将截面对齐至：[前(F)/后(A)/顶部(T)/底部(B)/左(L)/右(R)] <顶部>:
```

选择【正交(O)】选项后，系统将以相对于 UCS(非当前视图)的指定方向创建截面对象，并且该对象包含所有三维对象。该选项创建处于截面边界状态的截面对象，且活动截面打开。

(4) 类型(T)：在创建截面平面时，指定平面、切片、边界或体积作为参数。选择该选项后，命令行提示与操作如下。

```
输入截面平面类型 [平面(P)/切片(S)/边界(B)/体积(V)] <平面(P)>:
```

- 平面(P)：指定三维实体的平面线段、曲面、网格或点云并放置截面平面。
- 切片(S)：选择具有三维实体深度的平面线段、曲面、网格或点云以放置截面平面。
- 边界(B)：选择三维实体的边界、曲面、网格或点云并放置截面平面。
- 体积(V)：创建有边界的体积截面平面。

视频讲解

【例 16-6】使用 SECTIONPLANE 命令观察图 16-11 所示的零件截面。

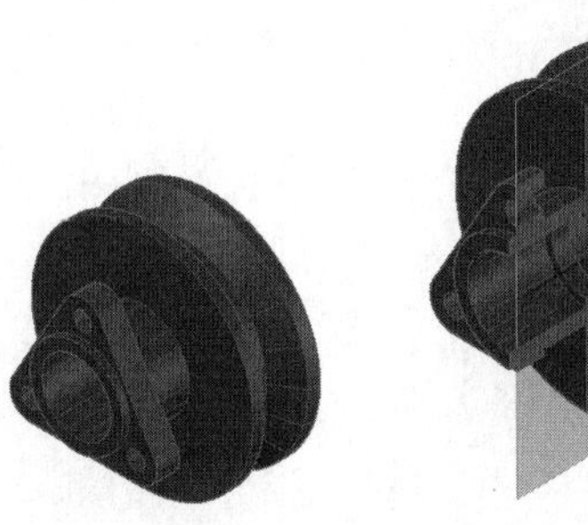

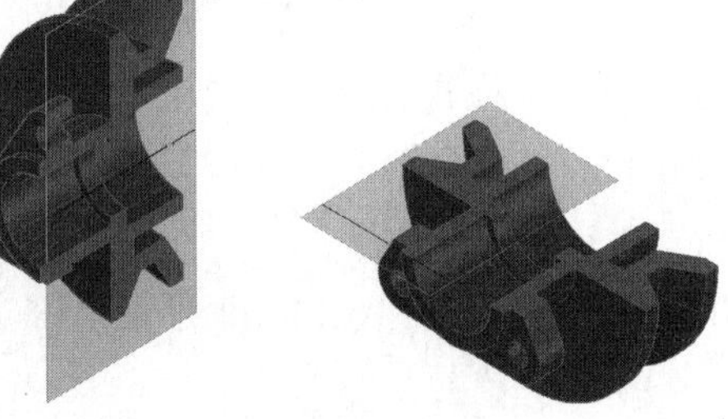

扫一扫，看视频

图 16-11　观察三维实体的截面

技巧点拨

剖切和截面平面的区别在于剖切命令将实体切成两部分(也可以只保留其中一部分)，两部分均为实体；而截面平面命令是生成实体的截面图形，但原实体不受影响。

16.2.3　抽壳

抽壳是指用指定的厚度创建一个空的薄层，用户可以为实体对象的所有面指定一个固定的抽壳厚度。通过选择面可以将这些面排除在壳外。一个三维实体只能有一个壳，用户可以通过将现有面偏移出其原位置来创建新的面。

执行方式

- ❑ 命令行：SOLIDEDIT。
- ❑ 菜单栏：执行【修改】|【实体编辑】|【抽壳】命令。
- ❑ 工具栏：单击【实体编辑】工具栏中的【抽壳】按钮。
- ❑ 功能区：单击【常用】选项卡【实体编辑】面板中的【抽壳】按钮。

操作过程

```
命令: SOLIDEDIT↙
实体编辑自动检查:  SOLIDCHECK=1
输入实体编辑选项 [面(F)/边(E)/体(B)/放弃(U)/退出(X)] <退出>: _body
输入体编辑选项[压印(I)/分割实体(P)/抽壳(S)/清除(L)/检查(C)/放弃(U)/退出(X)] <退出>: _shell
选择三维实体: 选择三维实体，如图 16-12(a)所示
删除面或 [放弃(U)/添加(A)/全部(ALL)]: 选择开口面，如图 16-12(b)所示
输入抽壳偏移距离: 指定壳体的厚度值
```

图 16-12(c)所示为利用抽壳命令绘制的花瓶。

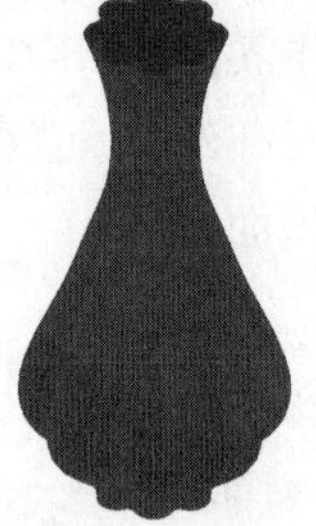

(a) 选择三维实体

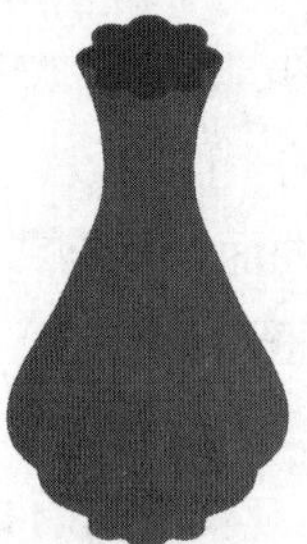

(b) 选择开口面

(c) 完成绘制

图 16-12　花瓶

实体编辑功能还有其他选项，如检查、分割、清除、压印边、着色边、复制面、偏移面、移动面等。这里不再赘述，用户可自行练习体会。

视频讲解

【例 16-7】使用 SOLIDEDIT 命令对图 16-13(a)所示的三维实体进行抽壳，绘制图 16-13(b)所示的连接板零件效果。

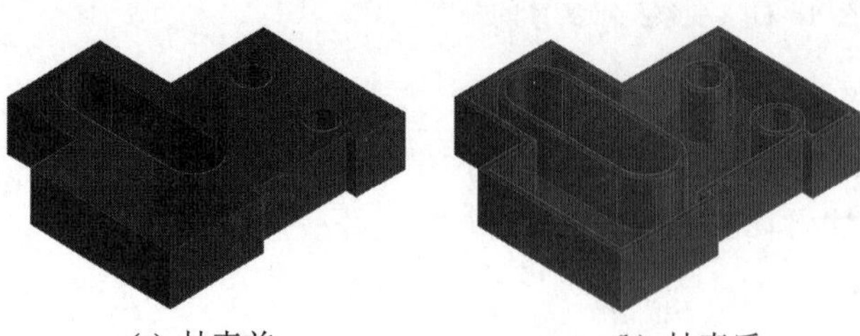

(a) 抽壳前

(b) 抽壳后

图 16-13　连接板零件

扫一扫，看视频

16.2.4　加厚

使用加厚命令，用户可以将曲面转换为具有指定厚度的三维实体。

执行方式

- ❑ 命令行：THICKEN。
- ❑ 菜单栏：执行【修改】|【三维操作】|【加厚】命令。
- ❑ 功能区：单击【常用】选项卡【实体编辑】面板中的【加厚】按钮。

操作过程

```
命令: THICKEN↙
选择要加厚的曲面: 选择要加厚的曲面，例如图 16-14(a)所示的曲面
指定厚度 <0.0000>: 输入厚度值
```

图 16-14(b)所示为利用加厚命令转换的三维实体。

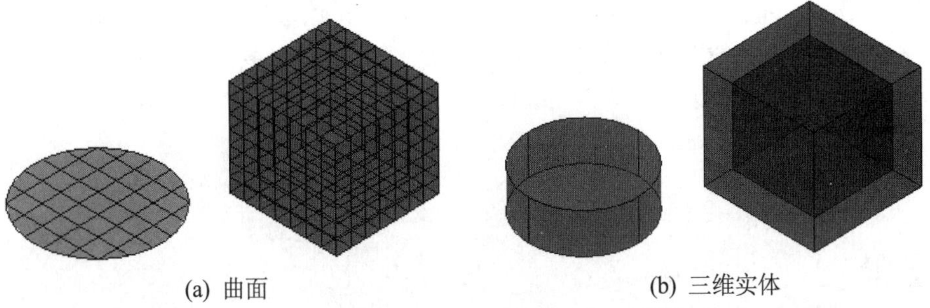

(a) 曲面　　(b) 三维实体

图 16-14　使用加厚命令将曲面转换为三维实体

16.2.5　压印

使用压印命令，用户可在选定的对象上压印一个对象，被压印的对象必须与选定对象的一个或多个面相交。

执行方式

- ❑ 命令行：SOLIDEDIT。
- ❑ 菜单栏：执行【修改】|【实体编辑】|【压印边】命令。
- ❑ 工具栏：单击【实体编辑】工具栏中的【压印】按钮。
- ❑ 功能区：单击【常用】选项卡【实体编辑】面板中的【压印】按钮。

操作过程

```
命令: SOLIDEDIT↙
实体编辑自动检查:   SOLIDCHECK=1
输入实体编辑选项 [面(F)/边(E)/体(B)/放弃(U)/退出(X)] <退出>: B↙
输入体编辑选项[压印(I)/分割实体(P)/抽壳(S)/清除(L)/检查(C)/放弃(U)/退出(X)] <退出>: I↙
选择三维实体: 指定三维实体，例如图 16-15(a)所示的长方体
选择要压印的对象: 指定要压印的对象，例如图 16-15(b)所示立方体一个面上的酒瓶图形
```

```
是否删除源对象 [是(Y)/否(N)] <N>:↙
```

执行上述操作后，酒瓶图形将压印在长方体上，如图 16-15(c)所示。

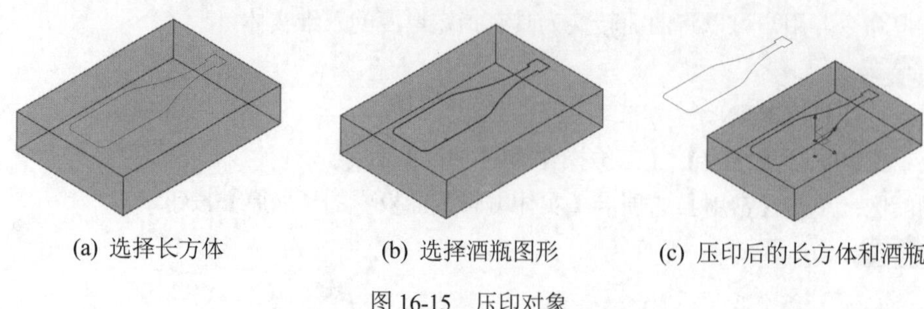

(a) 选择长方体　(b) 选择酒瓶图形　(c) 压印后的长方体和酒瓶

图 16-15　压印对象

16.3　编辑实体边

实体都是由最基本的边和面组成的，在 AutoCAD 中，可以根据设计需要提取多个边特征，对其执行倒角、圆角、着色或复制边等操作，为用户创建复杂模型对象提供帮助。

16.3.1　倒角边

使用 CHAMFEREDGE 命令，用户可为三维实体边和曲面建立倒角。

执行方式

- ❑ 命令行：CHAMFEREDGE。
- ❑ 菜单栏：执行【修改】|【实体编辑】|【倒角边】命令。
- ❑ 工具栏：单击【实体编辑】工具栏中的【倒角边】按钮。
- ❑ 功能区：单击【常用】选项卡【实体编辑】面板中的【倒角边】按钮。

操作过程

```
命令: CHAMFEREDGE↙
距离 1 = 1.0000，距离 2 = 1.0000
选择一条边或 [环(L)/距离(D)]: D↙
指定距离 1 或 [表达式(E)] <1.0000>: 3↙
指定距离 2 或 [表达式(E)] <1.0000>: 3↙
选择一条边或 [环(L)/距离(D)]: 选择一条边线，例如选择图 16-16(b)所示的边线
选择同一个面上的其他边或 [环(L)/距离(D)]: ↙
按 Enter 键接受倒角或 [距离(D)]: ↙
按 Enter 键接受倒角或 [距离(D)]: ↙
```

执行上述操作后，倒角边的结果如图 16-16(c)所示。

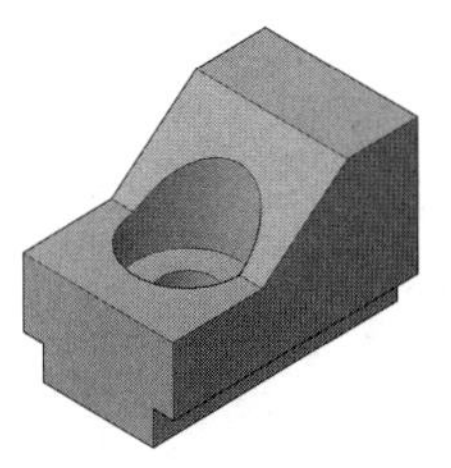
(a) 三维实体

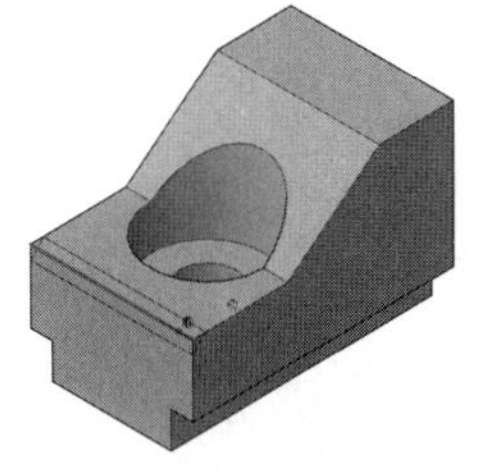
(b) 选择倒角边线

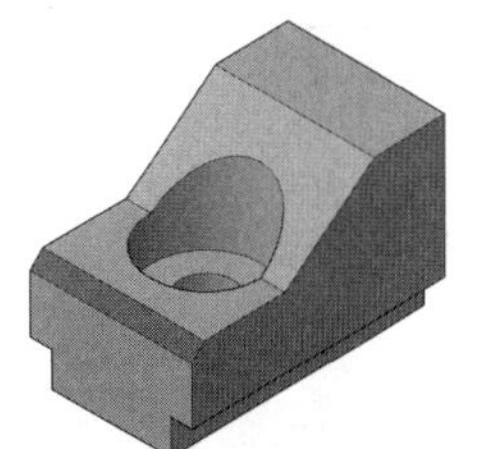
(c) 倒角边结果

图 16-16　倒角边

选项说明

(1) 选择一条边：选择建模的一条边(系统默认选项)。

(2) 环(L)：选择该选项后，系统将对一个面上的所有边建立倒角。此时命令行提示与操作如下。

```
选择环边或 [边(E)/距离(D)]: 选择环边
输入选项 [接受(A)/下一个(N)] <接受>:
选择环边或 [边(E)/距离(D)]:
按 Enter 键接受倒角或 [距离(D)]:
```

(3) 距离(D)：若选择该选项，则需要输入倒角距离。

16.3.2　圆角边

使用 FILLETEDGE 命令，用户可为实体对象边建立圆角。

执行方式

- ❑ 命令行：FILLETEDGE。
- ❑ 菜单栏：执行【修改】|【三维编辑】|【圆角边】命令。
- ❑ 工具栏：单击【实体编辑】工具栏中的【圆角边】按钮。
- ❑ 功能区：单击【常用】选项卡【实体编辑】面板中的【圆角边】按钮。

操作过程

```
命令: FILLETEDGE↙
半径 = 1.0000
选择边或 [链(C)/环(L)/半径(R)]: 选择建模上的一条边
选择边或 [链(C)/环(L)/半径(R)]:
已选定 1 个边用于圆角。
按 Enter 键接受圆角或 [半径(R)]: ↙
```

选项说明

链(C)：表示与选择的边相邻的边都被选中，并进行圆角操作。图 16-17 所示为对长方体零件倒圆角的结果。

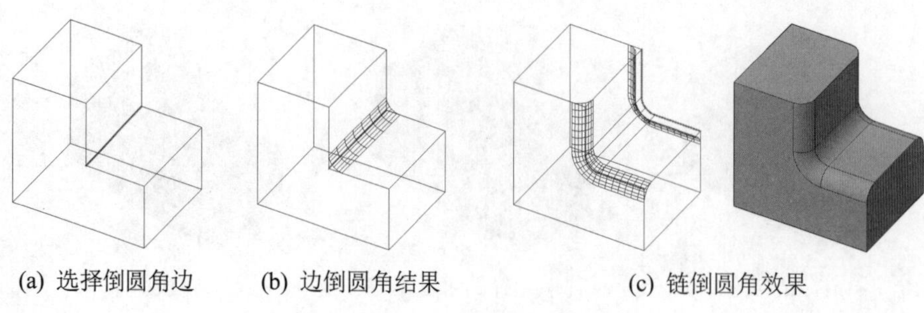

图 16-17　对建模棱边倒圆角

视频讲解

【例 16-8】绘制图 16-18 所示的挡板三维模型。

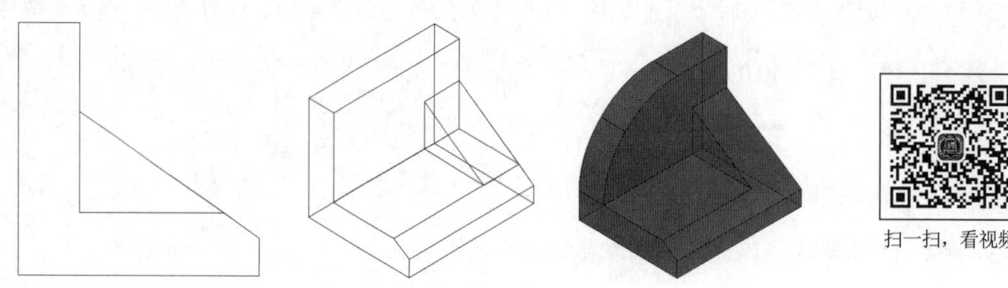

图 16-18　挡板三维模型

16.3.3　着色边

用户可更改实体对象上各条边的颜色。

执行方式

- ❑ 命令行：SOLIDEDIT。
- ❑ 菜单栏：执行【修改】|【实体编辑】|【着色边】命令。
- ❑ 工具栏：单击【实体编辑】工具栏中的【着色边】按钮。
- ❑ 功能区：单击【常用】选项卡【实体编辑】面板中的【着色边】按钮。

操作过程

```
命令: SOLIDEDIT↙
实体编辑自动检查:  SOLIDCHECK=1
输入实体编辑选项 [面(F)/边(E)/体(B)/放弃(U)/退出(X)] <退出>: E
输入边编辑选项 [复制(C)/着色(L)/放弃(U)/退出(X)] <退出>: L
选择边或 [放弃(U)/删除(R)]: 选择要着色的边
选择边或 [放弃(U)/删除(R)]: 继续选择边或按 Enter 键结束选择
```

执行上述操作选择边后，AutoCAD 将打开图 16-19 所示的【选择颜色】对话框。在该对话框中，用户可根据需要选择合适的颜色作为要着色边的颜色。

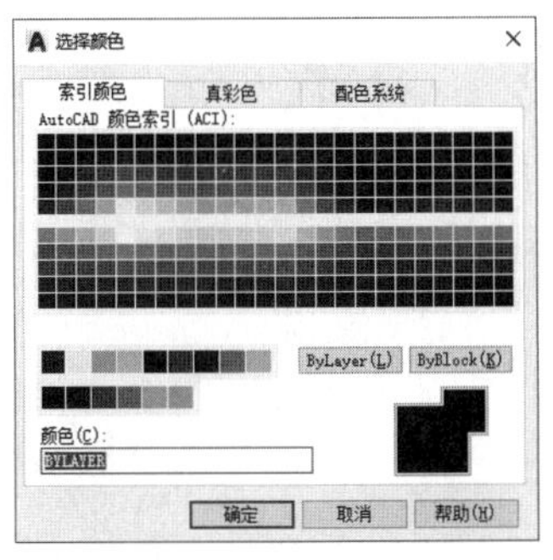

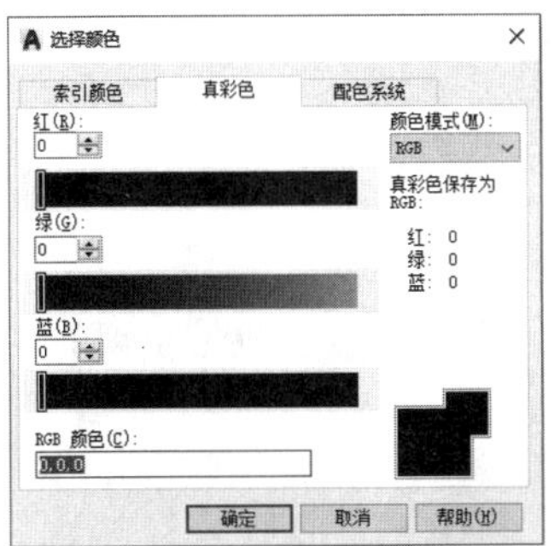

图 16-19 【选择颜色】对话框

16.3.4 复制边

用户可将三维实体上的选定边复制为二维圆弧、圆、椭圆、直线或样条曲线。

执行方式

- ❑ 命令行：SOLIDEDIT。
- ❑ 菜单栏：执行【修改】|【实体编辑】|【复制边】命令。
- ❑ 工具栏：单击【实体编辑】工具栏中的【复制边】按钮。
- ❑ 功能区：单击【常用】选项卡【实体编辑】面板中的【复制边】按钮。

操作过程

```
命令: SOLIDEDIT↙
实体编辑自动检查:  SOLIDCHECK=1
输入实体编辑选项 [面(F)/边(E)/体(B)/放弃(U)/退出(X)] <退出>: E↙
输入边编辑选项 [复制(C)/着色(L)/放弃(U)/退出(X)] <退出>: C↙
选择边或 [放弃(U)/删除(R)]: 选择边
选择边或 [放弃(U)/删除(R)]: 继续选择边，按 Enter 键结束
指定基点或位移: 单击确定复制基点
指定位移的第二点: 单击确定复制目标点
```

图 16-20 所示为复制边的图形效果。

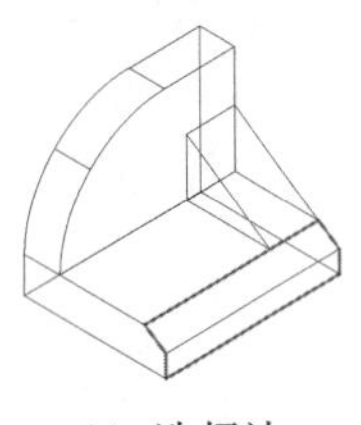
(a) 选择边

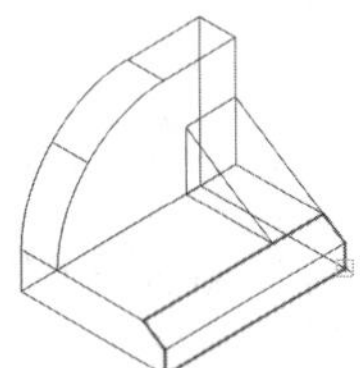
(b) 确定基点

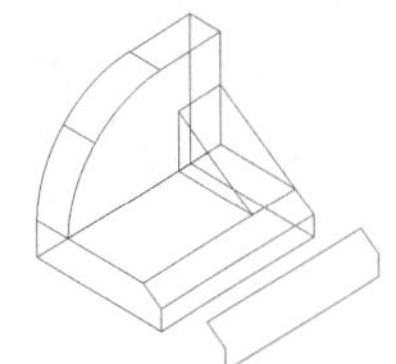
(c) 复制边

图 16-20　复制三维实体的边

16.4　编辑实体面

在编辑三维实体的过程中，对于面的编辑操作非常重要，主要包括拉伸面、移动面、删除面、

旋转面、倾斜面、复制面、着色面等。

16.4.1 拉伸面

通过拉伸面命令，可在 X、Y、Z 方向上延伸三维实体面。

执行方式

- ❑ 命令行：SOLIDEDIT。
- ❑ 菜单栏：执行【修改】|【实体编辑】|【拉伸面】命令。
- ❑ 工具栏：单击【实体编辑】工具栏中的【拉伸面】按钮。
- ❑ 功能区：单击【常用】选项卡【实体编辑】面板中的【拉伸面】按钮。

操作过程

```
命令: SOLIDEDIT↙
实体编辑自动检查:  SOLIDCHECK=1
输入实体编辑选项 [面(F)/边(E)/体(B)/放弃(U)/退出(X)] <退出>: F↙
输入面编辑选项[拉伸(E)/移动(M)/旋转(R)/偏移(O)/倾斜(T)/删除(D)/复制(C)/颜色(L)/材质(A)/放弃(U)/退出(X)] <退出>: E↙
选择面或 [放弃(U)/删除(R)]: 选择要拉伸的面
选择面或 [放弃(U)/删除(R)/全部(ALL)]: ↙
指定拉伸高度或 [路径(P)]: 输入拉伸高度
指定拉伸的倾斜角度 <0>: 输入倾斜角度
```

选项说明

(1) 指定拉伸高度：按指定的高度值来拉伸面。

(2) 指定拉伸的倾斜角度：按指定的倾斜角度来拉伸面。

(3) 路径(P)：沿指定的路径曲线拉伸面。

图 16-21 所示为拉伸长方体的顶面和侧面的结果。

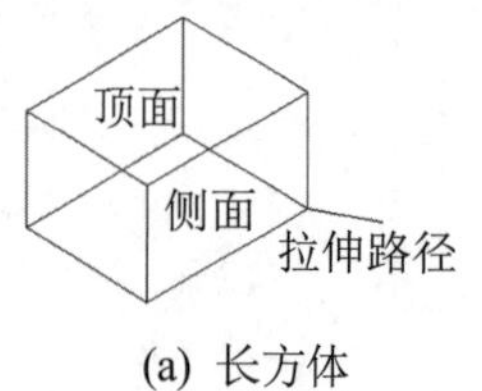

(a) 长方体

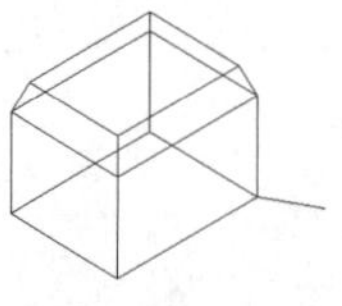

(b) 拉伸顶面

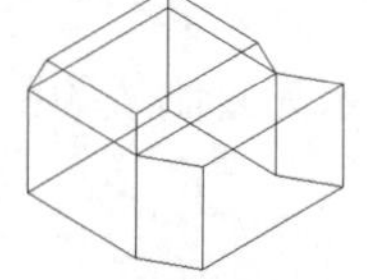

(c) 沿路径拉伸侧面

图 16-21　拉伸长方体

16.4.2 删除面

用户使用删除面命令，可以删除实体上的圆角和倒角特征。

执行方式

- ❑ 命令行：SOLIDEDIT。
- ❑ 菜单栏：执行【修改】|【实体编辑】|【删除面】命令。
- ❑ 工具栏：单击【实体编辑】工具栏中的【删除面】按钮。

❑ 功能区：单击【常用】选项卡【实体编辑】面板中的【删除面】按钮。

操作过程

```
命令: SOLIDEDIT↙
输入实体编辑选项 [面(F)/边(E)/体(B)/放弃(U)/退出(X)] <退出>: F↙
输入面编辑选项[拉伸(E)/移动(M)/旋转(R)/偏移(O)/倾斜(T)/删除(D)/复制(C)/颜色(L)/材质(A)/放弃(U)/退出(X)] <退出>: D↙
选择面或 [放弃(U)/删除(R)]: 选择要删除的面
选择面或 [放弃(U)/删除(R)/全部(ALL)]:
```

16.4.3　移动面

用户可沿指定高度或距离，移动选定三维实体对象的面(一次性可移动多个面)。

执行方式

❑ 命令行：SOLIDEDIT。

❑ 菜单栏：执行【修改】|【实体编辑】|【移动面】命令。

❑ 工具栏：单击【实体编辑】工具栏中的【移动面】按钮。

❑ 功能区：单击【常用】选项卡【实体编辑】面板中的【移动面】按钮。

操作过程

```
命令: SOLIDEDIT↙
输入实体编辑选项 [面(F)/边(E)/体(B)/放弃(U)/退出(X)] <退出>: F↙
输入面编辑选项[拉伸(E)/移动(M)/旋转(R)/偏移(O)/倾斜(T)/删除(D)/复制(C)/颜色(L)/材质(A)/放弃(U)/退出(X)] <退出>: M↙
选择面或 [放弃(U)/删除(R)]: 选择需要移动的面
选择面或 [放弃(U)/删除(R)/全部(ALL)]:继续选择移动面或按 Enter 键结束选择
指定基点或位移: 输入具体的坐标或选择关键点作为基点
指定位移的第二点: 输入具体的坐标或选择关键点
```

图 16-22 所示为使用移动面命令移动 S 形轨道一个面的结果。

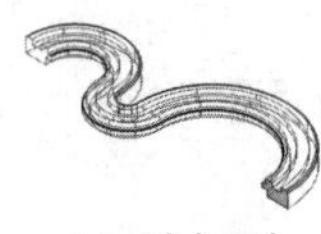

(a) 选择面

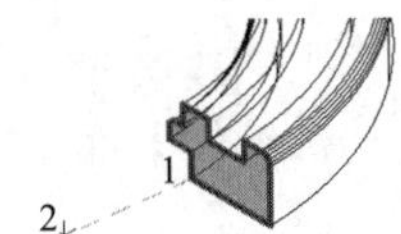

(b) 指定基点和第二点

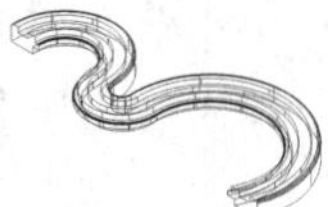

(c) 移动面

图 16-22　移动三维实体

16.4.4　旋转面

用户可通过旋转面来更改对象的形状，绕指定轴旋转一个或多个面或实体的某些部分。

执行方式

❑ 命令行：SOLIDEDIT。

❑ 菜单栏：执行【修改】|【实体编辑】|【旋转面】命令。

- 工具栏：单击【实体编辑】工具栏中的【旋转面】按钮。
- 功能区：单击【常用】选项卡【实体编辑】面板中的【旋转面】按钮。

操作过程

命令: SOLIDEDIT↙
实体编辑自动检查:　SOLIDCHECK=1
输入实体编辑选项 [面(F)/边(E)/体(B)/放弃(U)/退出(X)] <退出>: F↙
输入面编辑选项[拉伸(E)/移动(M)/旋转(R)/偏移(O)/倾斜(T)/删除(D)/复制(C)/颜色(L)/材质(A)/放弃(U)/退出(X)] <退出>: R↙
选择面或 [放弃(U)/删除(R)]: 选择需要旋转的面
选择面或 [放弃(U)/删除(R)/全部(ALL)]: ↙
指定轴点或 [经过对象的轴(A)/视图(V)/X 轴(X)/Y 轴(Y)/Z 轴(Z)] <两点>: 选择旋转轴上的一点
在旋转轴上指定第二个点: 选择旋转轴上的另一点
指定旋转角度或 [参照(R)]: 20↙

图 16-23 所示为使用旋转面命令旋转零件三维实体顶面的结果。

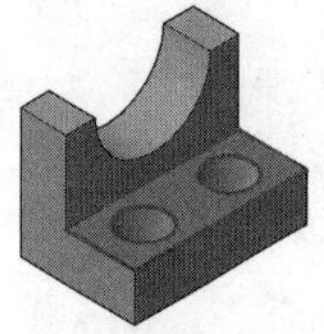
(a) 选择面

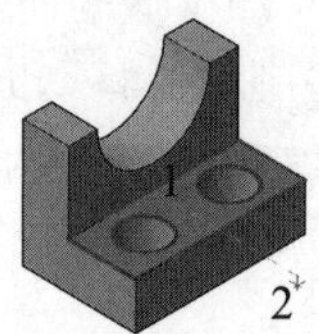

(b) 选择旋转轴上的两点

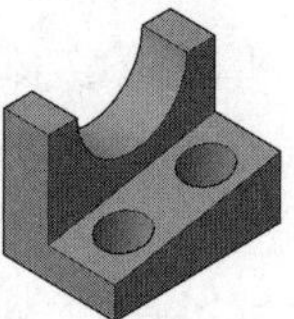
(c) 旋转面

图 16-23　旋转圆柱体的顶面

16.4.5　倾斜面

用户可以指定的角度倾斜三维实体上的面。

执行方式

- 命令行：SOLIDEDIT。
- 菜单栏：执行【修改】|【实体编辑】|【倾斜面】命令。
- 工具栏：单击【实体编辑】工具栏中的【倾斜面】按钮。
- 功能区：单击【常用】选项卡【实体编辑】面板中的【倾斜面】按钮。

操作过程

命令: SOLIDEDIT↙
实体编辑自动检查:　SOLIDCHECK=1
输入实体编辑选项 [面(F)/边(E)/体(B)/放弃(U)/退出(X)] <退出>: F↙
输入面编辑选项[拉伸(E)/移动(M)/旋转(R)/偏移(O)/倾斜(T)/删除(D)/复制(C)/颜色(L)/材质(A)/放弃(U)/退出(X)] <退出>: T↙
选择面或 [放弃(U)/删除(R)]: 选择要倾斜的面
选择面或 [放弃(U)/删除(R)/全部(ALL)]: ↙
指定基点: 输入具体的坐标或选择关键点作为基点
指定沿倾斜轴的另一个点: 输入具体的坐标或选择关键点

```
指定倾斜角度: 输入倾斜角度
```

图 16-24 所示为使用倾斜面命令倾斜零件中一个面的结果。

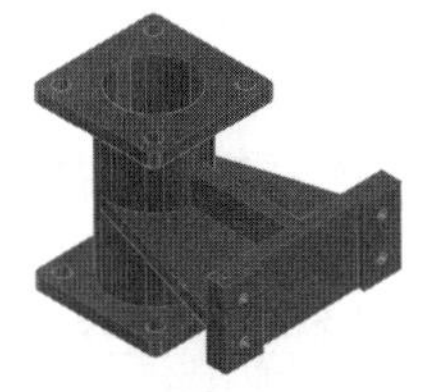
(a) 选择面

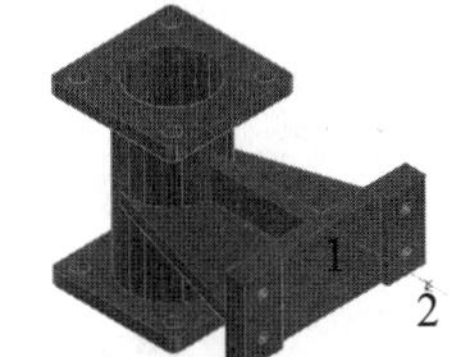

(b) 选择基点和沿倾斜轴的另一个点

(c) 倾斜面

图 16-24　倾斜零件中的面

16.4.6　偏移面

用户可按指定的距离或通过指定的点将面均匀地偏移。

执行方式

- ❑ 命令行：SOLIDEDIT。
- ❑ 菜单栏：执行【修改】|【实体编辑】|【偏移面】命令。
- ❑ 工具栏：单击【实体编辑】工具栏中的【偏移面】按钮。
- ❑ 功能区：单击【常用】选项卡【实体编辑】面板中的【偏移面】按钮。

操作过程

```
命令: SOLIDEDIT↙
实体编辑自动检查:   SOLIDCHECK=1
输入实体编辑选项 [面(F)/边(E)/体(B)/放弃(U)/退出(X)] <退出>: F↙
输入面编辑选项[拉伸(E)/移动(M)/旋转(R)/偏移(O)/倾斜(T)/删除(D)/复制(C)/颜色(L)/材质(A)/放弃(U)/退出(X)] <退出>: O↙
选择面或 [放弃(U)/删除(R)]: 选取需要偏移的面
选择面或 [放弃(U)/删除(R)/全部(ALL)]: ↙
指定偏移距离: 输入偏移距离
```

图 16-25 所示为使用偏移面命令偏移零件的面使其改变整体厚度的结果。

(a) 选择面

(b) 偏移面

图 16-25　通过偏移面改变零件整体厚度

16.4.7　着色面

着色面用于修改面的颜色，还可用于亮显复杂三维实体模型内的细节。

执行方式

- ❑ 命令行：SOLIDEDIT。
- ❑ 菜单栏：执行【修改】|【实体编辑】|【着色面】命令。
- ❑ 工具栏：单击【实体编辑】工具栏中的【着色面】按钮。
- ❑ 功能区：单击【常用】选项卡【实体编辑】面板中的【着色面】按钮。

操作过程

执行以上命令后，在绘图区选择需要着色的面，系统将打开【选择颜色】对话框，通过该对话框用户可以修改三维实体面的颜色。

16.4.8 复制面

复制面可以将面复制为面域或体。

执行方式

- ❑ 命令行：SOLIDEDIT。
- ❑ 菜单栏：执行【修改】|【实体编辑】|【复制面】命令。
- ❑ 工具栏：单击【实体编辑】工具栏中的【复制面】按钮。
- ❑ 功能区：单击【常用】选项卡【实体编辑】面板中的【复制面】按钮。

操作过程

```
命令: SOLIDEDIT↙
输入实体编辑选项 [面(F)/边(E)/体(B)/放弃(U)/退出(X)] <退出>: F↙
输入面编辑选项[拉伸(E)/移动(M)/旋转(R)/偏移(O)/倾斜(T)/删除(D)/复制(C)/颜色(L)/材质(A)/放弃(U)/退出(X)] <退出>: C↙
选择面或 [放弃(U)/删除(R)]: 选择需要复制的面
选择面或 [放弃(U)/删除(R)/全部(ALL)]: ↙
指定基点或位移: 输入具体的坐标或选择关键点作为基点
指定位移的第二点: 输入具体的坐标或选择关键点
```

图 16-26 所示为使用复制面命令复制箱体三维模型一个侧面的结果。

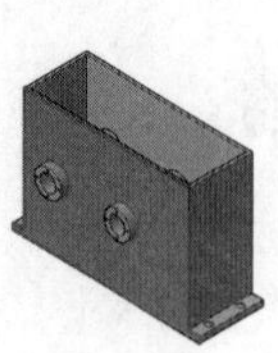

(a) 选择面

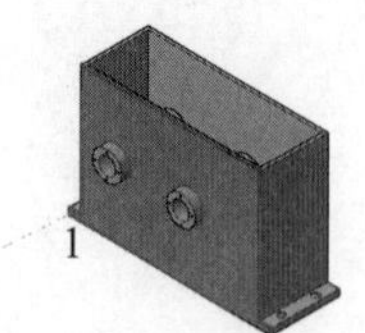

(b) 选择基点和位移的第二点

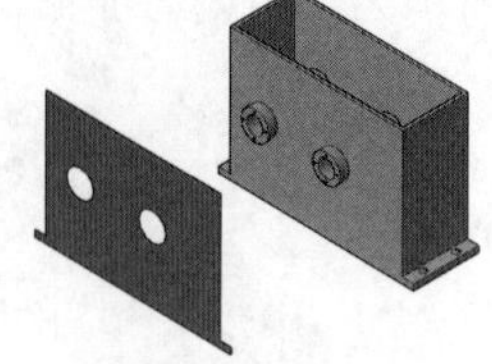

(c) 复制面

图 16-26　复制箱体模型的侧面

视频讲解

【例 16-9】绘制图 16-27 所示的轴支架和支座。

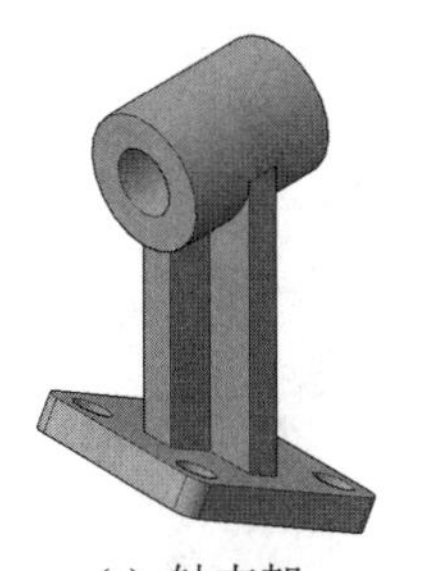
(a) 轴支架

(b) 支座

扫一扫，看视频

图 16-27　轴支架和支座

16.5　实践演练

通过学习，读者对本章所介绍的内容有了大致的了解。本节将通过表 16-1 所示的几个实践操作，帮助读者进一步掌握本章的知识要点。

表 16-1　实践演练操作要求

实践名称	操作要求	效　果
固定板	(1) 创建长方体； (2) 对长方体进行圆角和抽壳操作； (3) 对长方体进行抽壳操作； (4) 切换至前视图，创建圆柱体； (5) 对圆柱体进行三维阵列； (6) 将创建的长方体与圆柱体进行差集运算	
箱体	(1) 创建两个长方体； (2) 对两个长方体进行差集操作； (3) 创建圆柱体； (4) 对圆柱体进行三维镜像操作； (5) 对长方体和圆柱体分别进行并集和差集操作	

16.6　拓展练习

扫描二维码，获取更多 AutoCAD 习题。

扫一扫，做练习

第17章　三维造型图绘制实例

内容简介

与二维图形相比，三维图形更加形象、直观。本章将通过几个具体的实例介绍三维图形的综合绘制方法。

17.1　绘制手柄

实例讲解

【例 17-1】 绘制图 17-1(b)所示的手柄三维模型。

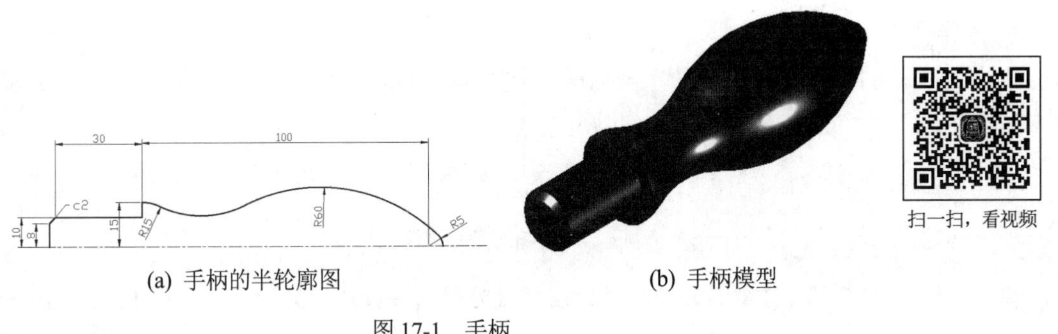

(a) 手柄的半轮廓图　　(b) 手柄模型

图 17-1　手柄

操作提示

❶ 根据图 17-1(a)所示绘制手柄的半轮廓图。

❷ 执行 PEDIT 命令，将绘制的手柄图形轮廓创建为封闭多段线，然后使用【旋转】命令(REVOLVE)将多段线旋转成实体，如图 17-2 所示。

❸ 切换至“西南等轴测”视点观察实体，效果如图 17-3 所示。选择【视图】|【消隐】命令，消隐图形后的效果如图 17-4 所示。

❹ 为实体对象添加材质(如“钛-抛光”)后切换至“真实”视觉样式观察实体，效果如图 17-1(b)所示。

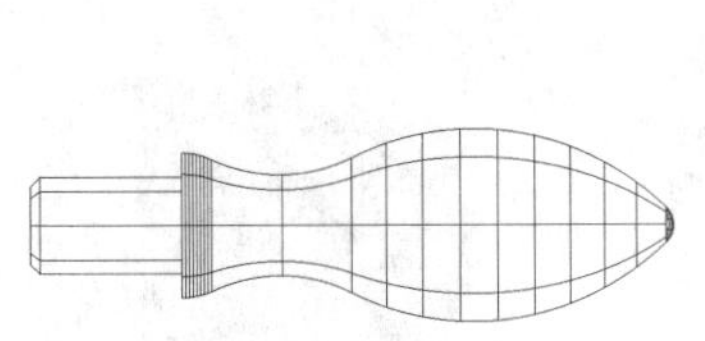

图 17-2　手柄实体

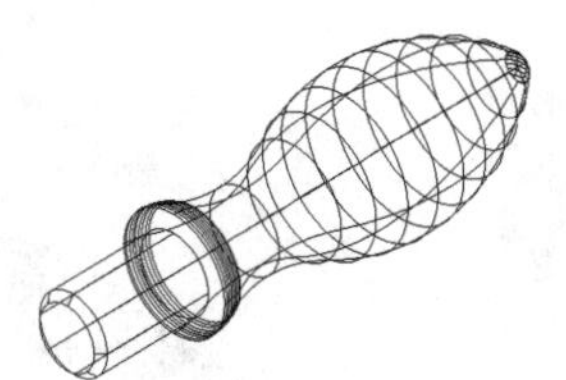

图 17-3　切换至“西南等轴测”视点

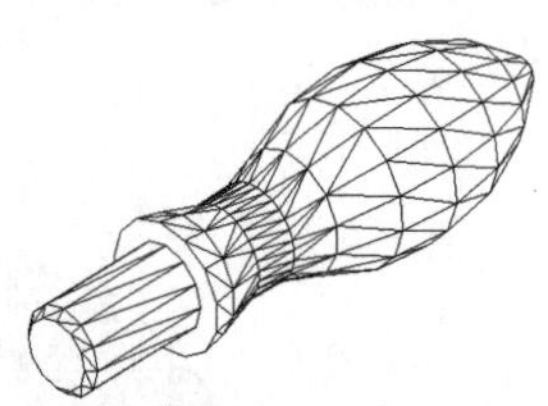

图 17-4　“消隐”效果

17.2 绘 制 轴

实例讲解

【例 17-2】绘制图 17-5 所示的轴三维模型。

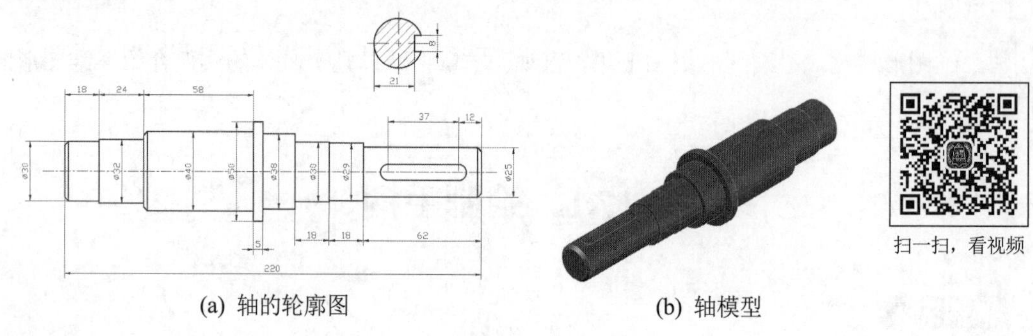

(a) 轴的轮廓图　　(b) 轴模型

图 17-5　轴

操作提示

❶ 根据图 17-1(a)所示绘制轴的半轮廓图，如图 17-6 所示。

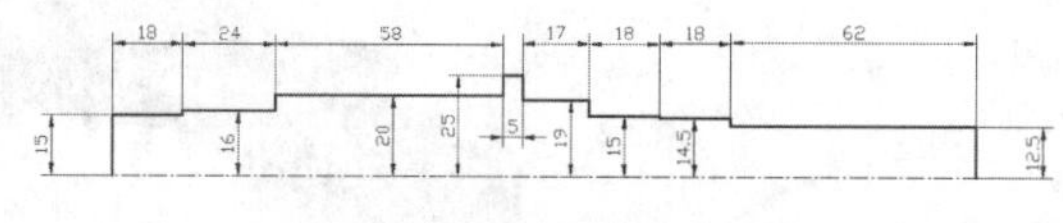

图 17-6　轴的半轮廓图

❷ 执行 PEDIT 命令，将绘制的轴半轮廓图转换为封闭多段线，然后执行【旋转】命令(REVOLVE)将多段线旋转成实体，如图 17-7 所示。

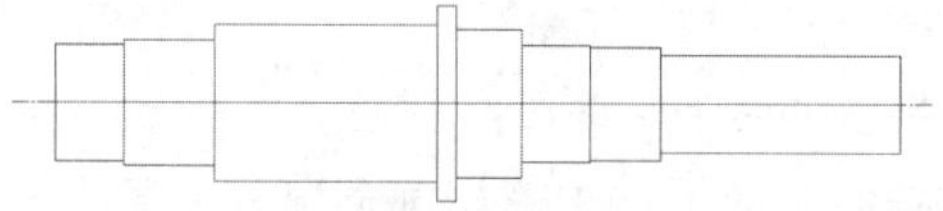

图 17-7　将二维图形旋转成三维实体

❸ 切换至“东北等轴测”视点和“X 射线”视觉样式观察实体，结果如图 17-8 所示。

❹ 使用【倒角边】命令(CHAMFEREDGE)，在需要倒角的端面上创建倒角(倒角距离为 2)，结果如图 17-9 所示。

❺ 选择【工具】|【新建 UCS】|【原点】命令，捕捉图 17-10 中左端面的圆心，结果如图 17-10 所示。

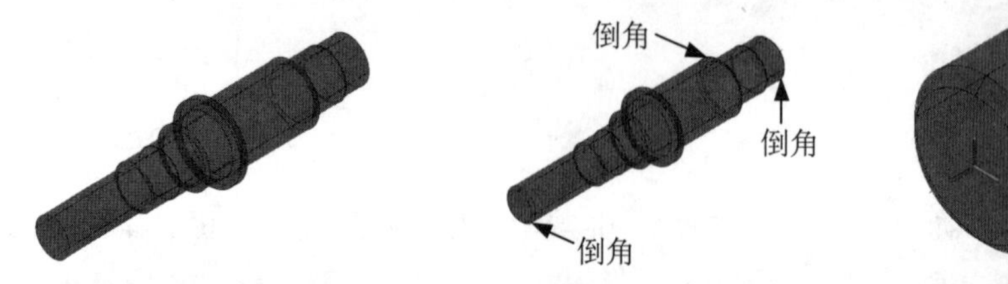

图 17-8　切换至“东北等轴测”视点　　图 17-9　创建倒角　　图 17-10　新建 UCS

❻ 选择【工具】|【新建 UCS】|【原点】命令，继续建立新的 UCS，指定新的原点为(-12,0,8.5)，如图 17-11 所示。

❼ 选择【视图】|【三维视图】|【平面视图】|【当前 UCS】命令，然后使用【圆】命令(CIRCLE)，绘制直径为 8 的两个圆，使用【直线】命令(LINE)绘制对应的两条水平切线，如图 17-12 所示。

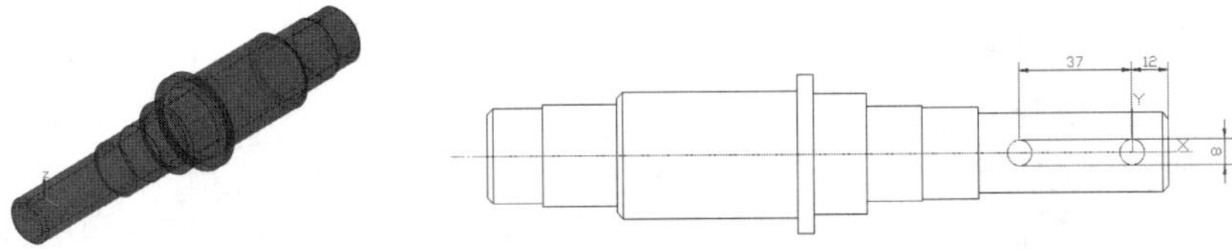

图 17-11　新建 UCS　　　　图 17-12　绘制圆和切线

❽ 使用【修剪】命令(TRIM)，对图 17-12 中的圆和切线进行修剪，结果如图 17-13 所示。

❾ 执行 PEDIT 命令，将修剪后得到的圆弧和直线合并为多段线(键槽轮廓)。

❿ 切换至“东北等轴测”视点，使用【拉伸】命令(EXTRUDE)，拉伸图形中表示键槽轮廓的多段线，拉伸高度为 20，结果如图 17-14 所示。

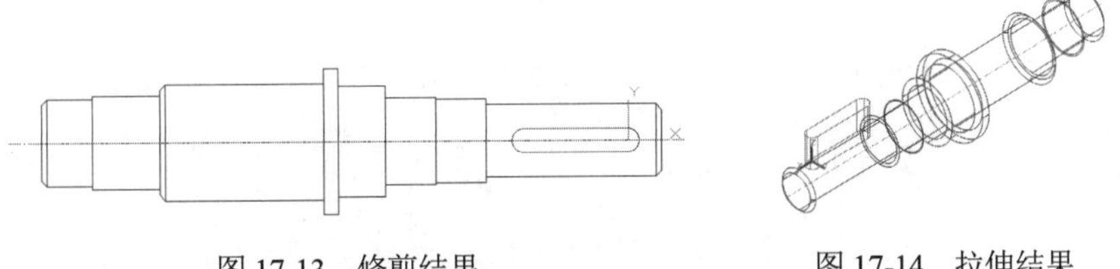

图 17-13　修剪结果　　　　图 17-14　拉伸结果

⓫ 使用【差集】命令(SUBTRACT)对实体执行差集操作，用轴实体减去上一步得到的拉伸实体。

⓬ 为实体对象添加材质后切换至“真实”视觉样式观察实体，结果如图 17-5(b)所示。

17.3　绘制端盖

实例讲解

【例 17-3】绘制图 17-15 所示的端盖三维模型。

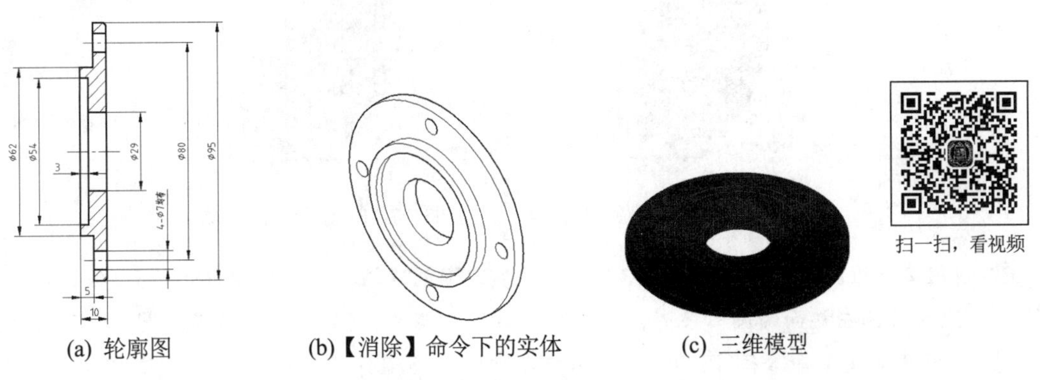

(a) 轮廓图　　(b)【消除】命令下的实体　　(c) 三维模型

图 17-15　端盖

操作提示

❶ 根据图 17-15 所示绘制端盖的半轮廓图，如图 17-16 所示。

❷ 执行 PEDIT 命令，将绘制的半轮廓图转换为多段线，使用【旋转】命令(REVOLVE) 将多段线旋转成实体，然后切换至“东北等轴测”视点观察实体，结果如图 17-17 所示。

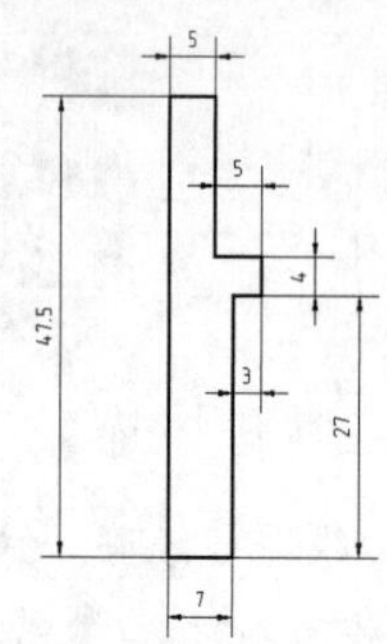

图 17-16　端盖的半轮廓图

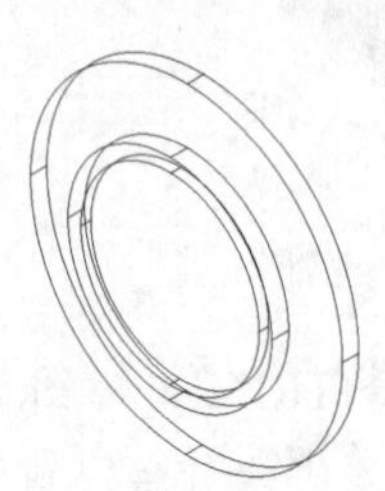

图 17-17　旋转结果

❸ 选择【工具】|【新建 UCS】|【原点】命令，捕捉实体左端面的圆心，新建 UCS，结果如图 17-18 所示。

❹ 选择【工具】|【新建 UCS】| Y 命令，指定坐标系绕 Y 轴旋转 90°，结果如图 17-19 所示。

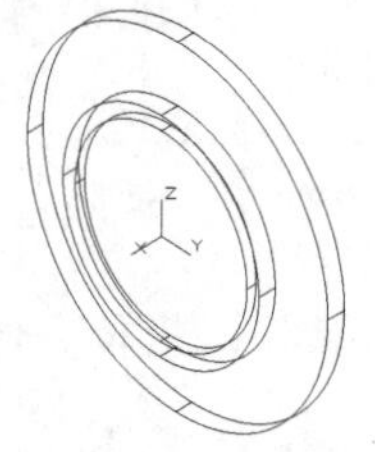

图 17-18　新建 UCS

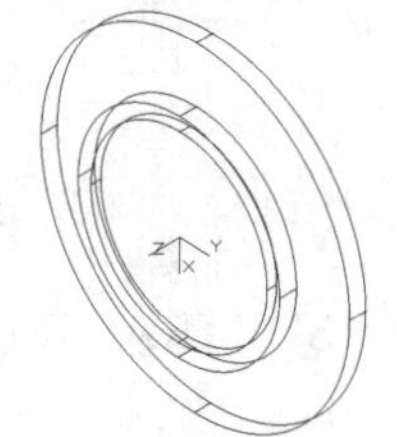

图 17-19　旋转 UCS

❺ 使用【圆柱体】命令(CYLINDER)，以(0,0,0)为底面的中心点，创建半径为 14.5、高度为-20 的大圆柱体，结果如图 17-20 所示。

❻ 继续使用【圆柱体】命令(CYLINDER)，以(40,0,0)为底面的中心点，创建半径为 3.5、高度为-20 的小圆柱体，结果如图 17-21 所示。

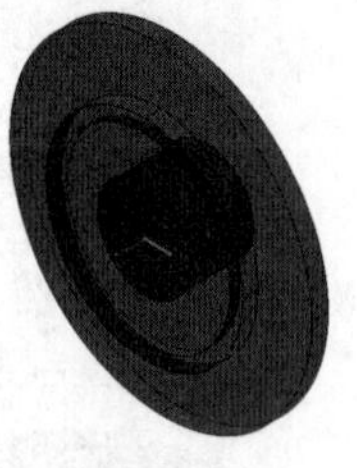

图 17-20　创建大圆柱体

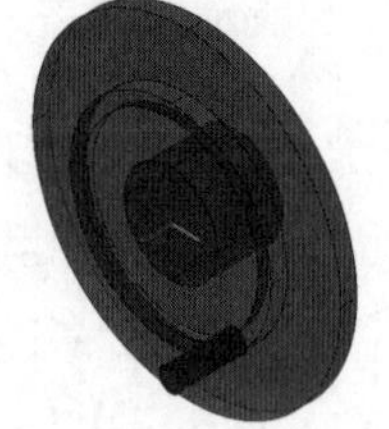

图 17-21　创建小圆柱体

❼ 使用【三维阵列】命令(3DARRAY)，对步骤❻创建的圆柱体创建环形阵列(项目数目为 4，阵列中心点为实体左端面的圆心位置，旋转轴上的第二点为：0,0,100)，结果如图 17-22 所示。

❽ 使用【差集】命令(SUBTRACT)对实体执行差集操作，用旋转实体减去圆柱体，结果如图 17-23 所示。

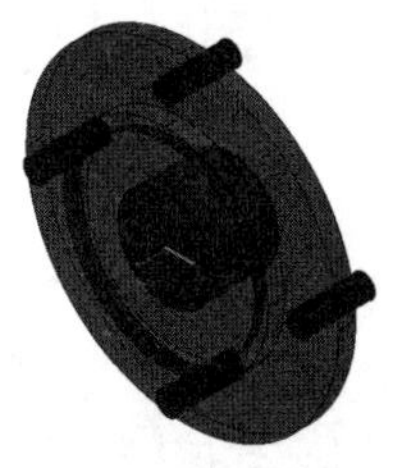

图 17-22　阵列结果

图 17-23　差集结果

❾ 选择【视图】|【消隐】命令，实体效果如图 17-15(b)所示，为实体对象添加材质后切换至“真实”视觉样式并调整视点观察实体，结果如图 17-15(c)所示。

17.4　绘制支座

实例讲解

【例 17-4】绘制图 17-24 所示的管接头三维模型。

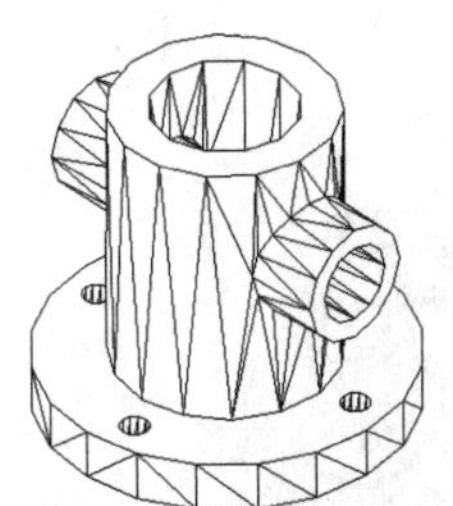

(a) 添加材质前的三维模型

(b) 最终三维模型效果

扫一扫，看视频

图 17-24　管接头

操作提示

❶ 切换至“西南等轴测”视点。使用【圆柱体】命令(CYLINDER)，以(0,0,0)为底面的中心点，绘制直径为 76、高度为 10 的圆柱体，结果如图 17-25(a)所示。

❷ 使用【圆柱体】命令(CYLINDER)，以(0,0,0)为底面的中心点，分别绘制直径为 46、高度为 65 和直径为 30、高度为 65 的圆柱体，结果如图 17-25(b)所示。

❸ 使用【圆柱体】命令(CYLINDER)，以(30,5,0)为底面的中心点，创建直径为 6、高度为 15 的圆柱体，如图 17-25(c)所示。

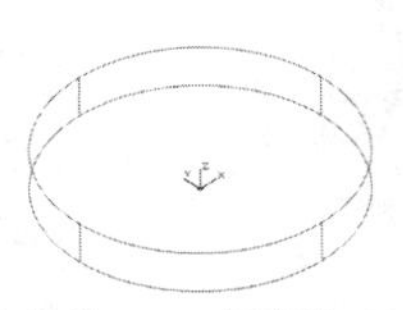

(a) 创建直径为 76、高度为 10 的圆柱体

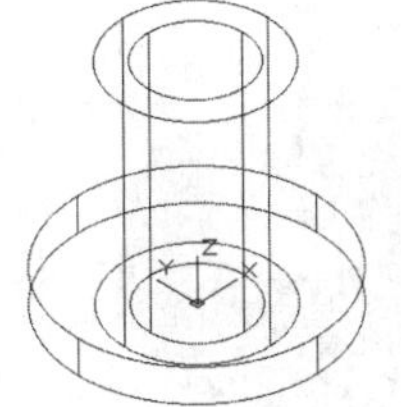

(b) 创建两个圆柱体　(c) 创建直径为 6、高度为 15 的圆柱体

图 17-25　创建圆柱体

❹ 使用【三维阵列】命令(3DARRAY)，对步骤❸创建的圆柱体创建环形阵列(项目数目为 4，捕捉图 17-25(c)所示圆柱体的顶面圆心为中心点，捕捉该圆柱体的底面圆心为旋转轴上的第二点)，结果如图 17-26 所示。

❺ 选择【工具】|【新建 UCS】|X 命令，指定坐标系绕 X 轴旋转 90°，结果如图 17-27 所示。

❻ 使用【圆柱体】命令(CYLINDER)，以(0,42,35)为底面的中心点，分别创建直径为 24、高度为-70 和直径为 16、高度为-80 的圆柱体，结果如图 17-28 所示。

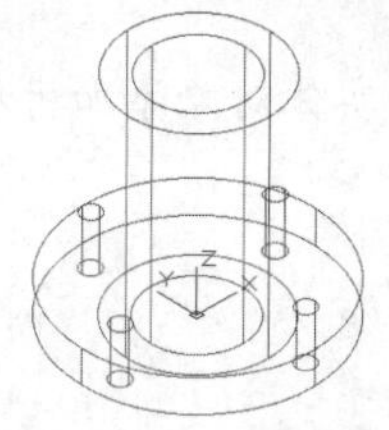

图 17-26　阵列结果

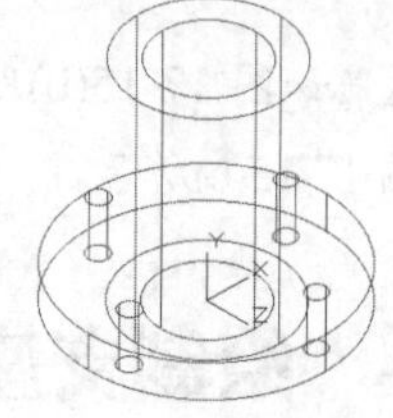

图 17-27　新建 UCS

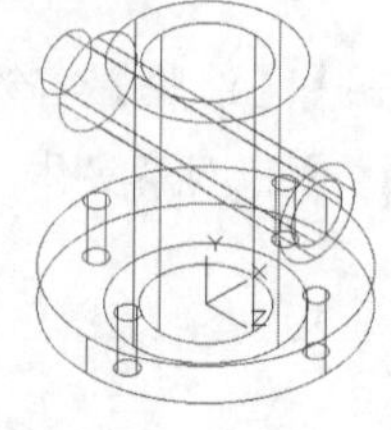

图 17-28　创建圆柱体

❼ 使用【并集】命令(UNION)，对直径为 76、46 和 24 的圆柱体进行并集操作，结果如图 17-29 所示。

❽ 使用【差集】命令(SUBTRACT)对实体执行差集操作，用步骤❼通过并集操作得到的实体减去 4 个直径为 6 的小圆柱体和直径为 30 和 16 的圆柱体，结果如图 17-30 所示。

图 17-29　并集结果

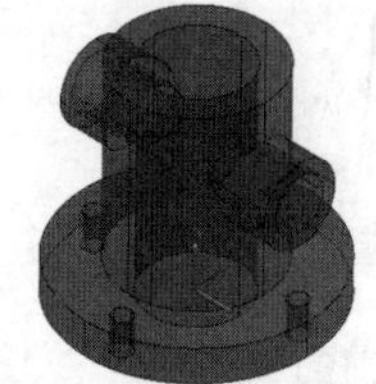

图 17-30　差集结果

❾ 选择【视图】|【消隐】命令，实体效果如图 17-24(a)所示，为实体对象添加材质后切换至“真实”视觉样式并调整视点观察实体，结果如图 17-24(b)所示。

17.5　绘制六角螺母

实例讲解

【例 17-5】绘制图 17-31 所示的六角螺母三维模型。

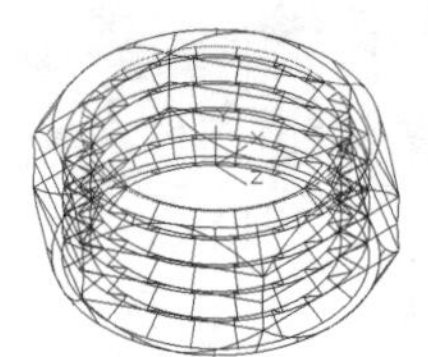

(a)“西南等轴测”视点

(b)“真实”视觉样式

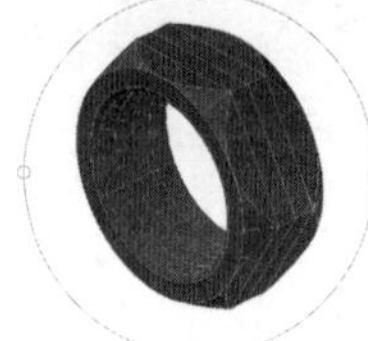

(c) 自由动态观察

扫一扫，看视频

图 17-31　六角螺母

操作提示

❶ 切换至“西南等轴测”视点，选择【圆锥体】命令(CONE)，在坐标原点创建半径为 12、高度为 20 的圆锥体，结果如图 17-32 所示。

❷ 使用【多边形】命令(POLYGON)，以圆锥体底面圆为中心点，绘制内接圆半径为 12 的正六边形，结果如图 17-33 所示。

❸ 使用【拉伸】命令(EXTRUDE)，拉伸步骤❷绘制的正六边形，拉伸高度为 7，结果如图 17-34 所示。

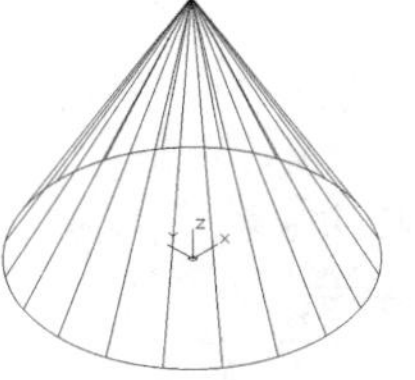

图 17-32　创建圆锥体

图 17-33　绘制正六边形

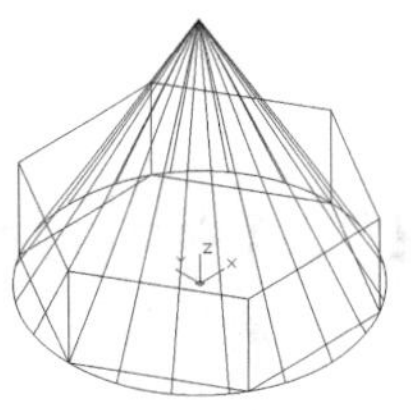

图 17-34　拉伸结果

❹ 使用【交集】命令(INTERSECT)，将圆锥体和正六边形进行交集处理，结果如图 17-35 所示。

❺ 使用【剖切】命令(SLICE)，剖切交集后得到的实体(指定 XY 平面上的点)，结果如图 17-36 所示。

❻ 使用【拉伸面】命令(SOLIDEDIT)，拉伸实体底面，拉伸高度为 2，结果如图 17-37 所示。

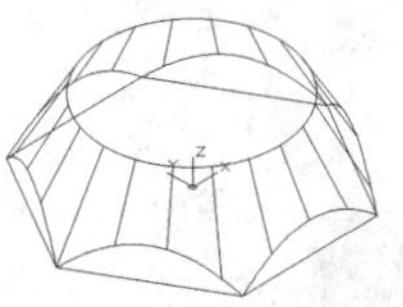

图 17-35　交集结果

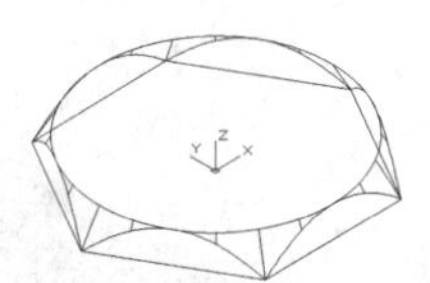

图 17-36　剖切结果

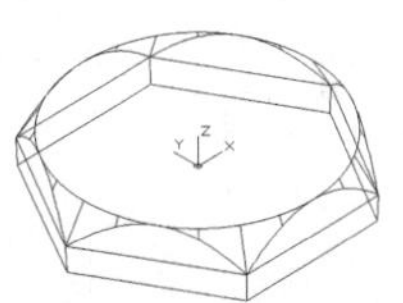

图 17-37　拉伸面

❼ 使用【三维镜像】命令(MIRROR3D)，以 XY 平面为镜像平面，以实体底面六边形的任意一个顶点为 XY 平面上的点，对实体进行镜像操作，结果如图 17-38 所示。

❽ 使用【并集】命令(UNION)，将镜像后的两个实体进行并集运算。

❾ 切换至“前视”视点，使用【多段线】命令(PLINE)，在绘图区任意位置捕捉一点作为起点，然后依次捕捉点(@2<-30)、(@2<-150)，绘制图 17-39 所示的多段线。

❿ 使用【阵列】命令(3DARRAY)，对步骤❾绘制的多段线创建矩形阵列，阵列的列数为 1，行数为 12，行间距为 2，结果如图 17-40 所示。

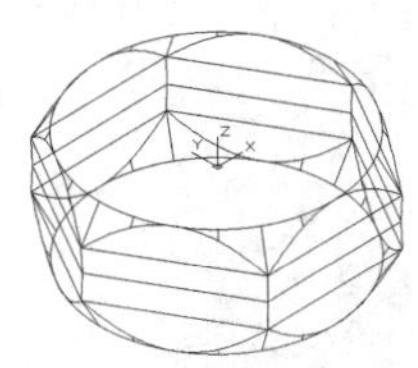

图 17-38　镜像结果

图 17-39　绘制多段线

图 17-40　阵列结果

⓫ 使用【直线】命令(LINE)，绘制图 17-41 所示的螺纹截面；使用【分解】命令(EXPLODE)，将步骤❿得到的阵列图形分解；执行 PEDIT 命令，将组成螺纹截面的直线组成封闭多段线；使用【面域】命令(REGION)，将绘制的螺纹截面转换为面域。

⑫ 使用【旋转】命令(REVOLVE)，以螺纹截面左边线为旋转轴，旋转螺纹截面，结果如图 17-42 所示。

⑬ 使用【三维移动】命令(3DMOVE)，将螺纹移至圆柱中心，结果如图 17-43 所示。

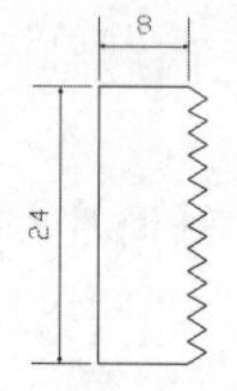

图 17-41 螺纹截面

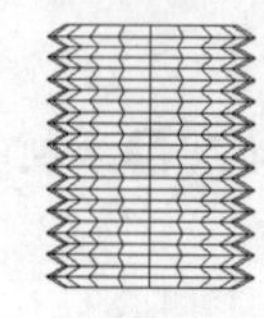

图 17-42 旋转结果

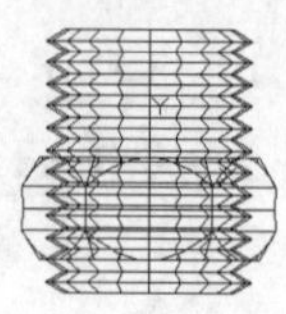

图 17-43 移动螺纹

⑭ 使用【差集】命令(SUBTRACT)，将螺母与螺纹进行差集运算。

⑮ 切换至“西南等轴测”视点观看实体，效果如图 17-31(a)所示。

⑯ 为实体对象添加材质后，切换至“真实”视觉样式并调整视点观察实体，结果如图 17-31(b)所示。选择【视图】|【动态观察】|【自由动态观察】命令观察实体模型，效果如图 17-31(c)所示。

17.6 绘制泵盖

实例讲解

【例 17-6】绘制图 17-44 所示的泵盖三维模型。

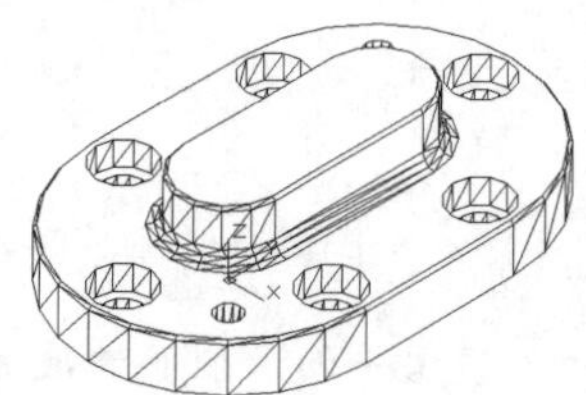

(a) 添加材质前的三维模型

(b) 最终三维模型效果

扫一扫，看视频

图 17-44 泵盖

操作提示

❶ 使用【多段线】命令(PLINE)，绘制图 17-45 所示的二维封闭多段线。

❷ 使用【偏移】命令(OFFSET)偏移多段线，偏移距离为 40，如图 17-46 所示。

❸ 切换至“东南等轴测”视点，使用【拉伸】命令(EXTRUDE)，拉伸步骤❷创建的偏移多段线，拉伸高度为 40，结果如图 17-47 所示。

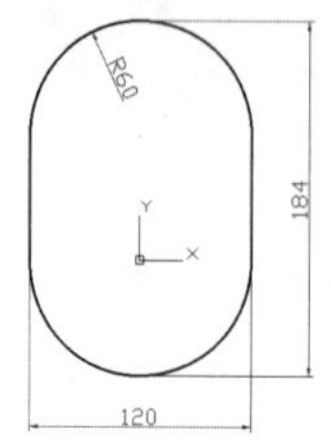

图 17-45 绘制多段线

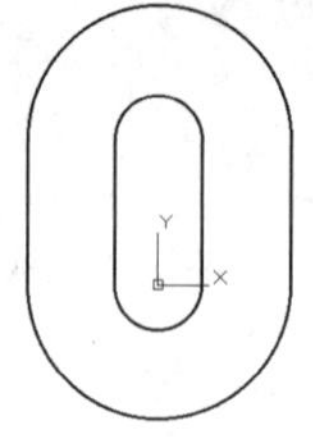

图 17-46 偏移结果

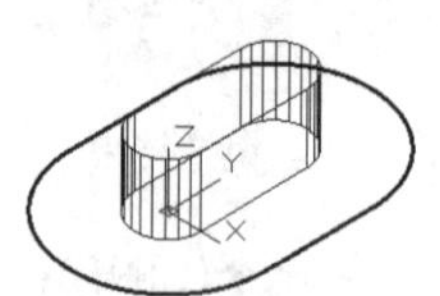

图 17-47 拉伸偏移多段线

❹ 继续使用【拉伸】命令(EXTRUDE)，拉伸步骤❶绘制的多段线，拉伸高度为 20，结果如图 17-48 所示。

❺ 使用【并集】命令(UNION)，对步骤❸和步骤❹创建的实体执行并集运算，创建主实体，结果如图 17-49 所示。

❻ 切换至“俯视”视点，使用【直线】命令(LINE)在 XY 平面上绘制图 17-50 所示的二维图形。

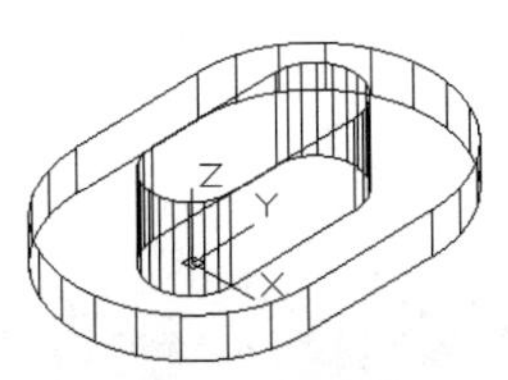

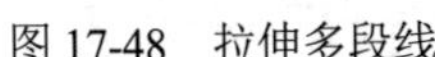

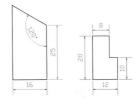

图 17-48　拉伸多段线

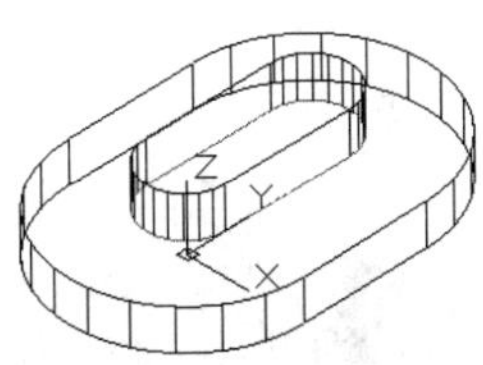

图 17-49　创建主实体

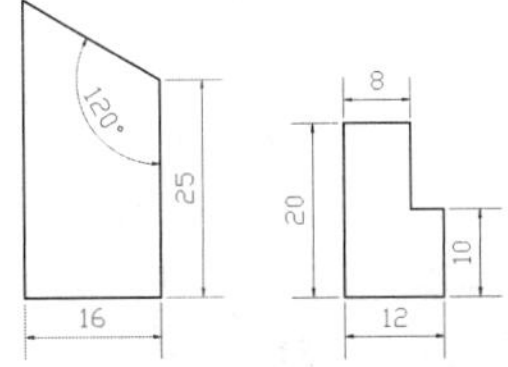

图 17-50　绘制二维图形

❼ 切换至“东南等轴测”视点，使用【面域】命令(REGION)将步骤❻绘制的二维图形转换为面域，结果如图 17-51 所示。

❽ 使用【旋转】命令(REVOLVE)，通过步骤❼创建的面域创建旋转实体，结果如图 17-52 所示。

❾ 使用【三维旋转】命令(3DROTATE)旋转步骤❽创建的实体，结果如图 17-53 所示。

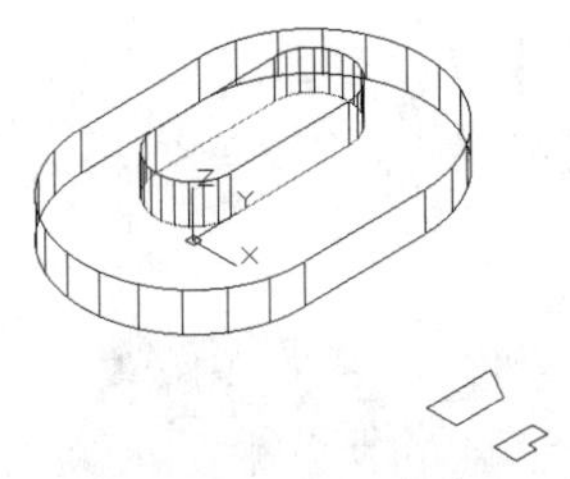

图 17-51　创建面域

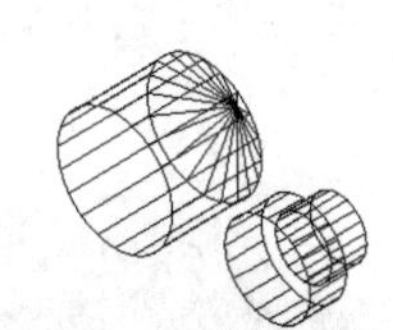

图 17-52　创建旋转实体

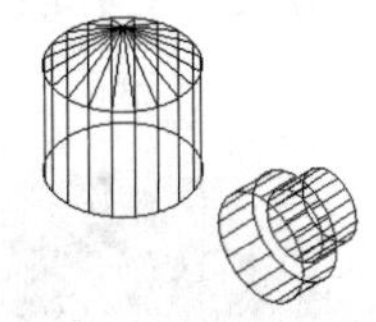

图 17-53　三维旋转结果

❿ 使用【三维移动】命令(3DMOVE)，移动步骤❾旋转的实体至图 17-54 所示的位置(选择该实体底面圆心为移动基点，指定第二点坐标为(0,0,0)。

⓫ 使用【复制】命令(COPY)，复制步骤❿移动的实体，结果如图 17-55 所示(选择基点坐标为:0,0,0，指定第二点坐标为(0,64,0)。

⓬ 使用【差集】命令(SUBTRACT)对实体进行差集运算，用主实体模型减去图 17-55 中的两个旋转实体。

⓭ 使用【三维对齐】命令(3DALIGN)，对齐绘图区中的实体，选择图 17-56 左图中的旋转实体为对齐对象，选择该对象右侧端面的圆心为基点，选择左侧端面的圆心为第二个点，指定目标平面第一个目标点坐标为(0,−45,0)，指定目标平面第二个目标点坐标为(0,−45,20)，对齐结果如图 17-56 右图所示。

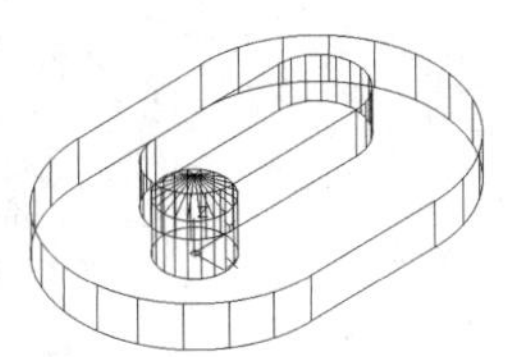

图 17-54　移动结果

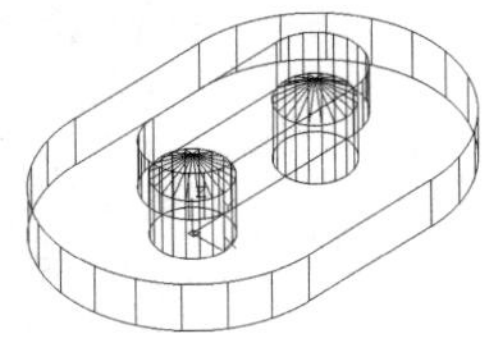

图 17-55　复制结果

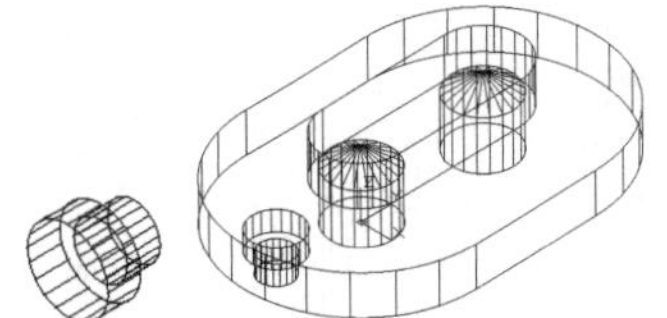

图 17-56　三维对齐实体

⑭ 使用【复制】命令(COPY)，将上一步对齐的旋转实体放置在其他位置，选择旋转实体顶面圆心为基点，指定复制点的坐标分别为(45,0,20)、(45,64,20)、(0,109,20)、(−45,64,20)、(−45,0,20)，结果如图 17-57 所示。

⑮ 使用【圆柱体】命令(CYLINDER)，以坐标(32,−32,0)为底面中心点，创建底面半径为 5、高度为 30 的圆柱体，结果如图 17-58(a)图所示。

⑯ 使用【圆柱体】命令(CYLINDER)，以坐标(−32,96,0)为底面中心点，创建底面半径为 5、高度为 30 的圆柱体，结果如图 17-58(b)图所示。

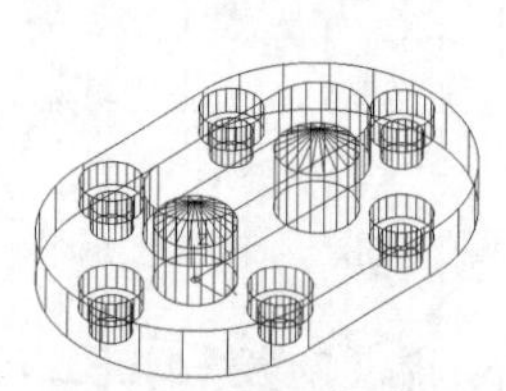

图 17-57　复制结果

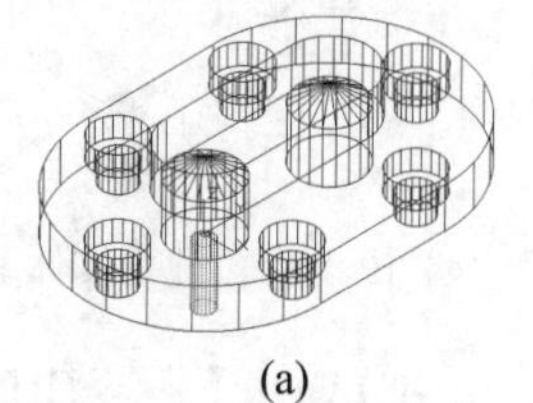

(a)

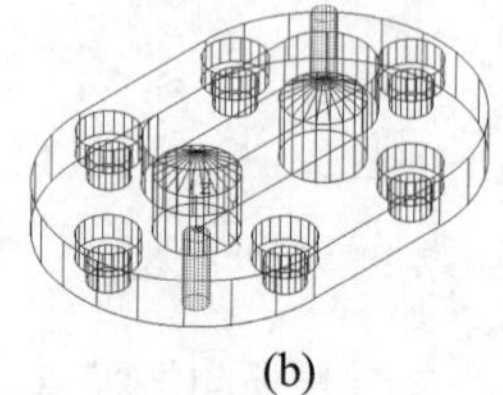

(b)

图 17-58　创建圆柱体

⑰ 使用【差集】命令(SUBTRACT)，对实体进行差集运算，用主实体模型减去其余所有的实体，然后切换至“X 射线”视觉样式，效果如图 17-59 所示。

⑱ 使用【圆角边】命令(FILLETEDGE)，在实体中创建圆角(半径为 5)，结果如图 17-60 所示。使用【倒角边】命令(CHAMFEREDGE)，在实体中创建倒角(【距离 1】和【距离 2】均设置为 1.2)，结果如图 17-61 所示。

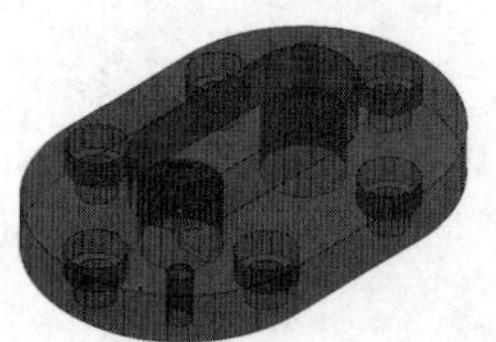

图 17-59　差集运算结果

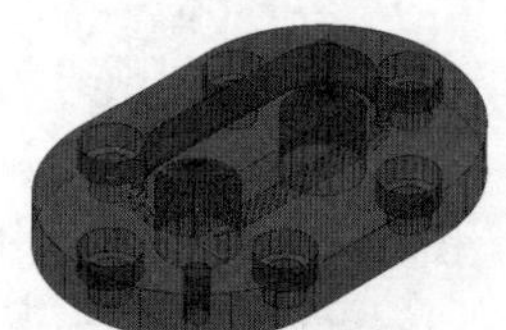

图 17-60　创建圆角

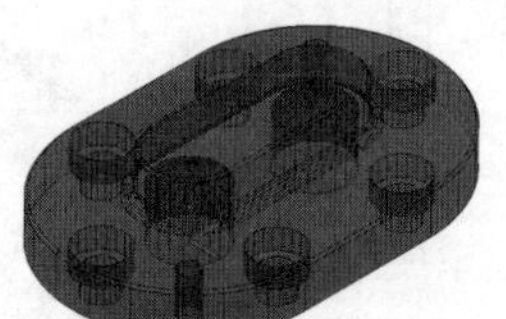

图 17-61　创建倒角

⑲ 切换至“二维线框”视觉样式，然后选择【视图】|【消隐】命令，消隐图形，效果如图 17-44(a)所示。

⑳ 为实体对象添加材质后切换至“真实”视觉样式，效果如图 17-44(b)所示。

第18章　AutoCAD常用快捷键与常见问题

18.1　AutoCAD 常用快捷键

1. 对象特性类命令

快捷键	说　明	快捷键	说　明
ADC	打开设计中心	LA	设置图层
CH	修改对象特性	LT	设置线型
MA	属性匹配	LTS	设置线型比例
ST	设置文字样式	LW	设置线宽
COL	设置颜色	UN	设置图形单位
ATT	属性定义	ESC	退出
ATE	编辑属性	EXP	输出其他格式文件
BO	边界创建	IMP	输入文件
AL	对齐	OP	打开【选项】对话框
PRINT	打印	SN	捕捉栅格
PU	清理垃圾	DS	设置极轴追踪
RE	重新生成图形	OS	设置捕捉模式
REN	重命名	AA	测量面积
V	命名视图	DI	测量距离

2. 绘图类命令

快捷键	说　明	快捷键	说　明	快捷键	说　明
PO	点	SPL	样条曲线	DO	圆环
L	直线	POL	正多边形	EL	椭圆
XL	射线	REC	矩形	REG	面域
PL	多段线	C	圆	T/DT	多行/单行文本
I	插入块	DIV	定数等分	H	图案填充
ML	多线	A	圆弧	B	块定义
W	定义块文件				

3. 修改类命令

快捷键	说　明	快捷键	说　明	快捷键	说　明
CO	复制	E	删除	TR	修剪
MI	镜像	X	分解	EX	延伸
AR	阵列	TR	修剪	S	拉伸
O	偏移	Z+P	返回上一视图	LEN	直线拉长

(续表)

快捷键	说　明	快捷键	说　明	快捷键	说　明
M	移动	Z+E	显示全图	SC	按比例缩放
BR	打断	CHA	修倒角	F	修圆角
P	平移	Z+2 空格	实时缩放	Z	局部放大

4. 尺寸标注类命令

快捷键	说　明	快捷键	说　明	快捷键	说　明
DLI	直线标注	DDI	直径标注	DOR	点标注
DAL	对齐标注	DAN	角度标注	TOL	标注形位公差
DRA	半径标注	DCE	中心标注	LE	快速引线标注
DBA	基线标注	DCO	连续标注	D	设置标注样式
DED	编辑标注				

5. 常用 Ctrl 快捷键

快捷键	说　明	快捷键	说　明	快捷键	说　明
Ctrl+1	修改特性	Ctrl+N	新建文件	Ctrl+Z	放弃
Ctrl+2	打开设计中心	Ctrl+P	打印文件	Ctrl+X	剪切
Ctrl+O	打开文件	Ctrl+S	保存文件	Ctrl+C	复制
Ctrl+B	栅格捕捉	Ctrl+F	对象捕捉	Ctrl+V	粘贴
Ctrl+G	栅格	Ctrl+L	正交	Ctrl+U	极轴
Ctrl+[	取消当前命令	Ctrl+Y	恢复上次操作	Ctrl+K	插入超链接

6. 其他常用功能键

快捷键	说　明	快捷键	说　明
F1	打开帮助	J	合并对象
F2	打开文本窗口	BO	边界创建
F3	对象捕捉	LAYISO	孤立图层
F7	栅格	LAYUNISO	取消孤立图层
F8	正交	AA	测量区域和周长
FIND	查找和替换	XR	插入参照
LAYMCUR	将对象图层设为当前图层	DI	指定坐标
SE	打开【对象自动捕捉】对话框	AP	加载/卸载应用程序
ST	打开【字体设置】对话框	SO	绘制二维面
SP	拼写检查	3R	三维旋转
DI	测量两点间的距离	RE	重生成模型
QSE	快速选择	UCS	设置坐标系

18.2　AutoCAD 常见问题

(1) 问：如何减小图形文件大小？

答：将图形转换为图块，并清除多余的样式(如图层、标注、文字样式)，可以有效地减小文件大小。

(2) 问：如何使图形只能看而不能修改？

答：可以将图形输出为 DWF 或者 PDF 格式，也可以通过将图形文件设置为“只读”方式来实现。

(3) 问：误保存覆盖了原图时如何恢复数据？

答：可以使用【撤销】命令或.bak 文件来恢复。

(4) 问：如何使变得粗糙的图形恢复平滑？

答：在命令行输入 FACETRES，调整该参数值大小即可(数值越大，图形显示越平滑)，然后输入 RE 命令重新生成图形即可。

(5) 问：为什么有些图形无法分解？

答：在 AutoCAD 中有 3 类图块无法使用【分解】命令(EXPLODE)分解，即使用 MINSERT 命令以阵列方式插入的图块、外部参照、外部参照的依赖块这 3 类图块。而分解一个包含属性的块，将删除其属性值并重新显示属性定义。

(6) 问：复制图形时标注显示异常怎么办？

答：将图形连同标注从一张图复制到另一张图时，出现标注尺寸线移位、标注文字数值变化，这些是标注关联性的问题。标注关联是指标注对象及其标注的对象之间建立了联系，当图形对象的位置、形状、大小发生改变时，其尺寸对象也会随之动态更新。在模型窗口中标注尺寸时自动关联，无须用户进行关联设置。但是，如果在输入尺寸文字时不使用系统的测量值，而是由用户手工输入尺寸值，那么尺寸文字将不会与图形对象关联。此时，可以选择【标注】|【重新关联标注】命令，或在命令行输入 DIMREASSOCIATE(快捷命令：DRE)来重新建立关联。

(7) 问：图形中的字体无法正确显示(显示为问号)怎么办？

答：选中显示为问号的文字，然后右击鼠标，在弹出的快捷菜单中选择【特性】命令，打开【特性】选项板修改字体的样式即可。

(8) 问：为什么鼠标中键不能做平移了？

答：将 MBUTTONPAN 变量的值设置为 1。

(9) 问：如何将图形全部显示在 AutoCAD 绘图区中？

答：单击状态栏中的【全屏显示】按钮即可。

(10) 问：重新加载外部参照后图层特性发生改变怎么办？

答：将 VISRETAIN 变量的值设置为 1。

(11) 问：怎样设置可以使图形边框不打印？

答：可将边框对象移至 Defpoints 图层，或设置其所属图层为不可打印样式。

(12) 问：如何使文本打印时显示为空心？

答：将 TEXTFILL 变量的值设置为 1。

(13) 问：有些图形能在 AutoCAD 中显示但无法打印怎么办？

答：图层作为图形的有效管理工具，可对每个图层设置是否打印。AutoCAD 系统自动创建的图层 Defpoints 图层，不能被打印也无法更改。

(14) 问：图纸导入后显示不正常怎么办?

答：可能是参照图形的保存路径发生了变更，重新指定保存路径即可。

(15) 问：如何将 AutoCAD 图形导入 Word?

答：在 AutoCAD 中选中图形后，直接复制，然后切换至 Word，按下 Ctrl+V 键粘贴即可。但需要注意将 AutoCAD 背景设置为白色。

(16) 问：如何将 AutoCAD 图形导入 CorelDRAW?

答：将图形输出为 EPS 文件即可。